面向新工科的电工电子信息基础课程系列教材

教育部高等学校电工电子基础课程教学指导分委员会推荐教材

国家精品课程、国家精品资源共享课配套教材

军队级精品课程、湖南省一流本科课程、湖南省研究生精品课程配套教材

信息论与编码

雷 菁 黄 英 编著

清華大学出版社

北 京

内 容 简 介

信息论与编码研究信息传输与处理的一般性规律、性能极限，以及高效、可靠编码的理论和技术，是现代信息科学的理论基石。本书主要介绍香农信息理论、信源压缩编码、信道纠错编码，包含绪论、信源与熵、信道与容量、信源压缩编码、信道编码、先进纠错编码技术 6 章内容。其中：第 1～3 章介绍信息测度体系；第 4 章在系统介绍信源编码概念、无失真信源编码定理、保真度准则下的信源编码定理的基础上，进一步介绍各种常用的压缩编码方法及其应用；第 5 章在推导研究有噪信道编码定理后，对线性分组码和卷积码的概念、编译码原理进行阐述，并详细介绍循环码编译码方法及常用的 BCH 码和 RS 码；第 6 章介绍纠错编码领域的新技术，如 Turbo 码、低密度校验码、无码率码、极化码及编码调制技术等。

本书可作为高等院校电子信息类相关专业高年级本科生和研究生的教材，也可作为信息科学和技术领域的工程人员和技术人员的参考书。

图书在版编目(CIP)数据

信息论与编码/雷菁，黄英编著. —北京：清华大学出版社，2024.1（2025.1重印）
面向新工科的电工电子信息基础课程系列教材
ISBN 978-7-302-65061-4

Ⅰ. ①信… Ⅱ. ①雷… ②黄… Ⅲ. ①信息论－高等学校－教材 ②信源编码－高等学校－教材 Ⅳ. ①TN911.2

中国国家版本馆 CIP 数据核字(2023)第 231221 号

责任编辑：文 怡
封面设计：王昭红
责任校对：刘惠林
责任印制：沈 露

出版发行：清华大学出版社
网 址：https://www.tup.com.cn，https://www.wqxuetang.com
地 址：北京清华大学学研大厦 A 座　　**邮 编**：100084
社 总 机：010-83470000　　**邮 购**：010-62786544
投稿与读者服务：010-62776969，c-service@tup.tsinghua.edu.cn
质量反馈：010-62772015，zhiliang@tup.tsinghua.edu.cn
课件下载：https://www.tup.com.cn，010-83470236
印 装 者：三河市天利华印刷装订有限公司
经 销：全国新华书店
开 本：185mm×260mm　　**印 张**：27.25　　**字 数**：616 千字
版 次：2024 年 1 月第 1 版　　**印 次**：2025 年 1 月第 2 次印刷
印 数：1501～2300
定 价：89.00 元

产品编号：089212-01

前言

1. 本书特点

在信息技术飞速发展的今天，人们对信息理论与技术的学习以及信息素养的提高需求更加迫切。信息论与编码理论起源于香农的不朽名著——《通信的数学理论》，香农的信息论不仅推动了信息技术的发展，而且引发了许多学科的信息转向，信息论与编码的许多思想和方法已广泛渗透至各个领域，其研究成果也具有普遍的意义，在通信、计算机、物理学、生物学、经济学以及社会学中得到成功应用。因此，“信息论与编码”也成为国内外各高等院校电子信息类专业的学科基础或专业基础课程。

由于信息论与编码是一门“高冷而入世”的学问，其概念非常抽象（如熵和平均互信息等是看不见、摸不着的量），要求的数理基础强（如涉及概率论、线性代数、近世代数等），涉及的知识面广（如信息测度体系、编码系列定理、压缩编码方法与纠错编码方法等），因此这方面的研究是小众的。但是，信息论与编码又是一门应用科学，它对信息技术相关学科的知识体系构建是至关重要的，它不仅从世界观角度帮助我们透过现象看本质，揭示信息的基本特征和通信的一般性规律，而且从方法论层面告诉我们如何高效、可靠、安全地传输信息。

本书秉承“传承经典，关注发展”的理念，融入作者多年学术研究和教学实践的体会，以简洁易懂的语言对信息论与编码的经典内容进行了全面介绍，兼顾科学性与严谨性；以继承与创新的视角，紧跟科技前沿，凝练科研成果，充分呈现了当前的研究热点与新技术应用。鉴于信息论与编码最典型的应用背景是通信领域，本书在对概念、原理的解释以及案例的分析中特别突出了其在通信中的应用，并注意以信息论的观点分析通信技术发展的内涵。本书提供了丰富的扩展阅读文献、案例、代码资源，有助于读者学习理解和应用实践。

2. 如何使用本书

本书共 6 章，各章主要内容概括如下。

第 1 章为绪论，讨论信息的概念，介绍信息论与编码技术的发展，以及信息论与信息学科的密切联系。

第 2 章构建信源模型，讨论离散信源、连续信源的信息测度的表达式及性质，并介绍 Kullback 熵和 Fano 不等式。

第 3 章构建信道模型，讨论平均互信息的定义及性质，分析离散信道、连续信道的信道容量，并介绍香农公式及其指导意义。

第 4 章分析信源编码的基本概念，讨论香农的无失真信源编码定理和保真度准则下

前言

的信源编码定理，介绍预测编码、变换编码、统计编码、通用编码等常用的信源压缩编码方法，以及基于音频、静止图像、视频的压缩标准。

第5章分析信道编码的基本概念，讨论香农的有噪信道编码定理，介绍线性分组码、循环码、卷积码的基本概念、编译码方法及应用实现。

第6章介绍 Turbo 码、低密度校验码、无码率码、极化码，以及 TCM、MLC、BICM-ID 等编码调制技术的基本概念、编译码方法及应用。

由于各高校开设信息论与编码领域相关课程的学时不同，以上内容可以有选择地使用。第1～3章、4.1～4.3节、5.1～5.2节包含完整的信息论部分内容，可以作为“信息论”课程的主体内容；第4～6章包含信源压缩编码、信道编码的内容，可以作为“编码技术”课程的主体内容；全书则可以作为“信息论与编码”课程的教学内容，根据学时不同可有所取舍。

3. 致谢

在本书的编写过程中，作者受到了许多信息论与编码领域前辈的启发，并参阅了他们的教材和专著，其中包括傅祖芸、Shu Lin、Cover、沈连丰、王新梅、田宝玉、唐朝京、白宝明等。同时，作者还阅读了大量 IEEE、ACM、IET、Elsevier、Springer、CNKI 等数据库的文献。上述资料助力本书凝练理论精髓，拓展应用思考，体现了本书“经典融合前沿、理论联系实践”的特色。本书将上述引用源列于书后的参考文献中，在此谨向引用源的作者表示感谢。

同时，感谢国防科技大学唐朝京教授对本书的评审与指导，为完善本书提供了宝贵建议；感谢赖恪、鲁信金、万泽涵、陈继林、舒冰心等硕士和博士研究生在丰富本书前沿性内容、文字格式编辑等方面的付出；也感谢出版过程中清华大学出版社的大力支持。

最后，限于作者视野及学术水平，书中谬误疏漏之处难以避免，恳请读者批评指正。

作　者

2023年11月

《信息论与编码》教材拓展空间清单

序　　号	章	内　　容	类　　型
1	第1章	A Mathematical Theory of Communication 1948	参考文献
2		Communication in The Presence of Noise	参考文献
3		Elements of Information Theory(Thomas M. Cover,Joy A. Thomas)	参考文献
4		Progress_in_information_theory_in_the_USA_1957—1960	参考文献
5	第2章	On information and sufficiency(S. Kullback,R. A. Leibler,1951)	参考文献
6		information theory and reliable communication-gallager_1968	参考文献
7		图片熵	代码
8		语音熵	代码
9	第3章	平均互信息 AveMultInformation_w_p. m	代码
10		容量迭代算法 channel_capacity_iteration. m	代码
11		组合信道容量分析	代码
12	第4章	A Block-sorting Lossless Data Compression Algorithm-1994BWT	参考文献
13		A Method for the Construction of Minimum-Redundancy Codes(1952)	参考文献
14		A universal algorithm for sequential data compression1977Ziv_Lempel	参考文献
15		A_Technique_for_High-Performance_Data_Compression(LZW,1984)	参考文献
16		Coding theorems for a discrete source with a fidelity criterion1959-shannon	参考文献
17		Complexity_of_strings_in_the_class_of_Markov_sources1986-Rissanen	参考文献
18		Compression of individual sequences via variable-rate coding1978-LZ	参考文献
19		Improved redundancy of a version of the Lempel-Ziv algorithm1995-LZW	参考文献
20		On information and sufficiency	参考文献
21		Run-length encodings1966-Golomb	参考文献
22		Universal codeword sets and representations of the integers1975-P. Elias	参考文献
23		几种编码的对比(Fano,Huffman,Morse,Shannon)	代码
24		二值图像游程编码	代码
25		算术编码	代码
26	第5章	Distinguishable_codeword_sets_for_shared_memory1975	参考文献
27		Error-correcting_codes_for_list_decoding1991	参考文献
28		Minimax_optimal_universal_codeword_sets1978	参考文献
29		Universal_codeword_sets_and_representations_of_the_integers1975	参考文献
30		Zero_error_capacity_under_list_decoding1988	参考文献
31		线性分组码的译码. m	代码
32		循环码的编码(15,4). m	代码
33	第6章	8-PSK_trellis_codes_for_a_Rayleigh_channel1992	参考文献
34		A_new_multilevel_coding_method_using_error-correcting_codes1977	参考文献
35		Bandwidth-efficient turbo trellis-coded modulation using punctured component codes	参考文献

续表

序　　号	章	内　　容	类　　型
36		Bit-interleaved coded modulation with iterative decoding and 8PSK Signaling	参考文献
37		Bit-interleaved coded modulation	参考文献
38		Channel coding with multilevel phase signal1982-Ungerboeck	参考文献
39		De-randomizing Shannon the Design and Analysis of a Capacity-Achieving Rateless Code	参考文献
40		LT codes	参考文献
41		Near optimum error correcting coding and decoding Turbo-codes	参考文献
42		Near Shannon limit error-correcting coding and decoding Turbo-codes (1993)	参考文献
43		Near Shannon limit performance of low density parity check codes (Mackay,1996)	参考文献
44		On the design of low-density parity-check codes within 0.0045 dB …	参考文献
45		Perry et al.-2012-Spinal codes	参考文献
46		Raptor codes on binary memoryless symmetric channels	参考文献
47	第6章	Raptor Codes(long paper)	参考文献
48		Rateless Spinal Codes	参考文献
49		Trellis_Coded_Modulation_for_4800-9600_bits_s_Transmission_Over_a_Fading_Mobile_Satellite_Channel	参考文献
50		Trellis-coded_ modulation _ with _ redundant _ signal _ sets _ Part _ I _ Introduction1987-TCM	参考文献
51		Trellis-coded_modulation_with_redundant_signal_sets_Part_II_State_of_the_art1987-TCM	参考文献
52		Binary_Turbo. cpp	代码
53		LDPC_BP 算法_c 语言. cpp	代码
54		rs_255_239_simulate. cpp	代码
55		TCM_8psk. cpp	代码
56		TPC_2D. cpp	代码
57		turbo_BCJR. cpp	代码
58		turbo_SOVA. cpp	代码
59		级联码 RS(255_239)_(217). cpp	代码

拓展资源下载

目录

目录

目录

第1章 绪论

信息论的奠基人是美国科学家香农(C. E. Shannon)。香农 1948 年发表的著名论文《通信的数学理论》(“Mathematical Theory of Communication”)为信息论的诞生和发展奠定了理论基础。在香农信息论的指导下,为提高通信系统信息传输的有效性和可靠性,人们在信源编码和信道编码两个领域进行了卓有成效的研究,取得了丰硕的成果。虽然信息论起初是作为通信的基础理论产生的,但它给人们的思维带来了巨大冲击,它对于不确定性的描述,以及将整个世界置于不确定性之上考虑的思维,是信息时代根本的世界观。而我们利用信息的目的就是要消除那些不确定性。近几十年,随着信息理论的迅猛发展和信息概念的不断深化,信息论所涉及的内容早已超越了通信工程的范畴,它已渗透到许多学科,日益得到众多领域科学工作者的重视。

本章首先引出信息的概念,然后回顾信息论与编码的发展历史,最后分析信息论与信息学科的关系。

1.1 信息的概念

中文教学录像

双语教学录像

视频

我们生逢信息时代,众多对人类产生巨大影响的发明创造都与信息有关,包括电报、电话、电视、无线电、计算机、移动通信、互联网、智能机器等。有关信息的新名词、新术语层出不穷,信息产业在社会经济中所占的份额越来越大,信息基础设施建设速度之快成了我们这个社会的重要特征之一,物质、能源、信息成了现代社会生存发展的三大基本支柱。美国学者欧廷格说:“没有物质,什么都不存在;没有能量,一切都不发生;没有信息,世界将变得索然无味(Without materials nothing exists. Without energy nothing happens. Without information nothing makes sense.)。”控制论的创始人之一,美国科学家维纳(N. Wiener)指出:“信息就是信息,既不是物质,也不是能量”。随着时代的观念和潮流的转变,人们逐渐意识到在“物质-能量-信息”这个三位一体的资源结构中,信息资源的开发和利用越来越具有决定意义,产生了更为先进的生产工具。智能工具的出现使我们的生活更加美满,我们可以上天入海,探索的空间也更加广阔。那么,如此神通广大、无处不在、无所不能的信息究竟是什么呢?

1.1.1 广义信息的定义

可以说,我们周围的世界充满了信息。报纸、电台、电视台每天都在向我们发送大量信息,通过电话、微信及电子邮件,人们可以自由地交流信息,也可以有选择地获取大量信息:四季交替透露的是自然界的信息,牛顿定律揭示的是物体运动内在规律的信息等。信息含义之广几乎可以涵盖整个宇宙,且内容庞杂,层次混迭,不易厘清。目前国内外关于信息的各种定义已达近百种,原因就在于此。

信息的含义可以从广义和狭义两个范畴来理解。广义上,信息是与物质和能量并列的基本概念,可以理解为信息是人们对客观事物运动规律及其存在状态的认识结果。小到一条简单的消息,大到宇宙的基本定律,都是信息,它们无不是人们对客观事物变化规律或存在方式的认识和描述,我国学者钟义信教授等给出了广义信息的定义。

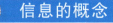

智能系统的信息模型如图 1.1.1 所示。信息运动的一般过程包括信息获取、信息传

播、信息利用三个阶段。信息在这三个阶段分别表现为语义信息、语法信息和语用信息等不同的形态。

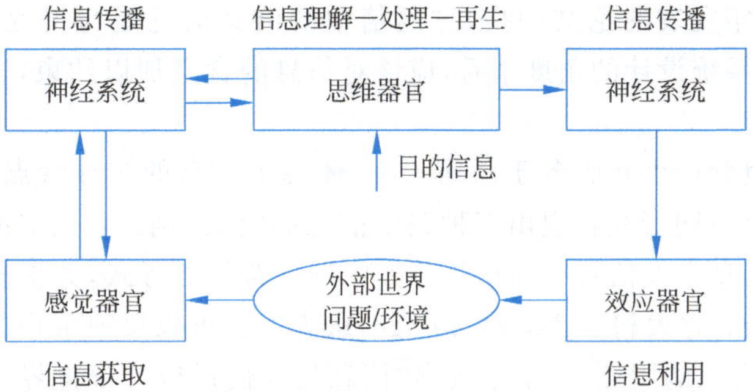

图 1.1.1　智能系统的信息模型

信息获取是利用各种手段获知事物的运动规律和现存状态，也就是获取信息的语义形态，即语义信息。它是指事物运动状态及方式的具体含义。信息获取的基本手段包括科学研究、调查采访及利用各种传感器等。大量科学定律和重要结论是通过科学研究和实验、利用归纳演绎等科学方法而得出的，而新闻报道是通过新闻采访、调查分析、综合整理得到的，还有大量信息是利用水位计（可测定水位）、温度计（可计量温度）、摄像机（可摄取视频图像）等各种专用传感器获取的，这些都是获知事物客观状态的有效手段。信息获取过程中还必须克服随机性（“可能是什么”）和模糊性（“好像是什么”），为此原始信息获取后往往要进行相应的信息处理过程，以使语义信息凸显出来。

信息传播是指利用各种传播工具使每一条信息能被更多的人了解，也使每一个人能获知更多的信息。从古代的烽火报警到现代的信息高速公路，其目标都是借助传播过程使每个接收者获得尽可能多的语义信息。而语义信息本身是不能直接传输的，只能通过传输它的某些最基本特征（语法信息）而使语义信息得到传递。若将语义信息比作一栋楼房，那么可将它分解为图纸、材料、施工技术等语法信息，然后将这些语法信息传送到另一个地方重新组织起来，即可恢复原先的语义信息——楼房。信息传输过程主要克服的是随机性因素，因此传输过程中的语法信息是指事物运动状态及变化方式的形式，它更多地关注各种符号出现的随机性及前后符号之间的统计关联性。这种分析方法是与传输信道的噪声效果相匹配的，这也正是香农信息理论取得成功的重要原因之一。

信息利用是信息获取、信息传播的根本目的，它以恢复的语义信息为基础，结合接收者所处的特定环境，“取我所需，为我所用”，具有明显的相对性，表现了信息的语用形态，即语用信息，它强调事物运动状态、方式及其含义对观察者的效用。语用信息的这种相对性往往使信息概念表现得主观随意、不易捉摸。如甲、乙二人由于不同的知识结构和社会阅历，他们读同一本书所获取的有用信息可能差别甚大。然而信息利用是信息运动过程的最重要环节，正是对信息的广泛利用，才推动了世界日新月异的发展变化。

由广义信息的分析可以看出，其涉及面太广，关联太复杂，难以对其进行准确的刻画和度量。而通信过程只对抽象的形式（语法信息）感兴趣，这是广义信息最简单也最基础的方面，容易突破，从而形成整套理论。这正是香农对信息的定义，也是以科学名词进行的定义。

1.1.2 香农信息的定义

香农在1948年发表的论文中指出“通信中的语义信息是与工程问题无关的”。因此，从工程应用和系统设计的角度来看，应该对信息的含义加以约束，这就得到了狭义信息的概念。

狭义信息的概念产生并服务于通信工程，体现了信息的统计特点，因此又称其为统计信息。历史上有不同研究者提出多种关于信息的定义，例如：拉尔夫·哈特莱(R. V. L. Hartley)认为信息是发信者在通信符号表中选择符号的方式，并提出用选择符号的自由度来度量信息量；意大利学者朗格(Longe)认为信息可以反映事物的形式及其关系和差别；维纳在《人有人的用处》一书中提出“信息是人们适应外部世界并且使这种适应反作用于外部世界的过程中，同外部世界进行互相交换的内容的名称”，又说“接收信息和使用信息的过程，就是我们适应外部世界环境的偶然性变化的过程，也是我们在这个环境中有效地生活的过程”；英国神经生理学家艾什比(W. R. Ashby)在《控制论导引》中指出“变异度这一概念，即信息论中所讲的信息这一概念”。

香农延续了哈特莱的思想，维纳的思想也影响了香农对通信的统计特征的观点，同时他坚持认为含义与信息的传输无关联。基于此，香农在1948年发表的论文中用不确定性来描述信息，认为信息是事物运动状态或存在方式的不确定性的描述，这种理解更能体现信息的统计特点。由于在数学上具有不确定性的事物可以用随机变量或随机过程表示，因此可以把信源建模为随机变量或随机过程，而信道可以表示为概率转换器。基于这种理解，香农还继承和发展了哈特莱的对数概率测度的思想，为信源的信息量定义了熵测度。熵的概念在信息论中起到了奠基石的作用。

在人们的日常生活中，信息看不见、摸不着，常常等同于消息、情报、知识、信号等。的确，信息与它们是有着密切联系的。但是，信息的含义更深刻、更广泛。深刻理解香农信息，可以从信息与情报、知识、消息、信号的关联和区别入手。

1. 信息与情报

情报往往是军事学、文献学方面的习惯用词。在情报学中对“情报”的定义是“人们对于某个特定对象所见、所闻、所理解而产生的知识”。可见，情报的含义要比“信息”窄得多，它只是特定情况的信息，无法涵盖所有信息。

情报与信息是同一个词“information”，特别是在战争时期和军事领域，人们很容易认为情报就是信息。信息论的创始人香农在第二次世界大战期间为美国情报部门工作了15年，这使得他对“information”一词有着深刻理解。他指出，情报最大的作用就是消除不确定性。从情报中消除不确定性、获取信息的过程就是信息作用的展现。

2. 信息与知识

知识是人们根据某种目的，从自然界收集得来的数据中整理、概括、提取得到有价值的、人们所需的信息。知识是一种具有普遍和概括性质的高层次的信息。知识是以实践为基础，通过抽象思维对客观事物规律性的概括。知识信息只是人类社会中客观存在的部分。我们注意到，在知识传播中，只有新的知识才会被接受者认为是信息。

3. 信息与消息

人们常错误地把信息等同于消息，认为得到了消息就是得到了信息。这种观点在通信工程的应用中很是常见，如我们常说“通信乃互通信息”，香农在描述通信的问题时指出“通信的基本问题就是在一端精确地或近似地再现另一端所选择的消息”，这两个描述都没有错，也不矛盾。因为信息是抽象的，看不见、摸不着，需要借助于某种有形媒体来表现，这就是消息。

在电报、电话、广播、电视等通信系统，以及雷达、导航、遥测系统中传输的是各种各样的消息，这些消息有不同的形式，如文字、符号、数据、语言、音符、图片、视频等。这些不同形式的消息都是能被人们感知的，人们进行通信，接收到消息后，得到的是关于描述某事物状态的具体内容。构成消息的各种形式必须具备两个条件：一是能被人们感知和理解；二是可以进行传递和获取。

值得注意的是，通信的接收者往往不知发送端会传送何种消息，通信的过程正是一种从不知到知、从知之较少到知之较多的过程。我们往往认为通信中带来的惊讶越大，获得的信息量越大，可见通信中的信息是与所传递消息中包含的“无法预知性”或“不确定性”相关的。

因此，通信系统中传输的形式是消息，即信息的感觉媒体(外在表现)或信息的载体，而通信的实质是通过消息的传递，消除不确定性，获得信息(内涵)。同一则信息可用不同的消息形式来载荷，如球赛进展情况可用电视图像、广播语言、报纸文字等不同消息来表述。而一则消息也可载荷不同的信息，它可能包含非常丰富的信息，也可能只包含很少的信息。因此，信息与消息是既有区别又有联系的。

4. 信息与信号

在实际通信系统中，往往为了克服时间或空间的限制而进行通信，必须对消息进行加工处理。把消息变换成适合信道传输的物理量，这种物理量称为信号，如电信号、光信号、声信号、生物信号等。

信号携带着消息，它是消息的物理体现，是消息的运载工具，所以信息、消息和信号是既有区别又有联系的三个不同的概念。

信息是事物运动状态或存在方式不确定性的描述。信息是承载在各种具体物理信号上的。以各种声、光、电参量表示的信号可承载语法信息。但需注意，信息与信号在本质上是有根本区别的，信号仅仅是外壳，信息则是内核，两者互相依存，但属于不同的层次。

信息与消息也不完全相同。香农信息属于语法信息，体现了信息的统计特征。消息描述了事物的特征和状态，它与语义信息有相同和相通之处，与语法信息明显不同，与语用信息也不能等价。

总结起来，信息有如下特征。

(1) 未知性或不确定性。信息的内涵在于事物出现往往具有可选性、随机性，可能是这样，也可能是那样，所以对于接收者或观察者而言就存在未知。这是信息的最基本属性，否则就不是信息。

(2) 由不知到知，等效为不确定性的集合元素减少。这样，就可以基于集合论和概率论来描述信息的传输。

(3) 可以度量。这是信息理论的基础，使得信息可以比较大小、价值等。

(4) 可以产生、消失，可以被携带、存储、处理。由此可见，信息既有物质的某些属性，又不同于物质。信息和物质都可以被携带、存储、处理，但物质不灭，它只能从一种形态变化成另一种形态，而信息可以产生和消失。

(5) 可以产生动作。说明信息能够发挥作用，获得信息后可能产生结果。由此可见，信息既有能量的某些属性，又不同于能量。能量产生的动作是客观的，而信息的影响含有客观和主观的双重因素。

所以有学者说信息就是信息，它不同于物质，也不同于能量，需要有专门的理论进行研究。这就促成了信息论的产生和发展。

中文教学录像

1.2 信息论与编码的发展

视频

1.2.1 信息理论的形成

信息论从提出至今已有 70 多年历史，现已成为一门独立的理论科学。编码理论与技术也从刚开始时作为信息论的一个组成部分逐步发展成为比较完善的独立体系。回顾它们的发展历史，我们可以清楚地看到理论是如何在实践中经过抽象、概括、提高而逐步形成和发展的。

可以说，通信的历史有多久，人们对信息的使用就有多久。结绳记事、击鼓鸣金、烽火旗语、驿站飞鸽都是人类应用信息的手段。人类创造了语言、文字、印刷术、无线电技术、电视、互联网、信息技术＋通信技术＋物联网(IT＋CT＋IoT)。语言的诞生，使人类可以突破个体能力限制进行信息分享；文字的出现解决了信息的记录问题，人类文明有了传承；印刷术解决了信息批量复制、规模传播问题；无线电技术突破了远距离和时效的限制；电视打破了文字载体的单一性限制；互联网突破了单向交互限制；IT＋CT＋IoT 将做到信息随心至，万物触手及。信息的内涵本身与承载它的方式无关，但当以电磁波方式承载时，极大地加速了信息的传输，对社会经济的贡献也越来越显著。信息理论的研究也起步于电信技术的研究与发展。

电信技术是伴随着电磁学和电子学理论与技术发展起来的。两百多年来，物理学中的电磁理论以及后来的电子学理论一旦取得某些突破，很快就会促进电信系统的创造发明或改进。1831 年，法拉第(Faraday)发现电磁感应现象。1837 年，莫尔斯(F. B. Morse)建立起人类第一套电报系统，并于 1844 年 5 月 24 日在华盛顿和巴尔的摩之间成功实现了长途电报传输，称为闪电式的传播线路。1876 年，贝尔(Bell)发明了电话系统，人类由此进入了非常方便的话音通信时代。1864 年，麦克斯韦(Maxwell)预言了电磁波的存在，1888 年，赫兹(Hertz)用实验证明了这一预言。接着意大利工程师马可尼(Marconi)和俄国物理学家波波夫(Popov)发明了无线电通信。1907 年，德福雷斯特(de. Forest)发明了能把电信号进行放大的电子管，之后很快出现了远距离无线电通信系统。20 世纪

20年代大功率超高频电子管发明以后，人们很快就建立起了电视系统(1925—1927年)。电子在电磁场运动过程中相互交换能量的规律被人们认识后，就出现了微波电子管。20世纪30年代末和40年代初，微波通信、雷达等系统迅速发展起来。20世纪60年代发明的激光技术及70年代初光纤传输技术的突破，使人类进入了光纤通信的新时代，光纤通信由于带宽极宽、损耗小、成本低等显著优点，将成为未来信息高速公路的主干道。

随着工程技术的发展，有关理论问题的研究也在逐步深入。1832年，莫尔斯在电报系统中使用了高效率的编码方法，这对后来香农编码理论的产生具有很大的启发。1885年，开尔文(L. Kelvin)研究了一条电缆的极限传信率问题。1924年，奈奎斯特(H. Nyquist)指出，如果以一个确定的速度来传输电报信号就需要一定的带宽，并证明了信号传输速率与信道带宽成正比。1928年，哈特莱发展了奈奎斯特的工作，在《信息的传输》一文中提出把消息看成等概的序列，并把消息数的对数定义为信息量。但是，奈奎斯特和哈特莱的研究过于理想化，没有考虑到通信的一个重要情况——噪声的影响和信源符号的随机性，所以这些对信息的度量是有缺陷的，然而他们的工作对后来香农的思想有很大影响。1939年，达德利(H. Dudley)发明了声码器，并提出通信所需要的带宽至少应与所传送消息的带宽相同，达德利和莫尔斯都是研究信源编码的先驱。

直到20世纪30年代末，理论研究的主要不足之处是将通信看作一个确定性的过程，这与实际情况不相符合。20世纪40年代初，维纳在研究防空火炮的控制问题时，将随机过程和数理统计的观点引入通信与控制系统中，揭示了信息传输的统计本质，并对信息系统中的随机过程进行谱分析，这就使通信理论研究产生了质的飞跃。1948年，香农发表了著名的论文《通信的数学理论》，用概率测度和数理统计的方法系统地讨论了通信的基本问题，得出了无失真信源编码定理和有噪环境下的信道编码定理，由此奠定了现代信息论的基础。1959年，香农又发表了《保真度准则下的离散信源编码定理》，以后发展成为信息率失真理论。这一理论是信源编码的核心问题，至今仍是信息论的研究课题。1961年，香农的论文《双路通信信道》开拓了多用户信息论的研究。随着卫星通信和通信网络技术的发展，多用户信息理论的研究异常活跃，成为当前信息论研究的重要课题之一。

香农信息论源于通信实践，它在通信领域的成功应用使得香农理论被称为“通信中的哲学”。同时，香农理论的思想、方法，甚至某些结论已渗透到许多其他学科中。

(1) 统计数学。香农理论本身就是一种数学理论，它与随机过程中各态历经(Ergodic)理论有密切关系。香农编码定理的基本核心——渐近等同分割性(AEP)原理实际上就是某种形式的大数定律，因此利用熵、互信息等概念来研究Ergodic系统是非常有效的。另外，用相对熵作为随机分布之间的距离，在假设检验中、大偏离理论中均有很好的应用，利用相对熵可以有效估计差错概率指数。

(2) 计算机科学(Kolmogorov复杂度)。柯尔莫哥洛夫(Kolmogorov)、蔡廷(Chaitin)和索罗门诺夫(Solomonoff)指出，一组数据串的复杂度可以定义为计算该数据串所需的最短二进制程序的长度。因此，复杂度就是最小描述长度。利用这种方式定义的复杂度是通用的，即与具体的计算机无关，因此该定义具有相当重要的意义。

Kolmogorov 复杂度的定义为复杂度的理论奠定了基础。更令人惊奇的是，如果序列服从熵为 H 的分布，那么该序列的 Kolmogorov 复杂度 K 近似等于 H。所以信息论与 Kolmogorov 复杂度二者有着非常紧密的联系。实际上，Kolmogorov 复杂度比香农熵更为基础，它不仅是数据压缩的临界值，而且可以导出逻辑上一致的推理过程。

(3) 物理学(热力学)熵与热力学第二定律都诞生于统计力学。对于孤立系统，熵永远增加。热力学第二定律的贡献之一就是促使人们抛弃了存在永动机的幻想。

(4) 哲学和科学方法论。最大熵准则或最大信息原则是许多科学研究中常用的准则，实践证明这个准则是有效的、合理的。信息论赋予最大熵准则以明确的内涵。最大熵准则和最小描述长度准则都是一种科学的方法论，在信息论中可找到它们的联系。这给予相信“最简单的解释是最好的”信条的人们一个科学的佐证。

另外，信息论的思想和方法还在经济、生物以及人工智能等方面获得应用，产生了信息经济学、信息生物学、人工智能等新兴学科。因此，人们深信信息论的学习有助于对其他学科的研究，同时其他相关学科的研究也会促进信息论的发展。

1.2.2 编码技术的发展及应用

在香农编码定理的指导下，信道编码(也称纠错码)理论和技术逐步发展成熟。20 世纪 50 年代初，汉明(R. W. Hamming)提出了重要的线性分组码——Hamming 码，人们把代数方法引入纠错码的研究，形成了代数编码理论。1957 年，普兰奇(Prange)提出了循环码，在随后的十多年里，纠错码理论研究主要是围绕着循环码进行的，取得了许多重要结果。循环码具有性能优良、编译码简单、易于实现等特点，因此目前在实际差错控制系统中所使用的线性分组码几乎都是循环码。霍昆格姆(Hocquenghem)于 1959 年，博斯(Bose)和查德胡里(Chaudhari)于 1960 年均提出了 BCH 码，这是一种可纠正多个随机错误的码，是迄今为止最好的线性分组码之一。1955 年，埃莱亚斯(Elias)提出了不同于分组码的卷积码，接着沃曾克拉夫特(Wozencraft)提出了卷积码的序列译码。1967 年，维特比(Viterbi)提出了卷积码的最大似然译码——Viterbi 译码，这种译码方法效率高、速度快、译码较简单，目前得到了极为广泛的应用。1966 年，福尼(Forney)提出级联码概念，用两次或更多次编码的方法组合成很长的分组码，以期获得性能优良的码，尽可能接近香农限。20 世纪 80 年代采用了一种级联码，其外码为码长 $n=255$ 的 RS 码、内码约束长度为 7、码率为 1/2，且内码采用 Viterbi 译码。该级联码具有非常好的性能，在误码率 10^{-5} 条件下，信噪比仅为 0.2dB。

20 世纪 70 年代，纠错码得到广泛应用。20 世纪 70 年代初美国发射的“旅行者”号宇宙飞船中成功地应用了纠错码技术，使宇宙飞船在 30 亿千米的距离向地面传回了天王星、海王星的天文图片，导致了一系列天文学新发现，从而使所有通信工作者大为振奋。自 20 世纪 80 年代初以来，戈帕(Goppa)等从几何观点出发，利用代数曲线构造了一类代数几何码，目前代数几何码的研究方兴未艾。纠错码技术渗透到许多领域，并取得了很大的收获。例如，纠错与调制技术相结合产生的网络编码调制(Trellis Code Modulation，TCM)技术已作为国际通信标准技术而推广使用。

1993年，贝鲁(C. Berrou)提出了Turbo码，其编码通过对一组信息序列进行交织后产生两组或两组以上校验序列而形成的整个码字，译码采用软输入/软输出的迭代译码算法。在采用64500bit交织、18次迭代时，1/2码率的Turbo码的性能距香农限为0.7dB。随着Turbo码的应用，1995年麦基(Mackey)和尼尔(Neal)重新发现低密度奇偶校验码(Low Density Parity Check，LDPC，由Gallager在20世纪60年代提出)，并且引起了广泛的关注。2001年，理查森(Richardson)提出了一种组合长度为10^7、码率为1/2的性能最好二进制的LDPC，在AWGN信道下进行二进制传输，其性能距香农限仅为0.0045dB。这些接近香农限的新型编码技术已经在卫星通信、深空通信、数字电视、无线通信标准中得到广泛应用。

信源编码的研究要略早于香农信息论。柯尔莫哥洛夫与维纳分别于1941年和1942年进行了线性预测的开创性工作，他们以均方量化误差最小为准则建立了最优预测原理，为后来的线性预测压缩编码铺平了道路。1952年，哈夫曼(Huffman)提出了一种重要的无失真信源编码——Huffman码，这是一种不等长码，它可以很好地达到香农1948年证明的无失真信源编码定理所指出的压缩极限，已被证明是平均码长最短的最佳码。为了进一步提高有记忆信源的压缩效率，20世纪60年代至70年代，人们开始将各种正交变换用于信源压缩编码，先后得到了离散傅叶里变换(DFT)、卡尔曼-伦纳德变换(KLT)、离散余弦变换(DCT)、沃尔什-哈达玛变换(WHT)、ST等多种变换。其中，KLT为最佳变换，但KLT实用性不强，综合性能最好的是DCT。DCT变换已被确定为多种图像压缩国际标准的主要压缩手段，得到了极为广泛的应用。在连续信源限失真压缩编码研究方面，林特(Linde)、波茹(Buzo)和格雷(Gray)于1980年提出了矢量量化方法。矢量量化在利用数据相关性、减少量化失真半径、减小均方量化失真等方面均优于普通的标量量化，是一种很重要的信源编码方法。

除了上述几类经典的信源压缩编码方法的研究，从20世纪90年代初开始，人们主要针对图像类信源的特点，提出了多种新的压缩原理和方法，包括小波变换、分形编码、模型编码、子带编码等。这些方法对消除图像信源的其他几种多余度是行之有效的，但目前发展尚未成熟，有关实际应用的问题还在继续探讨中。这些内容已超出本书范围，有兴趣的读者可参阅其他书籍。

1.3 信息论与信息科学

专题讲座

专题讲座

信息科学以香农信息理论为基础，与计算机和自动化科学技术、生物学、数学、物理学等各门学科紧密联系并加以发展。它是以信息为主要研究对象、以信息的运动规律和应用方法为主要研究内容、以计算机为主要研究工具、以扩展人类的信息功能(特别是智力功能)为主要研究目标的一门新兴的综合性科学。

信息的运动规律和应用方法主要包括：探讨信息的本质；研究信息的度量方法；研究信息是如何产生，如何提取，如何检测、变换、传递、存储、处理和识别；如何利用信息来进行控制和实现最优组织；等等。扩展人类的信息功能包括延长人类的感觉功能(信息提取、检测、识别、存储、传递等)、思维功能(信息变换、处理和决策等)以及执行功能(利用信息进行调节、控制和管理等)。相比于传统科学,以信息为主要研究对象是信息科学最根本的特点,而扩展人类的思维功能则是信息科学与传统科学之间最重要的区别。

信息、知识、智能是现代科学中三个具有基础性和关联性的重要研究领域,钟义信给出了信息科学的研究模型(图 1.3.1),其中把人作为认识主体,把外部世界作为认识主体的认识对象,这表明信息不是静止和孤立存在的,而是在人类主观世界和外部世界相互作用的过程中存在的,同时定义了三类信息转换来探索信息的运动规律,包括外界事物的本体论信息转换为主体的认识论信息、主体的认识论信息转换为知识、主体的认识论信息转换为智能行为,并反作用于外界事物客体,完成一次主客交互。其中,后两种转换都是复杂的过程。当训练样本逐步增加的时候,归纳算法存在"由信息到知识的飞跃"。在支持演绎算法的知识由不充分到充分时,演绎算法就存在"由知识到策略的飞跃"。

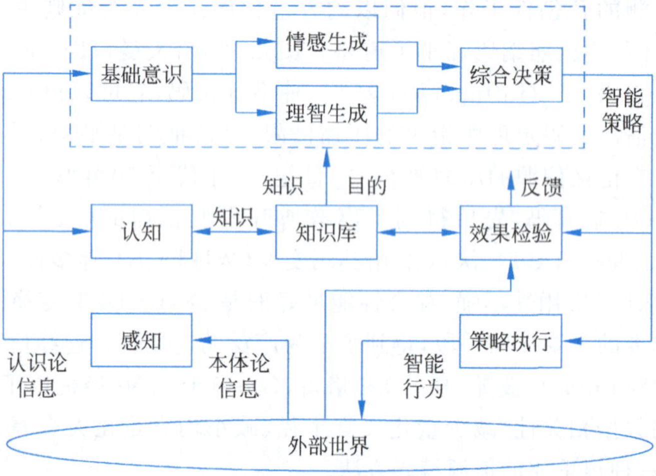

图 1.3.1　信息科学的研究模型

可以认为,由各种交叉学科相结合基础上形成的以信息量为重要度量的学科分支都可看作信息科学的分支科学。近年来,逐渐形成的光学信息论、量子信息论、生物信息论或生物信息学都是信息科学的重要分支。其中,量子信息科学不断地取得大量的、有成效的、引人瞩目的成果,它将会是今后信息科学发展的重要领域。

广义地认为,信息科学由信息科学理论、信息应用技术和信息科学方法组成。

信息科学理论主要包含信息定性理论、信息定量理论和信息应用理论。

信息应用技术,狭义地说,它是扩展人的信息功能的技术。它包括获取信息、传递信息、加工处理信息、存储信息等代替和延伸人的感官及大脑的信息功能的技术。所以,它主要包括信息获取技术(感测技术)、信息传递技术(电信技术)、信息加工处理技术(计算机技术)及信息控制技术(自动智能控制技术)四个主要方面。

专题讲座

专题讲座

信息科学方法是人类以信息作为窗口去认识世界和改造世界全过程的一整套方法,由信息分析方法和信息利用方法两大部分组成。它包括信息的获取方法、信息的传递方法、信息的加工处理方法、信息的存储方法、信息的描述和度量方法及信息的调控和利用方法。信息科学方法就是信息科学理论的应用手段,它是适应信息科学研究的需要而产生的一种同传统的科学研究方法截然不同的科学研究方法，并将随着信息科学理论的发展而不断完善。

信息科学理论、信息科学技术和信息科学方法三者之间既有区别又相互联系和作用而构成信息科学的总体。正是它们在这样的相互依赖和相互促进中交相辉映、共同发展，使人类对信息的认识和利用上升到一个新的水平，把人类推入了高度化发展的信息社会。

毫无疑问，随着信息论和信息科学的发展，人们将会揭示出客观世界和人类主观世界更多的内在规律，从而使人们有可能创造出各种性能优异的信息获取系统、信息传输系统、信息控制系统及智能信息系统，使人类进一步从自然力的束缚下得到解放和自由。

第2章 信源与熵

信息是一个相当宽泛的概念，以致我们很难用简单的定义完全准确地把握它。信息论的发展是以信息可以度量为基础的。在信息论中，只有当消息符号的出现是随机的，预先无法确定时，该消息符号的出现才能给观察者提供信息。而这些符号的出现在统计上具有某些规律性，因此可以运用概率论和随机过程的理论来研究信息。对于任何一个概率分布，可定义熵这样一个量，它具有许多特性符合人们度量信息时的直觉。

本章讨论信源的统计特性和数学模型，给出离散随机变量、连续随机变量的熵的定义及相关性质，最后分析 Kullback 熵及 Fano 不等式。

2.1 信源模型

中文教学录像

视频

研讨式教学

信源即信息的产生源。信息本身是比较抽象的，它必须通过消息表达出来。每一条特定的信息都具有语义信息、语法信息和语用信息三个不同的层面，但如前所述，香农信息论只研究语法信息，这是信息概念中最单纯、最具一般性的特质。

语法信息主要是指各种信息出现的可能性及相互关系。对信息接收者而言，信源在某一时刻将发出什么样的消息是不确定的，因此，可用随机变量或随机矢量来描述信源输出的消息，即用概率空间来描述信源。

很多信源可能输出的消息数量是有限的，而且每次只输出一个特定的消息。例如，抛硬币这一过程产生正面或反面两种结果，由经验可知两种结果是等概出现的。因此，可将抛硬币的过程看作一个信源，用随机变量 X 表示，而将它输出的两种消息看作两个基本事件，分别用 a_1 和 a_2 表示，并分别标上各事件的出现概率，则将该信源抽象得到的数学模型为

$$\begin{bmatrix} X \\ P(x) \end{bmatrix} = \begin{bmatrix} a_1 & a_2 \\ 0.5 & 0.5 \end{bmatrix}$$

并且各事件的出现概率满足

$$\sum_{i=1}^{2} P(a_i) = 1$$

实际情况中存在着许多这种符号个数有限的信源，如计算机代码、阿拉伯数字码、电报符号等。这种信源可用离散型随机变量来描述，这种信源称为**离散信源**。其数学模型就是离散型的概率空间（设该信源可能取的符号有 q 个）：

$$\begin{bmatrix} X \\ P(x) \end{bmatrix} = \begin{bmatrix} a_1 & a_2 & \cdots & a_q \\ P(a_1) & P(a_2) & \cdots & P(a_q) \end{bmatrix}$$

并且有

$$\sum_{i=1}^{q} P(a_i) = 1$$

离散信源是香农信息论研究的最主要信源，数字通信系统中的信源即为典型的离散信源。

许多信源具有无限多的可能输出状态，如模拟语音或模拟视频信号的输出幅度均为连续的，此类信源可用连续型随机变量来描述，这种信源称为**连续信源**。其数学模型为

$$\begin{bmatrix} X \\ P(x) \end{bmatrix} = \begin{bmatrix} (a,b) \\ p(x) \end{bmatrix}$$

且满足

$$\int_a^b p(x)\mathrm{d}x = 1$$

式中：(a,b)为变量 X 的取值范围，可取$(-\infty,+\infty)$；$p(x)$为 X 的概率密度函数。

以上讨论了信源只输出一个消息符号的简单情况，很多实际信源输出的消息往往是由一系列符号组成的(不妨假设由 N 个符号组成)，此时就不能简单地用一维随机变量来描述信源，而应用 N 维随机矢量 $\boldsymbol{X}=(X_1,X_2,\cdots,X_N)$来描述：

$$\begin{bmatrix} X \\ P(x) \end{bmatrix} = \begin{bmatrix} (a_1,\cdots,a_1) \triangleq \boldsymbol{\alpha}_1 & (a_1,\cdots,a_2) \triangleq \boldsymbol{\alpha}_2 & \cdots & (a_q,\cdots,a_q) \triangleq \boldsymbol{\alpha}_{q^N} \\ P(a_1,\cdots,a_1) & P(a_1,\cdots,a_2) & \cdots & P(a_q,\cdots,a_q) \end{bmatrix}$$

该信源由 q 个符号 $a_1 \sim a_q$ 组成了 q^N 个输出矢量 $\boldsymbol{\alpha}_1 \sim \boldsymbol{\alpha}_{q^N}$，并且有

$$\sum_{i=1}^{q^N} P(\boldsymbol{\alpha}_i) = 1$$

当上述信源先后发出的一个个符号彼此统计独立时，该信源称为离散无记忆信源。其 N 维随机矢量的联合概率分布满足

$$P(x) = \prod_{i=1}^{N} P(X_i = a_{k_i}), \quad k_i \in \{1,2,\cdots,q\}$$

一般情况下，信源先后发出的符号之间存在着相关性，这种信源称为有记忆信源。对于有记忆信源的研究需在 N 维随机矢量的联合概率中引入条件概率 $P(x_i \mid x_{i-1}, x_{i-2},\cdots)$来说明它们之间的关联。

实际信源的相关性随符号间隔的增大而减弱，在分析时可以限制随机序列的记忆长度。当记忆长度为 $m+1$ 时，即信源每次发出的符号只与前 m 个符号有关，这种有记忆信源称为 **m 阶马尔可夫信源**。此时描述信源符号之间依赖关系的条件概率为

$$P(x_i \mid x_{i-1},x_{i-2},\cdots,x_{i-m},x_{i-m-1},\cdots) = P(x_i \mid x_{i-1},x_{i-2},\cdots,x_{i-m})$$

当信源输出符号的多维统计特性与时间起点无关时，称为平稳信源。这符合大多数情形。平稳的马尔可夫信源又称为时齐马尔可夫信源。

更一般地说，实际某些信源的输出常常是时间和取值都是连续的消息(如语音信号 $X(t)$、电视信号 $X(x_0,y_0,t)$等都是时间连续的波形信号，一般称为模拟信号)，而且当固定某一时刻 $t=t_0$ 时，它们的可能取值也是连续且随机的，这样的信源称为**随机波形信源**(也称为随机模拟信源)。随机波形信源输出的消息是随机的，因此可以用随机过程 $\{x(t)\}$来描述。它的统计特性一般用 n 维概率密度函数族 $p_n(x_1,x_2,\cdots,x_n,t_1,t_2,\cdots,t_n)$来描述。随机波形信源可用有限维概率密度函数族以及与各维概率密度函数有关的统计量来描述，即用

$$\begin{cases} p_1(x_1,t_1) \\ p_2(x_1,x_2,t_1,t_2) \\ \quad\vdots \\ p_n(x_1,x_2,\cdots,x_n,t_1,t_2,\cdots,t_n) \end{cases}$$

来描述信源。其中 $x_1, x_2, \cdots, x_n$ 是随机过程 $\{x(t)\}$ 在 $t_1, t_2, \cdots, t_n$ 时刻的取值，而时间 t_i 是连续的。统计特性（各维概率密度函数）不随时间平移而变化的随机过程为平稳随机过程。一般认为，在无线电通信系统中信号都是平稳遍历的随机过程。虽然受衰落现象干扰的无线电信号属于非平稳随机过程，但在正常通信条件下都可近似为平稳随机过程来处理。

分析随机波形信源一般比较复杂，由采样定理可知，只要是时间或频率上受限的随机过程，都可以把随机过程用一系列时间（或频率）域上离散的采样值来表示，而每个采样值都是连续型随机变量。这样就可把随机过程转换成时间（或频率）上离散的随机序列来处理。甚至在某种条件下可以转换成随机变量间统计独立的随机序列。如果随机过程是平稳的随机过程，时间离散化后可转换成平稳的随机序列。这样，随机波形信源可以转换成连续平稳信源来处理。若再对每个采样值（连续型的）经过分层（量化），就可将连续的取值转换成有限的或可数的离散值，也就可把连续信源转换成离散信源来处理。

2.2 离散随机变量的熵

研讨式教学

双语教学录像

2.2.1 自信息

对于如下的离散信源：

$$\begin{bmatrix} X \\ P(x) \end{bmatrix} = \begin{bmatrix} a_1 & a_2 & \cdots & a_q \\ P(a_1) & P(a_2) & \cdots & P(a_q) \end{bmatrix}$$

$$\sum_{i=1}^{q} P(a_i) = 1$$

人们会提出这样的问题：该信源中各个消息的出现会携带多少信息？整个信源又能输出多少信息？这实际上要求给出信息的定量度量，第一个问题是关于自信息的定义，第二个问题是关于信源的信息熵。

香农信息描述的是信源中各个事件出现的不确定性及不确定性的变化。记事件 a_i 的自信息为 $I(a_i)$，则 a_i 的出现概率越大，$I(a_i)$ 越小；反之亦然。概言之，事件 a_i 的自信息 $I(a_i)$ 应满足下述四个基本条件。

(1) $I(a_i)$ 应是 $P(a_i)$ 的单调递减函数。$P(a_i)$ 越大，$I(a_i)$ 越小；$P(a_i)$ 越小，$I(a_i)$ 越大。

(2) 当 $P(a_i)=1$ 时，应有 $I(a_i)=0$。

(3) 当 $P(a_i)=0$ 时，应有 $I(a_i)=\infty$。

(4) 当事件 a_i、b_j 独立时，应有 $I(a_i b_j)=I(a_i)+I(b_j)$。

根据泛函分析理论，满足上述条件的自信息 $I(a_i)$ 的表达式应采取如下的对数形式：

$$I(a_i) = \log_r \frac{1}{P(a_i)}$$

或

$$I(a_i) = -\log_r P(a_i)$$

当对数的底取为 2 时，$I(a_i)$的单位为比特(bit)；当对数的底取为 e 时，$I(a_i)$的单位为奈特(nat)；当对数的底取为 10 时，$I(a_i)$的单位为哈特(hart)。

根据对数换底关系可得

$$\log_a x = \frac{\log_b x}{\log_b a}$$

可得 1nat=1.44bit，1hart=3.32bit。

一般情况下，采用以 2 为底的对数，并将 $\log_2 x$ 简记为 $\log x$。

$I(a_i)$表示事件 a_i 发生以前的先验不确定性，也可理解为 a_i 发生以后所提供的信息量。

1. 联合自信息

联合事件集合 XY 中的事件 $x=a_i, y=b_j$ 的自信息定义为

$$I(a_i b_j) = -\log P(a_i b_j)$$

实际上，如果把联合事件 $x=a_i, y=b_j$ 看成一个单一事件，那么联合自信息的含义与自信息的含义相同。

2. 条件自信息

事件 $x=a_i$，在事件 $y=b_j$ 给定条件下的自信息定义为

$$I(a_i \mid b_j) = -\log P(a_i \mid b_j)$$

条件自信息含义与自信息类似，只是概率空间不同。条件自信息表示：在事件 $y=b_j$ 给定条件下，$x=a_i$ 发生前的不确定性，以及事件 $x=a_i$ 发生后所得到的信息量。

同样，条件自信息也是随机变量。

例 2.2.1 投掷一个均匀的骰子。事件 a，朝上一面的点数为 3；事件 b，某一侧面的点数为 2。

(1) 求事件 a 的不确定性。

(2) 在事件 b 已知的条件下，求事件 a 的不确定性。

(3) 求事件 a、b 所提供的联合信息量。

解：$I(a)=\log \frac{1}{P(a)}=\log 6=2.58\text{(bit)}$

$I(a|b)=\log \frac{1}{P(a|b)}=\log 4=2\text{(bit)}$

$P(ab)=P(b)P(a|b)=\frac{1}{6}\cdot\frac{1}{4}=\frac{1}{24}$，$I(ab)=\log 24=4.58\text{(bit)}$

由上述结果可以看出，两个事件的联合自信息一定大于某一个事件的自信息。条件的引入使得 $P(a|b)>P(a)$，因此条件自信息小于自信息，即 $I(a|b)<I(a)$，这是否为一般的结论呢？

视频

2.2.2 信息熵

自信息 $I(a_i)$描述了信源中单一事件 a_i 的信息量。更多的时候需要知道整个信源

的平均自信息，这就需要对信源中所有事件的自信息进行统计平均计算：

$$E\left[\log\frac{1}{P(a_i)}\right]=\sum_{i=1}^{q}P(a_i)\log\frac{1}{P(a_i)}\triangleq H(X) \tag{2.2.1}$$

也可记作

$$H(X)=-\sum_{i=1}^{q}P(a_i)\log P(a_i) \tag{2.2.2}$$

$H(X)$是信源 X 中每个事件出现的平均信息量。

定义 2.2.1 式(2.2.2)所表示的 $H(X)$称为信源 X 的**信息熵**，简称信源熵。

取熵这个名称是因为式(2.2.1)、式(2.2.2)与统计物理学中热熵的表达式很相似，而且两者在本质上有某种类似。

信源 X 的信息熵 $H(X)$表示的是 X 中每个符号的平均信息量，或者说 $H(X)$表示了信源 X 中各符号出现的平均不确定性。一般式(2.2.2)中对数取 2 为底，信源熵的单位为比特/符号，且以 $H(X)$专门表示以 2 为底时的信源熵。而当式(2.2.2)中的对数底取为 r 时，则信源熵应取 r 进制单位，记作 $H_r(X)$，且有

$$H_r(X)=\frac{H(X)}{\log r}$$

对于一个特定的信源 X，其信源熵 $H(X)$不是一个随机变量而是一个定值，因为它已对整个信源的全部自信息进行了统计平均。

例 2.2.2 设有一信源 X 由事件 a_1、a_2 组成，其概率空间如下：

$$\begin{bmatrix}X\\P(x)\end{bmatrix}=\begin{bmatrix}a_1 & a_2\\0.99 & 0.01\end{bmatrix}$$

则其信源熵为

$$\begin{aligned}H(X)&=-0.99\log 0.99-0.01\log 0.01\\&=0.08(\text{比特 / 符号})\end{aligned}$$

设有另一信源 Y 如下：

$$\begin{bmatrix}Y\\P(y)\end{bmatrix}=\begin{bmatrix}b_1 & b_2\\0.5 & 0.5\end{bmatrix}$$

则

$$H(Y)=-0.5\log 0.5-0.5\log 0.5=1(\text{比特 / 符号})$$

可见有 $H(Y)>H(X)$，即信源 Y 的平均不确定性要大于信源 X 的平均不确定性。直观的分析也易得出这一结论，信源中各事件的出现概率越接近，则事先猜测某一事件发生的把握越小，即不确定性越大。由信息熵的极值性质可知，信源各事件等概出现时具有最大的信源熵，即信源的平均不确定性最大。

中文教学录像

2.2.3 条件熵与联合熵

视频

1. 条件熵

联合集 XY 上，条件自信息 $I(a_i|b_j)$的平均值定义为**条件熵**。其可以表示为

$$H(X \mid Y)=E[I(a_i \mid b_j)]$$
$$=-\sum_{i=0}^{q}\sum_{j=0}^{s}P(a_ib_j)\log P(a_i \mid b_j)$$

2. 联合熵

联合集 XY 上，联合自信息 $I(a_ib_j)$ 的平均值称为**联合熵**。其可表示为

$$H(XY)=E[I(a_ib_j)]$$
$$=-\sum_{i=0}^{q}\sum_{j=0}^{s}P(a_ib_j)\log P(a_ib_j)$$

例 2.2.3 (续例 2.2.1)投掷一个均匀的骰子，X 为朝上一面的点数，Y 为某一侧面的点数。

(1) 在某一侧面的点数已知的条件下，求朝上一面的点数的平均不确定性。

(2) 求某一侧面的点数与朝上一面的点数联合的平均不确定性。

解：(1) 条件概率 $P(x|y)$ 矩阵为

Y\X	1	2	3	4	5	6
1	0	1/4	1/4	1/4	1/4	0
2	1/4	0	1/4	1/4	0	1/4
3	1/4	1/4	0	0	1/4	1/4
4	1/4	1/4	0	0	1/4	1/4
5	1/4	0	1/4	1/4	0	1/4
6	0	1/4	1/4	1/4	1/4	0

可得 $H(X|Y)=\log 4=2$(比特/符号)。

其取值与例 2.2.1 中第(2)问结果一致，但物理意义不同，此处表示的是平均不确定性。

(2) 联合概率 $P(xy)$ 矩阵为

Y\X	1	2	3	4	5	6
1	0	1/24	1/24	1/24	1/24	0
2	1/24	0	1/24	1/24	0	1/24
3	1/24	1/24	0	0	1/24	1/24
4	1/24	1/24	0	0	1/24	1/24
5	1/24	0	1/24	1/24	0	1/24
6	0	1/24	1/24	1/24	1/24	0

可得 $H(XY)=\log 24=4.58$(比特/符号)。

其取值与例 2.2.1 中第(3)问一致，但单位不同，特别注意二者物理意义上的差别。

图 2.2.1 表示了信息测度各概念间的关系。消息或事件提供的信息量用自信息表征，信源提供的平均信息量用熵来表述，二者之间可通过统计平均运算来连接。注意各概念物理意义与单位的对应关系，以及相互之间的大小关系比较。

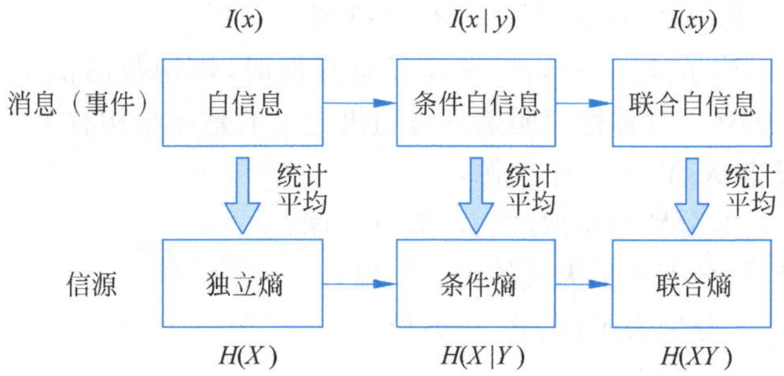

图 2.2.1　信息测度各概念间的关系

2.2.4　熵的基本性质

中文教学录像

双语教学录像

视频

视频

由式(2.2.2)可知，信源

$$\begin{bmatrix} X \\ P(x) \end{bmatrix} = \begin{bmatrix} a_1 & a_2 & \cdots & a_q \\ p_1 & p_2 & \cdots & p_q \end{bmatrix}$$

且

$$\sum_{i=1}^{q} p_i = 1$$

的信息熵为

$$H(X) = -\sum_{i=1}^{q} p_i \log p_i$$

它仅是概率矢量 $\boldsymbol{P}=(p_1,p_2,\cdots,p_q)$的函数，且具有如下重要性质。

1. 非负性

$$H(X) \geqslant 0$$

由 $H(X)$的计算式：

$$H(X) = -\sum_{i=1}^{q} p_i \log p_i$$

式中：p_i 为随机变量 X 的概率分布，通常取 $0<p_i<1$。

对于大于 1 的对数底，显然有 $\log p_i<0$，$-p_i\log p_i>0$，故有 $H(X)>0$。只有当信源 X 为确定事件，即某一事件 a_i 出现概率为 1 时等号才成立。

2. 确定性

$$H(1,0)=H(1,0,0)=H(1,0,\cdots,0)=0 \tag{2.2.3}$$

当信源 X 中某一事件为确定事件时，其熵为 0，这是因为对于 $p_i=1$ 有 $p_i\log p_i=0$，而对于 $p_j=0(j\neq i)$有 $\lim\limits_{p_j\to 0} p_j\log p_j=0$，故式(2.2.3)成立。此性质说明信源的熵 $H(X)$反映的是信源整体的不确定性，若信源的确定性很大，则其熵值非常小。

3. 对称性

$$H(p_1,p_2,\cdots,p_q)=H(p_{i_1},p_{i_2},\cdots,p_{i_q}) \tag{2.2.4}$$

式中：$i_1, i_2, \cdots, i_q$ 为$\{1,2,\cdots,q\}$的一个任意排列。

式(2.2.4)表示当 $p_1, p_2, \cdots, p_q$ 顺序任意互换时，熵函数的值不变。由式(2.2.2)定义，此结论显然成立。对称性说明熵只与随机变量的整体结构有关。

例 2.2.4 设有 X、Y、Z 三个信源：

$X=[a_1, a_2, a_3]$，分别表示取红、黄、蓝三色球；

$Y=[b_l, b_2, b_3]$，分别表示天气的阴、晴、雨；

$Z=[c_1, c_2, c_3]$，分别表示南、北、东方位。

它们的概率空间分别为

$$\begin{bmatrix} X \\ P(x) \end{bmatrix} = \begin{bmatrix} a_1 & a_2 & a_3 \\ \frac{1}{2} & \frac{1}{6} & \frac{1}{3} \end{bmatrix}$$

$$\begin{bmatrix} Y \\ P(y) \end{bmatrix} = \begin{bmatrix} b_1 & b_2 & b_3 \\ \frac{1}{6} & \frac{1}{2} & \frac{1}{3} \end{bmatrix}$$

$$\begin{bmatrix} Z \\ P(z) \end{bmatrix} = \begin{bmatrix} c_1 & c_2 & c_3 \\ \frac{1}{3} & \frac{1}{2} & \frac{1}{6} \end{bmatrix}$$

三者反映的内容及可能产生的影响均大相径庭，但它们的信息熵是相等的。这正说明香农信息论关心的只是语法信息，而不涉及语义信息和语用信息。

4. 扩展性

$$\lim_{\varepsilon \to 0} H(p_1, p_2, \cdots, p_q - \varepsilon, \varepsilon) = H(p_1, p_2, \cdots, p_q)$$

由于$\lim\limits_{\varepsilon \to 0} \varepsilon \log \varepsilon = 0$，所示上式成立。

该性质说明：信源消息集中的消息数增多时，若这些消息对应的概率很小(接近于零)，则信源的熵不变。虽然，概率很小的事件出现后，给予收信者较多的信息。但从整体来考虑时，因为这种概率很小的事件几乎不会出现，所以它在熵的计算中占的比例很小，使总的信源熵值维持不变。这也是熵的总体平均性的一种体现。

5. 熵的链式法则

设两个信源 X 和 Y，其信源空间定义如下：

$$\begin{bmatrix} X \\ P(x) \end{bmatrix} = \begin{bmatrix} a_1 & a_2 & \cdots & a_m \\ p_1 & p_2 & \cdots & p_m \end{bmatrix}, \quad \sum_{i=1}^{m} p_i = 1$$

$$\begin{bmatrix} Y \\ P(y) \end{bmatrix} = \begin{bmatrix} b_1 & b_2 & \cdots & b_n \\ p'_1 & p'_2 & \cdots & p'_n \end{bmatrix}, \quad \sum_{j=1}^{n} p'_j = 1$$

其联合信源的概率空间为

$$\begin{bmatrix} XY \\ P(xy) \end{bmatrix} = \begin{bmatrix} a_1 b_1 & a_1 b_2 & \cdots & a_m b_n \\ P(a_1 b_1) & P(a_1 b_2) & \cdots & P(a_m b_n) \end{bmatrix}, \quad \sum_{i=1}^{m} \sum_{j=1}^{n} P(a_i b_j) = 1$$

且

$$P(a_ib_j)=P(a_i)P(b_j\mid a_i)$$

则

$$\begin{aligned}H(XY)&=-\sum_{ij}P(a_ib_j)\log P(a_ib_j)\\&=-\sum_{ij}P(a_ib_j)\log[P(a_i)P(b_j\mid a_i)]\\&=-\sum_{ij}P(a_ib_j)[\log P(a_i)+\log P(b_j\mid a_i)]\\&=-\left[\sum_{ij}P(a_ib_j)\log P(a_i)+\sum_{ij}P(a_ib_j)\log P(b_j\mid a_i)\right]\\&=-\sum_{i}P(a_i)\log P(a_i)-\sum_{ij}P(a_ib_j)\log P(b_j\mid a_i)\\&=H(X)+H(Y\mid X)\end{aligned}\tag{2.2.5}$$

式(2.2.5)表明，信源 X 和 Y 的联合信源的熵等于信源 X 的熵加上在 X 已知条件下信源 Y 的条件熵。这条性质称为熵的**链式法则**，也称为**熵的强可加性**。

若信源 X 和 Y 统计独立，$H(Y|X)=H(Y)$，式(2.2.5)可写为

$$H(XY)=H(X)+H(Y)$$

这称为熵的**可加性**。

针对上述两个随机变量 X、Y，也可用条件概率

$$P(b_j\mid a_i)=p_{ij},\quad 1\geqslant p_{ij}\geqslant 0\quad (i=1,2,\cdots,m;\ j=1,2,\cdots,n)$$

来描述它们之间的关联。则有

$$\begin{aligned}&H(p_1p_{11},p_1p_{12},\cdots,p_1p_{1n},p_2p_{21},p_2p_{22},\cdots,p_2p_{2n},\cdots,p_mp_{m1},p_mp_{m2},\cdots,p_mp_{mn})\\&=H(p_1,p_2,\cdots,p_m)+\sum_{i=1}^{m}p_iH(p_{i1},p_{i2},\cdots,p_{in})\end{aligned}\tag{2.2.6}$$

式中

$$\sum_{i=1}^{m}p_i=1,\quad \sum_{i=1}^{m}\sum_{j=1}^{n}p_ip_{ij}=1,\quad \sum_{i=1}^{m}p_ip_{ij}=p'_j\tag{2.2.7}$$

由上式可得

$$\sum_{j=1}^{n}p_{ij}=1(i=1,2,\cdots,m)\tag{2.2.8}$$

式(2.2.6)的证明作为习题留给读者练习。

针对 N 维联合信源，熵的链式法则如下：

$$H(X_1,X_2,\cdots,X_N)=\sum_{i=1}^{N}H(X_i\mid X_{i-1},\cdots,X_1)$$

6. 极值性

$$H(p_1,p_2,\cdots,p_q)\leqslant H\left(\frac{1}{q},\frac{1}{q},\cdots,\frac{1}{q}\right)=\log q\tag{2.2.9}$$

这一性质说明：当信源中各事件的出现概率趋于均等，即没有任何事件占有更大的

确定性时，信源具有最大熵，即其平均不确定性最大。式(2.2.9)的证明需用到凸函数[①]与詹森不等式[②]的概念和结论。

下面证明式(2.2.9)。

证明：设概率矢量 $\boldsymbol{P}=(p_1,p_2,\cdots,p_q)$，并有 $\sum_{i=1}^{q}p_i=1(0<p_i<1)$。另设随机变量 $\boldsymbol{Y}=1/\boldsymbol{P}$，即 $y_i=1/p_i$。因为已知 $\log\boldsymbol{Y}$ 在正实数集($y_i>0$)上为 ∩ 型凸函数，所以根据詹森不等式可得

$$E[\log\boldsymbol{Y}]\leqslant\log(E[\boldsymbol{Y}])$$

即

$$\sum_{i=1}^{q}p_i\log y_i\leqslant\log\sum_{i=1}^{q}p_i y_i$$

或

$$\sum_{i=1}^{q}p_i\log\frac{1}{p_i}\leqslant\log\sum_{i=1}^{q}p_i\ \frac{1}{p_i}=\log q$$

所以可得

$$H(X)=H(p_1,p_2,\cdots,p_q)\leqslant\log q$$

并且只有当 $p_i=1/q$ 时等号才成立。

对于 p_i 取 0 或 1 的情况，由前述诸性质易知式(2.2.9)仍然成立。　[证毕]

这一结论称为**最大离散熵定理**。它说明信源中各事件的出现概率趋于均匀时，信源的平均不确定性最大，即具有最大熵。而只要信源中某一事件的发生占有较大的确定性，必然引起整个信源的平均不确定性下降。

二元信源是离散信源的一个很重要的特例。设二元信源 X 具有 0 和 1 两个信源符号，其概率空间如下：

$$\begin{bmatrix}X\\P(x)\end{bmatrix}=\begin{bmatrix}0 & 1\\ \omega & 1-\omega\end{bmatrix}$$

则其熵为

$$H(X)=-[\omega\log\omega+(1-\omega)\log(1-\omega)]$$

由于 $H(X)$ 仅是概率值 ω 的函数，故可记作

$$H(X)=-[\omega\log\omega+(1-\omega)\log(1-\omega)]\triangleq H(\omega)$$

二元信源的信息熵如图 2.2.2 所示。

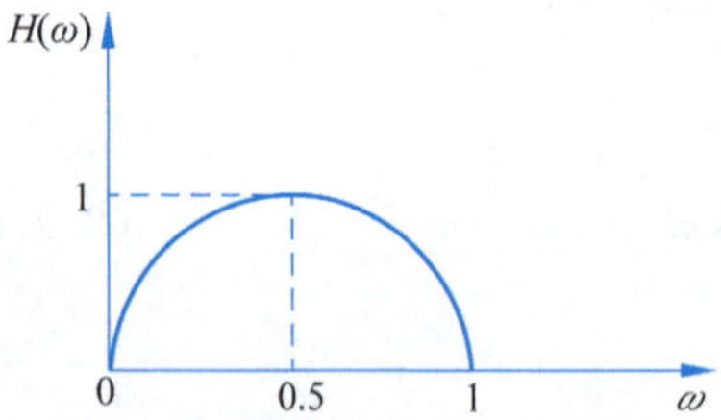

图 2.2.2　二元信源的信息熵

由图 2.2.2 可以看出，这是一个上凸函数，当 $\omega=0.5$ 时，$H(\omega)$ 取极大值 1(单位为比特/符号)，

---

① 凸函数：设函数 $f(x)$ 定义在 R 域上，若 $f(x)$ 上任意两点 a、b 间的曲线全部位于 a、b 两点组成的弦之下，则称 $f(x)$ 为 R 上的 ∪ 型凸函数，或称为下凸函数；若 $f(x)$ 上 a、b 间的曲线全部位于 a、b 两点组成的弦之上，则 $f(x)$ 为 R 上的 ∩ 型凸函数，或称为上凸函数。

② 詹森不等式：设 $f(x)$ 为 $[a,b]$ 上的 ∩ 型凸函数，X 为随机矢量，若 X 的数学期望 $E[X]$ 存在，则有 $E[f(x)]\leqslant f[E(X)]$ 成立。反之，若 $f(x)$ 为 $[a,b]$ 上的 ∪ 型凸函数，则有 $E[f(x)]\geqslant f[E(X)]$。

而当 $\omega=0$ 或 $\omega=1$ 时，$H(\omega)$ 均为 0，这就分别验证了信源熵的极值性与确定性。

图 2.2.2 同时说明，对于等概分布的二元序列，每一个二元符号将提供 1bit 的信息量。若输出符号不等概率，则每一个二元符号所提供的平均信息量将小于 1bit。

7. 熵的独立界

定理 2.2.1 条件作用使熵减小，即

$$H(Y \mid X) \leqslant H(Y) \tag{2.2.10}$$

等号成立当且仅当 X 与 Y 相互独立。

证明：设 X 和 Y 的信源空间定义与“熵的链式法则”中的定义一致。

$$\begin{bmatrix} X \\ P(x) \end{bmatrix} = \begin{bmatrix} a_1 & a_2 & \cdots & a_m \\ p_1 & p_2 & \cdots & p_m \end{bmatrix}, \quad \sum_{i=1}^{m} p_i = 1$$

$$\begin{bmatrix} Y \\ P(y) \end{bmatrix} = \begin{bmatrix} b_1 & b_2 & \cdots & b_n \\ p'_1 & p'_2 & \cdots & p'_n \end{bmatrix}, \quad \sum_{j=1}^{n} p'_j = 1$$

在区间[0,1]中，设 $f(x)=-x\log x$，它是区间内的 ∩ 型凸函数。并设 $x_i=p(b_j \mid a_i)=p_{ij}$，而 $P(a_i)=p_i$，有 $\sum\limits_{i=1}^{m} p_i=1$。所以根据詹森不等式

$$\sum_{i=1}^{m} p_i f(x_i) \leqslant f\left(\sum_{i=1}^{m} p_i x_i\right)$$

可得

$$-\sum_{i=1}^{m} p_i p_{ij} \log p_{ij} \leqslant -\sum_{i=1}^{m} p_i p_{ij} \log\left(\sum_{i=1}^{m} p_i p_{ij}\right) = -p'_j \log p'_j \tag{2.2.11}$$

式中

$$\sum_{i=1}^{m} p_i p_{ij} = \sum_{i=1}^{m} P(a_i b_j) = P(b_j) = p'_j$$

然后，将式(2.2.11)两边对所有 j 求和，可得

$$-\sum_{i=1}^{m} \sum_{j=1}^{n} p_i p_{ij} \log p_{ij} \leqslant -\sum_{j=1}^{n} p'_j \log p'_j$$

即

$$H(Y \mid X) \leqslant H(Y)$$

只有当 $p(b_j|a_i)=p(b_j)$，即前后符号出现统计独立时等式成立。 [证毕]

从直观上讲，定理 2.2.1 说明随机变量 X 已知的条件下 Y 的平均不确定性会降低。注意，这仅在平均意义下是成立的。而前面所提到的条件自信息 $I(y|x)$ 与自信息 $I(y)$ 的关系则不一定满足 $I(y|x) \leqslant I(y)$。例如，在法庭上特定的新证据可能会增加不确定性，但在一般情况下，证据是降低不确定性的。

若 $X_1, X_2, \cdots, X_N$ 为独立但非同分布的随机变量序列，则

$$H(X_1, X_2, \cdots, X_N) = \sum_{i=1}^{N} H(X_i)$$

此时 $H(X_i)$不全相等。更一般的情况，如定理 2.2.2 中所描述。

定理 2.2.2 设 $X_1, X_2, \cdots, X_N$ 服从 $p(x_1, x_2, \cdots, x_N)$，则

$$H(X_1, X_2, \cdots, X_N) \leqslant \sum_{i=1}^{N} H(X_i)$$

等号成立当且仅当 $X_1, X_2, \cdots, X_N$ 相互独立。这就是**熵的独立界**。

证明： 由熵的链式法则和定理 2.2.1 可知

$$H(X_1, X_2, \cdots, X_N) = \sum_{i=1}^{N} H(X_i \mid X_{i-1}, X_{i-2}, \cdots, X_1) \leqslant \sum_{i=1}^{N} H(X_i)$$

等号成立，当且仅当对所有的 i，X_i 与 $X_{i-1}, X_{i-2}, \cdots, X_1$ 独立，即当且仅当 $X_1, X_2, \cdots, X_N$ 相互独立。 [证毕]

8. 递增性

$$\begin{aligned} & H(p_1, p_2, \cdots, p_{m-1}, q_1, q_2, \cdots, q_n) \\ = & H(p_1, p_2, \cdots, p_{m-1}, p_m) + p_m H\left(\frac{q_1}{p_m}, \frac{q_2}{p_m}, \cdots, \frac{q_n}{p_m}\right) \end{aligned} \tag{2.2.12}$$

式中

$$\sum_{i=1}^{m} p_i = 1, \quad \sum_{j=1}^{n} q_j = p_m$$

此性质表明：若原信源 X（m 个符号的概率分布为 $p_1, p_2, \cdots, p_m$）中有一元素划分（或分割）成 n 个元素（符号），而这 n 个元素的概率之和等于原元素的概率，则新信源的熵增加。这是划分所产生的不确定性而导致熵的增加，增加量是式(2.2.12)的第二项。

可用熵函数的表达式直接来证明式(2.2.12)，此证明作为习题留给读者练习。下面由强可加性中的式(2.2.6)来推出式(2.2.12)。

设有 $m \times n$ 个条件概率 p_{ij}（$i=1,2,\cdots,m$；$j=1,2,\cdots,n$）满足 $\sum_{j=1}^{n} p_{ij} = 1$。假设在这 $m \times n$ 个 p_{ij} 中，只有当 $i=m$ 时 p_{mj}（$j=1,2,\cdots,n$）不等于“0”或“1”，而所有其他 $i \neq m$ 时 p_{ij}（$j=1,2,\cdots,n$）均等于“0”或“1”。因为，满足 $\sum_{j=1}^{n} p_{ij} = 1$，所以当 $i \neq m$ 时 $p_{i1}, p_{i2}, \cdots, p_{in}$ 中只有一个等于“1”，其余 $n-1$ 个均等于“0”。由此得其相应的 n 个概率乘积 $p_i p_{i1}, p_i p_{i2}, \cdots, p_i p_{in}$ 中，只保留一项为 p_i，其余 $n-1$ 项为“0”。所以，式(2.2.6)等号左边

$$\begin{aligned} & H(p_1 p_{11}, p_1 p_{12}, \cdots, p_1 p_{1n}, p_2 p_{21}, p_2 p_{22}, \cdots, p_2 p_{2n}, \cdots, p_m p_{m1}, p_m p_{m2}, \cdots, p_m p_{mn}) \\ = & H(p_1, p_2, \cdots, p_{m-1}, p_m p_{m1}, p_m p_{m2}, \cdots, p_m p_{mn}) \end{aligned}$$

而式(2.2.6)等式右边第二项中，根据熵函数的确定性可得

$$\begin{aligned} & \sum_{i=1}^{m} p_i H(p_{i1}, p_{i2}, \cdots, p_{in}) \\ = & p_1 H(p_{11}, p_{12}, \cdots, p_{1n}) + p_2 H(p_{21}, p_{22}, \cdots, p_{2n}) + \cdots + p_m H(p_{m1}, p_{m2}, \cdots, p_{mn}) \\ = & p_m H(p_{m1}, p_{m2}, \cdots, p_{mn}) \end{aligned}$$

由此可得

$$H(p_1,p_2,\cdots,p_{m-1},p_mp_{m1},p_mp_{m2},\cdots,p_mp_{mn})$$
$$=H(p_1,p_2,\cdots,p_{m-1},p_m)+p_mH(p_{m1},p_{m2},\cdots,p_{mn}) \tag{2.2.13}$$

根据式(2.2.7)$\sum_{i=1}^{m}p_ip_{ij}=q_j$ 中,$p_{ij}=0(i\neq m)$,所以求和式中只保留一项 p_mp_{mj},可得

$$p_mp_{mj}=q_j,\quad p_{mj}=q_j/p_m\quad (j=1,2,\cdots,n)$$

则推导得式(2.2.12),即

$$H(p_1,p_2,\cdots,p_{m-1},q_1,q_2,\cdots,q_n)$$
$$=H(p_1,p_2,\cdots,p_m)+p_mH\left(\frac{q_1}{p_m},\frac{q_2}{p_m},\cdots,\frac{q_n}{p_m}\right)$$

从上述分析过程和式(2.2.13)可以看出,若随机变量 X 原有 m 个元素,其中某一个元素分割成 n 个元素的小子集,其每个元素出现的概率为 $p_mp_{mj}(j=1,2,\cdots,n)$,且 $\sum_{j=1}^{n}p_{mj}=1$,则新的随机变量 X 的不确定性增加,其熵增加。而这个小子集出现的平均不确定性为 $H(p_{m1},p_{m2},\cdots,p_{mn})$,这个小子集出现的概率为 p_m,所以增加一项分割带来的平均不确定性为 $p_mH(p_{m1},p_{m2},\cdots,p_{mn})$。若原随机变量 X 中每个元素都分割成 n 个元素的小子集,每个小子集 i 中元素出现的概率为 $p_ip_{ij}(j=1,2,\cdots,n)$ 且 $\sum_{j=1}^{n}p_{ij}=1$,则新的随机变量 X 的不确定性要增加 m 项,每一项都是每个小子集带来的平均不确定性为 $p_iH(p_{i1},p_{i2},\cdots,p_{in})$。全部增加的不确定性为 $\sum_{i=1}^{m}p_iH(p_{i1},p_{i2},\cdots,p_{in})$。当然,其中各子集分割的元素个数 n 不必相等,这样得到的是更一般的情况。

下面再对递增性作进一步分析。根据式(2.2.12)可得,n 元信源的熵函数为

$$H(p_1,p_2,\cdots,p_{n-1},p_n)$$
$$=H(p_1,p_2,\cdots,p_{n-2},p_{n-1}+p_n)+(p_{n-1}+p_n)H\left(\frac{p_{n-1}}{p_{n-1}+p_n},\frac{p_n}{p_{n-1}+p_n}\right)$$

其中等式右边第一项,根据递增性又推得

$$H(p_1,p_2,\cdots,p_{n-2},p_{n-1}+p_n)$$
$$=H(p_1,p_2,\cdots,p_{n-3},p_{n-2}+p_{n-1}+p_n)+$$
$$(p_{n-2}+p_{n-1}+p_n)H\left(\frac{p_{n-2}}{p_{n-2}+p_{n-1}+p_n},\frac{p_{n-1}+p_n}{p_{n-2}+p_{n-1}+p_n}\right)$$

由此递推,可得

$$H(p_1,p_2,p_3+p_4+\cdots+p_{n-1}+p_n)$$
$$=H(p_1,p_2+p_3+p_4+\cdots+p_{n-1}+p_n)+$$
$$(p_2+p_3+\cdots+p_{n-1}+p_n)H\left(\frac{p_2}{p_2+p_3+\cdots+p_n},\frac{p_3+p_4+\cdots+p_n}{p_2+p_3+\cdots+p_n}\right)$$

则得

$$H(p_1,p_2,p_3,\cdots,p_{n-1},p_n)=H(p_1,p_2+p_3+\cdots+p_{n-1}+p_n)+$$
$$(p_2+p_3+\cdots+p_{n-1}+p_n)H\left(\frac{p_2}{p_2+p_3+\cdots+p_n},\frac{p_3+p_4+\cdots+p_n}{p_2+p_3+\cdots+p_n}\right)+$$
$$(p_3+p_4+\cdots+p_{n-1}+p_n)H\left(\frac{p_3}{p_3+p_4+\cdots+p_n},\frac{p_4+p_5+\cdots+p_n}{p_3+p_4+\cdots+p_n}\right)+$$
$$(p_4+p_5+\cdots+p_{n-1}+p_n)H\left(\frac{p_4}{p_4+p_5+\cdots+p_n},\frac{p_5+p_6+\cdots+p_n}{p_4+p_5+\cdots+p_n}\right)+\cdots+$$
$$(p_{n-2}+p_{n-1}+p_n)H\left(\frac{p_{n-2}}{p_{n-2}+p_{n-1}+p_n},\frac{p_{n-1}+p_n}{p_{n-2}+p_{n-1}+p_n}\right)+$$
$$(p_{n-1}+p_n)H\left(\frac{p_{n-1}}{p_{n-1}+p_n},\frac{p_n}{p_{n-1}+p_n}\right) \tag{2.2.14}$$

式(2.2.14)明显地反映了熵函数的递推性质。它表示 n 个元素的信源熵可以递推成 $n-1$ 个二元信源的熵函数的加权和。这样,可使多元信源的熵函数的计算简化成计算若干个二元信源的熵函数。因此,熵函数的递增性又称为递推性,它们只是从不同角度来分析式(2.2.12)。

例 2.2.5 运用熵函数的递增性计算熵函数 $H\left(\frac{1}{3},\frac{1}{3},\frac{1}{6},\frac{1}{6}\right)$的值。

解:运用式(2.2.14)可得

$$H\left(\frac{1}{3},\frac{1}{3},\frac{1}{6},\frac{1}{6}\right)=H\left(\frac{1}{3},\frac{2}{3}\right)+\frac{2}{3}H\left(\frac{1}{2},\frac{1}{2}\right)+\frac{1}{3}H\left(\frac{1}{2},\frac{1}{2}\right)$$
$$=H\left(\frac{1}{3},\frac{2}{3}\right)+H\left(\frac{1}{2},\frac{1}{2}\right)=1.918(\text{比特 / 符号})$$

2.2.5 离散无记忆的扩展信源

前面讨论了简单的离散信源,即信源每次输出只是单个符号的消息;给出了用信息熵 $H(X)$对基本离散信源进行信息测度;研究了信息熵 $H(X)$的基本性质。从本节开始,将进一步讨论较为复杂的离散信源及其信息测度。

往往很多实际信源输出的消息是时间或空间上的一系列符号。例如,某电报系统发出的是一串有、无脉冲的信号(有脉冲用"1"表示,无脉冲用"0"表示),这个电报系统就是二元信源,其输出的消息是一串"0"或"1"的序列。在信源输出的序列中,每一位出现哪个符号通常都是随机的,而且前后符号的出现一般是有统计依赖关系的。

首先,研究平稳离散无记忆信源,此信源输出的消息序列是平稳随机序列并且符号之间是无依赖的,即是统计独立的。因此,离散无记忆信源的数学模型与之前最简单的离散信源的数学模型基本相同,也用$[X,P(x)]$概率空间来描述,不同的是离散无记忆信源输出的消息是一串符号序列(用随机矢量来描述),并且随机矢量的联合概率分布等于随机矢量中各个随机变量的概率乘积。

为了便于研究，把信源输出的序列看成是一组一组发出的。如可以认为二元电报系统每两个二元数字组成一组，这样信源输出的是由两个二元数字组成的一组组符号。这时可以将它们等效成一个新的信源，它由 00、01、10、11 四个符号组成，该信源称为二元无记忆信源的二次扩展信源。把每三个二元数字组成一组，这样长度为 3 的二元序列就有 8 种不同的序列，则可等效成一个具有 8 个符号的信源，把它称为二元无记忆信源的三次扩展信源。以此类推，可以把每 N 个二元数字组成一组，则信源等效成一个具有 2^N 个符号的新信源，把它称为二元无记忆信源的 N 次扩展信源。

一般情况，如果有一个离散无记忆信源 X，其样本空间为$\{a_1,a_2,\cdots,a_q\}$，它的输出消息序列可以用一组组长度为 N 的序列来表示，这时它就等效成了一个新信源。新信源输出的符号是原 N 长的消息序列，用 N 维离散随机矢量来描述，写成 $\boldsymbol{X}=(X_1,X_2,\cdots,X_N)$，其中，每个分量 $X_i(i=1,2,\cdots,N)$都是随机变量，它们都取于同一信源 X，并且分量之间统计独立。由这个随机矢量 $\boldsymbol{X}$ 组成的新信源称为离散无记忆信源 X 的 N 次扩展信源。用 N 重概率空间来描述离散无记忆信源 X 的 N 次扩展信源，一般标记为 X^N。

设一个离散无记忆信源的概率空间为

$$\begin{bmatrix} X \\ P(x) \end{bmatrix} = \begin{bmatrix} a_1 & a_2 & \cdots & a_q \\ p_1 & p_2 & \cdots & p_q \end{bmatrix}, \quad \sum_{i=1}^{q} p_i = 1 \quad (p_i \geqslant 0)$$

则信源 X 的 N 次扩展信源 X^N 是具有 q^N 个符号的离散信源，其 N 重概率空间为

$$\begin{bmatrix} X^N \\ P(\alpha_i) \end{bmatrix} = \begin{bmatrix} \alpha_1 & \alpha_2 & \cdots & \alpha_{q}^{N} \\ P(\alpha_1) & P(\alpha_2) & \cdots & P(\alpha_{q}^{N}) \end{bmatrix}$$

式中，每个符号 α_i 是对应于某一个由 N 个基本源符号 a_i 组成的序列。而 α_i 的概率 $P(\alpha_i)$是一个 N 维联合概率。因为符号之间是无记忆的（彼此统计独立），所以若 $\alpha_i=(a_{i_1}a_{i_2}\cdots a_{i_N})$，则

$$P(\alpha_i)=P(a_{i_1})P(a_{i_2})\cdots P(a_{i_N})=p_{i_1}p_{i_2}\cdots p_{i_N}, \quad 0\leqslant P(\alpha_i)\leqslant 1$$

而

$$\begin{aligned} \sum_{i=1}^{q^N} P(\alpha_i) &= \sum_{i_1=1}^{q} P(a_{i_1}) \sum_{i_2=1}^{q} P(a_{i_2}) \cdots \sum_{i_N=1}^{q} P(a_{i_N}) \\ &= \sum_{i_1=1}^{q}\sum_{i_2=1}^{q}\cdots\sum_{i_N=1}^{q} p_{i_1}p_{i_2}\cdots p_{i_N} = \sum_{i_1=1}^{q} p_{i_1} \sum_{i_2=1}^{q} p_{i_2} \cdots \sum_{i_N=1}^{q} p_{i_N} = 1 \end{aligned} \quad (2.2.15)$$

式(2.2.15)表明，离散无记忆信源 X 的 N 次扩展信源的概率空间$[X^N,P(\alpha_i)]$也是完备集。

根据信息熵的定义，N 次扩展信源的熵为

$$H(\boldsymbol{X})=H(X^N)=-\sum_{X^N} P(\boldsymbol{x})\log P(\boldsymbol{x})=-\sum_{X^N} P(\alpha_i)\log P(\alpha_i) \quad (2.2.16)$$

可以证明离散无记忆信源 X 的 N 次扩展信源的熵等于离散信源 $\boldsymbol{X}$ 的熵的 N 倍，即

$$H(X^N)=NH(\boldsymbol{X})$$

证明：设 α_i 是 N 次无记忆扩展信源 X^N 概率空间中的一个符号，对应于由 N 个 α_i 组成的序列

$$\alpha_i = (a_{i_1} a_{i_2} \cdots a_{i_N})$$

而

$$P(\alpha_i) = p_{i_1} p_{i_2} \cdots p_{i_N} \quad (i_1, i_2, \cdots, i_N = 1, 2, \cdots, q)$$

根据式(2.2.16)可得 N 次扩展信源的熵为

$$H(X^N) = -\sum_{X^N} P(\alpha_i) \log P(\alpha_i)$$

式中，求和号"$\sum$"是对信源 X^N 中所有 q^N 个符号求和，所以求和的项共有 q^N 个。这种求和号可以等效于 N 个求和，而且其中的每一个又是对 X 中的 q 个符号求和。所以式(2.2.16)也可改写成

$$\begin{aligned} H(X^N) &= \sum_{X^N} P(\alpha_i) \log \frac{1}{p_{i_1} p_{i_2} \cdots p_{i_N}} \\ &= \sum_{X^N} P(\alpha_i) \log \frac{1}{p_{i_1}} + \sum_{X^N} P(\alpha_i) \log \frac{1}{p_{i_2}} + \cdots + \sum_{X^N} P(\alpha_i) \log \frac{1}{p_{i_N}} \end{aligned} \tag{2.2.17}$$

式(2.2.17)中共有 N 项，考察其中第一项

$$\begin{aligned} \sum_{X^N} P(\alpha_i) \log \frac{1}{p_{i_1}} &= \sum_{X^N} p_{i_1} p_{i_2} \cdots p_{i_N} \log \frac{1}{p_{i_1}} \\ &= \sum_{i_1=1}^{q} p_{i_1} \log \frac{1}{p_{i_1}} \left[\sum_{i_2=1}^{q} p_{i_2} \sum_{i_3=1}^{q} p_{i_3} \cdots \sum_{i_N=1}^{q} p_{i_N} \right] \end{aligned}$$

因为

$$\sum_{i_k=1}^{q} p_{i_1} = 1 (k = 2, 3, \cdots, N)$$

所以

$$\sum_{X^N} P(\alpha_i) \log \frac{1}{p_{i_1}} = \sum_{i_1=1}^{q} p_{i_1} \log \frac{1}{p_{i_1}} = H(X)$$

同理，计算式(2.2.17)中其余各项，可得

$$H(\boldsymbol{X}) = H(X^N) = H(X) + H(X) + \cdots + H(X) = NH(X) \quad (\text{共有 } N \text{ 项})$$

[证毕]

例 2.2.6 有一离散无记忆信源

$$\begin{bmatrix} X \\ P(X) \end{bmatrix} = \begin{bmatrix} a_1 & a_2 & a_3 \\ \frac{1}{2} & \frac{1}{4} & \frac{1}{4} \end{bmatrix}, \quad \sum_{i=1}^{3} p_i = 1$$

求这个离散无记忆信源的二次扩展信源。扩展信源的每个符号是信源 X 的输出长度为 2 的符号序列。因为信源 X 共有 3 个不同符号，所以由信源 X 中每两个符号组成的不同排列共有 $3^2=9$ 种，得二次扩展信源共有 9 个不同的符号。又因为信源 X 是无记忆的，则有 $P(\alpha_i) = p_{i_1} p_{i_2} (i_1, i_2 = 1, 2, 3)$，于是得表 2.2.1。

表 2.2.1 例 2.2.6 的二次扩展信源

X^2 信源的符号	$\boldsymbol{\alpha}_1$	$\boldsymbol{\alpha}_2$	$\boldsymbol{\alpha}_3$	$\boldsymbol{\alpha}_4$	$\boldsymbol{\alpha}_5$	$\boldsymbol{\alpha}_6$	$\boldsymbol{\alpha}_7$	$\boldsymbol{\alpha}_8$	$\boldsymbol{\alpha}_9$
对应的由两个 a_i 组成的符号序列	a_1a_1	a_1a_2	a_1a_3	a_2a_1	a_2a_2	a_2a_3	a_3a_1	a_3a_2	a_3a_3
概率 $P(\alpha_i)$	$\frac{1}{4}$	$\frac{1}{8}$	$\frac{1}{8}$	$\frac{1}{8}$	$\frac{1}{16}$	$\frac{1}{16}$	$\frac{1}{8}$	$\frac{1}{16}$	$\frac{1}{16}$

可以算得

$$H(X)=1.5(\text{比特} / \text{符号})$$

（此处单位中的“符号”是指 X 信源的输出符号 α_i。）

$$H(\boldsymbol{X})=H(X^2)=3(\text{比特} / \text{符号})$$

（注意，此处单位中的“符号”是指扩展信源的输出符号 α_i，它是由两个 a_i 符号组成。）所以可得

$$H(\boldsymbol{X})=2H(X)$$

对于上述结论，也可以直观地进行理解。因为扩展信源 X^N 的每一个输出符号 α_i 是由 N 个 a_i 所组成的序列，并且序列中前后符号是统计独立的。现已知每个信源符号 a_i 含有的平均自信息量为 $H(X)$，那么 N 个 a_i 组成的平稳无记忆序列平均含有的自信息量为 $NH(X)$（根据熵的可加性）。因此，信源 X^N 每个输出符号 α_i 含有的平均自信息量为 $NH(X)$。

2.2.6 离散平稳信源的熵

在 2.1 节中已经简要地提及了离散平稳信源。为了深入研究离散平稳信源的信息测度，必须首先给出离散平稳信源的严格数学定义，建立其数学模型，然后讨论它的信息测度。

2.2.6.1 离散平稳信源的数学定义

一般情况下，离散信源的输出是空间或时间的离散符号序列，而且在序列中符号之间有依赖关系。此时可用随机矢量来描述信源输出的消息，即 $X=(\cdots,X_1,X_2,X_3,\cdots,X_i,\cdots)$，其中任一变量 X_i 都是离散随机变量，它表示 $t=i$ 时刻所输出的符号。信源在 $t=i$ 时刻将要输出什么样的符号取决于以下两方面。

(1) 与信源在 $t=i$ 时刻随机变量 X_i 的取值的概率分布 $P(x_i)$ 有关。一般情况下，t 不同时，概率分布也不同，即 $P(x_i)\neq P(x_j)(i\neq j)$。

(2) 与 $t=i$ 时刻以前信源输出的符号有关，即与条件概率 $P(x_i|x_{i-1}x_{i-2}\cdots)$ 有关。同样，在一般情况下它也是时间 $t=i$ 的函数，所以

$$P(x_i \mid x_{i-1}x_{i-2}\cdots x_{i-N}\cdots)\neq P(x_j \mid x_{j-1}x_{j-2}\cdots x_{j-N}\cdots),\quad i\neq j$$

以上叙述的是一般随机序列的情况，它比较复杂，因此现在只讨论平稳的随机序列。平稳随机序列就是序列的统计性质与时间的推移无关，即信源所输出的符号序列的概率分布与时间起点无关。数学严格的定义如下：

若当 $t=i,t=j$ 时（i、j 是大于 1 的任意整数，且 $i\neq j$），信源所输出的随机序列满足

$P(x_i)=P(x_j)=P(x)$，即其一维概率分布与时间起点无关，则序列是一维平稳的。这里等号表示任意两个不同时刻信源输出符号的概率分布完全相同，即

$$\begin{cases} P(x_i=a_1)=P(x_j=a_1)=P(a_1) \\ P(x_i=a_2)=P(x_j=a_2)=P(a_2) \\ \quad\vdots \\ P(x_i=a_q)=P(x_j=a_q)=P(a_q) \end{cases}$$

具有这样性质的信源称为一维离散平稳信源。一维离散平稳信源无论在什么时刻均按 $P(x)$ 的概率分布输出符号。

若信源输出的随机序列 $\boldsymbol{X}$ 同时还满足二维联合概率分布 $P(x_i x_{i+1})$ 也与时间起点无关，即

$$P(x_i x_{i+1})=P(x_j x_{j+1})\ (i、j\ 为任意整数，且\ i\neq j)$$

则信源称为二维离散平稳信源。上述等式表示任何时刻信源连续输出两个符号的联合概率分布也完全相等。

若信源输出随机序列 $\boldsymbol{X}$ 的各维联合概率分布均与时间起点无关，即当 $t=i$，$t=j$（i，j 为任意整数，且 $i\neq j$）时，有

$$\begin{cases} P(x_i)=P(x_j) \\ P(x_i x_{i+1})=P(x_j x_{j+1}) \\ \quad\vdots \\ P(x_i x_{i+1}\cdots x_{i+N})=P(x_j x_{j+1}\cdots x_{j+N}) \end{cases} \tag{2.2.18}$$

则信源是完全平稳的，信源输出的序列 $\boldsymbol{X}$ 也是完全平稳的。这种各维联合概率分布均与时间起点无关的完全平稳信源称为离散平稳信源。

联合概率与条件概率有以下关系：

$$\begin{cases} P(x_i x_{i+1})=P(x_i)P(x_{i+1}\mid x_i) \\ P(x_i x_{i+1} x_{i+2})=P(x_i)P(x_{i+1}\mid x_i)P(x_{i+2}\mid x_i x_{i+1}) \\ \quad\vdots \\ P(x_i x_{i+1}\cdots x_{i+N})=P(x_i)P(x_{i+1}\mid x_i)\cdots P(x_{i+N}\mid x_i x_{i+1}\cdots x_{i+N-1}) \end{cases}$$

根据式(2.2.18)可得

$$\begin{cases} P(x_{i+1}\mid x_i)=P(x_{j+1}\mid x_j) \\ P(x_{i+2}\mid x_i x_{i+1})=P(x_{j+2}\mid x_j x_{j+1}) \\ \quad\vdots \\ P(x_{i+N}\mid x_i x_{i+1}\cdots x_{i+N-1})=P(x_{j+N}\mid x_j x_{j+1}\cdots x_{j+N-1}) \end{cases}$$

所以对于离散平稳信源来说，其条件概率也均与时间起点无关，只与关联长度 N 有关。它表示离散平稳信源输出的平稳随机序列前后的依赖关系与时间起点无关。如果某时刻输出什么符号与前输出的 N 个符号有关，那么任何时刻它们的依赖关系都是一样的，即

$$P(x_{i+N}\mid x_i x_{i+1}\cdots x_{i+N-1})=P(x_{j+N}\mid x_j x_{j+1}\cdots x_{j+N-1})=P(x_N\mid x_0 x_1\cdots x_{N-1})$$

2.2.6.2 离散平稳信源的熵

在一般离散平稳有记忆信源中,符号的相互依赖关系往往不仅存在于相邻两个符号之间,而且存在于更多的符号之间。所以,对于一般离散平稳有记忆信源,可以证得以下一些很重要的结论。

设离散平稳有记忆信源

$$\begin{bmatrix} X \\ P(x) \end{bmatrix} = \begin{bmatrix} a_1 & a_2 & \cdots & a_q \\ p_1 & p_2 & \cdots & p_q \end{bmatrix}, \quad \sum_{i=1}^{q} p_i = 1 \quad (p_i \geqslant 0)$$

输出的符号序列为$(\cdots, X_1, X_2, \cdots, X_N, X_{N+1}, \cdots)$,假设信源符号之间的依赖长度为$N$,并已知各维概率分布(它们不随时间推移而改变,满足式(2.2.18))

$$\begin{cases} P(x_1 x_2) = P(x_1 = a_{i_1} x_2 = a_{i_2}) \\ P(x_1 x_2 x_3) = P(x_1 = a_{i_1} x_2 = a_{i_2} x_3 = a_{i_3}) \\ \quad \vdots \\ P(x_1 x_2 \cdots x_N) = P(x_1 = a_{i_1} x_2 = a_{i_2} \cdots x_N = a_{i_N}) \end{cases} \quad (i_1, i_2, \cdots, i_q = 1, 2, \cdots, q)$$

或简写成

$$\begin{cases} P(a_{i_1} a_{i_2}) \\ P(a_{i_1} a_{i_2} a_{i_3}) \\ \quad \vdots \\ P(a_{i_1} a_{i_2} \cdots a_{i_N}) \end{cases} \quad (i_1, i_2, \cdots, i_q = 1, 2, \cdots, q)$$

并满足

$$\begin{cases} \sum_{i_1=1}^{q} \sum_{i_2=1}^{q} P(a_{i_1} a_{i_2}) = 1 \quad (P(a_{i_1} a_{i_2}) \geqslant 0) \\ \sum_{i_1=1}^{q} \sum_{i_2=1}^{q} \sum_{i_3=1}^{q} P(a_{i_1} a_{i_2} a_{i_3}) = 1 \quad (P(a_{i_1} a_{i_2} a_{i_3}) \geqslant 0) \\ \quad \vdots \\ \sum_{i_1=1}^{q} \cdots \sum_{i_N=1}^{q} P(a_{i_1} a_{i_2} \cdots a_{i_N}) = 1 \quad (P(a_{i_1} a_{i_2} \cdots a_{i_N}) \geqslant 0) \end{cases}$$

可以求得离散平稳信源的一系列联合熵为

$$H(X_1 X_2 \cdots X_N) = -\sum_{i_1=1}^{q} \cdots \sum_{i_N=1}^{q} P(a_{i_1} a_{i_2} \cdots a_{i_N}) \log P(a_{i_1} a_{i_2} \cdots a_{i_N}) \quad (N = 2, 3, 4, \cdots)$$

为了计算离散平稳信源的信息熵,定义N长的信源符号序列中平均每个信源符号所携带的信息量为

$$H_N(\boldsymbol{X}) = \frac{1}{N} H(X_1 X_2 \cdots X_N) \quad (N = 2, 3, 4, \cdots) \tag{2.2.19}$$

此值称为**平均符号熵**。

另外,由信源符号之间的依赖关系长度为N,可以求出前面$N-1$个符号时,后面出

现一个符号的平均不确定性。也就是已知前面 $N-1$ 个符号时,后面出现一个符号所携带的平均信息量,即得一系列条件熵为

$$H(X_N \mid X_1X_2\cdots X_{N-1}) = -\sum_{i_1=1}^{q}\cdots\sum_{i_N=1}^{q} P(a_{i_1}a_{i_2}\cdots a_{i_N})\log P(a_{i_N} \mid a_{i_1}a_{i_2}\cdots a_{i_{N-1}})$$

$(N=2,3,4,\cdots)$

对于离散平稳信源,当 $H_1(X)<\infty$ 时,具有以下几点性质:

(1) 条件熵 $H(X_N|X_1X_2\cdots X_{N-1})$ 随 N 的增加是非递增的;

(2) N 给定时,平均符号熵大于或等于条件熵,即 $H_N(X)\geqslant H(X_N|X_1X_2\cdots X_{N-1})$;

(3) 平均符号熵 $H_N(\boldsymbol{X})$ 随 N 增加也是非递增的;

(4) $H_\infty=\lim\limits_{N\to\infty}H_N(\boldsymbol{X})$ 存在,并且

$$H_\infty = \lim_{N\to\infty}H_N(\boldsymbol{X}) = \lim_{N\to\infty}H(X_N \mid X_1X_2\cdots X_{N-1}) \tag{2.2.20}$$

H_∞ 称为离散平稳信源的**极限熵**或**极限信息量**,也称为**离散平稳信源的熵率**。

性质(1)表明,在信源输出序列中符号之间前后依赖关系越长,前面若干个符号发生后,其后发生什么符号的平均不确定性就越弱。也就是说,条件较多的熵必小于或等于条件较少的熵,而条件熵必小于等于无条件的熵。而另几条性质表明,对于离散平稳信源,当考虑依赖关系为无限长时,平均符号熵和条件熵都非递增地一致趋于离散平稳信源的信息熵(极限熵)。所以可以用条件熵或者平均符号熵来近似描述离散平稳信源。

证明: 根据式(2.2.10)的证明,同理证得

$$H(X_3 \mid X_1X_2) \leqslant H(X_3 \mid X_2)$$

因为信源是平稳的,所以有

$$H(X_3 \mid X_2) = H(X_2 \mid X_1)$$

故得

$$H(X_3 \mid X_1X_2) \leqslant H(X_2 \mid X_1) \leqslant H(X_2)$$

由此递推,对于离散平稳信源,有

$$\begin{aligned} H(X_N \mid X_1X_2\cdots X_{N-1}) &\leqslant H(X_{N-1} \mid X_1X_2\cdots X_{N-2}) \\ &\leqslant H(X_{N-2} \mid X_1X_2\cdots X_{N-3}) \\ &\ \ \vdots \\ &\leqslant H(X_3 \mid X_1X_2) \\ &\leqslant H(X_2 \mid X_1) \\ &\leqslant H(X_2) \\ &= H(X_1) \end{aligned}$$

性质(1)得证。

根据式(2.2.5)推广可得

$$NH_N(X)=H(X_1X_2\cdots X_N)=H(X_1)+H(X_2|X_1)+\cdots+H(X_N|X_1X_2\cdots X_{N-1})$$

又直接运用性质(1)可得

$$NH_N(X) \geqslant H(X_N \mid X_1X_2\cdots X_{N-1}) + \cdots + H(X_N \mid X_1X_2\cdots X_{N-1})$$

$$=NH(X_N \mid X_1X_2\cdots X_{N-1})$$

所以证得性质(2),即

$$H_N(\boldsymbol{X}) \geqslant H(X_N \mid X_1X_2\cdots X_{N-1}) \tag{2.2.21}$$

同理,根据概率关系与式(2.2.19)可得

$$\begin{aligned}NH_N(\boldsymbol{X}) &= H(X_1X_2\cdots X_{N-1}X_N) = H(X_N \mid X_1X_2\cdots X_{N-1}) + H(X_1X_2\cdots X_{N-1}) \\ &= H(X_N \mid X_1X_2\cdots X_{N-1}) + (N-1)H_{N-1}(\boldsymbol{X})\end{aligned}$$

再利用性质(2)可得

$$NH_N(\boldsymbol{X}) \leqslant H_N(\boldsymbol{X}) + (N-1)H_{N-1}(\boldsymbol{X})$$

所以

$$H_N(\boldsymbol{X}) \leqslant H_{N-1}(\boldsymbol{X})$$

即 $H_N(\boldsymbol{X})$是随 N 增加而非递增的。

又因为

$$H_N(\boldsymbol{X}) \geqslant 0$$

即有

$$0 \leqslant H_N(\boldsymbol{X}) \leqslant H_{N-1}(\boldsymbol{X}) \leqslant H_{N-2}(\boldsymbol{X}) \leqslant \cdots \leqslant H_1(\boldsymbol{X}) < \infty$$

故 $\lim\limits_{N\to\infty} H_N(\boldsymbol{X})$存在,且为处于 0 和 $H_1(X)$之间的某一有限值。

再证明式(2.2.20):

另设一整数 k,则有

$$\begin{aligned}H_{N+k}(\boldsymbol{X}) &= \frac{1}{N+k}H(X_1X_2\cdots X_N\cdots X_{N+k}) \\ &= \frac{1}{N+k}[H(X_1X_2\cdots X_{N-1}) + H(X_N \mid X_1X_2\cdots X_{N-1}) + \cdots + \\ &\quad H(X_{N+k} \mid X_1X_2\cdots X_{N+k-1})]\end{aligned}$$

仍根据条件熵的非递增性和平稳性,可得

$$\begin{aligned}H_{N+k}(\boldsymbol{X}) &\leqslant \frac{1}{N+k}[H(X_1X_2\cdots X_{N-1}) + H(X_N \mid X_1X_2\cdots X_{N-1}) + \\ &\quad H(X_N \mid X_1X_2\cdots X_{N-1}) + \cdots + H(X_N \mid X_1X_2\cdots X_{N-1})] \\ &= \frac{1}{N+k}H(X_1X_2\cdots X_{N-1}) + \frac{k+1}{N+k}H(X_N \mid X_1X_2\cdots X_{N-1})\end{aligned}$$

当固定 N,k 取足够大时($k\to\infty$),由于 $H(X_1X_2\cdots X_{N-1})$和 $H(X_N|X_1X_2\cdots X_{N-1})$为定值,所以前一项因为$\frac{1}{N+k}\to 0$ 而可以忽略。而后一项因为$\frac{k+1}{N+k}\to 1$,所以可得

$$\lim_{k\to\infty} H_{N+k}(\boldsymbol{X}) \leqslant H(X_N \mid X_1X_2\cdots X_{N-1}) \tag{2.2.22}$$

在式(2.2.22)中,再令 $N\to\infty$,因存在极限

$$\lim_{N\to\infty} H_N(\boldsymbol{X}) = H_\infty$$

所以可得

$$\lim_{N\to\infty} H_N(\boldsymbol{X}) \leqslant \lim_{N\to\infty} H(X_N \mid X_1X_2\cdots X_{N-1}) \tag{2.2.23}$$

令 $N \to \infty$，由式(2.2.21)可得

$$\lim_{N\to\infty} H_N(\boldsymbol{X}) \geqslant \lim_{N\to\infty} H(X_N \mid X_1X_2\cdots X_{N-1}) \tag{2.2.24}$$

由式(2.2.23)和式(2.2.24)可得

$$H_\infty = \lim_{N\to\infty} H_N(\boldsymbol{X}) = \lim_{N\to\infty} H(X_N \mid X_1X_2\cdots X_{N-1})$$

由此证得式(2.2.20)。 [证毕]

对于一般的离散平稳信源，实际上求此极限熵是相当困难的。然而，对于一般离散平稳信源，由于取 N 不很大时就能得出非常接近 H_∞ 的 $H_N(\boldsymbol{X})$ 或者 $H(X_N|X_1X_2\cdots X_{N-1})$，因此可用条件熵或平均符号熵作为离散平稳信源极限熵的近似值。

2.2.7 马尔可夫信源的熵

一般情况，离散信源都是非平稳信源，而在非平稳离散信源中有一类特殊的信源。这类信源输出的符号序列中符号之间的依赖关系是有限的，并且它满足马尔可夫链的性质，因此可用马尔可夫链来处理。本节将讨论这类信源，并求出该信源的信息熵。

2.2.7.1 马尔可夫信源的定义

有许多信源是非平稳信源，但在其输出的符号序列中符号之间的依赖关系是有限的，即任何时刻信源符号发生的概率只与前面已经输出的若干符号有关，而与更前面输出的符号无关。为了描述这类信源，除了信源符号集外，还需引入状态 S。这时，信源输出消息符号还与信源所处的状态有关。

设一般信源所处的状态 $S \in E = \{E_1, E_2, \cdots, E_J\}$，在每一状态下可能输出的符号 $X \in A = \{a_1, a_2, \cdots, a_q\}$。并认为每一时刻，当信源输出一个符号后，信源所处的状态将发生转移。信源输出的随机符号序列为

$$x_1, x_2, \cdots, x_{l-1}, x_l, \cdots$$

信源所处的随机状态序列为

$$s_1, s_2, \cdots, s_{l-1}, s_l, \cdots$$

在第 l 时刻，信源处于状态 E_i 时，输出符号 a_k 的概率给定为

$$P(x_l = a_k \mid s_l = E_i)$$

另外，假设在第 $l-1$ 时刻信源处于 E_i 状态，它在下一时刻状态转移到 E_j 的状态转移概率为

$$P_{ij}(l) = P(s_l = E_j \mid s_{l-1} = E_i)$$

可见，信源的随机状态序列服从马尔可夫链，即下一时刻信源处于什么状态只与现在时刻所处的状态有关，与以前所处的状态无关。一般情况，状态转移概率和已知状态下输出符号的概率均与时刻 l 有关。当这些概率与时刻 l 无关时，即满足

$$P(x_l = a_k \mid s_l = E_i) = P(a_k \mid E_i)$$

$$P_{ij} = P(E_j \mid E_i)$$

则称为时齐的或齐次的。此时，信源的状态序列服从时齐马尔可夫链。

定义 2.2.2 若信源输出的符号序列和信源所处的状态满足下列两个条件：

（1）某一时刻信源符号的输出只与此刻信源所处的状态有关，而与以前的状态及以前的输出符号都无关，即

$$P(x_l=a_k \mid s_l=E_i, x_{l-1}=a_{k_1}, s_{l-1}=E_j, \cdots)=P(x_l=a_k \mid s_l=E_i) \quad (2.2.25)$$

当具有时齐性时，有

$$P(x_l=a_k \mid s_l=E_i)=P(a_k \mid E_i), \quad \sum_{a_k \in A} P(a_k \mid E_i)=1 \quad (2.2.26)$$

（2）信源某 l 时刻所处的状态由前一时刻（$l-1$）信源的输出符号和状态唯一决定，即

$$P(s_l=E_j \mid x_{l-1}=a_k, s_{l-1}=E_i)=0 \text{ 或 } 1, \quad (E_i, E_j \in E, a_k \in A) \quad (2.2.27)$$

则此信源称为**时齐马尔可夫信源**。

条件(2)表明，若信源处于某一状态 E_i，当它输出一个符号后，所处的状态从状态 E_i 转移到另一状态。显然，状态的转移依赖输出的信源符号，因此任何时刻信源处在什么状态完全由前一时刻的状态和输出的符号决定。又因条件概率 $P(a_k|E_i)$ 已给定，所以状态之间的转移有一定的概率分布，并可求得状态的一步转移概率 $P(E_j|E_i)$。

这种信源的状态序列在数学模型上可以作为时齐马尔可夫链来处理，因而可以用马尔可夫链的状态转移图来描述信源。在状态转移图上，把 J 个可能的状态中每一个状态用一圆圈表示，它们之间用有向线连接，表示信源输出某符号后由某一状态到另一状态的转移。并把输出的某符号 a_k 及条件概率 $P(a_k|E_i)$ 标注在有向线的一侧。

现举例说明这些概率及状态转移图。

例 2.2.7 设信源 $X \in A=\{a_1, a_2, a_3\}$，信源所处的状态 $S \in E=\{E_1, E_2, E_3, E_4, E_5\}$。各状态之间的转移情况由图 2.2.3 给出。

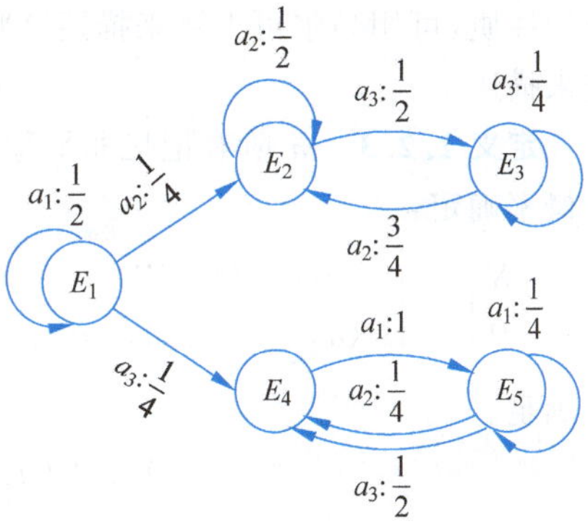

图 2.2.3 状态转移图

由图 2.2.3 可知，各状态下输出符号的概率分别为

$$\begin{cases} P(a_1 \mid E_1)=1/2, P(a_2 \mid E_2)=1/2, P(a_1 \mid E_5)=1/4 \\ P(a_2 \mid E_1)=1/4, P(a_3 \mid E_2)=1/2, P(a_2 \mid E_5)=1/4 \\ P(a_3 \mid E_1)=1/4, P(a_2 \mid E_3)=3/4, P(a_3 \mid E_5)=1/2 \\ P(a_1 \mid E_4)=1, P(a_3 \mid E_3)=1/4, P(a_k \mid E_i)=0 \end{cases} \quad (2.2.28)$$

可见，它们满足 $\sum_{k=1}^{3} P(a_k \mid E_i)=1(i=1,2,3,4,5)$。另从图 2.2.3 中可得

$$\begin{cases} P(s_l=E_2 \mid x_{l-1}=a_1, s_{l-1}=E_1)=0 \\ P(s_l=E_1 \mid x_{l-1}=a_1, s_{l-1}=E_1)=1 \\ P(s_l=E_2 \mid x_{l-1}=a_2, s_{l-1}=E_1)=1 \\ P(s_l=E_2 \mid x_{l-1}=a_3, s_{l-1}=E_1)=0 \\ \quad\vdots \end{cases} \quad (2.2.29)$$

所以信源满足条件式(2.2.27)。

根据式(2.2.28)和式(2.2.29)可求得状态的一步转移概率：

$$\begin{cases}P(E_1 \mid E_1)=1/2, P(E_2 \mid E_2)=1/2, P(E_3 \mid E_3)=1/4 \\ P(E_2 \mid E_1)=1/4, P(E_3 \mid E_2)=1/2, P(E_5 \mid E_4)=1 \\ P(E_4 \mid E_1)=1/4, P(E_2 \mid E_3)=3/4, P(E_5 \mid E_5)=1/4 \\ P(E_4 \mid E_5)=P(a_2 \mid E_5)+P(a_3 \mid E_5)=3/4 \\ P(E_j \mid E_i)=0 \quad (\text{其他})\end{cases}$$

可见，此信源满足条件式(2.2.25)～式(2.2.27)，所以此信源是马尔可夫信源，并且是时齐的马尔可夫信源。

上述定义和描述的是一般的马尔可夫信源。但常见的一些马尔可夫信源可能所处的状态 $E_i(i=1,2,\cdots,J)$ 与符号序列有关。如 m 阶有限记忆非平衡的离散信源，它在任何时刻 l，符号发生的概率只与前面 m 个符号有关，可以把这前面 m 个符号序列看作信源在此 l 时刻所处的状态。因为信源符号集共有 q 个符号，所以信源可以有 q^m 个不同的状态，它们分别对应于 q^m 个长度为 m 的不同的符号序列。这时，信源输出依赖长度为 $m+1$ 的随机符号序列就可转换成对应的状态随机序列，若这状态序列符合马尔可夫链的性质，可用马尔可夫链来描述这状态序列，因此 m 阶有记忆离散信源可用马尔可夫链来描述。

定义 2.2.3 m 阶有记忆非平稳离散信源的数学模型可由一组信源符号集和一组条件概率确定：

$$\begin{bmatrix}X \\ P\end{bmatrix}=\begin{bmatrix}a_1 \quad a_2 \quad \cdots \quad a_q \\ P(a_{k_{m+1}} \mid a_{k_1}a_{k_2}\cdots a_{k_m})\end{bmatrix} \quad (k_i \in \{1,2,\cdots,q\}, \quad i=1,2,\cdots,m+1)$$

并满足

$$0 \leqslant P(a_{k_{m+1}} \mid a_{k_1}a_{k_2}\cdots a_{k_m}) \leqslant 1$$

且

$$\sum_{k_{m+1}=1}^{q} P(a_{k_{m+1}} \mid a_{k_1}a_{k_2}\cdots a_{k_m})=1 \quad (k_i \in \{1,2,\cdots,q\}, \quad i=1,2,\cdots,m+1)$$

则此信源称 X 为**时齐 m 阶马尔可夫信源**。当 $m=1$ 时，即任何时刻信源符号发生的概率只与前面一个符号有关，则称为**一阶马尔可夫信源**。

m 阶马尔可夫信源在任何时刻 l 符号发生的概率只与前 m 个符号有关，所以可设状态 $E_i=(a_{k_1}a_{k_2}\cdots a_{k_m})$。由于 $k_1,k_2,\cdots,k_m$ 均可取 $1,2,\cdots,q$，得信源的状态集 $E=[E_1,E_2,\cdots,E_J]$，$J=q^m$。这样一来，已知的条件概率可变换成

$$P(a_{k_{m+1}} | a_{k_1}a_{k_2}\cdots a_{k_m})=P(a_{k_{m+1}} | E_i)=P(a_k | E_i) \quad (k=1,2,\cdots,q;\ i=1,2,\cdots,J)$$

条件概率 $P(a_{k_{m+1}}|E_i)$ 则表示任何 l 时刻信源处在状态 E_i 时输出符号 $a_{k_{m+1}}$ 的概率。而 $a_{k_{m+1}}$ 可任取 $a_1,a_2,\cdots,a_q$ 之一，所以可以简化成 a_k 表示。可见，它满足条件式(2.2.26)。而且当在 l 时刻，信源输出符号 $a_{k_{m+1}}$ 后，由符号序列 $(a_{k_2}a_{k_3}\cdots a_{k_{m+1}})$ 组成了新的信源状态 $E_j=(a_{k_2}a_{k_3}\cdots a_{k_{m+1}})\in E$，信源所处的状态也由 E_i 转移到 E_j。所

以，它也满足条件式(2.2.27)。状态之间的一步转移概率 $P(E_j|E_i)$ 也可由条件概率 $P(a_{k_{m+1}}|a_{k_1}a_{k_2}a_{k_3}\cdots a_{k_m})$ 来确定。

因此，m 阶马尔可夫信源符合一般马尔可夫信源的定义。m 阶马尔可夫信源又是常见的、简单的一种马尔可夫信源，一般情况下它不是离散平稳信源。

例 2.2.8 有二元二阶马尔可夫信源符号集为[0,1]，条件概率定为

$$P(0\mid 00)=P(1\mid 11)=0.8,\quad P(1\mid 00)=P(0\mid 11)=0.2$$

$$P(0\mid 01)=P(0\mid 10)=P(1\mid 01)=P(1\mid 10)=0.5$$

可见，此信源任何时刻输出什么符号只与前两个符号有关，与更前面的符号无关。那么，信源就有 $q^m=2^2=4$ 种可能的状态，即 00、01、10、11，分别用 E_1、E_2、E_3、E_4 表示。若原来状态为 00，则此时刻只可能发出符号 0 或 1，下一时刻只可能转移到 00 和 01 状态，而不会转移到 10 或 11 状态。由于处在 00 状态时发符号 0 的概率为 0.8，所以处在 00 状态转回到 00 状态的概率为 0.8。而处在 00 状态时输出符号 1 的概率为 0.2，所以 00 状态转移到 01 状态的概率为 0.2。因此，根据给定的条件概率可以求得状态之间的转移概率(一步转移概率)为

$$\begin{cases}P(E_1\mid E_1)=P(E_4\mid E_4)=0.8\\ P(E_2\mid E_1)=P(E_3\mid E_4)=0.2\\ P(E_3\mid E_2)=P(E_2\mid E_3)=P(E_4\mid E_2)\\ \qquad =P(E_1\mid E_3)=0.5\end{cases}\tag{2.2.30}$$

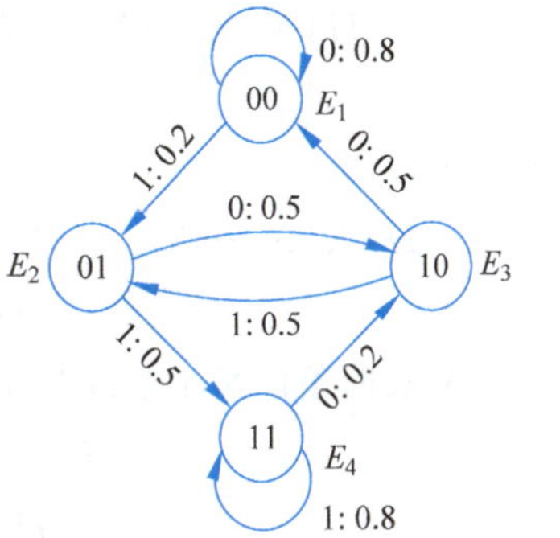

图 2.2.4 二阶马尔可夫信源状态图

此外，其他的状态转移概率都为零。二阶马尔可夫信源状态图如图 2.2.4 所示。由此可见，状态转移概率完全依赖于给定的条件概率。

这样，二元信源发出的一串二元序列就可变换成状态序列。如二元序列为…01011100…，变换成对应的状态序列为…$E_2E_2E_4E_1$…。这串状态序列是时齐马尔可夫链，其在任何时刻 l，状态之间的转移可由一步转移概率式(2.2.30)确定。此例能进一步说明 m 阶马尔可夫信源符合时齐马尔可夫信源的定义。

2.2.7.2 马尔可夫信源和信息熵

马尔可夫信源(包括 m 阶马尔可夫信源)输出的符号一般是非平稳的随机序列，它们的各维概率分布随时间的推移可能会改变。

由式(2.2.25)～式(2.2.27)可知，在马尔可夫信源输出的符号序列中符号之间是有依赖的，依赖关系也是无限的。若信源所处的起始状态不同，即初始概率分布不同，信源输出的符号序列也不相同，信源所经过的路径不相同。某第 l 时间信源输出什么符号，不但与前 $l-1$ 时刻信源所处的状态和输出的符号有关，而且一直延续到与信源初始所处的状态和所输出的符号有关。因此，一般马尔可夫信源的信息熵应该是其平均符号熵的极限值，即计算

$$H_\infty=H_\infty(\boldsymbol{X})=\lim_{N\to\infty}\frac{1}{N}H(X_1X_2\cdots X_N)\tag{2.2.31}$$

根据式(2.2.25)和式(2.2.27)可知，虽然在由信源输出的符号序列和信源所处的状态序列形成的随机序列中不同时刻的各维概率分布可能会不相同，但其在什么状态下输出什么符号的概率分布，以及某一状态到另一状态的转移都是唯一确定的。因此根据式(2.2.26)和条件熵的定义可计算得信源处于某状态 E_i 时输出一个信源符号所携带的平均信息量，即在状态 E_i 下输出一个符号的条件熵为

$$H(X \mid s=E_i) = -\sum_{k=1}^{q} P(a_k \mid E_i)\log P(a_k \mid E_i) \tag{2.2.32}$$

下面计算时齐、遍历马尔可夫信源的熵，并将式(2.2.31)与条件熵 $H(X|s=E_i)$ 联系起来。

为了计算时齐、遍历的马尔可夫信源的熵，先计算平均符号熵，引进一随机变量 S，用它来描述信源所处的状态。当信源处在初始状态 S 下，输出了一串符号 $X_1X_2\cdots X_N$，可得联合熵 $H(X_1X_2\cdots X_{N-1}X_NS)$。

根据联合熵和条件熵的关系(可加性)可得

$$\begin{aligned} H(X_1X_2\cdots X_{N-1}X_NS) &= H(X_1X_2\cdots X_N) + H(S \mid X_1X_2\cdots X_N) \\ &= H(S) + H(X_1X_2\cdots X_N \mid S) \end{aligned}$$

所以可得

$$\begin{aligned} H(X_1X_2\cdots X_N) &= H(S) + H(X_1X_2\cdots X_N \mid S) - H(S \mid X_1X_2\cdots X_N) \\ &= H(S) - H(S \mid X_1X_2\cdots X_N) + H(X_1X_2\cdots X_N \mid S) \end{aligned}$$

又根据条件熵小于或等于无条件熵，状态空间有限 $S\in E=\{E_1,E_2,\cdots,E_J\}$，可得

$$0 \leqslant H(S \mid X_1X_2\cdots X_N) \leqslant H(S) \leqslant \log J$$

$$0 \leqslant H(S) - H(S \mid X_1X_2\cdots X_N) \leqslant \log J \tag{2.2.33}$$

那么，马尔可夫信源的平均符号熵为

$$\begin{aligned} H_N(X) &= \frac{1}{N}H(X_1X_2\cdots X_N) \\ &= \frac{1}{N}[H(S) - H(S \mid X_1X_2\cdots X_N) + H(X_1X_2\cdots X_N \mid S)] \end{aligned}$$

由此可得，一般马尔可夫信源的极限熵(式(2.2.32))为

$$\begin{aligned} H_\infty &= H_\infty(X) = \lim_{N\to\infty} H_N(X) \\ &= \lim_{N\to\infty} \frac{1}{N}[H(S) - H(S \mid X_1X_2\cdots X_N)] + \lim_{N\to\infty} \frac{1}{N}H(X_1X_2\cdots X_N \mid S) \end{aligned}$$

根据式(2.2.33)可知，上式第一项的中括号是一项有限值，与 N 无关，所以可得

$$H_\infty = H_\infty(\boldsymbol{X}) = \lim_{N\to\infty} \frac{1}{N}H(X_1X_2\cdots X_N \mid S) \tag{2.2.34}$$

又因为

$$\begin{aligned} \frac{1}{N}H(X_1X_2\cdots X_N \mid S) = \frac{1}{N}[&H(X_1 \mid S) + H(X_2 \mid X_1S) + \cdots + \\ &H(X_N \mid X_1X_2\cdots X_{N-1}S)] \end{aligned}$$

$$=\frac{1}{N}\sum_{L=1}^{N}H(X_L \mid X_1X_2\cdots X_{L-1}S) \tag{2.2.35}$$

其中条件熵 $H(X_L|X_1X_2\cdots X_{L-1}S)$是第 L 时刻信源输出的条件熵。它表示信源处在初始状态 S 下,信源输出一串$(L-1)$个符号后,信源在 L 时刻再输出一个符号的平均不确定性。它与信源所处的初始状态和信源输出的符号随机序列 $x_1,x_2,\cdots,x_{L-1}$ 有关。现假设初始时刻状态为 $s_1=E_j$,在时刻 $l=1,2,\cdots,L$ 时,信源输出的符号随机序列为 $x_1,x_2,\cdots,x_L$。由马尔可夫信源的定义知,若信源初始状态 s_1 和输出符号 x_1 是确定的,则时刻 2 的信源状态 s_2 就可唯一地确定。同理,若 s_2 和 x_2 是确定的,则 s_3 也可唯一地确定,即 s_3 由 x_1、x_2、s_1 唯一确定。以此类推,对于任意正整数 L,状态 s_L 由 x_1,$x_2,\cdots,x_{L-1}$ 和 s_1 确定,所以可得

$$P(x_L \mid x_1x_2\cdots x_{L-1}s_1=E_j)=P(x_L \mid s_L)$$

由此可得,初始状态 $s_1=E_j$,第 L 时刻信源输出的条件熵为

$$\begin{aligned}
&H(X_L \mid X_1X_2\cdots X_{L-1}s_1=E_j)\\
&=-\sum_{x_1}\sum_{x_2}\cdots\sum_{x_{L-1}}\sum_{x_L}P(x_1x_2\cdots x_{L-1}x_L \mid s_1=E_j)\log P(x_L \mid x_1x_2\cdots x_{L-1}s_1=E_j)\\
&=-\sum_{x_1}\sum_{x_2}\cdots\sum_{x_{L-1}}\sum_{x_L}P(x_1x_2\cdots x_{L-1}x_L \mid s_1=E_j)\log P(x_L \mid s_L)
\end{aligned} \tag{2.2.36}$$

如上所述,若已知输出符号序列 $x_1,x_2,\cdots,x_{L-1}$ 与 $s_1=E_j$,则状态 s_L 可以唯一地确定。因而,当 $s_1=E_j$ 时,将所有经过 L 步转入 $s_L=E_i$ 的符号序列 $x_1,x_2,\cdots,x_{L-1}$ 的集合写成 $A(E_j\to E_i)$,则得

$$\begin{aligned}
&\sum_{x_1}\sum_{x_2}\cdots\sum_{x_{L-1}}P(x_1x_2\cdots x_{L-1}x_L \mid s_1=E_j)\\
&=\sum_{i=1}^{J}\sum_{x_1x_2\cdots x_{L-1}\in A(E_j\to E_i)}P(x_1x_2\cdots x_{L-1}x_L \mid s_1=E_j)\\
&=\sum_{i=1}^{J}P(x_Ls_L=E_i \mid s_1=E_j)\\
&=\sum_{i=1}^{J}P(s_L=E_i \mid s_1=E_j)P(x_L \mid s_L=E_is_1=E_j)\\
&=\sum_{i=1}^{J}P(s_L=E_i \mid s_1=E_j)P(x_L \mid s_L=E_i)
\end{aligned}$$

将上式代入式(2.2.36)可得

$$\begin{aligned}
&H(X_L \mid X_1X_2\cdots X_{L-1}s_1=E_j)\\
&=-\sum_{i=1}^{J}\sum_{x_L}P(s_L=E_i \mid s_1=E_j)P(x_L \mid s_L=E_i)\log P(x_L \mid s_L=E_i)\\
&=\sum_{i=1}^{J}P(s_L=E_i \mid s_1=E_j)\left[-\sum_{x_L}P(x_L \mid s_L=E_i)\log P(x_L \mid s_L=E_i)\right]
\end{aligned}$$

$$=\sum_{i=1}^{J}P(s_L=E_i\mid s_1=E_j)H(X_L\mid s_L=E_i)$$

因为状态的马尔可夫链是时齐的，所以可得

$$H(X_L\mid X_1X_2\cdots X_{L-1}s_1=E_j)=\sum_{i=1}^{J}P(s_L=E_i\mid s_1=E_j)H(X\mid s=E_i) \tag{2.2.37}$$

式(2.2.37)中 $H(X|s=E_i)$正是由式(2.2.32)计算的条件熵。

将式(2.2.37)对初始状态空间求统计平均，可得

$$\begin{aligned}H(X_L\mid X_1X_2\cdots X_{L-1}S)&=\sum_{j=1}^{J}P(s_1=E_j)H(X_L\mid X_1X_2\cdots X_{L-1}s_1=E_j)\\&=\sum_{j=1}^{J}\sum_{i=1}^{J}P(s_1=E_j)P(s_L=E_i\mid s_1=E_j)H(X\mid s=E_i)\\&=\sum_{i=1}^{J}P(s_L=E_i)H(X\mid s=E_i)\end{aligned} \tag{2.2.38}$$

式中：$P(s_L=E_i)$为信源的状态马尔可夫链的绝对概率，它表示 L 时刻信源处于状态 E_i 的概率。一般情况下，它与马尔可夫链的初始概率分布和状态一步转移概率有关。

将式(2.2.38)代入式(2.2.35)可得

$$\begin{aligned}\frac{1}{N}H(X_1X_2\cdots X_N\mid S)&=\frac{1}{N}\sum_{L=1}^{N}\sum_{i=1}^{J}P(s_L=E_i)H(X\mid s=E_i)\\&=\sum_{i=1}^{J}q_N(E_i)H(X\mid s=E_i)\end{aligned} \tag{2.2.39}$$

在式(2.2.39)中令

$$q_N(E_i)=\frac{1}{N}\sum_{L=1}^{N}P(s_L=E_i)$$

它表示在 $L=1\sim N$ 时间内状态 E_i 出现概率的平均值。

将式(2.2.39)代入式(2.2.34)，可得一般马尔可夫信源的信息熵为

$$\begin{aligned}H_\infty=H_\infty(X)&=\lim_{N\to\infty}\frac{1}{N}H(X_1X_2\cdots X_N\mid S)\\&=\lim_{N\to\infty}\sum_{i=1}^{J}q_N(E_i)H(X\mid s=E_i)=\sum_{i=1}^{J}q_\infty(E_i)H(X\mid E_i)\end{aligned}$$

式中因 $H(X|s=E_i)$与 N 无关，简写成 $H(X|E_i)$，所以可以令

$$q_\infty(E_i)=\lim_{N\to\infty}\frac{1}{N}\sum_{L=1}^{N}P(s_L=E_i)$$

对于一般马尔可夫信源，此极限 $q_\infty(E_i)$与初始状态概率分布有关。如果所研究信源的状态序列是时齐的、遍历的马尔可夫链，其极限概率 $Q(E_i)$存在，即

$$\lim_{N\to\infty}P(s_N=E_i\mid s_1=E_j)=\lim_{N\to\infty}P_{ji}^{(N)}=Q(E_i),\quad E_i\in E \tag{2.2.40}$$

并有

$$P(s_L=E_i)=\sum_{j=1}^{J}P(s_1=E_j)P(s_L=E_i \mid s_1=E_j)$$

$$\lim_{N\to\infty}P(s_L=E_i)=Q(E_i),\quad E_i\in E$$

因此得时齐、遍历的马尔可夫信源为

$$q_\infty(E_i)=\lim_{N\to\infty}\frac{1}{N}\sum_{L=1}^{N}P(s_L=E_i)=Q(E_i)\quad (i=1,2,\cdots,J)$$

可见，L 足够长后，状态绝对概率与初始概率分布无关，而且 $Q(E_i)$满足

$$\sum_{E_j\in E}Q(E_j)P(E_i \mid E_j)=Q(E_i) \tag{2.2.41}$$

$$\sum_{E_i\in E}Q(E_i)=1 \tag{2.2.42}$$

式(2.2.40)表示时齐、遍历的马尔可夫信源在状态转移步数 N 足够长以后，状态的 N 步状态转移概率与初始状态无关。

归纳上述推导结果，可得时齐、遍历的马尔可夫信源的熵为

$$\begin{aligned}H_\infty&=\sum_{i=1}^{J}Q(E_i)H(X \mid E_i)\\&=-\sum_{i=1}^{J}\sum_{k=1}^{q}Q(E_i)P(a_k \mid E_i)\log P(a_k \mid E_i)\end{aligned} \tag{2.2.43}$$

式中：$Q(E_i)$为时齐、遍历马尔可夫状态链的极限概率。它满足式(2.2.41)和式(2.2.42)，即

$$\sum_{E_j\in E}Q(E_j)P(E_i \mid E_j)=Q(E_i)$$

$$\sum_{E_i\in E}Q(E_i)=1$$

一般马尔可夫信源的状态极限概率与初始状态概率分布有关。而时齐、遍历的马尔可夫信源，当状态转移步数 N 足够长以后，状态的极限概率分布存在，并且它已与初始的状态概率分布无关。这意味着时齐、遍历的马尔可夫信源在初始时刻可以处在任意状态，然后状态之间可以互相转移，经过足够长时间之后，信源处于什么状态已与初始状态无关，这时信源每种状态出现的概率已达到一种稳定分布，这种稳定分布由式(2.2.41)和式(2.2.42)决定。而初始时刻信源所处的各种状态的概率分布可以是任意的，它不一定等于这个达到稳定时的分布 $Q(E_i)$。所以在起始的有限时间内，信源所处的随机状态序列不是平稳的，状态的概率分布有一段起始渐变过程，经过足够长时间才达到一种稳定分布。

根据马尔可夫信源的定义，信源处于各种状态下输出什么符号是确定的，所以时齐、遍历的马尔可夫信源在起始的有限长时间内信源输出的随机符号序列也不是平稳的，而只有经过足够长时间输出的随机符号序列才可是平稳的。因此，时齐、遍历的马尔可夫信源并非离散平稳有记忆信源。

对于时齐、遍历的 m 阶马尔可夫信源，因为其任何时刻输出的符号只与前 m 个符号

有关，所以信源所处的状态是由前 m 个符号组成的。故一般将时齐、遍历的 m 阶马尔可夫信源的熵 H_∞ 写成 H_{m+1}。由式(2.2.43)可得

$$H_\infty = H_{m+1} = \sum_{i=1}^{J} Q(E_i) H(X \mid E_i)$$

式中：$E_i = (a_{k_1} a_{k_2} \cdots a_{k_m})\quad (k_1, k_2, \cdots, k_m = 1, 2, \cdots, q;\ i = 1, 2, \cdots, J = q^m)$。

又由式(2.2.31)可得

$$\begin{aligned} H(X \mid E_i) &= -\sum_{k=1}^{q} P(a_k \mid E_i) \log P(a_k \mid E_i) \\ &= -\sum_{k_{m+1}=1}^{q} P(a_{k_{m+1}} \mid a_{k_1} a_{k_2} \cdots a_{k_m}) \log P(a_{k_{m+1}} \mid a_{k_1} a_{k_2} \cdots a_{k_m}) \end{aligned}$$

所以时齐、遍历的 m 阶马尔可夫信源的熵为

$$\begin{aligned} H_{m+1} &= \sum_{i=1}^{J} Q(E_i) H(X \mid E_i) \\ &= -\sum_{k_1=1}^{q} \sum_{k_2=1}^{q} \cdots \sum_{k_m=1}^{q} \sum_{k_{m+1}=1}^{q} Q(a_{k_1} a_{k_2} \cdots a_{k_m}) P(a_{k_{m+1}} \mid a_{k_1} a_{k_2} \cdots a_{k_m}) \\ &\quad \log P(a_{k_{m+1}} \mid a_{k_1} a_{k_2} \cdots a_{k_m}) \end{aligned} \tag{2.2.44}$$

式中：$Q(E_i) = Q(a_{k_1} a_{k_2} \cdots a_{k_m})$满足式(2.2.41)和式(2.2.42)，它是时齐、遍历 m 阶马尔可夫状态链的极限概率，是信源在足够长时间以后符号序列达到稳定后的 m 长符号序列的联合概率分布。它不等于起始的有限长时间段内的 m 维联合概率分布。

根据条件熵的定义，式(2.2.44)又可写成

$$\begin{aligned} H_{m+1} &= -\sum_{k_1=1}^{q} \sum_{k_2=1}^{q} \cdots \sum_{k_m=1}^{q} \sum_{k_{m+1}=1}^{q} Q(a_{k_1} a_{k_2} \cdots a_{k_m}) P(a_{k_{m+1}} \mid a_{k_1} a_{k_2} \cdots a_{k_m}) \\ &\quad \log P(a_{k_{m+1}} \mid a_{k_1} a_{k_2} \cdots a_{k_m}) \\ &= H(X_{m+1} \mid X_1 X_2 \cdots X_m) \end{aligned}$$

由此得时齐、遍历的 m 阶马尔可夫信源的熵等于有限记忆长度为 m 的条件熵。

但必须注意，它不同于有限记忆长度为 m 的离散平稳信源。时齐、遍历的 m 阶马尔可夫信源并非是记忆长度为 m 的离散平稳信源。只有当时间 N 足够长以后，信源所处的状态链达到稳定，这时由 m 个符号组成的各种可能的状态达到一种稳定分布后，才可将时齐、遍历的 m 阶马尔可夫信源作为记忆长度为 m 的离散平稳信源。

对于时齐、遍历的一阶马尔可夫信源来说，信源输出符号只与前一个符号有关，所以给定的条件概率为 $P(a_k \mid a_{k-1})$。因此，马尔可夫链的状态集就是信源的符号集，而马尔可夫链的状态极限概率 $Q(E_i)$就等于信源达到稳定以后信源符号的概率分布 $Q(a_{k-1})$。

时齐、遍历的一阶马尔可夫信源的概率空间为

$$\begin{bmatrix} X \\ P \end{bmatrix} = \begin{bmatrix} a_1, \quad a_2, \quad \cdots, \quad a_q \\ P(a_k \mid a_{k-1}) \quad k, k-1 = 1, 2, \cdots, q \end{bmatrix}$$

又 $0\leqslant P(a_k \mid a_{k-1})\leqslant 1$ 且 $\sum_{k=1}^{q} P(a_k \mid a_{k-1})=1(k-1,k=1,2,\cdots,q)$，那么其马尔可夫链的状态空间也为 $E=[a_1,a_2,\cdots,a_q]$，可得

$$P(a_k \mid E_i)=P(a_k \mid a_{k-1}) \quad (k=1,2,\cdots,q;\ i=k-1=1,2,\cdots,q)$$

而状态极限概率 $Q(E_i)=Q(a_{k-1})(i=k-1=1,2,\cdots,q)$ 并满足式(2.2.41)和式(2.2.42)。

因此，一阶马尔可夫信源的信息熵为

$$H_\infty=H_2=-\sum_{k=1}^{q}\sum_{k-1=1}^{q} Q(a_{k-1})P(a_k \mid a_{k-1})\log P(a_k \mid a_{k-1}) \quad (2.2.45)$$

可见，时齐、遍历一阶马尔可夫信源的熵应等于一阶条件熵。注意，式(2.2.45)中符号的概率分布 $Q(a_{k-1})$ 应是指信源达到平稳以后的分布，而不一定等于起始的符号的概率分布。如果一阶马尔可夫信源的符号的极限概率分布 $Q(a_{k-1})$ 等于起始的概率分布，又因为 $P(a_k|a_{k-1})$ 已给定并与时间平移无关，因此时齐、遍历的一阶马尔可夫信源变成二维平稳信源。为此，要特别注意式(2.2.45)中 $Q(a_{k-1})$ 的含义及其计算。

下面举例说明马尔可夫信源熵的计算。

例 2.2.9 (续例 2.2.8)根据图 2.2.4 所示的状态转移图，这四种状态都是非周期常返状态，并为不可约闭集，所以具有遍历性。为此，根据式(2.2.41)和式(2.2.42)计算可得

$$\begin{cases} Q(E_1)+0.8Q(E_1)+0.5Q(E_3) \\ Q(E_2)+0.2Q(E_1)+0.5Q(E_3) \\ Q(E_3)+0.5Q(E_2)+0.2Q(E_4) \\ Q(E_4)+0.8Q(E_4)+0.5Q(E_2) \\ Q(E_1)+Q(E_2)+Q(E_3)+Q(E_4)=1 \end{cases}$$

求出

$$Q(E_1)=Q(E_4)=5/14, \quad Q(E_2)=Q(E_3)=1/7$$

由式(2.2.44)得信源熵为

$$\begin{aligned} H_\infty=H_3&=-\sum_{E_i\in E}\sum_{k=1}^{q} Q(E_i)P(a_k \mid E_i)\log P(a_k \mid E_i) \\ &=-\sum_{E_i\in E} Q(E_i)H(X \mid E_i) \\ &=\frac{5}{14}H(0.8,0.2)+\frac{1}{7}H(0.5,0.5)+\frac{1}{7}H(0.5,0.5)+\frac{5}{14}H(0.8,0.2) \\ &=\frac{5}{7}\times 0.7219+\frac{2}{7}\times 1\approx 0.80(\text{比特}/\text{符号}) \end{aligned}$$

例 2.2.10 二元二阶马尔可夫信源符号集 $A=\{0,1\}$。信源开始时，它以概率 $P(x_1)$：$P(0)=P(1)=0.5$ 输出随机变量 X_1。下一单位时间输出的随机变量 X_2 与 X_1 有依赖关系，它们的依赖关系由条件概率表示，如表 2.2.2 所示。在下一单位时间输出随机变量 X_3，而 X_3 依赖变量 X_1 和 X_2，它们的依赖关系由条件概率 $P(x_3|x_1x_2)$ 表

示，如表 2.2.3 所示。

表 2.2.2　$P(x_2|x_1)$

x_2	x_1	
	0	1
0	0.3	0.4
1	0.7	0.6

表 2.2.3　$P(x_3|x_1x_2)$

x_3	x_1x_2			
	00	01	10	11
0	0.4	0.2	0.3	0.4
1	0.6	0.8	0.7	0.6

又从第四单位时间开始，任一时刻信源发出的随机变量 X_i 只与前面两个单位时间的随机变量 $X_{i-2}X_{i-1}$ 有依赖关系，即

$$P(x_i \mid x_1x_2\cdots x_{i-2}x_{i-1})=P(x_i \mid x_{i-2}x_{i-1}) \quad (i>3)$$

而且

$$P(x_i \mid x_{i-2}x_{i-1})=P(x_3 \mid x_1x_2) \quad (i>3) \tag{2.2.46}$$

根据题意，首先设信源开始处于 E_0 状态，并以等概率输出符号 0 和 1，分别到达状态 E_1 和 E_2。然后，若处于状态 E_1，则将以 0.3 和 0.7 的概率输出 0 和 1 到达状态 E_3 和 E_4；若处于状态 E_2，则将以 0.4 和 0.6 的概率输出 0 和 1 到达状态 E_5 和 E_6。此时，状态 E_3、E_4、E_5、E_6 与信源符号有关，它们是两个二元符号的组合，分别为 00、01、10、11。由此可得，信源的状态转移图如图 2.2.5(a)所示。

信源输出第二个符号后，再输出第三个及以后的符号($i\geqslant 3$)。根据表 2.2.3 及式(2.2.46)可知，从第三单位时间以后，信源必处在 E_3、E_4、E_5、E_6 四种状态之一。在 $i\geqslant 3$ 以后，信源的状态转移可用图 2.2.5(b)表示。若原状态处于 $E_5(=10)$，则输出符号为 0 时，信源必处于状态 $E_3(=00)$；当输出符号为 1 时，则状态必转移到 $E_4(=01)$。

观察图 2.2.5(a)和(b)可知，状态 E_1 和 E_5 的功能是完全相同的。其有两个原因：①这两个状态都是以 0.3 和 0.7 的概率输出符号 0 和 1；②输出 0 后状态都转移到 E_3，输出 1 后状态都转移到 E_4。同理，状态 E_2 和 E_6 也是完全相同的。所以可将图 2.2.5(a)和(b)合并成图 2.2.5(c)。由图 2.2.5(c)可知，E_0 是过渡状态，而 E_3、E_4、E_5、E_6 组成一个不可约闭集，并且具有遍历性。从题意可知，此马尔可夫信源的状态必然会进入这个不可约闭集，所以计算信源熵时可以不考虑过渡状态及过渡过程。由此，根据式(2.2.41)和式(2.2.42)可求得状态 E_3、E_4、E_5、E_6 的极限概率。

$$\begin{cases}Q(E_3)+0.4Q(E_3)+0.3Q(E_5)\\ Q(E_4)+0.6Q(E_3)+0.7Q(E_5)\\ Q(E_5)+0.2Q(E_4)+0.4Q(E_6)\\ Q(E_6)+0.8Q(E_4)+0.6Q(E_6)\\ Q(E_3)+Q(E_4)+Q(E_5)+Q(E_6)=1\end{cases}$$

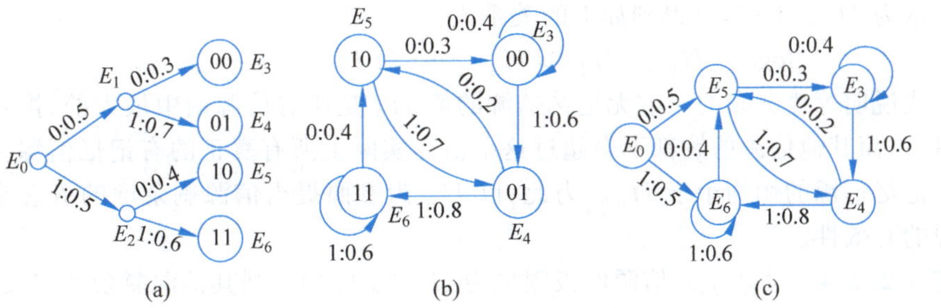

图 2.2.5 例 2.2.10 题的状态图

求出

$$Q(E_3)=1/9,\quad Q(E_6)=4/9,\quad Q(E_4)=Q(E_5)=2/9$$

代入式(2.2.44)可得信源熵为

$$\begin{aligned}H_\infty &= Q(E_3)H(0.4,0.6)+Q(E_4)H(0.2,0.8)+Q(E_5)H(0.3,0.7)+\\&\quad Q(E_6)H(0.4,0.6)\\&=0.8956(\text{比特}/\text{符号})\end{aligned}$$

当马尔可夫信源达到稳定后，符号 0 和 1 的概率分布可根据下式计算：

$$P(a_k)=\sum_{i=1}^{J}Q(E_i)P(a_k\mid E_i)$$

因此可得

$$P(0)=0.4Q(E_3)+0.2Q(E_4)+0.3Q(E_5)+0.4Q(E_6)=1/3$$

$$P(1)=0.6Q(E_3)+0.8Q(E_4)+0.7Q(E_5)+0.6Q(E_6)=2/3$$

可见，信源达到稳定后，信源符号的概率分布与初始时刻符号的概率分布是不同的。所以一般马尔可夫信源并非平稳信源。但当时齐、遍历的马尔可夫信源足够长时间达到稳定后，才可以看成一个平稳信源。由于平稳信源必须知道信源的各维概率分布，而 m 阶马尔可夫信源只需知道与前 m 个符号有关的条件概率就可计算出信源的信息熵，所以一般平稳信源可以用 m 阶马尔可夫信源来近似。

2.2.8 信源的剩余度

前面讨论了信源的熵，信源的熵表示信源每输出一个符号所携带的信息量，熵值越大，信源符号携带信息的效率就越高。对于一个具体的信源，它所具有的总信息量是一定的，如一本书或一个数据文件包含的信息量是确定的。因此，信源的熵越大，即每个信源符号所承载的信息量越大，输出全部信源信息所需传送的符号就越少，通信效率就越高。这正是研究信源熵的目的。

中文教学录像

视频

各类信源中最简单的是离散无记忆信源，而 m 阶马尔可夫信源、离散平稳信源、一般有记忆信源等的复杂性依次增加。

对有记忆信源而言，输出符号间的相关长度越长，信源熵就越小。设无记忆信源的熵为 H_1，则当它的 q 个符号等概分布时，信源熵取最大值 $\log q \triangleq H_0$；若信源输出序列只是前后两个符号相关，则信源的熵为 H_2；更一般地，若有记忆信源的记忆长度为 l，则

其熵表示为 H_l。那么，可得到如下的关系式：

$$\log q = H_0 \geqslant H_1 \geqslant H_2 \geqslant \cdots \geqslant H_{m+1} \geqslant \cdots \geqslant H_\infty$$

上式说明等概分布的离散无记忆信源的熵 H_0 是所有信源熵中最大的，携带信息的效率最高，而其他信源的熵都不会超过这个值。实际上所有真正的有记忆信源及非等概离散无记忆信源的熵均小于 H_0。为此，以 H_0 为参照提出信源剩余度的概念来表征各种信源的有效性。

定义 2.2.4 设某 q 元信源的极限熵为 H_∞(实际熵)，则其信源剩余度定义为

$$r = 1 - \frac{H_\infty}{H_0} = 1 - \frac{H_\infty}{\log q}$$

由上述定义可知，信源的实际熵 H_∞ 与理想熵 H_0 相差越大，信源剩余度越大，信源的效率也越低，H_∞ 不仅取决于信源符号之间的相关程度与相关长度，而且取决于各信源符号出现概率的均等程度。

例 2.2.11 求英文信源的剩余度。

以英文字母组成的信源为例，26 个英文字母加上空格符即可构成有意义的文本，因此，其可能的最大熵 $H_0 = \log 27 = 4.75$ 比特/符号。这一信息熵只有当信源的 27 个符号等概出现时才能取到。实际上，英文符号的出现概率是很不均匀的，如表 2.2.4 所示。

表 2.2.4 英文字母概率

字母	概率	字母	概率
空格	0.1859	N	0.0574
A	0.0642	O	0.0632
B	0.0127	P	0.0152
C	0.0218	Q	0.0008
D	0.0317	R	0.0484
E	0.1031	S	0.0514
F	0.0208	T	0.0796
G	0.0152	U	0.0228
H	0.0467	V	0.0083
I	0.0575	W	0.0175
J	0.0008	X	0.0013
K	0.0049	Y	0.0164
L	0.0321	Z	0.0005
M	0.0198		

由此可得到该信源近似为无记忆信源时的信源熵：

$$H_1 = -\sum_{i=1}^{27} P_i \log P_i = 4.03(\text{比特 / 符号})$$

显然有 $H_1 < H_0$。

实际上，英文字母之间还存在着较强的相关性，不能简单地当作无记忆信源来处理。例如，在英文文本中某些双字母组与三字母组的出现频度明显高于其他字母组，出现频度最高的 20 个双字母组为 th、he、in、er、an、re、ed、on、es、st、en、at、to、nt、ha、nd、ou、ea、ng、as，出现频度最高的 20 个三字母组为 the、ing、and、her、ere、tha、nth、was、eth、for、 dth、hat、she、ion、int、his、sth、ers、ver、ent。

跨度更大的字母组中仍然存在着相关性，因此英文信源应当作二阶、三阶直至高阶平稳信源来对待。根据有关研究可知

$$H_2 = 3.32(\text{比特} / \text{符号})$$

$$H_3 = 3.10(\text{比特} / \text{符号})$$

一般认为，选取合适的样本书并采用合适的统计逼近方法后，英文信源的实际熵为 $H_\infty = 1.40$(比特/符号)。这一实际熵比理想值 H_0 低得多，其信源剩余度为

$$r = 1 - \frac{H_\infty}{H_0} = 1 - \frac{1.40}{4.75} = 0.71$$

这说明英文文本中的冗余度高达 71%，如能找到合适的压缩方法，只需 29% 的输出符号即能表达出全部信息量。德语、法语等自然语言都是用字母符号的符号序列构成的语句，所以可用与英语信源类似的方法来近似。

例 2.2.12 求汉语信源的剩余度。

汉语采用的符号是汉字，它是象形文字，因此研究汉语信源要复杂得多。简单的近似方法是，将常用汉字看成符号集中的每一个符号，并假设常用的汉字约为 10000 个。若这 10000 个汉字集中每个汉字等概率出现，则信源的信息熵为

$$H_0 = \log_2 10^4 \approx 13.288(\text{比特} / \text{汉字})$$

现进一步近似，将这 10000 个汉字分成四类，经统计，在这 10000 个汉字中 140 个汉字是常出现的，出现概率占 50%；625 个汉字(包括前 140 个)出现概率占 85%；2400 个汉字(包括前 625 个)出现概率占 99.7%；其余 7600 个出现概率占 0.3%，是一些较罕见的汉字。当然，在每一类中各汉字出现概率也各不相同。为了计算简单，假设每类中汉字出现是等概率的，由此得表 2.2.5。

表 2.2.5 汉字简单近似概率

类别	汉字数量/个	所占概率 P	每个汉字的概率 p_i
Ⅰ	140	0.5	0.5/140
Ⅱ	485	0.85−0.5=0.35	0.35/485
Ⅲ	1775	0.997−0.85=0.147	0.147/1775
Ⅳ	7600	0.003	0.003/7600

根据表 2.2.5 可计算出这种简单近似汉语信源的信息熵，即

$$\begin{aligned} H(X) &= -\sum_{i=1}^{10000} p_i \log p_i \\ &= -\sum_{i_1=1}^{140} p_{i_1} \log p_{i_1} - \sum_{i_2=1}^{485} p_{i_2} \log p_{i_2} - \sum_{i_3=1}^{1775} p_{i_3} \log p_{i_3} - \sum_{i_4=1}^{7600} p_{i_4} \log p_{i_4} \\ &= -0.5\log\frac{0.5}{140} - 0.35\log\frac{0.35}{485} - 0.147\log\frac{0.147}{1775} - 0.003\log\frac{0.003}{7600} \\ &= 9.773(\text{比特} / \text{汉字}) \end{aligned}$$

在这种简单近似下，汉语信源的剩余度为

$$\gamma = 1 - \frac{H(X)}{H_0} \approx 0.264$$

然而，在实际汉语信源中每个汉字出现概率不但不相等，而且有一些常用的词组。单字之间有依赖关系，词组之间也有依赖关系。计算汉字的极限熵非常复杂，一般来说，具有相同内容的英语文章与汉语文章中所包含的全部信息量是相等的。这样可以得到如下关系式：

$$\frac{H_\infty(\text{汉语})}{H_\infty(\text{英语})} = \frac{\text{英语字母数}}{\text{汉语汉字数}}$$

有人通过《毛泽东选集》中文本和英译本部分文章的初步统计测出，当中文本英译时，中文本中一个汉字大约相当于英译本中的 3.8 个英文字母。而有统计表明，随着样本数量的逐渐增大，英文原文中英语字母数与相应汉语译文中的汉字数比值逐渐趋于稳定，基本上稳定在 2.7 左右。综合考虑英译中与中译英的情况，同样内容的英语文本中的英语字母数与汉语文本中的汉字数之比应该取平均，即 3.25。基于例 2.2.11 的分析，英文信源的极限熵为 1.40（比特/符号），则可以计算出汉语的极限熵为

$$H_\infty = 3.25 \times 1.40 = 4.55 \text{ 比特 / 汉字}$$

那么，汉语信源的剩余度为

$$\gamma = 1 - \frac{4.55}{13.288} \approx 0.66$$

由此可见，无论是英文信源还是中文信源，其信源的剩余度都是很大的。这就迫切需要对信源进行压缩，以降低传输的压力。

2.3 连续随机变量的微分熵

2.3.1 微分熵

2.3.1.1 基本连续信源

首先讨论单个变量的基本连续信源的信息测度。

基本连续信源的输出是取值连续的单个随机变量，可用变量的概率密度、变量间的条件概率密度和联合概率密度来描述。变量的一维概率密度函数为

$$p_X(x) = \frac{\mathrm{d}F_X(x)}{\mathrm{d}x}$$

$$p_Y(y) = \frac{\mathrm{d}F_Y(y)}{\mathrm{d}y}$$

一维概率分布函数为

$$F_X(x_1) = P[X \leqslant x_1] = \int_{-\infty}^{x_1} p_X(x)\mathrm{d}x$$

$$F_Y(y_1) = P[Y \leqslant y_1] = \int_{-\infty}^{y_1} p_Y(y)\mathrm{d}y$$

条件概率密度函数为

$$p_{Y|X}(y \mid x), \quad p_{X|Y}(x \mid y)$$

联合概率密度函数为

$$p_{XY}(xy) = \frac{\partial^2 F_{XY}(xy)}{\partial x \partial y}$$

它们之间的关系为

$$p_{XY}(xy) = p_X(x) p_{Y|X}(y \mid x) = p_Y(y) p_{X|Y}(x \mid y) \tag{2.3.1}$$

这些边缘概率密度函数满足

$$\begin{cases} p_X(x) = \int_{\mathbf{R}} p_{XY}(xy)\mathrm{d}y \\ p_Y(y) = \int_{\mathbf{R}} p_{XY}(xy)\mathrm{d}x \end{cases} \tag{2.3.2}$$

式中：X 和 Y 的取值域为全实数集 **R**。

若概率密度在有限区间内分布，则可认为在这区间之外所有概率密度函数为零。上述密度函数中的脚标表示所牵涉的变量的总体，而自变量（如 $x, y, \cdots$）则是具体取值。因为概率密度函数是不同的函数，所以用脚标来加以区分，以免混淆。为了简化书写，往往省去脚标，但在使用时要注意上述问题。

基本连续信源的数学模型为

$$X = \begin{bmatrix} \mathbf{R} \\ p(x) \end{bmatrix}$$

并满足

$$\int_{\mathbf{R}} p(x)\mathrm{d}x = 1$$

式中：**R** 为实数集，是连续变量 X 的取值范围。

根据前述的离散化原则，连续变量 X 可量化分层后用离散变量描述。量化单位越小，则所得的离散变量和连续变量越接近。因此，连续变量的信息测度可以用离散变量的信息测度来逼近。

连续信源 X 的概率密度函数 $p(x)$ 如图 2.3.1 所示。可以把取值区间 $[a,b]$ 分割成 n 个小区间，各小区间设有等宽 $\Delta = \frac{b-a}{n}$。那么，X 处于第 i 区间的概率为

$$\begin{aligned} P_i &= P\{a + (i-1)\Delta \leqslant x \leqslant a + i\Delta\} \\ &= \int_{a+(i-1)\Delta}^{a+i\Delta} p(x)\mathrm{d}x = p(x_i)\Delta \quad (i = 1, 2, \cdots, n) \end{aligned} \tag{2.3.3}$$

式中：x_i 为 $a+(i-1)\Delta$ 到 $a+i\Delta$ 之间的某一值。

当 $p(x)$ 是 X 的连续函数时，由积分中值定理可知，必存在一个 x_i 值使式(2.3.3)成立。这样，连续变量 X 就可用取为 $x_i = (i=1,2,\cdots,n)$ 的离散变

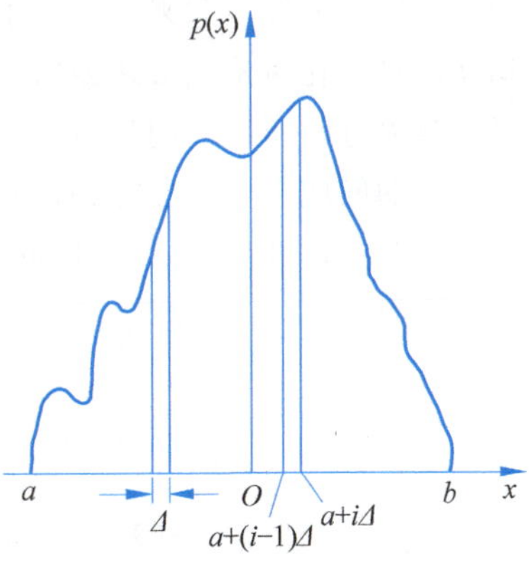

图 2.3.1 概率密度函数

量 X_n 来近似。连续信源 X 就被量化成离散信源，即

$$\begin{bmatrix} X_n \\ P \end{bmatrix} = \begin{bmatrix} x_1 & x_2 & \cdots & x_n \\ p(x_1)\Delta & p(x_2)\Delta & \cdots & p(x_n)\Delta \end{bmatrix}$$

且

$$\sum_{i=1}^{n} p(x_i)\Delta = \sum_{i=1}^{n} \int_{a+(i-1)\Delta}^{a+i\Delta} p(x)\mathrm{d}x = \int_a^b p(x)\mathrm{d}x = 1$$

这时离散信源 X_n 的熵为

$$\begin{aligned} H(X_n) &= -\sum_i P_i \log P_i = -\sum_i p(x_i)\Delta \log[p(x_i)\Delta] \\ &= -\sum_i p(x_i)\Delta \log p(x_i) - \sum_i p(x_i)\Delta \log \Delta \end{aligned}$$

当 $n\to\infty$，$\Delta\to 0$ 时，离散随机变量 X_n 趋于连续随机变量 X，而离散信源 X_n 的熵 $H(X_n)$ 的极限值就是连续信源的信息熵，即

$$\begin{aligned} H(X) &= \lim_{n\to\infty} H(X_n) = -\lim_{\Delta\to 0} \sum_i p(x_i)\Delta \log p(x_i) - \lim_{\Delta\to 0}(\log\Delta) \sum_i p(x_i)\Delta \\ &= -\int_a^b p(x)\log p(x)\mathrm{d}x - \lim_{\Delta\to 0}\log\Delta \end{aligned}$$

一般情况下，上式的第一项是定值。而当 $\Delta\to 0$ 时，第二项是趋于无限大的常数。所以避开第二项，连续信源的熵(也称**微分熵**、**差熵**)定义为

$$h(X) \triangleq -\int_{\mathbf{R}} p(x)\log p(x)\mathrm{d}x \tag{2.3.4}$$

由式(2.3.4)可知，定义的连续信源的熵并不是实际信源输出的绝对熵，而连续信源的绝对熵应该还要加上一项无限大常数项。这一点是可以理解的，因为连续信源可能有无限多个取值，若取值是等概率分布，则信源的不确定性为无限大。当确知输出为某值后，所获得的信息量也将为无限大。可见，$h(X)$已不能代表信源的平均不确定性大小，也不能代表连续信源输出的信息量。

既然如此，为什么要定义连续信源的熵为式(2.3.4)？一方面这样定义可与离散信源的熵在形式上统一起来；另一方面在实际问题中常常讨论的是熵之间差值的问题，如平均互信息。在讨论两熵之差时，无限大常数项将有两项，一项为正，另一项为负，只要两者离散逼近时所取的间隔 Δ 一致，这两个无限大项就将互相抵消掉。因此在任何包含有熵之差的问题中，式(2.3.4)定义的连续信源的熵具有信息的特性。

定义两个连续变量 X、Y 的联合熵和条件熵，即

$$h(XY) = -\iint_{\mathbf{R}} p(xy)\log p(xy)\mathrm{d}x\mathrm{d}y$$

$$h(Y \mid X) = -\iint_{\mathbf{R}} p(xy)\log p(y \mid x)\mathrm{d}x\mathrm{d}y$$

$$h(X \mid Y) = -\iint_{\mathbf{R}} p(xy)\log p(x \mid y)\mathrm{d}x\mathrm{d}y$$

虽然这样定义的熵在形式上和离散信源的熵相似，但是在概念上不能把它作为信息熵来

理解。

2.3.1.2 连续平稳信源和波形信源

连续平稳信源输出的消息是连续型的平稳随机序列。其数字模型是概率空间 $[\boldsymbol{X}, p(x)]$，$\boldsymbol{X}=(X_1X_2\cdots X_N)$，其中 $\boldsymbol{X}_i$ 都是取值连续的随机变量，并且 N 维概率密度函数 $p(\boldsymbol{x})=p(x_1x_2\cdots x_N)$，$x_i\in X_i(i=1,2,\cdots,N)$ 及

$$\int_X p(\boldsymbol{x})\mathrm{d}\boldsymbol{x}=\int_{X_1X_2\cdots X_N}\cdots\int p(x_1x_2\cdots x_N)\mathrm{d}x_1\mathrm{d}x_2\cdots\mathrm{d}x_N=1$$

若 N 维概率密度函数满足

$$p(\boldsymbol{x})=p(x_1x_2\cdots x_N)=\prod_{i=1}^{N}p(x_i)$$

则平稳随机序列中各连续型随机变量彼此统计独立，此时连续平稳信源为连续平稳无记忆信源。

N 维连续平稳信源可用下列一些微分熵进行信息测度。

(1) N 维联合微分熵：

$$h(\boldsymbol{X})=h(X_1X_2\cdots X_N)=-\int_{\mathbf{R}}p(\boldsymbol{x})\log p(\boldsymbol{x})\mathrm{d}\boldsymbol{x}$$

当 $N=2$ 时，即得二维联合微分熵为

$$h(X_1X_2)=-\iint_{\mathbf{R}}p(x_1x_2)\log p(x_1x_2)\mathrm{d}x_1\mathrm{d}x_2$$

(2) N 维条件微分熵：

$$\begin{aligned}&h(X_n\mid X_1X_2\cdots X_{n-1})\\&=-\int_{\mathbf{R}}\cdots\int_{\mathbf{R}}p(x_1x_2\cdots x_n)\log p(x_n\mid x_1x_2\cdots x_{n-1})\mathrm{d}x_1\mathrm{d}x_2\cdots\mathrm{d}x_n\\&(n=2,3,\cdots,N)\end{aligned}$$

当 $n=2$ 时，即得两个连续型随机变量之间的微分熵为

$$h(X_2\mid X_1)=-\int_{\mathbf{R}}\int_{\mathbf{R}}p(x_1x_2)\log p(x_2\mid x_1)\mathrm{d}x_1\mathrm{d}x_2$$

和离散信源中一样，易证得以下各种差熵之间的关系：

$$h(X_2\mid X_1)\leqslant h(X_2)\tag{2.3.5}$$

当且仅当 X_1、X_2 彼此统计独立时，式(2.3.5)等号成立。

$$\begin{aligned}h(X)&=h(X_1X_2\cdots X_N)\\&=h(X_1)+h(X_2\mid X_1)+h(X_3\mid X_1X_2)+\cdots+h(X_N\mid X_1X_2\cdots X_{N-1})\\&=\sum_{i=1}^{N}h(X_i\mid X_1X_2\cdots X_{i-1})\end{aligned}\tag{2.3.6}$$

及

$$h(\boldsymbol{X})=h(X_1X_2\cdots X_N)\leqslant h(X_1)+h(X_2)+\cdots+h(X_N)\tag{2.3.7}$$

当且仅当随机序列 $\boldsymbol{X}$ 中各变量彼此统计独立时式(2.3.7)等号成立。

(3) 波形信源的微分熵：波形信源(又称模拟信源)的信息测度可以用多维联合微分

熵来逼近。因为波形信源输出的消息是平稳的随机过程$\{x(t)\}$,它可以通过采样后分解成取值连续的无穷维随机序列 $X_1,X_2,\cdots,X_N,\cdots$来表示($N\to\infty$),所以得波形信源的微分熵为

$$h(x(t))\triangleq\lim_{N\to\infty}h(\boldsymbol{X})$$

对于限频 F(带宽$\leqslant F$),限时 T 的平稳随机过程,它可以近似地用有限维 $N=2FT$ 的平稳随机序列来表示。这样,一个频带和时间都为有限的波形信源就可转化为多维连续平稳信源来处理。

2.3.1.3 两种特殊连续信源的微分熵

现在来计算两种常见的特殊连续信源的微分熵。

1. 均匀分布连续信源

一维连续随机变量 X 在$[a,b]$区间内均匀分布时,概率密度函数为

$$p(x)=\begin{cases}\dfrac{1}{b-a} & (a\leqslant x\leqslant b)\\ 0 & (x>b,x<a)\end{cases}$$

则得

$$h(X)=\log(b-a) \tag{2.3.8}$$

当取对数以 2 为底时,单位为比特/自由度。

N 维连续平稳信源,若其输出 N 维矢量$\boldsymbol{X}=(X_1X_2\cdots X_N)$,其分量分别在$[a_1,b_1]$,$[a_2,b_2]$,…,$[a_N,b_N]$的区域内均匀分布,即 N 维联合概率密度为

$$p(\boldsymbol{x})=\begin{cases}\dfrac{1}{\prod\limits_{i=1}^{N}(b_i-a_i)}, & x\in\prod\limits_{i=1}^{N}(b_i-a_i)\\ 0, & x\notin\prod\limits_{i=1}^{N}(b_i-a_i)\end{cases} \tag{2.3.9}$$

则称为在 N 维区域体积内均匀分布的连续平稳信源。由式(2.3.8)可知,其满足

$$p(\boldsymbol{x})=p(x_1x_2\cdots x_N)=\prod_{i=1}^{N}p(x_i)$$

式(2.3.9)表明 N 维矢量$\boldsymbol{X}$ 中各变量 $X_i(i=1,2,\cdots,N)$彼此统计独立,则此平稳信源为无记忆信源。由式(2.3.9)可求得此 N 维连续平稳信源的微分熵为

$$\begin{aligned}h(\boldsymbol{X})&=-\int_{a_N}^{b_N}\cdots\int_{a_1}^{b_1}p(\boldsymbol{x})\log p(\boldsymbol{x})\mathrm{d}\boldsymbol{x}\\&=-\int_{a_N}^{b_N}\cdots\int_{a_1}^{b_1}\frac{1}{\prod\limits_{i=1}^{N}(b_i-a_i)}\log\frac{1}{\prod\limits_{i=1}^{N}(b_i-a_i)}\mathrm{d}x_1\mathrm{d}x_2\cdots\mathrm{d}x_N\\&=\log\prod_{i=1}^{N}(b_i-a_i)=\sum_{i=1}^{N}h(X_i)\text{(比特/}N\text{ 自由度)}\end{aligned}$$

可见，N 维区域体积内均匀分布连续平稳信源的微分熵就是 N 维区域体积的对数。也等于各变量 X_i 在各自取值区间$[a_i, b_i]$内均匀分布时的微分熵 $h(X_i)$之和。因此，无记忆连续平稳信源和无记忆离散平稳信源一样，其微分熵也满足

$$h(\boldsymbol{X}) = h(X_1 X_2 \cdots X_N) = \sum_{i=1}^{N} h(X_i)$$

已知限频 F、限时 T 的随机过程可用 $2FT$ 维连续随机矢量来表示。如果随机变量之间统计独立，并且每一变量都在$[a, b]$区间内均匀分布，则可得限频、限时均匀分布的波形信源的熵为

$$h(\boldsymbol{X}) = 2FT\log(b-a)$$

在波形信源中常采用单位时间内信源的微分熵。因为最低采用率为 $2F$，所以单位时间内(s)采样数有 $2F$ 个自由度。那么，均匀分布的波形信源的熵率为

$$h_t(\boldsymbol{X}) = 2F\log(b-a)\text{（比特/秒）}$$

式中：下标 t 表示单位时间内信源的熵，以区别于单位自由度的熵。

2. 高斯信源

基本高斯信源是指信源输出的一维随机变量 X 的概率密度分布是正态分布，即

$$p(x) = \frac{1}{\sqrt{2\pi\sigma^2}}\exp\left(-\frac{(x-m)^2}{2\sigma^2}\right)$$

式中：m 为 X 的均值；σ^2 为 X 的方差。

这个连续信源的熵为

$$\begin{aligned} h(X) &= -\int_{-\infty}^{\infty} p(x)\log p(x)\mathrm{d}x = -\int_{-\infty}^{\infty} p(x)\log\left[\frac{1}{\sqrt{2\pi\sigma^2}}\exp\left(-\frac{(x-m)^2}{2\sigma^2}\right)\right]\mathrm{d}x \\ &= -\int_{-\infty}^{\infty} p(x)(-\log\sqrt{2\pi\sigma^2})\mathrm{d}x + \int_{-\infty}^{\infty} p(x)\left[\frac{(x-m)^2}{2\sigma^2}\right]\mathrm{d}x\log\mathrm{e} \\ &= \log\sqrt{2\pi\sigma^2} + \frac{1}{2}\log\mathrm{e} = \frac{1}{2}\log 2\pi\mathrm{e}\sigma^2 \end{aligned} \tag{2.3.10}$$

这是因为式中$\int_{-\infty}^{\infty} p(x)\mathrm{d}x = 1$ 和$\int_{-\infty}^{\infty}(x-m)^2 p(x)\mathrm{d}x = \sigma^2$。可见，正态分布的连续信源的熵与数学期望 m 无关，只与其方差 σ^2 有关。当均值 $m=0$ 时，X 的方差 σ^2 等于信源输出的平均功率 P。由式(2.3.10)可得

$$h(X) = \frac{1}{2}\log 2\pi\mathrm{e}P$$

若 N 维连续平稳信源输出的 N 维连续随机矢量 $\boldsymbol{X} = (X_1 X_2 \cdots X_N)$是正态分布，则此信源称为 N 维高斯信源。令随机矢量的每一变量 X_i 的均值为 m_i，各变量之间的联合二阶中心矩(相关矩)为

$$\mu_{ij} = E[(X_i - m_i)(X_j - m_j)] \quad (i, j = 1, 2, \cdots, N)$$

构成一个 $N \times N$ 矩阵 $\boldsymbol{C}$，即

$$C=\begin{bmatrix}\mu_{11} & \mu_{12} & \cdots & \mu_{1N}\\ \mu_{21} & \mu_{22} & \cdots & \mu_{2N}\\ \vdots & \vdots & \ddots & \vdots\\ \mu_{N1} & \mu_{N2} & \cdots & \mu_{NN}\end{bmatrix}$$

$\boldsymbol{C}$ 又称协方差矩阵，其中，当 $i=j$ 时，$\mu_{ii}=\sigma_i^2$ 为每一变量的方差，μ_{ij} 为变量 X_i 和 X_j 之间的协方差，描述二变量之间的依赖关系，所以有 $\mu_{ij}=\mu_{ji}(i\neq j)$。用 $|\det\boldsymbol{C}|$ 或 $|\boldsymbol{C}|$ 表示这矩阵的行列式，$|\boldsymbol{C}|_{ij}$ 表示元素 μ_{ij} 的代数余因子，则矢量 $\boldsymbol{X}$ 的概率密度函数为

$$p(\boldsymbol{x})=\frac{1}{(2\pi)^{1/2}|\det\boldsymbol{C}|^{1/2}}\exp\left[-\frac{1}{2|\det\boldsymbol{C}|}\sum_{i=1}^{N}\sum_{j=1}^{N}|\boldsymbol{C}|_{ij}(x_i-m_i)(x_j-m_j)\right]$$

于是，可得 N 维高斯信源的微分熵为

$$\begin{aligned}h(\boldsymbol{X})&=-\int_{-\infty}^{\infty}p(\boldsymbol{x})\log p(\boldsymbol{x})\mathrm{d}\boldsymbol{x}\\&=-\int_{\mathbf{R}}\cdots\int p(\boldsymbol{x})\log\left\{\frac{1}{(2\pi)^{N/2}|\det\boldsymbol{C}|^{1/2}}\exp\left[-\frac{1}{2|\det\boldsymbol{C}|}\cdot\right.\right.\\&\qquad\left.\left.\sum_{i=1}^{N}\sum_{j=1}^{N}|\det\boldsymbol{C}|_{ij}(x_i-m_i)(x_j-m_j)\right]\right\}\mathrm{d}x_1\mathrm{d}x_2\cdots\mathrm{d}x_N\\&=\log[(2\pi)^{N/2}|\det\boldsymbol{C}|^{1/2}]+\frac{N}{2}\log\mathrm{e}\\&=\log[(2\pi\mathrm{e})^{N/2}|\det\boldsymbol{C}|^{1/2}]=\frac{1}{2}\log[(2\pi\mathrm{e})^{N}|\det\boldsymbol{C}|]\end{aligned}$$

如果 N 维高斯随机矢量其协方差 $\mu_{ij}=0(i\neq j$，各变量之间不相关)，那么各变量 X_i 之间一定统计独立，则 $\boldsymbol{C}$ 为一对角线矩阵，并有

$$|\det\boldsymbol{C}|=\prod_{i=1}^{N}\sigma_i^2$$

所以 N 维无记忆高斯信源的熵，即 N 维统计独立的正态分布随机矢量的微分熵为

$$h(\boldsymbol{X})=\frac{N}{2}\log 2\pi\mathrm{e}(\sigma_1^2\sigma_2^2\cdots\sigma_N^2)^{1/N}=\sum_{i=1}^{N}h(X_i)\tag{2.3.11}$$

当 $N=1$，即 X 为一维随机变量时，式(2.3.11)变成式(2.3.10)，这就是高斯噪声信源的熵。

2.3.2 微分熵的性质

连续信源的微分熵只具有熵的部分含义和性质，而失去了某些重要的特性。与离散信源的信息熵比较，连续信源的微分熵具有以下性质。

1. 可加性

任意两个相互关联的连续信源 X 和 Y，有

$$h(XY)=h(X)+h(Y\mid X)\tag{2.3.12}$$

$$h(XY)=h(Y)+h(X\mid Y)\tag{2.3.13}$$

并类似离散情况可以证得 $h(X|Y) \leqslant h(X)$ 或 $h(Y|X) \leqslant h(Y)$。

当且仅当 X 与 Y 统计独立时，上两式等号成立。进而可得

$$h(XY) \leqslant h(X) + h(Y)$$

当且仅当 X 与 Y 统计独立时，等式成立。

下面证明式(2.3.12)。

根据连续随机变量微分熵的定义可得两连续随机变量的联合微分熵为

$$\begin{aligned}
h(XY) &= -\iint_{\mathbf{R}} p(xy)\log p(xy)\mathrm{d}x\mathrm{d}y \\
&= -\iint_{\mathbf{R}} p(xy)\log p(x)\mathrm{d}x\mathrm{d}y - \iint_{\mathbf{R}} p(xy)\log p(y \mid x)\mathrm{d}x\mathrm{d}y \\
&= -\int_{\mathbf{R}} \left[\int_{\mathbf{R}} p(xy)\mathrm{d}y\right] \log p(x)\mathrm{d}x - \iint_{\mathbf{R}} p(xy)\log p(y \mid x)\mathrm{d}x\mathrm{d}y \\
&= -\int_{\mathbf{R}} p(x)\log p(x)\mathrm{d}x - \iint_{\mathbf{R}} p(xy)\log p(y \mid x)\mathrm{d}x\mathrm{d}y \\
&= h(X) + h(Y \mid X)
\end{aligned}$$

其中运用式(2.3.1)和式(2.3.2)。同理，可证得式(2.3.13)。

而式(2.3.6)正是连续信源熵的可加性在 N 维随机序列中的推广。

2. 上凸性

连续信源的微分熵 $h(X)$ 是输入概率密度函数 $p(x)$ 的 $\cap$ 型凸函数，即对于任意两概率密度函数 $p_1(x)$ 和 $p_2(x)$ 及任意 $0<\theta<1$，有

$$h[\theta p_1(x) + (1-\theta)p_2(x)] \geqslant \theta h(p_1(x)) + (1-\theta)h(p_2(x))$$

3. 微分熵可取负值

连续信源的熵在某些情况下可以得出其值为负值。例如，在 $[a,b]$ 区间内均匀分布的连续信源，其微分熵为

$$h(X) = \log(b-a)$$

若 $(b-a)<1$，则得熵 $h(X)<0$，为负值。

因为微分熵的定义中去掉了一项无限大的常数项，所以微分熵可取负值。由此性质可看出，微分熵不能表达连续事物所含有的信息量。

4. 变换性

连续信源输出的随机变量(或随机矢量)通过确定的一一对应变换，其微分熵会发生怎样的变化。假设某 N 维随机矢量 $\boldsymbol{X}=(X_1,X_2,\cdots,X_N)$，其联合概率密度函数为 $p_X=(x_1,x_2,\cdots,x_N)$，又有另一 N 维随机矢量 $\boldsymbol{Y}=(Y_1,Y_2,\cdots,Y_N)$，它的联合概率密度函数为 $p_Y=(y_1,y_2,\cdots,y_N)$。而 $\boldsymbol{Y}$ 与 $\boldsymbol{X}$ 有确定的函数关系为

$$\begin{cases}
Y_1 = g_1(X_1X_2\cdots X_N) \\
Y_2 = g_2(X_1X_2\cdots X_N) \\
\qquad\vdots \\
Y_N = g_N(X_1X_2\cdots X_N)
\end{cases}$$

假设新随机变量 $Y_i(i=1,2,\cdots,N)$ 是随机变量 $X_i(i=1,2,\cdots,N)$ 的单值连续函数(具有处处连续的偏导数)，因此 $\boldsymbol{X}$ 也可以表示为新变量 $\boldsymbol{Y}$ 的单值连续函数，即

$$\begin{cases} X_1 = f_1(Y_1Y_2\cdots Y_N) \\ X_2 = f_2(Y_1Y_2\cdots Y_N) \\ \quad\vdots \\ X_N = f_N(Y_1Y_2\cdots Y_N) \end{cases}$$

由此可得，X_i 样本空间中的每一点对应于且只对应于 Y_i 样本空间中的一个点。所以，矢量 $\boldsymbol{X}$ 和矢量 $\boldsymbol{Y}$ 之间有一一对应的映射关系，它使 $\boldsymbol{X}$ 的样本空间映射到另一新的 $\boldsymbol{Y}$ 的样本空间。假如 $\boldsymbol{X}$ 的样点集在区域 $\boldsymbol{A}$ 内，由于 X_i 与 Y_i 之间的函数关系，区域 $\boldsymbol{A}$ 映射成新样本空间的区域 B，如图 2.3.2 所示。

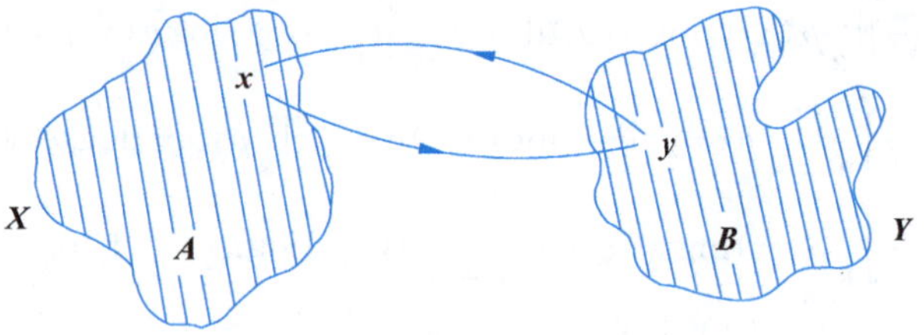

图 2.3.2　空间 $\boldsymbol{A}$ 一一对应地映射成空间 $\boldsymbol{B}$ 的说明（x 和 y 为 N 维矢量）

若一多维随机变量映射成另一多维随机变量，则原多维随机变量落在样本空间一个给定区域内的概率应该等于变换后的多维随机变量落在新样本空间中相应区域内的概率，所以 $\boldsymbol{x}$ 落入区域 $\boldsymbol{A}$ 的概率与样本点 $\boldsymbol{y}$ 落入区域 $\boldsymbol{B}$ 的概率相同。因而

$$\int_{\boldsymbol{A}}\cdots\int p_X(x_1x_2\cdots x_N)\mathrm{d}x_1\mathrm{d}x_2\cdots\mathrm{d}x_N = \int_{\boldsymbol{B}}\cdots\int p_{\boldsymbol{Y}}(y_1y_2\cdots y_N)\mathrm{d}y_1\mathrm{d}y_2\cdots\mathrm{d}y_N \tag{2.3.14}$$

根据多重积分的变量变换可得

$$\frac{\mathrm{d}x_1\mathrm{d}x_2\cdots\mathrm{d}x_N}{\mathrm{d}y_1\mathrm{d}y_2\cdots\mathrm{d}y_N} = \left|J\left(\frac{X_1X_2\cdots X_N}{Y_1Y_2\cdots Y_N}\right)\right| = \left|J\left(\frac{\boldsymbol{X}}{\boldsymbol{Y}}\right)\right| \tag{2.3.15}$$

式中：$J\left(\frac{\boldsymbol{X}}{\boldsymbol{Y}}\right)$ 为雅可比行列式，且有

$$J\left(\frac{\boldsymbol{X}}{\boldsymbol{Y}}\right) = \frac{\partial(X_1X_2\cdots X_N)}{\partial(Y_1Y_1\cdots Y_N)} = \begin{vmatrix} \frac{\partial f_1}{\partial Y_1} & \frac{\partial f_2}{\partial Y_1} & \cdots & \frac{\partial f_N}{\partial Y_1} \\ \frac{\partial f_1}{\partial Y_2} & \frac{\partial f_2}{\partial Y_2} & \cdots & \frac{\partial f_N}{\partial Y_2} \\ \vdots & \vdots & \ddots & \vdots \\ \frac{\partial f_1}{\partial Y_N} & \frac{\partial f_2}{\partial Y_N} & \cdots & \frac{\partial f_N}{\partial Y_N} \end{vmatrix}$$

证明可得

$$J\left(\frac{\boldsymbol{X}}{\boldsymbol{Y}}\right) = 1/J\left(\frac{\boldsymbol{Y}}{\boldsymbol{X}}\right)$$

那么，在式(2.3.14)中等号左边经过适当的变量变换后可得

$$\int_A\cdots\int p_X(x_1x_2\cdots x_N)\mathrm{d}x_1\mathrm{d}x_2\cdots\mathrm{d}x_N$$

$$=\int_B\cdots\int p_X[x_1=f_1(y_1y_2\cdots y_N),x_2=f_2(y_1y_2\cdots y_N)\cdots$$

$$x_N=f_N(y_1y_2\cdots y_N)]\left|J\left(\frac{\boldsymbol{X}}{\boldsymbol{Y}}\right)\right|\mathrm{d}y_1\mathrm{d}y_2\cdots\mathrm{d}y_N \qquad (2.3.16)$$

比较式(2.3.16)和式(2.3.14)可以得出新、旧联合概率密度函数有下述关系：

$$p_{\boldsymbol{Y}}(y_1y_2\cdots y_N)=p_{\boldsymbol{X}}(x_1x_2\cdots x_N)\left|J\left(\frac{\boldsymbol{X}}{\boldsymbol{Y}}\right)\right| \qquad (2.3.17)$$

假定积分限的顺序是增加的，所以使用雅可比行列式的绝对值。由此可见，除非雅可比行列式等于1，否则在一般情况下，随机变量通过变换后其概率密度会发生变化。

变换后连续信源的微分熵为

$$h(\boldsymbol{Y})=-\int_{\boldsymbol{Y}}p_{\boldsymbol{Y}}(y_1y_2\cdots y_N)\log p_{\boldsymbol{Y}}(y_1y_2\cdots y_N)\mathrm{d}y_1\mathrm{d}y_2\cdots\mathrm{d}y_N$$

若$\boldsymbol{Y}$和$\boldsymbol{X}$有对应的变换关系$\boldsymbol{Y}=g(\boldsymbol{X})$和$\boldsymbol{X}=f(\boldsymbol{Y})$，则根据式(2.3.15)和式(2.3.17)可得

$$h(\boldsymbol{Y})=-\int_{\boldsymbol{X}}p_X(x_1x_2\cdots x_N)\left|J\left(\frac{\boldsymbol{X}}{\boldsymbol{Y}}\right)\right|\log\left[p_X(x_1x_2\cdots x_N)\left|J\left(\frac{\boldsymbol{X}}{\boldsymbol{Y}}\right)\right|\right]\left|J\left(\frac{\boldsymbol{Y}}{\boldsymbol{X}}\right)\right|\mathrm{d}x_1\mathrm{d}x_2\cdots\mathrm{d}x_N$$

$$=-\int_{\boldsymbol{X}}p_{\boldsymbol{X}}(x_1x_2\cdots x_N)\log p_{\boldsymbol{X}}(x_1x_2\cdots x_N)\mathrm{d}x_1\mathrm{d}x_2\cdots\mathrm{d}x_N-$$

$$\int_{\boldsymbol{X}}p_{\boldsymbol{X}}(x_1x_2\cdots x_N)\log\left|J\left(\frac{\boldsymbol{X}}{\boldsymbol{Y}}\right)\right|\mathrm{d}x_1\mathrm{d}x_2\cdots\mathrm{d}x_N$$

$$=h(\boldsymbol{X})-E\left[\log\left|J\left(\frac{\boldsymbol{X}}{\boldsymbol{Y}}\right)\right|\right] \qquad (2.3.18)$$

可见，通过一一对应的变换后连续平稳信源的熵(微分熵)发生了变化。变换器输出信源的熵等于输入信源的熵减去雅可比行列式对数的统计平均值。这正是连续信源的微分熵与离散信源熵的一个不同之处。这说明连续信源的微分熵不具有变换的不变性。

例 2.3.1 设原连续信源输出的信号X是方差为σ^2、均值为0的正态分布随机变量，其概率密度为

$$p(x)=\frac{1}{\sqrt{2\pi\sigma^2}}\mathrm{e}^{-x^2/2\sigma^2}$$

经一个放大倍数为k、直流分量为a的放大器放大输出。这时放大器网络输入与输出的变换关系为$y=kx+a$。由式(2.3.17)可得

$$p(y)=p(x)\left|\frac{\mathrm{d}x}{\mathrm{d}y}\right|$$

而现在

$$\left|\frac{\mathrm{d}x}{\mathrm{d}y}\right|=\frac{1}{k}$$

又有$x=\dfrac{y-a}{k}$，所以放大器输出信号的概率密度函数为

$$p(y)=\frac{1}{\sqrt{2\pi k^2\sigma^2}}\mathrm{e}^{-(y-a)^2/2k^2\sigma^2}$$

又由式(2.3.18)计算可得

$$h(Y)=\frac{1}{2}\log 2\pi e\sigma^2+\log k=\frac{1}{2}\log 2\pi e k^2\sigma^2$$

由本例可知，一个方差为 σ^2 的正态分布随机变量，经过一个放大倍数为 k、直流分量为 a 的放大器后，其输出是方差为 $k^2\sigma^2$、均值为 a 的正态分布随机变量。因而，通过线性放大器后，熵值发生变化，增加了 $\log k$ bit。

例 2.3.2 设网络输入的 N 维随机矢量 $\boldsymbol{X}=(X_1,X_2,\cdots,X_N)$ 与输出的 N 维随机矢量 $\boldsymbol{Y}=(Y_1,Y_2,\cdots,Y_N)$，它们之间的变换关系为

$$\boldsymbol{Y}=\boldsymbol{AX} \tag{2.3.19}$$

若矩阵

$$\boldsymbol{A}=\begin{bmatrix} a_{11} & a_{12} & \cdots & a_{1N} \\ a_{21} & a_{22} & \cdots & a_{2N} \\ \vdots & \vdots & \ddots & \vdots \\ a_{N1} & a_{N2} & \cdots & a_{NN} \end{bmatrix}$$

则式(2.3.19)可写为

$$\begin{bmatrix} Y_1 \\ Y_2 \\ \vdots \\ Y_N \end{bmatrix}=\begin{bmatrix} a_{11} & a_{12} & \cdots & a_{1N} \\ a_{21} & a_{22} & \cdots & a_{2N} \\ \vdots & \vdots & \ddots & \vdots \\ a_{N1} & a_{N2} & \cdots & a_{NN} \end{bmatrix}\begin{bmatrix} X_1 \\ X_2 \\ \vdots \\ X_N \end{bmatrix}$$

可求得

$$J\left(\frac{\boldsymbol{Y}}{\boldsymbol{X}}\right)=J\left(\frac{Y_1Y_2\cdots Y_N}{X_1X_2\cdots X_N}\right)=\begin{vmatrix} a_{11} & a_{12} & \cdots & a_{1N} \\ a_{21} & a_{22} & \cdots & a_{2N} \\ \vdots & \vdots & \ddots & \vdots \\ a_{N1} & a_{N2} & \cdots & a_{NN} \end{vmatrix}=|\det\boldsymbol{A}|$$

又由式(2.3.18)计算可得

$$\begin{aligned} h(\boldsymbol{Y}) &= h(Y_1Y_2\cdots Y_N)=h(\boldsymbol{X})+E_X[\log||\det\boldsymbol{A}||] \\ &= h(\boldsymbol{X})+\log||\det\boldsymbol{A}|| \end{aligned} \tag{2.3.20}$$

式中：$|\det\boldsymbol{A}|$ 为变换矩阵 $\boldsymbol{A}$ 的行列式；$||\det\boldsymbol{A}||$ 为变换矩阵 $\boldsymbol{A}$ 的行列式的绝对值。

式(2.3.20)说明，N 维随机矢量 $\boldsymbol{X}$ 通过线性网络变换后，N 维随机矢量 $\boldsymbol{Y}$ 的微分熵等于原 $\boldsymbol{X}$ 的微分熵加上变换矩阵的行列式的绝对值的对数。

5. 极值性(最大微分熵定理)

连续信源的微分熵存在极大值。但与离散信源不同的是，其在不同的限制条件下信源的最大熵是不同的。一般情况，在不同约束条件下，求连续信源微分熵的最大值，就是在下述若干约束条件下：

$$\int_{-\infty}^{\infty} p(x)\,\mathrm{d}x=1$$

$$\int_{-\infty}^{\infty} x p(x) \mathrm{d}x = K_1$$

$$\int_{-\infty}^{\infty} (x-m)^2 p(x) \mathrm{d}x = K_2$$

$$\vdots$$

求泛函数 $h(X) = -\int_{-\infty}^{\infty} p(x)\log p(x)\mathrm{d}x$ 的极值。

通常我们最感兴趣的是两种情况：一种是信源的输出值受限；另一种是信源的输出平均功率受限。

(1) 峰值功率受限条件下信源的最大熵。

若某信源输出信号的峰值功率受限为 $\hat{P}$，即信源输出信号的瞬时电压限定在 $\pm\sqrt{\hat{P}}$ 内，则它等价于信源输出的连续随机变量 X 的取值幅度受限，限于 $[a,b]$ 内取值。所以求在约束条件 $\int_b^a p(x)\mathrm{d}x=1$ 下，信源的最大微分熵。

定理 2.3.1 若信源输出的幅度被限定在 $[a,b]$ 区域内，则当输出信号的概率密度是均匀分布(图 2.3.3 的形式)时，信源具有最大熵，其值等于 $\log(b-a)$。

当 N 维随机矢量取值受限时，也只有各随机分量统计独立并均匀分布时具有最大熵。现在只对一维随机变量进行证明，而对于 N 维随机矢量的证明就可采用相同的方法。

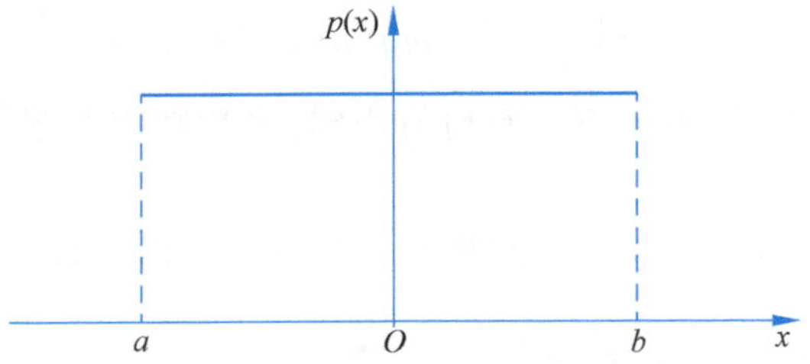

图 2.3.3 输出幅度受限的信源当熵为最大时的概率密度分布

证明： 设 $p(x)$ 为均匀分布的概率密度函数 $p(x)=\dfrac{1}{b-a}$ 并满足 $\int_a^b p(x)\mathrm{d}x=1$。而设 $q(x)$ 为任意分布的概率密度函数，也有 $\int_a^b q(x)\mathrm{d}x=1$。则

$$\begin{aligned}
h[X,q(x)]-h[X,p(x)] &= -\int_a^b q(x)\log q(x)\mathrm{d}x + \int_a^b p(x)\log p(x)\mathrm{d}x \\
&= -\int_a^b q(x)\log q(x)\mathrm{d}x - \left[\log(b-a)\int_a^b p(x)\mathrm{d}x\right] \\
&= -\int_a^b q(x)\log q(x)\mathrm{d}x - \left[\log(b-a)\int_a^b q(x)\mathrm{d}x\right] \\
&= -\int_a^b q(x)\log q(x)\mathrm{d}x + \int_a^b q(x)\log p(x)\mathrm{d}x \\
&= \int_a^b q(x)\log\frac{p(x)}{q(x)}\mathrm{d}x \leqslant \log\left[\int_a^b q(x)\frac{p(x)}{q(x)}\mathrm{d}x\right] = 0
\end{aligned}$$

其中运用了詹森不等式,因而

$$h[X,q(x)]\leqslant h[X,p(x)]$$

当且仅当 $q(x)=p(x)$ 时等式才成立。 [证毕]

这就是说,在信源输出信号的幅度受限条件下(或峰值功率受限条件下),任何概率密度分布时的熵必小于均匀分布时的熵,即均匀分布时微分熵达到最大值。

(2) 平均功率受限条件下信源的最大熵。

定理 2.3.2 若一个连续信源输出信号的平均功率被限定为 P,则其输出信号幅度的概率密度分布是高斯分布时,信源有最大的熵,其值为 $\frac{1}{2}\log 2\pi eP$。对于 N 维连续平稳信源来说,若其输出的 N 维随机序列的协方差矩阵 $\boldsymbol{C}$ 被限定,则 N 维随机矢量为正态分布时信源的熵最大,也就是 N 维高斯信源的熵最大,其值为 $\frac{1}{2}\log|\det\boldsymbol{C}|+\frac{N}{2}\log 2\pi e$。

现在被限制的条件是信源输出的平均功率受限为 P。对于均值为零的信号来说,此条件就是其方差 σ^2 受限。在此,只证明一般均值不为零的一维随机变量。它就是在约束条件

$$\int_{-\infty}^{\infty}p(x)\mathrm{d}x=1$$

和

$$\sigma^2=\int_{-\infty}^{\infty}(x-m)^2p(x)\mathrm{d}x<\infty$$

下,求信源微分熵 $h(X)$ 的极大值。而均值为零,平均功率受限的情况只是它的一个特例。

证明: 设 $q(x)$ 为信源输出的任意概率密度分布。因为其方差受限为 σ^2,所以必满足

$$\int_{-\infty}^{\infty}q(x)\mathrm{d}x=1,\quad \int_{-\infty}^{\infty}(x-m)^2q(x)\mathrm{d}x=\sigma^2$$

又设 $p(x)$ 是方差为 σ^2 的正态概率密度分布,即有

$$\int_{-\infty}^{\infty}p(x)\mathrm{d}x=1,\quad \int_{-\infty}^{\infty}(x-m)^2p(x)\mathrm{d}x=\sigma^2$$

根据式(2.3.10)已计算可得

$$h(X,p(x))=\frac{1}{2}\log 2\pi e\sigma^2$$

现计算

$$\begin{aligned}\int_{-\infty}^{\infty}q(x)\log\frac{1}{p(x)}\mathrm{d}x&=-\int_{-\infty}^{\infty}q(x)\log\left[\frac{1}{\sqrt{2\pi\sigma^2}}e^{-\frac{(x-m)^2}{2\sigma^2}}\right]\mathrm{d}x\\&=-\int_{-\infty}^{\infty}q(x)\log\frac{1}{\sqrt{2\pi e\sigma^2}}\mathrm{d}x+\int_{-\infty}^{\infty}q(x)\frac{(x-m)^2}{2\sigma^2}\mathrm{d}x\log e\\&=\frac{1}{2}\log 2\pi e\sigma^2\end{aligned}$$

所以可得

$$h(X,p(x))=\int_{-\infty}^{\infty} q(x)\log\frac{1}{p(x)}\mathrm{d}x$$

而

$$h(X,q(x))-h(X,p(x))=-\int_{-\infty}^{\infty} q(x)\log q(x)\mathrm{d}x-\int_{-\infty}^{\infty} q(x)\log\frac{1}{p(x)}\mathrm{d}x$$
$$=\int_{-\infty}^{\infty} q(x)\log\frac{p(x)}{q(x)}\mathrm{d}x$$

根据詹森不等式可得

$$h(X,q(x))-h(X,p(x))\leqslant\log\int_{-\infty}^{\infty} q(x)\frac{p(x)}{q(x)}\mathrm{d}x=\log 1=0$$

所以可得

$$h(X,q(x))\leqslant h(X,p(x))$$

当且仅当 $q(x)=p(x)$ 时等式成立。 [证毕]

这一结论说明，当连续信源输出信号的平均功率受限，只有信号的统计特性与高斯噪声统计特性一样时，才会有最大的熵值。从直观上看这是合理的，因为噪声是一个最不确定的随机过程，而最大的信息量只能从最不确定的事件中获得。

对于 N 维平稳信源也可用类似证明方法，证得当其输出的 N 维协方差矩阵 $\boldsymbol{C}$ 受限[$\mu_{ij}(i,j=1,2,\cdots,N)$受限]时，$N$ 维高斯信源的熵最大，最大值为$\frac{1}{2}\log[(2\pi e)^N|\det\boldsymbol{C}|]$。若在上述条件下，再进一步限定协方差矩阵 $\boldsymbol{C}$ 中协方差 $\mu_{ij}=0(i\neq j)$，随机矢量 $\boldsymbol{X}=X_1,X_2,\cdots,X_N$ 中各分量之间不相关，又 $\mu_{ij}=\sigma_i^2(i=1,2,\cdots,N)$，则可证得 N 维随机序列的各分量 X_i 彼此统计独立，并各自达到正态分布时的熵最大，也就是 N 维无记忆高斯信源的熵最大，最大值为$\frac{1}{2}\log(2\pi e)^N(\sigma_1^2\sigma_2^2\cdots\sigma_N^2)$。若随机序列 $X=X_1,X_2,\cdots,X_N$ 中各分量的均值 $m_i=0(i=1,2,\cdots,N)$，而平均功率受限为 P_i，即 $\sigma_i^2=P_i$，则得 N 维无记忆高斯信源的熵最大，最大值为$\frac{1}{2}\log(2\pi e)^N(P_1P_2\cdots P_N)$。

2.4 Kullback 熵

视频

已知随机变量的真实分布为 p，可以构造平均长度为 $H(p)$ 的码(香农第一定理)。如果不知道信源确切的概率分布，仅知道其概率分布的最佳估计 q。若利用估计值进行编码，那么在平均意义上就需要 $H(p)+D(p||q)$ 来描述这个随机变量。Kullback 熵 $D(p||q)$ 是两个随机分布之间的距离的度量，在统计学上它对应的是似然比的对数期望。

2.4.1 Kullback 熵的定义

定义 2.4.1 两个概率密度函数 $p(x)$ 和 $q(x)$ 之间的相对熵定义为

$$D(p \,||\, q)=\sum_{x\in\chi} p(x)\log\frac{p(x)}{q(x)}$$
$$=E_p\log\frac{p(x)}{q(x)}$$

相对熵也称为 Kullback 熵，或 Kullback Leibler 距离。在上述定义中，约定 $0\log\frac{0}{q}=0$ 和 $p\log\frac{p}{0}=\infty$(基于连续性假设)。

例 2.4.1 基于错误分布进行无失真编码所付出的代价。

假设一个随机变量 X，输出符号集合为{1,2,3,4,5}。表 2.4.1 列出了两种不同分布下的无失真编码情况。

表 2.4.1 两种不同分布下的无失真编码

符号	分布 p_1	分布 p_2	码 C_1	码 C_2
1	1/2	1/2	0	0
2	1/4	1/8	10	100
3	1/8	1/8	110	101
4	1/16	1/8	1110	110
5	1/16	1/8	1111	111

可计算出分布 p_1、p_2 的相对熵如下：

$$D(p_1 \,||\, p_2)=\frac{1}{2}\log\frac{1/2}{1/2}+\frac{1}{4}\log\frac{1/4}{1/8}+\frac{1}{8}\log\frac{1/8}{1/8}+2\times\frac{1}{16}\log\frac{1/16}{1/8}=1/8(\text{bit})$$

$$D(p_2 \,||\, p_1)=\frac{1}{2}\log\frac{1/2}{1/2}+\frac{1}{8}\log\frac{1/8}{1/4}+\frac{1}{8}\log\frac{1/8}{1/8}+2\times\frac{1}{8}\log\frac{1/8}{1/16}=1/8(\text{bit})$$

此处，$D(p_1||p_2)=D(p_2||p_1)$；但一般情况下，二者并不相等。

从表 2.4.1 中可以看出，码 C_1、C_2 分别对应分布 p_1、p_2 的最佳编码，其效率为 1。如果用码 C_2 作为分布 p_1 的码，那么此时的平均码长为 2，相对于最短的平均码长 15/8，其差值为 1/8。这部分错误使用分布带来的码长损耗可由 $D(p_1||p_2)$来度量。那么，用码 C_1 作为分布 p_2 的码情况会怎样？读者可以自己进行分析。

Kullback 熵并不对称，也不满足三角不等式，实际上它并非两个分布间的真正距离。然而，将相对熵看作分布间的“距离”往往会很有用。

2.4.2 Kullback 熵的性质

1. 非负性

定理 2.4.1(信息不等式) 设 $p(x)$、$q(x)(x\in\chi)$为两个概率密度函数，则有

$$D(p \,||\, q)\geqslant 0$$

等号成立当且仅当对于任意的 x，有 $p(x)=q(x)$。

证明： 设 $A=\{x: p(x)>0\}$为 $p(x)$的支撑集，则有

$$-D(p \,||\, q)=-\sum_{x\in A} p(x)\log\frac{p(x)}{q(x)}$$

$$=\sum_{x\in A}p(x)\log\frac{q(x)}{p(x)}\leqslant\log\sum_{x\in A}p(x)\frac{q(x)}{p(x)}$$
$$=\log\sum_{x\in A}q(x)\leqslant\log\sum_{x\in\chi}q(x)$$
$$=\log 1=0$$

[证毕]

2. 链式法则

$$D(p(xy)\,||\,q(xy))=D(p(x)\,||\,q(x))+D(p(y\mid x)\,||\,q(y\mid x))$$

为了进一步证明该链式法则,下面先定义相对熵的条件形式。

定义 2.4.2 条件相对熵 $D(p(y|x)||q(y|x))$定义为条件概率密度函数 $p(y|x)$和 $q(y|x)$之间的平均相对熵,其中取平均是就概率密度函数 $p(x)$而言的,即

$$D(p(y\mid x)\,||\,q(y\mid x))=\sum_x p(x)\sum_y p(y\mid x)\log\frac{p(y\mid x)}{q(y\mid x)}$$
$$=E_{p(xy)}\log\frac{p(Y\mid X)}{q(Y\mid X)}$$

链式法则的证明如下。

证明:

$$D(p(xy)\,||\,q(xy))=\sum_x\sum_y p(xy)\log\frac{p(xy)}{q(xy)}$$
$$=\sum_x\sum_y p(xy)\log\frac{p(x)p(y\mid x)}{q(x)q(y\mid x)}$$
$$=\sum_x\sum_y p(xy)\log\frac{p(x)}{q(x)}+\sum_x\sum_y p(xy)\log\frac{p(y\mid x)}{q(y\mid x)}$$
$$=D(p(x)\,||\,q(x))+D(p(y\mid x)\,||\,q(y\mid x))$$

[证毕]

3. 凸状性

定理 2.4.2 $D(p||q)$关于(p,q)是凸的,即若(p_1,q_1)和(p_2,q_2)为两对概率密度函数,则对所有的 $0\leqslant\lambda\leqslant 1$,有

$$D(\lambda p_1+(1-\lambda)p_2\,||\,\lambda q_1+(1-\lambda)q_2)\leqslant\lambda D(p_1\,||\,q_1)+(1-\lambda)D(p_2\,||\,q_2)\tag{2.4.1}$$

为了证明上述不等式,需要引入以下定理。

定理 2.4.3 (对数和不等式)对于非负数 $a_1,a_2,\cdots,a_n$ 和$b_1,b_2,\cdots,b_n$,有

$$\sum_{i=1}^n a_i\log\frac{a_i}{b_i}\geqslant\left(\sum_{i=1}^n a_i\right)\log\frac{\sum_{i=1}^n a_i}{\sum_{i=1}^n b_i}\tag{2.4.2}$$

式中:等号成立当且仅当$\frac{a_i}{b_i}$为常数。

定理 2.4.2 证明如下。

证明：将对数和不等式(2.4.2)应用于式(2.4.1)，左边展开式中的每一项，即有

$$(\lambda p_1(x)+(1-\lambda)p_2(x))\log\frac{\lambda p_1(x)+(1-\lambda)p_2(x)}{\lambda q_1(x)+(1-\lambda)q_2(x)}$$

$$\leqslant \lambda p_1(x)\log\frac{\lambda p_1(x)}{\lambda q_1(x)}+(1-\lambda)p_2(x)\log\frac{(1-\lambda)p_2(x)}{(1-\lambda)q_2(x)}$$

对上述所有的 x 求和，就可得到所要的性质。 [证毕]

4. 其他表示

1) 基于信息熵

针对概率分布为 p 的信源，其信息熵为 $H(p)$；假设 u 为均匀分布，则有如下关系式：

$$H(p)=\log|\chi|-D(p\,||\,u) \tag{2.4.3}$$

式中：χ 为信源符号的取值空间。

式(2.4.3)的证明作为习题留给读者练习。

2) 基于平均互信息

考虑两个随机变量 X 和 Y，概率密度函数分别是 $p(x)$、$p(y)$，它们的联合概率密度函数为 $p(xy)$。则 Kullback 熵与平均互信息的关系可表示为

$$I(X;Y)=\sum_X\sum_Y p(xy)\log\frac{p(xy)}{p(x)p(y)}$$

$$=D(p(xy)\,||\,p(x)p(y))$$

2.4.3 Kullback 熵与热力学第二定律的关系

热力学第二定律是物理学中的基本定律之一，表明孤立系统的熵总是不减的。下面阐述 Kullback 熵与热力学第二定律之间的关系。

现在我们建立模型，将孤立系统视为马尔可夫链，其中状态的转移规律由控制该系统的物理定律所决定。此假设是针对系统的所有状态的，且暗示如果知道现在状态，系统的将来是独立于系统过去的。

1. Kullback 熵 $D(\mu_n\,||\,\mu_n')$ 随 n 递减

设 μ_n、μ_n' 为在 n 时刻的马尔可夫链状态空间上的两个概率分布，μ_{n+1}、μ_{n+1}' 为 $n+1$ 时刻的概率分布。设相应的联合概率密度函数分别记为 p、q，即

$$p(x_nx_{n+1})=p(x_n)r(x_{n+1}\mid x_n),\quad q(x_nx_{n+1})=q(x_n)r(x_{n+1}\mid x_n)$$

式中：$r(\cdot\mid\cdot)$为马尔可夫链的转移函数。

由链式法则可知

$$\begin{aligned}D(p(x_nx_{n+1})\,||\,q(x_nx_{n+1}))&=D(p(x_n)\,||\,q(x_n))+D(p(x_{n+1}\mid x_n)\,||\,q(x_{n+1}\mid x_n))\\&=D(p(x_{n+1})\,||\,q(x_{n+1}))+D(p(x_n\mid x_{n+1})\,||\,q(x_n\mid x_{n+1}))\end{aligned} \tag{2.4.4}$$

由于概率分布 p 和 q 源自同一个马尔可夫链，所以条件概率密度函数 $p(x_{n+1}|x_n)$、

$q(x_{n+1}|x_n)$都等同于$r(x_{n+1}|x_n)$，则式(2.4.4)中$D(p(x_{n+1}|x_n)||q(x_{n+1}|x_n))$为0。基于Kullback熵的非负性可得

$$D(p(x_n)||q(x_n)) \geqslant D(p(x_{n+1})||q(x_{n+1}))$$

或

$$D(\mu_n||\mu'_n) \geqslant D(\mu_{n+1}||\mu'_{n+1})$$

因此，对于任意马尔可夫链，两个概率密度函数间的距离随时间n递减。假设μ'_n为任何一个平稳分布μ，那么μ'_{n+1}趋于同一个平稳分布，则上式可表示为

$$D(\mu_n||\mu) \geqslant D(\mu_{n+1}||\mu)$$

这就表明，随着时间的流逝，状态分布将会越来越接近于每一个平稳分布。因为$D(\mu_n||\mu)$为单调下降的非负序列，其极限必定存在。

2. *若平稳分布是均匀分布，则熵增加*

若平稳分布是均匀分布，则有

$$D(\mu_n||\mu) = \log|\chi| - H(\mu_n) = \log|\chi| - H(X_n)$$

Kullback熵的单调递减就蕴含了信息熵的单调递增。这就解释了信息论中的熵概念与统计热力学的紧密联系，其中所有微观状态都是等可能发生的。但是，如果马尔可夫链的初始状态服从均匀分布，即已经是最大熵分布了，而平稳分布的熵必定小于均匀分布的熵。此时熵随着时间不是增加而是减少。

2.5 Fano不等式

假定我们想通过对随机变量Y的了解，进一步推测与其相关的随机变量X的值。Fano不等式将推测随机变量X的误差概率与它的条件熵$H(X|Y)$联系在一起。

假定要做出估计的随机变量X概率分布为$p(x)$，取值空间为χ。观察与X相关联的随机变量Y，它关于X的条件分布是$p(y|x)$。由Y计算函数$g(Y)=\hat{X}$，它是对X的一个估计。现在就是要对$\hat{X}\neq X$的概率做出限定。注意$X\rightarrow Y\rightarrow\hat{X}$构成马尔可夫链，同时定义误差概率为

$$P_e = \Pr\{\hat{X} \neq X\}$$

定理2.5.1(Fano不等式)

$$H(P_e) + P_e\log(|\chi|-1) \geqslant H(X|Y)$$

以上不等式可以弱化为

$$1 + P_e\log(|\chi|) \geqslant H(X|Y)$$

或

$$P_e \geqslant \frac{H(X|Y)-1}{\log|\chi|}$$

证明：定义误差随机变量

$$E = \begin{cases} 1, & \hat{X} \neq X \\ 0, & \hat{X} = X \end{cases}$$

那么,利用熵的链式法则将 $H(E,X/Y)$ 以两种方式展开,有

$$H(E,X \mid Y)=H(X \mid Y)+\underbrace{H(E \mid X,Y)}_{=0}$$

$$=\underbrace{H(E \mid Y)}_{\leqslant H(P_e)}+\underbrace{H(E \mid X,Y)}_{\leqslant P_e\log(|\chi|-1)}$$

由于条件作用使熵减小,因此 $H(E|Y)\leqslant H(E)=H(P_e)$。因为 E 是 X 和 $g(Y)$ 的函数,条件熵 $H(E,X/Y)=0$,又因为 E 是二值随机变量,故 $H(E)=H(P_e)$。对于剩余的项 $H(X/E,Y)$ 可以限定其上界:

$$H(X \mid E,Y)=P(E=0)H(X \mid Y,E=0)+P(E=1)H(X \mid Y,E=1)$$
$$\leqslant(1-P_e)0+P_e\log(|\chi|-1)$$

由于当 $E=0$ 时,$X=g(Y)$,所以当 $E=1$ 时,可以通过剩余结果数量(当 $g(Y)\in\chi$ 时,取 $|\chi|-1$;否则,取 $|\chi|$)的对数值来给出该条件熵的上界。综合这些结果,即可得到 Fano 不等式。 [证毕]

假定没有任何关于 Y 的知识,那么只能在毫无信息的情况下对 X 进行推测。设 $X\in\{1,2,\cdots,m\}$ 且 $p_1\geqslant p_2\geqslant\cdots\geqslant p_m$,则对 X 的最佳推测是 $\hat{X}=1$,而此时产生的误差概率为 $P_e=1-p_1$。Fano 不等式可写为

$$H(P_e)+P_e\log(m-1)\geqslant H(X)$$

且概率密度函数

$$(p_1,p_2,\cdots,p_m)=\left(1-p_e,\frac{p_e}{m-1},\cdots,\frac{p_e}{m-1}\right)$$

可以达到等号成立时的界。

小结

自信息:事件 a_i 的自信息,$I(a_i)\triangleq-\log P(a_i)$

信息熵:离散随机变量 X 的信息熵,$H(X)=-\sum\limits_{X}P(x)\log P(x)$

熵函数的性质:若离散随机变量 X 的概率分布为 $\boldsymbol{P}=(p_1,p_2,\cdots,p_q)$,则 $H(P)$ 具有非负性、确定性、对称性、可加性、强可加性、极值性、递增性和独立界。

离散无记忆信源的 N 次扩展信源的熵:$H(\boldsymbol{X})=H(X^N)=NH(X)$

离散平稳信源的平均符号熵:$H_N(X)=\frac{1}{N}H(X_1X_2\cdots X_N)$

离散平稳信源的条件熵:$H(X_N|X_1X_2\cdots X_{N-1})$

离散平稳信源的极限熵(熵率):$H_\infty=\lim\limits_{N\to\infty}H_N(X)=\lim\limits_{N\to\infty}H(X_N|X_1X_2\cdots X_{N-1})$

对于离散平稳信源,有

$$H(X_N \mid X_1X_2\cdots X_{N-1})\leqslant H(X_{N-1} \mid X_1X_2\cdots X_{N-2})\leqslant\cdots\leqslant H(X_3 \mid X_1X_2)$$
$$\leqslant H(X_2 \mid X_1)\leqslant H(X_1)\leqslant\log q=H_0H(X_1X_2\cdots X_N)$$

$$=\sum_{i=1}^{N}H(X_i \mid X_1X_2\cdots X_{i-1})$$

时齐、遍历马尔可夫信源的信息熵：

$$H_{\infty}=\sum_{i=1}^{J}Q(E_i)H(X \mid E_i)=-\sum_{i=1}^{J}\sum_{k=1}^{q}Q(E_i)P(a_k \mid E_i)\log P(a_k \mid E_i)$$

式中：$Q(E_i)$满足

$$\sum_{E_j\in E}Q(E_j)P(E_i \mid E_j)=Q(E_i),\quad \sum_{E_i\in E}Q(E_i)=1$$

时齐、遍历的 m 阶马尔可夫信源的熵：

$$H_{m+1}=\sum_{i=1}^{J}Q(E_i)H(X \mid E_i)$$

$$=-\sum_{k_1=1}^{q}\sum_{k_2=1}^{q}\cdots\sum_{k_m=1}^{q}\sum_{k_{m+1}=1}^{q}Q(a_{k_1}a_{k_2}\cdots a_{k_m})P(a_{k_{m+1}} \mid a_{k_1}a_{k_2}\cdots a_{k_m})$$

$$\log P(a_{k_{m+1}} \mid a_{k_1}a_{k_2}\cdots a_{k_m})$$

式中：$Q(a_{k_1}a_{k_2}\cdots a_{k_m})$满足

$$\sum_{E_j\in E}Q(E_j)P(E_i \mid E_j)=Q(E_i),\quad \sum_{E_i\in E}Q(E_i)=1$$

连续信源的微分熵(又称为差熵)：

$$h(X)\triangleq-\int_{\mathbf{R}}p(x)\log p(x)\mathrm{d}x$$

多维连续平稳信源的微分熵：

$$h(\boldsymbol{X})=h(X_1X_2\cdots X_N)=-\int_{\mathbf{R}}p(\boldsymbol{x})\log p(\boldsymbol{x})\mathrm{d}\boldsymbol{x}$$

$$h(\boldsymbol{X})=\sum_{i=1}^{N}h(X_i \mid X_1X_2\cdots X_{i-1})$$

$$h(\boldsymbol{X})\leqslant\sum_{i=1}^{N}h(X_i)$$

波形信源的微分熵：

$$h(x(t))\triangleq\lim_{N\to\infty}h(\boldsymbol{X})$$

均匀分布连续信源的熵(取值区间$[a,b]$)：

$$h(X)=\log(b-a)(\text{比特 / 自由度})$$

均匀分布 N 维连续信源的熵(取值区间$[a_1,b_1]\cdots[a_N,b_N]$)：

$$h(\boldsymbol{X})=\log\prod_{i=1}^{N}(b_i-a_i)(\text{比特 /N 自由度})$$

高斯信源的熵($X\sim N(m,\sigma^2)$)：

$$h(X)=\frac{1}{2}\log 2\pi e\sigma^2(\text{比特 / 自由度})$$

N 维高斯信源的熵($\boldsymbol{X}\sim N(\boldsymbol{m}_i,\boldsymbol{C})$):

$$h(\boldsymbol{X})=\frac{1}{2}\log[(2\pi e)^N \mid \det\boldsymbol{C} \mid](\text{比特}/N\ \text{自由度})$$

连续信源微分熵的性质:

(1) 可加性:

$$h(XY)\leqslant h(X)+h(Y)$$

(2) 上凸性。

(3) 微分熵可取负值。

(4) 变换性。

微分熵坐标变换而变化,即

$$h(\boldsymbol{Y})=h(\boldsymbol{X})-\underset{X}{E}\left[\log\left|J\left(\frac{X}{\boldsymbol{Y}}\right)\right|\right]$$

$$h(kX+a)=h(X)+\log|k|$$

$$h(\boldsymbol{Y})=h(\boldsymbol{X})+\log\|\det\boldsymbol{A}\|$$

(5) 极值性(最大微分熵定理)。

N 维连续平稳信源的最大微分熵(协方差矩阵受限):

$$h(\boldsymbol{X})=\frac{1}{2}\log[(2\pi e)^N \mid \det\boldsymbol{C} \mid](\text{比特}/N\ \text{自由度})$$

Kullback 熵(又称为 Kullback Leibler 距离,或相对熵):

$$D(p\,||\,q)=\sum_{x\in\chi}p(x)\log\frac{p(x)}{q(x)}=E_p\log\frac{p(x)}{q(x)}$$

Kullback 熵的性质:

(1) 非负性:

$$D(p\,||\,q)\geqslant 0$$

(2) 链式法则:

$$D(p(xy)\,||\,q(xy))=D(p(x)\,||\,q(x))+D(p(y\mid x)\,||\,q(y\mid x))$$

(3) 凸状性。

(4) Kullback 熵与信息熵:

$$H(p)=\log|\chi|-D(p\,||\,u)$$

式中:χ 为信源符号的取值空间。

(5) Kullback 熵与平均互信息:

$$I(X;Y)=\sum_X\sum_Y p(xy)\log\frac{p(xy)}{p(x)p(y)}=D(p(xy)\,||\,p(x)p(y))$$

Fano 不等式: 将由随机变量 Y 推测随机变量 X 的误差概率 P_e 与它的条件熵 $H(X/Y)$联系在一起,即

$$H(P_e)+P_e\log(|\chi|-1)\geqslant H(X\mid Y)$$

习题

2.1 同时抛掷一对质地均匀的骰子，也就是各面朝上发生的概率为1/6，试求：

(1) 事件"3和5同时发生"的自信息量。

(2) 事件"两个1同时发生"的自信息量。

(3) 事件"两个点数中至少有一个是1"的自信息量。

2.2 居住于某地区的女孩中有25%是大学生，在女大学生中有75%是身高1.6m以上的，而女孩中身高1.6m以上的占总数一半。假如我们得知"身高1.6m以上的某女孩是大学生"的消息，试问包含多少信息量？

2.3 掷两颗骰子，当其向上的面的小圆点之和是3时，该消息所包含的信息量是多少？当小圆点数之和是7时，该消息所包含的信息量又是多少？

2.4 从大量统计资料知道，男性中红绿色盲的发病率为7%，女性中红绿色盲的发病率是0.5%，如果你问一位男性"你是否是红绿色盲"，他回答"是"或"否"时，所含的信息量各为多少？平均每个回答中含有多少信息量？如果你问一位女性，则答案中含有的平均自信息量是多少？

2.5 黑白传真机的消息元只有黑色和白色两种，即 $X=[黑,白]$，一般气象图上，黑色的出现概率 $P(黑)=0.3$，白色出现概率 $P(白)=0.7$。假设黑白消息视为前后无关，求信息熵 $H(X)$。

2.6 设 X 是取有限个值的随机变量。如果 $Y=2^X$，$Y=\sin X$，那么 $H(X)$ 和 $H(Y)$ 的不等关系(或一般关系)是什么？

2.7 设 X 为离散型随机变量，证明 X 的函数的熵必小于或等于 X 的熵。

2.8 有两个离散随机变量 X 和 Y，其和为 $Z=X+Y$，若 X 和 Y 相互独立，试证：

(1) $H(X)\leqslant H(Z)$。

(2) $H(Y)\leqslant H(Z)$。

2.9 消息源以概率 $P_1=1/2,P_2=1/4,P_3=1/8,P_4=1/16,P_5=1/16$ 发送5种消息符号 m_1、m_2、m_3、m_4、m_5。

(1) 若每个消息符号出现是独立的，求每个消息符号的信息量。

(2) 求该符号集的平均信息量。

2.10 设有一离散无记忆信源，其概率空间为

$$\begin{bmatrix} X \\ P(x) \end{bmatrix} = \begin{bmatrix} a_1=0 & a_2=1 & a_3=2 & a_4=3 \\ \dfrac{3}{8} & \dfrac{1}{4} & \dfrac{1}{4} & \dfrac{1}{8} \end{bmatrix}$$

该信源发出的消息符号序列为

{202 120 130 213 001 203 210 110 321 010 021 032 011 223 210}

试求：

(1) 此消息的自信息是多少？

(2) 在此消息中平均每个符号携带的信息量是多少？

2.11 汉字电报中每位十进制数字代码的出现概率如题 2.11 表所示，求该离散信源的熵。

题 2.11 表

数字	0	1	2	3	4	5	6	7	8	9
概率	0.26	0.16	0.08	0.06	0.06	0.063	0.155	0.062	0.048	0.052

2.12 设离散无记忆信源为

$$\begin{bmatrix} X \\ P(x) \end{bmatrix} = \begin{bmatrix} a_1 & a_2 & a_3 & a_4 & a_5 & a_6 \\ 0.2 & 0.19 & 0.18 & 0.17 & 0.16 & 0.17 \end{bmatrix}$$

求此信源熵，并解释为什么 $H(X) > \log 6$ 不能满足熵的极值性？

2.13 每帧电视图像可以认为是由 3×10^5 个像素组成，所有像素均是独立变化，且每一像素又取 128 个不同的亮度电平，并设亮度电平等概率出现。试问每帧图像含有多少信息量？若现有一广播员在约 10000 个汉字的字汇中选 1000 个字来口述此电视图像，试问广播员描述此图像所广播的信息量是多少(假设汉字字汇是等概分布，并彼此无依赖)？若要恰当描述此图像，广播员在口述中至少需用多少汉字？

2.14 证明条件熵的链式法则：

$$H(X,Y \mid Z) = H(X \mid Z) + H(Y \mid X,Z)$$

2.15 证明离散平稳信源有 $H(X_3|X_1X_2) \leqslant H(X_2|X_1)$，并说明等式成立的条件。

2.16 试证明，若

$$\sum_{i=1}^{L} p_i = 1, \quad \sum_{j=1}^{m} q_j = p_L$$

则有

$$H(p_1,p_2,\cdots,p_{L-1},q_1,q_2,\cdots,q_m) = H(p_1,p_2,\cdots,p_{L-1},p_L) + p_L H\left(\frac{q_1}{p_L},\frac{q_2}{p_L},\cdots,\frac{q_m}{p_L}\right)$$

并说明等式的物理意义。

2.17 设信源发出二重延长消息 $x_i y_j$，其中第一个符号为 A、B、C 三种消息，第二个符号为 D、E、F、G 四种消息，概率 $P(x_i)$ 和 $P(y_j|x_i)$ 如题 2.17 表所示，求该联合信源的熵 $H(XY)$。

题 2.17 表

$P(x_i)$		A	B	C
		1/2	1/3	1/6
$P(y_j/x_i)$	D	1/4	3/10	1/6
	E	1/4	1/5	1/2
	F	1/4	1/5	1/6
	G	1/4	3/10	1/6

2.18 设一概率空间的概率分布为 $P_1,P_2,\cdots,P_q$。若取 $P'_1=P_1-\varepsilon$，$P'_2=P_2+\varepsilon$，其中 $0<2\varepsilon\leqslant P_1-P_2$，而其他概率值不变，试证明由此所得的新概率空间的熵是增加的，

并用熵的物理意义予以解释。

2.19 假定有 n 枚硬币，它们中间可能有一枚是假币，也可能没有假币。如果存在一枚是假币，那么它要么重于其他的硬币，要么轻于其他的硬币。用天平对硬币进行称重。

(1) 试求 n 枚硬币时所需要称量的次数 k 的上界，使得此时必能发现假币（如果有）且能正确判断出该假币是重于还是轻于其他硬币。

(2) 试给出关于 12 枚硬币仅称 $k=3$ 次的测试策略。

2.20 一阶马尔可夫信源的状态图如题 2.20 图所示，信源 X 的符号集为 $\{0,1,2\}$ 并定义 $\bar{p}=1-p$。

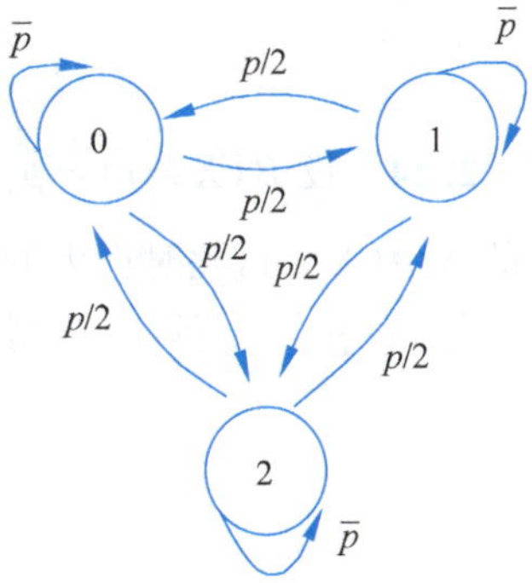

题 2.20 图 一阶马尔可夫信源的状态图

(1) 求信源平稳后的概率分布 $P(0)$、$P(1)$ 和 $P(2)$。

(2) 求此信源的熵。

(3) 近似认为此信源为无记忆时符号的概率分布等于平稳分布，求近似信源的熵 $H(X)$，并与 H_∞ 进行比较。

(4) 对一阶马尔可夫信源 p 取何值时 H_∞ 取最大值，当 $p=0$ 和 $p=1$ 时结果又如何？

2.21 黑白气象传真图的消息只有黑色和白色两种，即信源 $X=\{黑,白\}$，设黑色出现的概率为 $P(黑)=0.3$，白色出现的概率 $P(白)=0.7$。

(1) 假设图上黑白消息出现前后没有关联，求熵 $H(X)$。

(2) 假设消息出现前后有关联，其依赖关系为 $P(白|白)=0.9$，$P(黑|白)=0.1$，$P(白|黑)=0.2$，$P(黑|黑)=0.8$，求此一阶马尔可夫信源的熵 H_2。

(3) 分别求上述两种信源的剩余度，并比较 $H(X)$ 和 H_2，说明其物理意义。

2.22 设有一连续随机变量，其概率密度函数为

$$p(x)=\begin{cases} bx^2, & 0\leqslant x\leqslant a \\ 0, & \text{其他} \end{cases}$$

试求这随机变量的熵。若 $Y_1=X+K\ (K>0)$，$Y_2=2X$，试分别求出 Y_1 和 Y_2 的熵 $h(Y_1)$ 和 $h(Y_2)$。

2.23 (1) π^e 和 e^π 哪个更大？

(2) 证明对数和不等式：对非负数 $a_1,a_2,\cdots,a_n$ 和 $b_1,b_2,\cdots,b_n$ 有

$$\sum_i a_i\log\frac{a_i}{b_i}\geqslant\left(\sum_i a_i\right)\log\left(\frac{\sum_i a_i}{\sum_i b_i}\right)$$

当 a_i/b_i 为常量时，等式成立。

(3) 证明对任意正函数 $f(x)$和 $g(x)$,以及任意有限集合 A,有

$$\sum_{x\in A} f(x)\log\left(\frac{f(x)}{g(x)}\right) \geqslant \left(\sum_{x\in A} f(x)\right)\log\left(\frac{\sum_{x\in A} f(x)}{\sum_{x\in A} g(x)}\right)$$

验证对任意 $0\leqslant p,q\leqslant 1$,有

$$p\log\left(\frac{p}{q}\right)+(1-p)\log\left(\frac{1-p}{1-q}\right)\geqslant (2\log e)(q-p)^2$$

并证明对任意概率分布 $p=(p(x))$和 $q=(q(x))$,

$$D(p\,||\,q)\geqslant \frac{\log e}{2}\left(\sum_{X} |\,p(x)-q(x)\,|\right)^2$$

2.24 设 $P(X=i)=p_i(i=1,2,\cdots,m)$且 $p_1\geqslant p_2\geqslant\cdots\geqslant p_m$。以最小误差概率估计的 X 为 $\hat{X}=1$,此时产生的误差概率 $P_e=1-p_1$。试在 $1-p_1=P_e$ 限制条件下,通过最大化 $H(\boldsymbol{p})$并根据 H 求得 P_e 的取值范围。此即为无条件下的 Fano 不等式。

第3章 信道与容量

广义地讲，信道是信息传输或存储的通道，是通信系统最重要的组成部分。我们研究信道的目的在于研究信道中能传输的最大信息量，即信道容量。

在一个典型的通信系统中，信源发出携带着一定信息量的消息，并转换成适于在信道中传输的信号，然后通过信道传送到收端。信道在传送信号的同时，会引入各种干扰和随机噪声，使得信号产生失真，从而导致接收错误。由于存在干扰和噪声，因此信道的输入与输出信号之间是一种统计依赖关系，而不再是确定的函数关系。只要知道了信道的输入信号、输出信号的特性，以及它们之间的统计依赖关系，就可以确定信道的全部特性。

实际的通信系统有很多种，如卫星通信系统、公用电话网、微波通信系统、光纤通信系统等，相应的信道形态也是多种多样的，它是一种物理传输媒介，在空间或时间上把信息从一端传输到另一端。电缆、光纤、无线电波、声波、磁带、光盘都可以构成信道，信息论的研究将不细致考虑这些具体介质的物理现象、特性和规律，而是从信息传输的角度对其进行抽象，建立与各种通信系统相适应的数学模型，研究信息经过这些模型的普遍规律，指导通信系统的优化设计。一般性而言，信道可以看成一个概率转换器，我们不关心这个转换器内部的过程，仅考虑其输入、输出及其相互关系。因此，根据输入和输出信号的形式、信道的统计特性及信道用户数等方面来对信道进行分类。

根据输入、输出信号的时间特性和取值特性分类：

(1) 离散信道：输入、输出信号在取值和时间上均为离散的信道，该信道上的信号可以离散型随机变量或随机矢量描述。

(2) 连续信道：输入、输出信号取值均为连续的信道，该信道上的信号可以连续型随机变量或随机矢量描述。

(3) 半离散信道(或半连续信道)：输入与输出中一个为离散型随机变量而另一个为连续型随机变量的信道。

(4) 波形信道：输入和输出是时间上连续的随机信号$\{x(t)\}$与$\{y(t)\}$，即信道输入和输出随机变量取值均为连续，且随时间连续变化，因此可用随机过程来描述。

根据信道的统计特性分类：

(1) 恒参信道：信道的统计特性不随时间而变化，如卫星信道一般可视作恒参信道。

(2) 随参信道：信道的统计特性随时间而变化，如短波信道即是一种典型的随参信道。

根据信道用户的数量分类：

(1) 单用户信道：只有一个输入端和一个输出端的单向通信的信道。

(2) 多用户信道：在输入端或输出端中至少有一端有两个以上的用户，并且可以双向通信的信道。目前实际的通信信道绝大多数是多端信道。多端信道又可分为多元接入信道与广播信道。

根据信道的记忆特性分类：

(1) 无记忆信道：输出仅与当前的输入有关，而与过去的输入和输出无关。

(2) 有记忆信道：输出不仅与当前输入有关，而且与过去的输入和输出有关。

本章首先讨论信道的分类及信道的数学模型，然后按照离散信道、连续信道、波形信道的次序定量研究信道传输的平均互信息及其重要性质，导出信道容量概念及计算方法，进一步推导并分析香农公式。

3.1 信道模型

信道的数学模型要描述清楚三个要素：信道的输入/输出统计特性以及输入与输出之间的转换关系。考虑到信息传输的随机性，可用概率函数描述各要素的特性。离散信道的数学模型如图 3.1.1 所示。

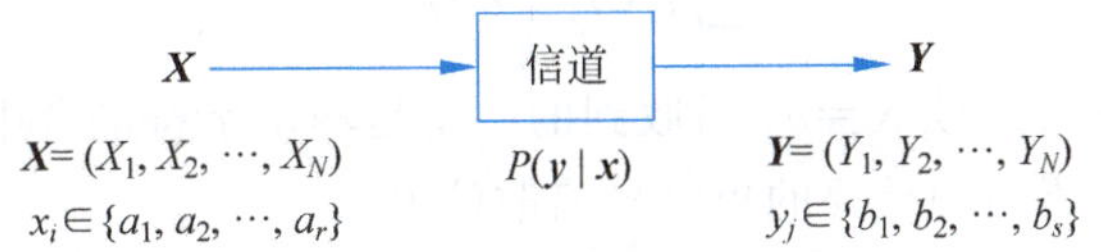

图 3.1.1 离散信道的数学模型

考虑到一般性，图中输入与输出信号均用随机矢量表示，输入 $\boldsymbol{X}=(X_1,X_2,\cdots,X_N)$，输出 $\boldsymbol{Y}=(Y_1,Y_2,\cdots,Y_N)$，$\boldsymbol{X}$ 或 $\boldsymbol{Y}$ 中每个随机变量 X_i 或 Y_j 的取值 x_i 与 y_j 分别取自于输入、输出符号集 $A=(a_1,a_2,\cdots,a_r)$，$B=(b_1,b_2,\cdots,b_s)$。由于噪声或干扰的存在，信道输入与输出之间没有确定的函数关系，而是一种统计依赖关系，用条件概率 $P(\boldsymbol{y}|\boldsymbol{x})$ 反映，信道噪声与干扰的影响也包含在其中。同时，离散信道的数学模型可表示为

$$\{\boldsymbol{X},P(\boldsymbol{y}\mid\boldsymbol{x}),\boldsymbol{Y}\}$$

根据信道的统计特性(即条件概率)的不同，离散信道又可分成如下三种情况。

(1) 无干扰(无噪)信道：信道中没有随机性的干扰，输出信号 $\boldsymbol{Y}$ 与输入信号 $\boldsymbol{X}$ 之间有确定的对应关系，即 $\boldsymbol{y}=f(\boldsymbol{x})$，故条件概率 $P(\boldsymbol{y}|\boldsymbol{x})$ 满足

$$P(\boldsymbol{y}\mid\boldsymbol{x})=\begin{cases}1, & \boldsymbol{y}=f(\boldsymbol{x})\\ 0, & \boldsymbol{y}\neq f(\boldsymbol{x})\end{cases} \tag{3.1.1}$$

(2) 有干扰无记忆信道：这种信道存在干扰，为实际中常见的信道类型，其输出符号与输入符号之间不存在确定的对应关系，且其条件概率不再具有式(3.1.1)的形式，但信道任一时刻的输出符号仅依赖同一时刻的输入符号，是无记忆信道。利用概率关系转换的方法可以证明无记忆信道的条件概率满足

$$P(\boldsymbol{y}\mid\boldsymbol{x})=P(y_1y_2\cdots y_N\mid x_1x_2\cdots x_N)=\prod_{i=1}^{N}P(y_i\mid x_i) \tag{3.1.2}$$

(3) 有干扰有记忆信道：这是更一般的情况，这种信道某一时刻的输出不仅与当时的输入有关，还与其他时刻的输入及输出有关，其条件概率不再满足式(3.1.2)，对它的分析也更复杂。

如果信道的输入与输出均是单个符号，那么可以用随机变量 X 和 Y 分别表示而不是矢量形式，这称为单符号信道。其中输入随机变量 X 的字符集为 $\{a_1,a_2,\cdots,a_r\}$，输出随机变量 Y 的字符集为 $\{b_1,b_2,\cdots,b_s\}$，信道输入与输出之间的转换关系可用条件概

率 $P(y=b_j|x=a_i)$ 描述，该条件概率称为信道转移概率或传递概率，则该信道的统计特性可由下面的矩阵描述：

$$\boldsymbol{P}=\begin{bmatrix} P(b_1 \mid a_1) & P(b_2 \mid a_1) & \cdots & P(b_s \mid a_1) \\ P(b_1 \mid a_2) & P(b_2 \mid a_2) & \cdots & P(b_s \mid a_2) \\ \vdots & \vdots & \ddots & \vdots \\ P(b_1 \mid a_r) & P(b_2 \mid a_r) & \cdots & P(b_s \mid a_r) \end{bmatrix}_{r\times s}$$

该矩阵称为**信道矩阵（或信道转移矩阵）**，该矩阵每一行元素之和等于 1，即

$$\sum_{j=1}^{s} P(b_j \mid a_i)=1$$

其物理意义是发出输入符号 $X=a_i$ 后收到的一定是输出字符集合中的某一个。

下面通过例子介绍两种重要的单符号离散信道。

例 3.1.1 二元对称信道(Binary Symmetric Channel，BSC)。

这是很重要的一种信道，其输入与输出符号均取值于{0,1}。记 $a_1=b_1=0, a_2=b_2=1$，则转移概率为

$$P(b_1 \mid a_1)=1-p$$
$$P(b_2 \mid a_2)=1-p$$
$$P(b_1 \mid a_2)=p$$
$$P(b_2 \mid a_1)=p$$

可得 BSC 的信道转移矩阵为

$$\boldsymbol{P}=\begin{bmatrix} 1-p & p \\ p & 1-p \end{bmatrix}$$

二元对称信道也可用图 3.1.2 表示。

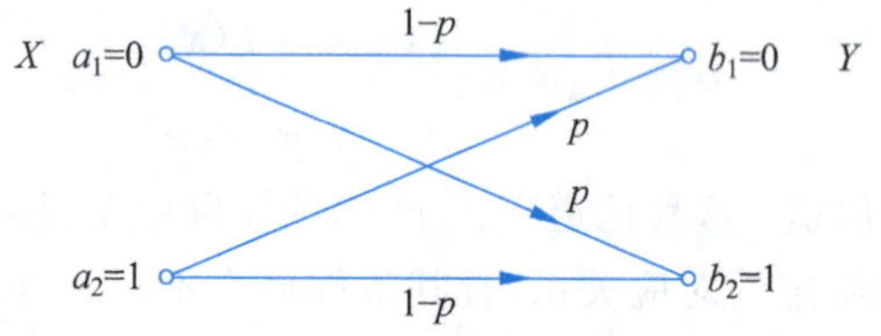

图 3.1.2 二元对称信道

不难得出，该信道的误码率为

$$P_e=P(a_2)P(b_1 \mid a_2)+P(a_1)P(b_2 \mid a_1)=p$$

若采用纠错编码技术，则将可有效地降低信道误码率。

例 3.1.2 二元删除信道(Binary Eraser Channel，BEC)。

它的输入 X 取值于{0,1}，输出 Y 取值于{0,1,2}，且信道转移矩阵为

$$\boldsymbol{P}=\begin{bmatrix} p & 1-p & 0 \\ 0 & 1-q & q \end{bmatrix}$$

二元删除信道也可如图 3.1.3 表示。

这种信道在下述情况下存在：当信号波形传输中失真较大时，在接收端不是对接收信号硬性判为 0 或 1，而是根据最佳接收机额外给出的信道失真信息增加一个中间状态 2(称为删除符号)，采用特定的纠删编码，可有效地恢复出这个中间状态的正确取值。

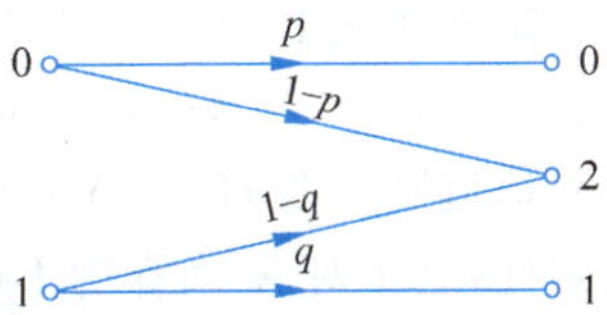

图 3.1.3　二元删除信道

3.2　平均互信息

3.2.1　信道疑义度

以图 3.2.1 所示的单符号离散无记忆信道(Discrete Memoryless Channel，DMC)为基本信道。

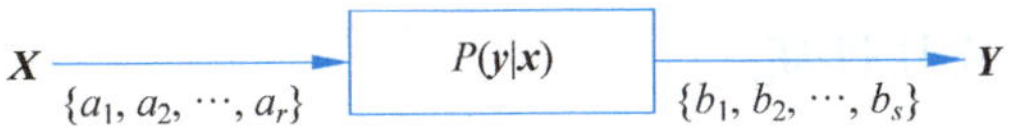

图 3.2.1　基本信道

信道输入即信源 X 的熵为

$$H(X)=-\sum_{i=1}^{q}P(a_i)\log P(a_i)=-\sum_{X}P(x)\log P(x)$$

它表示了信源 X 中各符号的平均不确定性，即输入的先验不确定性，故可称为先验熵。

信源 X 发出一个符号 a_i 后，通过信道到达收方，设 Y 接收到的符号为 b_j。若信道中没有干扰，则信道的输入与输出符号一一对应，信源发出的信息量全部被接收端收到，也即关于信道输入的先验不确定性全部消除。

当信道中存在干扰时，信道输入、输出符号间的关系是统计依赖关系，收方收到 $y=b_j$ 后关于信道输入 $x=a_i$ 的后验概率为 $P(a_i|b_j)$，此时关于输入 a_i 的不确定性应为 $-\log P(a_i|b_j)$，将 $-\log P(a_i|b_j)$ 对所有输入符号求统计平均，可得

$$H(X\mid b_j)=-\sum_{i=1}^{r}P(a_i\mid b_j)\log P(a_i\mid b_j)\triangleq-\sum_{X}P(x\mid b_j)\log P(x\mid b_j)$$

它表示接收到输出符号为 b_j 后关于输入 X 的后验熵，以及收到 b_j 后关于各输入符号的平均不确定性。

再将 $H(X|b_j)$ 对所有输出符号求统计平均，可得

$$\begin{aligned}H(X\mid Y)&=\sum_{j=1}^{s}P(b_j)H(X\mid b_j)\\&=-\sum_{i=1}^{r}\sum_{j=1}^{s}P(b_j)P(a_i\mid b_j)\log P(a_i\mid b_j)\\&=-\sum_{i=1}^{r}\sum_{j=1}^{s}P(a_ib_j)\log P(a_i\mid b_j)\\&\triangleq-\sum_{X}\sum_{Y}P(xy)\log P(x\mid y)\end{aligned}$$

定义 3.2.1 设离散信道的输入、输出分别为 X 和 Y，信道后验概率为 $P(a_i|b_j)(i=1,2,\cdots,r;\ j=1,2,\cdots,s)$，定义条件熵 $H(X|Y)$ 为该信道的**信道疑义度**。

信道疑义度 $H(X|Y)$ 反映了收到输出 Y 的全部符号后关于发出 X 各符号的平均不确定性，这个对 X 尚存的不确定性是信道干扰引起的。

若信道输入、输出是一一对应的，则接收到输出 Y 后对 X 的不确定性将完全消除，即有 $H(X|Y)=0$。干扰情况下一般 $H(X|Y)>0$，说明信源符号经过有干扰信道传输后总要残留一部分不确定性，这是由于传输过程中部分信息损失在信道中，因此信道疑义度又称为**损失熵**。由熵的性质可知，条件熵是不大于无条件熵的，即 $H(X|Y)\leqslant H(X)$ 总成立，这说明接收端收到信道传送来的符号 Y 后得到了一些关于 X 的信息量，使得传输过程结束后总能消除一些关于输入 X 的不确定性，从而获得了一些信息（只有在 Y 与 X 独立时，才有 $H(X|Y)=H(X)$），为此引出了收发双方的平均互信息概念。

3.2.2 平均互信息及其性质

视频

视频

双语教学录像

根据上述讨论可知，$H(X)$ 代表接收到输出符号以前关于信源 X 的先验不确定性，而 $H(X|Y)$ 代表接收到输出符号后残存的关于 X 的不确定性，两者之差即为传输过程获得的信息量。

定义 3.2.2 令

$$I(X;Y)=H(X)-H(X\mid Y) \tag{3.2.1}$$

定义 $I(X;Y)$ 为信道输入 X 与输出 Y 之间的**平均互信息**。

平均互信息 $I(X;Y)$ 代表了接收到每个输出符号 Y 后获得的关于 X 的平均信息量，单位为比特/符号。

根据 $I(X;Y)$ 的定义式可得

$$\begin{aligned}I(X;Y)&=\sum_{X}P(x)\log\frac{1}{P(x)}-\sum_{XY}P(xy)\log\frac{1}{P(x\mid y)}\\&=\sum_{XY}P(xy)\log\frac{1}{P(x)}-\sum_{XY}P(xy)\log\frac{1}{P(x\mid y)}\\&=\sum_{XY}P(xy)\log\frac{p(x\mid y)}{P(x)}\end{aligned} \tag{3.2.2}$$

$$I(X;Y)=\sum_{XY}P(xy)\log\frac{P(xy)}{P(x)p(y)} \tag{3.2.3}$$

$$I(X;Y)=\sum_{XY}P(xy)\log\frac{P(y\mid x)}{P(y)} \tag{3.2.4}$$

接收端收到某消息 y 后，关于输入为 x 的信息量记为 x 与 y 之间的互信息 $I(x;y)$，且

$$I(x;y)=\log\frac{1}{P(x)}-\log\frac{1}{P(x\mid y)}=\log\frac{P(x\mid y)}{P(x)} \tag{3.2.5}$$

将式(3.2.5)与式(3.2.2)对比可知，对互信息 $I(x;y)$ 求统计平均后正是平均互信息 $I(X;Y)$，两者分别代表了互信息的局部和整体含义，在本质上是统一的。

互信息 $I(x;y)$的取值可能为正，也可能为负。但是，后面将看到平均互信息 $I(X;Y)$的值不可能为负。

从平均互信息 $I(X;Y)$的定义中可以进一步理解熵只是对不确定性的描述，而不确定性的消除才是接收端所获得的信息量。因此，平均互信息又称为信道的**信息传输率**，记为 R。

平均互信息具有如下重要性质。

1. 非负性

即 $I(X;Y)\geqslant 0$。

当 X 与 Y 统计独立时等号成立。

由

$$H(X)\geqslant H(X\mid Y)$$

可得

$$I(X;Y)=H(X)-H(X\mid Y)\geqslant 0$$

而当 X 与 Y 统计独立时，有 $P(xy)=P(x)P(y)$，由式(3.2.2)可得

$$\begin{aligned} I(X;Y) &= \sum_{XY} P(xy)\log\frac{P(xy)}{P(x)P(y)} \\ &= \sum_{XY} P(x)P(y)\log 1 = 0 \end{aligned}$$

可见，平均互信息不会取负值，且一般情况下总大于0，仅当 X 与 Y 统计独立时才等于0。这个性质印证了通信系统建立的意义：通过一个信道传输总体上讲是不会被误导的(平均获得信息量不为负值)，一般总能获得一些信息量，只有在 X 与 Y 统计独立的极端情况下才接收不到任何信息。

2. 极值性

即 $I(X;Y)\leqslant H(X)$。

根据熵的非负性，易得出信道疑义度也是非负的，即

$$H(X\mid Y)\geqslant 0$$

所以

$$I(X;Y)=H(X)-H(X\mid Y)\leqslant H(X)$$

这一性质的直观含义为接收者通过信道获得的信息量不可能超过信源本身提供的信息量。只有当信道为无损信道，即信道疑义度 $H(X|Y)=0$ 时，才能获得信源的全部信息量。

综合性质(1)和性质(2)可得

$$0\leqslant I(X;Y)\leqslant H(X)$$

当信道输入 X 与输出 Y 统计独立时，上式左边的等号成立；而当信道为无损信道时，上式右边的等号成立。

3. 对称性

即 $I(X;Y)=I(Y;X)$。

由于

$$P(xy)=P(yx)$$

故

$$\begin{aligned} I(X;Y) &= \sum_{XY} P(xy)\log\frac{P(xy)}{P(x)P(y)} \\ &= \sum_{XY} P(xy)\log\frac{P(yx)}{P(y)P(x)} \\ &= I(Y;X) \end{aligned}$$

$I(X;Y)$表示接收到Y后获得的关于X的信息量，$I(Y;X)$为发出X后得到的关于Y的信息量，这二者是相等的，当X与Y统计独立时，有

$$I(X;Y)=I(Y;X)=0$$

该式表明，此时不可能由一个随机变量获得关于另一个随机变量的信息（全损）。而当输入X与输出Y一一对应时，则有

$$I(X;Y)=I(Y;X)=H(X)=H(Y)$$

即从一个随机变量可获得另一个随机变量的全部信息（无损）。

4. $I(X;Y)$与各类熵的关系

由平均互信息的计算表达式

$$\begin{aligned} I(X;Y) &= \sum_{XY} P(xy)\log\frac{P(x\mid y)}{P(x)} \\ &= \sum_{XY} P(xy)\log\frac{P(y\mid x)}{P(y)} \\ &= \sum_{XY} P(xy)\log\frac{P(xy)}{P(x)P(y)} \end{aligned}$$

可得

$$I(X;Y)=H(X)-H(X\mid Y) \tag{3.2.6}$$

$$I(X;Y)=H(Y)-H(Y\mid X) \tag{3.2.7}$$

$$I(X;Y)=H(X)+H(Y)-H(XY) \tag{3.2.8}$$

式中：$H(X|Y)$为信道疑义度，表示符号通过有噪信道传输后平均损失的信息量；$H(Y|X)$为噪声熵（或散布度），表示在已知X的条件下，对于随机变量Y存在的平均不确定性。噪声熵是信道中的噪声引起，反映了信道中噪声源的不确定性，会影响信宿对信源信息的获取和识别；$H(XY)$为输入X与输出Y的联合熵。

由式(3.2.8)可得

$$\begin{aligned} H(XY) &= H(X)+H(Y)-I(X;Y) \\ &= H(X)+H(Y\mid X) \end{aligned} \tag{3.2.9}$$

$$H(XY)=H(Y)+H(X\mid Y) \tag{3.2.10}$$

由式(3.2.6)和式(3.2.7)可得

$$H(X\mid Y)=H(X)-I(X;Y) \tag{3.2.11}$$

$$H(Y|X)=H(Y)-I(X;Y) \tag{3.2.12}$$

至此得到了平均互信息 $I(X;Y)$ 与信源熵 $H(X)$、信宿熵 $H(Y)$、联合熵 $H(XY)$、信道疑义度 $H(X|Y)$ 及信道噪声熵 $H(Y|X)$ 等的一系列关系式，它们之间的相互关系可用图 3.2.2 表示。

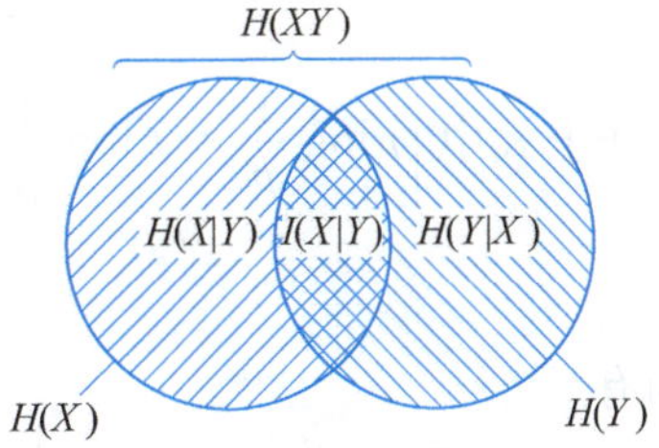

图 3.2.2　$I(X;Y)$ 与各类熵的关系图

图 3.2.2 中圆 $H(X)$ 减去其左边阴影部分 $H(X|Y)$，即得到中间部分 $I(X;Y)$，这正是式(3.2.6)所表达的结果。以此类推，式(3.2.6)～式(3.2.12)所描述的所有关系都可以通过图 3.2.2 得到形象的解释。

5. $I(X;Y)$ 的凸函数特性

由 $I(X;Y)$ 的计算表达式

$$I(X;Y)=\sum_{XY}P(xy)\log\frac{P(y|x)}{P(y)}$$

又

$$P(xy)=P(x)P(y|x)$$

及

$$P(y)=\sum_{X}P(xy)=\sum_{X}P(x)P(y|x)$$

所以

$$I(X;Y)=\sum_{XY}P(x)P(y|x)\log\frac{P(y|x)}{\sum_{X}P(x)P(y|x)}$$

$$\triangleq f[P(x),P(y|x)] \tag{3.2.13}$$

即 $I(X;Y)$ 完全是信源 X 的概率分布 $P(x)$ 及信道转移概率 $P(y|x)$ 的函数。进一步分析可知，$I(X;Y)$ 与两个自变量 $P(x)$ 与 $P(y|x)$ 分别是∩型凸函数与∪型凸函数的关系。为避免烦琐的证明过程，可以用一个例子加以说明。

例 3.2.1　设信源 X 的概率空间为

$$\begin{bmatrix} X \\ P(x) \end{bmatrix}=\begin{bmatrix} 0 & 1 \\ \omega & 1-\omega\triangleq\bar{\omega} \end{bmatrix}$$

BSC 信道转移矩阵为

$$\boldsymbol{P}=\begin{bmatrix} \bar{p} & p \\ p & \bar{p} \end{bmatrix}$$

而

$$I(X;Y)=H(Y)-H(Y|X)$$

首先分析上式中的 $H(Y|X)$ 项：

$$H(Y|X)=\sum_{X}P(x)\sum_{Y}P(y|x)\log\frac{1}{p(y|x)}$$

$$= \sum_{X} P(x)\left[p\log\frac{1}{p} + \bar{p}\log\frac{1}{\bar{p}}\right]$$

由于上式中 $\left[p\log\frac{1}{p} + \bar{p}\log\frac{1}{\bar{p}}\right]$ 与 $P(x)$ 无关,因此可将 $\sum_{X} P(x)$ 单独列出,又有

$$\sum_{X} P(x) = 1$$

则有

$$H(Y \mid X) = p\log\frac{1}{p} + \bar{p}\log\frac{1}{\bar{p}} \triangleq H(p)$$

其次分析 $H(Y)$ 项:

$$p(y=0) = \omega\bar{p} + \bar{\omega}p$$
$$p(y=1) = \omega p + \bar{\omega}\bar{p} = 1 - (\omega\bar{p} + \bar{\omega}p)$$

则有

$$H(Y) = (\omega\bar{p} + \bar{\omega}p)\log\frac{1}{\omega\bar{p} + \bar{\omega}p} + [1 - (\omega\bar{p} + \bar{\omega}p)]\log\frac{1}{1 - (\omega\bar{p} + \bar{\omega}p)}$$
$$\triangleq H(\omega\bar{p} + \bar{\omega}p)$$

由上可得

$$\begin{aligned} I(X;Y) &= H(Y) - H(Y \mid X) \\ &= H(\omega\bar{p} + \bar{\omega}p) - H(p) \end{aligned} \tag{3.2.14}$$

$I(X;Y)$的凸函数特性如下。

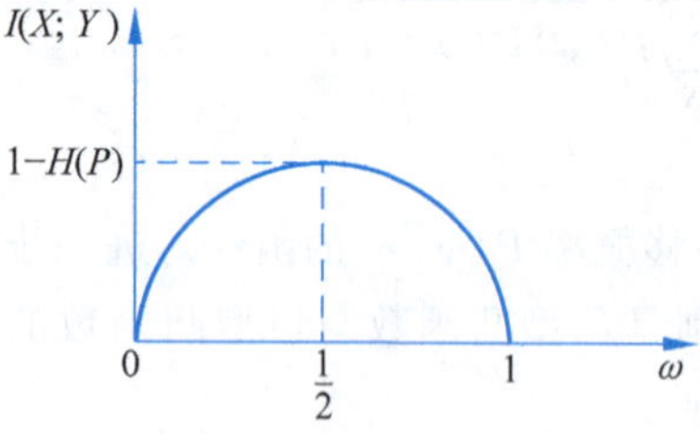

图 3.2.3 $I(X;Y)$与 ω 的关系曲线

(1) $I(X;Y)$是信源概率分布 $P(x)$的∩型凸函数。

对于例 3.2.1,$I(X;Y)$ 与信源分布 ω 的关系曲线如图 3.2.3 所示。

可见,此时 $I(X;Y)$与信源分布 $P(x)$(例中为 ω)确实呈∩型凸函数关系。当信源等概分布,即 $\omega=\bar{\omega}=\frac{1}{2}$时,有 $I(X;Y)=H(1/2)-H(p)=1-H(p)$,达到极大值。此时在信道接收端平均每个符号获得最大的信息量。而当 $\omega=0$ 或 1 时,有 $I(X;Y)=0$,因为此时信源本身为确定的,不提供任何信息量。

这一性质表明:当信道固定时,信源分布不同,该信道接收端获得的平均信息量也不同。在例 3.2.1 中,当两个信源符号等概分布时,$I(X;Y)$取极大值。后面将看到,$I(X;Y)$的这一凸函数特性是导出信道容量概念的依据。

(2) $I(X;Y)$是信道转移概率 $P(y|x)$的∪型凸函数。

对于例 3.2.1,$I(X;Y)$与信道转移概率 $P(y|x)$的关系曲线如图 3.2.4 所示(例中 $P(y|x)$以 p 表示)。由式(3.2.14)可知,当 $p=0$ 时,有

$$I(X;Y) = H(\omega\bar{p} + \bar{\omega}p) - H(p)$$
$$I(X;Y) = H(\omega) - H(0) = H(\omega)$$

当 $p=1$ 时，有

$$I(X;Y)=H(\bar{\omega})-H(1)=H(\bar{\omega})=H(\omega)$$

此时，$I(X;Y)$取得极大值 $H(\omega)$。实际上这就是无损信道的情况。注意：当 $p=1$ 时，信道的输出正好完全相反。0 变为 1，1 变为 0。此时只要将接收译码规则颠倒，仍能无损失地接收到全部信息量，故 $I(X;Y)$仍然能取极大值 $H(\omega)$。

当 $p=1/2$ 时，有

$$I(X;Y)=H\left(\frac{1}{2}\right)-H\left(\frac{1}{2}\right)=0$$

此时 $I(X;Y)$取极小值 0，这说明对任何一种信源，总存在最差的信道，使 $I(X;Y)=0$。

实际上，$I(X;Y)$这一凸函数特性也是导出率失真函数概念的重要依据，在此不再赘述。

以上在讨论平均互信息概念和性质时是基于单符号信道传输情况的。在实际中传输或存储的符号往往是一串离散符号为一组表示的，即以序列形式传输，下面讨论此种情况的平均互信息及相关性质。

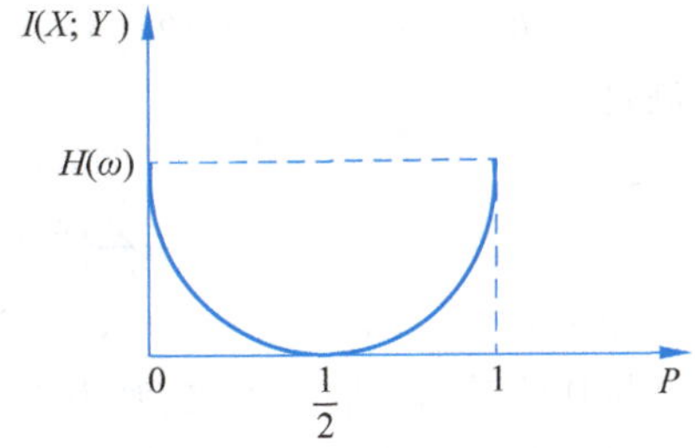

图 3.2.4 $I(X;Y)$与信道转移概率 $P(y|x)$的关系曲线

3.2.3 序列形式的平均互信息

前几节讨论了最简单的离散信道，即信道的输入和输出都只是单个随机变量的信道。然而一般离散信道的输入和输出往往是一系列时间(或空间)离散的随机变量，即为随机序列。该信道输入是 N 个符号 $X_1,X_2,\cdots,X_N$ 构成的随机序列，输出端对应的也是以一个 N 维随机序列 $\boldsymbol{Y}=(Y_1,Y_2,\cdots,Y_N)$表示，信道的转移概率将以 N 维联合转移概率 $P(\boldsymbol{Y}|\boldsymbol{X})=P(Y_1Y_2\cdots Y_N|X_1X_2\cdots X_N)$描述。多符号信道的平均互信息与 3.2.2 节所定义的平均互信息一致，只不过信道中传递的符号以 N 维随机序列表示，具体为

$$\begin{aligned} I(\boldsymbol{X};\boldsymbol{Y}) &= H(\boldsymbol{X})-H(\boldsymbol{X}|\boldsymbol{Y}) \\ &= H(\boldsymbol{Y})-H(\boldsymbol{Y}|\boldsymbol{X}) \\ &= H(\boldsymbol{X})+H(\boldsymbol{Y})-H(\boldsymbol{XY}) \end{aligned}$$

若输入或输出随机序列中每个随机变量都取值于同一输入或输出的符号集，则这种离散信道称为单符号离散信道(图 3.1.1)的 **N 次扩展信道**。其数学模型基本与单符号离散信道的数学模型相同，可用$[X^N,P(\boldsymbol{y}|\boldsymbol{x}),Y^N]$概率空间来描述，不同的是各概率函数均是联合概率形式，如图 3.2.5 所示。

$$\left\{\begin{array}{lcl} X^N & & Y^N \\ \alpha_1=(a_1\cdots a_1) & & \beta_1=(b_1\cdots b_1) \\ \alpha_2=(a_1\cdots a_2) & \rightarrow P(\beta_h|\alpha_k)\rightarrow & \beta_2=(b_1\cdots b_2) \\ \vdots & & \vdots \\ \alpha_{r^N}=(a_r\cdots a_r) & & \beta_{s^N}=(b_s\cdots b_s) \end{array}\right\}$$

图 3.2.5 N 次扩展信道的数学模型

其信道矩阵为

$$\boldsymbol{\Pi}=[P(\beta_h \mid \alpha_k)]=\begin{bmatrix} \pi_{11} & \pi_{12} & \cdots & \pi_{1s^N} \\ \vdots & \vdots & \ddots & \vdots \\ \pi_{r^N1} & \pi_{r^N2} & \cdots & \pi_{r^Ns^N} \end{bmatrix}$$

式中

$$\pi_{kh}=P(\beta_h \mid \alpha_k)$$

$$\alpha_k=(a_{k_1},a_{k_2},\cdots,a_{k_N}),\quad a_{k_i}\in\{a_1,a_2,\cdots,a_r\},\quad i=1,2,\cdots,N$$

$$\beta_h=(b_{h_1},b_{h_2}\cdots,b_{h_N}),\quad b_{h_i}\in\{b_1,b_2,\cdots,b_s\},\quad i=1,2,\cdots,N$$

且满足

$$\sum_{h=1}^{s^N}\pi_{kh}=1,\quad k=1,2,\cdots,r^N$$

如果某个输出 $Y_i(i=1,2,\cdots,N)$ 的取值仅取决于该时刻的输入 $X_i(i=1,2,\cdots,N)$，与其他时刻的输入无关，则为无记忆扩展信道，即 DMC 的 N 次扩展信道。此时，输入随机序列与输出随机序列之间的转移概率等于对应时刻的随机变量的转移概率的乘积，即

$$\pi_{kh}=P(\beta_h \mid \alpha_k)=\prod_{i=1}^{N}P(b_{h_i} \mid a_{k_i})$$

无记忆信道的 N 次扩展信道的平均互信息为

$$\begin{aligned} I(\boldsymbol{X};\boldsymbol{Y})&=I(\boldsymbol{X}^N;\boldsymbol{Y}^N)=H(\boldsymbol{X}^N)-H(\boldsymbol{X}^N \mid \boldsymbol{Y}^N)=H(\boldsymbol{Y}^N)-H(\boldsymbol{Y}^N \mid \boldsymbol{X}^N) \\ &=\sum_{\boldsymbol{X}^N}\sum_{\boldsymbol{Y}^N}P(\alpha_k\beta_h)\log\frac{P(\alpha_k \mid \beta_h)}{P(\alpha_k)}=\sum_{\boldsymbol{X}^N}\sum_{\boldsymbol{Y}^N}P(\alpha_k\beta_h)\log\frac{P(\alpha_k\beta_h)}{P(\alpha_k)P(\beta_h)} \\ &=\sum_{\boldsymbol{X}^N}\sum_{\boldsymbol{Y}^N}P(\alpha_k\beta_h)\log\frac{P(\beta_h \mid \alpha_k)}{P(\beta_h)} \end{aligned}$$

3.2.2 节中讨论的平均互信息的性质同样适用于序列形式的平均互信息。

另外可以证明，在一般离散信道中信道输入和输出两个离散随机序列之间的平均互信息 $I(\boldsymbol{X};\boldsymbol{Y})$，与两序列中对应的离散随机变量之间的平均互信息 $I(X_i;Y_i)$ 存在以下重要的结论。

定理 3.2.1 设离散信道的输入序列 $\boldsymbol{X}=(X_1X_2\cdots X_N)$ 通过信道传输，接收到的随机序列为 $\boldsymbol{Y}=(Y_1Y_2\cdots Y_N)$，而信道的转移概率 $P(\boldsymbol{y}|\boldsymbol{x})=P(y_1y_2\cdots y_N|x_1x_2\cdots x_N)$，其中 $X_i\in A=\{a_1,a_2,\cdots,a_r\}$，$Y_i\in B=\{b_1,b_2,\cdots,b_s\}$，且有 $x\in X$，$y\in Y$，$x_i\in X_i$，$y_i\in Y_i(i=1,2,\cdots,N)$。

若信道是无记忆的，则存在

$$I(\boldsymbol{X};\boldsymbol{Y})\leqslant\sum_{i=1}^{N}I(X_i;Y_i)$$

若信源是无记忆的，则存在

$$I(\boldsymbol{X};\boldsymbol{Y}) \geqslant \sum_{i=1}^{N} I(X_i;Y_i)$$

若信源和信道都是无记忆的，则存在

$$I(\boldsymbol{X};\boldsymbol{Y}) = \sum_{i=1}^{N} I(X_i;Y_i)$$

（备注：证明留作习题。）

该定理其实也是序列形式的平均互信息凸函数特性的表现。当给定信道是无记忆时，平均互信息 $I(\boldsymbol{X};\boldsymbol{Y})$ 也是信源概率分布的∩型凸函数，其最大点位于信源各符号独立时；而当给定信源是无记忆时，平均互信息 $I(\boldsymbol{X};\boldsymbol{Y})$ 将随着信道转移概率呈∪型凸函数变化，其最小值点位于信道无记忆状态。

3.3 离散信道及其容量

中文教学录像

视频

双语教学录像

3.3.1 信道容量的定义

研究信道的目的是获得尽可能高的信息传输率，即希望信道中平均每个符号所能传送的信息量尽可能大。

由前面的讨论可知，平均互信息 $I(X;Y)$ 代表了平均每个接收符号获得的关于输入 X 的信息量，因此它又称为信道的信息传输率，即

$$R = I(X;Y) = H(X) - H(X \mid Y)$$

信息传输率的概念可扩展到更宽的范围。如信源的熵也可直接称为信源的信息传输率，当对信源进行某种变换（如信源编码或信道编码）后，得到新的信源的熵即为变换后的信息传输率（平均每个变换后的符号 Y 承载关于变换前符号 X 的信息量）。而信源信息经过信道传输后的信息传输率就是平均互信息 $I(X;Y)$。

$I(X;Y)$ 是信源分布 $P(x)$ 及信道转移概率 $P(y|x)$ 的函数，即

$$I(X;Y) \triangleq f[P(x), P(y \mid x)]$$

而且 $I(X;Y) \sim P(x)$ 为∩型凸函数关系，当信源分布 $P(x)$ 变化到某一点时，$I(X;Y)$ 可达到最大值，即此时信道的信息传输率最大，这正是我们希望的。故对某一特定信道，当信源取某种最佳概率分布时，$I(X;Y)$ 能达到最大值。

定义 3.3.1 设某信道的平均互信息为 $I(X;Y)$，其输入（即信源）的分布为 $P(x)$，则定义

$$\max_{P(x)}\{I(X;Y)\} \triangleq C \tag{3.3.1}$$

为该信道的**信道容量**。

信道容量 C 即为信道的最大信息传输率（单位为比特/符号），此最大信息传输率是在信源取最佳分布时获得的。对于例 3.1.1 中的 BSC 信道，最佳信源分布为等概分布，而其信道容量为 $C=1-H(p)$，可见 C 只与信道转移概率 p 有关。

需要注意的是：一个给定信道的信道容量 C 是确定的，不随信源分布而变，信道容

量 C 是信道本身固有的属性，信道矩阵给定了，信道容量就是一个确定值，其取值的大小直接反映了信道传信能力的高低。

另外，式(3.3.1)中 $I(X;Y)$的最大值通过调整信源 X 的概率分布 $P(x)$得到。由 $I(X;Y)$的凸函数特性知，并不是所有的信源概率分布都能使 $I(X;Y)$达到最大值，对于给定信道，只有在与之匹配的最佳输入分布 $P^*(x)$时，信道的信息传输率才能达到此最大值，即达到了信道容量。即使如此，信息传输过程中还会存在差错，这是由信道的转移概率决定的，是信息传输固有的现象。当传输错误超过可靠性容限时，采用信道编码的方法将特定的冗余码元加入信源符号中，以便在接收端纠正错误，从而提高传输可靠性。这样做势必降低信道的信息传输率，有效性与可靠性是信息传输的一对基本矛盾。而香农信息理论告诉我们，这个矛盾理论上是可以解决的。在后续章节介绍的有噪信道编码定理将指出，总存在最佳的信道编码，保证在信道的信息传输率不超过信道容量时能获得任意高的传输可靠性。

有时我们关心的是信道在单位时间内平均每个符号传输的信息量。若传输一个符号需要 t 秒，则信道平均每秒传输的信息量为

$$R_t = \frac{1}{t} I(X;Y)$$

R_t 称为信息传输速率，单位为 b/s。而该信道单位时间内传输的最大信息量为

$$C_t = \frac{1}{t} \max_{P(x)} \{I(X;Y)\}$$

一般仍称 C_t 为信道容量，但增加一个下标 t，区别于 C。

下面从单符号信道到序列形式传递的信道，从简单到复杂，讨论各种离散信道的容量计算。

3.3.2 简单离散信道的信道容量

计算信道容量是对信道研究的重要课题，对一般信道而言计算其信道容量并非易事，下面两节介绍几种特殊信道，根据其信道特点，可简化对平均互信息 $I(X;Y)$求极大值的过程。当离散信道的输入与输出之间为确定关系或简单的统计依赖关系时，可称其为简单离散信道，包括无噪无损信道、有噪无损信道、无噪有损信道。图 3.3.1 为这三类信道的具体例子。

1. 无噪无损信道

图 3.3.1(a)所示信道的输入与输出符号之间存在确定的一一对应关系，其信道转移概率为

$$P(b_j \mid a_i) = \begin{cases} 0, & i \neq j \\ 1, & i = j \end{cases} \qquad (i,j=1,2,3)$$

它的信道转移矩阵为单位矩阵，即

$$\boldsymbol{P}=\begin{bmatrix}1&0&0\\0&1&0\\0&0&1\end{bmatrix}$$

这种信道疑义度 $H(X|Y)$ 必为0，所以平均互信息为

$$I(X;Y)=H(X)=H(Y)$$

它表示接收端收到符号 Y 后平均获得的信息量等于信源发出每个符号所包含的平均信息量，信道传输中没有信息损失。而且由于噪声熵也等于0，因此图3.3.1(a)所示的信道称为无噪无损信道，其信道容量为

$$C=\max_{P(x)}\{I(X;Y)\}=\max_{P(x)}\{H(X)\}=\log r\text{（比特/符号）}$$

2. 有噪无损信道

图3.3.1(b)所示的有噪无损信道的转移矩阵为

$$\boldsymbol{P}=\begin{bmatrix}\frac{1}{2}&\frac{1}{2}&0&0&0&0\\0&0&\frac{3}{5}&\frac{3}{10}&\frac{1}{10}&0\\0&0&0&0&0&1\end{bmatrix}$$

每个输入符号通过信道后可能变成几种输出符号，因此其噪声熵 $H(Y|X)\geqslant 0$。但各个输入符号所对应的输出符号不相重合，这些输出符号可分成不相交的三个集合，且这些集合与各输入符号一一对应。这就意味着，接收到输出符号 Y 后，对发送 X 的符号可以完全确定，信道疑义度 $H(X|Y)=0$，故其平均互信息为

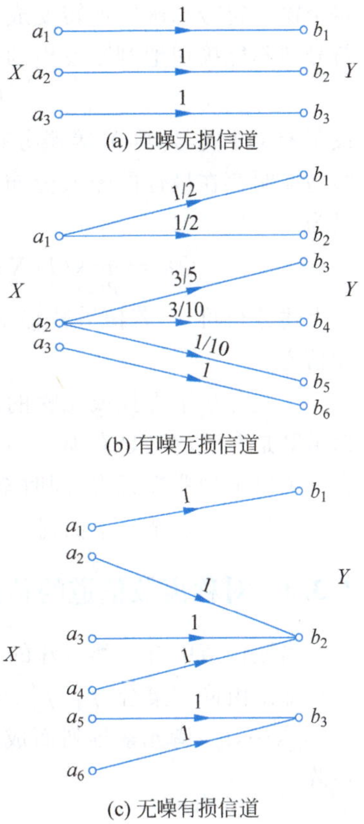

图 3.3.1　三类简单离散信道

$$I(X;Y)=H(X)$$

由于噪声熵 $H(Y|X)>0$，而 $I(X;Y)=H(Y)-H(Y|X)$，故 $I(X;Y)<H(Y)$。因此，有噪无损信道的信道容量为

$$C=\max_{P(x)}\{I(X;Y)\}=\max_{P(x)}\{H(X)\}=\log r\text{（比特/符号）}$$

由上述两种信道的特点可以看出：若信道转移矩阵中每一列有且仅有一个非零元素（每个输出符号对应着唯一的一个输入符号），则该信道一定是无损信道。其信息传输率即等于信源熵，信道容量等于 $\log r$。

3. 无噪有损信道

图3.3.1(c)所示的无噪有损信道的转移矩阵为

$$\boldsymbol{P}=\begin{bmatrix}1&0&0\\0&1&0\\0&1&0\\0&1&0\\0&0&1\\0&0&1\end{bmatrix}$$

每个输入符号都确定地转变成某一输入信号，因此其噪声熵 $H(Y|X)=0$，而接收到输出符号却不能确切地判断发出的是什么符号，因此信道疑义度 $H(Y|X)>0$，从而

$$I(X;Y)=H(Y)<H(X)$$

设 Y 有 s 个符号，则 Y 等概分布时其熵 $H(Y)$ 最大。由图 3.3.1(c)所示的信道转移关系容易证明存在最佳的输入分布使输出 Y 达到等概分布，故这种无噪有损信道的信道容量为

$$C=\max_{P(x)}\{I(X;Y)\}=\max_{P(x)}\{H(Y)\}=\log s\,(\text{比特 / 符号})$$

由上述分析可知，若信道转移矩阵中每一行有且仅有一个非零元素，则该信道一定是无噪信道。

至此分析了无损或无噪的简单离散信道及其信道容量的计算方法。更一般的离散信道既是有噪的又是有损的(后面统一称为有噪信道)，其信道转移矩阵中至少有一行存在一个以上的非零元素，同时至少有一列存在一个以上的非零元素。这种情况下信道容量计算将十分复杂。下面讨论一类特殊的有噪有损信道——对称离散信道。

中文教学录像

视频

3.3.3 对称离散信道的信道容量

离散信道中有一类特殊的信道，其转移矩阵具有很强的对称性，即信道矩阵 $\boldsymbol{P}$ 中每一行都是由同一集合$\{p_1',p_2',\cdots,p_s'\}$的诸元素排列而成，并且每一列也都是由同一集合$\{q_1',q_2',\cdots,q_r'\}$诸元素排列而成，具有这种对称性的信道称为**对称离散信道**。例如，信道矩阵

$$\boldsymbol{P}_1=\begin{bmatrix}\frac{1}{3} & \frac{1}{3} & \frac{1}{6} & \frac{1}{6}\\ \frac{1}{6} & \frac{1}{6} & \frac{1}{3} & \frac{1}{3}\end{bmatrix}$$

与

$$\boldsymbol{P}_2=\begin{bmatrix}\frac{1}{2} & \frac{1}{3} & \frac{1}{6}\\ \frac{1}{6} & \frac{1}{2} & \frac{1}{3}\\ \frac{1}{3} & \frac{1}{6} & \frac{1}{2}\end{bmatrix}$$

对应的信道都是对称离散信道。信道矩阵

$$\boldsymbol{P}_3=\begin{bmatrix}0.7 & 0.2 & 0.1\\ 0.2 & 0.1 & 0.7\end{bmatrix}$$

对应的信道不是对称离散信道，因为它的第 1 列、第 2 列及第 3 列的构成元素都不完全相同。而且由于 $r=2,s=3$，因此无论怎样调整信道矩阵 $\boldsymbol{P}_3$ 的元素都不会满足对称性。

同样，信道矩阵

$$P_4=\begin{bmatrix}\frac{1}{3} & \frac{1}{3} & \frac{1}{6} & \frac{1}{6}\\ \frac{1}{6} & \frac{1}{3} & \frac{1}{6} & \frac{1}{3}\end{bmatrix}$$

对应的信道也不是对称离散信道，因为它的第 1 列与第 2 列的构成元素都不完全相同。若将信道矩阵 $\boldsymbol{P}_4$ 进行列置换，则可得到如下等效信道矩阵：

$$P_4=\left[\begin{array}{cc:c:c}\frac{1}{3} & \frac{1}{6} & \frac{1}{3} & \frac{1}{6}\\ \frac{1}{6} & \frac{1}{3} & \frac{1}{3} & \frac{1}{6}\end{array}\right]$$

该矩阵可按列划分成 3 个子矩阵，每个子矩阵均是对称矩阵，这类信道称为**准对称信道**。即如果把信道输出符号集 Y 划分成若干子集 $Y_h(h=1,2,\cdots,s)$，每个子集 Y_h 所对应的信道矩阵中列所组成的子阵满足“每行元素是第一行的置换，每一列元素是第一列的置换”的对称矩阵条件。不难看出，对称信道既对输入对称也对输出对称，准对称信道仅对输入对称而对输出是局部对称，因此对称信道是准对称信道的特例。

下面分析对称离散信道的信道容量。

由

$$I(X;Y)=H(Y)-H(Y\mid X)$$

而

$$H(Y\mid X)=-\sum_X P(x)\sum_Y P(y\mid x)\log P(y\mid x)$$

由于信道的对称性，信道矩阵的每一列中的元素均取自同样的集合，因此上式中第二个和式 $\sum_Y P(y\mid x)\log P(y\mid x)$ 与 x 无关，仅与各信道转移概率值 p_i' 有关，并且其形式与信源熵计算公式相同，故

$$\begin{aligned}H(Y\mid X)&=\left[-\sum_Y P(y\mid x)\log P(y\mid x)\right]\sum_X P(x)\\&=-\sum_Y P(y\mid x)\log P(y\mid x)\\&\triangleq H(p_1',p_2',\cdots,p_s')\end{aligned}$$

因此可得

$$I(X;Y)=H(Y)-H(p_1',p_2',\cdots,p_s')$$

信道容量为

$$C=\max_{P(x)}\{H(Y)\}-H(p_1',p_2',\cdots,p_s')$$

这就变成求一种输入分布 $P(x)$ 使 $H(Y)$ 取最大值的问题。

共有 s 个输出符号，故 $H(Y)$ 的极大值为 $\log s$，且只有当输入符号等概分布时 $H(Y)$ 才达到此最大值。此种情况下不一定存在一种输入分布 $P(x)$ 能使输出符号达到等概率分布。但对于对称离散信道，当输入 X 等概分布时，输出 Y 恰好也取等概分布。这是由于

$$P(y)=\sum_X P(xy)=\sum_X P(x)P(y\mid x)$$

当 X 等概分布时有 $P(x)=1/r$，故

$$P(y)=\sum_X \frac{1}{r}P(y\mid x)=\frac{1}{r}\sum_X P(y\mid x)$$

由于对称离散信道的矩阵 $\boldsymbol{P}$ 中每一列之和为常数，即 $\sum_X P(y\mid x)=\sum_{i=1}^{r}q'_i$，故 $P(y)=\frac{1}{r}\sum_{i=1}^{r}q'_i$，与 y 无关，Y 中所有符号必然等概分布，由此可得对称离散信道的信道容量为

$$C=\log s-H(p'_1,p'_2,\cdots,p'_s) \tag{3.3.2}$$

上式是对称离散信道能够传输的最大平均信息量，它只与对称信道矩阵中的行矢量$\{p'_1,p'_2,\cdots,p'_s\}$有关，该信道的最佳输入分布为等概分布。

例 3.3.1 某对称离散信道的信道矩阵为

$$\boldsymbol{P}=\begin{bmatrix}\frac{1}{3} & \frac{1}{3} & \frac{1}{6} & \frac{1}{6}\\ \frac{1}{6} & \frac{1}{6} & \frac{1}{3} & \frac{1}{3}\end{bmatrix}$$

由式(3.3.2)可得其信道容量为

$$\begin{aligned}C&=\log 4-H\left(\frac{1}{3},\frac{1}{3},\frac{1}{6},\frac{1}{6}\right)\\&=2+\frac{1}{3}\log\frac{1}{3}+\frac{1}{3}\log\frac{1}{3}+\frac{1}{6}\log\frac{1}{6}+\frac{1}{6}\log\frac{1}{6}\\&=0.0817(\text{比特 / 符号})\end{aligned}$$

若信道的输入符号与输出符号数都等于 r，且信道矩阵为

$$\boldsymbol{P}=\begin{bmatrix}\bar{p} & \frac{p}{r-1} & \cdots & \frac{p}{r-1}\\ \frac{p}{r-1} & \bar{p} & \cdots & \frac{p}{r-1}\\ \vdots & \vdots & \ddots & \vdots\\ \frac{p}{r-1} & \frac{p}{r-1} & \cdots & \bar{p}\end{bmatrix}$$

式中：$\bar{p}=1-p$。

此类信道称为强对称信道或均匀信道，它的总错误概率为 p，对称地平均分配给 $r-1$ 个输出符号。它是对称离散信道的一个特例，其信道容量为

$$\begin{aligned}C&=\log r-H\left(\bar{p},\frac{p}{r-1},\frac{p}{r-1},\cdots,\frac{p}{r-1}\right)\\&=\log r+\bar{p}\log\bar{p}+(r-1)\frac{p}{r-1}\log\frac{p}{r-1}\\&=\log r-p\log(r-1)+(\bar{p}\log\bar{p}+p\log p)\end{aligned}$$

$$=\log r - p\log(r-1) - H(p) \tag{3.3.3}$$

对于 $r=2$ 的二元对称信道，由式(3.3.3)可计算得其信道容量为

$$C = 1 - H(p)\text{(比特/符号)}$$

可见结果与前述结论一致。

3.3.4 一般离散信道的信道容量

信道容量是在固定信道的条件下平均互信息的最大值，由于 $I(X;Y)$是输入概率分布 $P(x)$的∩型凸函数，所以最大值一定存在。而 $I(X;Y)$是 r 个变量$\{P(a_1),P(a_2),\cdots,P(a_r)\}$的多元函数，其中 $P(x)$要满足非负和完备性的约束，因此求信道容量的问题就是多元函数求约束极值的问题。对离散信道，$P(x)$是离散的数值集合，最大值可以用拉格朗日乘子法求解；对于连续信道，可以用变分法求解。对于一般 DMC 信道来说，有时还得不到一个清晰的解析解。本节介绍求信道容量的一般性规律及通用方法。

3.3.4.1 DMC的信道容量定理

为了推导信道容量，首先介绍微分学中关于凸函数极值的一个定理。

定理 3.3.1 设 $f(x)$是定义在所有分量均非负的半无限矢量空间上的可微上凸函数，$M=\max f(x)$是 $f(x)$在此空间上的最大值。则 $x=x^*$ 时能达到此最大值 M 的充要条件是

$$\begin{cases} \left.\dfrac{\partial f(x)}{\partial x}\right|_{x=x^*} \leqslant 0, & x=0 \\ \left.\dfrac{\partial f(x)}{\partial x}\right|_{x=x^*} = 0, & x>0 \end{cases} \tag{3.3.4}$$

考虑图 3.2.1 所示的单符号离散无记忆信道，我们要完成的工作就是在以下约束条件下求平均互信息的最大值，即

$$C = \max_{P(x)} I(X;Y)$$

$$\begin{cases} \sum_{i=1}^{r} P(a_i) = 1 \\ P(a_i) \geqslant 0 \end{cases}$$

引入一个新函数

$$\phi = I(X;Y) - \lambda\left[\sum_{i=1}^{r} P(a_i) - 1\right]$$

式中：λ 为拉格朗日乘子(待定常数)。

解方程组

$$\left.\frac{\partial \phi}{\partial P(a_l)}\right|_{P=P^*} = 0 \quad (l=1,2,\cdots,r)$$

其中的关键步骤的结果：

$$\frac{\partial I(X;Y)}{\partial P(a_l)} = \sum_{j=1}^{s} P(b_j \mid a_l)\log P(b_j \mid a_l) - \sum_{j} \frac{\partial\left[\sum_{i} P(a_i)P(b_j \mid a_i)\right]}{\partial P(a_l)} \log P(b_j) -$$

$$\sum_{i,j} P(a_i b_j) \frac{\partial \log P(b_j)}{\partial P(a_l)}$$

由于

$$\frac{\partial \log P(b_j)}{\partial P(a_l)} = \frac{1}{P(b_j)} \frac{\partial P(b_j)}{\partial P(a_l)} \log e = \frac{P(b_j \mid a_l)}{P(b_j)} \log e \quad (l = 1, 2, \cdots, r)$$

则有

$$\begin{aligned} \frac{\partial I(X;Y)}{\partial P(a_l)} &= \sum_{j=1}^{s} P(b_j \mid a_l) \log \frac{P(b_j \mid a_l)}{P(b_j)} - \sum_{i,j} P(a_i b_j) \frac{P(b_j \mid a_l)}{P(b_j)} \log e \\ &= \sum_{j=1}^{s} P(b_j \mid a_l) \log \frac{P(b_j \mid a_l)}{P(b_j)} - \sum_{j=1}^{s} P(b_j \mid a_l) \log e \\ &= \sum_{j=1}^{s} P(b_j \mid a_l) \log \frac{P(b_j \mid a_l)}{P(b_j)} - \log e \end{aligned}$$

因此

$$\frac{\partial \phi}{\partial P(a_l)} = \sum_{j=1}^{s} P(b_j \mid a_l) \log \frac{P(b_j \mid a_l)}{P(b_j)} - \log e - \lambda = 0 \quad (l = 1, 2, \cdots, r)$$

综合可得

$$\begin{cases} \sum_{j=1}^{s} P(b_j \mid a_l) \log \dfrac{P(b_j \mid a_l)}{P(b_j)} = \log e + \lambda \quad (l = 1, 2, \cdots, r) \\ \sum_{l=1}^{r} P(a_l) = 1 \end{cases} \tag{3.3.5}$$

在满足式(3.3.5)时平均互信息 $I(X;Y)$为最大,即

$$C = \max_{P(X)} I(X;Y) = \sum_{l=1}^{r} P(a_l^*) \sum_{j=1}^{s} P(b_j \mid a_l^*) \log \frac{P(b_j \mid a_l^*)}{P(b_j)} = \log e + \lambda$$

令

$$I(x = a_i; Y) = \sum_{i=1}^{r} P(a_i) \sum_{j=1}^{s} P(b_j \mid a_i) \log \frac{P(b_j \mid a_i)}{P(b_j)}$$

它可表示输出端接收到 Y 后获得关于 $x=a_i$ 的信息量,即是信源符号 $x=a_i$ 对输出端 Y 平均提供的互信息。由式(3.3.5)不难看出,当平均互信息 $I(X;Y)$达到最大时,每个输入符号 x 向输出 Y 提供的平均互信息量一样,这个值就是该信道的信道容量。

由此,得到离散无记忆信道有下述信道容量定理。

定理 3.3.2 一般离散信道的平均互信息 $I(X;Y)$达到极大值(等于信道容量)的充要条件是输入概率分布$\{p_i\}$满足

$$I(x_i;Y) = C, \quad 对所有\ x_i\ 其\ p_i \neq 0$$

$$I(x_i;Y) \leqslant C, \quad 对所有\ x_i\ 其\ p_i = 0$$

定理 3.3.2 说明对于达到信道容量的最佳输入分布 $P^* = \{P^*(x_1), \cdots, P^*(x_r)\}$,所有概率非 0 的信源符号为输出端提供了相同的信息量。且根据此定理还可得出准对称信道的容量定理。

定理 3.3.3 达到准对称 DMC 信道容量的输入概率分布相等。

证明： 若信道为准对称，则该信道输出符号集 Y 划分成若干个子集 $Y_h(h=1,2,\cdots,s)$，每个子集 Y_h 所对应的信道矩阵中列所组成的子阵是对称的。且设信道输入等概，即

$$P(x=a_k)=\frac{1}{r}\quad(k=1,2,\cdots,r)$$

则

$$\begin{aligned}I(x=a_k;Y)&=\sum_{j=1}^{s}P(b_j\mid a_k)\log\frac{P(b_j\mid a_k)}{P(b_j)}\\&=\sum_{j=1}^{s}P(b_j\mid a_k)\log\frac{P(b_j\mid a_k)}{\frac{1}{r}\sum_{i=1}^{r}P(b_j\mid a_i)}\\&=\sum_{h}\sum_{j\in Y_h}P(b_j\mid a_k)\log\frac{P(b_j\mid a_k)}{\frac{1}{r}\sum_{i=1}^{r}P(b_j\mid a_i)}\end{aligned}\tag{3.3.6}$$

由于 Y_h 对应的子阵是对称矩阵，因此对每一个 $b_j\in Y_h$，$\frac{1}{r}\sum_{i=1}^{r}P(b_j\mid a_i)$ 是一样的，即属于同一个输出子集 Y_h 中的 b_j，式(3.3.6)中分母部分相等(同一个输出子集中的符号概率 $P(b_j)$ 相等)。而同一子阵中各行元素 $\{P(b_j\mid a_k)\}$ 都可以由第一行置换得到，因此对于任何 a_k，

$$\sum_{j\in Y_h}P(b_j\mid a_k)\log\frac{P(b_j\mid a_k)}{\frac{1}{r}\sum_{i=1}^{r}P(b_j\mid a_i)}$$

相等，式(3.3.6)中第一个求和是对 h 进行的，即对所有输出子集求和，与 k 无关，因此对任何 a_k，$I(x=a_k;Y)$ 相等，满足定理 3.3.2，即当信道输入等概时，平均互信息达到最大(信道容量)。

［证毕］

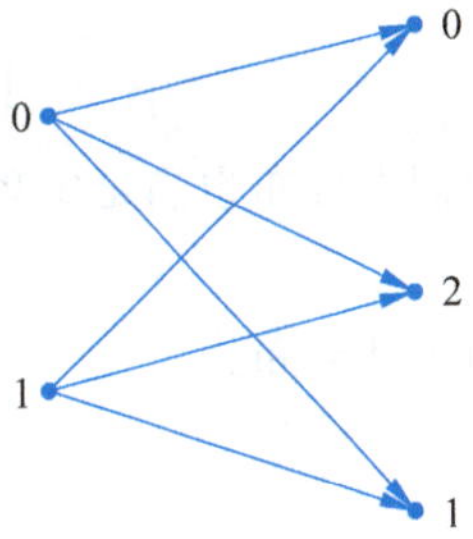

图 3.3.2 删除信道

例 3.3.2 删除信道如图 3.3.2 所示，其信道矩阵为

$$\boldsymbol{P}=\begin{bmatrix}1-p-q & q & p\\ p & q & 1-p-q\end{bmatrix}$$

可知该信道是准对称信道，其中 $Y_1=\{0,1\}$，$Y_2=\{2\}$，由定理 3.3.3 可求其信道容量。当输入等概时，$P(x=0)=P(x=1)=0.5$，并且

$$\begin{aligned}C&=I(x=0;Y)=I(x=1;Y)\\&=(1-p-q)\log\frac{1-p-q}{(1-q)/2}+q\log\frac{q}{q}+p\log\frac{p}{(1-q)/2}\\&=(1-p-q)\log(1-p-q)+p\log p-(1-q)\log\frac{1-q}{2}\end{aligned}$$

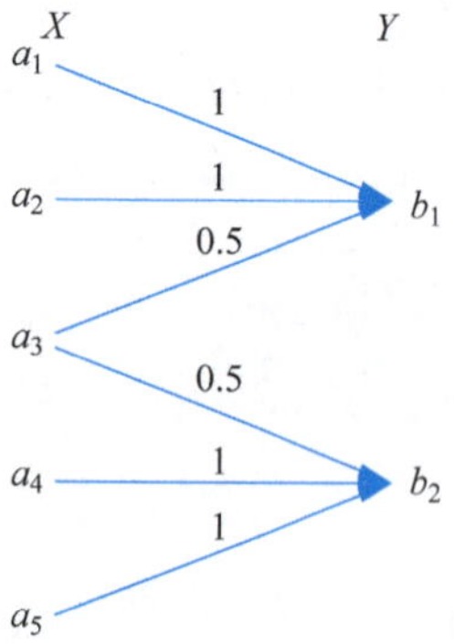

图 3.3.3　离散信道

例 3.3.3　设离散信道如图 3.3.3 所示，其信道矩阵为

$$\boldsymbol{P}=\begin{bmatrix}1 & 0\\1 & 0\\0.5 & 0.5\\0 & 1\\0 & 1\end{bmatrix}$$

该信道仅对输出对称，可利用定理 3.3.2 求其信道容量。观察此信道，输入符号 a_3 传递到 b_1 和 b_2 是等概率的，可设想若 a_3 的概率分布等于零，则该信道变成无噪信道，而且 a_1、a_2 与 a_4、a_5 都分别传递到 b_1 与 b_2，因此可只取 a_1 和 a_5。所以假设输入概率分布 $P(a_1)=P(a_5)=0.5$，$P(a_2)=P(a_3)=P(a_4)=0$，可计算得输出符号概率 $P(b_1)=P(b_2)=0.5$。不难计算

$$I(x=a_1;Y)=I(x=a_5;Y)=\log 2$$

$$I(x=a_2;Y)=I(x=a_3;Y)=I(x=a_4;Y)=0$$

可见此假设分布满足定理 3.3.2，因此信道容量为

$$C=\log 2=1(比特/符号)$$

最佳分布为

$$\begin{bmatrix}X\\P^*(x)\end{bmatrix}=\begin{bmatrix}a_1 & a_2 & a_3 & a_4 & a_5\\0.5 & 0 & 0 & 0 & 0.5\end{bmatrix}$$

实际上，还可以假设输入分布为 $P(a_1)=P(a_2)=P(a_4)=P(a_5)=0.25$，$P(a_3)=0$，同样可得输出符号概率 $P(b_1)=P(b_2)=0.5$，以及

$$\begin{cases}I(x_i;Y)=\log 2 & (x_i=a_1,a_2,a_4,a_5)\\I(x_i;Y)=0<\log 2 & (x_i=a_3)\end{cases}$$

此假设分布也满足定理 3.3.2，因此信道容量仍为

$$C=\log 2=1(比特/符号)$$

但最佳分布为

$$\begin{bmatrix}X\\P^*(x)\end{bmatrix}=\begin{bmatrix}a_1 & a_2 & a_3 & a_4 & a_5\\\frac{1}{4} & \frac{1}{4} & 0 & \frac{1}{4} & \frac{1}{4}\end{bmatrix}$$

当然，还可找到此信道的其他最佳输入分布。这也反映出信道容量只与信道特性相关，与信道输入分布无关。因此，信道的最佳输入分布不一定是唯一的。从式(3.3.5)可知，互信息 $I(x_i;Y)$仅直接与信道转移概率及输出概率分布有关，因而达到信道容量的输入概率分布不是唯一的，但输出概率分布是唯一的。

3.3.4.2　信道矩阵为非奇异方阵的信道容量

定理 3.3.2 是一个构造性定理，它只给出了最佳输入概率分布应该满足的条件。为了得到具体的最佳输入概率分布 $P^*=\{P^*(x_1),P^*(x_2),\cdots,P^*(x_r)\}$和信道容量 C，

需要求解式(3.3.5)所示的方程组。这是一个包括 $r+1$ 个方程、$r+1$ 个未知量($\{P^*(x_1), P^*(x_2),\cdots,P^*(x_r)\}$和 C)的方程组。当 $r<s$ 时,求解方程组很困难,需要反复试验或借助于计算机迭代计算法。当信道矩阵为非奇异方阵时,方程组有唯一解。下面讨论这种情况。

可将式(3.3.5)中前 r 个方程

$$\sum_{j=1}^{s}P(b_j\mid a_i)\log\frac{P(b_j\mid a_i)}{P(b_j)}=C$$

等效改写为

$$\begin{aligned}\sum_{j=1}^{s}P(b_j\mid a_i)\log P(b_j\mid a_i)&=C+\sum_{j=1}^{s}P(b_j\mid a_i)\log P(b_j)\\&=\sum_{j=1}^{s}P(b_j\mid a_i)[C+\log P(b_j)]\end{aligned}$$

进行变量代换,令 $\beta_j=C+\log P(b_j)$,上式可写为

$$\sum_{j=1}^{s}P(b_j\mid a_i)\log P(b_j\mid a_i)=\sum_{j=1}^{s}P(b_j\mid a_i)\beta_j\quad(i=1,2,\cdots,r)\tag{3.3.7}$$

写成矩阵形式,即

$$-\begin{bmatrix}H(Y\mid a_1)\\H(Y\mid a_2)\\\vdots\\H(Y\mid a_r)\end{bmatrix}=\begin{bmatrix}P(b_1\mid a_1)&\cdots&P(b_s\mid a_1)\\\vdots&\ddots&\vdots\\P(b_1\mid a_r)&\cdots&P(b_s\mid a_r)\end{bmatrix}\begin{bmatrix}\beta_1\\\beta_2\\\vdots\\\beta_s\end{bmatrix}\tag{3.3.8}$$

式(3.3.7)是一个包含 r 个方程、s 个未知量的方程组,其系数矩阵即为信道转移概率矩阵,当 $r=s$ 且信道矩阵非奇异方阵,即 $r=s$ 且信道矩阵是可逆矩阵时,方程有唯一的解,可解出 $\beta_1,\beta_2,\cdots,\beta_s$。进一步地,根据 $\beta_j=C+\log P(b_j)$和输出集的完备性可求得信道容量为

$$C=\log\left(\sum_{j=1}^{r}2^{\beta_j}\right)$$

对应的输出概率分布为

$$P(b_j)=2^{\beta_j-C}\quad(j=1,2,\cdots,s)$$

再根据

$$P(b_j)=\sum_{i=1}^{r}P(a_i)P(b_j\mid a_i)\quad(j=1,2,\cdots,s)$$

即可解出达到信道容量的最佳输入分布 $P^*(x=a_i)$。

例 3.3.4 计算如图 3.3.4 所示的 Z 信道的信道容量和最佳输入分布(其中 $0<p<1$)。

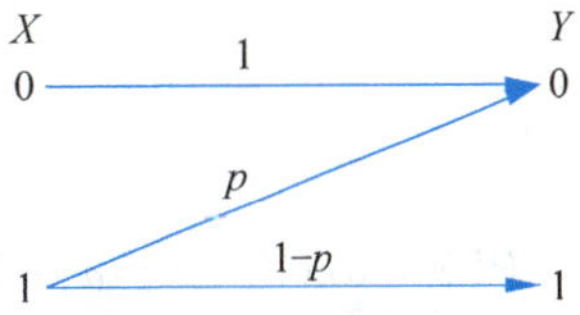

图 3.3.4 Z 信道

解:该信道矩阵为

$$\boldsymbol{P}=\begin{bmatrix}1&0\\p&1-p\end{bmatrix}$$

可知该信道不是对称类信道，但其信道矩阵为非奇异方阵，所以根据式(3.3.7)得

$$\begin{cases} \beta_1 = 1\log 1 = 0 \\ p\beta_1 + (1-p)\beta_2 = p\log p + (1-p)\log(1-p) \end{cases}$$

求解方程组即得

$$\beta_1 = 0, \quad \beta_2 = \frac{H(p)}{p-1}$$

式中：$H(p)$为以 p 为独立自变量的二元信源熵。

所以信道容量为

$$C = \log[1 + 2^{\frac{H(p)}{p-1}}]$$

最佳输出分布为

$$P(b_1) = (1 + 2^{\frac{H(p)}{p-1}})^{-1}$$

$$P(b_2) = 1 - P(b_1) = \frac{2^{\frac{H(p)}{p-1}}}{1 + 2^{\frac{H(p)}{p-1}}}$$

最佳输入分布为

$$P(a_1) = 1 - \frac{p^{\frac{p}{1-p}}}{1 + (1-p)p^{\frac{p}{1-p}}}$$

$$P(a_2) = 1 - P(a_1) = \frac{p^{\frac{p}{1-p}}}{1 + (1-p)p^{\frac{p}{1-p}}}$$

中文教学录像

3.3.4.3 信道容量的迭代算法

比较经典的离散无记忆信道容量的迭代算法是 Blahut-Arimoto 算法，由 S. Arimoto 和 R. E. Blahut 于 1972 年给出，它是一种有效的数值算法，能以任意给定的精度及有限步数计算出任意离散无记忆信道的信道容量，因此可以作为一般 DMC 的信道容量通用算法。该算法的理论基础就是定理 3.3.2，本节仅直接给出算法流程，其详细推导及收敛性证明参见文献[4]。

下面的定理给出了 Blahut-Arimoto 算法的基本思想。

定理 3.3.4 设信道的转移概率矩阵 $\boldsymbol{Q} = [P(b_j \mid a_i)]_{r\times s}$，$P^0$ 是任给的输入符号的一个初始概率分布，其所有分量 $P^0(a_i)$均不为 0。按照下式不断对概率分布进行迭代、更新：

$$P^{r+1}(a_i) = P^r(a_i)\frac{\beta_i(P^r)}{\sum_{l=1}^{K} P^r(a_l)\beta_l(P^r)}$$

式中

$$\beta_i(P^r) = \exp[I(x = a_i; Y)]\Big|_{P=P^r} = \exp\left\{\sum_{j=1}^{s} P(b_j \mid a_i)\log\frac{P(b_j \mid a_i)}{\sum_{l=1}^{K} P^r(a_l)P(b_j \mid a_l)}\right\}$$

则由此所得的 $I(P^r,Q)$ 序列收敛于信道容量 C。

算法首先初始化输入符号的概率分布，使所有概率分量不为0（一般情况下，往往将初始分布设为等概率分布），而后计算每个输入符号对输出集的平均互信息 $I(x=a_i;Y)$。在迭代过程中，不断提高具有较大平均互信息 $I(x=a_i;Y)$ 的输入符号 a_i 的概率，降低较小互信息的输入符号概率。当平均互信息与最大互信息足够接近时，迭代结束，认为平均互信息达到信道容量。其算法流程如图 3.3.5 所示。

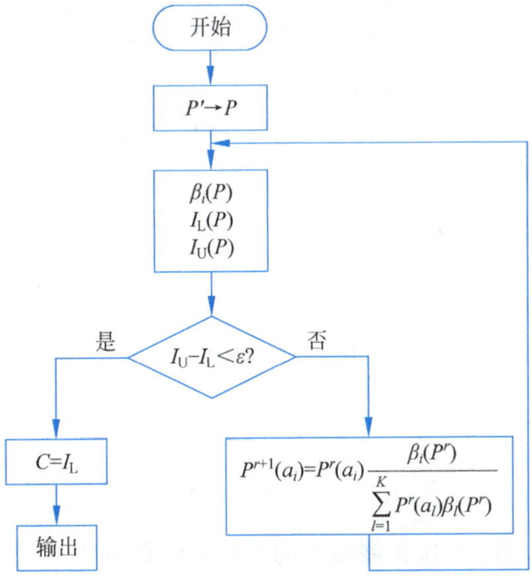

图 3.3.5　一般 DMC 信道容量迭代算法流程

图 3.3.5 中：

$$I_L(P)=\log\left\{\sum_{i=1}^{K}P(a_i)\beta_i(P)\right\}$$

$$I_U(P)=\log\{\max_i \beta_i(P)\}$$

3.3.5　离散无记忆 N 次扩展信道的信道容量

对于一般的离散无记忆信道，其信道容量的计算需附加许多条件，并通过复杂的迭代运算才能求得。不过一旦得到了离散无记忆信道的信道容量，就较易求得它的 N 次扩展信道的信道容量。

设基本信道为离散无记忆信道，其输入符号取自集合 $A=\{a_1,a_2,\cdots,a_r\}$，输出符号集合为 $B=\{b_1,b_2,\cdots,b_s\}$，信道矩阵为

$$\boldsymbol{P}=\begin{bmatrix}P_{11} & P_{12} & \cdots & P_{1s}\\ P_{21} & P_{22} & \cdots & P_{2s}\\ \vdots & \vdots & \ddots & \vdots\\ P_{r1} & P_{r2} & \cdots & P_{rs}\end{bmatrix}$$

且满足

$$\sum_{j=1}^{s} P_{ij} = 1 \quad (i = 1, 2, \cdots, r)$$

则此无记忆信道的 N 次扩展信道的数学模型可用图 3.2.5 表示。

该 N 次扩展信道的输入矢量 $\boldsymbol{X}$ 的可能取值有 r^N 个，而输出矢量 $\boldsymbol{Y}$ 的可能取值有 s^N 个。其信道转移矩阵为

$$\pi = \begin{bmatrix} \pi_{11} & \pi_{12} & \cdots & \pi_{1s^N} \\ \pi_{21} & \pi_{22} & \cdots & \pi_{2s^N} \\ \vdots & \vdots & \ddots & \vdots \\ \pi_{r^N 1} & \pi_{r^N 2} & \cdots & \pi_{r^N s^N} \end{bmatrix}$$

式中：

$$\begin{aligned} \pi_{kh} &= P(\beta_h \mid \alpha_k) \\ &= P(b_{h_1} b_{h_2} \cdots b_{h_N} \mid a_{k_1} a_{k_2} \cdots a_{k_N}) \\ &= \prod_{i=1}^{N} P(b_{h_i} \mid a_{k_i}), k_i \in \{1, 2, \cdots, r^N\}, h_i \in \{1, 2, \cdots, s^N\} \end{aligned}$$

且满足

$$\sum_{h=1}^{s^N} \pi_{kh} = 1 \quad (k = 1, 2, \cdots, r^N)$$

由定理 3.2.1，离散无记忆 N 次扩展信道的平均互信息满足

$$I(X; Y) \leqslant \sum_{i=1}^{N} I(X_i; Y_i)$$

当信源也为离散无记忆时，上式等号成立。故当信源 $\boldsymbol{X} = (X_1, X_2, \cdots, X_N)$ 取无记忆信源，且各分信源 X_i 均取得最佳分布时，可得其信道容量为

$$\begin{aligned} C^N &= \max_{P(x)} I(\boldsymbol{X}; \boldsymbol{Y}) = \max_{P(x)} \sum_{i=1}^{N} I(X_i; Y_i) \\ &= \sum_{i=1}^{N} \max_{P(x_i)} I(X_i; Y_i) = \sum_{i=1}^{N} C_i \end{aligned} \tag{3.3.9}$$

式中令 $C_i = \max_{P(x_i)} I(X_i; Y_i)$，这是输入随机变量 $\boldsymbol{X} = (X_1, X_2, \cdots, X_N)$ 中第 i 个随机变量 X_i 通过离散无记忆信道传输的最大信息量。若已求得离散无记忆信道的信道容量 C，则由于输入随机序列 $\boldsymbol{X}$ 中各变量在同一信道中传输，故有 $C_i = C (i = 1, 2, \cdots, N)$，即任何时刻通过离散无记忆信道传输的最大信息量都相同。

由式(3.3.9)得

$$C^N = NC$$

此式说明离散无记忆 N 次扩展信道的信道容量等于原单符号离散信道的信道容量的 N 倍，且只有当输入信源是无记忆的，并且每一输入变量 X_i 的分布 $P(x)$ 各自达到最佳分布时，才能达到这个信道容量值 NC。

3.3.6 并联信道与串联信道的信道容量

在研究较复杂的系统时，往往可以将其分解成若干已知信道容量的简单信道的组合，从物理连接上看，组合多为信道间的串联或并联。并联信道中的各个子信道是并行的，根据输入与输出占用信道的方式又可分为输入并接信道、并用信道以及和信道。

视频

设有 N 个子信道，其输入分别是 $X_1,X_2,\cdots,X_N$，输出分别是 $Y_1,Y_2,\cdots,Y_N$，各子信道的转移概率分别是 $P(y_1|x_1),P(y_2|x_2),\cdots,P(y_N|x_N)$，各子信道的信道容量分别是 $C_1,C_2,\cdots,C_N$。

3.3.6.1 输入并接信道

N 个信道的并接信道如图 3.3.6 所示，各子信道的输入集取自相同的符号集合 X，输出集合取自不同的符号集 $Y_1,Y_2,\cdots,Y_N$、则该信道的平均互信息可表示为 $I(X;Y_1,\cdots,Y_N)$。

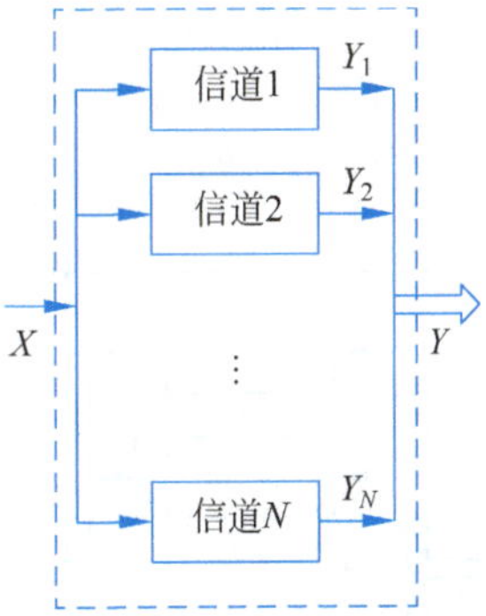

图 3.3.6 N 个信道的并接信道

不难得出以下结论：

$$I(X;Y_1,\cdots,Y_N)=I(X;Y_1)+I(X;Y_2|Y_1)+\cdots+I(X;Y_N|Y_1\cdots Y_{N-1})$$

$$I(X;Y_1,\cdots,Y_N)\geqslant I(X;Y_i)$$

$$C\geqslant\max\{C_1,C_2,\cdots,C_N\}$$

$$C\leqslant\max_{P(x)}H(X)$$

在实际中，多次测量、多路径传输、协同通信等可以考虑用输入并接信道进行建模分析。

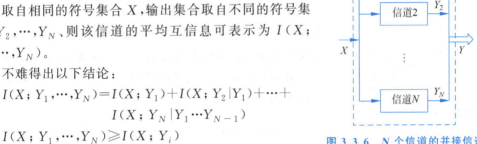

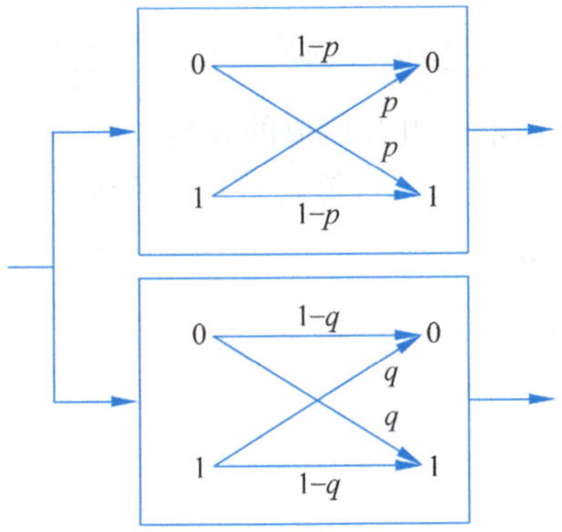

图 3.3.7 并接信道

例 3.3.5 将 BSC(p)与 BSC(q)组成输入并接信道如图 3.3.7 所示，求该组合信道的容量。

解： 组合信道的输入集为{0,1}，输出集为{00,01,10,11}，等效信道转移矩阵为

$$\boldsymbol{P}=\begin{bmatrix}\bar p\bar q & \bar p q & p\bar q & pq\\ pq & p\bar q & \bar p q & \bar p\bar q\end{bmatrix}$$

这是一个准对称信道，可以分成两个子矩阵

$$\boldsymbol{P}_1=\begin{bmatrix}\bar p\bar q & pq\\ pq & \bar p\bar q\end{bmatrix},\quad \boldsymbol{P}_2=\begin{bmatrix}\bar p q & p\bar q\\ p\bar q & \bar p q\end{bmatrix}$$

当输入等概时，平均互信息最大，其信道容量为

$$C=\log 2-H(\bar p\bar q,\bar p q,p\bar q,pq)-(\bar p q+p\bar q)\log(\bar p q+p\bar q)-(\bar p\bar q+pq)\log(\bar p\bar q+pq)$$

其容量曲线如图 3.3.8 所示。可见，该信道的容量依然是两个信道转移概率的下凸型函数。

3.3.6.2 并用信道

N 个信道的并用信道如图 3.3.9 所示，各子信道的输入和输出均取自不同的输入符

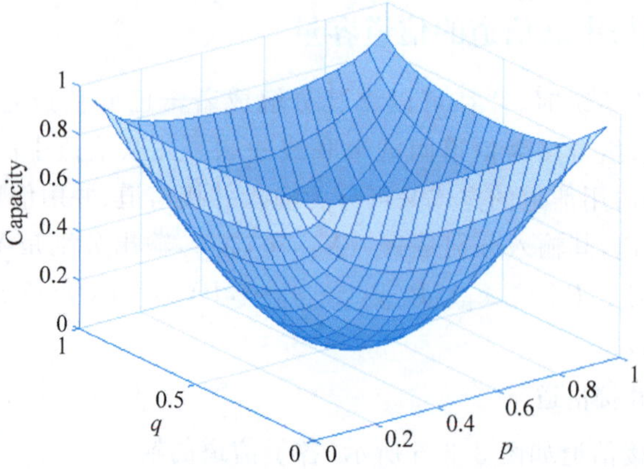

图 3.3.8 输入并接信道容量

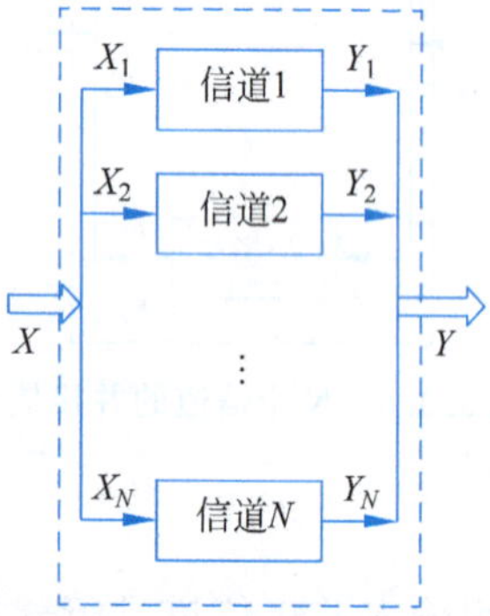

图 3.3.9 N 个信道的并用信道

号集合 $X_1, X_2, \cdots, X_N$ 和输出符号集 $Y_1, Y_2, \cdots, Y_N$，则该信道的平均互信息可表示为 $I(X_1X_2\cdots X_N; Y_1Y_2\cdots Y_N)$。

并用信道中 N 个子信道独立并行使用，其等效信道转移概率为

$$P(y_1y_2\cdots y_N \mid x_1x_2\cdots x_N) = \prod_{i=1}^{N} P(y_i \mid x_i)$$

该信道相当于离散无记忆信道的 N 次扩展信道。因此有

$$I(\boldsymbol{X}; \boldsymbol{Y}) = I(X_1X_2\cdots X_N; Y_1Y_2\cdots Y_N) \leqslant \sum_{i=1}^{N} I(X_i; Y_i)$$

所以并用信道的信道容量为

$$C = \max \sum_{i=1}^{N} I(X_i; Y_i) = \sum_{i=1}^{N} \max I(X_i; Y_i) = \sum_{i=1}^{N} C_i$$

例 3.3.6 将 BSC(p)与 BSC(q)组合成并用信道，求该组合信道的容量。

解： 并用信道的输入集和输出集均可表示为{00,01,10,11}，等效转移矩阵为

$$\boldsymbol{P} = \begin{bmatrix} \bar{p}\bar{q} & \bar{p}q & p\bar{q} & pq \\ \bar{p}q & \bar{p}\bar{q} & pq & p\bar{q} \\ p\bar{q} & pq & \bar{p}\bar{q} & \bar{p}q \\ pq & p\bar{q} & \bar{p}q & \bar{p}\bar{q} \end{bmatrix}$$

该信道为对称信道，其容量为

$$C = \log 4 - H(\bar{p}\bar{q}, \bar{p}q, p\bar{q}, pq) = 2 - H(p) - H(q) = C_1 + C_2$$

由此可见，并用信道容量等于两个并联的子信道容量之和。

在实际的通信中，诸如各类复用系统及近代提出的多输入多输出(MIMO)系统都可抽象为并用信道，这也就不难解释为何可以利用 MIMO 信道成倍地提高无线信道容量，成为现代的无线宽带移动通信系统的主要支撑技术。

3.3.6.3 和信道

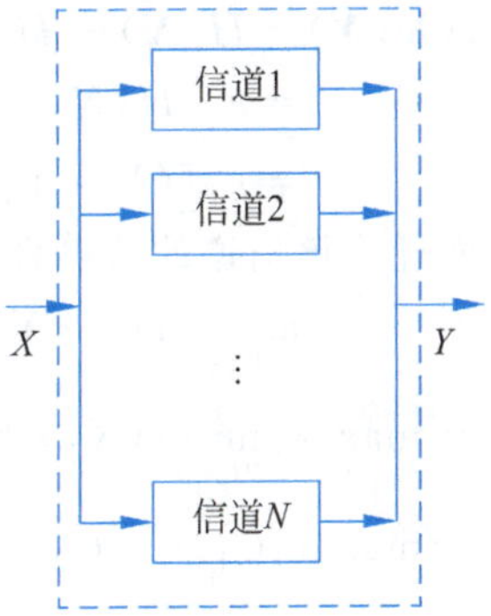

图 3.3.10 和信道

和信道如图 3.3.10 所示，由 N 个独立的子信道并联组成，但信息传输每次只通过其中的一个信道。$r_1,r_2,\cdots,r_N$ 表示各子信道的利用率，显然 $0\leqslant r_i\leqslant 1(i=1,2,\cdots,N)$ 且 $r_1+r_2+\cdots+r_N=1$。

下面以两个信道组成和信道为例，讨论该类信道的平均互信息与信道容量。

设信道 1 和信道 2 的转移概率矩阵分别为 $\boldsymbol{P}_1$ 和 $\boldsymbol{P}_2$，两个信道被选用的概率(称为信道利用率)分别为 r_1 和 r_2，$r_1+r_2=1$。输入符号集(信源)分别为 X_1 和 X_2，其数学模型分别如下：

$$\begin{bmatrix} X_1 \\ P(x_1) \end{bmatrix}=\begin{bmatrix} a_1 & a_2 & \cdots & a_{q_1} \\ p_1 & p_2 & \cdots & p_{q_1} \end{bmatrix},\quad \sum_{i=1}^{q_1} p_i=1$$

$$\begin{bmatrix} X_2 \\ P(x_2) \end{bmatrix}=\begin{bmatrix} a'_1 & a'_2 & \cdots & a'_{q_2} \\ p'_1 & p'_2 & \cdots & p'_{q_2} \end{bmatrix},\quad \sum_{i=1}^{q_2} p'_i=1$$

那么组合成的和信道的输入数学模型为

$$\begin{bmatrix} \boldsymbol{X} \\ P(\boldsymbol{x}) \end{bmatrix}=\begin{bmatrix} a_1 & \cdots & a_{q_2} & a'_1 & \cdots & a'_{q_2} \\ r_1p_1 & \cdots & r_1p_{q_1} & r_2p'_1 & \cdots & r_2p'_{q_2} \end{bmatrix}$$

显然，$\sum_X P(\boldsymbol{x})=1$。

则和信道的输入熵为

$$\begin{aligned} H(\boldsymbol{X}) &= \sum_X P(\boldsymbol{x})\log\frac{1}{P(\boldsymbol{x})}=\sum_{i=1}^{q_1} r_1p_i\log\frac{1}{r_1p_i}+\sum_{i=1}^{q_2} r_2p'_i\log\frac{1}{r_2p'_i} \\ &= r_1H(X_1)+r_2H(X_2)+H(r_1) \end{aligned}$$

该信道的转移概率为

$$P(\boldsymbol{y}\mid\boldsymbol{x})=\begin{cases} P_1(b_j\mid a_i) & (a_i\in X_1, b_j\in Y_1) \\ P_2(b_j\mid a_i) & (a_i\in X_2, b_j\in Y_2) \\ 0 & (\text{其他}) \end{cases}$$

可见，和信道的转移概率矩阵实际是一个由 $\boldsymbol{P}_1$ 和 $\boldsymbol{P}_2$ 构成的分块对角矩阵，即

$$\boldsymbol{Q}=\begin{bmatrix} \boldsymbol{P}_1 & 0 \\ 0 & \boldsymbol{P}_2 \end{bmatrix}$$

和信道的损失熵为

$$\begin{aligned} H(\boldsymbol{X}\mid\boldsymbol{Y}) &= H(X_1X_2\mid Y_1Y_2)=\sum P(Y_i)H(X_i\mid Y_i) \\ &= r_1H(X_1\mid Y_1)+r_2H(X_2\mid Y_2) \end{aligned}$$

则平均互信息为

$$I(\boldsymbol{X};\boldsymbol{Y})=H(\boldsymbol{X})-H(\boldsymbol{X}\mid\boldsymbol{Y})$$
$$=r_1[H(X_1)-H(X_1\mid Y_1)]+r_2[H(X_2)-H(X_2\mid Y_2)]+H(r_1,r_2)$$
$$=r_1I(X_1;Y_1)+r_2I(X_2;Y_2)+H(r_1,r_2)$$

下面计算该信道的信道容量：

$$C=\max_{r_1,P(x_1),P(x_2)}I(X;Y)=\max_{r_1,P(x_1),P(x_2)}\{r_1I(X_1;Y_1)+r_2I(X_2;Y_2)+H(r_1,r_2)\}$$
$$=\max_{r_1}\{r_1\max_{P(x_1)}I(X_1;Y_1)+r_2\max_{P(x_2)}I(X_2;Y_2)+H(r_1,r_2)\}$$
$$=\max_{r_1}\{r_1C_1+r_2C_2+H(r_1,r_2)\}$$

令

$$\frac{\partial I(X;Y)}{\partial r_1}=0$$

有

$$C_1-C_2-\log r_1+\log r_2=0$$
$$C_1-\log r_1=C_2-\log r_2\stackrel{\text{def}}{=}\lambda$$

因此

$$r_1=2^{C_1-\lambda}$$
$$r_2=2^{C_2-\lambda}$$

又

$$r_1+r_2=1$$

可得

$$\lambda=\log(2^{C_1}+2^{C_2})$$

进而可得

$$\lambda=C=\log(2^{C_1}+2^{C_2})$$

同理，对 N 个信道的和信道，有

$$\boldsymbol{Q}=\begin{bmatrix}\boldsymbol{P}_1 & & & \\ & \boldsymbol{P}_2 & & \\ & & \ddots & \\ & & & \boldsymbol{P}_N\end{bmatrix}$$

设各个信道的利用率为 $P_i(C)=r_i$，则其平均互信息为

$$I(\boldsymbol{X};\boldsymbol{Y})=\sum_{i=1}^{N}r_iI(X_i;Y_i)+H(r_1r_2\cdots r_N)$$

其信道容量为

$$C=\log_2\sum_{i=1}^{N}2^{C_i}$$

各子信道要满足各自的最佳输入分布，且最佳信道利用率 $P_i(C)=2^{(C_i-C)}$。

例 3.3.7 将 BSC(p)与 BSC(q)组合成和信道，求该组合信道的容量。

解：和信道的等效信道转移矩阵为

$$\boldsymbol{P}=\begin{bmatrix}\bar{p} & p & 0 & 0\\ p & \bar{p} & 0 & 0\\ 0 & 0 & \bar{q} & q\\ 0 & 0 & q & \bar{q}\end{bmatrix}$$

信道容量为

$$C=\log[2^{1-H(p)}+2^{1-H(q)}]$$

不同参数下的和信道容量如图 3.3.11 所示。

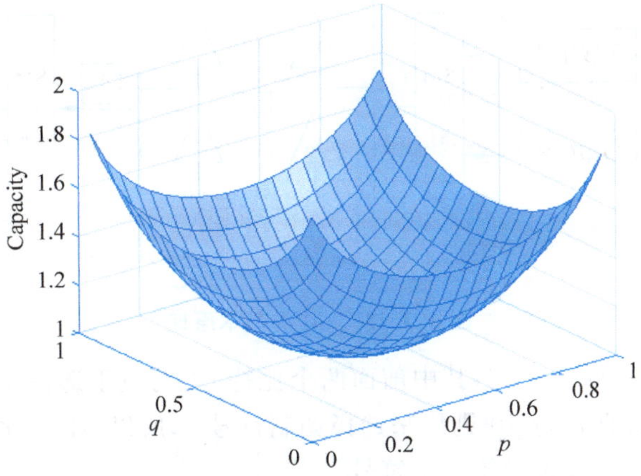

图 3.3.11　和信道容量

将上述三个例子的结果进行对比，如图 3.3.12 所示。由图可以看出和信道带来的优势。当 $p=0.5, q=0.1$ 时，信道 BSC(p)的容量 $C_1=0$，BSC(q)的容量 $C_2=0.531$，最佳信道利用率 $r_1=0.409, r_2=0.591$，可得容量 $C=1.2898$。比其中任意子信道的容量都大，其原因是和信道在信道选择(切换)过程中选择的不确定性也携带了一部分信息。利用这一原理就可解释空间调制(Spatial Modulation，SM)技术提高分集增益的本质。

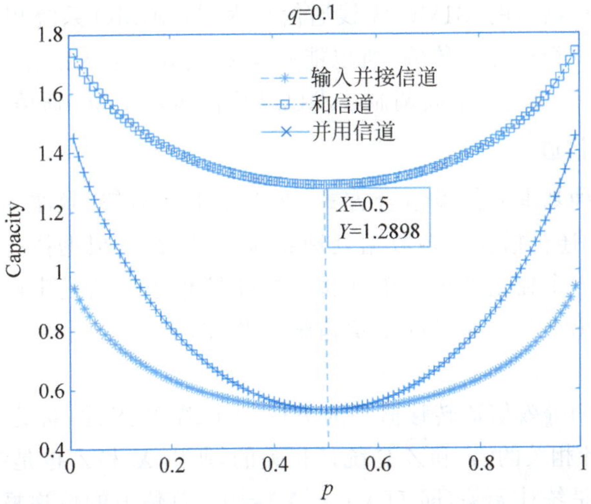

图 3.3.12　三种并联类组合信道的容量对比

专题讲座

专题讲座

空间调制的基本原理(图 3.3.13)是将一组信息比特分为空间维和符号域两部分：一部分经过传统的调制进行发送，如 PSK、QAM 等；另一部分是将部分调制信息映射到空间调制系统中相应的天线上进行发送，而这种处理就相当于组建了一个和信道，所以空间调制系统的天线序号也承载了一部分发送信息，这样携带的信息为 $k=\log N_t+\log M$(N_t 为发送天线数目，M 为调制方式的阶数)。由此可见，系统的频谱利用率大大提高了。

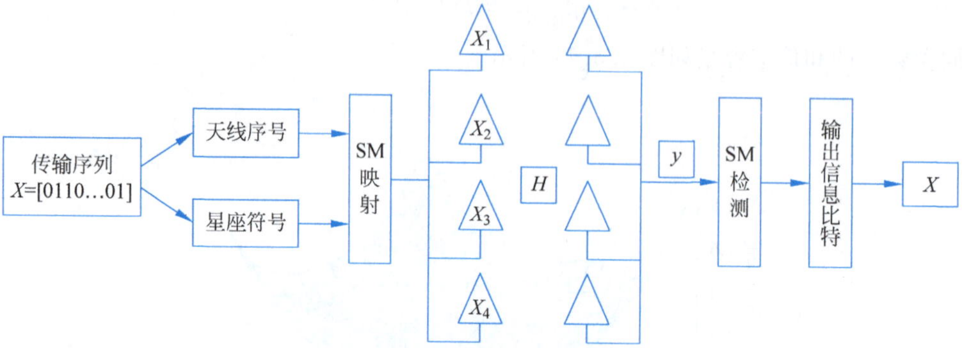

图 3.3.13　SM 的基本原理

例如，传输比特序列为 0110，其中前面两个比特 01 对应于选择天线 2(按照表 3.3.1 中的映射规则)，后面两比特 10 则用来选择调制符号 3，所以 0110 比特信息在空间调制系统中是激活第二根天线发送第三个符号。

表 3.3.1　映射规则

输入信息比特	天线索引	调制符号
00	1	1
01	2	2
10	3	3
11	4	4

空间调制是一种新型的 MIMO 无线通信技术，与 MIMO 系统相比较，因其只需要激活一根发射天线来进行信息的传输，所以能够有效地避免多天线系统天线间同步(IAS)和天线间干扰(ICI)等问题。空间调制技术已被广泛运用于 5G 通信系统。

3.3.6.4　串联信道

串联信道是一种基本的信道组合方式，在卫星中继通信、微波中继接力等实际应用中广泛存在。当然，还包括在许多数据处理系统中，往往是根据执行功能或任务需求将整个系统划分成若干个独立处理的单元构成的串联信道。信道串联的一个关键前提是前一个子信道的输出集与下一级的子信道输入集相同。如两个信道组成的串联信道如图 3.3.14 所示。

图中串联信道的等效信道转移概率为 $P(z|x)$，若 X、Y、Z 满足马尔可夫链 $X\to Y\to Z$，即 X 和 Y 是统计相关的，Y 和 Z 是统计相关的，所以 X 和 Z 也是统计相关的；但若 Y 已知，则 X 和 Z 就是统计无关，即 $I(X;Z|Y)=0$。总信道的传递概率矩阵为子信道的

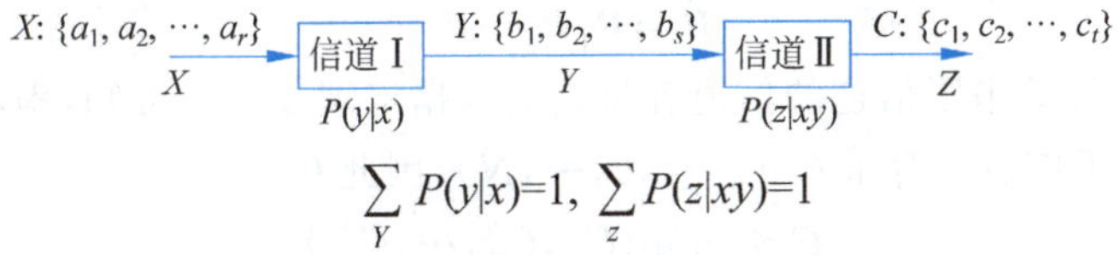

图 3.3.14 串联信道

信道矩阵乘积，即

$$\boldsymbol{P}=\boldsymbol{P}_1\boldsymbol{P}_2$$

串联信道的信息传输测度函数存在如下规律。

定理 3.3.5（数据处理定理） 对于马尔可夫链 $X \to Y \to Z$，有

$$I(X;Z) \leqslant I(X;Y)$$
$$I(X;Z) \leqslant I(Y;Z)$$

证明： 根据平均互信息的链式法则可得

$$I(X;YZ)=I(X;Y)+I(X;Z\mid Y)=I(X;Z)+I(X;Y\mid Z)$$

对于马尔可夫链 $X \to Y \to Z$，有 $I(X;Z|Y)=0$，且由平均互信息的非负性可知 $I(X;Y|Z)\geqslant 0$，故有 $I(X;Y)\geqslant I(X;Z)$。

同理，有

$$I(XY;Z)=I(Z;XY)=I(Z;Y)+I(Z;X\mid Y)=I(Z;X)+I(Z;Y\mid X)$$
$$I(Z;X\mid Y)=0,\ I(Z;Y\mid X)\geqslant 0$$

因此有

$$I(Z;Y)\geqslant I(Z;X)$$

根据平均互信息的对称性可得

$$I(Y;Z)\geqslant I(X;Z)$$ ［证毕］

数据处理定理也称为信息不增性或数据处理不等式，它说明串联信道的传输只会丢失信息而不会额外增加信息，即在数据处理中每增加一次处理环节，一般会损失一部分信息，最多保持原来获得的信息，不可能比原来获得的信息有所增加。只有当串联信道的等效信道矩阵等于第一级信道矩阵时（如图 3.3.14 串联信道中第二个信道是无噪一一对应信道），通过串联信道传输后不会增加信息的损失。

例 3.3.8 将以下两个信道进行串联：

$$\boldsymbol{P}_1=\begin{bmatrix}1/3 & 1/3 & 1/3\\ 0 & 1/2 & 1/2\end{bmatrix},\quad \boldsymbol{P}_2=\begin{bmatrix}1 & 0 & 0\\ 0 & 2/3 & 1/3\\ 0 & 1/3 & 2/3\end{bmatrix}$$

不难看出，串联信道的信道矩阵为

$$\boldsymbol{P}=\boldsymbol{P}_1\boldsymbol{P}_2=\begin{bmatrix}1/3 & 1/3 & 1/3\\ 0 & 1/2 & 1/2\end{bmatrix}$$

故有 $I(X;Z)=I(X;Y)$。该串联信道不会使信道中信息损失增加。

下面考虑串联信道的信道容量问题。

由于串联信道的信道矩阵等于各子信道的信道矩阵的乘积，即

$$\boldsymbol{P}=\boldsymbol{P}_1\boldsymbol{P}_2\cdots\boldsymbol{P}_N$$

基于 $\boldsymbol{P}$ 可以计算等效串联信道的信道容量。而根据定理 3.3.5 可知，串联信道的容量不大于组成它的各子信道的容量 $C_i(i=1,2,\cdots,N)$，因此有

$$C\leqslant\min\{C_1,C_2,\cdots,C_N\}$$

例 3.3.9 求 N 个相同的二元对称信道 BSC(p)串联的信道容量。

解：设 BSC(p)的信道矩阵为

$$\boldsymbol{P}_0=\begin{bmatrix}1-p & p\\ p & 1-p\end{bmatrix}$$

BSC(p)的信道容量为

$$C=1-H(p)$$

将 BSC(p)进行两级串联，其信道矩阵为

$$\boldsymbol{P}=\boldsymbol{P}_0^2=\begin{bmatrix}(1-p)^2+p^2 & 2p(1-p)\\ 2p(1-p) & (1-p)^2+p^2\end{bmatrix}$$

该信道仍为二元对称信道，只是错误传输概率由 p 变为 $2p(1-p)$，因此其信道容量为

$$C_2=1-H[2p(1-p)]$$

可以验证，$C_2\leqslant C_1$，当且仅当 $p=0.5$ 时等式成立。

再考虑 BSC(p)的 N 级串联情况，其等效信道矩阵 $\boldsymbol{P}=\boldsymbol{P}_0^N$，通过正交变换可以把 $\boldsymbol{P}_0$ 分解为

$$\boldsymbol{P}_0=\boldsymbol{T}^{-1}\begin{bmatrix}1 & 0\\ 0 & 1-2p\end{bmatrix}\boldsymbol{T}$$

式中

$$\boldsymbol{T}=\frac{\sqrt{2}}{2}\begin{bmatrix}1 & 1\\ -1 & 1\end{bmatrix}$$

因此有

$$\begin{aligned}\boldsymbol{P}=\boldsymbol{P}_0^N&=\boldsymbol{T}^{-1}\begin{bmatrix}1 & 0\\ 0 & 1-2p\end{bmatrix}^N\boldsymbol{T}\\&=\boldsymbol{T}^{-1}\begin{bmatrix}1 & 0\\ 0 & (1-2p)^N\end{bmatrix}\boldsymbol{T}\\&=\frac{1}{2}\begin{bmatrix}1+(1-2p)^N & 1-(1-2p)^N\\ 1-(1-2p)^N & 1+(1-2p)^N\end{bmatrix}\end{aligned}$$

可见，N 级 BSC 的串联信道也是二元对称信道，其信道容量为

$$C_N=1-H[1-(1-2p)^N]$$

若 $p\neq0$，当 N 趋于无穷大时，有

$$\boldsymbol{P}_0^{\infty}=\lim_{N\to\infty}\boldsymbol{P}_0^N=\begin{bmatrix}0.5 & 0.5\\ 0.5 & 0.5\end{bmatrix}$$

此时的信道容量为 0。因此，当 $N\to\infty$ 时，$C_N\to0$，即信息完全损失。图 3.3.15 表示了

BSC(p)串联信道的容量变化情况，随着级联次数的增加，信道容量逐渐减小，值得注意的是，当BSC的错误传输概率p很小时这种减小并不大，实际数字通信系统网中二元对称信道的p一般在10^{-6}以下。所以，若干次串接后信道容量的减少并不很明显，仍可保持一定的数值。

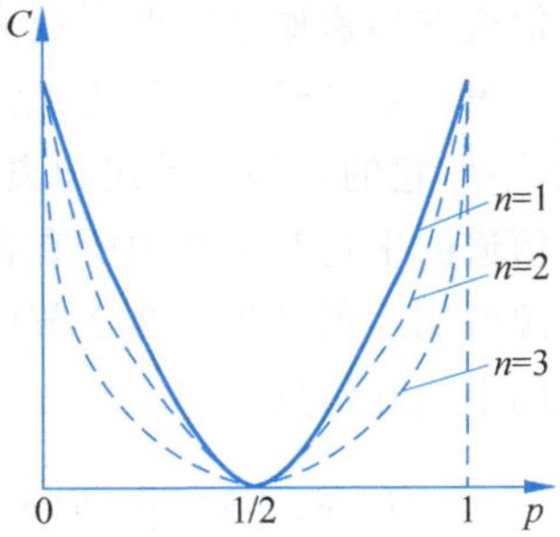

图 3.3.15　N 级 BSC(p)串联信道的信道容量变化

以上的结论都是在单符号离散无记忆信道中加以讨论和证明的。对于输入和输出都是随机序列的一般离散信道，数据处理定理仍然成立。在一般通信系统中，信源序列 $\boldsymbol{S}$ 经过编码模块形成 $\boldsymbol{X}$，然后经过信道输出 $\boldsymbol{Y}$，再经过译码模块得到 $\boldsymbol{Z}$。其中，噪声信道的输出矢量 $\boldsymbol{Y}$ 中所包含信源序列 $\boldsymbol{S}$ 的平均信息量大于数据处理后所估算的矢量 $\boldsymbol{Z}$ 中所包含信源序列 $\boldsymbol{S}$ 的平均信息量。这一点在理论上是正确的，但并不说明不需要进行数据处理。在实际应用中往往为了获得更有用和更有效的信息，还是需要进行适当的数据处理的。

3.4 连续信道及其容量

中文教学录像

连续信道强调在其中传输的信号幅度连续取值，即考察某时刻信道的输入与输出时，以连续型随机变量 X 和 Y 表示，若考察若干离散时刻信道的输入与输出，则以连续型随机序列 $\boldsymbol{X}=(X_1X_2\cdots X_N)$ 和 $\boldsymbol{Y}=(Y_1Y_2\cdots Y_N)$ 表示。

3.4.1 基本连续信道

基本连续信道就是单符号连续信道，输入和输出以单个连续型随机变量表示，如图3.4.1所示。其输入 X 取值于连续幅度区间$[a,b]$或实数域$\mathbf{R}$，输出 Y 取值于连续幅度区间$[c,d]$或实数域$\mathbf{R}$，输入与输出之间的变换依靠信道的转移概率密度函数 $p(y|x)$ 联系起来，并满足

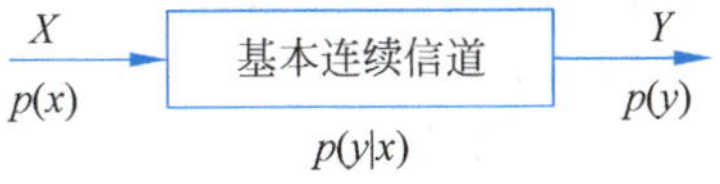

图 3.4.1　基本连续信道

$$\int_{\mathbf{R}} p(y \mid x)\mathrm{d}y = 1 \tag{3.4.1}$$

基本连续信道数学模型可以用$[X,p(y|x),Y]$表示。其输入信源 X 为

$$\begin{bmatrix} X \\ p(x) \end{bmatrix} = \begin{bmatrix} (a,b) \\ p(x) \end{bmatrix} \quad 或 \quad \begin{bmatrix} X \\ p(x) \end{bmatrix} = \begin{bmatrix} \mathbf{R} \\ p(x) \end{bmatrix}$$

$$\int_a^b p(x)\mathrm{d}x = 1 \quad 或 \quad \int_{\mathbf{R}} p(x)\mathrm{d}x = 1$$

其输出信宿为

$$\begin{bmatrix} Y \\ p(y) \end{bmatrix} = \begin{bmatrix} (c,d) \\ p(y) \end{bmatrix} \quad 或 \quad \begin{bmatrix} Y \\ p(y) \end{bmatrix} = \begin{bmatrix} \mathbf{R} \\ p(y) \end{bmatrix}$$

$$\int_a^b p(y)\mathrm{d}y = 1 \quad 或 \quad \int_{\mathbf{R}} p(y)\mathrm{d}y = 1$$

而信道的传递概率密度函数为 $p(y|x)$，满足式(3.4.1)。

第 2 章已经介绍了连续分布随机变量的各类微分熵，对连续信道的平均互信息来说，不但它的这些关系式和离散信道下平均互信息的关系式完全类似，而且它保留了离散信道的平均互信息的所有含义和性质，只是表达式中用连续信源的微分熵替代了离散信源的熵。可以将 3.2.2 节中的平均互信息引入描述两个单符号连续分布随机变量之间的平均互信息：

$$I(X;Y)=\iint_{\mathbf{R}} p(xy)\log\frac{p(x\mid y)}{p(x)}\mathrm{d}x\,\mathrm{d}y=h(X)-h(X\mid Y) \tag{3.4.2}$$

$$I(X;Y)=\iint_{\mathbf{R}} p(xy)\log\frac{p(y\mid x)}{p(y)}\mathrm{d}x\,\mathrm{d}y=h(Y)-h(Y\mid X) \tag{3.4.3}$$

$$I(X;Y)=\iint_{\mathbf{R}} p(xy)\log\frac{p(xy)}{p(x)p(y)}\mathrm{d}x\,\mathrm{d}y=h(X)+h(Y)-h(XY) \tag{3.4.4}$$

可见，连续信道的平均互信息与各种微分熵之间的关系和离散信道的相应关系是一致的，同样单符号连续信道的信息传输率 $R=I(X;Y)$(比特/自由度)。其信道容量为

$$C=\max_{p(x)} I(X;Y)=\max_{p(x)}[h(Y)-h(Y\mid X)]\text{(比特/自由度)} \tag{3.4.5}$$

当扩展到多维连续信道时也能得到类似结论。

下面考虑连续加性信道，其输入、输出和噪声分别是连续型随机变量 X、Y 和 n，且有 $Y=X+n$，如图 3.4.2 所示。

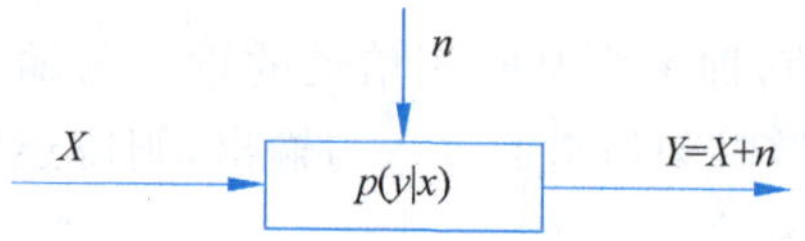

图 3.4.2 连续加性信道

定理 3.4.1 对于加性噪声信道，有

$$p(y\mid x)=p(n),\quad h(Y\mid X)=h(n\mid X)=h(n)$$

式中：$p(n)$、$h(n)$ 分别为噪声源的概率密度函数和微分熵。

证明： 由加性信道特点做坐标变换，$X=X$，$n=Y-X$。

再根据随机向量变换的联合概率密度函数计算方法，有

$$p(xy)=p(xn)\left|\frac{\partial(X,n)}{\partial(X,Y)}\right|=p(xn)\begin{vmatrix}\dfrac{\partial X}{\partial X} & \dfrac{\partial X}{\partial Y}\\[2mm] \dfrac{\partial n}{\partial X} & \dfrac{\partial n}{\partial Y}\end{vmatrix}$$

$$=p(xn)\begin{vmatrix}1 & 0\\ -1 & 1\end{vmatrix}=p(xn)$$

由于信道输入 X 与噪声 n 是统计独立的，可进一步得到

$$p(xy)=p(x)p(n)$$

因此

$$p(n)=\frac{p(xy)}{p(x)}=p(y\mid x)$$

进一步代入微分熵计算公式，并利用坐标变换 $\mathrm{d}x\,\mathrm{d}y=\mathrm{d}x\,\mathrm{d}n$，可得

$$h(Y\mid X)=-\iint_{\mathbf{R}} p(xy)\log p(y\mid x)\mathrm{d}x\,\mathrm{d}y$$

$$=-\iint_{\mathbf{R}} p(xn)\log p(n)\mathrm{d}x\mathrm{d}n$$

$$=-\int_{-\infty}^{\infty} p(x)\mathrm{d}x\int_{-\infty}^{\infty} p(n)\log p(n)\mathrm{d}n$$

$$=h(n)$$

[证毕]

定理 3.4.1 揭示了加性信道的一个重要性质,即信道的转移概率密度函数就是噪声的概率密度函数,同时噪声熵即为噪声源的微分熵。

基于此,结合式(3.4.3)和式(3.4.4)可得单符号加性信道$[X, p(y|x), Y]$的信息传输率和信道容量分别为

$$R=I(X;Y)=h(Y)-h(n)\text{(比特/自由度)}$$

$$C=\max_{p(x)} I(X;Y)=\max_{p(x)}[h(Y)-h(n)]$$

$$=\max_{p(x)} h(Y)-h(n)\text{(比特/自由度)}$$

由于噪声n与输入X统计独立,因此加性信道中$h(n)$与$p(x)$无关,即改变输入X的概率分布只能影响$h(Y)$,因此求加性信道的信道容量就是求某个最佳输入概率密度$p^*(x)$使$h(Y)$达到最大。

对于单符号加性连续信道,若加入信道的噪声概率密度函数服从高斯分布(正态分布),该信道称为加性高斯信道。这是在通信工程中最为常用的具有实输入/输出的噪声信道模型。

设信道叠加的噪声n是均值为零、方差为σ^2的一维高斯噪声,则其概率密度函数为

$$p(n)=\frac{1}{\sqrt{2\pi}\sigma}\exp\left(-\frac{x^2}{2\sigma^2}\right)$$

噪声熵为

$$h(n)=\frac{1}{2}\log(2\pi e\sigma^2)$$

因此,单符号加性高斯信道的信道容量为

$$C=\max_{p(x)} h(Y)-h(n)=\max_{p(x)} h(Y)-\frac{1}{2}\log(2\pi e\sigma^2)$$

可见,只有$h(Y)$与输入信号的概率密度函数$p(x)$有关。当信道输出信号Y的平均功率限制在P_o时,由第2章的微分熵性质知,若Y是均值为零的高斯变量,其熵$h(Y)$为最大。

对于加性信道$Y=X+n$而言,输出信号的均方值为

$$E(Y^2)=E[(X+n)^2]=E(X^2)+2E(X)E(n)+E(n^2)$$

平稳随机过程的均方值就是其平均功率。而且在一般通信系统的研究中,常假设输入信号和噪声都是均值为0的随机过程,此时信号的方差就等于其平均功率,即信道的平均噪声功率$P_n=\sigma^2$,而输出信号功率P_o等于输入信号功率P_s与噪声功率P_n之和,即

$$P_o=P_s+P_n$$

则输入信号平均功率受限意味着输出平均功率也受限，如限制在 P_o。在此条件下，只有当输出信号 Y 服从高斯分布时，$h(Y)$才能取得最大值，即

$$\max h(Y)=\frac{1}{2}\log(2\pi eP_o)$$

因此，单符号加性高斯信道的信道容量为

$$\begin{aligned}C&=\frac{1}{2}\log(2\pi eP_o)-\frac{1}{2}\log(2\pi e\sigma^2)\\&=\frac{1}{2}\log\left(\frac{P_o}{\sigma^2}\right)\\&=\frac{1}{2}\log\left(1+\frac{P_s}{\sigma^2}\right)=\frac{1}{2}\log\left(1+\frac{P_s}{P_n}\right)\text{（比特 / 自由度）}\end{aligned}\tag{3.4.6}$$

最佳输入分布 $p^*(x)$是均值为 0、方差（平均功率）为 P_s 的高斯分布。

3.4.2 多维连续信道

多维连续信道输入是 N 维连续型随机序列 $\boldsymbol{X}=(X_1X_2\cdots X_N)$，输出是 N 维连续型随机序列 $\boldsymbol{Y}=(Y_1Y_2\cdots Y_N)$，信道传递概率密度函数 $p(\boldsymbol{y}|\boldsymbol{x})=p(y_1y_2\cdots y_N|x_1x_2\cdots x_N)$，满足

$$\iint_{\mathbf{R}}\cdots\int_{\mathbf{R}}p(y_1y_2\cdots y_N\mid x_1x_2\cdots x_N)\mathrm{d}y_1\mathrm{d}y_2\cdots\mathrm{d}y_N=1$$

式中：$\mathbf{R}$ 为实数域。

用$[\boldsymbol{X},p(\boldsymbol{y}|\boldsymbol{x}),\boldsymbol{Y}]$来描述多维连续信道。与离散无记忆信道的定义一样，若连续信道在任一时刻输出的变量只与对应时刻的输入变量有关，与以前时刻的输入、输出变量无关，也与以后的输入变量无关，则此信道为无记忆连续信道。满足连续无记忆信道的充要条件：

$$p(\boldsymbol{y}\mid\boldsymbol{x})=p(y_1y_2\cdots y_N\mid x_1x_2\cdots x_N)=\prod_{i=1}^{N}p(y_i\mid x_i)\tag{3.4.7}$$

一般情况，式(3.4.7)不满足，也就是多维连续信道任何时刻的输出变量与其他任何时刻的输入与输出变量一般都是相关的，则此信道称为连续有记忆信道。

由式(3.4.2)～式(3.4.5)推广可得多维连续信道的平均互信息及信道容量：

$$I(\boldsymbol{X};\boldsymbol{Y})=h(\boldsymbol{X})-h(\boldsymbol{X}\mid\boldsymbol{Y})=\iint_{\mathbf{R}}p(\boldsymbol{xy})\log\frac{p(\boldsymbol{x}\mid\boldsymbol{y})}{p(\boldsymbol{x})}\mathrm{d}x\mathrm{d}y\tag{3.4.8}$$

$$I(\boldsymbol{X};\boldsymbol{Y})=h(\boldsymbol{Y})-h(\boldsymbol{Y}\mid\boldsymbol{X})=\iint_{\mathbf{R}}p(\boldsymbol{xy})\log\frac{p(\boldsymbol{y}\mid\boldsymbol{x})}{p(\boldsymbol{y})}\mathrm{d}x\mathrm{d}y\tag{3.4.9}$$

$$I(\boldsymbol{X};\boldsymbol{Y})=h(\boldsymbol{X})+h(\boldsymbol{Y})-h(\boldsymbol{XY})=\iint_{\mathbf{R}}p(\boldsymbol{xy})\log\frac{p(\boldsymbol{xy})}{p(\boldsymbol{x})p(\boldsymbol{y})}\mathrm{d}x\mathrm{d}y\tag{3.4.10}$$

$$C=\max_{p(x)}I(\boldsymbol{X};\boldsymbol{Y})=\max_{p(x)}[h(\boldsymbol{Y})-h(\boldsymbol{Y}\mid\boldsymbol{X})]\tag{3.4.11}$$

同理，多维加性信道的输入、输出及噪声为随机序列形式：

$$\boldsymbol{X}=(X_1X_2\cdots X_N),\boldsymbol{Y}=(Y_1Y_2\cdots Y_N),\boldsymbol{n}=(n_1n_2\cdots n_N)$$

中文教学录像

视频

则其信息传输率和信道容量分别为

$$R = I(\boldsymbol{X};\boldsymbol{Y}) = h(\boldsymbol{Y}) - h(\boldsymbol{n})\text{(比特 / 自由度)}$$

$$C = \max_{p(x)} I(\boldsymbol{X};\boldsymbol{Y}) = \max_{p(x)}[h(\boldsymbol{Y}) - h(\boldsymbol{n})]\text{(比特 / 自由度)} \tag{3.4.12}$$

3.5 波形信道与香农公式

波形信道的输入是随机过程$\{x(t)\}$，输出也是随机过程$\{y(t)\}$。实际波形信道的带宽总是受限的，所以在有限观测时间内满足限频 F、限时 T 的条件。根据时间采样定理可将波形信道的输入$\{x(t)\}$和输出$\{y(t)\}$的随机过程信号离散化，转换成 N 维随机序列 $\boldsymbol{X}=(X_1X_2\cdots X_N)$和 $\boldsymbol{Y}=(Y_1Y_2\cdots Y_N)$，这样波形信道就可转化成多维连续信道描述，如图 3.5.1 所示。

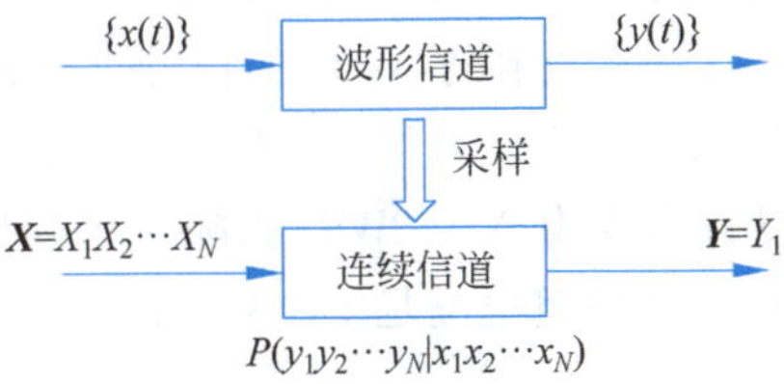

图 3.5.1 波形信道及其与多维连续信道关系

故而可得波形信道的平均互信息为

$$\begin{aligned} I(x(t);\ y(t)) &= \lim_{N\to\infty} I(\boldsymbol{X};\boldsymbol{Y}) \\ &= \lim_{N\to\infty}[h(\boldsymbol{X}) - h(\boldsymbol{X}\mid\boldsymbol{Y})] \\ &= \lim_{N\to\infty}[h(\boldsymbol{Y}) - h(\boldsymbol{Y}\mid\boldsymbol{X})] \\ &= \lim_{N\to\infty}[h(\boldsymbol{X}) + h(\boldsymbol{Y}) - h(\boldsymbol{XY})] \end{aligned} \tag{3.5.1}$$

一般情况下，波形信道都是研究其单位时间内的信息传输率，即信息传输速率 R_t。设$\{x(t)\}$和$\{y(t)\}$的持续时间为 T，波形信道的信息传输速率和单位时间信道容量为

$$R_t = \frac{1}{T}I(\boldsymbol{X};\boldsymbol{Y}) = \frac{1}{T}\lim_{N\to\infty}[h(\boldsymbol{Y}) - h(\boldsymbol{Y}\mid\boldsymbol{X})]\ \text{(b/s)}$$

$$C_t = \max_{p(x)} R_t = \max_{p(x)}\left\{\frac{1}{T}\lim_{N\to\infty}[h(\boldsymbol{Y}) - h(\boldsymbol{Y}\mid\boldsymbol{X})]\right\}\ \text{(b/s)} \tag{3.5.2}$$

式中：$p(\boldsymbol{x})$为输入序列 $\boldsymbol{X}$ 的概率密度函数。

若研究加性信道，由定理 3.4.1 对于加性噪声信道，有加性信道的噪声熵 $h(\boldsymbol{Y}|\boldsymbol{X})$就是噪声源的熵 $h(\boldsymbol{n})$。结合式(3.5.2)可得一般加性波形信道单位时间的信道容量为

$$C_t = \max_{p(x)}\left\{\frac{1}{T}\lim_{N\to\infty}[h(\boldsymbol{Y}) - h(\boldsymbol{n})]\right\}\ \text{(b/s)} \tag{3.5.3}$$

由于在不同限制条件下连续随机变量有不同的最大微分熵取值，所以由式(3.5.2)和式(3.5.3)知，加性信道的信道容量 C 取决于噪声的统计特性和输入随机矢量 $\boldsymbol{X}$ 所受的限制条件。对于一般通信系统，无论是输入信号还是噪声，它们的平均功率或能量总

是有限的。所以本节只讨论在平均功率受限的条件下波形信道的信道容量。

3.5.1 带限高斯白噪声加性波形信道的信道容量

在模拟通信系统中最常用的信道模型是高斯白噪声加性(Additive White Guassian Niose,AWGN)信道。其输入和输出分别是随机过程$\{x(t)\}$和$\{y(t)\}$,信道噪声是加性高斯白噪声$\{n(t)\}$,其均值为零,单边带功率谱密度为N_0,所以输出信号满足$\{y(t)\}=\{x(t)\}+\{n(t)\}$。另外,实际信道的频带宽度总是有限的,设其带宽为$W$。这样,信道的输入、输出信号和噪声都是频带受限的随机过程。进一步假设输入与输出信号的持续时间为T。(需要说明的是,根据时频域物理定律,持续时间有限的信号,其频带无限宽;反之,频带宽度有限的信号,其持续时间必然无限长。因此,既限频带又限时长的信号是物理不可能的,但如果信号的主要能量集中在带宽W内,这一假设不会造成太大的误差。)

根据奈奎斯特采样定理,一个频带受限于W内的信号可以通过$2W$采样率得到的样本唯一表示,由于信号持续时间为T,因此这个波形信道可以通过采样变成一个时间离散化$2WT$维的连续信道,即以自由度为$N=2WT$的随机序列形式处理,如图3.5.2所示。由于是加性信道,所以随机序列信道也满足$\boldsymbol{Y}=\boldsymbol{X}+\boldsymbol{n}$。

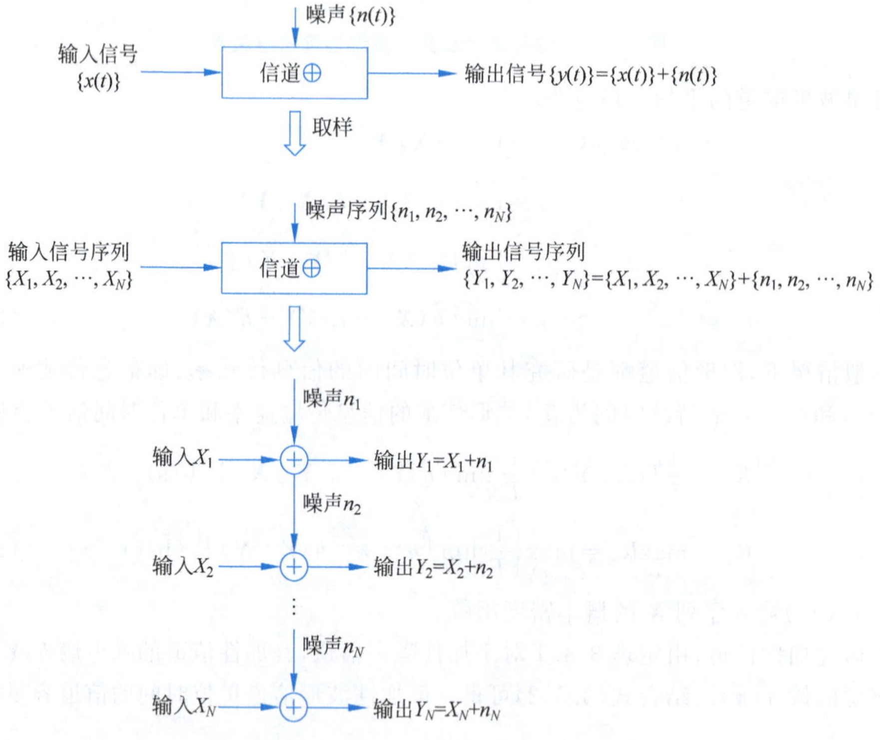

图 3.5.2 带限高斯白噪声加性信道变换成 N 个独立并联高斯加性信道

因为信道的频带是受限的,所以加入信道的噪声成为带限高斯白噪声。而低频带限高斯白噪声的各样本值彼此统计独立,所以限频的高斯白噪声过程可分解为N维统计独立的随机序列,其中每个分量n_i都是均值为零,方差为

$$\sigma_{n_i}^2 = P_{n_i} = \sigma^2 = N_0 WT/(2WT) = N_0/2 \tag{3.5.4}$$

可得 N 维的联合概率密度为

$$p(\boldsymbol{n}) = p(n_1 n_2 \cdots n_N) = \prod_{i=1}^{N} p(n_i) = \prod_{i=1}^{N} \frac{1}{\sqrt{2\pi\sigma^2}} \mathrm{e}^{-\frac{n_i^2}{2\sigma^2}}$$

对加性信道来说，若上式成立，意味着信道是无记忆的。那么，随机序列信道就可等效成 N 个独立高斯加性信道的并联。结合式(3.4.6)及并联信道容量计算方法可得等效信道容量为

$$C^N = \sum_{i=1}^{N} \frac{1}{2}\log\left(1 + \frac{P_{s_i}}{P_{n_i}}\right)$$

由式(3.5.4)可得高斯白噪声的每个样本值的方差 $\sigma_{n_i}^2 = P_{n_i} = N_0/2$。而信号的平均功率受限为 P_s，T 时间内总平均功率为 $P_s T$，每个信号样本值的平均功率为 $(P_s T)/(2WT) = P_s/2W$。所以可得$[0, T]$时刻内信道的信道容量为

$$C^N = \frac{N}{2}\log\left(1 + \frac{P_s/2W}{N_0/2}\right) = \frac{N}{2}\log\left(1 + \frac{P_s}{N_0 W}\right) \text{（比特 /N 个自由度）}$$

又因为在单位时间$(1/T)$内采集到 $2W$ 个信道符号，归一化后得到带限 AWGN 信道单位时间信道容量为

$$C_t = \frac{1}{T}C^N = W\log\left(1 + \frac{P_s}{N_0 W}\right) = W\log\left(1 + \frac{P_s}{P_n}\right) \text{(b/s)} \tag{3.5.5}$$

这就是著名的香农信道容量公式(简称**香农公式**)。式中的对数取以 2 为底。它给出了频带受限、平均功率受限的 AWGN 信道的信道容量计算方法。当信道输入信号是平均功率受限的高斯分布信号时，信息传输率才达到此信道容量。

例 3.5.1 给定某平均功率受限的 AWGN 信道，带宽为 4MHz。

(1) 若输入信号与噪声的平均功率比$\left(\frac{P_s}{P_n} \triangleq \text{SNR}\right)$为 7，求其信道容量。

(2) 若 SNR 降为 3，带宽需调整为多少，才能达到与(1)相同的信道容量?

(3) 若带宽为 3MHz，求达到与(1)同样信道容量的 SNR。

解：

$$C_t = W\log(1 + \text{SNR}) = 4 \times 10^6 \log(1 + 7) = 12\text{(Mb/s)}$$

$$W = \frac{C_t}{\log(1 + \text{SNR})} = \frac{12 \times 10^6}{\log(1 + 3)} = 6\text{(MHz)}$$

$$\text{SNR} = 2^{C_t/W} - 1 = 2^{12/3} - 1 = 15$$

一些实际信道是非高斯波形信道，对于平均功率受限非高斯加性信道，其信道容量的精确计算一般较困难。但根据平均功率受限条件下的最大熵定理，加性信道在噪声服从高斯分布时噪声熵最大，即高斯加性信道是平均功率受限条件下的最差信道。所以，香农公式可适用于其他波形信道，由其得到的值是加性非高斯波形信道的信道容量的下限值。

3.5.2 香农公式的意义与启发

香农公式是平均功率受限下的带限 AWGN 信道的信道容量计算公式，从式中可以看出，香农公式把信道的统计信息参量(信道容量)和信道的实际物理量(频带宽度 W、信噪功率比 P_s/P_n 等)联系起来。它表明带限 AWGN 信道的信道容量 C_t 与带宽 W、信号平均功率 P_s 以及噪声功率谱密度 N_0 有关。香农公式也建立了带宽 W、信噪比 P_s/P_n、信道容量 C_t 三者之间的制约关系。下面分析在不同情况下由香农公式得到的一些重要结论，反映了通信系统优化设计中的一般规律。

1. 增大信道容量的一般方法

(1) 信噪比不变，扩展频带宽度 W 也可增大信道容量 C_t

由式(3.5.5)可见，信道容量与所传输信号的有效带宽成正比，信号的有效带宽越宽，信道容量越大。如通信系统构建中不断开发新的传输媒体，有线通信中从明线(150kHz)、对称电缆(600kHz)、同轴电缆(1GHz)到光纤(25THz)；无线由中波、短波、超短波到毫米波、微米波。又如，采用信道均衡技术开辟可传输的频带等。

但需要注意的是，噪声功率 $P_n=N_0W$，所以随着带宽的增大，噪声功率也会变大，信噪比随之减小，又使信道容量变小。因此，增加信道带宽 W(也就是信号的带宽)，并不能无限制地使信道容量增大。也就是说，当发送信号功率 P_s 不变时，增加带宽可以在一定程度上增大信道容量。但随着带宽增大趋于无穷时，信道容量将趋于某一极限，如图 3.5.3 所示。具体推导如下：

$$\begin{aligned}\lim_{W\to\infty} C_t &= \lim_{W\to\infty} W\log\left(1+\frac{P_s}{N_0W}\right)\\ &=\frac{P_s}{N_0}\lim_{W\to\infty} W\,\frac{N_0}{P_s}\log\left(1+\frac{P_s}{N_0W}\right)\end{aligned}$$

令

$$x=\frac{P_s}{N_0W}$$

则有

$$\lim_{W\to\infty} C_t=\frac{P_s}{N_0}\lim_{x\to 0}\frac{1}{x}\log(1+x)$$

又

$$\lim_{x\to 0}\frac{1}{x}\ln(x+1)=1$$

所以有

$$\lim_{W\to\infty} C_t=\frac{P_s}{N_0}\log e\approx 1.44\,\frac{P_s}{N_0} \tag{3.5.6}$$

此式说明当频带很宽，或信噪比很低时，信道容量正比于信号功率与噪声功率密度比。此值是加性高斯白噪声信道在无限带宽时的信道容量，它是信息传输率的极限值。

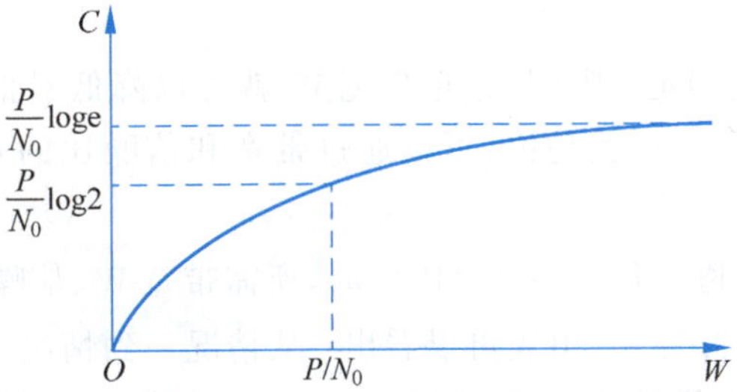

图 3.5.3 加性高斯白噪声信道容量与带宽关系

(2) 带宽不变,增加信号功率或者提高信噪比,可使 C_t 增大

信道容量与信道上的信号噪声比有关,信噪比越大,信道容量也越大,但其制约规律呈对数关系。通信工程中很多技术手段目的都是提升系统信噪比,获得大的信道容量。例如,通过提高发送功率、提高天线增益、将无方向的漫射改为方向性强的波束或点波束、采用分集接收等加大信号功率,采用低噪声器件、滤波、屏蔽、接地、低温运行等技术降低噪声功率。

通过增大信号发送功率来增大信道容量在理论上没有上限,如果能使信道输入功率无穷大,那么 AWGN 信道的容量将为无穷大。但随着信号功率的增加,$\lim\limits_{P_s \to \infty} \frac{\mathrm{d}C_t}{\mathrm{d}P_s} \to 0$,信道容量增长将越来越慢,如图 3.5.4 所示。

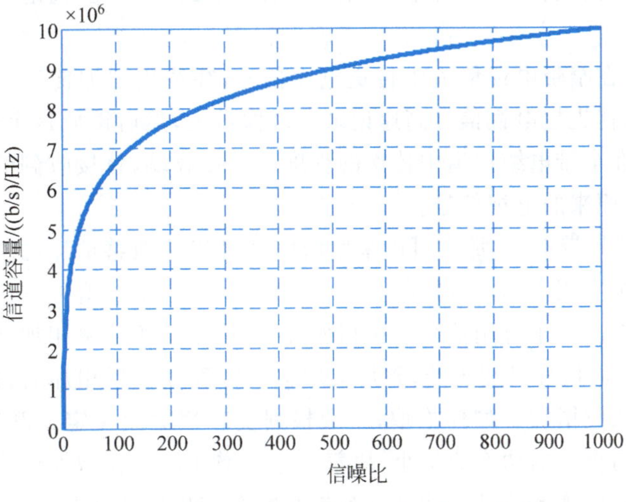

图 3.5.4 加性高斯白噪声信道容量与信噪比关系(带宽 W=1MHz)

2. C_t 一定时,带宽与信噪比可相互补偿

香农公式把信道的统计信息参量(信道容量)和信道的实际物理量(频带宽度、信噪功率比等)联系起来。它从理论上阐明一个理想通信系统的最大可靠信息传输率可完全由带宽 W、传输时间 T 和信噪功率比 P_s/P_n 三个物理量确定。在信道容量要求一定时,W、T、SNR 三者之间可以互相转换,互相补偿。虽然并未提出具体解决的实际方法,但

是指出了努力的方向。

(1) 若传输时间 T 固定,则扩展信道带宽 W 就可以降低对信噪比的要求;反之,带宽变窄,就要增加信噪比。也就是说,可以通过带宽和信噪比的互换而保持信息传输能力不变。

将例 3.5.1 中在信道容量 $C_t=12\text{Mb/s}$ 时,所需带宽 W、信噪比 SNR 以及输入信号功率 P_s 的情况列于表 3.5.1。由表可以看出:从情况一到情况二,带宽减少了 25%,信噪比需提升 1.1 倍,输入信号功率必须增加约 61%;从情况一到情况三,带宽增大 50%,信噪比可降低 57%,输入信号功率随之降低约 36%。带宽很小地改变,信噪比或信号功率就有较大的改变。若增加较少的带宽,就能节省较大的信号功率,这在深空通信中是很重要的。

表 3.5.1 例 3.5.1 中在 $C_t=12\text{Mb/s}$ 时的 W、SNR 及 P_s

项目	带宽 W/MHz	信噪比 SNR	输入信号功率 P_s
情况一	4	7	$28\times10^6 N_0$
情况二	3	15	$45\times10^6 N_0$
情况三	6	3	$18\times10^6 N_0$

注:$P_s=\text{SNR}\cdot W\cdot N_0$。

(2) 如果信噪功率比固定不变,增加信道的带宽 W 就可以缩短传送时间 T,换取传输时间的节省,或者花费较长的传输时间来换取频带的节省,也就是实现频带和通信时间的互换。

例如,为了能在窄带电缆信道中传送电视信号,往往用增加传送时间的办法来压缩电视信号的带宽,首先把电视信号高速记录在录像带上,然后慢放这个磁带,慢到使输出频率降低到足以在窄带电缆信道中传送的程度。在接收端,将接收到的慢录像信号进行快放,于是恢复了原来的电视信号。

(3) 如果保持频带不变,那么可以采用增加时间 T 来改善信噪比。

这一原理已被应用于弱信号接收技术中,即所谓积累法。这种方法是将重复多次收到的信号叠加起来。由于有用信号直接相加,而干扰则是按功率相加(噪声是随机的,叠加后会相互抵消;而信号是相关的,叠加会增强),因而经积累相加后,信噪比得到改善,但所需接收时间相应增加。如何换取,一般根据实际情况而决定。例如,宇宙飞船与地面通信由于信号与噪声的功率比很小,故着重考虑增加带宽和增加传输时间来换取对信噪比的要求。倘若信道频带十分紧张,则考虑提高信噪比或传输时间来降低对带宽的要求。

3. 香农公式对极低信噪比通信的启发

由香农公式可以发现,当发送信噪比小于 1 时,信道的信道容量并不等于 0,这说明此时信道仍具有传输信息的能力。也就是说,发送信号功率很弱,即便是淹没在噪声中仍有可能进行可靠的通信,这对于卫星通信、深空通信等具有特别重要的意义。同时,该结论也为极低信噪比下的信号检测、隐蔽通信等技术方向奠定理论基础。

4. E_b/N_0 与香农限

香农公式给出的信道容量是连续信道中可靠传输的最大信息传输率。是否可以用无限制加大信号有效带宽的方法来减小发射功率，或在任意低的信噪比情况下仍能实现可靠通信？从香农公式中还可以找出了达到无错误(无失真)通信的传输速率的理论极限值，称为香农极限。

若以最大信息速率，即信道容量($C_t=\max R_t$)来传输信息，又令每传送 1bit 信息所需的能量为 E_b，得总的信号功率 $P_s=R_tE_b$(当信息传输速率达最大时 $P_s=C_tE_b$)。代入式(3.5.6)可得

$$\lim_{W\to\infty} C_t=\frac{P_s}{N_0}\log e=\frac{R_tE_b}{N_0}\log e$$

式中：E_b/N_0 表示单位频带内传输 1bit 信息的信噪比，称为归一化信噪比，且有

$$\frac{E_b}{N_0}=\frac{\lim\limits_{W\to\infty} C_t}{R_t\log e}$$

由带宽与信噪比的互换关系可知，E_b/N_0 的最小值发生在带宽趋于无穷大时，且令此时的信息传输速率达最大，即 $R_t=C_t$，则有

$$\left(\frac{E_b}{N_0}\right)_{\min}=\frac{1}{\log e}=\ln 2=-1.6(\text{dB})$$

这个值称为香农限，它表明可靠传输 1bit 信息所需要的最小能量为 $0.693N_0$。香农限(−1.6dB)是在带宽趋于无穷大时达到的，是在理论上能实现可靠通信的 E_b/N_0 的最小值。

图 3.5.5 示出了 E_b/N_0 与归一化信息传输速率 R_t/W 之间的关系。所以在实际通信系统的评估与分析中常用此香农限来衡量实际系统的潜力，以及各种纠错编码性能的好坏。如何达到和接近这个理论极限香农并没有给出具体方案，而这正是通信研究人员所面临的任务。

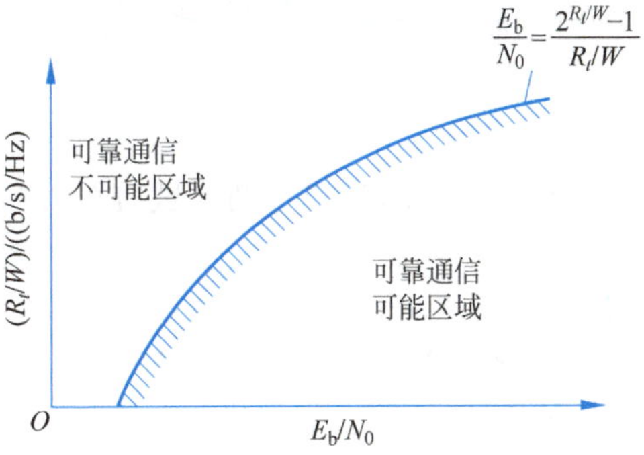

图 3.5.5 E_b/N_0 与 R_t/W 的关系

小结

平均互信息：

$$I(X;Y)=H(X)-H(X\mid Y)\text{(比特/符号)}$$

代表了接收到每个输出符号 Y 后获得的关于 X 的平均信息量。

$$I(X;Y)=\sum_{XY}P(xy)\log\frac{p(x\mid y)}{P(x)}$$

$$I(X;Y)=\sum_{XY}P(xy)\log\frac{P(xy)}{P(x)P(y)}$$

$$I(X;Y)=\sum_{XY}P(xy)\log\frac{P(y\mid x)}{P(y)}$$

互信息：

$$I(x;y)=\log\frac{1}{P(x)}-\log\frac{1}{P(x\mid y)}=\log\frac{P(x\mid y)}{P(x)}$$

平均互信息的性质：

(1) 非负性：$I(X;Y)\geqslant 0$，当 X 与 Y 统计独立时等号成立。

(2) 极值性：$I(X;Y)\leqslant H(X)$。

(3) 对称性：$I(X;Y)=I(Y;X)$。

(4) 与各熵的关系：

$$I(X;Y)=H(X)-H(X\mid Y)$$
$$I(X;Y)=H(Y)-H(Y\mid X)$$
$$I(X;Y)=H(X)+H(Y)-H(XY)$$

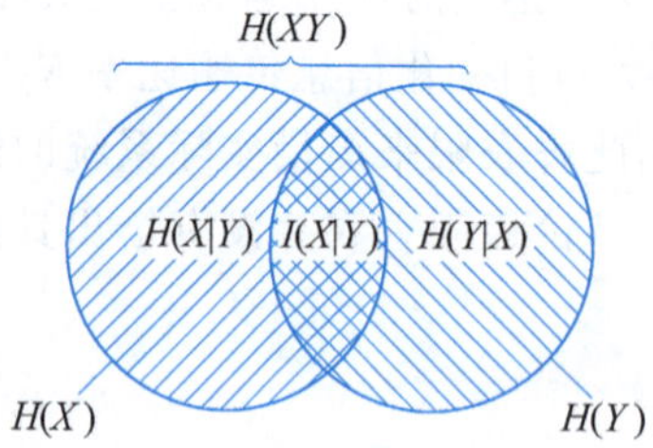

(5) 凸函数特性：$I(X;Y)$ 是 $P(x)$ 的 $\cap$ 型凸函数，$I(X;Y)$ 是 $P(y|x)$ 的 $\cup$ 型凸函数。

序列形式的平均互信息：

$$I(\boldsymbol{X};\boldsymbol{Y})=I(X_1X_2\cdots X_N;Y_1Y_2\cdots Y_N)=H(\boldsymbol{X})-H(\boldsymbol{X}\mid\boldsymbol{Y})=H(\boldsymbol{Y})-H(\boldsymbol{Y}\mid\boldsymbol{X})$$

(1) 若信道是无记忆的，则存在

$$I(\boldsymbol{X};\boldsymbol{Y})\leqslant\sum_{i=1}^{N}I(X_i;Y_i)$$

(2) 若信源是无记忆的，则存在

$$I(\boldsymbol{X};\boldsymbol{Y})\geqslant\sum_{i=1}^{N}I(X_i;Y_i)$$

(3) 若信源和信道都是无记忆的，则存在

$$I(\boldsymbol{X};\boldsymbol{Y})=\sum_{i=1}^{N}I(X_i;Y_i)$$

信道容量：

$$\max_{P(x)}\{I(X;Y)\}\triangleq C$$

（1）无噪无损信道：

$$C=\max_{P(x)}\{I(X;Y)\}=\max_{P(x)}\{H(X)\}=\log r$$

（2）有噪无损信道：

$$C=\max_{P(x)}\{I(X;Y)\}=\max_{P(x)}\{H(X)\}=\log r$$

（3）无噪有损信道：

$$C=\max_{P(x)}\{I(X;Y)\}=\max_{P(x)}\{H(Y)\}=\log s$$

（4）对称离散信道：

$$C=\log s-H(p'_1,p'_2,\cdots,p'_s)$$

式中：$\{p'_1,p'_2,\cdots,p'_s\}$为信道矩阵中的行矢量。

（5）离散无记忆的 N 次扩展信道：

$$C^{(N)}=\max_{P(x)}I(\boldsymbol{X};\boldsymbol{Y})=\max_{P(x)}\sum_{i=1}^{N}I(X_i;Y_i)=\sum_{i=1}^{N}C_i=NC$$

（6）输入并接信道：

$$C\leqslant\max_{P(x)}H(X)$$

（7）并用信道：

$$C=\max\sum_{i=1}^{N}I(X_i;Y_i)=\sum_{i=1}^{N}\max I(X_i;Y_i)=\sum_{i=1}^{N}C_i$$

（8）和信道：

$$C=\log_2\sum_{i=1}^{N}2^{C_i}$$

最佳信道利用率为

$$P_i(C)=2^{(C_i-C)}$$

数据处理定理：对于马尔可夫链 $X\to Y\to Z$，有

$$I(X;Z)\leqslant I(X;Y),\quad I(X;Z)\leqslant I(Y;Z)$$

串联信道的容量：

$$C\leqslant\min\{C_1,C_2,\cdots,C_N\}$$

式中：$C_i(i=1,2,\cdots,N)$为各子信道的容量。

连续分布随机变量之间的平均互信息：

$$I(X;Y)=\iint_{\mathbf{R}}p(xy)\log\frac{p(x\mid y)}{p(x)}\mathrm{d}x\mathrm{d}y=h(X)-h(X\mid Y)$$

$$I(X;Y)=\iint_{\mathbf{R}}p(xy)\log\frac{p(y\mid x)}{p(y)}\mathrm{d}x\mathrm{d}y=h(Y)-h(Y\mid X)$$

$$I(X;Y)=\iint_{\mathbf{R}} p(xy)\log\frac{p(xy)}{p(x)p(y)}\mathrm{d}x\mathrm{d}y=h(X)+h(Y)-h(XY)$$

单符号连续信道的信道容量：

$$C=\max_{p(x)} I(X;Y)=\max_{p(x)}[h(Y)-h(Y\mid X)]\text{(比特/自由度)}$$

单符号加性高斯信道的信道容量：

$$C=\frac{1}{2}\log(2\pi eP_{o})-\frac{1}{2}\log(2\pi e\sigma^{2})=\frac{1}{2}\log\left(\frac{P_{o}}{\sigma^{2}}\right)$$

$$=\frac{1}{2}\log\left(1+\frac{P_{s}}{\sigma^{2}}\right)$$

$$=\frac{1}{2}\log\left(1+\frac{P_{s}}{P_{n}}\right)\text{(比特/自由度)}$$

式中：P_o 为输出信号功率；σ^2 为噪声方差；P_s 为发送信号功率；P_n 为噪声功率。

多维连续信道的平均互信息及信道容量：

$$I(\boldsymbol{X};\boldsymbol{Y})=h(\boldsymbol{X})-h(\boldsymbol{X}\mid\boldsymbol{Y})=\iint_{\mathbf{R}} p(\boldsymbol{xy})\log\frac{p(\boldsymbol{x}\mid\boldsymbol{y})}{p(\boldsymbol{x})}\mathrm{d}x\mathrm{d}y$$

$$I(\boldsymbol{X};\boldsymbol{Y})=h(\boldsymbol{Y})-h(\boldsymbol{Y}\mid\boldsymbol{X})=\iint_{\mathbf{R}} p(\boldsymbol{xy})\log\frac{p(\boldsymbol{y}\mid\boldsymbol{x})}{p(\boldsymbol{y})}\mathrm{d}x\mathrm{d}y$$

$$I(\boldsymbol{X};\boldsymbol{Y})=h(\boldsymbol{X})+h(\boldsymbol{Y})-h(\boldsymbol{XY})=\iint_{\mathbf{R}} p(\boldsymbol{xy})\log\frac{p(\boldsymbol{xy})}{p(\boldsymbol{x})p(\boldsymbol{y})}\mathrm{d}x\mathrm{d}y$$

$$C=\max_{p(\boldsymbol{x})} I(\boldsymbol{X};\boldsymbol{Y})=\max_{p(\boldsymbol{x})}[h(\boldsymbol{Y})-h(\boldsymbol{Y}\mid\boldsymbol{X})]$$

多维加性信道的信道容量：

$$C=\max_{p(\boldsymbol{x})} I(\boldsymbol{X};\boldsymbol{Y})=\max_{p(\boldsymbol{x})}[h(\boldsymbol{Y})-h(\boldsymbol{n})]\text{(比特/自由度)}$$

一般加性波形信道单位时间的信道容量：

$$C_{t}=\max_{p(\boldsymbol{x})}\left\{\frac{1}{T}\lim_{N\to\infty}[h(\boldsymbol{Y})-h(\boldsymbol{n})]\right\}\text{(b/s)}$$

带限高斯白噪声加性信道单位时间信道容量(香农公式)：

$$C_{t}=\frac{1}{T}C^{N}=W\log\left(1+\frac{P_{s}}{N_{0}W}\right)=W\log\left(1+\frac{P_{s}}{P_{n}}\right)\text{(b/s)}$$

式中：P_s 为发送信号功率；P_n 为噪声功率；$P_n=N_0W$；N_0 为单边带功率谱密度。

加性高斯白噪声信道在无限带宽时的信道容量：

$$\lim_{W\to\infty} C_{t}=\frac{P_{s}}{N_{0}}\log e\approx 1.44\frac{P_{s}}{N_{0}}$$

香农限：

理论上能实现可靠通信的 E_b/N_0 的最小值，即

$$\left(\frac{E_{b}}{N_{0}}\right)_{\min}=\frac{1}{\log e}=\ln 2=-1.6\text{(dB)}$$

习题

3.1 设有一离散无记忆信源，其概率空间为

$$\begin{bmatrix} X \\ P(x) \end{bmatrix} = \begin{bmatrix} 0 & 1 \\ 0.6 & 0.4 \end{bmatrix}$$

它们通过一干扰信道，信道输出端的接收符号集 $Y=[0\quad 1]$，信道矩阵为

$$\boldsymbol{P} = \begin{bmatrix} p(0/0) & p(1/0) \\ p(0/1) & p(1/1) \end{bmatrix} = \begin{bmatrix} \frac{5}{6} & \frac{1}{6} \\ \frac{3}{4} & \frac{1}{4} \end{bmatrix}$$

试求：(1) 信源 X 中事件 X_1 和 X_2 分别含有的自信息。

(2) 收到消息 $y_j(j=1,2)$后，获得的关于 $x_i(i=1,2)$的信息量。

(3) 输出符号集 Y 的平均信息量 $H(Y)$。

(4) 信道疑义度 $H(X|Y)$及噪声熵 $H(Y|X)$。

(5) 接收到消息 Y 后获得的平均互信息。

3.2 设有扰离散信道的输入端是以等概率出现的 A、B、C、D 四个字母。该信道的正确传输概率为 1/2，错误传输概率均匀分布在其他三个字母上。验证在该信道上每个字母传输的平均信息量为 0.21bit。

3.3 设有下述消息将通过一个有噪二元对称信道传送，消息为 $M_1=00$，$M_2=01$，$M_3=10$，$M_4=11$，这 4 种消息在发送端是等概的。试求：

(1) 输入为 M_1，输出第一个数字为 0 的互信息量是多少？

(2) 如果第二个数字也是 0，这时又带来多少附加信息？

3.4 通过某二元无损信道传输一个由字母 A、B、C、D 组成的符号集，把每个字母编码成两个二元码脉冲序列，以 00 代表 A，01 代表 B，10 代表 C，11 代表 D，每个二元码元脉冲宽度为 5ms。

(1) 不同字母等概出现时，试计算传输的平均信息速率。

(2) 若每个字母出现的概率分别为 $P_A=\frac{1}{5}$，$P_B=\frac{1}{4}$，$P_C=\frac{1}{4}$，$P_D=\frac{3}{10}$，试计算传输的平均信息速率。

3.5 设有一批电阻，按阻值分 70%是 2kΩ，30%是 5kΩ；按功耗分 64%是 1/8W，其余是 1/4W。已知 2kΩ 阻值的电阻中 80%是 1/8W，试问通过测量阻值可以平均得到的关于功耗的信息量是多少？

3.6 设 BSC 信道矩阵为

$$\boldsymbol{P} = \begin{bmatrix} \frac{2}{3} & \frac{1}{3} \\ \frac{1}{3} & \frac{2}{3} \end{bmatrix}$$

(1) 若 $P(0)=3/4$，$P(1)=1/4$，求 $H(X)$、$H(X|Y)$、$H(Y|X)$及 $I(X;Y)$。

(2) 求该信道容量及其最佳输入分布。

3.7 在有扰离散信道上传输符号 0 和 1，在传输过程中每 100 个符号发生一个错误，已知 $P(0)=P(1)=1/2$，信源每秒内发出 1000 个符号，求此信道的信道容量。

3.8 设有扰离散信道如题 3.8 图所示，试求此信道的信道容量及最佳输入分布。

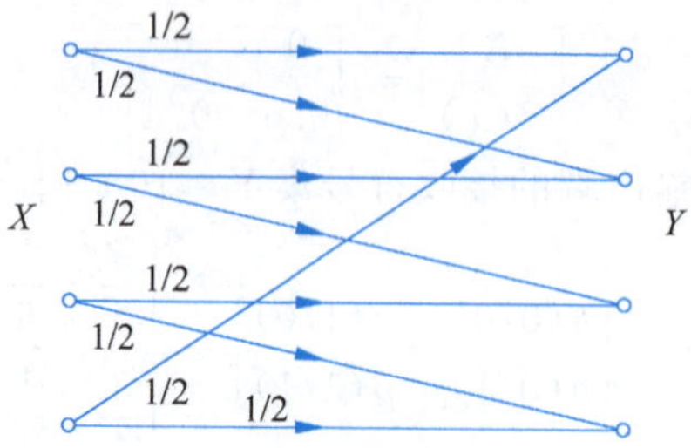

题 3.8 图

3.9 求题 3.9 图所示信道的信道容量及其最佳输入概率分布。

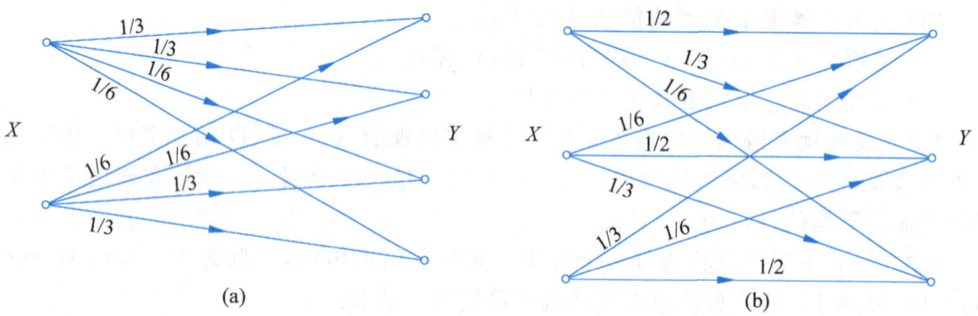

题 3.9 图

3.10 BSC 信道矩阵为

$$
\boldsymbol{P}=\begin{bmatrix}0.98 & 0.02\\ 0.02 & 0.98\end{bmatrix}
$$

设该信道以每秒 1500 个二元符号的速度传输输入符号，现有一消息序列共有 14000 个二元符号，并设在这消息中 $P(0)=P(1)=1/2$，试问从信息传输的角度来考虑，10s 内能否将这消息序列无失真地传送完。

3.11 设一离散无记忆信道的信道矩阵为

$$
\boldsymbol{P}=\begin{bmatrix}\frac{1}{2} & \frac{1}{2} & 0 & 0 & 0\\ 0 & \frac{1}{2} & \frac{1}{2} & 0 & 0\\ 0 & 0 & \frac{1}{2} & \frac{1}{2} & 0\\ 0 & 0 & 0 & \frac{1}{2} & \frac{1}{2}\\ \frac{1}{2} & 0 & 0 & 0 & \frac{1}{2}\end{bmatrix}
$$

(1) 计算信道容量 C。

(2) 找出一个长度为 2 的码，其信息传输率为$\frac{1}{2}\log 5$(5 个码字)如果按最大似然译码规则设计译码器，求译码器输出的平均错误概率 P_E(输入码字等概条件下)。

3.12 如果一个统计人员面对转移概率为 $p(y|x)$且信道容量 $C=\max\limits_{p(x)} I(X;Y)$的通信信道，他会对输出做出很有帮助的预处理 $\hat{Y}=g(Y)$，并且断定这样做能够严格地改进容量。

(1) 证明他错了。

(2) 在什么条件下他不会严格地减小容量?

3.13 考虑时变离散无记忆信道。设 $Y_1,Y_2,\cdots,Y_N$ 在已知 $X_1,X_2,\cdots,X_N$ 的条件下是条件独立的，并且条件概率分布为 $p(\boldsymbol{y}\mid\boldsymbol{x})=\prod\limits_{i=1}^{N}p(y_i\mid x_i)$。

设 $\boldsymbol{X}=(X_1,X_2,\cdots,X_N)$，$\boldsymbol{Y}=(Y_1,Y_2,\cdots,Y_N)$。求 $C=\max\limits_{p(\boldsymbol{x})} I(\boldsymbol{X};\boldsymbol{Y})$。

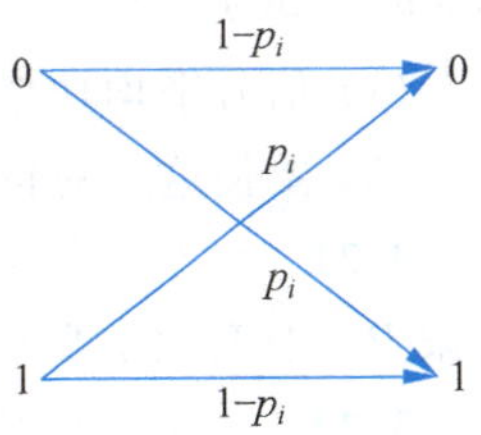

题 13 图

3.14 求下列两个信道的信道容量，并加以比较。

(1) $\begin{bmatrix}\bar{p}-\varepsilon & p-\varepsilon & 2\varepsilon\\ p-\varepsilon & \bar{p}-\varepsilon & 2\varepsilon\end{bmatrix}$

(2) $\begin{bmatrix}\bar{p}-\varepsilon & p-\varepsilon & 2\varepsilon & 0\\ p-\varepsilon & \bar{p}-\varepsilon & 0 & 2\varepsilon\end{bmatrix}$

其中 $\bar{p}+p=1$。

3.15 试计算下述信道的信道容量(以 p、q 作为变量)：

$$\boldsymbol{P}=\begin{bmatrix}\bar{p} & p & 0 & 0\\ p & \bar{p} & 0 & 0\\ 0 & 0 & \bar{q} & q\\ 0 & 0 & q & \bar{q}\end{bmatrix}$$

3.16 两个串联信道如图 3.3.14 所示，其输入、输出分别为 X、Y、Z，并且满足 XYZ 是马尔可夫链。试证明若第二信道是无损信道，即 $H(Y|Z)=0$，则得到串联信道 $I(X;Z)=I(X;Y)$。

3.17 把 n 个 BSC(p)串联起来，证明该串联信道可以等效为一个 BSC，其错误转移概率为$\frac{1}{2}[1-(1-2p)^n]$，且 $\lim\limits_{n\to\infty} I(X_0;X_n)=0(p\neq 0,1)$。

3.18 若有两个串联的离散信道，它们的信道矩阵都为

$$\boldsymbol{P}=\begin{bmatrix}0 & 0 & 0 & 1\\ 0 & 0 & 0 & 1\\ 1/2 & 1/2 & 0 & 0\\ 0 & 0 & 1 & 0\end{bmatrix}$$

并设第一个信道的输入符号 $X \in \{a_1, a_2, a_3, a_4\}$ 是等概分布，求 $I(X;Z)$ 和 $I(X;Y)$ 并加以比较。

3.19 设两连续随机变量 X 和 Y，它们的联合概率密度为均值为零、协方差矩阵为 $\boldsymbol{R}=\begin{bmatrix}\sigma^2 & \rho\sigma^2 \\ \rho\sigma^2 & \sigma^2\end{bmatrix}$ 的正态分布，在 ρ 分别为 0、1、−1 的情况下，计算 $I(X;Y)$。

3.20 一对独立并列信道，$Y_1 = X_1 + n_1$，$Y_2 = X_2 + n_2$，其中 n_1、n_2 是均值为零、协方差矩阵为 $\begin{bmatrix}\sigma_1^2 & 0 \\ 0 & \sigma_2^2\end{bmatrix}$ 的正态分布随机变量，并且信号平均功率均受限于 $2P$，又假设 $\sigma_1^2 > \sigma_2^2$。试求：

(1) 信号平均功率受限值 P 取什么值时相当于只有一个噪声方差为 σ_2^2 的信道。

(2) 要使这一对信道都工作，P 该取什么值。

3.21 设某一信号的信息传输率为 5.6kb/s，噪声功率谱 $N = 5 \times 10^{-6}$ mW/Hz，在带限 $B = 4$kHz 的高斯信道中传输，无差错传输需要的最小输入功率 P 是多少？

3.22 一个平均功率受限制的连续信道，其通频带为 1MHz，信道上存在白色高斯噪声。

(1) 已知信道上的信号与噪声的平均功率之比为 10，求该信道的信道容量。

(2) 若信道上的信号与噪声的平均功率之比降至 5，要达到相同的信道容量，信道通频带应该多大？

(3) 若信道通频带减少为 0.5MHz，要保持相同的信道容量，信道上的信号与噪声的平均功率比值应该多大？

3.23 阅读香农著作 *A Mathematical Theory of Communication* 的 PART Ⅱ：The Discrete Channel With Noise 中的第 12、13 部分，对照本章讲述的基本原理，以自己的理解写一篇文献学习报告，并结合通信技术对理论知识进行一定拓展。

3.24 查阅有关 MIMO 信道容量的文献，完成一篇综合论述报告。

3.25 查阅相关资料，完成一篇关于香农公式指导通信技术发展的论文。

第4章 信源压缩编码

信源压缩编码是提高传输有效性的一种编码技术，其基本思想是通过对信源输出的消息进行有效变换，达到适合信道传输的目的，且使变换后的新信源的冗余度尽量减少。从编码前后信息量是否有损的角度，可将其分为无失真信源编码和限失真信源编码两种。香农信息论中的无失真可变长信源编码定理和保真度准则下的信源编码定理分别给出了这两类信源编码的理论极限。

本章引入香农信源编码定理，然后介绍几种常用的信源压缩编码方法，并将应用现状融入压缩编码应用综述中，从而形成从理论到方法再到实际应用的路线。

中文教学录像

视频

双语教学录像

中文教学录像

中文教学录像

4.1 信源编码的基本概念

4.1.1 信源编码器

信源编码的实质是对信源的原始符号按一定规则进行变换，以新的编码符号代替原始信源符号，从而降低原始信源的冗余度。

4.1.1.1 模型

图 4.1.1 为单符号信源无失真编码器。图中 S 为原始信源，取值于符号集合 $A=\{a_1,a_2,\cdots,a_q\}$；X 为编码器所用的编码符号集，包含 r 个码符号（又称码元）$x_1,x_2,\cdots,x_r$，这些码元是适合相应信道传输的符号，当 $r=2$ 时即为二元码；C 为编码器输出的码字集合，共有 $W_1,W_2,\cdots,W_q$ 这 q 个码字，与信源 S 的 q 个信源符号一一对应，且其中每个码字 W_i 是由 l_i 个码元 x_{i_j} 组成的序列（$x_{i_j}\in X,j=1,2,\cdots,l_i$），$l_i$ 称为码字 W_i 的码长。全体码字 W_i 的集合 C 称为码，等价地表示一种特定的编码方法。

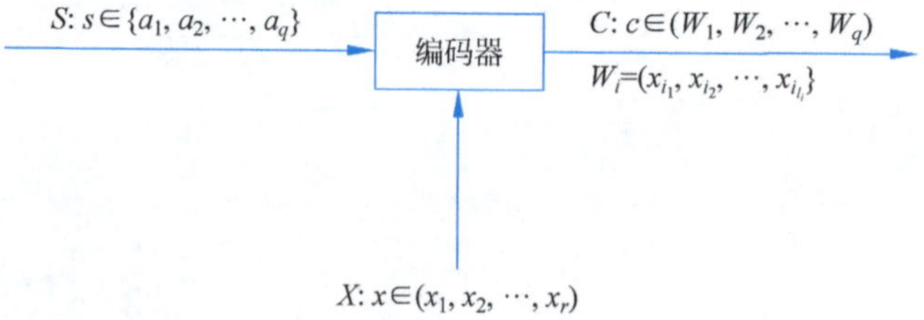

图 4.1.1 单符号信源无失真编码器

编码的过程即按照一定的规则，用适合信道传输的码元将信源的各个原始符号 a_i 表示成码字 W_i 输出，而 W_i 是由若干码元 x_{i_j} 组成的序列。因此，编码是从信源符号到由码元组成的码字之间的一种映射。图 4.1.1 所示的编码器中，各码字 W_i 的码长 l_i 可以相同，也可以不同，前一种情况为等长编码，后一种情况为可变长编码。

以上讨论了单符号的无失真编码，为提高编码效率，可采取对无记忆信源的扩展信源进行编码，图 4.1.2 为 N 次扩展信源的无失真编码器。

此时信源符号共有 q^N 个，相应的输出码字也有 q^N 个（但码元仍取自 $X=\{x_1,x_2,\cdots,x_r\}$）。从后面的例子及证明中可以发现，要获得相同的编码效率，与变长编码相比等长编码往往要对信源进行更多次的扩展，从而使编码器实现复杂度剧增，因此压缩编码中常用变长方式。

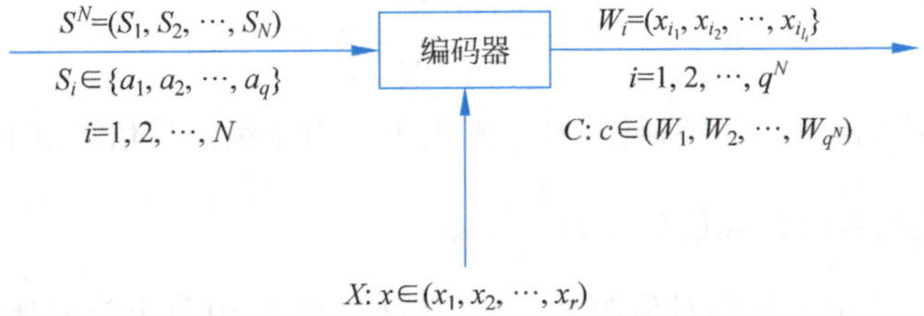

图 4.1.2 N 次扩展信源无失真编码器

4.1.1.2 性能指标

对于图 4.1.1 的单符号信源，其信源空间为

$$\begin{bmatrix} S \\ P(s) \end{bmatrix} = \begin{bmatrix} a_1 & a_2 & \cdots & a_q \\ P(a_1) & P(a_2) & \cdots & P(a_q) \end{bmatrix}$$

编码后的码字为

$$W_1, W_2, \cdots, W_q$$

其码长分别为

$$l_1, l_2, \cdots, l_q$$

则这个码的平均长度为

$$\bar{L} = \sum_{i=1}^{q} P(a_i) l_i \text{（码元/信源符号）}$$

$\bar{L}$ 是每个信源符号平均需用的码元数。从工程观点来看，总希望通信设备经济、简单，并且单位时间内传输的信息量越大越好。当信源给定时，就确定了信源的熵（为 $H(S)$ 比特/信源符号），而编码后每个信源符号平均用 $\bar{L}$ 个码元来表示。那么平均每个码元携带的信息量即编码后信道的信息传输率为

$$R = H(X) = \frac{H(S)}{\bar{L}} \text{（比特 / 码元）}$$

若传输一个码元平均需要 t 秒，则编码后信道每秒传输的信息量为

$$R_t = \frac{H(S)}{t\bar{L}} \text{（比特 / 码元）}$$

针对图 4.1.2 的 N 次扩展信源 S^N，设对 S^N 中符号 α_i 编码的码长为 λ_i，则对 S^N 中所有符号编码的平均码长为

$$\bar{L}_N = \sum_{i=1}^{q^N} P(\alpha_i) \lambda_i$$

等价地对原始信源 S 中各符号编码的平均码长为 $\dfrac{\bar{L}_N}{N}$。

因此对 S^N 进行无失真编码后得到一个由码元组成的新信源 X，由于 $\dfrac{\bar{L}_N}{N}$ 个码元代表的信息量为 $H(S)$，则 X 的熵（信源经编码后信息传输率）为

$$R=H(X)=\frac{H(S)}{\bar{L}_N/N}\text{（比特/码元）}$$

各种编码方法的有效性以编码效率 η 来表示。由于编码后信源 S 的信息量不变，而 $\frac{\bar{L}_N}{N}$ 位 r 元码所能携带的最大信息量为 $\frac{\bar{L}_N}{N}\log r$。

定义 4.1.1 若用 r 元码对信源 S^N 进行编码，设 S 中每个符号所需的平均码长为 $\frac{\bar{L}_N}{N}$，则定义

$$\eta=\frac{H(S)}{\frac{\bar{L}_N}{N}\log r}$$

为该码的**编码效率**。

由此可见，平均码长越短、信息传输率越大，编码效率就越高。为此，我们感兴趣的是使平均长为最短的码。

从下面的例子可以看到对 N 次扩展信源进行编码可大大提高编码效率。

例 4.1.1 对二元离散无记忆信源 S 进行无失真编码：

$$\begin{bmatrix}S\\P(s)\end{bmatrix}=\begin{bmatrix}s_1 & s_2\\ \frac{3}{4} & \frac{1}{4}\end{bmatrix}$$

其信源熵为

$$H(S)=\frac{1}{4}\log 4+\frac{3}{4}\log\frac{4}{3}=0.811\text{（比特 / 信源符号）}$$

用二元码元$\{0,1\}$对 S 编码，将 s_1 编成 0，s_2 编成 1，则可得

平均码长为

$$\bar{L}_1=1\ \text{二元码元/信源符号}$$

编码效率为

$$\eta_1=\frac{H(S)}{\bar{L}_1\log 2}=0.811$$

信息传输率为

$$R_1=\frac{H(S)}{\bar{L}_1}=0.811\text{（比特/码元）}$$

对 S 的二次扩展信源 S^2 进行如表 4.1.1 所示的编码。

表 4.1.1 例 4.1.1 的二次扩展信源编码

a_i	$P(a_i)$	码 C	l_i
S_1S_1	$\frac{9}{16}$	0	1
S_1S_2	$\frac{3}{16}$	10	2

续表

a_i	$P(a_i)$	码 C	l_i
S_2S_1	$\frac{3}{16}$	110	3
S_2S_2	$\frac{1}{16}$	111	3

此码的平均码长为

$$\bar{L}_2=\frac{9}{16}\times 1+\frac{3}{16}\times 2+\frac{3}{16}\times 3+\frac{1}{16}\times 3=1.688(\text{二元码元/两个信源符号})$$

得信源 S 中每一单个符号所需的平均码长为

$$\frac{\bar{L}_2}{2}=0.844(\text{二元码元/信源符号})$$

编码效率为

$$\eta_2=\frac{0.811}{0.844}=0.961$$

信息传输率为

$$R_2=0.961(\text{比特/二元码元})$$

可见，对二次扩展信源 S^2 进行适当的编码后，编码效率与信息传输率均得到了提高。

用同样的方法进一步提高信源 S 的扩展次数 N，然后编码，可得

当 $N=3$ 时，有

$$\eta_3=0.985, R_3=0.985\ \text{比特/二元码元}$$

当 $N=4$ 时，有

$$\eta_4=0.991, R_4=0.991\ \text{比特/二元码元}$$

可见，随着信源扩展次数的增加，编码效率越来越接近 1，信息传输率也越来越接近二元信源的最大熵 $H_0=\log 2=1$ 比特/二元码元。因此，提高信源的扩展次数可以非常有效地提高信源编码的效率，从而提高通信的有效性。

注意，本例采用了变长编码对扩展信源进行变换，若采用等长编码，可以计算得出，当编码效率达到 96%时，需要对信源进行 4×10^7 次扩展，这种复杂度是难以实现的，这也是压缩编码中多采用变长码的原因。

4.1.2 唯一可译码与即时码

4.1.2.1 定义

定义 4.1.2 若将 S 取值空间中的每个元素映射成 X 中不同的字符串，即

$$s_i\neq s_j\Rightarrow W_i\neq W_j$$

则称编码是非奇异的。

非奇异性可以保证表示 S 的每个取值的明确性。但是往往希望发送的是由 S 的取值构成的序列。在此情形下，通过在任意两个码字间增添一个特殊符号(如“逗号”)，可以确保其可译性。但如此使用特殊符号会使编码的效率变低。实际中往往需要发送由

字符 S 构成的序列，因此定义码的扩张如下：

定义 4.1.3 编码 C 的扩张是从 A 上的有限长字符串到 X 上的有限长字符串的映射，定义为

$$C(s_1 s_2 \cdots s_N) = C(s_1)C(s_2)\cdots C(s_N)$$

式中：$C(s_i)$ 表示对应于 s_i 的码字；$C(s_1)C(s_2)\cdots C(s_n)$ 表示相应码字的串联。

例 4.1.2 若 $C(s_1)=00$，$C(s_2)=11$，则 $C(s_1 s_2)=0011$。

定义 4.1.4 若编码的扩张是非奇异的，则称编码为唯一可译的。

换言之，唯一可译码的任一编码字符串只来源于产生它的唯一可能的信源字符串。

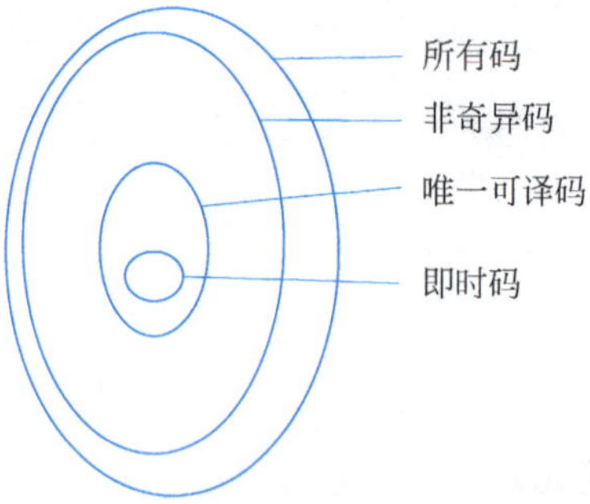

图 4.1.3 几种码的嵌套关系

定义 4.1.5 若码中无任何码字是其他码字的前缀，则称码为前缀码或即时码。

对即时码，由于何时结束码字是可以瞬时辨认出来的，因而无须参考后面的码字就可译出当前的码字对应的信源字符。因此，对即时码来讲，一旦对应字符 s_i 的码字结束，无须再等待后面出现什么码字，就可立刻译出字符 s_i。

上述码的嵌套关系如图 4.1.3 所示。

唯一可译码的任意一串有限长的码元序列只能被唯一地译成所对应的信源符号。要实现无失真译码，就必须采用唯一可译码。表 4.1.2 所示的四种码中除 Code 2 外都是唯一可译码。

表 4.1.2 四种信源编码

s_i	$P(s_i)$	Code 1	Code 2	Code 3	Code 4
s_1	0.5	00	0	1	1
s_2	0.2	01	01	10	01
s_3	0.2	10	001	100	001
s_4	0.1	11	111	1000	0001

三种唯一可译码中 Code 1 为等长码，Code 3 与 Code 4 为变长码。Code 4 是即时码，在译码过程中每接收一个完整码字的码元序列，就能立即把它译成相应的信源符号，而无须借助后续的码元进行判断。根据定义 4.1.5 可知，即时码的一个重要特征是它的任何一个码字都不是其他码字的前缀(码字的最前面若干位码元)，容易看出 Code 3 不是即时码。当然，唯一可译的等长码 Code 1 肯定是即时码。

4.1.2.2 唯一可译变长码的判断

某码 $C=\{W_1, W_2, \cdots, W_q\}$ 对应码长为 $l_1, l_2, \cdots, l_q$，如何判断它是否是唯一可译变长码？萨得纳斯(A. A. Sardinas)和彼特森(G. W. Patterson)于 1957 年设计出一种判断唯一可译码的测试方法。

根据唯一可译码的定义可知，当且仅当有限长的码元序列能译成两种不同的码字序列，此码是非唯一可译变长码。即如图 4.1.4 中情况发生，其中 A_i 和 B_i 都是码字(A_i，$B_i \in C$)。

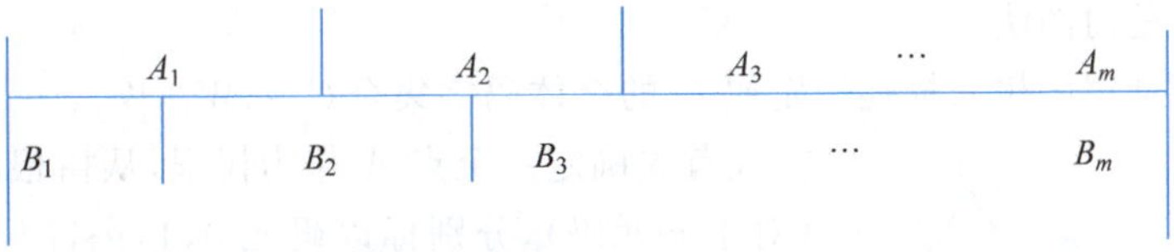

图 4.1.4 有限长码元序列译成两种不同的码字序列

由图 4.1.4 可知，B_1 一定是 A_1 的前缀，而 A_1 的尾随后缀一定是另一码字 B_2 的前缀；又 B_2 的尾随后缀又是其他码字的前缀。最后，码元序列的尾部一定是一个码字。

由此可得，唯一可译码的判断方法是将码 C 中所有可能的尾随后缀组成一个集合 F，当且仅当集合 F 中没有包含任一码字，可判断此码 C 为唯一可译变长码。

构成集合 F 的具体方法：首先观察码 C 中最短的码字是否是其他码字的前缀。若是，则将其所有可能的尾随后缀排列出。而这些尾随后缀又可能是某些码字的前缀，再将由这些尾随后缀产生的新的尾随后缀列出。然后观察这些新的尾随后缀是否是某些码字的前缀，再将产生的尾随后缀列出。以此类推，直至没有一个尾随后缀是码字的前缀或没有新的尾随后缀产生为止。这样可获得最短码字能引起的所有尾随后缀。接着，按照上述步骤将次短的码字等。所有码字可能产生的尾随后缀全部列出，由此得到由码 C 的所有可能的尾随后缀组成的集合 F。

例 4.1.3 码 $C=\{0,10,1100,1110,1011,1101\}$，根据上述测试方法来判断是否是唯一可译码。

因为最短码字为"0"，不是其他码字的前缀，所以它没有尾随后缀。观察码字"10"，它是码字"1011"的前缀，所以有尾随后缀。所以得 $F=\{11,00,10,01,0,1,100,110,011,101\}$。可见，$F$ 集中"10"和"0"都是码字，故码 C 不是唯一可译码。

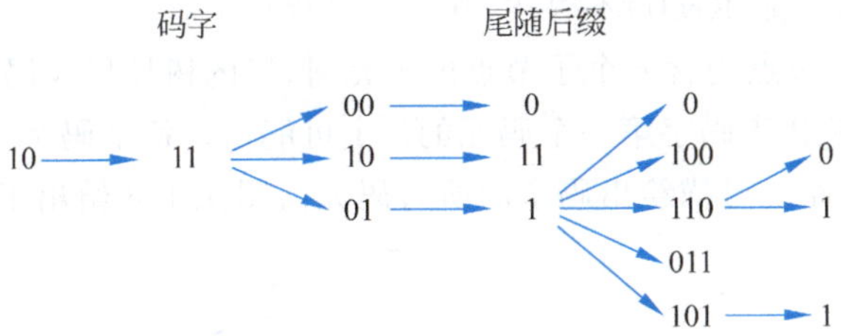

例 4.1.4 码 $C=\{110,11,100,00,10\}$，计算其尾随后缀：

码字　尾随后缀

11→　0→0

10→　0→0

故得 $F=\{0\}$。F 集中没有元素是码 C 的码字，所以码 C 是唯一可译码。

当然，根据这种测试方法即时码的尾随后缀集 F 是空集，所以即时码一定是唯一可译码。

4.1.2.3 树图法

即时码能为译码提供很大的便利，因此希望所用的码最好是即时码。构造即时码的一种简单方法是树图法。

树图法即是用码树来描述给定码 C 的全体码字集合 $C=\{W_1,W_2,\cdots,W_q\}$。码树的构成首先确定一个点 A 作为树根，从树根伸出 r 根树枝（对于 r 元码），分别标以码元 $0,1,\cdots,r-1$。树枝的端点称为节点，从每个节点再伸出 r 根树枝，以此类推，可构成一棵倒着长的树。在树的生长过程中，中间节点生出树枝，终端节点安排码字，即如果指定某个节点为终端节点表示一个信源符号，该节点就不再延伸，相应的码字即为从树根到该终端节点走过路径所对应的码元组成的序列。这样构造的码满足即时码的条件。如表 4.1.2 中的 Code4 可用图 4.1.5 的码树表示。

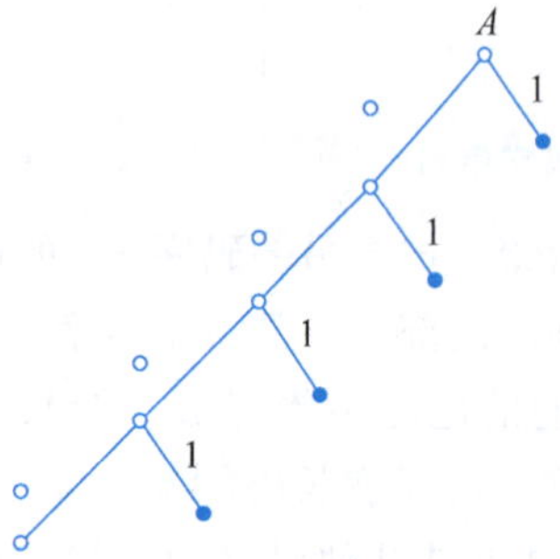

图 4.1.5　表 4.1.2 中 Code4 的码树结构

在图 4.1.5 中，由于码树中从树根到每个终端节点所走的路径是不同的，而且中间节点都不作为码字。这样，任何码字都不会是其他码字的前缀，所以一定是即时码。

视频

4.1.3　Kraft 不等式

一般唯一可译码的存在条件由下述定理保证：

定理 4.1.1　设对 q 元信源进行 r 元编码，且 q 个码字的码长分别为 $l_1,l_2,\cdots,l_q$，则此种码长结构下存在唯一可译码的充分必要条件为

$$\sum_{i=1}^{q} r^{-l_i} \leqslant 1 \tag{4.1.1}$$

式(4.1.1)又称克拉夫特(Kraft)不等式，其证明过程如下：

证明：对于每个节点均含 r 个子节点的 r 元树，树的树枝代表码字的码元。例如，源于根节点的 r 条树枝代表码字第一个码元的 r 个可能值。每个码字均由树的一片叶子表示，则始于根节点的路径可描绘出码字的所有码元。图 4.1.6 给出了二元树的情形。

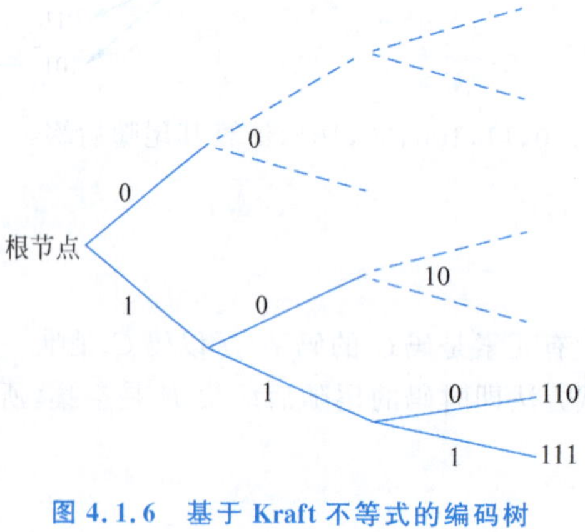

图 4.1.6　基于 Kraft 不等式的编码树

码字的前缀条件要求树上无一码字是其他码字的前缀。因而，在这样的码树中每一

码字都除去了它的可能成为码字的所有后代。设 $l_{\max}$ 为码字集中最长码字的长度，对于树中层为 $l_{\max}$ 的所有节点，可知其中有些是码字，有些是码字的后代。而另外的既不是码字，也不是码字的后代。在树中层为 l_i 的码字拥有层为 $l_{\max}$ 的 $r^{l_{\max}-l_i}$ 个后代，所有这样的后代集不相交。而且，这些集合中的总节点数必定小于或等于 $r^{l_{\max}}$。因此，对所有码字求和，则可得

$$\sum_{i=1}^{q} r^{l_{\max}-l_i} \leqslant r^{l_{\max}}$$

或

$$\sum_{i=1}^{q} r^{-l_i} \leqslant 1$$

这即是 Kraft 不等式。

反之，若给定任意一组码字长度 $l_1, l_2, \cdots, l_q$ 且满足 Kraft 不等式，总可构造出如图 4.1.6 所示的码树，将深度为 l_1 的第一个节点（依字典序）标为码字 1，同时除去树中属于它的所有后代。然后在剩余的节点中找出深度为 l_2 的第一个节点，将其标为码字 2，同时除去树中所有属于它的所有后代，等等。以此类推，即可构造出一个码字长度是 $l_1, l_2, \cdots, l_q$ 的前缀码。

例 4.1.5 设码长结构为 $l_1=1, l_2=l_3=l_4=2, r=2$，则由于 $\sum_{i=1}^{4} r^{-l_i}=\frac{5}{4}>1$，所以这种码长结构下不存在唯一可译码。又设 $l_1=1, l_2=2, l_3=l_4=3, r=2$，由于 $\sum_{i=1}^{4} r^{-l_i}=2^{-1}+2^{-2}+2^{-3}+2^{-3}=1$，故这种码长结构下必能找到唯一可译码，如 $C_1=\{0, 10, 110, 111\}$ 即为唯一可译码。

但需注意，对于另一种码 $C_2=\{0, 00, 100, 110\}$，虽然其码长结构与 C_1 相同，但它显然不是唯一可译码。故定理 4.1.1 只是关于某一类码长结构下唯一可译码的存在性判定条件。

4.2 无失真信源编码定理

视频

在前面已建立信源统计和信息熵概念的基础上，本节将着重讨论对离散信源进行无失真信源编码的理论极限。首先分析渐近等同分割性（Asymptotic Equipartition Property, AEP），然后给出等长信源编码定理，最后探讨一个极为重要的极限定理——可变长无失真信源编码定理，即香农第一定理。

4.2.1 渐近等同分割性

在信息论中，渐近等同分割性是弱大数定律的直接推论。大数定律指出，对于独立、等同分布的随机变量 $X_1 X_2 \cdots X_n$，只要 n 足够大，$\frac{1}{n}\sum_{i=1}^{n} X_i$ 是接近其数学期望值 $E[X]$。渐近等同分割性指出，若 $S_1 S_2 \cdots S_N$ 是统计独立等同分布的随机变量，其联合概率为

$P(s_1s_2\cdots s_N)$，其中，$s_1s_2\cdots s_N\in S_1S_2\cdots S_N$；$s_i(i=1,2,\cdots,N)$ 取 0 或 1。只要 N 足够大时，$-\frac{1}{N}\log P(s_1s_2\cdots s_N)$ 接近信源熵 $H(S)$，即这些序列的联合概率 $P(s_1s_2\cdots s_N)$ 接近 $2^{-NH(S)}$。

例如，设随机变量 $S\in\{0,1\}$，其概率分布为 $P(1)=p$ 和 $P(0)=q(p+q=1)$。若 $S_1S_2\cdots S_N$ 是统计独立等同分布的随机序列，即每个随机变量 S_i 的概率分布都同于上述分布 $P(s)$。那么，随机序列的联合概率分布

$$P(s_1s_2\cdots s_N)=\prod_{i=1}^{N}P(s_i)=p^{\sum s_i}q^{N-\sum s_i}$$

当 $N=6$ 时，序列(011011)的概率为 p^4q^2。显然，在这 2^6 个不同序列中不可能所有序列的概率都相同。当 N 足够大时，可认为在 2^N 个序列中有一些序列其“1”的概率接近 Np。这些序列的概率为 $p^{Np}q^{N-Np}=2^{-NH(S)}$。因此，这些“1”出现的概率接近 Np 的序列近似等概分布，其概率接近 $2^{-NH(S)}$。

以下给出 ε 典型序列的定义和有关定理。

设离散无记忆信源

$$\begin{bmatrix}S\\P(s)\end{bmatrix}=\begin{bmatrix}\alpha_1 & \alpha_2 & \cdots & \alpha_q\\ p_1 & p_2 & \cdots & p_q\end{bmatrix},\quad \sum_{i=1}^{q}p_i=1$$

它的 N 次扩展信源为 $S^N=(S_1S_2\cdots S_N)$，则有

$$\begin{bmatrix}S^N\\P(\alpha)\end{bmatrix}=\begin{bmatrix}\alpha_1 & \alpha_2 & \cdots & \alpha_{qN}\\ P(\alpha_1) & P(\alpha_2) & \cdots & P(\alpha_{qN})\end{bmatrix}$$

式中：$\alpha_i=(s_{i_1}s_{i_2}\cdots s_{i_N})(i=1,2,\cdots,q^N;s_{i_K}\in S)$。

又

$$P(\alpha_i)=\prod_{k=1}^{N}P(s_{i_k})=\prod_{k=1}^{N}p_{i_k}\quad(i=1,2,\cdots,q^N;i_1,i_2,\cdots,i_N=1,2,\cdots,q)$$

信源序列 α_i 的自信息为

$$I(\alpha_i)=-\log P(\alpha_i)=-\sum_{k=1}^{N}\log p_{i_k}=\sum_{k=1}^{N}I(s_{i_k})$$

而 $I(\alpha_i)$ 是一个随机变量，其数学期望就是扩展信源的熵，即

$$E[I(\alpha_i)]=H(S^N)=\sum_{k=1}^{N}E[I(s_{i_k})]=NH(S)$$

其方差为

$$D[I(\alpha_i)]=ND[I(s_i)]=N\{E[I^2(s_i)]-[H(S)]^2\}$$

$$=N\left\{\sum_{i=1}^{q}p_i(\log p_i)^2-\left[-\sum_{i=1}^{q}p_i\log p_i\right]^2\right\}$$

显然，当 q 为有限值时，$D[I(\alpha_i)]<\infty$，即方差为有限值。

定理 4.2.1(渐近等同分割性) 若 $S_1S_2\cdots S_N$ 随机序列中 $S_i(i=1,2,\cdots,N)$ 相互

统计独立并且服从同一概率分布 $P(s)$，又 $\alpha_i=(s_{i_1}s_{i_2}\cdots s_{i_N})\in S_1S_2\cdots S_N$，则

$$-\frac{1}{N}\log P(\alpha_i)=-\frac{1}{N}\log P(s_{i_1}s_{i_2}\cdots s_{i_N})(i=1,2,\cdots,q^N;\ i_1,i_2,\cdots,i_N=1,2,\cdots,q)$$

以概率收敛于 $H(S)$。

证明： 因为互相统计独立的随机变量的函数也是相互统计独立的随机变量，$S_i(i=1,2,\cdots,N)$是统计独立并服从同一概率分 $P(s)$，因此$-\log P(s_i)(s_i\in S,i=1,2,\cdots,N)$也是统计独立随机变量，且有有限均值 $E[-\log P(s)]=H(S)$。根据弱大数定律可得，$-\frac{1}{N}\sum_{i=1}^{N}\log P(S_i)$ 以概率收敛于均值 $H(S)$，即

$$-\frac{1}{N}\sum_{i=1}^{N}\log P(s_i)=-\frac{1}{N}\log P(s_1s_2\cdots s_N)\rightarrow H(S)$$

以概率收敛。

因为 $\alpha_i=(s_{i_1}s_{i_2}\cdots s_{i_N})\in S_1S_2\cdots S_N(i=1,2,\cdots,q^N;\ s_{i_K}\in S)$，所以

$$-\frac{1}{N}\log P(\alpha_i)=-\frac{1}{N}\log P(s_{i_1}s_{i_2}\cdots s_{i_N})\rightarrow H(S)$$

以概率收敛。即对于任意 $\varepsilon>0$，有

$$\lim_{N\to\infty}P\left\{\left|\frac{I(\alpha_i)}{N}-H(S)\right|<\varepsilon\right\}=1 \tag{4.2.1}$$

[证毕]

此渐近等同分割性说明，离散无记忆信源的 N 次扩展信源中，信源序列 α_i 的自信息的均值 $I(\alpha_i)/N$ 以概率收敛于信源熵 $H(S)$。所以当 N 为有限长时，在所有 q^N 个长为 N 的信源序列中必有一些 α_i，其自信息量的均值与信源熵 $H(S)$之差小于 ε；而对另一些信源序列 α_i 来说，$I(\alpha_i)/N$ 与 $H(S)$之差大于或等于 ε。因此可以把扩展信源中的信源序列分成两个互补的子集 $G_{\varepsilon N}$ 和 $\bar{G}_{\varepsilon N}$。

定义 4.2.1 N 长的序列 $\alpha_i=(s_{i_1},s_{i_2},\cdots,s_{i_N})\in S^N$，对于任意小的正数 ε，满足

$$\left|\frac{I(\alpha_i)}{N}-H(S)\right|<\varepsilon \tag{4.2.2}$$

即

$$\left|\frac{-\log P(\alpha_i)}{N}-H(S)\right|<\varepsilon$$

的 N 长序列 α_i 称为 ε 典型序列。

满足

$$\left|\frac{I(\alpha_i)}{N}-H(S)\right|\geqslant\varepsilon$$

的 N 长序列 α_i 称为非 ε 典型序列。

用 $G_{\varepsilon N}$ 表示 S^N 中所有 ε 典型序列 α_i 的集合，$\bar{G}_{\varepsilon N}$ 表示 S^N 中所有非 ε 典型序列 α_i 的集合，即 $G_{\varepsilon N}$ 为 ε 典型序列集，$\bar{G}_{\varepsilon N}$ 为非 ε 典型序列集，也可写成

$$G_{\varepsilon N}=\left\{\alpha_i:\left|\frac{I(\alpha_i)}{N}-H(S)\right|<\varepsilon\right\}$$

$$\bar{G}_{\varepsilon N}=\left\{\alpha_i:\left|\frac{I(\alpha_i)}{N}-H(S)\right|\geqslant\varepsilon\right\}$$

并且有 $G_{\varepsilon N}\cap\bar{G}_{\varepsilon N}=\varnothing, G_{\varepsilon N}\cup\bar{G}_{\varepsilon N}=S^N$。

这就是说，ε 典型序列集是平均自信息无限接近信源熵的 N 长序列的集合。

由定理 4.2.1 可推得，ε 典型序列集 $G_{\varepsilon N}$ 具有以下一些特性。

定理 4.2.2 对于任意小的正数 $\varepsilon\geqslant0,\delta\geqslant0$，当 N 足够大时，则有：

(1) $P(G_{\varepsilon N})>1-\delta$ (4.2.3)

$P(\bar{G}_{\varepsilon N})\leqslant\delta$ (4.2.4)

(2) 若 $\alpha_i=(s_{i_1}s_{i_2}\cdots s_{i_N})\in G_{\varepsilon N}$，则

$$2^{-N[H(S)+\varepsilon]}<P(\alpha_i)<2^{-N[H(S)-\varepsilon]} \tag{4.2.5}$$

(3) 设 $\|G_{\varepsilon N}\|$ 表示 ε 典型序列集 $G_{\varepsilon N}$ 中包含的 ε 典型序列的个数，则有

$$(1-\delta)2^{N[H(s)-\varepsilon]}\leqslant\|G_{\varepsilon N}\|\leqslant 2^{N[H(S)+\varepsilon]}$$

证明： 性质(1)可由定理 4.2.1 直接推得。根据定理 4.2.1，有式(4.2.1)成立。因此，对于任意 $\delta>0$，存在一个 N_0，当 $N>N_0$ 时，有

$$P\left\{\left|\frac{I(\alpha_i)}{N}-H(S)\right|<\varepsilon\right\}>1-\delta$$

即得式(4.2.3)，即 $P(G_{\varepsilon N})>1-\delta$。

又可根据切比雪夫不等式，对于任意 $\varepsilon>0$，有

$$P\{|I(\alpha_i)-NH(S)|\geqslant N\varepsilon\}\leqslant\frac{D[I(\alpha_i)]}{(N\varepsilon)^2}$$

即

$$P\left\{\left|\frac{I(\alpha_i)}{N}-H(S)\right|\geqslant\varepsilon\right\}\leqslant\frac{D[I(s_i)]}{N\varepsilon^2} \tag{4.2.6}$$

令

$$\frac{D[I(s_i)]}{N\varepsilon^2}=\delta(N,\varepsilon)=\delta \tag{4.2.7}$$

可见

$$\lim_{N\to\infty}\delta(N,\varepsilon)=\lim_{N\to\infty}\frac{D[I(s_i)]}{N\varepsilon^2}=0$$

由式(4.2.6)可得

$$0\leqslant P(\bar{G}_{\varepsilon N})\leqslant\delta \tag{4.2.8}$$

又得

$$1\geqslant P(G_{\varepsilon N})>1-\delta$$

所以式(4.2.3)中的 δ 可由式(4.2.7)决定。

性质(2)的证明可由 ε 典型序列的定义得出。若信源序列 $a_i\in G_{\varepsilon N}$ 必满足式(4.2.2)，即

$$\left|\frac{I(\alpha_i)}{N}-H(S)\right|<\varepsilon$$

因此,这些序列的自信息必满足

$$\varepsilon>\frac{I(\alpha_i)}{N}-H(S)>-\varepsilon$$

或

$$N[H(S)+\varepsilon]>-\log P(\alpha_i)>N[H(S)-\varepsilon]$$

则得式(4.2.5),即

$$2^{-N[H(S)+\varepsilon]}<P(\alpha_i)<2^{-N[H(S)-\varepsilon]}$$

可见,所有 ε 典型序列出现的概率近似相等,即典型序列为渐近等概序列。可粗略地认为典型序列出现的概率都等于 $2^{-NH(S)}$。

证明性质(3):

$$\begin{aligned}1&=\sum_{\alpha_i\in S^N}P(\alpha_i)\\&\geqslant\sum_{\alpha_i\in G_{\varepsilon N}}P(\alpha_i)\\&\geqslant\sum_{\alpha_i\in G_{\varepsilon N}}2^{-N[H(S)+\varepsilon]}\\&=\|G_{\varepsilon N}\|2^{-N[H(S)+\varepsilon]}\end{aligned}$$

上述第二个不等式由式(4.2.5)得来。因此证得

$$G_{\varepsilon N}\leqslant 2^{N[H(S)+\varepsilon]}\tag{4.2.9}$$

同样,根据式(4.2.3),N 足够大时,有

$$\begin{aligned}1-\delta&<P(G_{\varepsilon N})\\&\leqslant\|G_{\varepsilon N}\|\max_{\alpha_i\in G_{\varepsilon N}}P(\alpha_i)\\&\leqslant G_{\varepsilon N}2^{-N[H(S)-\varepsilon]}\end{aligned}$$

上述最后一步由式(4.2.5)得来。因此,证得

$$G_{\varepsilon N}\geqslant(1-\delta)2^{N[H(S)-\varepsilon]}\tag{4.2.10}$$

由此证得性质(3)。 [证毕]

定理 4.2.2 的性质(1)是由渐近等同分割性直接推得。因此,式(4.2.3)和式(4.2.4)表明,N 次扩展信源中信源序列可分为两大类:一类是高概率集 $G_{\varepsilon N}$,由 ε 典型序列组成,$\alpha_i\in G_{\varepsilon N}$ 是经常出现的信源序列,当 $N\to\infty$ 时,这类序列出现的概率趋于 1。又由性质(2)可知,这类 ε 典型序列集中每个典型序列接近等概分布 $\approx 2^{-NH(S)}$。另一类是低概率集 $\bar{G}_{\varepsilon N}$,非 ε 典型序列 $\alpha_i\in\bar{G}_{\varepsilon N}$ 是不经常出现的信源序列,当 $N\to\infty$ 时,它们出现的概率趋于零。信源的这种划分性质就是渐近等同分割性。

ε 典型序列的总数占信源序列的比值为

$$\xi=\frac{\|G_{\varepsilon N}\|}{q^N}<\frac{2^{N[H(S)+\varepsilon]}}{q^N}=2^{-N[\log q-H(S)-\varepsilon]}$$

一般情况 $H(S)<\log q$，所以$[\log q-H(S)-\varepsilon]>0$，则随 N 增大，ξ 趋于零。这就是说，ε 典型序列集虽然是高概率集，但它含有的序列数常比非典型序列数要少很多。图 4.2.1 描述了信源序列与典型序列集之间的关系。

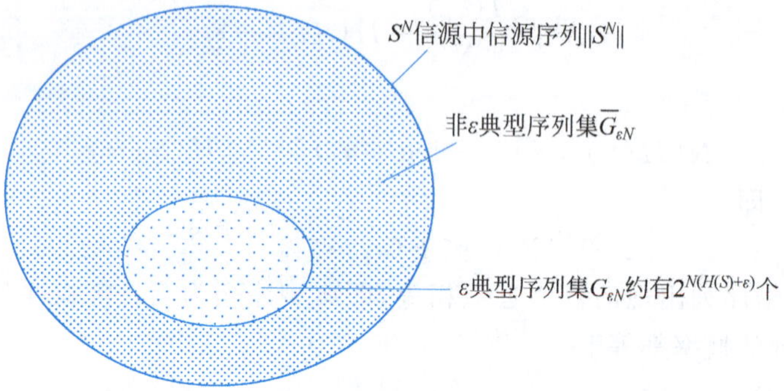

图 4.2.1　信源序列与典型序列集之间的关系

下面探讨 AEP 的结果在数据压缩中的应用。描述典型序列集 $G_{\varepsilon N}$ 中的序列所需要的标识不超过 $N(H(S)+\varepsilon)+1\text{bit}$，在所有这些序列前加 0，表示 $G_{\varepsilon N}$ 中每个序列需要的总长度小于或等于 $N(H(S)+\varepsilon)+2\text{bit}$。类似地，对于 $\overline{G}_{\varepsilon N}$ 中的每个序列给出标识，所需的字节数不超过 $N\log q+1\text{bit}$，在这些序列前加 1，就可以获得关于 S^N 中所有序列的编码方案。当 N 足够大时，使得 $P(G_{\varepsilon N})\geqslant 1-\varepsilon$，于是码字长度的数学期望为

$$
\begin{aligned}
E[L_N] &= \sum_{\alpha_i\in S^N} P(\alpha_i)l(\alpha_i) \\
&= \sum_{\alpha_i\in G_{\varepsilon N}} P(\alpha_i)l(\alpha_i) + \sum_{\alpha_i\in \overline{G}_{\varepsilon N}} P(\alpha_i)l(\alpha_i) \\
&\leqslant \sum_{\alpha_i\in G_{\varepsilon N}} P(\alpha_i)[N(H(S)+\varepsilon)+2] + \sum_{\alpha_i\in \overline{G}_{\varepsilon N}} P(\alpha_i)(N\log q+2) \\
&= P(G_{\varepsilon N})[N(H(S)+\varepsilon)+2] + P(\overline{G}_{\varepsilon N})(N\log q+2) \\
&\leqslant N(H(S)+\varepsilon)+\varepsilon N\log q+2 \\
&= N(H(S)+\varepsilon')
\end{aligned}
$$

式中：$\varepsilon'=\varepsilon+\varepsilon\log q+\dfrac{2}{N}$，当适当选取 ε 及 N 时，ε' 可以任意小。

定理 4.2.3　设 S^N 是独立同分布的随机序列，且每个随机变量 S_i 的概率分布都服从分布 $P(s)$，$\varepsilon>0$，则存在一个将长度为 N 的序列映射到二进制字符串的编码，使得映射是一一对应的，且当 N 足够大时，有 $E\left[\dfrac{L_N}{N}\right]$ 趋于 $H(S)+\varepsilon$，因此从平均意义上讲，用 $NH(S)\text{bit}$ 就可以表示序列 S^N。

4.2.2　等长信源编码定理

定理 4.2.4　（等长信源编码定理）一个熵为 $H(S)$ 的离散无记忆信源，若对信源长

为 N 的符号序列进行等长编码，设码字是从 r 个字母的码元集中选取 l 个码元组成。对于任意 $\varepsilon>0$，只要满足

$$\frac{l}{N} \geqslant \frac{H(S)+\varepsilon}{\log r} \tag{4.2.11}$$

则当 N 足够大时，可实现几乎无失真编码，即译码错误概率能为任意小。若

$$\frac{l}{N} \leqslant \frac{H(S)-2\varepsilon}{\log r} \tag{4.2.12}$$

则不可能实现无失真编码，而当 N 足够大时，译码错误概率近似等于1。

证明： 根据定理4.2.1和定理4.2.2可知，离散无记忆信源的 N 次扩展信源可以划分成互补的两类。其中 ε 典型序列集出现的概率接近于1，而 ε 典型序列个数 $\|G_{\varepsilon N}\| \approx 2^{N[H(S)+\varepsilon]}$。当 N 足够大时，ε 典型序列在全部 N 长信源序列中占有很小的比例。为此，只对少数的高概率 ε 典型序列进行一一对应的等长编码。这就要求码字的总数不小于 $\|G_{\varepsilon N}\|$，即

$$r^l \geqslant \|G_{\varepsilon N}\|$$

根据式(4.2.9)可得

$$r^l \geqslant 2^{N[H(S)+\varepsilon]} > \|G_{\varepsilon N}\|$$

取对数，可得

$$l\log r \geqslant N[H(S)+\varepsilon]$$

$$\frac{l}{N} \geqslant \frac{H(S)+\varepsilon}{\log r}$$

因此，当选取等长码的码字长度 l 满足式(4.2.11)时，就能使集 $G_{\varepsilon N}$ 中所有的 ε 典型序列 α_i 都有不同的码字与其对应。但是，在这种编码下集 $\bar{G}_{\varepsilon N}$ 中的非典型序列 α_i 无法做到与不同码字一一对应。由式(4.2.8)知集 $\bar{G}_{\varepsilon N}$ 中非典型序列 α_i 的总概率是很小的，但这些非典型信源序列仍可能出现，因而会造成译码错误，其错误概率就是集 $\bar{G}_{\varepsilon N}$ 出现的概率。因此，可得

$$P_{\mathrm{E}} = P(\bar{G}_{\varepsilon N}) \leqslant \delta(N,\varepsilon) = \frac{D[I(s_i)]}{N\varepsilon^2} \tag{4.2.13}$$

所以，在满足式(4.2.11)的条件下，当 $N\to\infty$ 时译码错误概率 $P_{\mathrm{E}}\to 0$。

如果 l 满足式(4.2.12)，即

$$\frac{l}{N} \leqslant \frac{H(S)-2\varepsilon}{\log r}$$

即

$$r^l \leqslant 2^{N[H(S)-2\varepsilon]} \tag{4.2.14}$$

根据 $\|G_{\varepsilon N}\|$ 的下界式(4.2.10)可知，此时选取的码字总数小于集 $G_{\varepsilon N}$ 中可能有的信源序列数，因而集 $G_{\varepsilon N}$ 中将有一些信源序列不能用长为 l 的不同码字来对应。将可以给予不同码字对应的信源序列的概率和记作 $P[G_{\varepsilon N}$ 中 r^l 个 $\alpha_i]$，它必然满足

$$P[G_{\varepsilon N}\text{ 中 } r^l \text{ 个 } \alpha_i] \leqslant r^l \max_{\alpha_i \in C_{\varepsilon N}} P(\alpha_i)$$

由式(4.2.5)和式(4.2.14)可得

$$P[G_{\varepsilon N}\text{ 中 } r^l \text{ 个 } \alpha_i] \leqslant 2^{N[H(S)-2\varepsilon]}2^{-N[H(S)-\varepsilon]}=2^{-N\varepsilon} \tag{4.2.15}$$

由于集 $G_{\varepsilon N}$ 中 r^l 个信源序列有不同的码字一一对应,因此在译码时能得到正确恢复。其他没有码字对应的信源序列在译码时都会产生错误,因而正确译码概率

$$\bar{P}_E=1-P_E=P[G_{\varepsilon N}\text{ 中 } r^l\alpha_i]$$

由式(4.2.15)可得

$$1-P_E \leqslant 2^{-N\varepsilon}$$

所以

$$P_E \geqslant 1-2^{-N\varepsilon}$$

由此可见,当 $N\to\infty$ 时译码错误概率 $P_E\to 1$。这就表明,在选取码长 l 满足式(4.2.12)的条件下,当 N 很大时,许多经常出现的信源序列无法分配不同码字进行表示,这样就会造成很大的译码错误。由此证得等长信源编码定理。 [证毕]

定理 4.2.4 是在平稳无记忆离散信源的条件下论证的,但它同样适合于平稳有记忆信源,只是要求有记忆信源的极限熵 $H_\infty(S)$ 和极限方差 $\sigma_\infty^2(S)$ 存在即可。对于平稳有记忆信源,式(4.2.11)和式(4.2.12)中 $H(S)$ 应改为极限熵 $H_\infty(S)$。

由定理 4.2.4 与定义 4.1.1 可知,最佳等长编码的效率为

$$\eta=\frac{H(S)}{H(S)+\varepsilon}(\varepsilon>0)$$

移项可得

$$\varepsilon=\frac{1-\eta}{\eta}H(S) \tag{4.2.16}$$

由式(4.2.13)知,当方差 $D[I(s_i)]$ 和 ε 均为定值时,只要 N 足够大,P_E 就可以小于任一正数 δ。可得,当允许错误概率小于 δ 时,信源序列长度 N 必满足

$$N \geqslant \frac{D[I(s_i)]}{\varepsilon^2\delta} \tag{4.2.17}$$

将式(4.2.16)代入式(4.2.17),可得

$$N \geqslant \frac{D[I(s_i)]}{H^2(S)}\frac{\eta^2}{(1-\eta)^2\delta} \tag{4.2.18}$$

上式给出了在已知方差和信源熵的条件下信源序列长度 N 与最佳编码效率和允许错误概率的关系。显然,容许错误概率越小,编码效率要越高,则信源序列长度 N 必须越长。在实际情况下,要实现几乎无失真的等长编码,N 需要大到难以实现的程度。下面举例说明。

例 4.2.1 设离散无记忆信源

$$\begin{bmatrix} S \\ P(s) \end{bmatrix}=\begin{bmatrix} s_1, & s_2 \\ \frac{3}{4}, & \frac{1}{4} \end{bmatrix}$$

其信息熵为

$$H(S)=\frac{1}{4}\log 4+\frac{3}{4}\log\frac{4}{3}=0.811(\text{比特 / 信源符号})$$

其自信息的方差为

$$D[I(s_i)]=\sum_{i=1}^{2}p_i(\log p_i)^2-[H(S)]^2$$

$$=\frac{3}{4}\left(\log\frac{3}{4}\right)^2+\frac{1}{4}\left(\log\frac{1}{4}\right)^2-(0.811)^2=0.4715$$

对信源 S 采取等长二元编码时，要求编码效率 $\eta=0.96$，允许错误概率 $\delta\leqslant 10^{-5}$，则根据式(4.2.18)求得

$$N\geqslant\frac{0.4715}{(0.811)^2}\,\frac{(0.96)^2}{0.04^2\times 10^{-5}}=4.13\times 10^7$$

即信源序列长度需在 4.13×10^7 以上才能实现给定的要求，这在实际中是很难实现的。一般来说，当 N 有限时，高传输效率的等长码往往要引入一定的失真和错误，它不能像变长码那样可以实现无失真编码。

4.2.3 可变长信源编码定理

双语教学录像

对于某一信源和某一码元集来说，若有一个唯一可译码，其平均长度小于所有其他唯一可译码的平均长度，则该码称为紧致码或最优码(最佳码)。无失真信源编码的基本问题就是找紧致码。

现在来分析紧致码的平均码长 $\bar{L}$ 可能达到的理论极限。

定理 4.2.5 若一个离散无记忆信源 S 熵为 $H(S)$，并有 r 个码元的码符号

$$X=\{x_1,x_2,\cdots,x_r\}$$

则总可找到一种无失真编码方法，构成唯一可译码，使其平均码长满足

$$\frac{H(S)}{\log r}\leqslant\bar{L}<1+\frac{H(S)}{\log r}\tag{4.2.19}$$

定理 4.2.5 告诉我们码字的平均长度 $\bar{L}$ 不能小于极限值 $\frac{H(S)}{\log r}$，否则唯一可译码不存在。

定理 4.2.5 虽给出了平均码长的上界，但并不是说大于这个上界不能构成唯一可译码，而是因为希望 $\bar{L}$ 尽可能短。因此，定理 4.2.5 给出紧致码的最短平均码长，并指出这个最短的平均码长 L 与信源熵是有关的。

另外，还可以看到这个极限值与等长信源编码定理 4.2.4 中的极限值是一致的。

定理 4.2.5 的证明分为两部分，首先证明下界，然后证明上界。

下界证明：

$$\bar{L}\geqslant\frac{H(S)}{\log r}$$

等价于

$$H(S)-\bar{L}\log r\leqslant 0$$

根据平均码长及熵的定义可得

$$H(S)-\bar{L}\log r=-\sum_{i=1}^{q}P(s_i)\log P(s_i)-\log r\sum_{i=1}^{q}P(s_i)l_i$$

$$=-\sum_{i=1}^{q}P(s_i)\log P(s_i)+\sum_{i=1}^{q}P(s_i)\log r^{-l_i}$$

$$=\sum_{i=1}^{q}P(s_i)\log\frac{r^{-l_i}}{P(s_i)}\leqslant\log\sum_{i=1}^{q}P(s_i)\frac{r^{-l_i}}{P(s_i)}=\log\sum_{i=1}^{q}r^{-l_i}$$

推导中的不等式是根据詹森不等式得出的。因为总可找到一种唯一可译码，它的码长满足 Kraft 不等式，所以

$$H(S)-\bar{L}\log r\leqslant\log\sum_{i=1}^{q}r^{-l_i}\leqslant 0$$

于是证得

$$\bar{L}\geqslant\frac{H(S)}{\log r}$$

由证明过程知，上述等式成立的充要条件为

$$\frac{r^{-l_i}}{P(s_i)}=1（对所有 i）$$

即

$$P(s_i)=r^{-l_i}（对所有 i）$$

取对数，可得

$$l_i=\frac{-\log P(s_i)}{\log r}=-\log_r P(s_i)（对所有 i）$$

可见，只有能够选择每个码长 l_i 等于$\log_r\dfrac{1}{P(s_i)}$时，$\bar{L}$ 才能达到这个下界值。由于 l_i 必须是正整数，所以$\log_r\dfrac{1}{P(s_i)}$也必须是正整数。这就是说，当等式成立时，每个信源符号的概率 $P(s_i)$必须呈现$\left(\dfrac{1}{r}\right)^{\beta_i}$（$\beta_i$ 是正整数）的形式。如果满足这个条件，则只要选择 l_i 等于$\beta_i(i=1,2,\cdots,q)$，就可以根据这些码长按照树图法构造出一种唯一可译码。

［证毕］

上界证明： 这里只需证明可以选择一种唯一可译码满足式(4.2.19)中右边的不等式。

首先令

$$\beta_i=\log_r\frac{1}{P(s_i)}=\frac{-\log P(s_i)}{\log r}(i=1,2,\cdots,q)$$

然后选取每个码字的长度 l_i，原则是：若 β_i 是整数，则取 $l_i=\beta_i$；若 β_i 不是整数，则选取 l_i 满足 $\beta_i<l_i<\beta_i+1$ 的整数。即选择码长满足

$$l_i=\left\lceil \log_r \frac{1}{P(s_i)} \right\rceil \quad (i=1,2,\cdots,q) \tag{4.2.20}$$

式(4.2.20)中符号$\lceil x \rceil$代表不小于x的整数。因此,得码长满足

$$\beta_i \leqslant l_i < \beta_i + 1 (对所有 i) \tag{4.2.21}$$

将式(4.2.21)对所有的i求和,左边的不等式即是Kraft不等式。因此,用此法选择的码长l_i可构造唯一可译码,但所得码并不一定是紧致码。

式(4.2.21)右边不等式为

$$l_i < \frac{-\log P(s_i)}{\log r} + 1$$

两边乘以$P(s_i)$,并对i求和,可得

$$\sum_{i=1}^{q} P(s_i) l_i < \frac{-\sum_{i=1}^{q} P(s_i) \log P(s_i)}{\log r} + 1$$

因而,可得

$$\bar{L} < \frac{H(S)}{\log r} + 1$$

由此证明得到,平均码长小于上界的唯一可译码存在。 [证毕]

式(4.2.19)中熵$H(S)$与$\log r$的信息量单位必须一致。若熵以r进制为单位,则式(4.2.19)可写成

$$H_r(S) \leqslant \bar{L} < H_r(S) + 1 \tag{4.2.22}$$

式中

$$H_r(S) = -\sum_{i=1}^{q} P(s_i) \log_r P(s_i)$$

式(4.2.19)中$\frac{H(S)}{\log r}$的单位是码元/信源符号,它与平均码长$\bar{L}$的单位是一致的。在式(4.2.22)中似乎$H_r(S)$单位应是r进制单位/信源符号,但因为现在每个r元码元携带1个r进制单位信息量,所以实际上式(4.2.22)中$H_r(S)$的单位仍是码元/信源符号,与平均码长的单位仍是一致的。

定理4.2.6 (可变长无失真信源编码定理,即香农第一定理) 离散无记忆信源S的N次扩展信源$S^N=\{\alpha_1,\alpha_2,\cdots,\alpha_{q^N}\}$,其熵为$H(S^N)$,并有码元$X=\{x_1,x_2,\cdots,x_r\}$,对信源$S^N$进行编码,总可以找到一种编码方法构成唯一可译码,使信源S中每个信源符号所需的平均码长满足

$$\frac{H(S)}{\log r} + \frac{1}{N} > \frac{\bar{L}_N}{N} \geqslant \frac{H(S)}{\log r} \tag{4.2.23}$$

或者

$$H_r(S) + \frac{1}{N} > \frac{\bar{L}_N}{N} \geqslant H_r(S)$$

当$N \to \infty$时,可得

$$\lim_{N\to\infty}\frac{\bar{L}_N}{N}=H_r(S)$$

式中

$$\bar{L}_N=\sum_{i=1}^{q^N}P(\alpha_i)\lambda_i$$

式中：λ_i 是 α_i 所对应的码字长度。

因此，$\bar{L}_N$ 是无记忆扩展信源 S^N 中每个符号 α_i 的平均码长，可见 $\frac{\bar{L}_N}{N}$ 仍是信源 S 中每一单个信源符号所需的平均码长。这里要注意 $\bar{L}_N/N$ 和 $\bar{L}$ 的区别：它们两者都是每个信源符号所需码元的平均数，但编码方式不同，$\bar{L}_N/N$ 是为了得到这个平均值，不是对单个信源符号 s_i 进行编码，而是对 N 个信源符号的序列 α_i 进行编码。

定理 4.2.5 可以包括在定理 4.2.6 之中。

证明：设离散无记忆信源

$$\begin{bmatrix}S\\P(s)\end{bmatrix}=\begin{bmatrix}\alpha_1 & \alpha_2 & \cdots & \alpha_q\\P(s_1) & P(s_2) & \cdots & P(s_q)\end{bmatrix},\quad \sum_{i=1}^{q}P(s_i)=1$$

它的 N 次扩展信源为

$$\begin{bmatrix}S^N\\P(\alpha)\end{bmatrix}=\begin{bmatrix}\alpha_1 & \alpha_2 & \cdots & \alpha_{q^N}\\P(\alpha_1) & P(\alpha_2) & \cdots & P(\alpha_{q^N})\end{bmatrix},\quad \sum_{i=1}^{q^N}P(\alpha_i)=1$$

式中

$$\alpha_i=(s_{i_1}s_{i_2}\cdots s_{i_N})(s_{i_K}\in S,K=1,2,\cdots,N)$$
$$P(\alpha_i)=P(s_{i_1})P(s_{i_2})\cdots P(s_{i_N})$$

把定理 4.2.5 应用于扩展信源 S^N，可得

$$H_r(S^N)+1>\bar{L}_N\geqslant H_r(S^N)\tag{4.2.24}$$

式中：$H_r(S^N)$是以 r 进制为单位的扩展信源 S^N 的熵。

由前面的分析可知，N 次无记忆扩展信源 S^N 的熵是信源 S 的熵的 N 倍，即

$$H_r(S^N)=NH_r(S)$$

把公式代入式(4.2.24)，可得

$$NH_r(S)+1>\bar{L}_N\geqslant NH_r(S)$$

两边除以 N，即得

$$H_r(S)+\frac{1}{N}>\frac{\bar{L}_N}{N}\geqslant H_r(S)$$

显然，当 $N\to\infty$时，有

$$\lim_{N\to\infty}\frac{\bar{L}_N}{N}=H_r(S)$$

［证毕］

将定理 4.2.6 的结论推广到平稳有记忆信源，便有

$$\frac{H(S_1S_2\cdots S_N)}{\log r}+1>\bar{L}_N\geqslant\frac{H(S_1S_2\cdots S_N)}{\log r}$$

$$\frac{H(S_1S_2\cdots S_N)}{N\log r}+\frac{1}{N}>\frac{\bar{L}_N}{N}\geqslant\frac{H(S_1S_2\cdots S_N)}{N\log r} \tag{4.2.25}$$

$$\lim_{N\to\infty}\frac{\bar{L}_N}{N}=\frac{1}{\log r}\lim_{N\to\infty}\frac{1}{N}H(S_1S_2\cdots S_N)=\frac{H_\infty}{\log r} \tag{4.2.26}$$

式中：H_∞为平稳有记忆信源的极限熵(极限熵与 $\log r$ 的信息量单位必须一致)。

对于马尔可夫信源式(4.2.25)、式(4.2.26)仍然适用,只是式(4.2.26)中的 H_∞应为马尔可夫信源的极限熵。

定理4.2.6是香农信息论的主要定理之一。定理指出,要做到无失真的信源编码,变换每个信源符号平均所需最少的 r 元码元数就是信源的熵值(以 r 进制信息量单位测度)。若编码的平均码长小于信源的熵值,则唯一可译码不存在,在译码或反变换时必然要带来失真或差错。同时定理还指出,通过对扩展信源进行变长编码,当 $N\to\infty$时,平均码长 $\bar{L}$(这时它等于 $\bar{L}_N/N$)可达到这个极限值。可见,信源的信息熵是无失真信源压缩的极限值。也可以认为,信源的信息熵($H(S)$或 H_∞)是描述信源每个符号平均所需最少的比特数。

若改写式(4.2.23),可得

$$H(S)+\varepsilon>\frac{\bar{L}_N}{N}\log r\geqslant H(S)$$

式中：$\frac{\bar{L}_N}{N}\log r$ 是编码后平均每个信源符号能载荷的最大信息量,即不等长信源编码的编码信息率,$R'=\frac{\bar{L}_N}{N}\log r$。

因此,香农第一定理也可陈述为：若 $R'>H(S)$,则存在唯一可译变长编码；若 $R'<H(S)$,则不存在唯一可译变长码,不能实现无失真的信源编码。

从信道角度看,信道的信息传输率为

$$R=\frac{H(S)}{\bar{L}}\left(\frac{\text{比特 / 信源符号}}{\text{码元 / 信源符号}}\right)=\frac{H(S)}{\bar{L}}(\text{比特 / 码元})$$

因为

$$\bar{L}=\frac{\bar{L}_N}{N}\geqslant\frac{H(S)}{\log r}$$

所以

$$R\leqslant\log r$$

当平均码长 $\bar{L}$ 达到极限值 $H(S)/\log r$ 时,可得编码后的信道的信息传输率为

$$R=\log r(\text{比特 / 码元})$$

由此可见,这时信道的信息传输率等于无噪无损信道的信道容量 C,信息传输效率最高。因此,无失真信源编码的实质就是对离散信源进行适当的变换,使变换后新的码

元信源(信道的输入信源)尽可能为等概率分布,以使新信源的每个码元平均所含的信息量达到最大,从而使信道的信息传输率 R 达到信道容量 C,实现信源与信道理想的统计匹配。这也就是香农第一定理的物理意义。

无失真信源编码定理通常又称为**无噪信道编码定理**。此定理可以表述为:若信道的信息传输率 R 不大于信道容量 C,则总能对信源的输出进行适当的编码,使得在无噪无损信道上能无差错地以最大信息传输率 C 传输信息;但要使信道的信息传输率 R 大于 C 而无差错地传输信息是不可能的。

为了衡量各种编码是否已达到极限情况,定义 4.1.1 定义了变长码的编码效率,可用来衡量各种编码的优劣。为了衡量各种编码与最佳编码的差距,定义码的剩余度为

$$1-\eta=1-\frac{H_r(S)}{\bar{L}}$$

在二元无噪无损信道中 $r=2$,所以 $H_r(S)=H(S)$,可得

$$\eta=\frac{H(S)}{\bar{L}}$$

所以在二元无噪无损信道中信息传输率为

$$R=\frac{H(S)}{\bar{L}}=\eta$$

注意它们数值相同,单位不同,其中 η 是个无单位的比值。为此,在二元信道中可直接用码的效率来衡量编码后信道的信息传输率是否提高。当 $\eta=1$ 时,即 $R=1$ 比特/码元,达到了二元无噪无损信道的信道容量,编码效率最高,码剩余度为零。

视频

4.3 保真度准则下的信源编码定理

在 4.2.3 节中,香农无失真可变长信源编码定理告诉我们:采用无失真最佳信源编码可使表示每个信源符号的编码位数尽可能地少,但它的极限是原始信源的熵值(也就是要求信道的信息传输率不大于信道容量),超过了这一极限就不可能实现无失真的译码。但实际需要传输的信源,其信息传输率往往超过传输信道的信道容量。例如,模拟信号理论上具有无限宽的信号频带与无限高的取值精度,因而具有无限大的信息传输率;即便是数字信号的传输,由于信道资源或经济因素的限制,也往往出现信道容量不能支持信息传输率的情况,因此传输过程的失真与差错是不可避免的。

另外,在实际生活中,人们一般并不要求完全无失真地恢复消息,而只要求在一定保真度的前提下近似地再现原来的消息,也就是允许有一定的失真存在。例如,音频信号的带宽是 20～20000Hz,但只要取其中一部分即可保留主要的信息。在公用电话网中选取音频带宽中的 300～3400Hz 即可使通话者较好地获取主要信息;在要求有现场感的音频传输中,取 50～7000Hz 的频带即可较好地满足要求。在图像通信中情况也是如此。广播式电视中的图像分辨率是 500～600 行;会议电视的图像分辨率有 200～300 行即可满足使用要求;而在可视电话通信中,传输的图像分辨率有 100～150 行就能满足基本的要求。可见不同的用途允许不同大小的失真存在。

综上所述可知,完全不失真的通信既无必要也不可能。在允许一定程度失真的条件下,能够把信源信息压缩到什么程度,即最少需要多少比特数才能描述信源。也就是,在允许一定程度失真的条件下,如何能快速地传输信息。这就是本节将讨论的问题。

这个问题在香农1948年最初发表的经典论文中已经有所体现,但直到1959年香农又发表了"保真度准则下的离散信源编码定理"这篇重要文章之后,它才引起人们的注意。1956年,在当时的苏联,Kolmogorov等已开始研究率失真理论。比较系统地、完整地给出一般信源的信息率失真函数及其定理证明的是伯格(T. Berger)的著作(1971年)。而却是香农在其论文中首先定义了信息率失真函数$R(D)$,并论述了关于这个函数的基本定理。定理指出:在允许一定失真度D的情况下,信源输出的信息传输率可压缩到$R(D)$值,这就从理论上给出了信息传输率与允许失真之间的关系,奠定了信息率失真理论的基础。信息率失真理论是量化、数模转换、频带压缩和数据压缩的理论基础。

4.3.1 信息率失真函数的定义及性质

4.3.1.1 失真度

图4.3.1为典型的通信传输系统,它包含限失真信源编码、无失真信源编码、信道编码以及各自相应的译码部分。

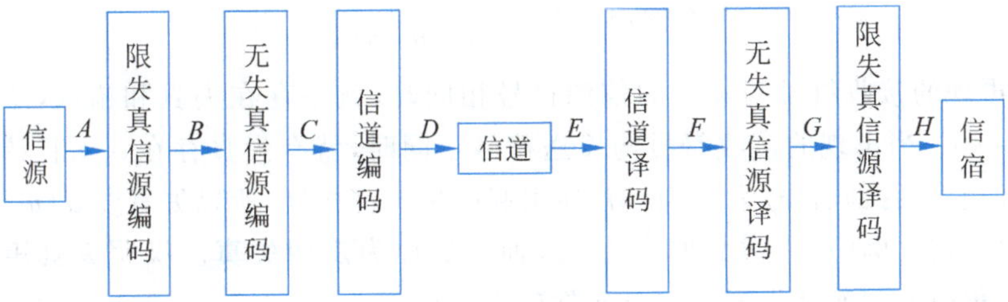

图4.3.1 通信传输系统

由于现在主要研究信源编码,故可将图4.3.1中C点至F点看作一个广义信道,先略去暂不考虑。本节着重于研究限失真信源编码,故图4.3.1中从B点至G点均可略去,只保留限失真信源编、译码器。在限失真信源编码的情况下,信源的编译码会引起接收信息的错误,这一点与信道干扰引起的错误可作类比。为便于讨论,将信源的限失真编译码的效果等同于一个"试验信道"。设信源发出符号U后,经试验信道得到符号V,见图4.3.2。

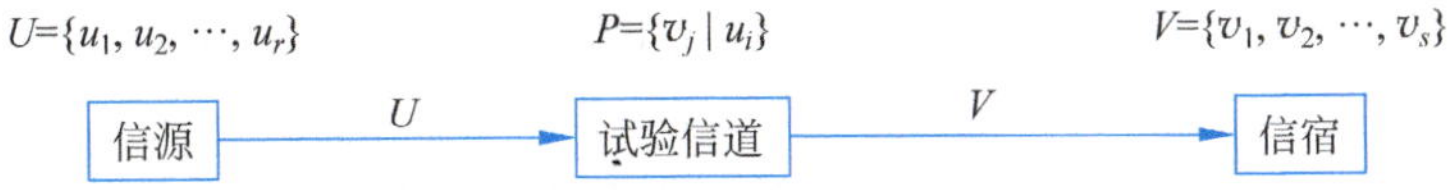

图4.3.2 限失真信源编译码系统的等效框图

下面研究在给定允许失真的条件下,是否可以设计一种信源编码使信息传输率为最低。为此,必须首先讨论失真的测度。

设离散无记忆信源U,信源变量$U=\{u_1,u_2,\cdots,u_r\}$,其概率分布$P(\boldsymbol{u})=[P(u_1),P(u_2),\cdots,P(u_r)]$。信源符号通过信道传输到某接收端,接收端的接收变量$V=\{v_1,$

$v_2,\cdots,v_s\}$。

对应于每一对$(\boldsymbol{u},\boldsymbol{v})$，指定一个非负的函数

$$d(u_i,v_j)\geqslant 0\quad(i=1,2,\cdots,r;\ j=1,2,\cdots,s)$$

称为单个符号的失真度(或称失真函数)。用它来测度信源发出一个符号 u_i，而在接收端再现成接收符号集中一个符号 v_j，所引起的误差或失真。通常较小的 d 值代表较小的失真，而 $d(u_i,v_j)=0$ 表示没有失真。

由于信源变量 U 有 r 个符号，而接收变量 V 有 s 个符号，所以 $d(u_i,v_j)$ 就有 $r\times s$ 个。这 $r\times s$ 个非负的函数可以排列成矩阵形式，即

$$\boldsymbol{D}=\begin{bmatrix} d(u_1,v_1) & d(u_1,v_2) & \cdots & d(u_1,v_s) \\ d(u_2,v_1) & d(u_2,v_2) & \cdots & d(u_2,v_s) \\ \vdots & \vdots & \ddots & \vdots \\ d(u_r,v_1) & d(u_r,v_2) & \cdots & d(u_r,v_s) \end{bmatrix}$$

称为失真矩阵，它是 $r\times s$ 阶矩阵。

例 4.3.1 离散对称信源($r=s$)，信源变量 $U=\{u_1,u_2,\cdots,u_s\}$，接收变量 $V=\{v_1,v_2,\cdots,v_s\}$。定义单个符号失真度

$$d(u_i,v_j)=\begin{cases}0, & u_i=v_j\\ 1, & u_i\neq v_j\end{cases}$$

它表示当再现的接收符号与发送的信源符号相同时，就不存在失真和错误，所以失真度 $d(u_i,v_i)=0$。当再现的接收符号与发送符号不同时，就有失真存在。而且认为发送符号为 u_i，而再现的接收符号为 $v_j(i\neq j)$所引起的失真都相同，所以失真度 $d(u_i,v_j)(u_i\neq v_j)$为常数。在本例中，这常数取为 1。这种失真称为汉明失真。汉明失真矩阵是一方阵，并且对角线上的元素为零，为 $r\times r$ 阶矩阵，即

$$\boldsymbol{D}=\begin{bmatrix} 0 & 1 & 1 & \cdots & 1 \\ 1 & 0 & 1 & \cdots & 1 \\ \vdots & \vdots & \vdots & \ddots & \vdots \\ 1 & 1 & 1 & \cdots & 0 \end{bmatrix}$$

二元对称信源($s=r=2$)，信源 $U=\{0,1\}$，接收变量 $V=\{0,1\}$。在汉明失真定义下，失真矩阵为

$$\boldsymbol{D}=\begin{bmatrix} 0 & 1 \\ 1 & 0 \end{bmatrix}$$

即

$$d(0,0)=d(1,1)=0,\quad d(0,1)=d(1,0)=1$$

它表示当发送信源符号 0(或符号 1)而接收后再现的仍是符号 0(或符号 1)时，则认为无失真或无错误存在。若发送信源符号 0(或符号 1)而再现为符号 1(或符号 0)时，则认为有错误，并且这两种错误后果是等同的。

例 4.3.2 删除信源，信源 $U=\{u_1,u_2,\cdots,u_r\}$，接收变量 $V=\{v_1,v_2,\cdots,v_s\}$，$s=r+1$。定义它的单个符号失真度为

$$d(u_i,v_j)=\begin{cases}0, & i=j \\ 1, & i\neq j \quad (\text{除 } j=s \text{ 以外的所有 } j \text{ 和所有 } i) \\ \dfrac{1}{2}, & j=s \quad (\text{所有 } i)\end{cases}$$

其中接收符号 v_s 作为一个删除符号。在这种情况下，意味着若把信源符号再现为删除符号 v_s 时，其失真程度要比再现为其他接收符号的失真程度少一半。

其中二元删除信源 $r=2,s=3,U=\{0,1\},V=\{0,1,2\}$。失真度为

$$d(0,0)=d(1,2)=0$$

$$d(0,2)=d(1,0)=1$$

$$d(0,1)=d(1,1)=\frac{1}{2}$$

则可得

$$\boldsymbol{D}=\begin{bmatrix}0 & \dfrac{1}{2} & 1 \\ 1 & \dfrac{1}{2} & 0\end{bmatrix}$$

例 4.3.3 对称信源($r=s$)，信源 $U=\{u_1,u_2,\cdots,u_r\}$，接收变量 $V=\{v_1,v_2,\cdots,v_s\}$。失真度定义为

$$d(u_i,v_j)=(v_j-u_i)^2 \quad (\text{对所有 } i,j)$$

假如信源符号代表信源输出信号的幅度值，这一种就是以方差表示的失真度。它意味着幅度差值大的要比幅度差值小的所引起的失真更为严重，其严重程度用平方来表示。

当 $r=3$ 时，$U=\{0,1,2\}$，$V=\{0,1,2\}$，则失真矩阵为

$$\boldsymbol{D}=\begin{bmatrix}0 & 1 & 4 \\ 1 & 0 & 1 \\ 4 & 1 & 0\end{bmatrix}$$

以上所举的三个例子说明了具体失真度的定义。一般情况下，根据实际信源的失真可以定义不同的失真和误差的度量。另外，还可以按其他标准，如引起的损失、风险、主观感觉上的差别大小等来定义失真度 $d(u_i,v_j)$。

因为信源 U 和信宿 V 都是随机变量，故单个符号失真度 $d(u_i,v_j)$也是随机变量。显然，规定了单个符号失真度 $d(u_i,v_j)$后，传输一个符号引起的平均失真，即信源**平均失真度**：

$$\overline{D}=E[d(u_i,v_j)]=E[d(u,v)]$$

式中：$E[\cdot]$是对 U 和 V 的联合空间求平均。

在离散情况下，信源 $U=\{u_1,u_2,\cdots,u_r\}$，其概率分布 $P(\boldsymbol{u})=[P(u_1),P(u_2),\cdots,P(u_r)]$，信宿 $V=\{v_1,v_2,\cdots,v_s\}$。若已知试验信道的传递概率为 $P(v_j|u_i)$，则平均失真度为

$$\overline{D}=\sum_{U,V}P(\boldsymbol{uv})d(\boldsymbol{u},\boldsymbol{v})=\sum_{i=1}^{r}\sum_{j=1}^{s}P(u_i)P(v_j\mid u_i)d(u_i,v_j) \tag{4.3.1}$$

可见,单个符号的失真度 $d(u_i,v_j)$ 描述了某个信源符号通过传输后失真的大小。对于不同的信源符号和不同的接收符号,其值是不同的。但平均失真度已对信源和信道进行了统计平均,所以此值是描述某一信源在某一试验信道传输下的失真大小,是从总体上描述整个系统的失真情况。

从单个符号失真度出发,可以得到长度为 K 的信源符号序列的失真函数和平均失真度。设信源输出的符号序列 $\boldsymbol{U}=(U_1,U_2,\cdots,U_N)$,其中每个随机变量 U_i 取自同一符号集 $\{u_1,u_2,\cdots,u_r\}$,所以 $\boldsymbol{U}$ 共有 r^N 个不同的符号序列 α_i。而接收端的符号序列为 $\boldsymbol{V}=(V_1,V_2,\cdots,V_N)$,其中每个随机变量 V_j,取自同一符号集 $\{v_1,v_2,\cdots,v_s\}$,那么,$\boldsymbol{V}$ 共有 s^N 个不同的符号序列 β_j。设发送的信源序列 $\alpha_i=(u_{i_1},u_{i_2},\cdots,u_{i_N})$,而再现的接收序列 $\beta_j=(v_{j_1},v_{j_2},\cdots,v_{j_N})$,因此序列的失真度为

$$d(\boldsymbol{u},\boldsymbol{v})=d(\alpha_i,\beta_j)=\sum_{l=1}^{N}d(u_{i_l},v_{j_l}) \tag{4.3.2}$$

也就是信源序列的失真度等于序列中对应单个信源符号失真度之和。取不同的 α_i、β_j,其 $d(\alpha_i,\beta_j)$ 不同,写成矩阵形式时,它是 $r^N\times s^N$ 矩阵。而对于 N 维信源符号序列的平均失真度为

$$\overline{D}(N)=E[d(\boldsymbol{u},\boldsymbol{v})]=\sum_{\boldsymbol{U},\boldsymbol{V}}P(\boldsymbol{uv})d(\boldsymbol{u},\boldsymbol{v})=\sum_{\boldsymbol{U},\boldsymbol{V}}P(\boldsymbol{u})P(\boldsymbol{v}\mid\boldsymbol{u})d(\boldsymbol{u},\boldsymbol{v})$$

也可写成

$$\begin{aligned}\overline{D}(N)&=\sum_{i=1}^{r^N}\sum_{j=1}^{s^N}P(\alpha_i)P(\beta_j\mid\alpha_i)d(\alpha_i,\beta_j)\\&=\sum_{i=1}^{r^N}\sum_{j=1}^{s^N}P(\alpha_i)P(\beta_j\mid\alpha_i)\sum_{i=1}^{N}d(u_{i_l},v_{j_l})\end{aligned}$$

由此所得的信源平均失真度(单个符号的平均失真度)为

$$\overline{D}_N=\frac{1}{N}\overline{D}(N)=\frac{1}{N}\sum_{i=1}^{r^N}\sum_{j=1}^{s^N}P(\alpha_i)P(\beta_j\mid\alpha_i)d(\alpha_i,\beta_j)$$

当信源与信道都是无记忆时,N 维信源序列的平均失真度为

$$\overline{D}(N)=\sum_{l=1}^{N}\overline{D}_l \tag{4.3.3}$$

而信源的平均失真度为

$$\overline{D}_N=\frac{1}{N}\sum_{l=1}^{N}\overline{D}_l$$

式中:$\overline{D}_l$ 为信源序列第 l 个分量的平均失真度。

如果离散信源是平稳信源,即有

$$P(u_{i_l})=P(u_i)$$

$$P(v_{j_l} \mid u_{i_l})=P(v_j \mid u_i)(l=1,2,\cdots,N)$$

则

$$\overline{D}_l=\overline{D}, \quad \overline{D}(N)=N\overline{D}$$

即离散无记忆平稳信源通过无记忆的试验信道，其信源序列的平均失真度等于单个符号平均失真度的 N 倍。

若平均失真度 $\overline{D}$ 不大于允许的失真 D，即

$$\overline{D} \leqslant D$$

称此为保真度准则。

同理，N 维信源序列的保真度准则应是平均失真度 $\overline{D}(N)$ 不大于允许的失真 ND，即

$$\overline{D}(N) \leqslant ND$$

从式(4.3.1)式和式(4.3.3)可知，平均的失真度 $\overline{D}$ 不仅与单个符号的失真度有关，而且与信源和试验信道的统计特性有关。而平均失真度 $\overline{D}(N)$ 还与序列长度 N 有关。

当信源固定($P(\boldsymbol{u})$给定)，单个符号失真度固定($d(u_i,v_j)$给定)时，选择不同试验信道，相当于不同的编码方法，其所得的平均失真度 $\overline{D}$ 不同。有些试验信道满足 $\overline{D}\leqslant D$，而有些试验信道 $\overline{D}>D$。凡满足保真度准则——平均失真度 $\overline{D}\leqslant D$ 的这些试验信道称为 D 失真许可的试验信道。把所有 D 失真许可的试验信道组成一个集合，用符号 B_D 表示，即

$$B_D=\{P(v_j \mid u_i): \overline{D} \leqslant D\}$$

或

$$B_D=\{P(\beta_j \mid \alpha_i): \overline{D}(N) \leqslant ND\}$$

在这集合中，将任一个试验信道矩阵 $\boldsymbol{P}(v_j|u_i)$代入式(4.3.1)计算，平均失真度 $\overline{D}$ 都不大于 D。

4.3.1.2 信息率失真函数的定义

在信源给定，且又具体定义了失真函数以后，总希望在满足一定失真的情况下，使信源必须传输给收信者的信息传输率 R 尽可能小。也就是说，在满足保真度准则下($\overline{D}\leqslant D$)，寻找信源必须传输给收信者的信息传输率 R 的下限值。接收端获得的平均信息量可用平均互信息 $I(U;V)$来表示，B_D 是所有满足保真度准则的试验信道集合。由于平均互信息 $I(U;V)$是 $P(v_j|u_i)$的∪型凸函数，所以 B_D 集合中存在极小值。这个最小值就是在 $\overline{D}\leqslant D$ 的条件下，信源必须传输的最小平均信息量，即

$$R(D)=\min_{P(v_j|u_i)\in B_D}\{I(U;V)\}(\text{比特 / 信源符号}) \tag{4.3.4}$$

这就是信息率失真函数(简称率失真函数)。

对于 N 维信源符号序列，同样可以得其信息率失真函数。在保真度准则条件下($\overline{D}(N)\leqslant ND$)，使平均互信息 $I(\boldsymbol{U};\boldsymbol{V})$取极小值，即

$$R_N(D)=\min_{P(\beta_j|\alpha_i):\ \overline{D}(N)\leqslant ND}\{I(\boldsymbol{U};\boldsymbol{V})\}$$

它是在所有满足平均失真度 $\overline{D}(N)\leqslant ND$ 的 N 维试验信道集合中寻找某个信道使 $I(\boldsymbol{U};\boldsymbol{V})$ 取极小值。因为平均失真度 $\overline{D}(N)$ 与长度 N 有关，所以在其他条件相同的情况下对于不同的 N，$R_N(D)$ 是不同的。

在离散无记忆平稳信源的情况下，可证得

$$R_N(D)=NR(D)$$

应该强调指出，在研究 $R(D)$ 时引用的条件概率 $P(v|u)$ 并没有实际信道的含义，只是为了求平均互信息的最小值而引用的、假想的可变试验信道。实际上，这些信道反映的仅是不同的有失真信源编码或信源压缩，所以改变试验信道求平均互信息的最小值实质上是选择一种编码方式使信息传输率最小。

由前面讨论的性质可知，平均互信息 $I(U;V)$ 是信源概率分布 $P(u)$ 的 $\cap$ 型凸函数，但它又是信道传递概率 $P(v|u)$ 的 $\cup$ 型凸函数，因此信道容量 C 和信息率失真函数 $R(D)$ 具有对偶性。

信道容量

$$C=\max_{P(u)}\{I(U;V)\}$$

是指信道固定前提下，在信源呈最佳分布时可使信息传输率最大(求极大值)。信道容量反映了信道传输信息的能力，是信道可靠传输的最大信息传输率，信道容量与信源无关，是信道特性的参量。

有时求信道容量是在信道固定和输入平均功率受限($\leqslant P_s$)的条件下，即

$$C=\max_{\{P(u),E[u^2]\leqslant P_s\}}I(U;V)$$

而信息率失真函数

$$R(D)=\min_{\{P(v_j|u_i):\ \overline{D}\leqslant D\}}\{I(U;V)\}$$

是在信源和允许失真 D 固定的情况下，选择一种试验信道使信息传输率最小(求极小值)。这个极小值 $R(D)$ 是在信源给定情况下，接收端(用户)以满足失真要求而再现信源消息所必须获得的最少平均信息量。因此，$R(D)$ 反映了信源可以压缩的程度，是在满足一定失真度要求下($\overline{D}\leqslant D$)，信源可压缩的最低值。所得的 $R(D)$ 是信源特性的参量，与在求极值过程中选择的试验信道无关。

这两个概念在实际应用中是有区别的。研究信道容量 C 是讨论在已知信道中传输的最大信息量。为了充分利用已知信道，使传输的信息量最大而错误概率任意小，这就是一般信道编码问题。研究信息率失真函数是讨论在已知信源和允许失真度 D 的条件下，使信源必须传送给用户的最小信息量。也就是在一定失真度 D 条件下，尽可能用最少的码元传送信源消息，使信源的消息尽快地传送出去，以提高通信的有效性。这是信源编码问题。它们之间的对应关系列于表 4.3.1。

表 4.3.1 信息传输理论和信息率失真理论的对偶关系

信息传输理论	信息率失真理论
信道 $P=[P(y\|x)]$	失真测度 $d(u,v)$ 信源 $P=(P(u))$
信源 $P=(P(x))$	信道 $P=[P(v\|u)]$
信道编码 $C: M\to X^n$	信源编码 $C: U^N\to C$
错误概率 P_E	平均失真度 $\overline{D}_N$
信道容量 $C=\max\limits_{P(x)} I(P(x))$ $C=\max\limits_{P(x):\,E[x^2]\leqslant P_s} I(P(x))$	信息率失真函数： $R(D)=\min\limits_{p(v\|u)\in B_D} I(P(v\|u))$
$R<C$ 信道编码定理(香农第二定理)	$R>R(D)$ 信源编码定理(香农第三定理)

4.3.1.3 信息率失真函数的性质

式(4.3.4)中 D 是允许的失真度，$R(D)$是对应于 D 的一个确定的信息传输率。当然对于不同的允许失真 D，$R(D)$就不同，所以它是允许失真度 D 的函数。下面讨论函数 $R(D)$的一些基本性质。

1. $R(D)$的定义域$(0,D_{\max})$

1) $D_{\min}$ 和 $R(D_{\min})$

根据式(4.3.1)的定义，平均失真度 $\overline{D}$ 是非负实函数 $d(u_i,v_j)$的数学期望，因此平均失真度 $\overline{D}$ 也是一个非负的实数，所以 $\overline{D}$ 的下限必须是零。那么，允许失真度 D 的下限也必然是零，这就是不允许任何失真的情况。

一般而言，当给定信源$[U,P(u)]$并给定失真矩阵 $\boldsymbol{D}$，信源的最小平均失真度为

$$D_{\min}=\min\left[\sum_U\sum_V P(u_i)P(v_j\mid u_i)d(u_i,v_j)\right]$$
$$=\sum_{i=1}^{r}P(u_i)\min\left[\sum_{j=1}^{s}P(v_j\mid u_i)d(u_i,v_j)\right]$$

由上式可知，若选择试验信道 $P(v_j\mid u_i)$使对每个 u_i，其求和 $\sum\limits_{j=1}^{s}P(v_j\mid u_i)d(u_i,v_j)$为最小，则总和值最小。当固定某个 u_i，那么对于不同的 v_j 其 $d(u_i,v_j)$不同(在失真矩阵 $\boldsymbol{D}$ 中第 i 行的元素不同)。其中必有最小值，也可能有若干相同的最小值。可以选择这样的试验信道，它满足

$$\begin{cases}\sum\limits_{v_j}P(v_j\mid u_i)=1, & \text{所有 } d(u_i,v_j)=\text{最小值的 } v_j\in V\\ P(v_j\mid u_i)=0, & d(u_i,v_j)\neq\text{最小值的 } v_j\in V\end{cases}\quad (i=1,2,\cdots,r)\quad(4.3.5)$$

则可得信源的**最小平均失真度**为

$$D_{\min}=\sum_U P(u)\min_V d(u,v)=\sum_{i=1}^{r}P(u_i)\min_j d(u_i,v_j)\quad(4.3.6)$$

允许失真度 D 是否能达到零与单个符号的失真函数有关，只有当失真矩阵中每行至少有一个零元素时，信源的平均失真度才能达到零值；否则，信源的最小平均失真度不等于零值。在实际情况中，一般 $D_{\min}=0$。另外，假如 $D_{\min}\neq 0$ 时，可以适当改变单个符号的失真度，令 $d'(u_i,v_j)=d(u_i,v_j)-\min\limits_j d(u_i,v_j)$，使 $D_{\min}=0$。而对信息率失真函数来说，它只是起了坐标平移作用。所以可以假设 $D_{\min}=0$，而不失其普遍性。

当 $D_{\min}=0$ 时，表示信源不允许任何失真存在。一般直观的理解就是，若信源要求无失真地传输，则信息传输率至少应等于信源输出的信息量——信息熵，即

$$R(0)=H(U) \tag{4.3.7}$$

但是，式(4.3.7)能否成立是有条件的，它与失真矩阵形式有关，只有当失真矩阵中每行至少有一个零，并每一列最多只有一个零时才成立；否则，$R(0)$可以小于 $H(U)$，它表示这时信源符号集中有些符号可以压缩、合并而不带来任何失真。

例 4.3.4 删除信源 U 取值于$\{0,1\}$，V 取值于$\{0,1,2\}$，而失真矩阵为

$$\boldsymbol{D}=\begin{bmatrix}0 & 1 & 1/2\\ 1 & 0 & 1/2\end{bmatrix}$$

由式(4.3.6)可知最小允许失真度为

$$D_{\min}=\sum_{i=1}^{r}P(u_i)\min_j d(u_i,v_j)=\sum_{i=1}^{r}P(u_i)\cdot 0=0$$

满足最小允许失真度的试验信道是一个无噪无损的试验信道，信道矩阵为

$$\boldsymbol{P}=\begin{bmatrix}1 & 0 & 0\\ 0 & 1 & 0\end{bmatrix}$$

可以看出，若取允许失真度 $D=D_{\min}=0$，则 B_D 集合中只有这个信道是唯一可取的试验信道，也就是无失真一一对应的编码。

由前可知，在这个无噪无损的试验信道中，有

$$I(U;V)=H(U)$$

因此

$$R(0)=\min_{P(v_j|u_i)\in B_D}\{I(U;V)\}=H(U)$$

例 4.3.5 设信源为

$$\begin{bmatrix}U\\ P(u)\end{bmatrix}=\begin{bmatrix}0 & 1 & 2\\ \frac{1}{3} & \frac{1}{3} & \frac{1}{3}\end{bmatrix}$$

信宿 V：$\{0,1\}$。失真矩阵为

$$\boldsymbol{D}=\begin{bmatrix}0 & 1\\ \frac{1}{2} & \frac{1}{2}\\ 1 & 0\end{bmatrix}$$

由式(4.3.6)计算得

$$D_{\min}=\frac{1}{3}\times 0+\frac{1}{3}\times\frac{1}{2}+\frac{1}{3}\times 0=\frac{1}{6}。$$

由式(4.3.5)可知，使平均失真度达到最小值($D=1/6$)的信道必须满足

$$\begin{cases}P(v_1 \mid u_1)=1, P(v_2 \mid u_1)=0\\ P(v_1 \mid u_2)+P(v_2 \mid u_2)=1\\ P(v_2 \mid u_3)=1, P(v_1 \mid u_3)=0\end{cases}$$

因为满足 $P(v_1|u_2)+P(v_2|u_2)=1$ 这个条件限制的 $P(v_1|u_2)$ 和 $P(v_2|u_2)$ 可以有无穷多个，而且它们的最小平均失真度都是1/6，即 $B_{D_{\min}}$ 集合中的信道有无数多个。这些信道的共同特征是信道矩阵中每列有不止一个非零元素，所以其信道疑义度 $H(U|V)\neq 0$，则得

$$R(D_{\min})=R(1/6)=\min_{P(v_j|u_i)\in B_{D_{\min}}} I(U;V)<H(U)$$

若失真矩阵改成

$$\boldsymbol{D}'=\begin{bmatrix}0 & 1\\ 0 & 0\\ 1 & 0\end{bmatrix}$$

失真矩阵 $\boldsymbol{D}'$ 与失真矩阵 $\boldsymbol{D}$ 之间满足

$$d'(u_i,v_j)=d(u_i,v_j)-\min_j d(u_i,v_j)(i=1,2,\cdots,r);(j=1,2,\cdots,s)$$

可得

$$D'_{\min}=\sum_{i=1}^{r}P(u_i)\min_j d(u_i,v_j)=0$$

同样，$B_{D'_{\min}}$ 集合中的信道必满足

$$\begin{cases}P(v_1 \mid u_1)=1, P(v_2 \mid u_1)=0\\ P(v_1 \mid u_2)+P(v_2 \mid u_2)=1\\ P(v_2 \mid u_3)=1, P(v_1 \mid u_3)=0\end{cases}$$

所以 $B_{D'_{\min}}$ 集合中信道有无穷多个，不是唯一的。同理，这些信道的信道矩阵中每列有不止一个非零元素，可得

$$R(D'_{\min})=R(0)<H(U)$$

从失真矩阵 $\boldsymbol{D}'$ 可知，信源符号 u_1 传递到符号 v_1 无失真，信源符号 u_2 传递到 v_1 也无失真，则信源 U 完全可以将符号 u_1 和 u_2 合并成一个符号，使信源符号集由三个符号压缩成两个符号，并不引起任何失真。显然，压缩后信息传输率必然减小，所以得 $R(0)<H(U)$。这就表示，在失真矩阵 $\boldsymbol{D}'$ 下信源本身可实现无失真的压缩编码，如图4.3.3所示。

2) $D_{\max}$ 和 $R(D_{\max})$

平均失真度也有一上界值 $D_{\max}$。根据 $R(D)$ 的定义知，$R(D)$ 是在一定的约束条件下平均互信息 $I(U;V)$ 的极小值。已知 $I(U;V)$ 是非负的，其下限值为零。由此可得，$R(D)$ 也是非负的，它的下限值也为零。所以当 $R(D)$ 等于零时，所对应的平均失真度 $\overline{D}$

的下界就是上界值 D_{max} 如图 4.3.4 所示。

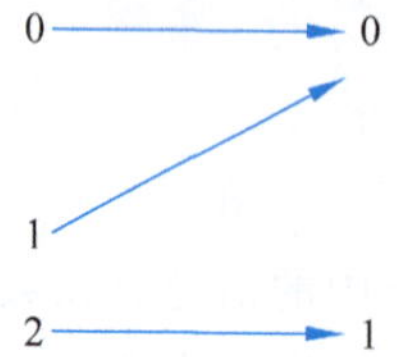

图 4.3.3　信源压缩编码

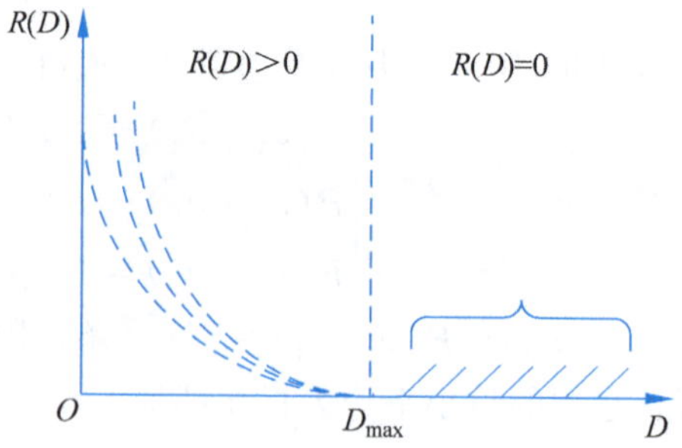

图 4.3.4　D_{max} 的位置

可以根据下述方法来求上界值 D_{max}。当平均失真度 $\overline{D}=D_{max}$ 时，$R(D)$已达到下限值。若允许失真更大，即 $D\geqslant D_{max}$ 时，由于 $R(D)$是非负数，所以 $R(D)$仍只能等于零。由前已知，当 U、V 统计独立时平均互信息 $I(U;V)=0$，可见当 $D\geqslant D_{max}$ 时，信源 U 和接收符号 V 已经统计独立。因此，在 $P(u)\neq 0$ 的前提下，$P(v|u)$只是 v 的函数，而与 u 无关，即

$$P(v\mid u)=Q(v),\quad P(u)\neq 0,\quad u\in U$$

但就此条件来讲，还可有许多种 $Q(v)$使得 $R(D)=0$，而所造成的平均失真度 $\overline{D}$ 可以有不同值，如图 4.3.4 所示。也就是说，不同的 $Q(v)$会有不同的 $\overline{D}|_{R(D)=0}$。只有选取其中 $\overline{D}$ 的最小值为 D_{max} 才有意义。根据平均失真度定义，$R(D)=0$ 的平均失真度为

$$\overline{D}=\sum_{U,V}P(u)Q(v)d(u,v)$$

所以 D_{max} 就是在 $R(D)=0$ 的条件下取 $\overline{D}$ 的最小值，即

$$D_{max}=\min_{Q(v)}\sum_{U,V}P(u)Q(v)d(u,v)$$

将上式改写成

$$D_{max}=\min_{Q(v)}\sum_{V}Q(v)\sum_{U}P(u)d(u,v)=\min_{Q(v)}\sum_{V}Q(v)d'(v)$$

这就是求 $d'(v)$的数学期望的最小值。因为 $d'(v)>0$，随 v 的选取总有一个最小值。假如 $Q(v)$的分布：当 $v_j\in V$，其 $d'(v_j)$为最小时，取 $Q(v_j)=1$；而 $v_k\in V$，又 $v_k\neq v_j$，取其 $Q(v_k)=0$，则此时求得的数学期望为最小，就等于 $d'(v_j)$。所以，对 $Q(v)$求 $d'(v)$的数学期望的最小值就等于在 $v_j\in V$ 中求最小值 $d'(v_j)$。由此可得

$$D_{max}=\min_{V}d'(v)=\min_{V}\sum_{U}P(u)d(u,v)\tag{4.3.8}$$

综上所述，$R(D)$的定义域一般为$(0,D_{max})$。一般情况下 $D_{min}=0$，$R(D_{min})=H(U)$(有条件)；当 $D\geqslant D_{max}$ 时，$R(D)=0$；而当 $D_{min}<D<D_{max}$ 时，$H(U)>R(D)>0$。

2. $R(D)$是允许失真度 D 的∪型凸函数

现在来证明在允许失真度 D 的定义域内 $R(D)$是 D 的∪型凸函数。

根据凸函数的定义只需证明对于任意 $\theta,\bar{\theta}\geqslant 0$，$\theta+\bar{\theta}=1$，和任意失真度 $D',D''\leqslant$

D_{max}，有

$$R(\theta D'+\bar{\theta}D'')\leqslant \theta R(D')+\bar{\theta}R(D'')$$

证明： 对某信源$[U,P(u)]$和失真函数$d(u,v)$，设有两个试验信道$P_1(v|u)$和$P_2(v|u)$，它们达到对应的信息率失真函数为$R(D')$和$R(D'')$。若V_1和V_2分别表示这两个试验信道的输出变量，则

$$R(D')=\min_{P(v|u)\in B_{D'}} I(U;V)=I(U;V_1),\quad E^{(1)}[d]\leqslant D'$$

$$R(D'')=\min_{P(v|u)\in B_{D'}} I(U;V)=I(U;V_2),\quad E^{(2)}[d]\leqslant D''$$

式中：$E^{(i)}[d](i=1,2)$分别表示在这两个试验信道中的平均失真度。

现定义一个新的试验信道，设其信道传递概率为

$$P(v\mid u)=\theta P_1(v\mid u)+\bar{\theta}P_2(v\mid u)$$

在这新的试验信道中，平均失真度为

$$\begin{aligned}E[d]&=\sum_{U,V}P(u)P(v\mid u)d(u,v)=\sum_{U,V}P(u)[\theta P_1(v\mid u)+\bar{\theta}P_2(v\mid u)]d(u,v)\\&=\theta\sum_{U,V}P(u)P_1(v\mid u)d(u,v)+\bar{\theta}\sum_{U,V}P(u)P_2(v\mid u)d(u,v)\\&=\theta E^{(1)}[d]+\bar{\theta}E^{(2)}[d]\leqslant\theta D'+\bar{\theta}D''\end{aligned}$$

设这个信道的输出变量V，通过这信道获得的平均互信息为$I(U;V)$。在平均失真度$E[d]$小于$(\theta D'+\bar{\theta}D'')$的信道集合中，这个信道并不一定是使$I(U;V)$为最小的信道，所以

$$I(U;V)\geqslant R(\theta D'+\bar{\theta}D'')$$

因为平均互信息$I(U;V)$是信道传递概率$P(v|u)$的∪型凸函数，所以

$$I(U;V)\leqslant\theta I(U;V_1)+\bar{\theta}I(U;V_2)=\theta R(D')+\bar{\theta}R(D'')$$

因而可得

$$R(\theta D'+\bar{\theta}D'')\leqslant\theta R(D')+\bar{\theta}R(D'')$$

由此可见，$R(D)$在定义域内是失真度D的∪型凸函数。 [证毕]

3. $R(D)$函数的单调递减性和连续性

由于$R(D)$具有凸状性，这就意味着它在定义域内是连续的。$R(D)$的连续性可由平均互信息$I(U;V)$是信道传递概率$P(v_j|u_i)$的连续函数来证得。

$R(D)$的非增性也是容易理解的。因为允许的失真越大，所要求的信息率可以越小。根据$R(D)$的定义，它是在平均失真度小于或等于允许失真度D的所有信道集合B_D中取$I(U;V)$的最小值。当允许失真度D增加时，B_D的集合也扩大，当然仍包含原来满足条件的所有信道。这时再在扩大的B_D集合中找$I(U;V)$的最小值，显然是最小值不变或变小，所以$R(D)$是非增的。

可利用$R(D)$的下凸性来证明它是严格递减的，即在$D_{min}<D<D_{max}$范围内$R(D)$不可能为常数。

证明： 设区间$[D',D'']$，且有$0<D'<D''<D_{max}$。假定在该区间上$R(D)$为常数，则

$R(D)$不是严格递减的，现证明这个假设不可能成立。

有两个试验信道 $P_1(v|u)$和 $P_0(v|u)$，它们达到对应的信息率失真函数为 $R(D')$和 $R(D_{\max})$。若 V_1 和 V_0 分别表示这两个试验信道的输出变量，则有

$$R(D')=I(U;V_1),\quad E^{(1)}[d]\leqslant D'$$

$$R(D_{\max})=I(U;V_0)=0,\quad E^{(0)}[d]\leqslant D_{\max}$$

对于足够小的 θ，总是能找到 $\theta>0$，使满足

$$D'<(1-\theta)D'+\theta D_{\max}<D''$$

因为不等式左边为 $D'+\theta(D_{\max}-D')>D'$，它是成立的。不等式右边，只要取得 θ 足够小，总能做到

$$\theta(D_{\max}-D')<D''-D'$$

现在定义一个新的试验信道，设其信道传递概率为

$$P^*(v\mid u)=(1-\theta)P_1(v\mid u)+\theta P_0(v\mid u)$$

在这新的试验信道中，则有

$$E[d]=\sum_{U,V}P(u)P^*(v\mid u)d(u,v)=(1-\theta)E^{(1)}[d]+\theta E^{(0)}[d]$$

$$\leqslant(1-\theta)D'+\theta D_{\max}=D^*$$

所以该试验信道 $P^*(v|u)\in B_{D^*}$。设该信道的输出变量为 V^*，其平均互信息为 $I(U;V^*)$，根据定义式(4.3.4)可得

$$R(D^*)=\min_{P(v|u)\in B_{D^*}}I(U;V)\leqslant I(U;V^*)$$

$$\leqslant\theta I(U;V_0)+(1-\theta)I(U;V_1)=(1-\theta)R(D')$$

由此证得，当 $D^*>D'$时，$R(D^*)<R(D')$。即在$[D',D'']$区间内，$R(D)$不为常数。这就与起初假设条件是矛盾的，因而 $R(D)$是严格递减的。 [证毕]

信息率失真函数 $R(D)$是严格的单调递减函数，因此在 B_D 中平均互信息 $I(U;V)$为最小的试验信道 $P(v_j|u_i)$必须在 B_D 的边界上，即必须有

$$\overline{D}=\sum_{U}\sum_{V}P(u_i)P(v_j\mid u_i)d(u_i,v_j)=D$$

故选择在 $\overline{D}=D$ 的条件下来计算信息率失真函数 $R(D)$。

根据以上几点性质可以大体画出一般信源(有记忆、无记忆) $R(D)$函数的典型曲线，如图 4.3.5 所示。图 4.3.5(a)中设 $D_{\min}=0$，而图 4.3.5(b)中设 $D_{\min}\neq 0$。图中 $R(D_{\min})\leqslant H(U)$以及 $R(D_{\max})=0$ 决定了曲线边缘上的两个点。而在 $0\sim D_{\max}$ 之间 $R(D)$是单调递减的∪型函数。注意，在连续信源的情况下，$R(0)\to\infty$，则曲线将不与 $R(D)$轴相交，如图 4.3.5(a)中虚线所示。

4.3.2 保真度准则下的信源编码定理

本节将阐述和证明信息率失真理论的基本定理。这些定理严格地证实了 $R(D)$函数确实是在允许失真为 D 的条件下，每个信源符号能够被压缩的最低值。虽然，本节的讨

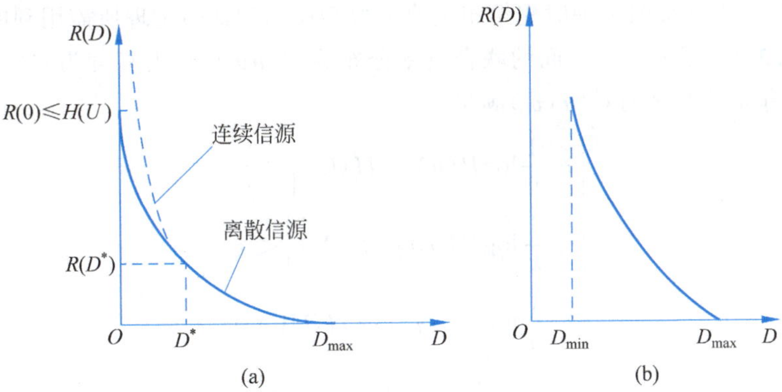

图 4.3.5 $R(D)$函数的典型图形

论局限于离散无记忆平稳信源，但所叙定理可以推广到连续信源、有记忆信源等更一般的情况。

定理 4.3.1(保真度准则下的信源编码定理) 设 $R(D)$为一离散无记忆平稳信源的信息率失真函数，并且有有限的失真测度。对于任意 $D\geqslant 0, \varepsilon>0, \delta>0$ 及任意足够长的码长 n，一定存在一种信源编码 C，其码字个数为

$$M=\mathrm{e}^{\{n[R(D)+\varepsilon]\}}$$

而编码后码的平均失真度为

$$d(C)\leqslant D+\delta$$

如果用二元编码，$R(D)$取比特为单位，则 M 可写成

$$M=2^{\{n[R(D)+\varepsilon]\}}$$

这个定理又称为香农第三定理。定理告诉我们：对于任何失真度 $D\geqslant 0$，只要码长 n 足够长，总可以找到一种编码 C，使编码后每个信源符号的信息传输率为

$$R'=\frac{\log M}{n}=R(D)+\varepsilon$$

即

$$R'\geqslant R(D)$$

而码的平均失真度 $d(C)\leqslant D$。

定理 4.3.1 说明，在允许失真 D 的条件下，信源最小的、可达的信息传输率是信源的 $R(D)$。

定理 4.3.2(信源编码逆定理) 不存在平均失真度为 D，而平均信息传输率 $R'<R(D)$的任何信源码。即对任意码长为 n 的信源码 C，若码字个数 $M<2^{n[R(D)]}$，一定有 $d(C)>D$。

逆定理告诉我们：如果编码后平均每个信源符号的信息传输率 R'小于信息率失真函数 $R(D)$，就不能在保真度准则下再现信源的消息。

4.3.2.1 失真 ε 典型序列

定理 4.3.1 的证明可采用联合典型序列及联合渐近等同割性。但现在需加入失真

测度的条件，所以在证明定理时先给出失真 ε 典型序列和证明定理所需用到的结论。

定义 4.3.1 设 $U\times V$ 空间的联合概率分布为 $P(\boldsymbol{uv})$，其失真度为 $d(\boldsymbol{u},\boldsymbol{v})$。若对任意 $\varepsilon>0$，有 n 长的序列对 $(\boldsymbol{u},\boldsymbol{v})$ 满足

$$
\begin{aligned}
&\left|-\frac{1}{n}\log P(\boldsymbol{u})-H(U)\right|<\varepsilon\\
&\left|-\frac{1}{n}\log P(\boldsymbol{v})-H(V)\right|<\varepsilon\\
&\left|-\frac{1}{n}\log P(\boldsymbol{u}\boldsymbol{v})-H(UV)\right|<\varepsilon\\
&\left|\frac{1}{n}d(\boldsymbol{u},\boldsymbol{v})-E[d(u,v)]\right|<\varepsilon
\end{aligned}
\tag{4.3.9}
$$

则称 $(\boldsymbol{u},\boldsymbol{v})$ 为失真 ε 典型序列(简称失真典型序列)。所有失真 ε 典型序列的集合称为失真典型序列集，用 $G_{\varepsilon n}^{(d)}(UV)$ 表示，即

$$
\begin{aligned}
G_{\varepsilon n}^{(d)}(UV)=\{(\boldsymbol{u},\boldsymbol{v})\in U^n\times V^n:\\
&\left|-\frac{1}{n}\log P(\boldsymbol{u})-H(U)\right|<\varepsilon\\
&\left|-\frac{1}{n}\log P(\boldsymbol{v})-H(V)\right|<\varepsilon\\
&\left|-\frac{1}{n}\log P(\boldsymbol{u}\boldsymbol{v})-H(UV)\right|<\varepsilon\\
&\left|\frac{1}{n}d(\boldsymbol{u},\boldsymbol{v})-E[d(\boldsymbol{u},\boldsymbol{v})]\right|<\varepsilon
\end{aligned}
$$

由式(4.3.2)可得

$$
d(\boldsymbol{u},\boldsymbol{v})=\sum_{l=1}^{n}d(u_{i_l},v_{j_l}),\quad \frac{1}{n}d(\boldsymbol{u},\boldsymbol{v})=\frac{1}{n}\sum_{l=1}^{n}d(u_{i_l},v_{j_l}) \tag{4.3.10}
$$

而且 $u_{i_l},v_{j_l}(l=1,2,\cdots,n)$ 是无记忆等同分布的随机变量，即

$$
P(\boldsymbol{uv})=\prod_{l=1}^{n}P(u_{i_l}v_{j_l}) \tag{4.3.11}
$$

所以，根据大数定律，式(4.2.10)以概率收敛于随机变量的均值 $E[d(u,v)]$。因此，失真典型序列集是联合 ε 典型序列集的子集，$G_{\varepsilon n}^{(d)}(UV)\subset G_{\varepsilon n}(UV)$。

引理 4.3.1 设随机序列 $U=U_1U_2\cdots U_n$ 和 $V=V_1V_2\cdots V_n$，它们各分量之间都是相互统计独立等同分布，并且满足式(4.3.11)，当 $n\to\infty$ 时，$P(G_{\varepsilon n}^{(d)}(UV))\to 1$。

证明： 根据 $G_{\varepsilon n}^{(d)}(UV)$ 的定义，四个条件中的四个和式都是统计独立等同分布的随机变量的标准求和式。根据大数定律可得

$$-\frac{1}{n}\log P(\boldsymbol{u})\ \text{以概率收敛于}\ E[-\log P(\boldsymbol{u})]=H(U)$$

$$-\frac{1}{n}\log P(\boldsymbol{v})\ \text{以概率收敛于}\ E[-\log P(\boldsymbol{v})]=H(V)$$

$$-\frac{1}{n}\log P(\boldsymbol{uv})\text{ 以概率收敛于 }E[-\log P(\boldsymbol{uv})]=H(UV)$$

$$-\frac{1}{n}d(\boldsymbol{u},\boldsymbol{v})\text{ 以概率收敛于 }E[d(\boldsymbol{u},\boldsymbol{v})]$$

所以，满足这四个条件的序列集 $G_{\varepsilon n}^{(d)}(UV)$，当 $n\to\infty$ 时，它趋于 1。即对任意小的正数 $\delta\geqslant 0$，当 n 足够大时，有

$$P(G_{\varepsilon n}^{(d)}(UV))\geqslant 1-\delta$$ [证毕]

引理 4.3.2 对所有 $(\boldsymbol{u},\boldsymbol{v})\in G_{\varepsilon n}^{(d)}(UV)$，有

$$P(\boldsymbol{v})\geqslant P(\boldsymbol{v}\mid\boldsymbol{u})2^{-n[I(U;V)+3\varepsilon]}$$

证明： 根据定义式(4.3.9)，对所有 $(\boldsymbol{u},\boldsymbol{v})\in G_{\varepsilon n}^{(d)}(UV)$，可得 $P(\boldsymbol{u})$、$P(\boldsymbol{v})$、$P(\boldsymbol{uv})$ 的上下界。由此可得

$$\begin{aligned}P(\boldsymbol{v}\mid\boldsymbol{u})&=\frac{P(\boldsymbol{u}\boldsymbol{v})}{P(\boldsymbol{u})}=P(\boldsymbol{v})\frac{P(\boldsymbol{u}\boldsymbol{v})}{P(\boldsymbol{u})P(\boldsymbol{v})}\\&\leqslant P(\boldsymbol{v})\frac{2^{-n[H(UV)-\varepsilon]}}{2^{-n[H(U)+\varepsilon]}2^{-n[H(V)+\varepsilon]}}\\&=P(\boldsymbol{v})2^{n[I(U;V)+3\varepsilon]}\end{aligned}$$

所以可得

$$P(\boldsymbol{v})\geqslant P(\boldsymbol{v}\mid\boldsymbol{u})2^{-n[I(U;V)+3\varepsilon]}$$ [证毕]

香农第三定理证明中要用到下面的不等式。

引理 4.3.3 对于 $0\leqslant x,y\leqslant 1,n>0$，有

$$(1-xy)^n\leqslant 1-x+\mathrm{e}^{-yn}\tag{4.3.12}$$

证明： 设函数 $f(y)=\mathrm{e}^{-y}-1+y$，其 $f(0)=0$，当 $y>0$ 时，此函数的一阶导数 $f'(y)=-\mathrm{e}^{-y}+1>0$。所以对于 $y>0$，$f(y)>0$。由此可得

$$1-y\leqslant\mathrm{e}^{-y},\qquad 0\leqslant y\leqslant 1$$

$$(1-y)^n\leqslant\mathrm{e}^{-ny},\quad 0\leqslant y\leqslant 1$$

因此，当 $x=1$ 时，式(4.3.12)成立。通过求导，很容易看出，对于 $0\leqslant x\leqslant 1$，$g_y(x)=(1-xy)^n$ 是 x 的∪型凸函数。所以有

$$\begin{aligned}(1-xy)^n&=g_y(x)\leqslant(1-x)g_y(0)+xg_y(1)\\&=(1-x)\times 1+x(1-y)^n\leqslant 1-x+x\mathrm{e}^{-ny}\\&\leqslant 1-x+\mathrm{e}^{-yn}\end{aligned}$$ [证毕]

4.3.2.2 保真度准则下信源编码定理的证明

定义了失真典型序列后，可以证明信源编码定理(定理 4.3.1)，即证明 $R(D)$是在允许失真 D 的条件下信源可达的信息传输率。

证明： 设信源序列 $\boldsymbol{U}=U_1U_2\cdots U_n$ 是独立同分布的随机序列，其 U_i 的概率分布为 $P(\boldsymbol{u})$。又设此信源的失真测度为 $d(\boldsymbol{u},\boldsymbol{v})$，信源的率失真函数为 $R(D)$。

设达到 $R(D)$的试验信道为 $P(\boldsymbol{v}\mid\boldsymbol{u})$，在试验信道中 $I(U;V)=R(D)$。现需证明，

对于任意 $R'>R(D)$，存在一种信源的信息传输率为 R' 的信源编码，其平均失真度小于或等于 $D+\delta$。

码书的产生：在 V^n 空间中，按照概率分布 $P(\boldsymbol{v})=\prod_{i=1}^{n}P(v_i)$ 来随机地选取 $M=2^{nR'}$ 个随机序列 $\boldsymbol{v}$ 作为码字。这 M 个码字组成一个码书 $\boldsymbol{C}$，并用 $[1,2,\cdots,2^{nR'}]$ 来标记这 M 个码字。将这码书呈现在编码器和译码器两端。

编码的方法：若码书中存在一个码字 $\omega\in[1,2,\cdots,2^{nR'}]$，使 $(\boldsymbol{u},\boldsymbol{v}(\omega))\in G_{\varepsilon n}^{(d)}(UV)$，则将信源序列 $\boldsymbol{u}$ 编成码字 ω。若存在不止一个码字 ω，其 $\boldsymbol{v}(\omega)$ 与信源序列 $\boldsymbol{u}$ 构成失真典型序列对，则将 $\boldsymbol{u}$ 编成那个编号最小的码字。若对于信源序列 $\boldsymbol{u}$，不存在一个 ω，使 $\boldsymbol{v}(\omega)$ 与 $\boldsymbol{u}$ 构成失真典型序列对，则将信源序列编成 $\omega=1$ 号码字。这样，就能将 U^n 空间中所有信源序列 $\boldsymbol{u}$ 都编码成码书中的码字。所以 nR' 比特足以表示这 M 个码字。

译码方法：重现序列 $\boldsymbol{v}(\omega)$。

失真度的计算：采用上述编码方法和译码方法会产生失真。将 $d(\boldsymbol{u},\boldsymbol{v})$ 对所有可能随机选取的码书进行统计平均。这与信道编码定理的证明一样(考虑删除)。设

$$\bar{d}(\boldsymbol{C})=\underset{U^n,C}{E}[d(\boldsymbol{u},\boldsymbol{v})] \tag{4.3.13}$$

求均值是对所有随机码书 $\boldsymbol{C}$ 和 U^n 空间。

对于某固定码书 $\boldsymbol{C}$ 和 $\varepsilon>0$，将信源序列空间 U^n 中的信源序列 $\boldsymbol{u}$ 分成两大类型：

一类信源序列 $\boldsymbol{u}$：在码书中存在一个码字 ω，使 $(\boldsymbol{u},\boldsymbol{v}(\omega))\in G_{\varepsilon n}^{(d)}(UV)$，其 $\frac{1}{n}d(\boldsymbol{u},\boldsymbol{v}(\omega))<D+\varepsilon$。这是因为 $\boldsymbol{u}$ 与 $\boldsymbol{v}(\omega)$ 是构成失真典型序列对，所以它们是密切相关的，而且满足式(4.3.9)，则得 $\frac{1}{n}d(\boldsymbol{u},\boldsymbol{v}(\omega))<D+\varepsilon$。又因这些失真典型序列总体出现的概率接近等于 1，所以这些失真典型序列对式(4.3.13)平均失真度的贡献最多等于 $D+\varepsilon$。

另一类信源序列 $\boldsymbol{u}$：在码书中不存在一个码字 ω，使 $\boldsymbol{u}$ 与 $\boldsymbol{v}(\omega)$ 构成失真典型序列对，即 $(\boldsymbol{u},\boldsymbol{v}(\omega))\overline{\in}G_{\varepsilon n}^{(d)}(UV)$，$\omega\in[1,2,\cdots,2^{nR'}]$。设这些序列总体出现的概率为 P_E。由于每个信源序列最大的失真为 $d_{\max}$，因此这类信源序列对平均失真的贡献最多是 $P_E d_{\max}$。

因此，由式(4.3.13)可得

$$\bar{d}(\boldsymbol{C})\leqslant D+\varepsilon+P_E d_{\max}$$

P_E 的计算：为了计算 P_E，设 $J(\boldsymbol{C})$ 为码 $\boldsymbol{C}$ 中至少有一个码字与信源序列 $\boldsymbol{u}$ 构成失真典型序列对的所有信源序列 $\boldsymbol{u}$ 的集合，即

$$J(\boldsymbol{C})=\{\boldsymbol{u}:(\boldsymbol{u},\boldsymbol{v}(\omega))\in G_{\varepsilon n}^{(d)}(UV)\omega\in[1,2,\cdots,2^{nR'}]\}$$

所以，P_E 是 $\boldsymbol{u}\overline{\in}J(\boldsymbol{C})$ 引起的，则

$$P_E=\sum_{C}P(\boldsymbol{C})\sum_{\boldsymbol{u}:\,\boldsymbol{u}\overline{\in}J(\boldsymbol{C})}P(\boldsymbol{u}) \tag{4.3.14}$$

上式表示，所有不能用码字来描述的信源序列的概率对所有可能产生的随机码书进行统计平均。对式(4.3.14)交换求和号，它可以解释为，选择没有码字能描述信源序列的随

机码书出现的概率对所有信源序列进行统计平均，则

$$P_{\mathrm{E}}=\sum_{\boldsymbol{u}} P(\boldsymbol{u}) \sum_{\boldsymbol{C}:\, \boldsymbol{u} \overline{\in} J(\boldsymbol{C})} P(\boldsymbol{C}) \tag{4.3.15}$$

定义函数

$$K(\boldsymbol{u}, \boldsymbol{v})=\begin{cases}1, & (\boldsymbol{u}, \boldsymbol{v}) \in G_{\varepsilon n}^{(d)}(UV) \\ 0, & (\boldsymbol{u}, \boldsymbol{v}) \notin G_{\varepsilon n}^{(d)}(UV)\end{cases}$$

码书 $\boldsymbol{C}$ 中的码字是在 V^n 空间中随机地选取的。对于在 V^n 中随机选取的某个码字不与信源序列构成失真典型序列对的概率应为

$$P((\boldsymbol{u}, V^n) \notin G_{\varepsilon n}^{(d)}(U, V))=P(K(\boldsymbol{u}, V^n)=0)=1-\sum_{\boldsymbol{v}} P(\boldsymbol{v}) K(\boldsymbol{u}, \boldsymbol{v})$$

码书 $\boldsymbol{C}$ 中共有 $M=2^{nR'}$ 个码字，而且是独立地、随机地选择的，因此码书中没有码字能描述信源序列的随机码书的出现概率为

$$\sum_{\boldsymbol{C}:\, \boldsymbol{u} \notin J(\boldsymbol{C})} P(\boldsymbol{C})=\left(1-\sum_{\boldsymbol{v}} P(\boldsymbol{v}) K(\boldsymbol{u}, \boldsymbol{v})\right)^{2^{nR'}}$$

将上式代入式(4.3.15)可得

$$P_{\mathrm{E}}=\sum_{\boldsymbol{u}} P(\boldsymbol{u})\left[1-\sum_{\boldsymbol{v}} P(\boldsymbol{v}) K(\boldsymbol{u}, \boldsymbol{v})\right]^{2^{nR'}} \tag{4.3.16}$$

运用引理 4.3.2 可得

$$\sum_{\boldsymbol{v}} P(\boldsymbol{v}) K(\boldsymbol{u}, \boldsymbol{v}) \geqslant \sum_{\boldsymbol{v}} P(\boldsymbol{v} \mid \boldsymbol{u}) 2^{-n[I(U;\, V)+3\varepsilon]} K(\boldsymbol{u}, \boldsymbol{v})$$

代入式(4.3.16)可得

$$P_{\mathrm{E}} \leqslant \sum_{\boldsymbol{u}} P(\boldsymbol{u})\left[1-\sum_{\boldsymbol{v}} P(\boldsymbol{v} \mid \boldsymbol{u}) 2^{-n[I(U;\, V)+3\varepsilon]} K(\boldsymbol{u}, \boldsymbol{v})\right]^{2^{nR'}} \tag{4.3.17}$$

又根据引理 4.3.3 可得

$$\left[1-2^{-n[I(U;\, V)+3\varepsilon]} \sum_{\boldsymbol{v}} P(\boldsymbol{v} \mid \boldsymbol{u}) K(\boldsymbol{u}, \boldsymbol{v})\right]^{2^{nR'}} \leqslant 1-\sum_{\boldsymbol{v}} P(\boldsymbol{v} \mid \boldsymbol{u}) K(\boldsymbol{u}, \boldsymbol{v})+\mathrm{e}^{-2^{-n[I(U;\, V)+3\varepsilon]} 2^{nR'}}$$

公式代入式(4.3.17)可得

$$P_{\mathrm{E}} \leqslant 1-\sum_{\boldsymbol{u}} \sum_{\boldsymbol{v}} P(\boldsymbol{u}) P(\boldsymbol{v} \mid \boldsymbol{u}) K(\boldsymbol{u}, \boldsymbol{v})+\mathrm{e}^{-2^{n[R'-I(U;\, V)-3\varepsilon]}} \tag{4.3.18}$$

观察式(4.3.18)中最后一项，当选择 $R'>I(U;V)+3\varepsilon$。另外，选取的试验信道 $P(\boldsymbol{v}|\boldsymbol{u})$ 正好是使平均互信息达到 $R(D)$ 的试验信道，所以 $R'>I(U;V)+3\varepsilon \geqslant R(D)+3\varepsilon$。因此，当 $R'>R(D)$，ε 足够小，$n\to\infty$ 时，最后一项趋于零。

式(4.3.18)中前两项是联合概率分布为 $P(\boldsymbol{uv})$ 的序列对 $(\boldsymbol{u}, \boldsymbol{v})$ 不是失真典型序列对的概率。由引理 4.3.1 可得，当 n 足够大时，有

$$1-\sum_{\boldsymbol{u}} \sum_{\boldsymbol{v}} P(\boldsymbol{u} \mid \boldsymbol{v}) K(\boldsymbol{u}, \boldsymbol{v})=P((U^n, V^n) \overline{\in} G_{\varepsilon n}^{(d)}(UV))<\varepsilon$$

所以适当地选择 n 和 ε 可使 P_{E} 尽可能小。

综上所述，对所有随机编码的码书 $\boldsymbol{C}$，当 $R'>R(D)$ 时，任意选取 $\delta>0$，只要选择 n 足够大及适当小的 ε，可使

$$\bar{d}(\boldsymbol{C}) \leqslant D+\delta$$

因此,至少存在一种码书 $\boldsymbol{C}$,其码字个数 $M=2^{nR'}=2^{n[R(D)+\varepsilon]}$,即信源符号的信息传输率 $R'>R(D)$,而码的平均失真度 $d(\boldsymbol{C})\leqslant D+\delta$。 [证毕]

4.3.2.3 保真度准则下信源编码逆定理的证明

用反证法来证明此逆定理。

证明:假设存在一种信源编码 $\boldsymbol{C}$,有 M 个码字,$M<2^{nR(D)}$,而且 M 个码字是从 V^n 空间中选取的序列 $\boldsymbol{v}$,它能使得 $d(\boldsymbol{C})\leqslant D$。编码方法仍采用前面所述的方法,将所有信源序列 $\boldsymbol{u}$ 映射成码字 $\omega\in[1,2,\cdots,M]$,而使 $(\boldsymbol{u},\boldsymbol{v}(\omega))\in G_{\varepsilon n}^{(d)}(UV)$。根据失真典型序列的定义,$\boldsymbol{u}$ 与 $\boldsymbol{v}(\omega)$ 是构成失真典型序列,所以它们是彼此经常联合出现的序列对。而且又满足式(4.3.9),所以它们之间失真 $d(\boldsymbol{u},\boldsymbol{v}(\omega))\approx n\overline{D}$。这种编码方法可看成一种特殊的试验信道:

$$P_0(\boldsymbol{v}\mid\boldsymbol{u})=\begin{cases}1, & \boldsymbol{v}\in\boldsymbol{C},(\boldsymbol{u},\boldsymbol{v}(\omega))\in G_{\varepsilon n}^{(d)}(UV)\\ 0, & \text{其他}\end{cases}$$

根据假设,在这个试验信道中可得 $d(\boldsymbol{C})\leqslant D$。又因为在该信道中 $H(\boldsymbol{V}|\boldsymbol{U})=0$,所以平均互信息为

$$I(\boldsymbol{U};\boldsymbol{V})=H(\boldsymbol{V})\leqslant \log M \tag{4.3.19}$$

式(4.3.19)中的不等式是因为在编码范围内最多只有 M 个 $\boldsymbol{v}$,所以 $\boldsymbol{V}$ 空间最大的熵值为 $\log M$。又因为信源 $\boldsymbol{U}$ 是离散无记忆信源,所以有

$$\log M\geqslant H(\boldsymbol{V})\geqslant I(\boldsymbol{U};\boldsymbol{V})\geqslant\sum_{l=1}^{n}I(U_l;V_l)$$

设 U_l 以平均失真 $D_l\leqslant D$ 再现,则必有

$$I(U_l;V_l)\geqslant R(D_l)$$

又根据信息率失真函数的∪型凸状性和单调递减性可得

$$\log M\geqslant\sum_{l=1}^{n}I(U_l;V_l)\geqslant\sum_{l=1}^{n}R(D_l)=n\sum_{l=1}^{n}\frac{1}{n}R(D_l)$$

$$\geqslant nR\left(\frac{1}{n}\sum_{l=1}^{n}D_l\right)=nR(D)$$

上式最后一项是根据离散无记忆平稳信源求得。因此可得

$$R'=\frac{1}{n}\log M\geqslant R(D)$$

或者

$$M\geqslant 2^{nR(D)}$$

这个结果与定理的假设相矛盾,所以逆定理成立。 [证毕]

中文教学录像

4.4 常用的信源压缩编码方法

本节主要介绍一些常用的信源压缩编码方法,包括预测编码、变换编码、统计编码和通用编码。主要阐述其基本原理,探索相关问题,并进行应用分析。

中文教学录像

视频

4.4.1 预测编码

预测编码是数据压缩的基本技术之一，是语音压缩中的重要方法，也在图像和视频压缩中得到应用。其基本思想是，利用序列中前面的若干样值预测当前的样值，该样值与它的预测值相减得到预测误差，再对预测误差和其他有关参数进行编码并传输。通常，预测误差序列和原序列相比有更小的取值范围，可用更少的比特来表示，从而实现码速率压缩。而且，预测编码可以减弱有记忆信源序列符号间的相关性，甚至把它变成无记忆或接近无记忆的序列，从而达到去除冗余的目的。

4.4.1.1 最佳预测基本理论

预测编码的框图如图 4.4.1 所示，x_n 为输入的时间序列样值，$\hat{x}$ 表示预测值，e_n 表示二者的差值，进行量化、编码后输出。如果预测足够精确，那么传输差值要比传输原信源符号所需比特数少得多，从而显著压缩了码速率。

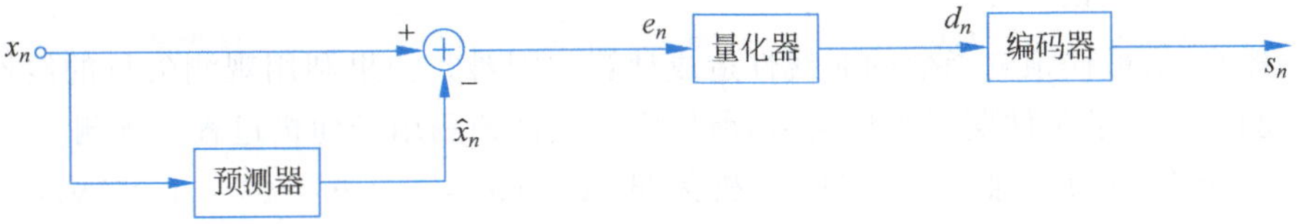

图 4.4.1 预测编码框图

预测也是一种估计，其理论基础是估计理论。估计总会有误差，根据前面所讲的率失真理论，评价一种估计方法的好坏首先要规定一个代价函数，常用的有平方误差、绝对误差和均匀三种代价函数。最佳估计器就是使平均代价最小的估计器。对于给定信源序列，如果当前符号根据其前面的 p 个符号来预测，就称 p 阶预测。设随机序列为$(x_1, x_2, \cdots, x_p, x_{p+1}, \cdots)$，$p$ 阶预测就是由 $x_1, x_2, \cdots, x_p$ 来预测 x_{p+1}。此时，x_{p+1} 称为被预测变量，$x_1, x_2, \cdots, x_p$ 称为预测器输入或观测矢量，$\hat{x}_{p+1}$ 称为预测器输出或预测值，它应该是 $x_1, x_2, \cdots, x_p$ 的函数，表示为 $\hat{x}_{p+1}=f(x_1, x_2, \cdots, x_p)$。

1. 最小均方误差预测

如果采用平方代价函数，最佳预测就是使预测值与原输入值之间均方误差最小的预测，称最小均方误差(MMSE)预测。

定理 4.4.1 设随机序列$\{x_n\}$，在最小均方误差准则下，根据 $x_1, x_2, \cdots, x_p$ 对 x_{p+1} 进行 p 阶最佳预测，则有：

(1) 最佳预测函数是以 $x_1, x_2, \cdots, x_p$ 为条件的 x_{p+1} 的均值，即

$$\hat{x}_{p+1}=E(x_{p+1} \mid x_1, x_2, \cdots, x_p)$$

(2) 最小均方预测误差是以 $x_1, x_2, \cdots, x_p$ 为条件的 x_{p+1} 的方差的平均值，即

$$D_{\min}=E[\operatorname{var}(x_{p+1} \mid x_1, x_2, \cdots, x_p)]$$

也等于被预测变量 x_{p+1} 均方值与预测值 $\hat{x}_{p+1}$ 均方值的差，即

$$D_{\min}=E(x_{p+1}^2)-E(\hat{x}_{p+1}^2)$$

2. 最大后验概率预测

对于离散随机变量之间的预测也可以采用均匀代价函数，即零误差的代价等于零，而非零误差代价为某一常数。均匀代价函数的数学描述如下：

$$C(e)=\begin{cases}1, & |e|\geqslant \Delta/2\\ 0, & |e|<\Delta/2\end{cases}$$

其中：e 为预测误差。

在均匀代价准则下，使平均代价最小的预测是最大后验概率预测。

定理 4.4.2 对于均匀代价函数，根据 $x_1,x_2,\cdots,x_p,x_{p+1}$ 的 p 阶最佳预测值为

$$\hat{x}_{p+1}=\underset{x_{p+1}}{\operatorname{argmax}}\,p(x_{p+1}\mid x_1,x_2,\cdots,x_p)$$

在很多情况下处理的是连续信源的预测，均方误差准则是常用的。所以若无特别说明，所指的最佳预测就是最小均方误差预测。

视频

4.4.1.2 线性预测编码(LPC)

一般来说，最佳预测函数的非线性造成计算的困难。如果利用观测矢量的线性函数进行预测往往比求条件期望简单得多，所以常将线性预测用于随机过程的预测。

设 $\boldsymbol{x}$、$\boldsymbol{y}$ 分别为 k 维和 m 维的随机矢量，$\boldsymbol{x}=(x_1,x_2,\cdots,x_k)^{\mathrm{T}}$，$\boldsymbol{y}=(y_1,y_2,\cdots,y_m)^{\mathrm{T}}$，给定用 $\boldsymbol{y}$ 对 $\boldsymbol{x}$ 的预测有如下形式：

$$\hat{\boldsymbol{x}}=\boldsymbol{A}\boldsymbol{y}+\boldsymbol{b}$$

式中：$\boldsymbol{A}$ 为 $k\times m$ 线性变换矩阵；$\boldsymbol{b}=(b_1,b_2,\cdots,b_k)$ 为 k 维列矢量。

当 $\boldsymbol{b}$ 为零矢量时，称为线性预测。

定理 4.4.3 由 $\boldsymbol{A}$ 和 $\boldsymbol{b}$ 确定的形式为 $\hat{\boldsymbol{x}}=\boldsymbol{A}\boldsymbol{y}+\boldsymbol{b}$ 的最小均方预测器，满足

$$\boldsymbol{A}=\Sigma_{\boldsymbol{xy}}\Sigma_{\boldsymbol{xy}}^{-1}$$

最小均方预测误差为

$$D_{\min}=E(\|\boldsymbol{x}\|^2)-\operatorname{tr}[\boldsymbol{A}\Sigma_{\boldsymbol{xy}}]$$

式中

$$\Sigma_{\boldsymbol{xy}}=E[(\boldsymbol{x}-\bar{\boldsymbol{x}})(\boldsymbol{y}-\bar{\boldsymbol{y}})^{\mathrm{T}}]=E(\tilde{\boldsymbol{x}}\tilde{\boldsymbol{y}})$$

为 $\boldsymbol{x}$、$\boldsymbol{y}$ 的互协方差矩阵

$$\Sigma_{\boldsymbol{yy}}=E[(\boldsymbol{y}-\bar{\boldsymbol{y}})(\boldsymbol{y}-\bar{\boldsymbol{y}})^{\mathrm{T}}]=E(\tilde{\boldsymbol{y}}\tilde{\boldsymbol{y}})$$

为 $\boldsymbol{y}$ 的自协方差矩阵，且

$$\boldsymbol{b}=\bar{\boldsymbol{x}}-A\tilde{\boldsymbol{y}}$$

式中

$$\bar{\boldsymbol{x}}\triangleq E(\boldsymbol{x}),\quad \bar{\boldsymbol{y}}\triangleq E(\boldsymbol{y}),\quad \tilde{\boldsymbol{x}}\triangleq\boldsymbol{x}-\bar{\boldsymbol{x}},\quad \tilde{\boldsymbol{y}}\triangleq\boldsymbol{y}-\bar{\boldsymbol{y}}。$$

一般情况下，我们研究的都是有限记忆线性预测，即利用过去有限数目样值 $x_{n-p},\cdots,x_{n-1},\cdots$ 对当前样值 x_n 进行线性预测。若采用 p 阶线性预测，则预测值 $\hat{x}_n$ 可表示为

$$\hat{x}_n=\sum_{i=1}^{p}a_i x_{n-i}$$

简单地说，线性预测就是序列中当前样值由前 p 个样值的线性组合来表示，p 称为

预测阶数，$a_i(i=1,2,\cdots,p)$称为线性预测系数。

线性预测误差表示为

$$e_n = x_n - \hat{x}_n = x_n - \sum_{i=1}^{p} a_i x_{n-i}$$

以下以 x_n 为平稳序列情况进行讨论。根据定理 4.4.3，令 $\boldsymbol{x}=x_n$，$\boldsymbol{y}=(x_{n-1},x_{n-2},\cdots,x_{n-p})^{\mathrm{T}}$，并设

$$\boldsymbol{a} \triangleq \boldsymbol{A} = (a_1,a_2,\cdots,a_p),\quad \boldsymbol{r} \triangleq \Sigma_{xx} = (\rho(1),\rho(2),\cdots,\rho(p)),\rho(i) = E(x_n x_{n-i}) = \rho(-i)$$

$$\boldsymbol{R}_p \triangleq E(\boldsymbol{y}\boldsymbol{y}^{\mathrm{T}}) = \begin{pmatrix} \rho(0) & \rho(1) & \cdots & \rho(p-1) \\ \rho(1) & \rho(0) & \cdots & \rho(p-2) \\ \vdots & \vdots & \ddots & \vdots \\ \rho(p-1) & \rho(p-2) & \cdots & \rho(0) \end{pmatrix}$$

就有

$$\boldsymbol{R}_p \boldsymbol{a} = \boldsymbol{r} \tag{4.4.1}$$

或

$$\begin{pmatrix} \rho(0) & \rho(1) & \cdots & \rho(p-1) \\ \rho(1) & \rho(0) & \cdots & \rho(p-2) \\ \vdots & \vdots & \ddots & \vdots \\ \rho(p-1) & \rho(p-2) & \cdots & \rho(0) \end{pmatrix} \begin{pmatrix} a_1 \\ a_2 \\ \vdots \\ a_p \end{pmatrix} = \begin{pmatrix} \rho(1) \\ \rho(2) \\ \vdots \\ \rho(p) \end{pmatrix}$$

预测均方误差为

$$\begin{aligned} D &= E(x_n^2) - \mathrm{tr}[(a_1,a_2,\cdots,a_p)(\rho(1),\rho(2),\cdots,\rho(p))^{\mathrm{T}}] \\ &= \rho(0) - \sum_{i=1}^{p} a_i \rho(i) \end{aligned} \tag{4.4.2}$$

式(4.4.1)和式(4.4.2)组合称为最佳线性预测系数正规方程，可表示为

$$\begin{pmatrix} \rho(0) & \rho(1) & \cdots & \rho(p) \\ \rho(1) & \rho(0) & \cdots & \rho(p-1) \\ \vdots & \vdots & \ddots & \vdots \\ \rho(p) & \rho(p-1) & \cdots & \rho(0) \end{pmatrix} \begin{pmatrix} 1 \\ -a_1 \\ \vdots \\ -a_p \end{pmatrix} = \begin{pmatrix} D \\ 0 \\ \vdots \\ 0 \end{pmatrix} \tag{4.4.3}$$

方程的矩阵中同一对角线上的元素都相同，称为 Toeplitz 矩阵。Levenson-Dubin 迭代算法可对方程(4.4.3)进行递推求解，基本步骤如下。

(1) 令 $p=1$，计算 $a_1^{(p)} = a_1^{(1)} = \dfrac{\rho(1)}{\rho(0)}$。

(2) 令 $p=p+1$，计算

$$a_p^{(p)} = \frac{\rho(p) - \sum_{k=1}^{p-1} a_k^{(p-1)} \rho(p-k)}{\rho(0) - \sum_{k=1}^{p-1} a_k^{(p-1)} \rho(k)} \triangleq K_p$$

再利用

$$a_k^{(p)}=a_k^{(p-1)}-K_p a_{p-k}^{(p-1)}$$

计算所有 $a_k^{(p)}(k=1,2,\cdots,p-1)$，$K_p$ 称为反射系数。

(3) 重复步骤②直到所需要的 p 值，即可获得所有预测系数 $a_1\sim a_p$。

同时，也可利用矩阵求逆的方法先解式(4.4.1)，然后计算式(4.4.2)，从而实现式(4.4.3)的求解。相比而言，Levenson-Dubin 算法具有较低运算复杂度，更具优势。

线性预测的均方误差为

$$D=E(e_n^2)=E[(x_n-\hat{x}_n)^2]=E\left[\left(x_n-\sum_{i=1}^{p}a_i x_{n-i}\right)^2\right]$$

根据 MMSE 准则，可令

$$\frac{\partial D}{\partial a_i}=E\left[2\left(x_n-\sum_{j=1}^{p}a_j x_{n-j}\right)x_{n-i}\right]=0\quad(i=1,2,\cdots,p)\tag{4.4.4}$$

也可推出方程式(4.4.1)。而式(4.4.4)与正交原理等价，根据定理 4.4.3 可得

$$E[\boldsymbol{e}\boldsymbol{y}^{\mathrm{T}}]=E[(\boldsymbol{x}-\hat{\boldsymbol{x}})\boldsymbol{y}^{\mathrm{T}}]=E[(\tilde{\boldsymbol{x}}-\boldsymbol{A}\tilde{\boldsymbol{y}})(\tilde{\boldsymbol{y}}+\bar{\boldsymbol{y}})^{\mathrm{T}}]=E(\tilde{\boldsymbol{x}}\tilde{\boldsymbol{y}}^{\mathrm{T}})-\boldsymbol{A}E(\tilde{\boldsymbol{y}}\tilde{\boldsymbol{y}}^{\mathrm{T}})=0$$

则有

$$E[\boldsymbol{e}\boldsymbol{y}^{\mathrm{T}}]=E\left[\left(x_n-\sum_{i=1}^{p}a_i x_{n-i}\right)(x_{n-1},x_{n-2},\cdots,x_{n-p})\right]=0$$

一个线性预测器的预测增益定义为信号方差与预测误差的比，即

$$G_{\mathrm{p}}=10\lg\frac{\sigma_x^2}{D}=10\lg\frac{\rho(0)}{\rho(0)-\sum_{i=1}^{p}a_i\rho(i)}$$

式中：σ_x^2 为序列样值的均方值(因均值为零)，$\sigma_x^2=\rho(0)$；D 为预测均方误差。

预测增益计算单位是 dB，与量化信噪比的形式类似，用于评价预测器的性能，增益越大，预测器性能越好。

例 4.4.1 平稳随机序列的相关函数 $\rho(0)=\rho_0$，$\rho(1)=\rho_1$，$\rho(2)=\rho_2$，求二阶最佳线性预测系数、最小均方预测误差和预测增益；若取 $\rho(0)=1$，$\rho(1)=0.8$，$\rho(2)=0.6$，给出相应的结果。

解： 对于二阶最佳线性预测，根据式(4.4.1)可得

$$\begin{pmatrix}\rho_0 & \rho_1\\ \rho_1 & \rho_0\end{pmatrix}\begin{pmatrix}a_1\\ a_2\end{pmatrix}=\begin{pmatrix}\rho_1\\ \rho_2\end{pmatrix}$$

解得最佳线性预测系数为

$$a_1=\frac{-\rho_1\rho_2+\rho_0\rho_1}{\rho_0^2-\rho_1^2},\quad a_2=\frac{-\rho_1^2+\rho_0\rho_2}{\rho_0^2-\rho_1^2}$$

最小均方预测误差为

$$D=\rho_0-a_1\rho_1-a_2\rho_2=\frac{-\rho_0^3+2\rho_0\rho_1^2+\rho_0\rho_2^2-2\rho_1^2\rho_2}{\rho_0^2-\rho_1^2}$$

预测增益为

$$G_p = 10\lg \frac{\rho_0(\rho_0^2 - \rho_1^2)}{-(\rho_0^3 - 2\rho_0\rho_1^2 - \rho_0\rho_2^2 + 2\rho_1^2\rho_2)}$$

若 $\rho(0)=1, \rho(1)=0.8, \rho(2)=0.6$，则最佳线性预测系数为

$$a_1 = \frac{-0.8\times 0.6 + 1\times 0.8}{1^2 - 0.8^2} \approx +0.89, \quad a_2 = \frac{-0.8^2 + 1\times 0.6}{1^2 - 0.8^2} \approx -0.11$$

最小均方预测误差为

$$D = 1 - 0.89\times 0.8 + 0.11\times 0.6 \approx 0.35$$

预测增益为

$$G_p = 10\lg \frac{1\times(1-0.8^2)}{1 - 2\times 1\times 0.8^2 - 1\times 0.6^2 + 2\times 0.8^2\times 0.6} \approx 4.49(\text{dB})$$

4.4.1.3 语音线性预测编码

1. LPC 声码器的基本原理

线性预测分析方法是最有效的语音分析技术之一，其特点是既能极为精确地估计语音参数，又有比较快的计算速度。

语音的生成机构大致可分为声源、共鸣机构和放射机构三部分。人的声带就是一种常见的声源。按其激励形式可将声源产生的语音分成三类：①当气流通过声门时，如果声带的张力刚好使声带产生张弛振荡式振动，产生一股准周期脉冲气流，这一气流激励声道就产生浊音(或称有声语音)；②如果声带不振动，而在某处收缩，迫使气流以高速通过这一收缩部分而产生湍流就产生清音或摩擦音(或称无声语音)；③如果声道在完全闭合的情况下突然释放就产生爆破音。共鸣机构由鼻腔、口腔与舌头组成，有时也称为声道。放射机构由嘴唇或鼻孔发出声音并向空间传播出去。这样的一种人类发声机能可用多种模型来模拟。图 4.4.2 给出了实现上述发声机能的一种数字模型。

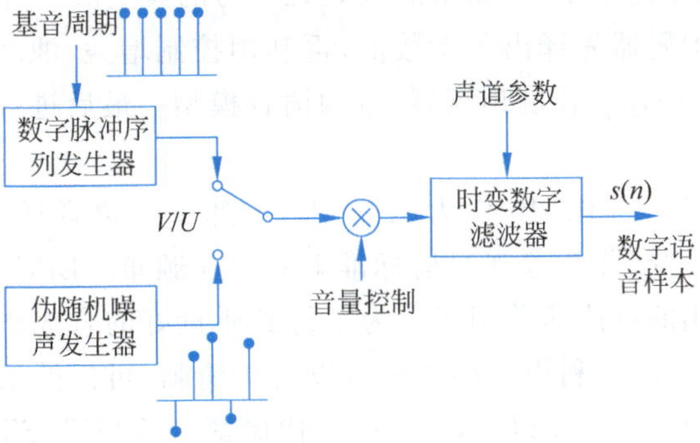

图 4.4.2 语音信号产生模型

声码器是一种对语音进行分析和合成的编译码器，也称语音分析合成系统。它主要用于数字电话通信，特别是保密电话通信。在语音信号产生模型中，如果所有的控制信号都由真实的语言信号分析所得，那么该滤波器的输出便接近于原始语音信号序列，可以恢复出语音。利用线性预测方法提取语音参数而组成的声码器称为 LPC 声码器。它基于全极点声道模型的假定，采用线性预测分析合成原理，对模型参数和激励参数进行

编码传输。由于语音信号为非平稳的随机过程，可用短时相关系数进行语音参数的估计。除了模型参数的估计外，由模型可知，还需估计出基音周期 τ 及激励信号。此外，为了传输连续变化的语音信号，先要将语音信号分帧（一般以每 10～30ms 数据作为一帧），在接收端再逐帧地进行合成并连接起来组成连续话音输出。图 4.4.3 是 LPC 声码器的原理框图。利用这样的声码器来传输语音信号便可达到压缩数据率的目的。

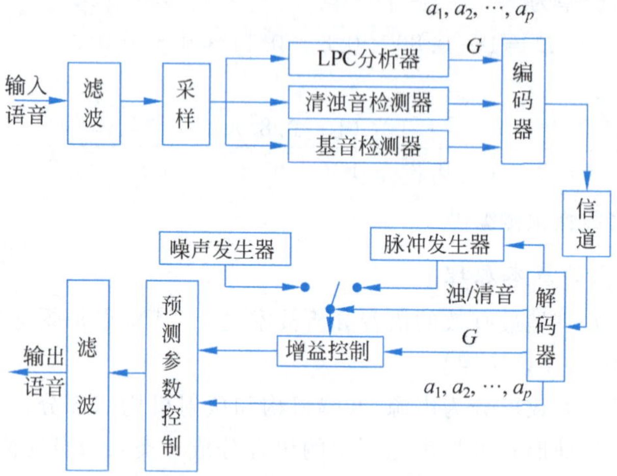

图 4.4.3　LPC 声码器原理框图

LPC 声码器工作过程：输入语音信号先经过滤波、采样步骤将语音信号进行时间离散化。然后利用语音信号的波形样值进行 LPC 分析，获取参数 G、$a_1, a_2, \cdots, a_p$；并对清浊音进行检测，得到浊/清音标志；利用基音检测器获取基音周期参数 τ。这些获取的参数均为模拟量（τ 除外），必须先量化再编码。各种参数的范围及影响不尽相同，实用中还希望总码速率尽量靠近 150×2^n b/s（$n=0,1,2,\cdots$）的典型值。信道中传输的是数字化的参数。在接收端，解码器先译出各参数值，再利用控制增益，浊/清音标志选择激励类型，LPC 参数 $a_1, a_2, \cdots, a_p$ 控制预测器，重构语音模型。最后进行滤波输出，恢复出语音信号。

1976 年，美国确定用 LPC-10 作为在 2.4kb/s 速率上语音通信的标准基数。1981 年，这种算法被官方接受，作为联邦政府标准 FS-1015 颁布。LPC-10 是一个 10 阶线性预测声码器，它所采用的算法简单明了。为了得到质量好的合成语音，它对每个参数的提取和编码都是很考究的。利用这种算法可以合成清晰、可懂的语音，但是抗噪声能力和自然度尚有欠缺。自 1986 年以来，美国第三代保密电话装置（STU-Ⅲ）采用了速率为 2.4kb/s 的 LPC-10e（LPC-10 的增强型）作为话音终端。目前，STU-Ⅲ的话音质量被评为“良好”。

2. *码激励线性预测编码*

近十几年来，参量编码与波形编码相结合的语音混合编码技术得到很大发展，这种技术的特点：①编码器既利用声码器的特点（利用语音产生模型提取语音参数），又利用波形编码的特点（优化激励信号，使其达到与输入语音波形的匹配）；②利用感知加权最小均方误差准则使编码器成为一个闭环优化系统；③在较低码速率上获得较高的语音质量。

这种混合编码的主要代表就是码激励线性预测(CELP)编码，它是为提高简单的LPC模型的语音质量而提出的。这个系统的基本特点：①使用矢量量化的码书对激励序列进行编码；②采用包含感知加权滤波器和最小均方误差准则的闭环系统实现码矢量和实际语音信号的最佳匹配，将激励矢量的索引号传输到译码器。在CELP中，由于所有的语音段都使用来自模板码书的同一个模板集合，合成的语音感觉比一般的两激励模式的LPC系统更自然，所达到的语音质量足够音频会议应用。

典型的CELP系统中有长时预测(Long Term Prediction，LTP)和短时预测(Short Term Prediction，STP)，用于解除语音信号中的冗余。STP基于短时的LPC分析，去除由于样值间相关性引起的冗余，因为这种预测依据的样值较少，所以称为“短时”；而LTP是浊音段到浊音段的基音预测，去除由于基音产生的周期性冗余，因为这种预测依据的样值较多，所以称为“长时”。一般地讲，STP捕捉的是短时语音的共振峰结构，而LTP提取的是浊音信号中以基音为周期的长时相关特性。在实际的编码系统中，先进行STP，通过减差得到预测误差，此时还有可能存在基音的残留，再通过LTP去除。

图4.4.4给出了CELP编码基本原理图，其基本思想是在码书中寻找与当前子帧波形匹配的码矢量。因为码书搜索慢，需要多的比特数。解决方案是利用LTP码书和增益码书。LTP码书就是乘积量化码书中的形状码书，码字是归一化矢量，用自适应方法实现。这个自适应码书中的码字是对应当前帧或子帧的索引号为延迟 τ 的位移语音残差段。

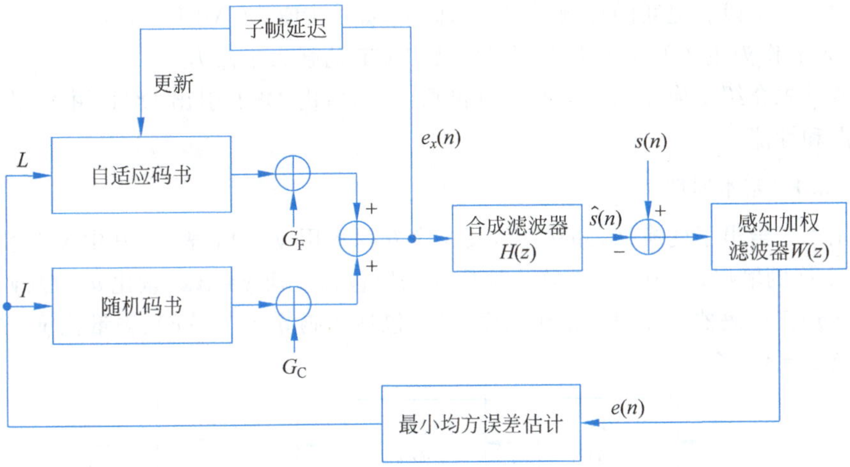

图4.4.4 CELP编码基本原理图

通常CELP编码器使用闭环搜索，寻找码矢量使得平均感知加权均方误差最小：

$$\min_{\tau} e(n)=\sum_{n=0}^{L-1}[s_w(n)-\hat{s}_w(n,\tau)]^2$$

经STP和LTP后的残差信号非常像白噪声。译码器是编码器的逆过程，但没有搜索过程，比编码器简单。CELP 算法在 4.8kb/s 可提供相当好的话音质量。当前使用 CELP 算法的语音编码标准有多种，例如低延迟码激励线性预测（LD-CELP）编码器（16kb/s 语音编码国际标准 G.728 建议）、GSM 残余脉冲激励 LPC 编码器（13kb/s）、共轭结构-代数码激励线性预测（CS-ACELP）编码器（8kb/s 语音编码国际标准 G.729 建议）等。

视频

4.4.2 变换编码

变换编码是指先对信号进行某种函数变换，从一种信号（空间）变换到另一种信号（空间），再对信号进行编码。变换本身并不进行数据压缩，只把信号映射到另一个域，使变换后信号的特征更明显，各分量之间相关性减弱甚至独立，使得更容易进行比特分配和编码，从而实现效果更好的压缩。

最早将正交变换思想用于数据压缩是在 20 世纪 60 年代末期。1968 年人们开始将离散傅里叶变换（DFT）用于图像压缩，1969 年将哈达玛（Hadamard）变换用于图像压缩，1971 年又用 KLT（Karhunen-Loeve Transform）对图像进行压缩，得到了最佳的变换性能，故 KLT 又称为最优变换。但是 KLT 需依赖信源的统计特性，实用性不强，故人们继续寻找新的变换编码方法。1974 年，综合性能最佳的离散余弦变换（DCT）问世，并很快得到了广泛应用。

随着 VLSI 技术的发展，DCT 得到了越来越广泛的应用。20 世纪 80 年代后期，国际电信联盟（ITU）制定的图像压缩标准 H.261 即选定 DCT 作为核心的压缩模块。随后国际标准化组织（ISO）制定的活动图像压缩标准 MPEG-1 也以 DCT 作为多媒体计算机视频压缩的基本手段。更新的视频压缩国际标准，如 MPEG-2、MPEG-4、H.263、H.264 等仍是以 DCT 作为主要的压缩手段，由此可见 DCT 的强大生命力。

本节首先介绍变换编码的基本思想和原理，然后由 DFT 引出 DCT，并介绍 DCT 的主要特点和性能。

4.4.2.1 基本原理

图 4.4.5 给出了变换编码的模型，其变换方程式用 $\boldsymbol{y}=\boldsymbol{A}\boldsymbol{x}$ 表示，其中 $\boldsymbol{x}$ 为变换的输入，$\boldsymbol{y}$ 为变换的输出，$\boldsymbol{A}$ 为变换矩阵。变换编码器包括变换 $\boldsymbol{y}=\boldsymbol{A}\boldsymbol{x}$、量化 $\boldsymbol{q}=Q(\boldsymbol{y})$ 和熵编码 $\boldsymbol{c}=C(\boldsymbol{q})$。译码器与编码器工作顺序相反，包括译码 $\hat{\boldsymbol{q}}=C^{-1}(\boldsymbol{c})$、去量化 $\hat{\boldsymbol{y}}=Q^{-1}(\hat{\boldsymbol{q}})$ 和反变换 $\hat{\boldsymbol{x}}=\boldsymbol{A}^{-1}\hat{\boldsymbol{y}}$。

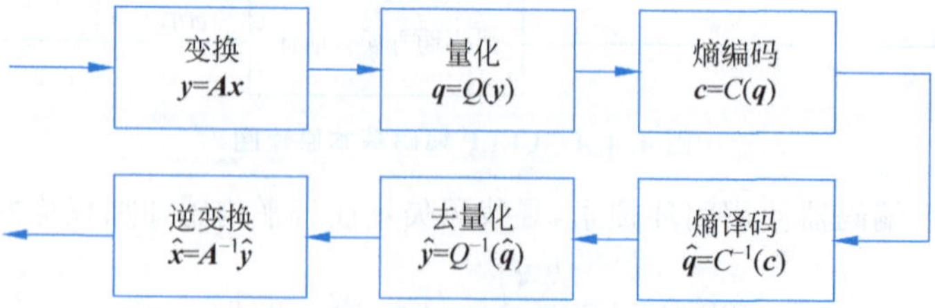

图 4.4.5 变换编码模型

变换 $\boldsymbol{A}$ 是可逆的，通常是正交的，正交矩阵用 $\boldsymbol{T}$ 表示。量化器 Q 对变换系数 $\boldsymbol{y}_i$ 分

别进行标量量化，以降低处理复杂度，量化器 Q 是不可逆的，会产生失真。要选择合适的量化器使得在满足一定约束下平均失真最小。熵编码器 C 是无损的，通常采用霍夫曼(Huffman)编码器或算术编码器。变换、量化和熵编码三个模块是独立工作的。

下面分析正交变换的特点。一般地讨论 N 维矢量 $\boldsymbol{x}$ 和 $\boldsymbol{y}$，取 $N\times N$ 正交矩阵 $\boldsymbol{T}$，作变换 $\boldsymbol{y}=\boldsymbol{Tx}$：

$$\boldsymbol{x}=\begin{bmatrix} x_0 \\ x_1 \\ \vdots \\ x_{N-1} \end{bmatrix}, \quad \boldsymbol{y}=\begin{bmatrix} y_0 \\ y_1 \\ \vdots \\ y_{N-1} \end{bmatrix}$$

则

$$\boldsymbol{x}=\boldsymbol{T}^{-1}\boldsymbol{y}=\boldsymbol{T}^{\mathrm{T}}\boldsymbol{y}$$

可见正交变换求逆非常简单，只需将 $\boldsymbol{T}$ 的转置 $\boldsymbol{T}^{\mathrm{T}}$ 乘以 $\boldsymbol{y}$ 即可恢复 $\boldsymbol{x}$，这是正交变换定义的直接引用。

若信源 X 先后发出的 N 个符号之间存在相关性，或者说矢量 $\boldsymbol{x}$ 的 N 个分量间存在相关性，则反映到 $\boldsymbol{x}$ 的协方差矩阵 $\boldsymbol{\phi}_x$ 中，除了 $\boldsymbol{\phi}_x$ 的对角线元素不为 0 外，$\boldsymbol{\phi}_x$ 的其他元素也可能不为 0。我们希望通过变换，能使输出 $\boldsymbol{y}$ 的各分量间不相关，即 $\boldsymbol{y}$ 的协方差矩阵 $\boldsymbol{\phi}_y$ 中除对角线元素外都为 0，以消除信源符号间的相关性，变有记忆信源为无记忆信源。

由 $\boldsymbol{y}=\boldsymbol{Tx}$ 可知，$\boldsymbol{y}$ 的均值为 $m_y=\boldsymbol{T}m_x$，故

$$\begin{aligned}\boldsymbol{\phi}_y &= E[(\boldsymbol{y}-m_y)(\boldsymbol{y}-m_y)^{\mathrm{T}}] \\ &= E[\boldsymbol{T}(\boldsymbol{x}-m_x)(\boldsymbol{x}-m_x)^{\mathrm{T}}\boldsymbol{T}^{\mathrm{T}}] \\ &= \boldsymbol{T}E[(\boldsymbol{x}-m_x)(\boldsymbol{x}-m_x)^{\mathrm{T}}]\boldsymbol{T}^{\mathrm{T}} \\ &= \boldsymbol{T}\boldsymbol{\phi}_x\boldsymbol{T}^{\mathrm{T}}\end{aligned}$$

若取 T 为正交矩阵，即 $\boldsymbol{T}^{-1}=\boldsymbol{T}^{\mathrm{T}}$，则有

$$\boldsymbol{\phi}_y=\boldsymbol{T}\boldsymbol{\phi}_x\boldsymbol{T}^{-1}$$

协方差矩阵 $\boldsymbol{\phi}_x$、$\boldsymbol{\phi}_y$ 必为实对称矩阵，由矩阵代数知，对于实对称矩阵 $\boldsymbol{\phi}_x$，总存在正交矩阵 $\boldsymbol{T}$，使 $\boldsymbol{T}\boldsymbol{\phi}_x\boldsymbol{T}^{\mathrm{T}}$ 为对角矩阵，即

$$\boldsymbol{T}\boldsymbol{\phi}_x\boldsymbol{T}^{\mathrm{T}}=\boldsymbol{T}\boldsymbol{\phi}_x\boldsymbol{T}^{-1}=\boldsymbol{\phi}_y=\begin{bmatrix} \boldsymbol{\lambda}_0 & 0 & \cdots & 0 \\ 0 & \boldsymbol{\lambda}_1 & \cdots & 0 \\ \vdots & \vdots & \ddots & \vdots \\ 0 & 0 & \cdots & \boldsymbol{\lambda}_{N-1} \end{bmatrix}$$

即输出 $\boldsymbol{y}$ 的各分量间不相关，这正是我们所希望的。这就是正交变换用于数据压缩的一个重要理论根据，也是 KLT 变换的基本思想。即根据被编码序列 $\boldsymbol{x}$ 的协方差矩阵 $\boldsymbol{\phi}_x$，求其特征根与特征向量，以构造正交变换矩阵 $\boldsymbol{T}$。

例 4.4.2 基于星座旋转的正交变换。

设信源 X 先后发出的两个样值 x_1 和 x_2 之间存在相关性，又设 x_1 与 x_2 均为 3bit 量化，即各有 8 种可能的取值，则 $x_1\sim x_2$ 的相关特性可用图 4.4.6 表示。图中的椭圆表

示 x_1 与 x_2 相关程度较高的区域,且此相关区关于 x_1 轴和 x_2 轴对称。显然,x_1 与 x_2 相关性越强,椭圆越扁长,而变量 x_1 与 x_2 取相等幅度的可能性最大,故二者方差近似相等。若将 x_1-x_2 坐标逆时针旋转 45°变成 y_1-y_2 平面,则相关区落在 y_2 轴上下区域,此时相关区关于 y_1 轴和 y_2 轴不再对称,当 y_1 取值变动较大时,y_2 所受影响很小,说明 y_1 与 y_2 间相关性大大减弱。由图 4.4.6 可以看出:随机变量 y_1 与 y_2 的能量分布发生了很大的变化,相关区内大部分点上 y_1 的方差均大于 y_2 的方差,即 $\sigma_{y_1}^2 \gg \sigma_{y_2}^2$。另外,坐标变换不会使总能量发生变化,故坐标变换前后总方差和应保持不变,即 $\sigma_{x_1}^2+\sigma_{x_2}^2=\sigma_{y_1}^2+\sigma_{y_2}^2$。由此可见,上述坐标变换具有两个重要的特点:一是变量间独立,即 y_1 与 y_2 之间相关性大大减弱;二是能量集中,即 $\sigma_{y_2}^2 \ll \sigma_{y_1}^2$,$\sigma_{y_2}^2$ 小到几乎可忽略。这两个特点正是变换编码可以实现数据压缩的重要依据。

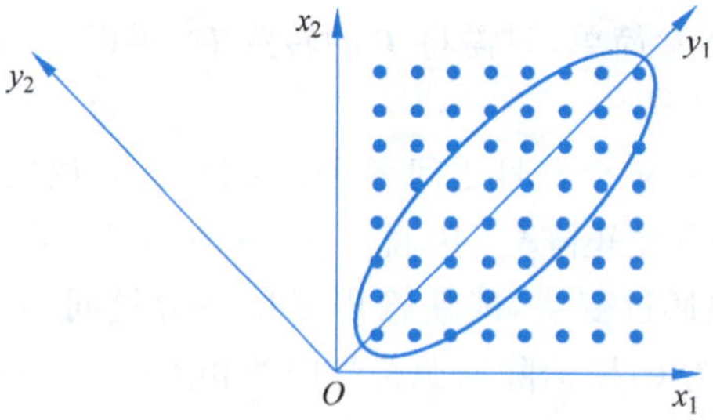

图 4.4.6 坐标旋转

上述坐标旋转对应的变换方程为

$$\begin{bmatrix} y_1 \\ y_2 \end{bmatrix} = \begin{bmatrix} \cos\theta & \sin\theta \\ -\sin\theta & \cos\theta \end{bmatrix} \begin{bmatrix} x_1 \\ x_2 \end{bmatrix}$$

由于

$$\begin{bmatrix} \cos\theta & \sin\theta \\ -\sin\theta & \cos\theta \end{bmatrix} \begin{bmatrix} \cos\theta & \sin\theta \\ -\sin\theta & \cos\theta \end{bmatrix}^{\mathrm{T}} = \begin{bmatrix} 1 & 0 \\ 0 & 1 \end{bmatrix} = \boldsymbol{I}$$

显然变换矩阵

$$\begin{bmatrix} \cos\theta & \sin\theta \\ -\sin\theta & \cos\theta \end{bmatrix} \triangleq \boldsymbol{T}$$

为正交矩阵,即矩阵 $\boldsymbol{T}$ 的转置等于其逆矩阵,由正交矩阵决定的输入 $\boldsymbol{x}$ 与输出 $\boldsymbol{y}$ 之间的变换称为正交变换。

取 $\theta=45°$,则有

$$\boldsymbol{T} = \begin{bmatrix} \cos\theta & \sin\theta \\ -\sin\theta & \cos\theta \end{bmatrix} = \begin{bmatrix} \sqrt{2}/2 & \sqrt{2}/2 \\ -\sqrt{2}/2 & \sqrt{2}/2 \end{bmatrix}$$

设输入 $\boldsymbol{x}$ 具有很强的相关特性,取 $\boldsymbol{\phi}_x = \begin{bmatrix} a & a \\ a & a \end{bmatrix}$,则

$$\begin{aligned} \boldsymbol{\phi}_y = \boldsymbol{T}\boldsymbol{\phi}_x\boldsymbol{T}^{\mathrm{T}} &= \begin{bmatrix} \sqrt{2}/2 & \sqrt{2}/2 \\ -\sqrt{2}/2 & \sqrt{2}/2 \end{bmatrix} \begin{bmatrix} a & a \\ a & a \end{bmatrix} \begin{bmatrix} \sqrt{2}/2 & -\sqrt{2}/2 \\ \sqrt{2}/2 & \sqrt{2}/2 \end{bmatrix} \\ &= \begin{bmatrix} 2a & 0 \\ 0 & 0 \end{bmatrix} \end{aligned}$$

需要注意的是，上述讨论并未保证所有正交矩阵都能使$\boldsymbol{\phi}_y$成对角矩阵，只是说存在这样的正交矩阵。事实上，目前完全满足这一条件的变换只有 KLT 一种，其他准最优变换包括 DCT 都不能保证在所有情况下都满足这一特性。

一个好的变换应该具有去相关性、能量集中等特性。同时应该注意：变换的目的就是使信号经过变换后能更有效地编码，但变换本身并没有压缩效果。当前主要使用的离散正交变换有：①最佳的变换，KLT，其基本思路是 Karhunen 与 Loeve 分别于 1947 年和 1948 年提出的，1971 年被用于图像压缩；变换后的系数可以完全不相关，但需要关于信源统计特性的知识，而且需要复杂的计算。②准最佳的变换，变换后的协方差矩阵接近对角矩阵；例如，离散傅里叶变换、离散余弦变换、离散沃尔什-哈达玛变换（Walsh-Hadamard Transform，WHT）等，具有好的能量集中特性，并存在快速算法。③小波变换，具有很好的能量集中性和可变的分辨率。

4.4.2.2 常用的正交变换

1. 离散傅里叶变换

离散傅里叶变换是使用最早、最普遍的正交变换。一维变换过程如下：

$$y_k=\frac{1}{\sqrt{N}}\sum_{m=0}^{N-1}x_m W_N^{mk}\quad (k=0,1,\cdots,N-1)$$

$$x_m=\frac{1}{\sqrt{N}}\sum_{k=0}^{N-1}y_k W_N^{-km}\quad (m=0,1,\cdots,N-1)$$

式中：$W_N=\mathrm{e}^{-\mathrm{j}2\pi/N}$。

其变换矩阵为

$$\boldsymbol{T}_{\mathrm{DFT}}=\frac{1}{\sqrt{N}}\begin{bmatrix}1 & 1 & 1 & \cdots & 1\\ 1 & W_N & W_N^2 & \cdots & W_N^{N-1}\\ 1 & W_N^2 & W_N^4 & \cdots & W_N^{2(N-1)}\\ \vdots & \vdots & \vdots & \ddots & \vdots\\ 1 & W_N^{N-1} & W_N^{2(N-1)} & \cdots & W_N^{(N-1)(N-1)}\end{bmatrix}$$

二维离散傅里叶变换正变换展开后有如下形式：

$$y_{i,k}=\frac{1}{N}\sum_{n=0}^{N-1}\sum_{m=0}^{N-1}x_{m,n}\exp\left(\mathrm{j}\,\frac{2mi\pi}{N}\right)\exp\left(-\mathrm{j}\,\frac{2nk\pi}{N}\right)\quad (i,k=0,1,\cdots,N-1)$$

傅里叶变换是一种时-空域与频域的映射关系，存在快速傅里叶变换（Fast Fourier Transform，FFT）。变换后可使信号能量集中，相关性有所减弱。在变换时容易产生寄生高频，不利于图像的压缩。这是因为，在计算 N 点 DFT 时，隐含着将长度为 N 的原始序列复制成周期为 N 的序列。如果样点 $x(0)$ 和 $x(N-1)$ 的值相差较大，那么在周期序列中，从第 $N-1$ 到第 N 个样值就会出现较大幅度跳跃，会使对应高频的变换系数产生较大幅度的值。

视频

2. 离散余弦变换

离散余弦变换是从离散傅里叶变换(DFT)衍化出来的。如前所述,DFT 容易产生寄生高频,且需进行复数运算,计算量大克服的办法是将原始数据序列偶扩展,消除时域样值幅度的跳变点。具体方法如下。

将 $x_m(m=0,1,\cdots,N-1)$ 向负半轴对称展宽 N 点,即为 $x_m(m=-N,-N+1,\cdots,0,1,\cdots,N-1)$,且 $x_m=x_{-m-1}$,对称轴 $m=-1/2$,则 DFT 后,当 $k=0$ 时,有

$$y_k=\sqrt{\frac{1}{N}}\sum_{m=0}^{N-1}x_m$$

当 $k>0$ 时,有

$$\begin{aligned}Y(k)=\frac{1}{\sqrt{2N}}\Bigg\{&\sum_{m=-(N-1)}^{0^-}X(m)\exp\left[-\mathrm{j}\frac{k\pi}{2N}(2m+1)\right]+\\&\sum_{m=0^+}^{N-1}X(m)\exp\left[-\mathrm{j}\frac{k\pi}{2N}(2m+1)\right]\Bigg\}\end{aligned}$$

$$k=1,2,\cdots,N-1$$

因为信号序列是中心对称的,$X(i)=X(-i)$,并且 $\sin(-\alpha)=-\sin\alpha$,可知上式中指数展开并相加之后,所有 $\mathrm{j}\sin\alpha$ 项都抵消,上式简化为

$$Y(0)=\frac{1}{\sqrt{N}}\sum_{m=0}^{N-1}X(m)\quad k=0$$

$$\begin{aligned}Y(k)&=2\mathrm{Re}\left[\frac{1}{\sqrt{2N}}\sum_{m=0}^{N-1}X(m)\exp\left(-\mathrm{j}\frac{2m+1}{2N}k\pi\right)\right]\\&=\sqrt{\frac{2}{N}}\sum_{m=0}^{N-1}X(m)\cos\left[\frac{(2m+1)k\pi}{2N}\right]\end{aligned}$$

$$k=1,2,\cdots,N-1$$

这就是离散余弦变换的变换关系。

离散余弦变换的变换矩阵为

$$\boldsymbol{T}_{\mathrm{DCT}}=\sqrt{\frac{2}{N}}\begin{bmatrix}1/\sqrt{2} & 1/\sqrt{2} & \cdots & 1/\sqrt{2}\\ \cos\dfrac{\pi}{2N} & \cos\dfrac{3\pi}{2N} & \cdots & \cos\dfrac{(2N-1)\pi}{2N}\\ \vdots & \vdots & \ddots & \vdots\\ \cos\dfrac{(N-1)\pi}{2N} & \cos\dfrac{3(N-1)\pi}{2N} & \cdots & \cos\dfrac{(2N-1)(N-1)\pi}{2N}\end{bmatrix}$$

可见,一个 N 维矢量的 N 点 DCT 的幅度与该矢量进行偶扩展再进行 $2N$ 点的 DFT 的幅度相同($i=0$ 除外)。因此,利用 DCT 可以消除数据周期扩展所产生的寄生高频分量。DCT 可以作为具有大的正相关系数 $\rho(\rho\to1)$ 的一阶马尔可夫过程的 KLT 近似,所以对于大的 ρ,DCT 可以使变换后的自协方差矩阵接近对角阵。可以证明,当变换的块长趋于无

限时,DCT 渐近等价于一个任意平稳过程的 KLT。实践证明,即使一阶马尔可夫过程的假定不满足,DCT 也是 KLT 的一个很好的近似,具有较好的去相关性和能量集中特性。

DCT 的一般表达式如下:

记

$$\boldsymbol{x} = \begin{bmatrix} f(0) \\ f(1) \\ \vdots \\ f(N-1) \end{bmatrix}, \quad \boldsymbol{y} = \begin{bmatrix} F(0) \\ F(1) \\ \vdots \\ F(N-1) \end{bmatrix}$$

则

$$\boldsymbol{y} = \boldsymbol{T}_{\mathrm{DCT}}(N)\boldsymbol{x}$$

$$\begin{cases} F(u) = \sum_{i=0}^{N-1} C(u) f(i) \cos \dfrac{(2i+1)u\pi}{2N} & (u = 0, 1, \cdots, N-1) \\ f(i) = \sum_{u=0}^{N-1} C(u) F(u) \cos \dfrac{(2i+1)u\pi}{2N} & (i = 0, 1, \cdots, N-1) \end{cases} \tag{4.4.5}$$

式中

$$C(u) = \begin{cases} \sqrt{\dfrac{1}{N}} & (u = 0) \\ \sqrt{\dfrac{2}{N}} & (u = 1, 2, \cdots, N-1) \end{cases}$$

这是一维 DCT 的表达式。它对于音频、图像的压缩都是有效的,如北京邮电大学 20 世纪 80 年代研制的数字电视系统就是基于 $N=8$ 的一维 DCT 进行压缩的。但用一维 DCT 对图像信号进行压缩效率较低,为此可将 DCT 扩展成二维形式。

对于 $M \times N$ 的二维图像矩阵:

$$\boldsymbol{f}_{M\times N} = \begin{bmatrix} f(0,0) & \cdots & f(0, N-1) \\ \vdots & \ddots & \vdots \\ f(M-1, 0) & \cdots & f(M-1, N-1) \end{bmatrix}$$

则二维 DCT 为

$$\boldsymbol{F}_{M\times N} = \boldsymbol{T}_{\mathrm{DCT}}(M)\boldsymbol{f}_{M\times N}\boldsymbol{T}_{\mathrm{DCT}}^{\mathrm{T}}(N)$$

其逆变换为

$$\boldsymbol{f}_{M\times N} = \boldsymbol{T}_{\mathrm{DCT}}^{\mathrm{T}}(M)\boldsymbol{F}_{M\times N}\boldsymbol{T}_{\mathrm{DCT}}(N)$$

相应的,变换后得到的结果也是 $M \times N$ 的矩阵:

$$\boldsymbol{F}_{M\times N} = \begin{bmatrix} F(0,0) & \cdots & F(0, N-1) \\ \vdots & \ddots & \vdots \\ F(M-1, 0) & \cdots & F(M-1, N-1) \end{bmatrix}$$

$M \times N$ 的二维 DCT 的一般表达式如下:

$$F(u,v)=\frac{2}{\sqrt{MN}}\sum_{i=0}^{M-1}\sum_{j=0}^{N-1}C(u,v)f(i,j)\cos\frac{(2i+1)u\pi}{2M}\cos\frac{(2j+1)v\pi}{2N}$$

$$F(i,j)=\frac{2}{\sqrt{MN}}\sum_{u=0}^{M-1}\sum_{v=0}^{N-1}C(u,v)F(u,v)\cos\frac{(2i+1)u\pi}{2M}\cos\frac{(2j+1)v\pi}{2N}$$

式中

$$C(u,v)=\begin{cases}\dfrac{1}{\sqrt{MN}} & (u=v=0)\\ \dfrac{2}{\sqrt{MN}} & (\text{其他})\end{cases}$$

在现行的图像压缩标准中均是采用 8×8 的 DCT，以使压缩效率与运算量取得较好的平衡。由于对 DCT 系数的量化比较粗糙时产生的误差，压缩后的数据再构成时，在视觉上可以发现相邻系数网格的边界，这称为方块效应。DCT 压缩还可能发生明显的像蚊虫飞舞样的噪声，这种噪声称为蚊式噪声。通常认为其原因是对相当于高频成分的 DCT 系数进行量化时，它的影响分散于整个复原图像中。随着人们对图像质量和灵活度要求的提高，以及 DCT 本身所固有的问题，在新一代的压缩图像国际标准中，具有多分辨率特性的小波变换替代 DCT，成为关键技术之一。

3. 沃尔什-哈达玛变换

由 Walsh 函数产生的变换矩阵通常称为沃尔什-哈达玛变换或沃尔什(Walsh)变换，变换矩阵的第(i,k)元素是

$$h_w(i,k)=\frac{1}{\sqrt{N}}(-1)^{\sum_{m=0}^{n-1}g_{n-1-m}(i)b_m(k)} \tag{4.4.6}$$

式中：$(g_{n-1}(i),\cdots g_1(i),g_0(i))$为 i 的格雷码；$(b_{n-1}(k),\cdots,b_1(k),b_0(k))$为 k 的二进制表示数；n 为 i 的二进制表示数的位数。

当 $N=2^n$ 时，一维 Walsh 正变换核和逆变换核相似。

正变换：

$$h_k=\frac{1}{\sqrt{N}}\sum_{i=0}^{N-1}x_i(-1)^{\sum_{m=0}^{n-1}g_{n-1-m}(i)b_m(k)}\qquad(k=0,1,\cdots,N-1)$$

逆变换：

$$x_i=\frac{1}{\sqrt{N}}\sum_{k=0}^{N-1}h_k(-1)^{\sum_{m=0}^{n-1}g_{n-1-m}(i)b_m(k)}\qquad(i=0,1,\cdots,N-1)$$

根据式(4.4.6)可以构造 Walsh 变换矩阵：构造一个 $n\times N$ 矩阵$\boldsymbol{R}$，其中矩阵的每一列依次是 $0\sim N-1$ 的二进制表示；构造另一个 $N\times n$ 矩阵$\boldsymbol{S}$，其中矩阵的每一行依次是 $0\sim N-1$ 的二进格雷码的比特倒序。计算矩阵 $\boldsymbol{S}$ 与 $\boldsymbol{R}$ 的乘积(采用模二加运算)，再将 0 变成 1，1 变成 −1，就得到所需要的变换矩阵。

例 4.4.3 构造 $N=8$ 阶的 Walsh 变换矩阵。

解：

$$S=\begin{pmatrix}0&0&0\\1&0&0\\1&1&0\\0&1&0\\0&1&1\\1&1&1\\1&0&1\\0&0&1\end{pmatrix},\quad R=\begin{pmatrix}0&0&0&0&1&1&1&1\\0&0&1&1&0&0&1&1\\0&1&0&1&0&1&0&1\end{pmatrix}$$

$$SR=\begin{pmatrix}0&0&0&0&0&0&0&0\\0&0&0&0&1&1&1&1\\0&0&1&1&1&1&0&0\\0&0&1&1&0&0&1&1\\0&1&1&0&0&1&1&0\\0&1&1&0&1&0&0&1\\0&1&0&1&1&0&1&0\\0&1&0&1&0&1&0&1\end{pmatrix}$$

矩阵 $\boldsymbol{SR}$ 再进行 $0\to1,1\to-1$ 的转换就得到 8 阶的 Walsh 变换矩阵。

4. 斜变换

斜变换(ST)矢量是在整个长度均匀变化的离散锯齿波，可以有效地表示电视图像一行中亮度的变化。斜变换矩阵可以作为稀疏矩阵的乘积递归产生，从而产生快速算法。设斜变换矩阵为 $\boldsymbol{S}(1),\boldsymbol{S}(2),\cdots,\boldsymbol{S}(n)$。递归产生如下：

$$\boldsymbol{S}(1)=\frac{1}{\sqrt{2}}\begin{pmatrix}1&1\\1&-1\end{pmatrix},\quad \boldsymbol{S}(2)=\frac{1}{\sqrt{2}}\begin{pmatrix}1&0&1&0\\a_4&b_4&-a_4&b_4\\0&1&0&-1\\-b_4&a_4&b_4&a_4\end{pmatrix}\begin{pmatrix}\boldsymbol{S}(1)&\boldsymbol{0}\\\boldsymbol{0}&\boldsymbol{S}(1)\end{pmatrix}$$

式中：a_4、b_4 为定标常数。

计算可得

$$\boldsymbol{S}(2)=\frac{1}{2}\begin{pmatrix}1&1&1&1\\a_4+b_4&a_4-b_4&-a_4+b_4&-a_4-b_4\\1&1&1&1\\a_4-b_4&-a_4-b_4&a_4+b_4&-a_4+b_4\end{pmatrix}$$

因为斜基矢量相邻两元素之间的阶距必须相等，所以有 $2b_4=2a_4-2b_4$，即 $a_4=2b_4$。

再依据正交归一条件，可得 $b_4=1/\sqrt{5}$。最后可得

$$\boldsymbol{S}(2)=\frac{1}{2}\begin{pmatrix}&1&1&1&1\\(1/\sqrt{5})&(3&1&-1&-3)\\&1&-1&-1&1\\(1/\sqrt{5})&(1&-3&3&-1)\end{pmatrix}$$

$\boldsymbol{S}(3)$与$\boldsymbol{S}(2)$的递推关系为

$$
\boldsymbol{S}(3)=\frac{1}{\sqrt{2}}\begin{pmatrix}
1 & 0 & 0 & 0 & 1 & 0 & 0 & 0\\
a_8 & -1 & 0 & 0 & -a_8 & b_8 & 0 & 0\\
0 & 0 & 1 & 0 & 0 & 0 & 1 & 0\\
0 & 0 & 0 & 1 & 0 & 0 & 0 & 1\\
0 & 1 & 0 & 0 & 0 & -1 & 0 & 0\\
-b_8 & a_8 & 0 & 0 & b_8 & a_8 & 0 & 0\\
0 & 0 & 1 & 0 & 0 & 0 & -1 & 0\\
0 & 0 & 0 & 1 & 0 & 0 & 0 & -1
\end{pmatrix}\times \mathrm{diag}(\boldsymbol{S}(2),\boldsymbol{S}(2))
$$

式中：$a_8=3/\sqrt{21}$；$b_8=\sqrt{5/21}$。

最后可得

$$
\boldsymbol{S}(3)=\frac{1}{\sqrt{8}}\begin{pmatrix}
 & 1 & 1 & 1 & 1 & 1 & 1 & 1 & 1\\
(1/\sqrt{21}) & (7 & 5 & 3 & 1 & -1 & -3 & -5 & -7)\\
(1/\sqrt{5}) & (3 & 1 & -1 & -3 & -3 & -1 & 1 & 3)\\
(1/\sqrt{105}) & (7 & -1 & -9 & -17 & 17 & 9 & 1 & -7)\\
 & 1 & -1 & -1 & 1 & 1 & -1 & -1 & 1\\
 & 1 & -1 & -1 & 1 & -1 & 1 & 1 & -1\\
(1/\sqrt{5}) & (1 & -3 & 3 & -1 & -1 & 3 & -3 & 1)\\
(1/\sqrt{5}) & (1 & -3 & 3 & -1 & 1 & -3 & 3 & -1)
\end{pmatrix}
$$

图 4.4.7 给出了上述各种变换在去相关及能量集中方面的性能比较，图中 ρ 为相关系数，取 $0<\rho<1$。已经证明，DCT 是所有次最佳变换中综合性能最好的正交变换。

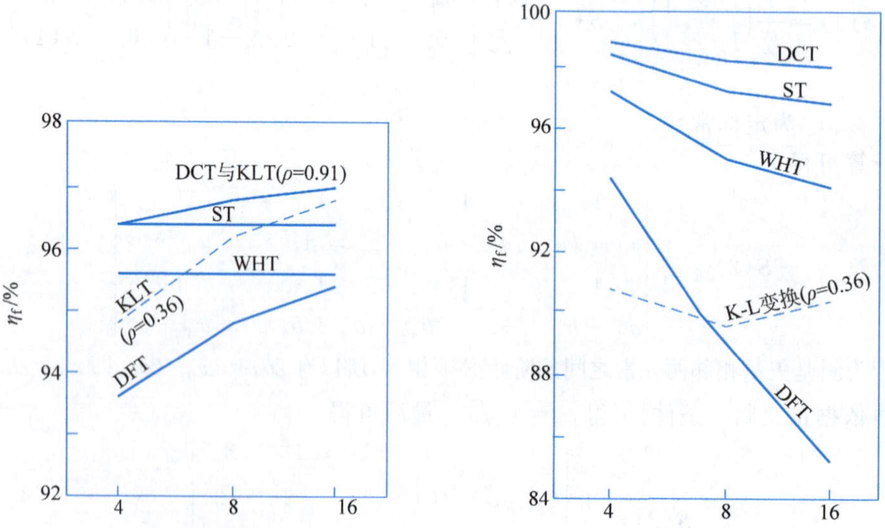

(a) 能量集中特性　　(b) 去相关特性

图 4.4.7　各种变换性能比较

4.4.2.3 音频压缩中的修正 DCT

前面分析过，基于分块的变换会引起边界处的失真，采用重叠块的处理方法可以克服这个缺点。在流行的音频压缩编码标准中采用的修正 DCT（MDCT）就利用了这种处理方式。通常采用的是 50% 重叠，即当前块和前一块重叠一半和后一块重叠一半。这样，每个样值均包含在两个相邻块中。如果将这样的块进行变换处理，即正变换后再逆变换，就会产生时域的重叠。因此，需要设计合适的变换来消除上述重叠现象。

设块长为 N 的第 i 块数据 $\boldsymbol{x}_i=[\boldsymbol{p}\quad \boldsymbol{q}]$，其中 $\boldsymbol{p}$、$\boldsymbol{q}$ 均是长度为 $N/2$ 的序列。$\boldsymbol{x}_i$ 和 $\boldsymbol{x}_{i+1}$ 的公共数据为 $\boldsymbol{q}$。$N\times N$ 变换矩阵的前 $N/2$ 行可写成 $\boldsymbol{P}=[\boldsymbol{A}\quad \boldsymbol{B}]$，其中，$\boldsymbol{A}$、$\boldsymbol{B}$ 均是 $N/2\times N/2$ 矩阵。对 $\boldsymbol{x}_i$ 的正变换为

$$\boldsymbol{y}_i=[\boldsymbol{A}\quad \boldsymbol{B}]\begin{bmatrix}\boldsymbol{p}\\ \boldsymbol{q}\end{bmatrix}$$

设逆变换矩阵 $\boldsymbol{Q}=\begin{bmatrix}\boldsymbol{C}\\ \boldsymbol{D}\end{bmatrix}$，大小为 $N\times N/2$，其中，$\boldsymbol{C}$ 和 $\boldsymbol{D}$ 均为 $N/2\times N/2$ 矩阵。这样，$\boldsymbol{x}_i$ 的重建值为

$$\hat{\boldsymbol{x}}_i=\boldsymbol{Q}\boldsymbol{y}_i=\begin{bmatrix}\boldsymbol{C}\\ \boldsymbol{D}\end{bmatrix}[\boldsymbol{A}\quad \boldsymbol{B}]\begin{bmatrix}\boldsymbol{p}\\ \boldsymbol{q}\end{bmatrix}=\begin{bmatrix}\boldsymbol{CAp}+\boldsymbol{CBq}\\ \boldsymbol{DAp}+\boldsymbol{DBq}\end{bmatrix}$$

对第 $i+1$ 块数据处理后，可得

$$\hat{\boldsymbol{x}}_{i+1}=\boldsymbol{Q}\boldsymbol{y}_{i+1}=\begin{bmatrix}\boldsymbol{C}\\ \boldsymbol{D}\end{bmatrix}[\boldsymbol{A}\quad \boldsymbol{B}]\begin{bmatrix}\boldsymbol{q}\\ \boldsymbol{r}\end{bmatrix}=\begin{bmatrix}\boldsymbol{CAq}+\boldsymbol{CBr}\\ \boldsymbol{DAq}+\boldsymbol{DBr}\end{bmatrix}$$

为消除块中的重叠，应该满足

$$\boldsymbol{CAq}+\boldsymbol{CBr}+\boldsymbol{DAp}+\boldsymbol{DBq}=\boldsymbol{q}$$

则有

$$\boldsymbol{CB}=\boldsymbol{0},\boldsymbol{DA}=\boldsymbol{0},\boldsymbol{CA}+\boldsymbol{DB}=\boldsymbol{I}$$

进一步可得

$$\begin{cases}\boldsymbol{CA}=(\boldsymbol{I}-\boldsymbol{J})/2\\ \boldsymbol{DB}=(\boldsymbol{I}+\boldsymbol{J})/2\end{cases}$$

由此可得，MDCT 正变换为

$$y_k=\sum_{m=0}^{N-1}x_m\cos\left[\frac{2\pi}{N}(k+1/2)(m+1/2+N/4)\right]\quad (k=0,1,\cdots,N/2-1)$$

MDCT 逆变换为

$$x_m=\frac{2}{N}\sum_{k=0}^{N/2-1}y_k\cos\left[\frac{2\pi}{N}(k+1/2)(m+1/2+N/4)\right]\quad (m=0,1,\cdots,N-1)$$

MDCT 正变换矩阵为

$$(P)_{km}=\cos\left[\frac{2\pi}{N}(k+1/2)(m+1/2+N/4)\right]\quad (k=0,1,\cdots,N/2-1;\ m=0,1,\cdots,N-1)$$

MDCT 逆变换矩阵为

$$(Q)_{mk}=\frac{2}{N}\cos\left[\frac{2\pi}{N}(k+1/2)(m+1/2+N/4)\right]\quad (m=0,1,\cdots,N-1;\ k=0,1,\cdots,N/2-1)$$

容易证明,当 N 值给定时,以上矩阵满足混叠消除条件。因此,当任何一块的逆变换有重叠时,利用邻近块的逆变换可以消除重叠。但对于无临近块的数据,例如最后一块或第一块,解决重叠问题的方法就是在数据序列的开头或结尾补 $N/2$ 个零样值。

4.4.2.4 视频压缩中的 ICT

视频压缩标准 H.264 和 AVS 都采用了一种全新的整数 DCT(ICT),其主要思想是利用矩阵的因式分解将变换矩阵中的浮点运算独立出去放到量化阶段进行,而仅保留一个元素全部为整数的类 DCT 矩阵用于变换。这样的处理依然可保留 DCT 的原有特性。ICT 是对 DCT 的改进,将变换矩阵的元素从实数改为整数,避免了变换过程中的浮点运算。

基于式(4.4.5)可以得到 8×8 的 DCT 为

$$Y(u,v)=\frac{1}{4}C(u,v)\sum_{i=0}^{7}\sum_{j=0}^{7}X(i,j)\cos\frac{(2i+1)u\pi}{16}\cos\frac{(2j+1)v\pi}{16}$$

上述矩阵可以表示为 $\boldsymbol{Y}=\boldsymbol{P}_0\boldsymbol{X}\boldsymbol{P}_0^{\mathrm{T}}$,其中 $\boldsymbol{X}$ 为 8×8 子块进行预测之后的残差系数矩阵,$\boldsymbol{Y}$ 为变换编码后的系数矩阵。定义 $\boldsymbol{P}_0$ 为

$$\boldsymbol{P}_0=\begin{bmatrix} a & a & a & a & a & a & a & a \\ b & d & e & g & -g & -e & -d & -b \\ c & f & -f & -c & -c & -f & f & c \\ d & -g & -b & -e & e & b & g & -d \\ a & -a & -a & a & a & -a & -a & a \\ e & -b & g & d & -d & -g & b & -e \\ f & -c & c & -f & -f & c & -c & f \\ g & -e & d & -b & b & -d & e & -g \end{bmatrix}$$

式中

$$a=1/2\sqrt{2},\quad b=\frac{1}{2}\cos\left(\frac{\pi}{16}\right),\quad c=\frac{1}{2}\cos\left(\frac{2\pi}{16}\right),\quad d=\frac{1}{2}\cos\left(\frac{3\pi}{16}\right)$$

$$e=\frac{1}{2}\cos\left(\frac{5\pi}{16}\right),\quad f=\frac{1}{2}\cos\left(\frac{6\pi}{16}\right),\quad g=\frac{1}{2}\cos\left(\frac{7\pi}{16}\right)$$

对矩阵 $\boldsymbol{P}_0$ 提取公因数,定义向量 $\mathbf{V}_s=[a,g_0,f,g_0,a,g_0,f,g_0]$,得到矩阵 $\boldsymbol{P}_1$

$$\boldsymbol{P}_1=\begin{bmatrix} 1 & 1 & 1 & 1 & 1 & 1 & 1 & 1 \\ k_1 & k_2 & k_3 & k_4 & -k_4 & -k_3 & -k_2 & -k_1 \\ k_5 & 1 & -1 & -k_5 & -k_5 & -1 & 1 & k_5 \\ k_2 & -k_4 & -k_1 & -k_3 & k_3 & k_1 & k_4 & -k_2 \\ 1 & -1 & -1 & 1 & 1 & -1 & -1 & 1 \\ k_3 & -k_1 & k_4 & k_2 & -k_2 & -k_4 & k_1 & -k_3 \\ 1 & -k_5 & k_5 & -1 & -1 & k_5 & -k_5 & 1 \\ k_4 & -k_3 & k_2 & -k_1 & k_1 & -k_2 & k_3 & -k_4 \end{bmatrix}$$

式中:$k_1=b/g_0$;$k_2=d/g_0$;$k_3=e/g_0$;$k_4=g/g_0$;$k_5=c/f$。

定义系数矩阵 $\boldsymbol{E}_s=\mathbf{V}_s^{\mathrm{T}}\mathbf{V}_s$,得到 $Y=\boldsymbol{P}_1\times\boldsymbol{P}_1^{\mathrm{T}}\otimes\boldsymbol{E}_s$,其中⊗表示 2 个矩阵的叉乘(即相同位置的元素对应相乘)。因此确定矩阵 $\boldsymbol{P}_1$ 中的系数 k_1、k_2、k_3、k_4、k_5 的值就可以确定

变换系数矩阵。ICT 的重点在于 X 是像素预测残差矩阵，为整数数据。如果系数 k_1、k_2、k_3、k_4、k_5 均为整数，则变换将全部转化为整数运算。由于这 5 个系数有多种取值，所以 8×8 的 ICT 变换矩阵也有多个，不同的变换矩阵有着不同的变换性能和运算复杂度。经过反复试验，AVS 工作组获得了性能最佳的变换矩阵，AVS-S 标准中采用的 ICT 变换矩阵为

$$\boldsymbol{T}=\begin{bmatrix}8&8&8&8&8&8&8&8\\10&9&6&2&-2&-6&-9&-10\\10&4&-4&-10&-10&-4&4&10\\9&-2&-10&-6&6&10&2&-9\\8&-8&-8&8&8&-8&-8&8\\6&-10&2&9&-9&-2&10&-6\\4&-10&10&-4&-4&10&-10&4\\2&-6&9&-10&10&-9&6&-2\end{bmatrix}$$

AVS2 中变换编码块不再被设定为 8×8，总共有 8×8、16×16、32×32 三种大小。在变换编码中采用多种变换矩阵，下仅列出其中两种：

$$\boldsymbol{T}_4=\begin{bmatrix}34&58&72&81\\77&69&-7&-75\\79&-33&-75&58\\55&-84&73&-28\end{bmatrix}$$

$$\boldsymbol{T}_8=\begin{bmatrix}32&32&32&32&32&32&32&32\\44&38&25&9&-9&-25&-38&-44\\42&17&-17&-42&-42&-17&17&42\\38&-9&-44&-25&25&44&9&-38\\32&-32&-32&32&32&-32&-32&32\\25&-44&9&38&-38&-9&44&-25\\17&-42&42&-17&-17&42&-42&17\\9&-25&38&-44&44&-38&25&-9\end{bmatrix}$$

4.4.3 统计编码

视频

前面所介绍的预测编码与变换编码可消除信源符号间相关性带来的冗余度，从而使有记忆信源变成无记忆信源，提高了信源的信息传输率。而对于无记忆信源，其冗余度主要体现在各个信源符号概率分布的不均匀性上，要消除这种冗余度，可以对信源进行统计编码，即通过码长与信源符号概率的匹配来进行压缩，从而提高传输的有效性。因为最低压缩限度是信源的熵，所以这类编码也称为熵编码。

4.4.3.1 最优码分析

研讨式教学

最优码是指平均码长最短的前缀码，即满足 Kraft 不等式的码长集合 $l_1,l_2,\cdots,l_q$，其平均码长不超过其他任何前缀码的平均码长。这个最优化问题可以描述为在所有整数 $l_1,l_2,\cdots,l_q$ 上最小化平均码长

$$\bar{L}=\sum_{i=1}^{q} p_i l_i$$

其约束条件为

$$\sum_{i=1}^{q} r^{-l_i} \leqslant 1$$

不考虑 l_i 必须是整数的约束，且假定其他对于 l_i 的约束都是相同的。于是，利用拉格朗日(Lagrange)乘子法，将带约束的最小化参数极值问题转化为求

$$J=\sum_i p_i l_i+\lambda(\sum_i r^{-l_i})$$

的极小化问题。关于 l_i 求微分，可得

$$\frac{\partial J}{\partial l_i}=p_i-\lambda r^{-l_i}\ln r$$

设偏导为 0，可得

$$r^{-l_i}=\frac{p_i}{\lambda \ln r}$$

将此代入约束条件中以求得合适的 λ，可得

$$\lambda=1/\ln r$$

因而

$$p_i=r^{-l_i}$$

即可产生最优码长为

$$l_i^*=-\log_r p_i \tag{4.4.7}$$

若可以取码字长度为非整数，则产生的平均码长为

$$\bar{L}^*=\sum p_i l_i^*=-\sum p_i \log_r p_i=H_r(X)$$

由于 l_i 必须是整数，因而码字长度不可能总是设置成式(4.4.7)的形式。然而，必定会选择相应的码字长度 l_i 所成的集合“接近于”最优集。该结论与我们在介绍香农第一定理时的结论一致，也是 Shannon 编码的主要依据。

例 4.4.4 Shannon 码。对于某个特定的字符，使用码长为 $\left\lceil \log \frac{1}{p_i} \right\rceil$ 的码称为 Shannon 码。对信源

$$\begin{bmatrix} S \\ P(s_i) \end{bmatrix}=\begin{bmatrix} s_1, & s_2, & s_3, & s_4, & s_5, & s_6, & s_7 \\ 0.2, & 0.19, & 0.18, & 0.17, & 0.15, & 0.10, & 0.01 \end{bmatrix}$$

进行 Shannon 编码。

解： Shannon 编码的步骤为：

(1) 将被编码信源符号按概率递减次序排列；

(2) 分配码字长度；以 s_4 为例，可计算码长为

$$l_4=\lceil \log(1/0.17) \rceil=\lceil 2.56 \rceil=3$$

(3) 设计码型，此时需基于累积概率进行。仍以 s_4 为例，其累积概率(此符号之前的符号概率之和)为

$$R_4=\sum_{k=1}^{3}p_k=0.57=1\times2^{-1}+0\times2^{-2}+0\times2^{-3}+1\times2^{-4}+\cdots$$

取前 $l_4=3$ 位，得码字 $W_4=100$，此即为信源符号 s_4 的编码码字，其他符号的码字求法与此相似，最终可得码集合 $C=\{000,001,011,100,101,1110,1111110\}$，平均码长 $\bar{L}=\sum_{i=1}^{7}p_il_i=3.14$ 码元/信源符号。

例 4.4.5 Fano码是费诺(Fano)提出的一种次优的编码方法，先将 m 元信源的概率值以降序排列，再选择 k 使得 $\left|\sum_{i=1}^{k}P(s_i)-\sum_{i=k+1}^{m}P(s_i)\right|$ 达到最小值。这个操作将信源字符集划分成了概率几乎相等的两个集合。可将其中一个集合中的字符对应码字的第一位上标 0，另一集合标 1。然后对每个划分出来的子集重复此过程，最终每个信源字符均可得到一个相应的码字。对上例中的信源进行 Fano 编码，可得码集合 $C=\{00,010,011,10,110,1110,1111\}$，平均码长 $\bar{L}=\sum_{i=1}^{7}p_il_i=2.74$ 码元 / 信源符号。

4.4.3.2 Huffman 码

视频

Huffman 编码是 David Albert Huffman 于 1952 年提出，是当前应用最广的熵编码之一。经过多年的研究与应用实践，有关的理论与技术已经成熟。

1. 二进制 Huffman 码的构造

针对二进制最优码进行构造，可得如下定理。

定理 4.4.4 对于某 q 元信源，如果存在最优的二进制编码，其中有一个最长的码字为 C_q，那么必有另一个与其长度相同的码字 C_{q-1}，并且：

(1) 两码字对应的信源符号的概率最小；

(2) 两码字仅最后一个码位有差别，即其中一个 C_q 的最末位是 0，而另一个 C_{q-1} 的最末位是 1(或者相反)。

此定理可以用反证法证明，注：①最长的码字可能多于 2 个；②最长的码字的个数是偶数。

根据上面的定理，可以构造二元最优码，方法如下。

设信源 S 的符号集为 $\{a_1,a_2,\cdots,a_q\}$，符号概率满足 $p_1\geqslant p_2\geqslant\cdots\geqslant p_q$，对应的码字为 $C_1,C_2,\cdots,C_q$。将概率最小的两个码符号 C_{q-1}、C_q 合并，产生一个新信源(也称缩减信源)S'，符号集为 $\{a'_1,a'_2,\cdots,a'_{q-1}\}$，原信源与新信源符号概率的关系如下：

$$p'_i=\begin{cases}p_i & (1\leqslant i\leqslant q-2)\\ p_i+p_{i+1} & (i=q-1)\end{cases}$$

设新信源符号 $a'_1,a'_2,\cdots,a'_{q-1}$ 对应的码字为 $C'_1,C'_2,\cdots,C'_{q-1}$。按下面的关系就可恢复原信源的码字：

$$C_i=C' \quad (i=1,2,\cdots,q-2)$$

$$C_{q-1}=[C'_{q-1}\quad 0],\quad C_q=[C'_{q-1}\quad 1] \tag{4.4.8}$$

上面的[]表示字符间的连接关系。下面证明，若 C'_i 对信源 S' 是最优的前缀码，则 C_i

对信源 S 也是最优的前缀码。

设对 S' 和 S 编码码长分别为 $l'_1,l'_2,\cdots,l'_{q-1}$ 和 $l_1,l_2,\cdots,l_q$，则

$$l_i=\begin{cases} l'_i & (1\leqslant i\leqslant q-2) \\ l'_{q-1}+1, & (i=q-1,q) \end{cases}$$

那么，对 S 的平均码长为

$$\bar{L}=\sum_{i=1}^{q}p_i l_i=\sum_{i=1}^{q-2}p'_i l'_i+p_{q-1}l_{q-1}+p_q l_q=\sum_{i=1}^{q-1}p'_i l'_i+p_{q-1}+p_q=\bar{L}'+p_{q-1}+p_q$$

式中：$\bar{L}'$为对 S'编码的平均码长。

因此，由 $\bar{L}'$最小和 $p_{q-1}+p_q$ 最小可以推出 $\bar{L}$ 最小。也就是说，如果某种编码对 S' 是最优的，那么该码结合式(4.4.8)的原则对 S 的编码也是最优的。因此，可以采用逐次合并符号集中两个最小概率符号的方法，得到一系列缩减信源 $S\to S'\to S''\to\cdots\to 2$ 字符信源。最后得到的 2 字符信源分别分配 0、1 作为码字，然后按式(4.4.8)的规则逐步反推到原信源 S，得到 S 的最优编码。这种编码方法称为 Huffman 编码，对 q 元信源 S 作二元 Huffman 编码的具体步骤如表 4.4.1 所示。

表 4.4.1 Huffman 编码步骤

编码步骤：
(1) 将 q 个符号 $a_1,a_2,\cdots,a_q$ 按概率 p_i 递减排序 $p_{i_1}\geqslant p_{i_2}\geqslant\cdots\geqslant p_{i_q}$。
(2) 用码元 0、1 分别表示 S 中概率最小的 $a_{i_{q-1}}$ 和 a_{i_q}，并将 $a_{i_{q-1}}$ 与 a_{i_q} 合并，二者概率相加，得到缩减后的新信源 S'，S'含 $q-1$ 个符号。
(3) 将 S'重新排序，再将最后两个符号以码符 0、1 代表并合并，得到 S''。
(4) 以此类推，最后剩两个符号，即为缩减信源 S_{END} 分别标以码符 0、1。
(5) 将原信源 S 中各符号 a_i 历次所分配的码元按倒推次序串起来，即得到了各个符号 a_i 所对应的码字。

例 4.4.6 对信源 $S=\{s_1,s_2,s_3,s_4,s_5\}$进行二元 Huffman 编码，各符号的概率分别为 0.4、0.2、0.2、0.1、0.1，编码过程如表 4.4.2 所示。

表 4.4.2 例 4.4.6 Huffman 编码过程

信源符号 S_i	概率 $p(S_i)$	编码过程						码字 W_i	码长 l_i
		S_1		S_2		S_3			
s_1	0.4	1	0.4	1	0.4	1	0.6 (0)	1	1
s_2	0.2	01	0.2	01	0.4	0 00	0.4 (1)	01	2
s_3	0.2	000	0.2	0 000	0.2	1 01		000	3
s_4	0.1	0 0010	0.2	1 001				0010	4
s_5	0.1	1 0011						0011	4

平均码长为

$$\bar{L}=\sum_{i=1}^{5} p_i l_i = 2.2(\text{二元码元 / 信源符号})$$

上述结果可用图 4.4.8(a)码树表示。

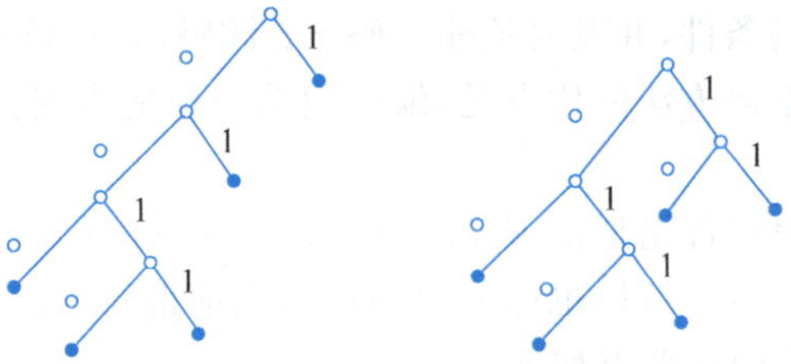

图 4.4.8　例 4.4.6 Huffman 编码的码树

注意,Huffman 编码过程中符号合并时所得新概率值在重新排序时可以与其他相同的概率值任意排序,本例是将新概率值排在其他相同概率值之末,若将其排在相同概率之首,则上例的结果可用图 4.4.8(b)表示。其平均码长不变,但码长的方差为最小。

Huffman 码完全依据信源符号出现概率的大小来构造平均码长最短的码,即对大概率符号分配短码字,小概率符号分配长码字。Huffman 码是平均码长最短的码,又称为最优码或紧致码。

定理 4.4.5　二元 Huffman 编码是最优变长码。

应注意,信源编码的最优性是对平均码长而言的,对码长的方差通常无特殊要求。但有时也要求码长方差尽量小。码长均方值最小就意味着码长方差最小,现计算由新信源 S'到信源 S 码长的均方值。

$$\sum_{i=1}^{q} p_i l_i^2 = \sum_{i=1}^{q-2} p'_i (l'_i)^2 + (p_{q-1}+p_q)(l'_{q-1}+1)^2 = E(l')^2 + (p_{q-1}+p_q)(2l'_{q-1}+1)$$

式中: $E(l')^2$ 为新信源 S'编码码长均方值,且有

$$E(l')^2 = \sum_{i=1}^{q-1} p'_i (l'_i)^2$$

可见,要使 S 码长均方值最小,除合并两个最小概率符号外,还必须使得合并后的节点所对应的码长 l'_{q-1} 最小。因此,应在编码时,使合并后的概率与其他等概率符号相比,位于缩减信源符号排序表中尽可能高的位置,以减少合并过的概率再次进行合并的次数,从而减小与根节点的距离。通常,变长码编码器输出也要经恒定速率的信道传送,这样就需在编码器和信道之间设置缓冲器,而小的码长方差允许使用容量小的缓冲器,并且码字长度分布更集中,从而降低编译码的复杂度。所以实际编码器都要尽量减小码长的方差。

多进制 Huffman 编码(r 进制)与二进制编码的情况类似,只是概率排序后将 r 个概率最小的符号合并为一个,编码符号相应的为$\{0,1,\cdots,r-1\}$。注意,若最后的缩减信源 S_{END} 不足 r 个符号,则应在原信源 S 中事先补充若干个 0 概率事件。

2. 自适应 Huffman 编码

Huffman 码是假定信源符号概率已知，而实际上大部分信源符号的概率很少预先知道，因此需要进行概率统计后再编码。在这种情况下，通常采用自适应 Huffman 编码，其基本思路：随着信源符号的逐个输入，编码器不断地估计信源符号的概率，随时对码树进行修正，使其满足最优码条件，并及时地输出码字；译码器与编码器同步地建立码树并修正，实现译码。自适应编码方法的优点是，编码能动态地适应变化的信源统计特性，且能实现实时处理。

自适应 Huffman 编码首先是由 Faller（1973 年）和 Gallager（1978 年）提出的，后由 Knuth（1985 年）进行了改进，所以也称 FGK 算法，当前最新的版本是由 Vitter 描述的算法。自适应 Huffman 编码的要点如下。

(1) 在被压缩文件的输入过程中不断更新信源符号的频率计数（计数增加），对 Huffman 码树进行修正（信源符号对应的码字随编码过程改变）。

(2) 编译码器必须同步，即要有相同的初始化条件和相同的更新和修正算法；编码器对每个符号的编码要用以前的统计数据，即不包含该符号的数据，这样才能保证译码器与编码器同步；而且对每个符号的传送，编译码双方必须增加对应的频率计数并进行码树修正。

(3) 每个信源符号在第一次传送时是未压缩的形式，因此要设置 escape 码（换码）放在前面，以便译码器识别，用 NYT 表示换码码字。

(4) 信源符号对应的码字不断变化增加了开销。

(5) 能够实时对数据进行压缩。

例 4.4.7 对字母序列 aardv 进行自适应 Huffman 编码。

一般情况下，采用零码树构造起始码树。码符号的无压缩码可用等长码（如 ASCII 码），也可用不等长码表示。比如，26 个英文字母中从 a 到 t 编为 5 位二进制代码，从 u 到 z 编为 4 位二进制代码，$a=00000,\cdots,t=10011,u=1010,\cdots,z=1111$。

针对本例的自适应 Huffman 编码码树修正如图 4.4.9 所示。

现说明如下。

(1) 初始码树是零树，只有一个根节点，代表 NYT 节点，如图 4.4.9(a)所示。

(2) 当读入字母 a 后，因为 a 是第一次出现，所以由 NYT 节点延伸出一个新的 NYT 节点和字母 a 对应的叶，此树叶的码字为“1”，权值为 1；此时的输出是 a 的未压缩代码“00000”，如图 4.4.9(b)所示。

(3) 当读入第二个字母 a 后，因为 a 已经出现，此树叶的权值加 1；此时的输出是 a 的压缩码字“1”，如图 4.4.9(c)所示。

(4) 当读入字母 r 后，因为 r 是第一次出现，所以由 NYT 节点延伸出新的 NYT 节点和字母 r 对应的叶，此树叶的码字为“01”，权值为 1；此时的输出是旧 NYT 的码字“0”加 r 的未压缩代码“10001”，如图 4.4.9(d)所示。

(5) 当读入字母 d 后，因为 d 是第一次出现，所以由 NYT 节点延伸出新的 NYT 节点和字母 d 对应的叶，此树叶的码字为“001”，权值为 1；此时的输出是旧 NYT 的码字“00”加 d 的未压缩代码“00011”，如图 4.4.9(e)所示。

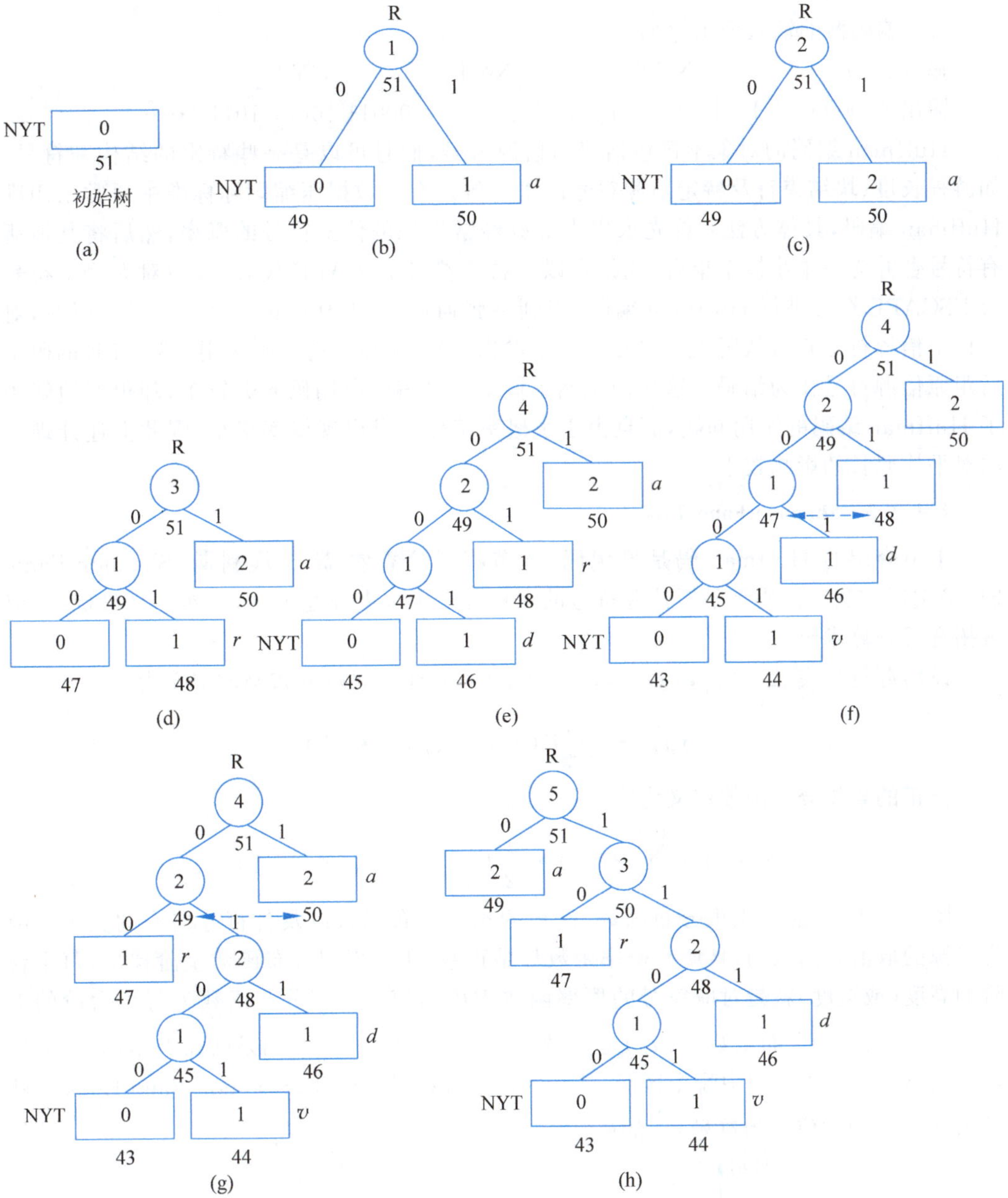

图 4.4.9　自适应 Huffman 编码码树修正实例

(6) 当读入字母 v 后，因为 v 是第一次出现，所以由 NYT 节点延伸出新的 NYT 节点和字母 v 对应的叶，此树叶的码字为"0001"，权值为 1；此时的输出是旧 NYT 的码字"000"加 v 的未压缩代码"1011"，如图 4.4.9(f)所示。

(7) 图 4.4.9(f)中，当前节点为 47，与节点 48 权值相同，所以节点 47、48 应交换，交换后节点 48 权值加 1，如图 4.4.9(g)所示。

(8) 当前节点为 49，在图 4.4.9(g)中与节点 50 权值同，所以节点 49、50 点交换，交换后节点 50 权值加 1，如图 4.4.9(h)所示。

(9) 编码器的输入输出序列：

输入： a 　a 　NYT 　r 　NYT 　d 　NYT 　v

输出：00000 | 1 | 0 | 10001 | 00 | 00011 |000| 1011 |……

Huffman 编码的对象不仅包括普通信源符号，而且可以是一些特定的结构和符号，如游程长度、块结束符及特定信源符号的集合等。有关数据压缩国际标准中通常采用准 Huffman 编码，具体方法：首先求出大部分经常出现的信源符号的概率，然后将其他所有符号合并为一个小概率集合，此集合以一特定符号 ESCAPE 代表，最后对大概率符号及 ESCAPE 符号进行 Huffman 编码，得到一张通用的 Huffman 码表。实时编码时，对大概率信源符号直接从码表找出相应码字输出，而对小概率符号则采用 ESCAPE 的码字后跟原信源符号作为编码。这样做虽然小概率符号编码所用码元数较多，却很好地解决了 Huffman 编码的实用问题，而且由于小概率符号本身出现概率很小，因此上述处理方法对平均码长的影响较小。

视频

4.4.3.3 Shannon-Fano-Elias 码

上节介绍的 Huffman 码是最优码，本节将讨论香农-费诺-埃利斯(Shannon-Fano-Elias)编码方法。该码是采用信源符号的累积分布函数来分配码字，虽然不是最优码，但可拓宽得到算术码。

设信源符号集 $A=\{a_1,a_2,\cdots,a_q\}$，且 $P(a_i)>0$。累积分布函数定义为

$$F(a_k)=\sum_{i=1}^{k}P(a_i)\quad (a_k,a_i\in A)$$

修正的累积分布函数定义为

$$\bar{F}(a_k)=\sum_{i=1}^{k-1}P(a_i)+\frac{1}{2}P(a_k)\quad (a_k,a_i\in A)$$

图 4.4.10 描绘了累积分布函数、修正的累积分布函数以及各符号概率的关系。因为信源的取值是离散的，且所有概率函数都是正数，所以累积分布函数呈阶梯形，每个台阶的高度(或宽度)就是对应符号的概率函数 $P(a_i)$值。累积分布函数为每个台阶的上界值，修正的累积分布函数 $\bar{F}(a_k)$是符号 a_k 对应台阶的中点。如果已知 $\bar{F}(a_k)$，就能确定处在累积分布函数图中哪个区间，从而确定信源符号。因此，Shannon-Fano-Elias 码就采用 $\bar{F}(a_k)$的数值作为符号 a_k 的码字。

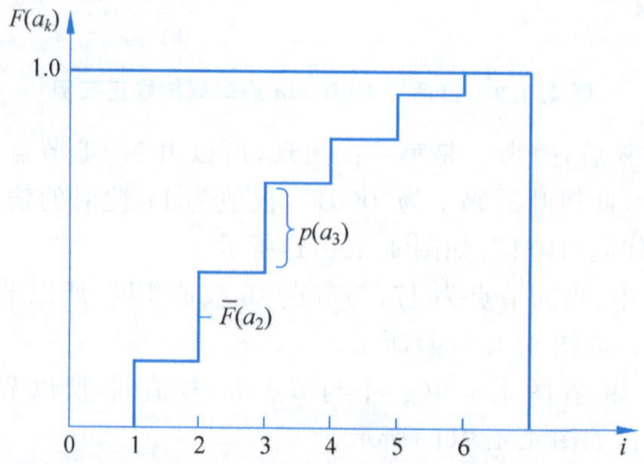

图 4.4.10　累积分布函数

例 4.4.8 某四元离散无记忆信源的 Shannon-Fano-Elias 码如表 4.4.3 所示。

表 4.4.3 Shannon-Fano-Elias 码编码过程

信源符号	概率函数 $P(a_k)$	累积分布函数 $F(a_k)$	修正的累积分布函数 $\bar{F}(a_k)$	$\bar{F}(a_k)$的二进制数	码长 $l(a_k)=\left\lceil \log \frac{1}{P(a_k)} \right\rceil+1$	码字 W
a_1	0.25	0.25	0.125	0.001	3	001
a_2	0.5	0.75	0.5	0.10	2	10
a_3	0.125	0.875	0.8125	0.1101	4	1101
a_4	0.125	1.0	0.9375	0.1111	4	1111

在本例中，得平均码长 $\bar{L}=2.75$（二元码/信源符号）。而该信源的熵 $H(S)=1.75$ 比特/信源符号。若此信源用 Huffman 编码，其平均码长可达到极限值——信源熵。这是因为选用码长

$$l(a_k)=\left\lceil \log \frac{1}{P(a_k)} \right\rceil+1$$

所以 Shannon-Fano-Elias 码的平均码长为

$$\bar{L}=\sum_{i=1}^{q} P(a_k) l(a_k)=\sum_{i=1}^{q} P(a_k)\left(\left\lceil \log \frac{1}{P(a_k)} \right\rceil+1\right)$$

$$\sum_{i=1}^{q} P(a_k)\left(\log \frac{1}{P(a_k)}+1\right) \leqslant \bar{L} < \sum_{i=1}^{q} P(a_k)\left(\log \frac{1}{P(a_k)}+2\right)$$

$$H(S)+1 \leqslant \bar{L} < H(S)+2$$

可见，此码比 Huffman 码的平均码长要增加 1 位二元码元。

接下来分析 Shannon-Fano-Elias 码是否为即时码。可以从 $F(a_k)$ 的区间来看，总区间为[0,1]，若每个信源符号 a_k 所编码的码字对应的区域都没有重叠，那这组码一定是即时码。

令 $\lfloor \bar{F}(a_k) \rfloor_{l(a_k)}$ 表示 $\bar{F}(a_k)$ 采用 $l(a_k)$ 位二进制数表示的近似值，其中 $\lfloor x \rfloor_l$ 表示取 l 位使小于或等于 x 的数，则有

$$\bar{F}(a_k)-\lfloor \bar{F}(a_k) \rfloor_{l(a_k)} < \frac{1}{2^{l(a_k)}}$$

若选取 $l(a_k)=\left\lceil \log \frac{1}{P(a_k)} \right\rceil+1$，可得

$$\frac{1}{2^{l(a_k)}} < \frac{P(a_k)}{2}=\bar{F}(a_k)-F(a_k)$$

可见，$\bar{F}(a_k)$ 与它近似值 $\lfloor \bar{F}(a_k) \rfloor_{l(a_k)}$ 之差是小于该台阶的一半，即 $\lfloor \bar{F}(a_k) \rfloor_{l(a_k)}$ 处于累积分布函数 a_k 台阶的中点以下 $F(a_{k-1})$ 以上。也就是，每个码字对应的区间完全处于累积分布函数中该信源符号对应的台阶宽度内。所以，不同码字对应的区域是不同的，没有重叠。这样得到的码一定是即时码。在这种编码方法中，没有要求信源符号的概率按大小次序排列。

中文教学录像

中文教学录像

视频

视频

视频

4.4.3.4 算术编码

算术编码方法首先由 Elias 提出，经过 Rissanen、Witten 等的重要研究工作后，已经成为一种重要而实用的信源编码技术。与前面的码不同，算术编码是将一个信源符号序列映射成一个码字。

1. 编码的构造思路

假设信源符号集 $A=\{a_1,a_2,\cdots,a_q\}$，对应的概率分别为 $p_1,p_2,\cdots,p_q$。定义单信源符号累积概率为所有排在其前面符号概率之和，即

$$P(a_k)=\sum_{i=1}^{k-1}p_i$$

其中规定，$P(a_1)=0$。这些累积概率把区间$[0,1)$分成 q 个子区间，设第 k 个子区间为 I_k，且 $I_k=[P(a_k),P(a_k)+p_k]$。可以看到，I_k 有如下特点：

(1) 子区间 $I_k(k=1,2,\cdots,q)$的宽度等于 p_k；

(2) 各子区间互不相交，且它们的并集构成$[0,1)$区间；

(3) 子区间 I_k 与符号 a_k 一一对应。

所以，可以取子区间 I_k 内任意一点作为 a_k 的编码。很明显，这样的编码是唯一可译的。

从上面的描述可以看到，在确定单符号累积概率之前要对信源符号进行排序。类似地，确定信源序列的累积概率之前也要对同长度的信源序列进行排序，通常采用字典序排序。将符号集 $A=\{a_1,a_2,\cdots,a_n\}$中各 a_k 的序号作为其取值，即 $a_i=i(i=1,2,\cdots,n)$，就有

$$a_1<a_2<\cdots<a_n \tag{4.4.9}$$

两条序列按字典序排列是指两条序列按式(4.4.9)的关系转换成两个多位数，对应数值小的序列排在前面，如同字典中单词的排序一样。为书写方便，记 $x_1^m\triangleq x_1x_2\cdots x_m$。定义序列 x_1^m 的累积概率为所有排在其前面同长度序列概率的和，即

$$P(x_1^m)=\sum_{\tilde{x}_1^m<x_1^m}p(\tilde{x}_1^m)$$

式中：$\tilde{x}_1^m$ 是按字典序排列的长度为 m 的序列。

例 4.4.9 设长度为 2 的信源序列的符号集为 A^2，符号为 a_ia_j，$(i,j=1,\cdots,q)$。试对信源序列按字典序排序，并求序列 a_ia_j 的累积概率的表示式。

解： 所有长度为 2 的序列按字典序的排列为 $a_1a_1,\cdots,a_1a_q,a_2a_1\cdots,a_2a_q,\cdots,a_qa_1,\cdots,a_qa_q$。序号小于 a_ia_j 的序列可分成两组：一组是以 a_k $(a_k<a_i)$，开头，以 a_l $(l=1,\cdots,q)$结尾的序列；另一组是以 a_i 开头，以 a_l $(a_l<a_j)$结尾的序列。所以

$$\begin{aligned}P(a_ia_j)&=\sum_{a_k<a_i,a_l}p(a_ka_l)+\sum_{a_l<a_j}p(a_ia_l)\\&=\sum_{a_k<a_i}p(a_k)+\sum_{a_l<a_j}p(a_i)p(a_l\mid a_i)\\&=P(a_i)+p(a_i)\sum_{a_l<a_j}p(a_l\mid a_i)\end{aligned} \tag{4.4.10}$$

从式(4.4.10)可以看出,序列 $a_i a_j$ 的累积概率可以通过 a_i 的累积概率递推得到。这种递推关系如图 4.4.11 所示。图中,A 点为符号 a_i 的累积概率,AC 线段的长度为符号 a_i 的概率;B 点为符号 $a_i a_j$ 的累积概率,BD 线段的长度为符号 $a_i a_j$ 的概率 $p(a_i a_j)$;AB 线段的长度为 $p(a_i)P(a_j|a_i)$,其中,$P(a_j|a_i)=\sum\limits_{a_l<a_j} p(a_l|a_i)$,看成条件累积概率。

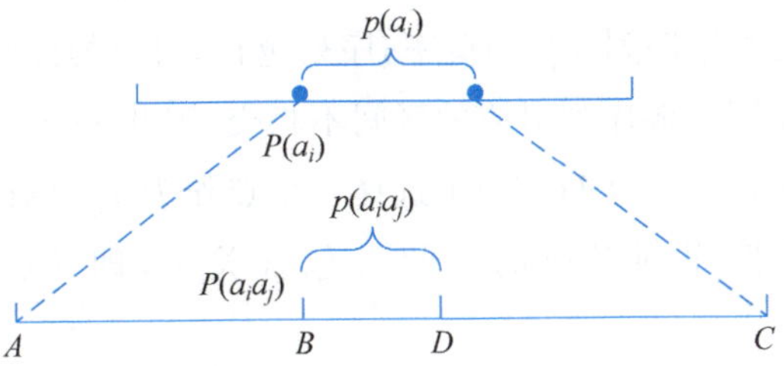

图 4.4.11　累积概率递推关系

类似地,可以推出信源序列累积概率的递推关系:

$$
\begin{aligned}
P(x_1^{m+1}) &= \sum_{\tilde{x}_1^{m+1}<x_1^{m+1}} p(\tilde{x}_1^{m+1}) \\
&= \sum_{\tilde{x}_1^{m}<x_1^{m},x_{m+1}} (\tilde{x}_1^{m} x_{m+1}) + \sum_{\tilde{x}_{m+1}<x_{m+1}} p(x_1^m,\tilde{x}_{m+1}) \\
&= P(x_1^m) + p(x_1^m) \sum_{\tilde{x}_{m+1}<x_{m+1}} p(\tilde{x}_{m+1} \mid x_1^m)
\end{aligned}
$$

对于无记忆信源,有

$$
\begin{aligned}
P(x_1^{m+1}) &= P(x_1^m) + p(x_1^m) \sum_{\tilde{x}_{m+1}<x_{m+1}} p(\tilde{x}_{m+1}) \\
&= P(x_1^m) + p(x_1^m)P(x_{m+1})p(x_1^{m+1}) = p(x_1^m)p(x_{m+1}) \qquad (4.4.11)
\end{aligned}
$$

式(4.11)是无记忆信源序列累积概率递推计算的基本公式。若对于一个二进制信源,式(4.4.11)可变为

$$
P(x_1^m x_{m+1}) = P(x_1^m) + p(x_1^m)(1-\theta)x_{m+1}
$$

式中:θ 为 1 出现的概率;x_{m+1} 为 0 或 1。

给定一个无记忆信源,长度为 $m+1$ 的序列累积概率和概率可以根据长度为 m 的序列累积概率和概率递推得到,其中初始值设为 $P(x_1^0)=0, p(x_1^0)=1$。选择 x_1^m 在$[0,1)$中对应的子区间为

$$
I(x_1^m) = [P(x_1^m), P(x_1^m) + p(x_1^m)] \qquad (4.4.12)
$$

那么 $x_1^{m+1}=x_1^m a_i$,对应的子区间为 $I(x_1^m a_i)=[P(x_1^m a_i), P(x_1^m a_i)+p(x_1^m a_i))$。

对于二进制信源,式(4.4.12)可以写成

$$
I(x_1^m \cdot 0) = [P(x_1^m), P(x_1^m) + p(x_1^m)(1-\theta)]
$$

$$
I(x_1^m \cdot 1) = [P(x_1^m) + p(x_1^m)(1-\theta), P(x_1^m) + p(x_1^m)]
$$

根据式(4.4.11),有

$$P(x_1^m a_i) \geqslant P(x_1^m)$$

$$\begin{aligned} P(x_1^m a_i) + p(x_1^m a_i) &= P(x_1^m) + p(x_1^m)[P(a_i) + p(a_i)] \\ &= P(x_1^m) + p(x_1^m)P(a_{i+1}) \leqslant P(x_1^m) + p(x_1^m) \end{aligned} \quad (4.4.13)$$

从式(4.4.13)可以看到，$I(x_1^{m+1})$包含在$I(x_1^m)$内，而且$I(x_1^m a_i)$的右端正好是$I(x_1^m a_{i+1})$的左端，即如果x_{m+1}不相同，那么$I(x_1^{m+1})$不相交。因此得到如下结论：

(1) $I(x_1^m)$的宽度等于序列x_1^m的概率，序列越长，对应的区间越窄；

(2) 相同长度的不同信源序列对应的区间不相交，因此$I(x_1^m)$与x_1^m一一对应；

(3) 可以在x_1^m的对应区间$I(x_1^m)$中选择一个点作为x_1^m的码字；

(4) 满足前置条件序列对应的区间有包含关系，即$I(x_1) \supseteq \cdots \supseteq I(x_1^m) \supseteq I(x_1^{m+1}) \cdots$。

例 4.4.10 一离散无记忆信源符号集$A=\{a_1,a_2,a_3,a_4\}$，所对应的概率分别为0.5、0.3、0.15、0.05，试求序列$a_2a_1a_1a_4a_3$所对应的子区间$I(a_2a_1a_1a_4a_4)$。

解：计算单符号累积概率：

$$P(a_1)=0, \quad P(a_2)=0.5, \quad P(a_3)=0.8, \quad P(a_4)=0.95$$

计算过程如表4.4.4、图4.4.12所示。

表 4.4.4 信源序列对应区间的计算

m	a_i	$P(x_1^m)$	$p(x_1^m)$	$P(x_1^m)+p(x_1^m)$
1	a_2	0.5	0.3	0.8=0.5+0.3
2	a_1	0.5=0.5+0	0.15=0.3×0.5	0.65=0.5+0.15
3	a_1	0.5=0.5+0	0.075=0.15×0.5	0.575=0.5+0.075
4	a_4	0.57125=0.5+0.95×0.075	0.00375=0.075×0.05	0.575=0.57125+0.00375
5	a_3	0.57425=0.57125+0.8×0.00375	0.0005625=0.00375×0.15	0.5748125=0.57425+0.0005625

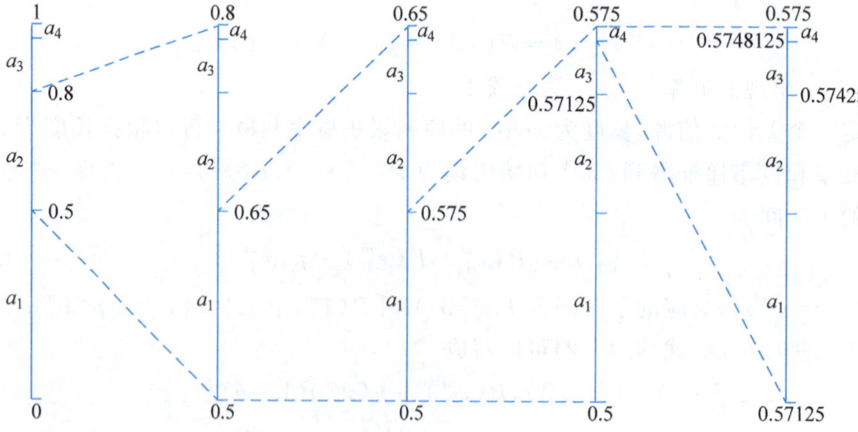

图 4.4.12 计算过程

所求子区间为[0.57425,0.5748125)，即该区间的一点可以作为序列 $a_2a_1a_1a_4a_3$ 的码字。

2. 编码方法

设信源序列 x_1^m 中子序列 x_1^j 所对应子区间 $I_j=[L_j,H_j)$，并设该子区间宽度 $\Delta_j=H_j-L_j$。初始值 $L_0=0,H_0=1,\Delta_0=1$，编码算法以式(4.4.11)的递推关系为基本依据，每输入一个信源符号，都进行序列累积概率 L_j 和区间宽度 Δ_j 的更新，最后输出包含在区间 I_m 中的一个数值，作为编码的码字。

因为 $L_1=P(x_1),H_1=P(x_1)+p(x_1),\Delta_1=p(x_1),\cdots$，以此类推，根据式(4.4.11)可得到递推关系

$$L_{j+1}=L_j+\Delta_jP(x_{j+1})$$

设信源符号 a_i 对应子区间的下界与上界分别为 l_i 和 h_i，那么就有

$$l_i=P(a_i),\quad h_i=P(a_i)+p(a_i)$$

序列 x_1^m 的累积概率有如下形式：

$$L_m=P(x_1^m)=P(x_1)+\Delta_1P(x_2)+\cdots+\Delta_{m-1}P(x_m)$$

选取码字 C 使得 $L_m\leqslant C_{\text{bin}}<L_m+\Delta_m$ 即可，C_{bin} 为 C 对应的二进制小数。

编码流程如表4.4.5所示。

表4.4.5 算术编码基本流程

编码算法：
(1) 初始化：$j=0,L_j=0,H_j=1,\Delta_0=1$，输入信源序列长度为 n。
(2) 读信源符号 $x_{j+1}=a_i$，区间更新： $L_{j+1}=L_j+\Delta_jl_i$ $H_{j+1}=L_j+\Delta_jh_i$ $\Delta_{j+1}=H_{j+1}-L_{j+1}$
(3) $j=j+1$，如果 $j\leqslant n-1$，则返回②，否则继续。
(4) 将子区间 $I_n=[L_n,H_n)$内的一个小数作为编码器输出。

当选其中的一点作为算术编码的码字，该点代表(0,1)区间内的一个小数，该小数去掉小数点后形成的数字序列就是 x_1^m 的码字。编码可用十进制，也可用二进制，而后者更常用，称为二进制小数算术编码。

设 x_1^m 编码的二进码字为 C，对应的二进制小数为 C_{bin}，码长为 $L(x_1^m)$(本节中在不引起混淆时，可与 L 混用)。现考虑码字 C 的两种选择方式：一种是使得区间 $J_C=[C_{\text{bin}},C_{\text{bin}}+2^{-L})$包含在 $I(x_1^m)$之中；另一种是使得点 C_{bin} 包含在 $I(x_1^m)$之中。对于第一种情况，码长的选择满足

$$L(x_1^m)=\lceil\log_2(1/p(x_1^m)\rceil+1 \tag{4.4.14}$$

对于第二种情况，码长的选择满足

$$L(x_1^m)=\lceil\log_2(1/p(x_1^m)\rceil \tag{4.4.15}$$

而对于上述两种情况，码字的选择都满足

$$C = \lceil P(x_1^m) 2^{L(x_1^m)} \rceil 2^{-L(x_1^m)} \tag{4.4.16}$$

其中，$\lceil x \rceil$ 为 $\geqslant x$ 的最小整数，那么两种码字选择方式都可实现唯一译码。如果用二进制编码，那么式(4.4.16)表示的是取 x_1^m 的累积概率二进表示小数点后 L 位，以后若有尾数就进位到第 L 位得到的结果。如果能够证明 C_{bin} 或 J_C 包含在 $I(x_1^m)$ 区间内，那么就可实现唯一译码。由式(4.4.14)(或式(4.4.15))和式(4.4.16)所确定的码字选择方法是算术编码的基本算法，其基本内容是用序列概率计算码长，通过序列累积概率和码长得到码字。例如，某序列的累积概率的二进制表示为$(.01011)_2$，$L=5$，由式(4.4.16)可得

$$C_{\text{bin}} = \lceil (.011011)_2 \times 2^5 \rceil \times 2^{-5} = (.01110)_2$$

例 4.4.11 设有二进制独立序列 $x_1^8 = 11111100$，符号概率 $p_0 = 1/4$，$p_1 = 3/4$，求 x_1^8 的累积概率、算术编码码长和对应的码字并完成编码过程。

解：累积概率为

$$P(11111100) = P(111111) = 1 - p(111111) = 1 - (3/4)^6 = (0.110100100111)_2$$

采用式(4.4.15)计算码长为

$$L = \lceil \log_2(1/p(x_1^8)) \rceil = \lceil \log_2\{1/[(3/4)^6 \times (1/4)^2]\} \rceil = 7$$

在 $P(11111100)$ 的二进小数 0.110100100111 中取小数点后面的前 7 位。因为后面有尾数，所以再进位到第 7 位，得到码字 $C=1101010$。编码过程如表 4.4.6 所示(表中都是二进制小数表示)。

表 4.4.6 算术码编码过程

序号 j	输入	L_j	H_j	Δ_j	C_{bin}
0		0.	1	1	
1	1	0.01	1	0.11	
2	1	0.0111	1	0.1001	
3	1	0.100101	1	0.011011	
4	1	0.10101111	1	0.01010001	
5	1	0.1100001101	1	0.0011110011	
6	1	0.110100100111	1	0.001011011001	
7	0	0.110100100111	0.11011101110101	0.00001011011001	0.1101
8	0	0.110100100111	0.1101010101001001	0.0000001011011001	0.1101010

输出码字 $C=1101010$。注意，在编码过程中，当 L_j 和 H_j 所表示的小数有相同的起始部分时，就可以在编码过程中将这一部分输出，而无须等到编码结束。例如，L_7 和 L_7 具有公共起始部分 0.1101，于是就可以将它输出。还可以看到，在表 4.4.6 的最后一行有，$L_8 < C_{\text{bin}} < H_8$。

3. 译码方法

假定 x_1^j 已经译出，现开始译 x_{j+1}。如果序列 $x_1^{j+1} = x_1^j a_i$，那么根据式(4.4.13)可得

$$P(x_1^j a_i) \leqslant C_{\text{bin}} < P(x_1^j a_i) + p(x_1^j a_i)$$

再根据式(4.4.11)可得

$$P(x_1^j)+p(x_1^j)P(a_i)\leqslant C_{\text{bin}}<P(x_1^j)+p(x_1^j)P(a_{i+1})$$

即

$$L_j+\Delta_j P(a_i)\leqslant C_{\text{bin}}<L_j+\Delta_j P(a_{i+1})$$

或

$$P(a_i)\leqslant (C_{\text{bin}}-L_j)/\Delta_j<P(a_{i+1})\quad (j=0,\cdots,m)\qquad(4.4.17)$$

$d=(C_{\text{bin}}-L_j)/\Delta_j$ 称为归一化码值。如果 C_{bin} 满足式(4.4.17),则 $x_{j+1}=a_i$。式(4.4.17)是算术码译码比较判决的基本公式。译码流程如表 4.4.7 所示。

表 4.4.7 译码流程

译码算法:

(1) 初始化:$j=0,L_0=0,H_0=1,\Delta_0=1$,信源序列长度 m。

(2) 将接收序列转换成码字 C。

(3) 对于 j,计算归一化码值 $d=(C_{\text{bin}}-L_j)/\Delta_j$;比较与判决,如果 $P(a_i)\leqslant d<P(a_{i+1})$,则 $x_{i+1}=a_i$,输出符号 a_i,区间更新。

$$L_{j+1}=L_j+\Delta_j l_i;$$
$$H_{j+1}=L_j+\Delta_j h_i;$$
$$\Delta_{j+1}=H_{j+1}-L_{j+1}$$

(4) $j=j+1$;如果 $j\leqslant m-1$,返回③,否则结束。

在上面的译码流程中,虽然计算 d 值后进行比较在概念上比较清晰,但需要计算除法,而实际上为计算方便,往往计算差值 $d_1=C-L_j$,然后与 $\Delta_j P(a_i)$相比较再进行判决。

如果是二元编码,上述译码流程中③的比较与判决可以简化:将归一化的码值 d 与符号"1"的累积概率比较;若前者大于后者,则译码结果为"1",反之译码结果为"0"。这样每次比较后就输出一个信息符号。

例 4.4.12 将例 4.4.10 中编成的码字进行译码。

解: $L=7,C=1101010$。译码过程如表 4.4.8 所示。译码过程中,$P(1)=0.01$(1/4 的二进制表示),为避免除法运算,$C-L_j$ 不断与 $\Delta_{j-1}P(1)$比较,进行输出符号的判决。

表 4.4.8 算术编码译码过程

	$C-L_j$	比较	$\Delta_{j-1}P(1)$	L_j	Δ_j	输出
0			0.	1.		
1	0.1101010	>	0.01	0.01	0.11	1
2	0.1001010	>	0.0011	0.0111	0.1001	1
3	0.0110010	>	0.001001	0.100101	0.011011	1
4	0.0100000	>	0.00011011	0.10101111	0.01010001	1
5	0.00100101	>	0.0001010001	0.1100001101	0.0011110011	1
6	0.0001000011	>	0.000011110011	0.110100100111	0.001011011001	1
7	0.000000011001	<	0.00001011011001	0.110100100111	0.00001011011001	0
8	0.000000011001	<	0.0000001011011001	0.110100100111	0.0000001011011001	0

译码输出为 11111100。

从上例译码过程可以看到，译完第 7 个符号后，L_j 不变。即使信源序列后面再有更多的连 0，这个值也不变。这就是说，当信源序列的结尾是连续的累积概率为 0 的符号时，如果译码器不知道已编码的信源序列的长度，译码器就不知道应该译出多少个这种符号，这样译码的结果存在着不确定性。解决的办法有两个：一是编码器将信源序列长度的信息放在编码序列的前面发送到译码器；二是设置一个文件结尾符号(EOF)，加到待压缩文件的末尾，并规定与其他实际符号相比该符号的概率最小。

4. 算术编码的特点

通过前面的分析，可以初步总结出算术编码有如下优点。

(1) 灵活性。这是算术码最主要的优点。如果给定符号概率，那么编译码器结构与信源符号概率如何取值无关。这样可以把编码器分成信源建模和编/译码两个独立的部分，前者完成信源符号概率的估计，后者完成码值的计算。图 4.4.13 表示一个完整的算术编译码器，其中信源建模和编码过程分离。编码部分只负责利用公式进行区间间隔的更新，输出码序列；译码部分接收码序列，恢复信源序列；信源建模部分负责估计输入符号的概率，提供给编译码器使用。图中的延迟表示要延迟 1 个信源符号进行符号概率的估计。因为译码器要根据已经译码的符号序列用作估计的数据，在对当前符号译码时还不能利用该符号的译码结果。所以，在编码器对当前符号编码时，要使用以前符号(不包括当前符号)的概率统计特性，这样才能保证编译码器在信源建模时使用同样的信息。

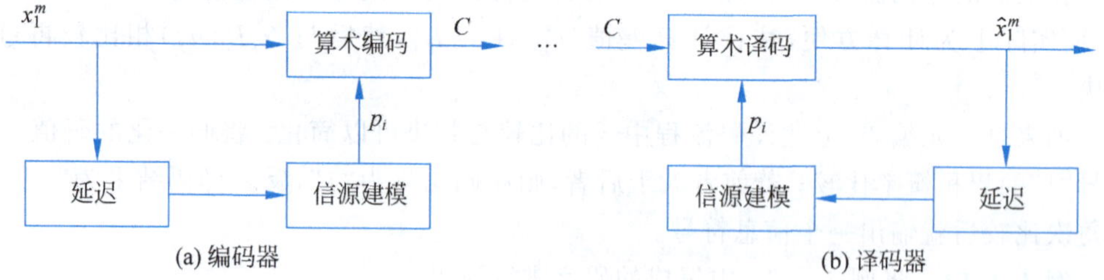

图 4.4.13　算术编码器结构

在信源概率未知或具有时变特性的情况下，信源建模和编码过程分离提高了系统的灵活性。可以对这两部分所涉及的技术分别进行研究和处理，特别是编码器可与任何估计符号概率的模型联合使用，可以集中主要精力构建复杂的数据建模部分，以获取大的编码增益。不过，这种灵活性也需要花费一些代价，需要建立模型和编译码的接口，这将耗费一定的时间和空间资源。

(2) 当信源符号序列很长时，平均码长接近信源的熵。因为信源符号序列 x_1^m 的码长满足式(4.4.15)，所以可得

$$-\sum_{x_1^m \in A^m} p(x_1^m)\log p(x_1^m) \leqslant \bar{L} = \sum_{x_1^m \in A^m} p(x_1^m)L(x_1^m) < -\sum_{x_1^m \in A^m} p(x_1^m)\log p(x_1^m) + 1$$

平均每个信源符号的码长为

$$\frac{H(\mathbf{X})}{m} \leqslant \frac{\bar{L}}{m} < \frac{H(\mathbf{X})}{m} + \frac{1}{m}$$

若信源是无记忆的，$H(\boldsymbol{X})=mH(X)$，则可得

$$H(\boldsymbol{X}) \leqslant \frac{\bar{L}}{m} < H(\boldsymbol{X})+\frac{1}{m}$$

所以，当信源符号序列很长时，m 很大，平均码长接近信源的熵。与 Huffman 编码相比，不管信源是否有记忆，也不管信源符号的个数多少以及所对应的概率如何取值，算术编码都能够实现高效率的压缩。

因为编译码需要大量的运算，其中包括乘法和查表，算术编码编译码复杂度较大，所以处理速度较慢，这是算术编码的主要缺点。因此，用近似计算代替乘法是改进处理速度的主要途径。而且由于算术码不是异前置码，不能采用并行处理。算术编码会产生差错传播。在算术码译码期间，稍微有一点差错就会导致后面译出的码字全部错误。但综合考虑，算术编码的优点还是主要的，是一种性能优良的熵编码方法，具有广泛应用。

4.4.3.5 Golomb 码

在信源序列中同一个字符连续重复出现形成的字符串称为游程。这种字符串的长度称为游程长度。针对游程长度的编码简称游程编码，实际上是先将信源序列变换成游程长度序列，再进行熵编码，以实现更好的压缩。实际上，当二元信源序列中“0”符号的概率远大于“1”符号的概率时，只对 0 游程进行编码，也可以实现很大的压缩。Golomb 于 1966 年提出这种方法，称作 Golomb 码，该码已用在 JPEG-LS 和 H. 264 图像压缩编码。

1. 单一码

一个非负整数 n 的单一码(Unary Code)就是 n 个“1”后跟一个“0”，或 n 个“0”后跟一个“1”。后者常称为逗号码，本书采用后一种编码方式(表 4.4.9)。单一码码树(图 4.4.14)的特点：①从根节点开始，总是与分支 0 连接节点往前延伸；②码树不是满树。

表 4.4.9 非负整数 n 和对应的单一码

n	0	1	2	3	4	5
单一码	1	01	001	0001	00001	000001

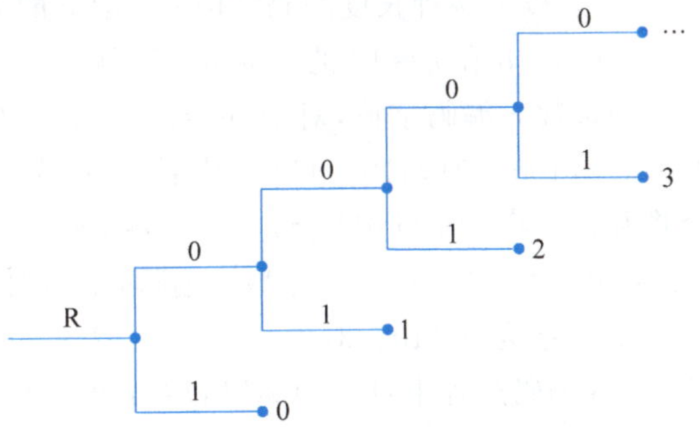

图 4.4.14 单一码的码树

2. Golomb 码基本原理

设二元信源中 0 符号的概率为 p，将信源序列按如下原则变换成 0 游程序列：每个 0

游程从符号 0 开始以符号 1 结尾，单独的符号 1 可看成长度为 0 的 0 游程。例如，序列 1010001011…，按 0 游程编码就变成这样的长度序列 0，1，3，1，0，…。很明显，只要信源序列是以符号 1 结尾的，游程长度序列和信源序列就是一一对应的。

令

$$n = mq + r$$

式中：$0 \leqslant r < m$；q 为正整数，可作为游程长度组的识别符（q 相同的 n 属于一个组），每组符号的概率为

$$p(q) = \sum_{r=0}^{m-1} (1-p) p^{mq+r} = (1-p^m) p^{mq}$$

可见，q 满足以 p^m 为参数的几何分布。当 $m=2^k$ 时，称 Golomb 码为 Golomb-Rice 码。Golomb 编码包含两部分：①对商 q 的编码，用单一码编码；q 对应的码字为 q 个"0"后跟一个"1"，实际上这种编码是将 m 个"0"编成 1 个"0"，而"1"是一个分割符。②对余数 r 的编码，编成变长或定长码，用于区分同一组内的不同成员。

游程长度 n 被分成 $q+1$（或 q，如果 $r=0$）个区间，前 q 个区间中的每一个都有 m 个符号，最后一个区间有 r 个符号。对于 Golomb-Rice 码，余数编成等长二元码，就是余数的二进制代码。下面研究一般情况。

设 r 有 m 个取值，0，1，2，…，$m-1$，且 $m \neq 2^k$（k 为正整数）。选取 k，使得 $2^{k-1} < m \leqslant 2^k$，这等价于 $k = \lceil \log_2 m \rceil$，其中$\lceil \cdot \rceil$表示上取整。首先构造一个 k 阶二元码全树，树叶数为 2^k。可以证明，如果 $m=2^k$，那么将 r 编成长度为 k 的等长码是最优码；如果 $m<2^k$，那么最优编码的最长和最短码字长度的差最大为 1，码树仅含 $k-1$ 和 k 两种长度的码字，且这些码字数目的和等于 m。具体编码如下：

从整数 0，1，…，2^k-m-1 编成 $k-1$ 比特的码（共 2^k-m 个码字），这是对应 $k-1$ 比特的自然二进制码；其中，整数 0 的码字是 $k-1$ 个"0"，其余的码字按顺序依次加 1，一直到 2^k-m-1 对应的码字；从整数 2^k-m 到 $m-1$ 编成 k 比特的码（共 $2m-2^k$ 个码字），其中 2^k-m 对应的码字的数值为 $2\times(2^m-m)$，其他 k 比特的码也按顺序依次加 1，所以表示的值是 r 加 2^k-m。以上两种长度的码字构成余数 r 的编码字典。

例 4.4.13 设 $m=5$，求 $n=8$ 和 $n=12$ 的 Golomb 码码字。

解： 首先构造 $m=5$ 的余数 r 编码字典，对于 $m=5$，$r=0,1,2,3,4$；$k=3$。构造 3 阶二元码{000，001，010，011，100，101，110，111}。其中，码长为 2 的码字有 $2^3-5=3$（个）。将 000 与 001 合并为 00。将 010 与 011 合并为 01，将 100 与 101 合并为 10。所以 r 的编码为 0：00、1：01、2：10、3：110、4：111。余数 r 编码的码树如图 4.4.15(a)所示。

对于 $n=8$，$q=1$，$r=3$，码字为 01110。对于 $n=12$，$q=2$，$r=2$，码字为 00110。

实际上，可以把 Golomb 编码过程中对 q 的编码和对 r 的编码这两部分合并成一棵码树。从树根开始，分支"0"连接 m 个连 0 的叶，分支"1"连接余数 r 编码子树，就构成整个 Golomb 编码的码树。编码过程可修正如下：

首先将信源序列划分成信源字序列，然后对信源字序列进行编码。先从信源序列的开头划分，长度为 m 的 0 游程是一个信源字，码字是 0；长度 r（小于 m）的 0 游程加上后

面的一个“1”构成另外的信源字，码字是余数 r 的码字前面加“1”符号，作为分隔符。

例 4.4.14 （例 4.4.12 续）设 $m=5$，试画出 Golomb 编码的码树，并对信源序列 00000 01 00000 00001 00000 00000 1 0001…进行编码。

解： $m=5$ 的 Golomb 编码的码树如图 4.4.15(b)所示，它包含图 4.4.15(a)作为子树。

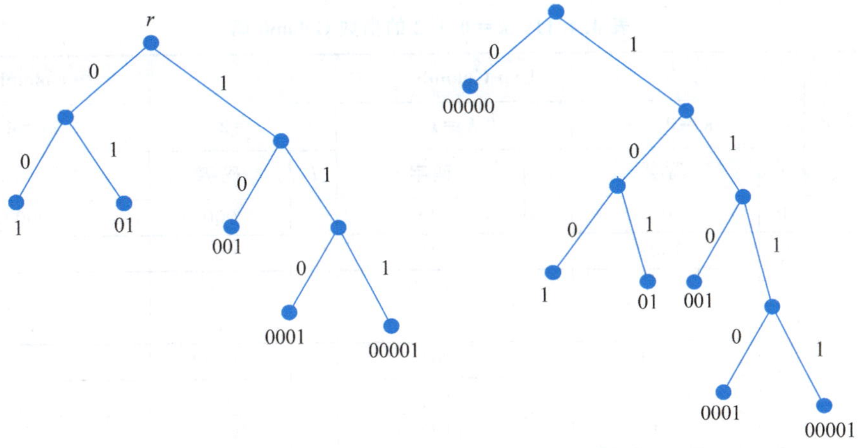

(a) 余数r的码树　　(b) Golomb编码的码树

图 4.4.15　$m=5$ 的 Golomb 编码的码树

信源字与码字的对应关系如表 4.4.10 所示。

表 4.4.10　信源字与码字的对应关系

信源字	00000	1	01	001	0001	00001
码字	0	100	101	110	1110	1111

码序列为 0 101 0 1111…。

3. 指数 Golomb 码

在 Golomb 码中，对于给定的游程长度 n，总是先按等尺寸(m)分割，得到商值 q。为减小码长，Teuhola 在 1978 年提出指数 Golomb 码。这种码不是等尺寸分割，而是分组尺寸指数增加。编码仍包含两部分：单一码后接等长码。将长度等于 n 的“0”游程依次分成长度分别为 $2^k, 2^{k+1}, \cdots, 2^{k+i-1}$ 的子游程，直到最后一段包含的“0”符号数小于 2^{k+i}。

如果预先给定 k，那么由 n 能唯一确定 i，因为

$$2^k+2^{k+1}+\cdots+2^{k+i-1}=2^k(2^i-1)\leqslant n<2^k(2^{i+1}-1)$$

可得

$$i\leqslant \log_2\left(\frac{n}{2^k}+1\right)<i+1$$

所以

$$i=\left\lfloor \log_2\left(\frac{n}{2^k}+1\right)\right\rfloor \tag{4.4.18}$$

指数 Golomb 码的编码过程如下。

(1) 给定 k 值。

(2) 对每个游程长度 n,①由式(4.4.18)确定 i,将 i 编成单一码;②将余数 $0,1,\cdots,2^{k+1}-1$,编成等长 $k+i$ 比特二进制代码。

表 4.4.11 给出了 $k=0,1,2$ 的指数 Golomb 码。

表 4.4.11　$k=0,1,2$ 的指数 Golomb 码

游程长度 n	Exp-Golomb						Golomb
	$k=0$		$k=1$		$k=2$		$m=4$
	i	码字	i	码字	i	码字	
0	0	0	0	00	0	000	000
1	1	100		01		001	001
2		101	1	1000		010	010
3	2	11000		1001		011	011
4		11001		1010	1	10000	1000
5		11010		1011		10001	1001
6		11011	2	110000		10010	1010
7	3	1110000		110001		10011	1011
8		1110001		110010		10100	11000
9		1110010		110011		10101	11001
10		1110011		110100		10110	11010
16	4	111100001	3	11100010	2	1100100	1111000
32	5	11111000001	4	1111000010	3	111000100	11111111000
48		11111010001		1111010010		111010100	111111111111000
64	6	1111110000001	5	111110000010	4	11110000100	1111111111111111000

注:表中单一码是 i 个"1"后接一个"0"。

指数 Golomb 码的译码过程如下。

(1) 码字第一个"0"前面的"1"的个数为 i。

(2) 码字第一个"0"后面的 $k+i$ 位二进制代码表示的就是余数。

从编码表中可以看出,当游程长度较小时,指数 Golomb 码长度大于 Golomb 码;而当游程长度较大时,指数 Golomb 码长度明显小于 Golomb 码。所以当长 0 游程数目很多时,指数 Golomb 码优于一般 Golomb 码。

4.4.4　通用编码

4.4.4.1　概述

通用编码方法主要用于文本压缩,也可用于图像压缩。下面介绍两类通用编码器的模型,即基于字典的模型和基于统计的模型。

基于字典的方法不利用文本的统计特性,在将输入序列进行分组的同时建立字典。这种字典可以是静态的,也可以是动态的。基于字典的方法也称基于段匹配的编码,其基本思想是编码器在字典中搜索从输入文件中读入的词组，以寻找匹配。如果找到匹配，就输出对应的字典元素的标号，否则就输出词组的原始代码并建立新的字典元素；译码器根据接收的标号在字典中查找对应的元素，实现译码。基于字典的通用编码器模型如图 4.4.16 所示。字典有静态字典和自适应字典两种。静态字典就是内容固定的字典，它不适合于特征差异较大的信源；自适应字典则是从一个空字典或一个小字典开始，在编码过程中不断从输入的信源序列产生新词组加入到字典中，同时还要及时删掉旧词组，以维持字典合适的大小。

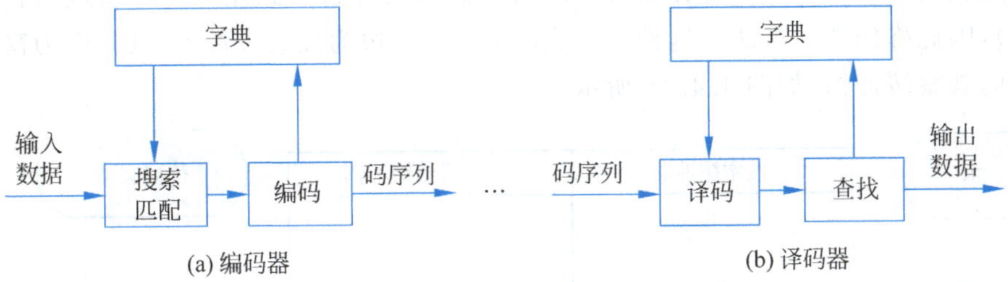

图 4.4.16　基于字典的通用编码器模型

基于统计的方法由建模部分后接编码部分组成。建模部分估计信源符号的概率，编码部分根据估计的概率进行编码。模型可以是静态的，也可以是自适应的。信源符号的概率可以根据该符号在产生的信源序列中的频率进行估计，这适用于无记忆信源。对于有记忆信源则使用基于上下文估计概率的方法。一个符号的上下文就是文本中位于该符号前面的若干个符号，基于上下文的文本压缩方法就是利用一个符号的上下文估计相应的条件概率（这个过程有时也称预测）实现建模，例如部分匹配预测（Prediction by Partial Match，PPM）、上下文树加权（Context Tree Weighting，CTW）等编码方法。有些基于统计的编码方法在编码前还需要进行某些变换，使其变成更适合压缩的序列，例如基于 BWT（Burrows Wheeler Transform）的编码、基于语法的压缩编码等。

在通用编码系统中，编译码器需要同步，即译码器要利用与编码器同样的信息建模。所以在编码器中要利用已经处理过的数据进行概率估计，这样才能使得译码器可以利用同样的信息建模。一般的基于统计的通用编码器模型如图 4.4.17 所示。

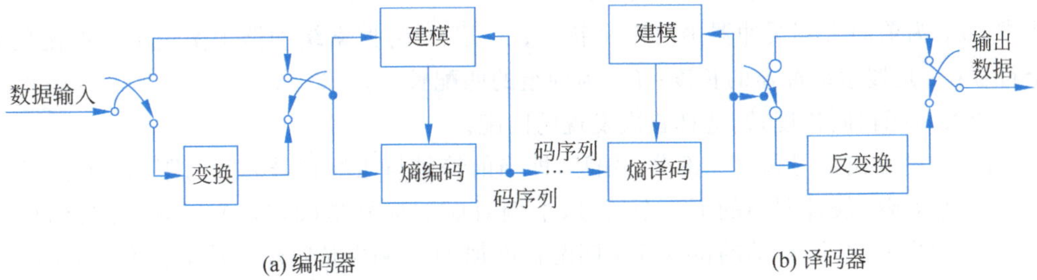

图 4.4.17　基于统计的通用编码器模型

4.4.4.2　LZ 码

基于字典的编码也称为基于段匹配的编码，是由 Ziv 和 Lemple 在 20 世纪 70 年代首先提出的，后经过多人改进，产生很多这类压缩算法的变种，统称为 LZ 编码。它们的共

视频

视频

同特点是实现简单，而且渐近码速率接近信源的熵，算法快速而高效，已广泛应用于计算机文件压缩等领域中。

1. LZ77 算法

LZ77 算法分为滑动窗 LZ(SWLZ)算法和固定数据库 LZ(FDLZ)算法。

SWLZ 的主要思想：对文件中的一个字符串进行编码时，用已经处理过的输入文件中的一部分构成的窗口作字典，寻找与该字符串最长的匹配，对窗内的匹配位置（也称指针）、匹配长度和下一个符号进行编码。编码时输入文件自右到左从窗口通过（相当于窗口滑动），因此称作滑动窗法。这种窗分成两部分：左边为搜索缓冲器，其长度为窗长，右边为前向观察缓冲器，如图 4.4.18 所示。

图 4.4.18　滑动窗的两个缓冲器

搜索缓冲器就是当前的字典，包含最近完成编码的一段信源序列。前向观察缓冲器包含正要编码的一段信源序列。图中，用垂直线|将两个缓冲器隔开。现假定文本“cabraca”是已经完成压缩的信源序列，而文本“abrarrab”是待压缩序列。编码器反向扫描（从右至左）搜索缓冲器，寻找对前向观察缓冲器中第 1 个字母“a”的匹配。所看到的第一个匹配是搜索缓冲器中的最后一个“a”。它与搜索缓冲器右端的距离（称为偏移）为 1。为匹配更多的符号，还应继续反向扫描。有连续 4 个符号“abra”实现匹配，是最长符号串的匹配，距离为 6。编码器的准则是寻找最长匹配，可用下面的公式描述：

$$L_n = \max\{k : x_1^k = x_{-i}^{k-i-1} \text{ 对于 } 0 \leqslant i \leqslant n\}$$

式中：x_1^k 为前向观察缓冲器中前 k 个符号；x_{-i}^{k-i-1} 为搜索缓冲器中实现最长匹配的 k 个符号；n 是搜索缓冲器的长度；L_n 为词组的匹配长度。

如果匹配相同长度，则选择首次发现的匹配。

LZ77 的输出标号包含三部分：偏移，即当前符号与匹配符号之间的距离；匹配长度和匹配段后观察缓冲器中的下一个符号，本例对应的标号是$(6,4,r)$。当标号写到输出文件后，窗向右移动，移动的位置等于匹配长度加 1（本例中是匹配字符串长度 4 个加 1），使得匹配段后面的一个符号刚好进入搜索缓冲器的窗口，即变成 cabracaabrar|rabrar，继续重复搜索过程。如果没有匹配，标号就是零偏移和零长度，后面跟随未匹配的符号。

LZ77 的改进算法 LZSS 的输出标号由偏移和匹配长度两部分组成；如果无匹配，那么码器发送下一个符号的未压缩代码。与 LZ77 不同，每次匹配后移动的位置等于匹配长度。为区别标号和未压缩代码，每一次输出前要加一位标志位。

例 4.4.15 描述对文本 cabracaabrarrabrar#的 LZ77 编码过程(#表示空),设滑动窗长为 8。

解: 所示文本的 LZ77 编码过程的前几步见表 4.4.12。

表 4.4.12 LZ77 编码的部分过程

搜索缓冲器	观察缓冲器	输出标号	搜索缓冲器	观察缓冲器	输出标号
	cabracaa	(0,0,c)	cabrac	aabrarra	(2,1,a)
c	abracaab	(0,0,a)	cabracaa	brarrabr	(6,3,r)
ca	bracaabr	(0,0,b)	acaabrar	rabrar	(3,2,b)
cab	racaabra	(0,0,r)	abrarrab	rar#	(6,3,#)
cabr	acaabrar	(3,1,c)			

设信源符号集的大小为$|A|$,搜索缓冲器和前向观察缓冲器的长度分别为 N 和 L,那么偏移码长的范围在 $0\sim\lceil\log_2 N\rceil$之间,其中 0 表示无匹配,典型值占用 10~12bit。存在匹配时,匹配长度码长范围通常在 $1\sim\lceil\log_2(L-1)\rceil$之间,但有时最长的匹配可以超过这个范围,通常占用几比特;信源符号所用比特数为$\lceil\log_2|A|\rceil$。

FDLZ 算法利用独立于信源序列但与其分布相同的训练序列作为搜索窗或字典。设序列 x_1^{∞} 为要压缩的数据,x_{-n+1}^{0} 为所使用的训练序列,这是编译码器都可以使用的序列。对 x_1^{∞} 的编码过程如下。

设 L_1 为使下式成立的最大整数:

$$x_1^{L_1}=x_{-n+m_1}^{L_1-n+m_1-1}$$

那么词组 $x_1^{L_1}$ 就用 m_1 二进制表示和 L_1 二进制表示来编码,而译码器也可以根据标号(m_1,L_1)和数据库 x_{-n+1}^{0} 重建 $x_1^{L_1}$;对于序列 $x_{L_1+1}^{\infty}$ 重复以上过程,可得一系列标号$(m_2,L_2)\cdots$

LZ77 的译码器比编码器简单得多。在译码器中设置一个与编码器窗口大小相同的缓冲器。当输入一个标号时,在缓冲器中寻找匹配,再把匹配的符号和标号第三部分所表示的符号依次写到输出码流和缓冲器中。所以 LZ77 及其变种是一种不对称的压缩算法,特别适用于一次压缩和多次解压的场合。

LZ77 不仅可以压缩文本,而且可以压缩图像。一个像素 P 的近邻总是与 P 有类似的值。如果 P 是观察窗中最左边的元素,那么它左边的某些像素很可能有与 P 相同的值,因此可以使用 LZ77 的算法对图像进行压缩编码。

2. LZ78 算法

从前面对 LZ77 算法的描述可以看到,该算法有两个缺陷:一是窗长有限。这意味着编码器对相同字符串紧凑发生的情况比较适合,而对相同字符串分布分散的情况就不适合,因为在这种情况下寻找匹配时,相同的字符串往往移到窗口之外,不能发生匹配,使压缩效果降低;二是观察缓冲器的大小有限,从而限制了匹配长度,也影响了压缩效果。

LZ78 算法采用一定措施弥补了 LZ77 算法的上述缺陷：一是不采用缓冲器和滑动窗，而是采用由碰到的输入文本中的字符串所构成的字典；二是先将信源序列分成一系列以前未出现而且最短的字符串或词组，例如，将信源序列 1011010100010…分成 1，0，11，01，010，00，10，…注意每个词组有一个前缀在前面出现过，每个词组的长度比其前缀长一个字符。

在对词组进行编码时，建字典和建标号同时进行。字典由序号（也称字典指针）和词组两部分构成，这个字典开始是空的，随着文本的输入逐渐变大，其容量可以很大，只受可用存储量的限制。编码输出的标号也由两部分组成：一是词组前缀所对应的字典指针；二是词组尾字符的编码。标号中不包含匹配长度。每个标号对应一个字符串，且当标号写到压缩文件后，该字符串就加到字典中，而字典不做任何删除，这样可以实现距离更远的匹配。

编码过程：字典从位置零的零字符串开始，随着输入文件被编码，字符串依次加到以后的位置。例如，从输入文件中读出的是符号 x，那么就在字典里搜索是否存在符号 x。如果未找到 x，就把 x 加在字典中的下一个位置，并输出标号（0，x）。如果发现 x 在字典的某个位置（设为 a），就从输入文件中读下一个符号 y，接着搜索字典中字符串 xy。如果未搜索到，就把 xy 加在字典中的下一个位置，并输出标号（a，y）。过程继续，直到整个文件处理完。

LZ78 算法的字典容量可以是固定的，也可以根据压缩程序每次执行时可用存储量确定。如果字典的容量大，它包含的字符串就多，也就允许实现较长的匹配，从而可以实现较好的压缩，但字典的搜索变慢。

例 4.4.16 对例 4.4.15 所示文本，用 LZ78 算法构造编码字典和对应的标号。

解： cabracaabrarrabrar#

用 LZ78 算法构造编码字典和对应的标号如表 4.4.13 所示。

表 4.4.13 用 LZ78 算法构造编码字典和对应的标号

序号	字典	标号	序号	字典	标号
0	空				
1	c	(0,c)	8	ar	(2,r)
2	a	(0,a)	9	ra	(4,a)
3	b	(0,b)	10	bra	(7,a)
4	r	(0,r)	11	r#	(4,#)
5	ac	(2,c)			
6	aa	(2,a)			
7	br	(3,r)			

为了便于搜索，此处引入字典树的概念。字典树是利用字符串的公共前缀降低查询时间的开销，实际上是以空间换时间，用于存储大量的字符串以支持快速搜索匹配。

3. LZW 算法

LZW 算法是 Terry Welch 在 1984 年开发的 LZ78 的流行变种，也是一种基于字典的方法，其主要特点是删除了LZ78标号中的第二部分，标号中仅包含字典指针。编码器按一定的规则将信源序列分成序号连续的词组，构成字典的元素，并发送每个词组前缀的地址（字典指针），译码器利用相同的规则构建字典，根据接收到的前缀地址重建每个词组，从而恢复信源序列。

LZW信源序列的划分规则与LZ78类似，即将序列分成一系列以前未出现而且最短的字符串或词组，其中每个词组由一个前缀和一个尾符号组成，而这个前缀是前面出现过的词组。与LZ78不同的是，前面一个词组的尾符号是紧接其后词组的第一个符号。例如，对二元信源序列 11000 10110 01011 10001…进行分组，就得到词组 1,11,10,00,001,101,110,0010,01,111,100,001…

以上述划分所得到的词组作为字典元素，用有序对 $<n,a_i>$ 表示，其中 n 为词组前缀的地址（或指针），a_i 为词组的尾符号。只有第一次出现的新词组才存到字典中。这样，这些有序对就构成一个链接表。字典中每一个元素都分配一个地址，使得元素与地址有一一对应的关系。此外，还要建立一个初始化字典，如表4.4.14所示，其中，a_m 为信源符号，M 为信源符号个数。

表 4.4.14　初始化字典

地　址	字典元素	地　址	字典元素	地　址	字典元素
0	$<0,\text{null}>$	…	…	…	…
1	$<0,a_1>$	m	$<0,a_m>$	M	$<0,a_M>$

编码算法简述如下。

(1) 将信源序列按上述规则转换成词组序列；如果每时刻只有一个信源符号进入编码器，那么编码器要对进入的字符串进行逐次识别，以判断其是否为新词组。

(2) 在初始化字典的基础上，指针 m 从 M 开始，每遇到一个新词组就进行如下操作：①$m \Leftarrow m+1$；②建新元素 $<n,a>$；③发送指针 n。编码器输出实际是字典指针序列。

例 4.4.17　一个二元信源输出序列为 110 001 011 001 011 100 011 11…，建编码字典并确定发送序列。

解： 编码过程如表4.4.15所示。

表 4.4.15　LZW 算法编码过程

信源符号	新词组	当前 m	字典元素	发送码字
—	空	0	$<0,\text{null}>$	—
—	0	1	$<0,0>$	—
—	1	2	$<0,1>$	—
1	11	3=2+1	$<2,1>$	2
1	10	4=3+1	$<2,0>$	2
0	00	5=4+1	$<1,0>$	1
00	001	6=5+1	$<5,1>$	5
10	101	7=6+1	$<4,1>$	4

续表

信源符号	新词组	当前 m	字典元素	发送码字
11	110	8=7+1	<3,0>	3
001	0010	9=8+1	<6,0>	6
0	01	10=9+1	<1,1>	1
11	111	11=10+1	<3,1>	3
10	100	12=11+1	<4,0>	4
001	0011	13=12+1	<6,1>	6
111	111…	14=13+1		

发送序列为 2 2 1 5 4 3 6 1 3 4 6。

下面对编码过程作简要说明。编码器初始化字典有 3 个元素，$M=2$。编码开始时，第 1 个词组为 11，字典指针为 2+1=3；因其前缀为 1，尾符号也为 1，且前缀的字典指针为 2，所以字典元素为<2,1>，发送符号为 2；再用同样的方法处理第 2 个词组 10……，以此类推，一直处理到最后一个词组 111，但因其无尾符号，不能建立字典元素，编码结束。

LZW 译码器必须建立与编码器相同的字典才能对编码序列进行译码，工作过原理简述如下。

(1) 接收任何码字时都必须建立新的字典元素。

(2) 新的字典元素的指针 n 与接收码字的 n 相同。

(3) 确定词组尾符号的方法：当接收码字为 n_t 时，地址指针为 m，那么对应的字典元素为<n_t,? >，其中，? 表示词组尾符号未知。而当接收码字为 n_{t+1} 时，地址指针为 $m+1$，那么对应的字典元素为<n_{t+1},? >。因为<n_t,? >和<n_{t+1},? >是两个连接的词组，n_{t+1} 地址词组的第 1 个符号就是<n_t,? >对应词组的尾符号。而通过查字典可以找到 n_{t+1} 地址词组的第 1 个符号。这个符号就是<n_t,? >中的“?”。因此译码要延迟一个词组的时间。

根据发送序列的译码过程如表 4.4.16 所示。接收开始时，$n=2$，$m=3$，对应部分字典元素为<2,? >，因为 $n=2$ 表示词组前缀地址，对应字典元素为<0,1>，所以输出 1；下一步，$n=2$，$m=4$，对应部分字典元素也是<2,? >，这表明在地址 $n=2$ 的词组第 1 个符号是前面($m=3$)<2,? >中的?，所以<2,? >=<2,1>($m=3$)……，以此类推，得到译码输出为 110 001 011 001 011 100 01。注意：每当建立部分字典元素后，虽然还未确定词组的尾符号，但是可以进行译码输出，因为输出的是当前词组的前缀，而不含输出尾符号。

表 4.4.16　LZW 算法译码过程

接收码字	当前 m	部分字典元素	完整字典元素	译码输出
—	0	—	<0,null>	—
—	1	—	<0,0>	—
—	2	—	<0,1>	—
2	3	<2,? >	<2,1>	1
2	4	<2,? >	<2,0>	1
1	5	<1,? >	<1,0>	0

续表

接收码字	当前 m	部分字典元素	完整字典元素	译码输出
5	6	<5,?>	<5,1>	00
4	7	<4,?>	<4,1>	10
3	8	<3,?>	<3,0>	11
6	9	<6,?>	<6,0>	001
1	10	<1,?>	<1,1>	0
3	11	<3,?>	<3,1>	11
4	12	<4,?>	<4,0>	10
6	13	<6,?>		001

4. 性能分析

如果信源序列长度不大，LZ 编码的有效性并不明显。在有些情况下不但数据未被压缩反而扩展。但是，如果词组的数目很大，描述一个很长的词组就可用很少的比特数，从而提高了效率。如前所述，LZ 算法有很多变种，主要有 LZ77、LZ78 和 LZW，而 LZW 属于 LZ78 的改进型，两者性能接近。下面分析 LZ78 的压缩性能。

根据上述编码方法可知，n 长信源符号序列分成了 $C(n)$ 段，表示每段所需的二进制码元个数 $l=\lceil \log C(n)\rceil$，信源符号共 q 个需 $\lceil \log q\rceil$ 二进制码元表示。则每段共需的二进制码元为 $\lceil \log C(n)\rceil+\lceil \log q\rceil$，得 n 长信源符号序列共需 $C(n)(\lceil \log C(n)\rceil+\lceil \log q\rceil)$ 个二进制码元。因此，平均每个信源符号所需的码长为

$$\bar{L}=\frac{C(n)(\lceil \log C(n)\rceil+\lceil \log q\rceil)}{n} \tag{4.4.19}$$

由式(4.4.19)可得

$$\frac{C(n)[\log C(n)+\log q]}{n}\leqslant \bar{L}<\frac{C(n)[\log C(n)+\log q+2]}{n} \tag{4.4.20}$$

设长度为 k 的段有 q^k 种。若把 n 长符号序列分成 $C(n)$ 段后，设最长的段的长度为 K，而且所有长度小于或等于 K 的段型都存在，则有

$$C(n)=\sum_{k=1}^{K}q^k=\frac{q^{K+1}-q}{q-1} \tag{4.4.21}$$

及

$$n=\sum_{k=1}^{K}kq^k=\frac{q}{(q-1)^2}\{Kq^{K+1}-(K+1)q^K+1\} \tag{4.4.22}$$

当 K 很大时，式(4.4.21)和式(4.4.22)可近似为

$$C(n)\approx\frac{q^{K+1}}{q-1}$$

$$n\approx\frac{K}{q-1}q^{K+1}$$

可得

$$n\approx KC(n) \tag{4.4.23}$$

将式(4.4.23)代入式(4.4.20)可得

$$\frac{\log C(n)}{K}+\frac{\log q}{K}\leqslant \bar{L}<\frac{\log C(n)}{K}+\frac{\log q+2}{K} \tag{4.4.24}$$

现考虑平稳无记忆 q 元信源序列，设信源符号的概率分布为 $p_i(i=0,1,\cdots,q-1)$。当最长的段长 K 很大时，典型的段中 a_i 将出现 p_iK 个。令这种段型有 N_k 种，则有

$$N_K=\frac{K!}{\Pi(p_iK)!}\approx\frac{K^K}{\Pi(p_iK)^{p_iK}}$$

可得

$$\log N_K=-K\sum_i p_i\log p_i=KH(S)$$

忽略较短的段型，由上述这类段型所组成的序列的长度为

$$n=N_KK=K2^{KH(S)} \tag{4.4.25}$$

由式(4.4.23)和式(4.4.25)可得

$$C(n)\approx N_K\approx 2^{KH(S)}$$

将上式代入式(4.4.24)可得

$$H(S)+\frac{\log q}{K}\leqslant \bar{L}<H(S)+\frac{\log q+2}{K}$$

所以，当 K 足够大时，有

$$\bar{L}\approx H(S)$$

对于马尔可夫信源，也可以得到类似的结论：

$$\bar{L}\approx H_\infty$$

可见，LZ78 码的平均码长仍以信源熵为极限，当 n 很长时(K 很大时)平均码长渐近地接近信源的熵。

中文教学录像

5. 应用情况

LZ 编码及其变种在数据压缩领域应用很广，下面简单介绍三种主要应用。

1) UNIX 压缩

在 UNIX 计算机系统中广泛使用的文件压缩程序 compress 采用具有增长字典的 LZW 算法(称作 LZC)。编码开始用 512 单元的小字典，写到输出数据流的指针是 9bit，当字典占满后，它的尺寸就加倍到 1024 单元，指针也变成 10bit。如果该过程继续，指针可达到规定的最大尺寸。当最大允许的字典占满后，其尺寸不再变化，但编码器监视压缩率。如果压缩率降到预先规定的阈值下，字典就被删除，重新建立一个新的 512 单元字典。该系统使用 uncompress 命令译码，保持与编码器相同的方式对字典进行维护。

2) GIF 图像压缩

GIF 是 1987 年开发的一种利用 LZW 变种的有效的压缩图表文件格式。与 compress 类似，GIF 使用一个动态的增长字典。它以每像素比特数 b 为参数，对于黑白图像，$b=2$；对于具有 256 个灰度的图像，$b=8$。字典的初始尺寸为 2^{b+1} 单元，空间被占满后字典尺寸就加倍，一直达到 4096 个单元，然后保持静止。同时编码器监视压缩率，并决定何时建立新字典。GIF 格式普遍用在网站浏览器，但它并不是一个有效的图像压缩器。因为 GIF 是一维图像压缩，只进行逐行扫描，所以只能利用行内的相关，而不能利

用行之间的相关。

3) V.42bis 协议

V.42bis 协议是 ITU-T 发布的用于快速调制解调器的一种标准，它以现有的 V.32bis 协议为基础，支持快速的传输速率，最高达 57.6Baud。该标准包含关于数据压缩和纠错的规范。V.42bis 规定了不使用压缩的透明方式和使用 LZW 一个变种的压缩方式。前者用在压缩效果不好，甚至引起扩展的场合，例如传输一个已经压缩的文件。压缩方式使用一个增长字典，这个字典的初始尺寸在调制解调器之间是协商好的。V.42bis 协议建议字典的尺寸为 2048 个单元，最小尺寸为 512 个单元。字典的前 3 个单元对应指针 0、1 和 2，不包含任何词组，作为特殊码。“0”为透明方式；“1”为刷新数据；“2”表示字典几乎要满，编码器需要将字典加倍。当字典达到最大尺寸时，V.42bis 推荐再用程序，即对当前最不常用的词组进行定位和删除，给新的词组提供空间。

4.4.4.3　基于 BWT 的编码

中文教学录像

BWT 是由 Burrows 和 Wheeler 于 1994 年提出的数据压缩算法，其基本过程：首先构建一个矩阵，存储待压缩序列的所有左循环移位结果；其次对这些行按字母表顺序进行排序，形成分类矩阵；再次输出分类矩阵的最后一列和原始待编码序列在分类矩阵中的行号；最后进行 MTF 编码和熵编码，从而完成整个编码过程，如图 4.4.19 所示。

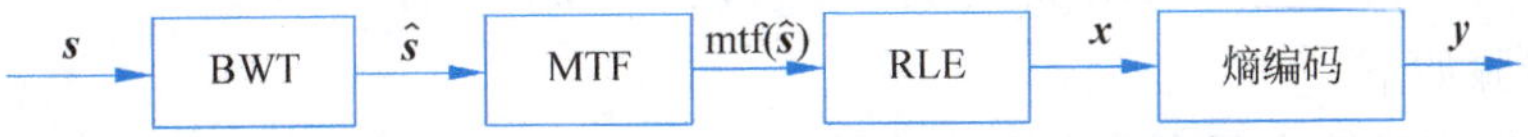

图 4.4.19　基于 BWT 的数据压缩编码框图

实际上，BWT 的处理过程并不实现压缩，但信源序列中所有具有类似上下文的符号在 BWT 后被集中到一起，再经 MTF 编码得到整数序列，这样就非常有利于后续熵编码的压缩。理论与实践证明，基于 BWT 的压缩算法是一种强大的数据压缩工具，其主要优点是运行速度和压缩比均较高，其压缩比远高于 LZ 算法。

基于 BWT 的编码包含以下三个步骤。

(1) 对输入字符串 $\boldsymbol{s}$ 进行可逆 BW 变换(BWT)，输出序列 $\hat{\boldsymbol{s}}=\mathrm{bwt}(\boldsymbol{s})$。

(2) 对 $\hat{\boldsymbol{s}}$ 进行 MTF 再编码；输出序列为 $\mathrm{mtf}(\hat{\boldsymbol{s}})$，再进行游程长度(RLE)编码，输出序列为 $\boldsymbol{x}$。

(3) 对 $\boldsymbol{x}$ 进行熵编码(Huffman 或算术编码)，由编码器输出码序列 $\boldsymbol{y}$。

译码部分是编码器的逆运算，包含熵译码、游程译码和 MTF 译码，以及 BWT 逆变换，基于 BWT 的编码系统中可逆的 BWT 变换是核心内容。下面结合实例说明 BWT 算法的基本原理。

1. BWT 算法描述

BWT 是一种可逆变换，它将一条 n 长的字母序列生成同样字母符号的置换序列和一个 $1\sim n$ 之间的整数。BWT 正变换表示为

$$\mathrm{BWT}_n: A^n \to A^n \times \{1,2,\cdots,n\}$$

其中，A 为字母符号集。假设对给定字符串 $\boldsymbol{s}$ 进行 BWT，其正变换包含如下步骤。

(1) 求序列 $\boldsymbol{s}$(此例中 $\boldsymbol{s}$=bananas)的循环位移矩阵,如表 4.4.17 左边所示。

(2) 对矩阵的行按字母表顺序进行排序,构成分类矩阵,如表 4.4.17 右边所示。

(3) 分类矩阵的最后一列和原始序列在分类矩阵中的行号(设为 k)作为变换的输出。

表 4.4.17　BWT 变换示意图

1	bananas	ananasb
2	sbanana	anasban
3	asbanan	asbanan
4	nasbana	bananas
5	anasban	nanasba
6	nanasba	nasbana
7	ananasb	sbanana

BWT 输出:bwt($\boldsymbol{s}$)=bnnsaaa,4。BWT 矩阵的特点:①矩阵的每一列都是原始信源序列的置换;② 矩阵第一列的元素按字母表顺序排列;③矩阵最后一列和第一列的对应元素是前后连接关系。

BWT 逆变换表示为

$$\mathrm{BWT}_n^{-1}: A^n \times \{1,2,\cdots,n\} \to A^n$$

基本步骤如下。

(1) 根据变换输出写出分类矩阵的最后一列($\boldsymbol{r}_n$=b n n s a a a)。

(2) 将分类矩阵最后一列出现的字母按字母表顺序从前到后排列,得到分类矩阵的第一列($\boldsymbol{r}_1$=a a a b n n s),而且 $\boldsymbol{r}_n$ 和 $\boldsymbol{r}_1$ 的对应元素是前后连接关系。

(3) 根据如下算法得到原始信息序列:设 $\boldsymbol{s}$ 的第 j 个符号为 s_j,在分类矩阵中第 i 行的第一列和最后一列的符号分别为 F_i 和 L_i,可以看到:①$\boldsymbol{r}_1$ 的第 k 个符号也是 $\boldsymbol{s}$ 的第 1 个符号;②在 $\boldsymbol{s}$ 中,F_i 紧接在 L_i 的后面,也就是说,如果确定了 $s_j=L_i$,就有 $s_{j+1}=F_i$。

如果 s_j 在 $\boldsymbol{s}$ 中是唯一的,则存在唯一的 $L_i=s_j$;如果 s_j 在 $\boldsymbol{s}$ 中不是唯一的(设为 a),则存在多个 $L_i=a(i=i_1,i_2,\cdots)$。可以看到,同一个符号在分类矩阵中第一列和最后一列的排序是相同的。这就是说,如果 s_j 在分类矩阵中第一列是第 k 个 a,在最后一列对应第 k 个 a 的就是 L_i。

例如,根据 bwt($\boldsymbol{s}$)=bnnsaaa,4;有 $s_1=b$,$L_1=b$,并且唯一,所以得 $s_2=F_1=a$;F_1 在本列 a 中的排序为 1,所以在 L_i 中的 a 中排序也为 1。由于 $L_5=a$,所以 $s_3=F_5=n$。同理,依次得 $L_2=n$,$s_4=F_2=a$;$L_6=a$,$S_5=F_6=n$;$L_3=n$,$s_6=F_3=a$;$L_7=a$,$s_7=F_7=s$,如表 4.4.18 所列。

表 4.4.18　BWT 逆变换过程

i	L_i	F_i						
1	b	a						
2	n	a						

续表

i	L_i	F_i						
3	n	a						
4	s	b	a	n	a	n	a	s
5	a	n						
6	a	n						
7	a	s						
信息序列		s_1	s_2	s_3	s_4	s_5	s_6	s_7

2. 向前移再编码

对 bwt(s)进行向前移(MTF)再编码,把字母表$\{a_1,a_2,\cdots,a_h\}$转换成$\{0,1,\cdots,h-1\}$整数序列,如表 4.4.19 所列。

表 4.4.19 MTF 序列生成过程

MTF 顺序	0	a	b	n	n	s	a	a
	1	b	a	b	b	n	s	s
	2	n	n	a	a	b	n	n
	3	s	s	s	s	a	b	b
bwt(s)		b	n	n	s	a	a	a
MTF 序列		1	2	0	3	3	0	0

注:bwt(s)序列中不含最后的行号。

MTF 序列的特点:①与 bwt(s)长度相同;②序列由小整数或 0 组成;③有利于后续的压缩。

3. 游程编码

在一般情况下,MTF 变换后的序列中包含很多 0 游程,进行 0 游程编码可以进一步压缩码速率。0 游程编码可采用的方式:先将 MTF 序列中大于 0 的整数加 1,这样序列中含有大于 1 的符号和 0 符号,而不含 1 符号。因为在这种序列中 0 游程序列是孤立的,因此可以用二进制非奇异码变长码(由 0、1 组成)对 0 游程长度进行编码。如果构造一棵 k 阶二进制等长码树,那么除根节点外,树上所有节点都可用作码字。这样从 2 阶到 k 阶节点的所有节点数为 $2+2^2+\cdots+2^k=2^{k+1}-2$,可分别用于长度从 $1\sim2^{k+1}-2$ 的 0 游程编码。当游程长度较小时,码字的分配如表 4.4.20 所示。一般地,从游程长度 $2^k-1\sim2^{k+1}-2$ 对应的码字分别为从 0^k(k 个 0)$\sim1^k$(k 个 1)。如果 $2^k-1\leqslant n\leqslant2^{k+1}-2$,可得 $k=\lceil\log_2(n+2)\rceil-1$,而游程 n 的编码为将 $n-(2^k-1)$展成长度为 k 的二进制代码。

表 4.4.20 0 游程变换

0 游程长度	0 游程长度编码	0 游程长度	0 游程长度编码	0 游程长度	0 游程长度编码
1	0	4	01	7	000
2	1	5	10	8	001
3	00	6	11	9	010

例 4.4.18 写出长度为 17 的 0 游程长度代码。

解：$k=\lceil \log_2(17+2)\rceil-1=4, 17-(2^4-1)=2$

0 游程长度代码为 0010。

例 4.4.19　将 MTF 序列 1 2 0 3 3 0 0 进行游程变换。

解：首先序列变为 2 3 0 4 4 0 0，然后变为 2 3 0 4 4 1。

4. BWT 的压缩性能

对于已知状态空间的平稳遍历信源，状态数为 $|S|$，字母表的大小为 $|A|$，对序列进行 BWT，采用 KT 估计建模和算术编码，可以证明平均剩余度 $\bar{\rho}_n$ 界为

$$\bar{\rho}_n \leqslant \frac{|S|(|A|+1)\log n}{2n}+O(1/n)$$

通过比较可以看到，对于有限记忆信源，基于 BWT 的压缩算法以 $O((\log n)/n)$ 的速率收敛于信源的熵率，而 LZ77 和 LZ78 分别以 $O(\log \log n/\log n)$ 和 $O(1/\log n)$ 的速率收敛于信源的熵率。可见，基于 BWT 的压缩算法性能超过 LZ77 和 LZ78。压缩文件语料库的测试表明，基于 BWT 的压缩算法最适合压缩基于文本的文件，而对于非文本文件的压缩不如其他常用的压缩算法。

5. 基于 BWT 的实用压缩算法

由 Julian Seward 开发的免费压缩程序 BZIP2 用基于 BWT 后接 MTF 编码和熵编码压缩文本文件，其压缩性能优于常规的 LZ77/LZ78 压缩，接近 PPM 的压缩性能，而压缩和解压速度也比较快。该软件可以自由分发免费使用，广泛存在于 UNIX 和 Linux 的许多发行版本中，支持大多数压缩格式，包括 TAR、GZIP 等。

BZIP2 比传统的 GZIP 或者 ZIP 的压缩效率高，但是比后者的压缩速度慢。此外，BZIP2 只是一个数据压缩工具，而不是归档工具，与 GZIP 类似。在目前所有已知的压缩算法中，BZIP2 可达到 10%～15%的压缩量，属于较好的一类压缩算法之一。起初，BZIP2 的前一代——BZIP 在 BW 变换之后使用算术编码进行压缩，但由于软件专利的限制，现在已改用 Huffman 编码。

4.5 压缩编码应用综述

前面学习了几种具体的压缩编码方法，本节将介绍这些方法在实际系统中的应用。压缩编码的主要目标是去除信源的冗余度，而自然信源中音频、图像、视频均是极具压缩潜力的信源，下面将针对其作一些介绍。

4.5.1 音频压缩标准

在实际应用中，声音信号可分为电话质量的语音信号、调幅广播质量的音频信号和高保真立体声信号。语音信号的频率范围为 300～3400Hz；调幅广播质量的音频信号一般用于会议电视及视频会议讨论，带宽为 50～7000Hz；高保真音频信号的频带范围为 20～20000Hz，随着带宽的增加，信号的自然度将逐步得到改善，相应地数字化后码速率将增大。因此，对于不同质量要求的声音信号，压缩策略有所不同。

一般声音信源属于连续的限失真信源，压缩编码主要有波形编码、参量编码和混合

编码三大类型。波形编码是直接利用数字声音信号的波形进行编码，要求接收端尽量恢复原始声音信号的波形，并以波形的保真度即语音自然度为主要度量指标；参量编码是一种分析/合成编码方法，它先通过分析提取表征声音信号特征的参数，再对特征参数进行编码，收端根据声音信号产生过程的机理将译码后的参数进行合成，重构声音信号。因为声音信号特征参数的数量远小于原始声音信号的样点数量，所以这种方法压缩比高，但由于计算量大，保真度不高，一般适合于语音信号的编码，其主要度量指标是可懂度。混合编码介于波形编码和参量编码之间，即在参量编码的基础上引入了一定的波形编码特征，以达到改善自然度的目的，这种编码方法已成为中低码速率编码的发展方向。

总之，声音信息能被压缩的依据是声音信号的冗余度和人类的听觉感知机理，声音压缩须在保持可懂度和音质、限制码速率及降低编码计算量三方面进行折中。

4.5.1.1 电话质量的语音压缩

众所周知，对于300～3400Hz的语音信号，基本编码方法是PCM，一般用8kHz采样语音信号，8bit量化编码器，则其码速率为64kb/s，该方法编码质量高，但由于码速率高，限制了其应用。为此，1984年CCITT公布了G.721标准，建议采用自适应差分脉码调制(ADPCM)编码，它是在差分脉码调制(DPCM)的基础上发展起来的。利用信号的过去样值预测下一样值，并将预测误差进行量化编码后传输，与DPCM不同的是ADPCM中量化器和预测器采用了自适应控制，同时在译码器中多了一个同步编码调整，以保证在同步级联时不产生误差积累。20世纪80年代以来，32kb/s ADPCM技术已日趋完善，具有与PCM相当的质量，而码速率压缩近一半，是一种对中等质量音频信号进行高效编码的方法，不仅在语音压缩，而且在调幅广播质量的音频信号和交互式激光唱盘的音频压缩中都有应用。

为了进一步降低语音信号的码速率，必须使用参量编码或混合编码技术，表4.5.1列出了CCITT相应建议中对电话质量的语音信号进行压缩的算法。

表4.5.1 电话质量的语音编码标准

标准	G.711	G.721	G.728	GSM	CTIA	NSA	NSA
速率(kb/s)	64	32	16	13	8	4.8	2.4
算法	PCM	ADPCM	LD-CELP	RPE/LTP	VSELP	CELP	LPC
质量	4.3	4.1	4.0	3.7	3.8	3.2	2.5

4.5.1.2 64kb/s音频编码

在要求质量高于电话语音编码的某些应用(如音频会议)中，需要宽带语音，采样率从通常的8kHz提高到14kHz。在以子带编码为基本技术的音频压缩系统中要利用听觉系统的掩蔽效应，在保证话音的高质量的同时实现更有效压缩。

ITU-T的G.722是基于子带编码的宽带语音编码标准，其基本目标是提供在64kb/s码速率的高质量语音。在该系统中，语音或音频信号首先通过截止频率为7kHz的低通滤波器，以防止频谱混叠，然后用16kb/s的码速率采样。每个样值用14bit的均匀量化器编码，这个14bit的样值通过两个24阶的FIR滤波器组(QMF滤波器)，低通QMF滤波器的频率范围是 0～4kHz，滤波器输出进行 2 倍下采样，然后用 ADPCM 编码。对于低通 ADPCM 系统，每样值 6bit，对于高通 ADPCM 系统，每样值 2bit。如果在低频子带的所有 6bit 都使用，那么这个低频子带所占的码速率为 48kb/s，而高频带所占的码速率为 16kb/s，所以系统的总码速率为 64kb/s。

量化器应用 Jayant 算法的一个变种进行自适应。两个 ADPCM 编码器都使用过去的两个重建值和过去的 6 个量化输出预测下一个样值。接收端由 ADPCM 译码器译码，每个输出进行 2 倍上采样，上采样信号通过重建滤波器变成重建信号，重建滤波器与分析滤波器相同。

4.5.1.3 高质量的音频编码

如前所述，在音频压缩系统中要使用心理声学模型。在这种模型中，人的听觉系统可近似用滤波器组来模拟，这个滤波器组以临界带为基础。其特点是：①滤波器具有恒定的相对带宽；②主导的强音对一个临界带内和附近频带内的弱音产生掩蔽效应。

MPEG-1 使用子带编码来达到既压缩音频数据又尽可能保留音频原有质量的目的，其理论依据是听觉系统的掩蔽特性，且主要是利用频域掩蔽特性。在子带编码过程中保留信号的带宽而删掉被掩蔽的信号，尽管通过编码和译码后重构的音频信号与编码之前的音频信号不相同，但人的听觉系统很难感觉到它们之间的差别。这也就是说，对听觉系统来说这种压缩是“无损压缩”。

MPEG-1 音频编码器框图如图 4.5.1 所示。输入音频信号经过一个“时间-频率多相滤波器组”变换到频域里的多个子带。输入音频信号还经过“心理声学模型”（计算掩蔽特性）进行处理，该模型计算以频率为自变量的噪声掩蔽阈值，查看输入信号和子带中的信号以确定每个子带里的信号能量与掩蔽阈值的比率。“量化和编码”部分用信掩比(Signal-to-Mask Ratio，SMR)来决定分配给子带信号的量化比特数，使量化噪声低于掩蔽阈值。最后通过“数据帧组装”将量化的子带样本和其他数据按照规定帧格式组装成比特数据流。

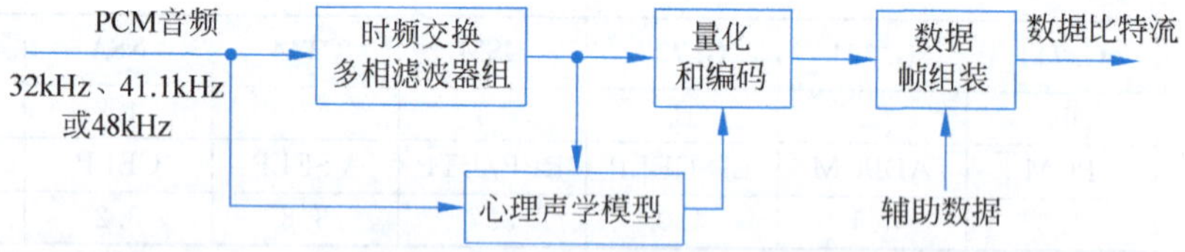

图 4.5.1 MPEG-1 音频编码器框图

信掩比是指最大的信号功率与全局掩蔽阈值之比。图 4.5.2 表示某个临界频带中的掩蔽阈值和信掩比，“掩蔽音”电平和“掩蔽阈值”之间的距离称为信掩比。在图中所示的临界带中，“掩蔽阈值”曲线之下的声音可被“掩蔽音”掩蔽掉。

图 4.5.3 是 MPEG-1 音频译码器框图。译码器对比特数据流进行译码，恢复被量化的子带样本值以重建音频信号。由于译码器无须心理声学模型，只需拆包、重建子带样本以及把它们变换回音频信号，因此译码器就比编码器简单得多。

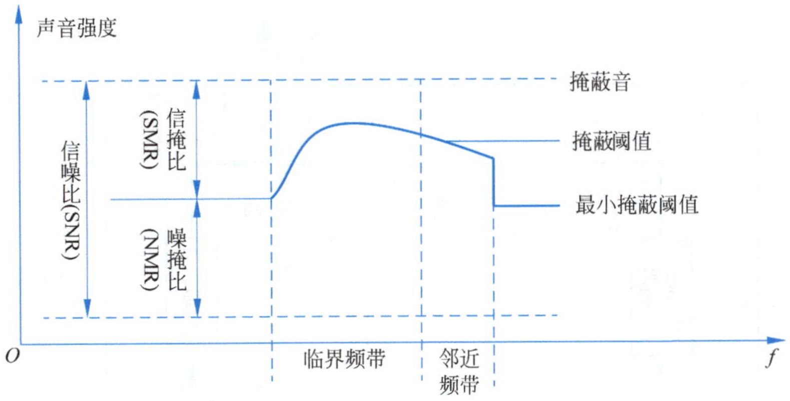

图 4.5.2 掩蔽阈值和 SMR

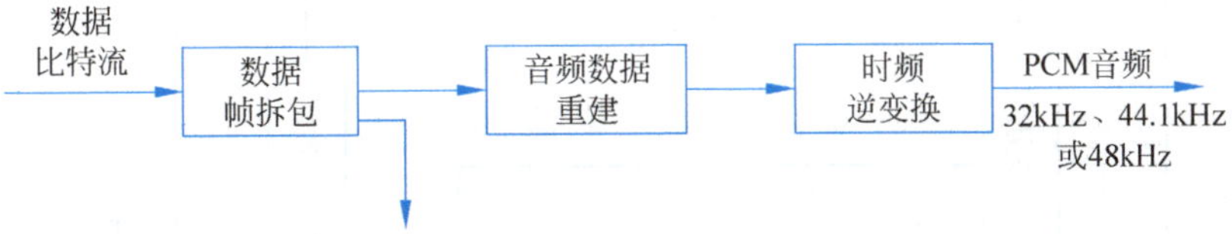

图 4.5.3 MPEG-1 音频译码器框图

4.5.2 静止图像压缩标准

在一般的信息系统中，图像的信息量远大于语音、文字、传真，占用的带宽也更宽，这对于通信传输或数据存储、处理都是一个巨大的负担。实际上，图像信息存在着大量的冗余，因此图像压缩非常重要，其压缩方法可分为有损压缩和无损压缩两类。无损压缩利用数据的统计特性进行冗余度的压缩，典型方法有 Huffman 编码、游程编码、算术编码和 LZ 编码。有损压缩一般不能完全恢复原始数据，而是利用人的视觉特性使压缩后的图像看起来与原始图像一样，主要方法有预测编码、变换编码、模型编码、基于重要性的编码及混合编码等。

对于静止图像，国际标准化组织(ISO)制定了 JPEG 标准，它可以适用于各种分辨率与格式的彩色及灰度图像，但对二值图像则不适宜。该标准定义了两种基本压缩算法：一是基于 DPCM 的无失真压缩编码；另一种是基于 DCT 的有失真压缩编码。下面讨论这两种压缩算法的基本原理。

4.5.2.1 JPEG-LS

JPEG-LS 是一种用于医学图像的低复杂度无损或接近无损的连续色调图像压缩标准，其核心算法称为图像低复杂度无损压缩(LOw COmplexity LOssless COmpression for Image，LOCO-I)，原理框图如图 4.5.4 所示。图中左边图标表示算法所使用的上下文模型，当前像素 x(黑点表示)用过去的像素 a、b、c、d(阴影区)构成的上下文预测，这是一种因果上下文。它可以有几种预测方式，例如，用 a 预测 x 实现一维水平预测，用 b 预测 x 实现一维垂直预测，用 a、b、c、d 预测 x 实现二维预测。很明显，二维预测优于一维预测。

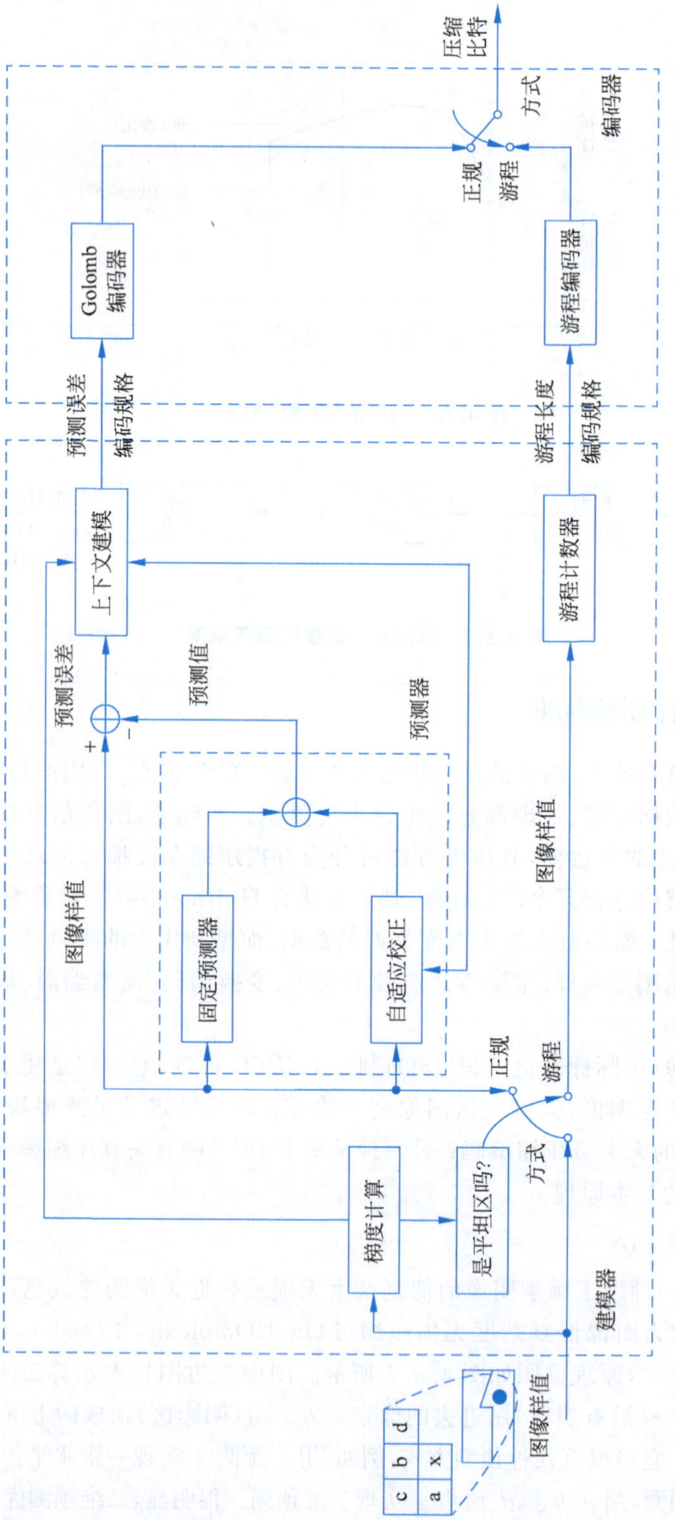

图 4.5.4 JPEG-LS 编码器框图

在无损压缩方式中可选择正规和游程两种模式。如果当前像素后面的像素很可能是相同的，就选择游程模式；否则，就选择正规模式。LOCO-I 算法有三个主要组成部分：①根据当前像素的上下文预测该像素的值；②对当前像素上下文进行量化分类；③对预测误差进行熵编码。

预测器由一个固定预测器和一个自适应校正模块构成。JPEG-LS 是低复杂度的，所以使用固定预测器，以完成检测垂直和水平边缘的基本测试。预测函数是非线性的，表示如下：

$$x=\begin{cases}\min(a,b), & c\geqslant \max(a,b)\\ \max(a,b), & c\leqslant \min(a,b)\\ a+b-c, & \text{其他}\end{cases}$$

这实际上是一个“中值边缘检测器”(MED)，当垂直边缘在当前位置的左边时，输出 b；当水平边缘在当前位置的上方时，输出 a；当前位置的周围相对平滑时，输出 $a+b-c$。自适应校正是一个整数相加项，以校正依赖于上下文预测的平移，可视为对预测误差概率模型进行估计的一部分。

上下文建模的目的就是减小上下文数目，以降低算法复杂度。上下文矢量用三维数组 $\boldsymbol{q}=(q_1\quad q_2\quad q_3)$ 表示：

$$q_1=d-b$$

$$q_2=b-c$$

$$q_3=c-a$$

这些差值表示当前样值周围的梯度或边缘的内容。因为上下文的取值范围太大，必须对这些差值进行量化，量化边界是 $-T,\cdots,-1,0,1,\cdots,T$，取 $T=4$，得到量化值的总数为 $9\times9\times9=729$。采用如下算法将矢量 $\boldsymbol{q}$ 映射到 $[0,364]$：$(0,0,0)$ 映射到 0，对称的数组 (a,b,c) 和 $(-a,-b,-c)$ 映射到同一整数，得到上下文总数为 $(729-1)/2+1=365$。

在确定上下文之后，对预测误差 ε 进行编码。因为像素之间具有相关性，所以采用基于上下文的熵编码。来自连续色调图像中固定预测器的预测误差的统计特性可以用中心在原点的双边几何分布(TSGD)来描述。而对于基于上下文的预测器，这个分布有一个偏差，所以对每个上下文需要估计指数衰减和分布的中心。

对于给定预测值 $\hat{x}$，预测误差 ε 可取区间 $-\hat{x}\leqslant\varepsilon\leqslant\alpha-\hat{x}$ 中的任何值，这里 α 为图像符号集的大小。因为译码器也能得到预测值，所以可通过对 ε 模 α 运算，以减小 ε 的动态范围，再用自适应 Golomb-Rice 码对其进行编码。因为对于单边几何分布 Golomb-Rice 码是最佳的，所以在编码前要将预测误差从双边几何分布映射到单边几何分布。

JPEG-LS 也可以提供接近无损的图像压缩，如果当前像素后面的像素可能是几乎相同的(在一个容限范围内)，就选择游程模式；否则，就选择正规模式。在该系统中，重建图像和原始图像的偏差不大于一个量 δ，与无损压缩不同，在编码前预测误差 ε 要用 $2\delta+1$ 长度的间隔进行均匀量化，其量化值由下式给出：

$$Q(\varepsilon)=\operatorname{sign}(\varepsilon)\left\lfloor\frac{|\varepsilon|+\delta}{2\delta+1}\right\rfloor$$

因为只取小的整数值,可以用查表进行除法运算。在接近无损压缩系统中,预测器由重建像素序列构成预测所需上下文。

JPEG-LS算法特点:①具有低复杂度和高压缩比;②允许无损压缩,这对于存储应用是基本要求;③可实现可控的有损压缩,允许用户设置最大误差,可在保证所需性能的前提下改进压缩比。

4.5.2.2 JPEG/JPEG2000

图4.5.5为JPEG静止图像压缩编码原理框图。系统在编码前,首先将彩色图像从RGB空间变成亮度/彩色空间(YCbCr),再对每一个分量进行单独压缩。由于人的眼睛对于小的亮度变化是敏感的,而对于色彩的变化是不敏感的,因此进行这种变换后,对于色彩部分可以加大压缩量,而不会影响恢复图像的质量。

将每个分量的图像分成若干8×8的块,称为数据单元,每个数据单元单独压缩。在数据单元中,先进行电平移动:从每个输入电平中减去2^{p-1},这里p表示每个像素所用的比特数。通常8bit像素取值为0~255,减去128后,像素的值为−128~127。对数据单元作8×8的二维DCT。变换后得到8×8的DCT系数矩阵,矩阵左上角第一个元素是直流(DC)系数,其他63个系数是交流(AC)系数。矩阵左上角表示图块的低频成分,右下角元素表示图块的高频成分。

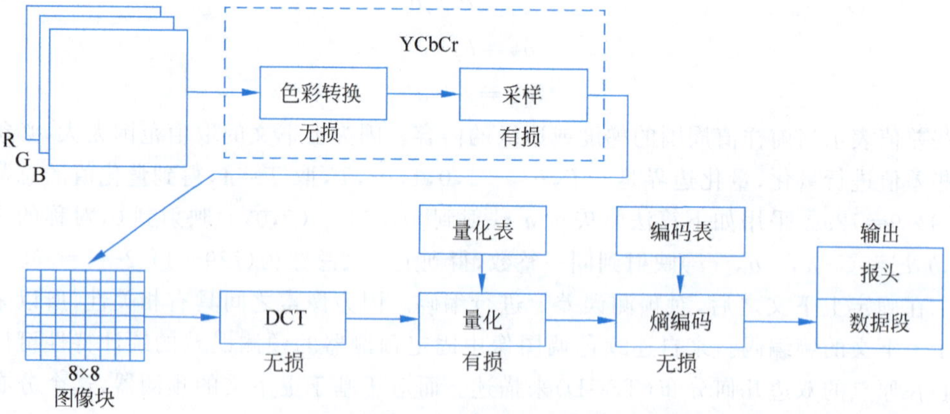

图4.5.5 JPEG静止图像压缩编码原理框图

图像压缩分为无损和有损两种。在无损压缩编码中,变换后的系数直接进行熵编码,然后传送到译码器。在有损压缩编码中,变换后系数要进行量化,然后进行熵编码。JPEG建议有一个量化表(表4.5.2),每个量化值都有一个标号代表,对应于变换系数量化值的标号由下式确定:

$$\tilde{y}_{ij}=\left\lfloor\frac{y_{ij}}{q_{ij}}+0.5\right\rfloor \tag{4.5.1}$$

式中:y_{ij}为变换系数;q_{ij}为量化表(或量化矩阵)的第(i,j)元素;$\lfloor x\rfloor$为下取整。

实际上式(4.5.1)所表示的运算是四舍五入运算。

表 4.5.2 量化表

16	11	10	16	24	40	51	61
12	12	14	19	26	58	60	55
14	13	16	24	40	57	69	56
14	17	22	29	51	87	80	62
18	22	37	56	68	109	103	77
24	35	55	64	81	104	113	92
49	64	78	87	103	121	120	101
72	92	95	98	112	100	103	99

量化表根据人视觉系统的特点设计，使得从直流系数到高频系数，量化级差逐渐增加。在变换域中的不同系数对视觉有不同的影响，在直流和低频的量化误差比高频的量化误差更容易被发现，所以对视觉不太重要的系数就采用较大的量化级差。这就是说，高频分量系数具有更大的量化级差。

量化系数按 zigzag 的扫描方式排列的输出，如图 4.5.6 所示，就是从左上角开始按"Z"字形依次扫描到右下角。例如一个 8×8 矩阵(a_{ij})按 zigzag 方式输出的顺序为 $a_{00}\to a_{01}\to a_{10}\to a_{20}\to a_{11}\to a_{02}\to\cdots\to a_{57}\to a_{67}\to a_{76}\to a_{77}$。由于进行了量化，输出的系数中不同的值大大减少，而且大部分重复值是 0。zigzag 的输出方式使得很多 0 连在一起，形成游程。而对于输出尾部的 0 没有必要编码，因此可以用一个块结束标志(EOB)来代表。输出序列进行熵编码，通常用游程编码和 Huffman 编码的结合或 Golomb 编码及算术编码。

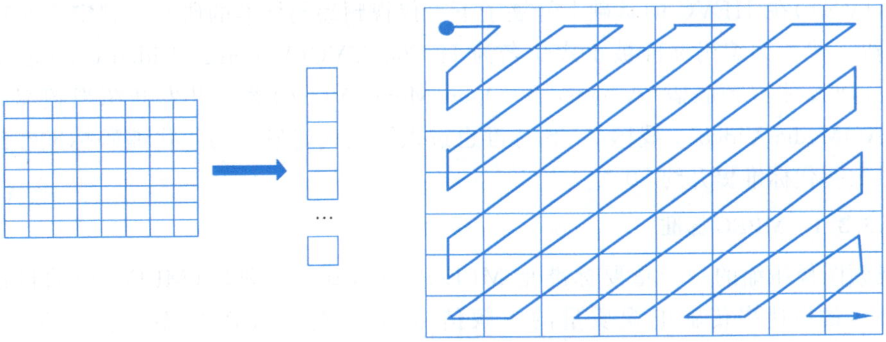

图 4.5.6 zigzag 扫描输出

经验表明，在连续色调图像中，相邻数据单元像素平均值相关性很大，而直流系数表示数据单元内像素的平均值的倍数，所以相邻数据单元的直流系数值变化不大。这样将各相邻数据单元的直流系数单独构成序列进行编码。为更好地压缩码速率，使用差值编码，第一个图块的直流用原始值。各图块的交流系数按 zigzag 构成序列后各自编码。

当译码器接收到压缩编码序列后，进行熵译码得到标号值，再进行去量化，即将其乘以量化表中对应的值就得到重建值，然后进行 DCT 逆变换。由于 DCT 变换矩阵并不对称，逆变换与正变换的运算过程略有差别。

随着应用需求的不断提升，原有的 JPEG 标准的不足逐渐显露出来。2001 年，国际组织推出 JPEG2000 标准。该标准中采用小波变换与算术编码为关键技术,可获得优良的特性:①JPEG2000 实现了低码速率性能的明显改善,其压缩率比 JPEG 高约 20%;②支持连续色调图像和二值图像压缩(用于传真压缩);③在渐近编码过程中,可由单一的压缩码流实现从低质量到无损压缩的最高质量,在接收端译码时,根据实际需求,译码出所需要的图像质量;④JPEG2000 包含质量(像素精度)渐近、分辨率渐近、空间位置渐近、图像分量渐近 4 种渐近传输模式;⑤可对码流进行随机访问和处理;⑥具有较好的容错性。

4.5.3 视频压缩标准

分辨动态视频是由时间轴上的一系列静止图像组成的,每秒有 25 帧(或 30 帧),根据电视图像的统计特性,一般景物运动部分在画面上的位移量很小,大多数像素点的亮度及色度信号帧间变化不大,采用运动估计和补偿等帧间压缩技术,可进一步压缩电视视频图像的数据量。

自 20 世纪 80 年代以来,国际标准化组织一直在研究视频编码方法,第一代视频编码标准主要包括 H.261、MPEG-1、MPEG-2(H.262)、H.263。进入 21 世纪后开始研发第二代视频编码标准,主要包括 H.264/MPEG-4 AVC 等。2002 年我国开始自主研发视频编码标准(Audio and Video Coding Standard,AVS),AVS1-P2 就属于对标国际标准的第二代视频编码标准。第三代视频编码标准于 2010 年前后开始开发,主要包括 H.265/MPEG HEVC 和 AVS2。从 2017 年开始,联合视频探索专家组(Joint Video Exploration Team,JVET)在 HEVC 的基础上开展了下一代视频编码标准的研究与制定。2018 年 4 月,最新一代视频编码标准被正式命名为 H.266/VVC(Versatile Video Coding);与此同时,开放媒体视频联盟(Alliance of Open Media Video)着手开发开源视频编码标准 AV1(AOMedia Video);我国 AVS 标准也进入第三代研发。每一代编码标准在编码效率上较上一代标准提升约 50%。

4.5.3.1 MPEG 标准

视频图像压缩的一个重要标准是 MPEG 标准,其第一阶段(MPEG-1)的目标是以 1.5Mb/s 的码速率传输电视质量的视频信号,它目前由 MPEG 系统、MPEG 视频和 MPEG 音频三个部分组成。MPEG 第二阶段(MPEG-2)的目标是对 30 帧/秒的 720×572 分辨率的视频信号进行压缩,在 MPEG-2 的扩展模式下可以对 1440×1152 的视频信号进行压缩编码,因此可作为高清晰度电视的压缩编码方法。MPEG 的第三阶段(MPEG-4)的目标是用于 64kb/s 以下甚低码速率的音视频编码,主要功能有基于内容的交互性、压缩和通用存取三种。可较好地应用于移动通信、窄带多媒体通信等领域,能实现基于内容的压缩编码,具有良好的兼容性、伸缩性和可靠性。

本节将重点介绍 MPEG-1 标准的视频压缩技术。

MPEG-1 视频编码器结构框图如图 4.5.7 所示,该编码器采用了 DCT、DPCM、自适应量化、统计编码及运动补偿等技术,为了获得高的压缩比,往往采用帧内压缩减少空间相关性,帧间压缩减少时间相关性。

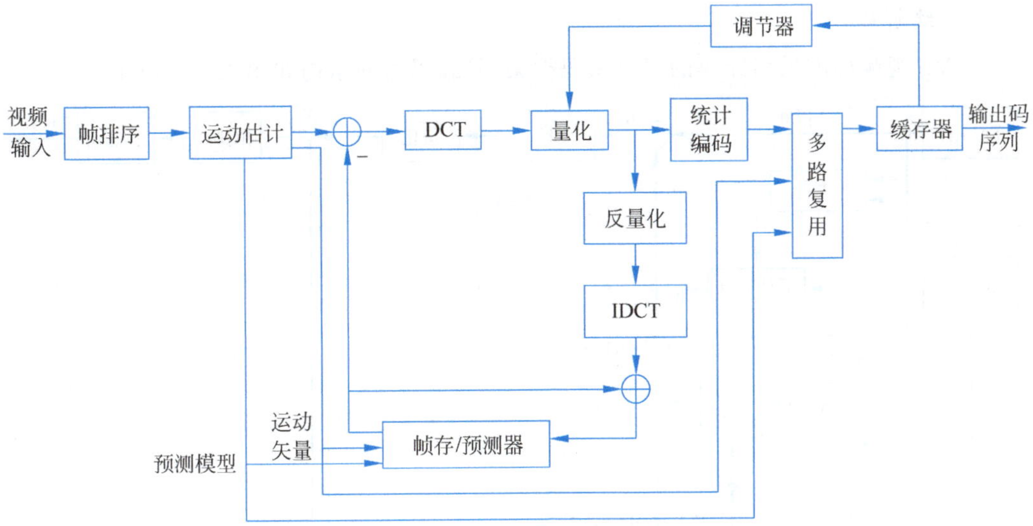

图 4.5.7　MPEG-1 视频编码器结构框图

MPEG-1 标准图像帧分为三类：I 帧，帧内编码帧；P 帧，前向预测编码帧；B 帧，双向预测编码帧，B 帧插于 I 帧和 P 帧或 P 帧和 P 帧之间，B 帧由前后相邻部分 I 帧和 P 帧或 P 帧和 P 帧运动补偿后，再对其补偿误差进行 DCT 变换编码。

MPEG-1 视频压缩要点如下。

(1) 通过运动估计器进行运动补偿的帧间预测，消除图像序列在时间轴上的相关性。典型地可以对 P 帧和 B 帧图像的压缩倍数较 I 帧提高 3 倍，运动补偿以宏块为单位进行，包括预测和插补两种算法。

(2) 对帧间预测的误差值进行 8×8 像素的 DCT 编码，以消除图像空间域的相关性。

(3) 对 DCT 系数进行自适应量化处理，以充分利用人眼的视觉特性。

(4) 进行 Huffman 编码实现熵编码的概率匹配特性。

(5) 采用缓冲器实现变长码输入与定长码输出的速率匹配。

MPEG-2 标准可以视为 MPEG-1 标准的扩展和延续，在基本编码系统中主要增加了支持隔行视频的各种算法，其最具特色的可分级编码技术则是作为系统的一种扩展，以适应电视广播和视频通信的应用领域。

4.5.3.2　AVS 标准

AVS 标准于 2006 年 2 月颁布，即 GB/T 20090.2《信息技术先进音视频编码第 2 部分：视频》，也称为 AVS1-P2，它是我国制定的第一个具有完全自主知识产权的视频编码标准，具有划时代的意义。它采用了传统的混合编码框架，编码过程由预测、变换、熵编码和环路滤波等模块组成，这和 H.264 类似。但是，在每个技术环节上都有创新，因为 AVS 标准必须把不可控的专利技术去掉换成自己的技术。在技术先进性上，AVS1-P2 和 H.264 都属于第二代信源编码标准。在编码效率上，AVS1-P2 略逊于 H.264，在压缩低分辨率(CIF/QCIF)的视频节目时相差多一些；但 AVS1-P2 的主要应用领域是标清、高清的数字电视。

1. 编解码器

AVS 视频标准采用经典的混合编码框架，其编码器的结构如图 4.5.8 所示。

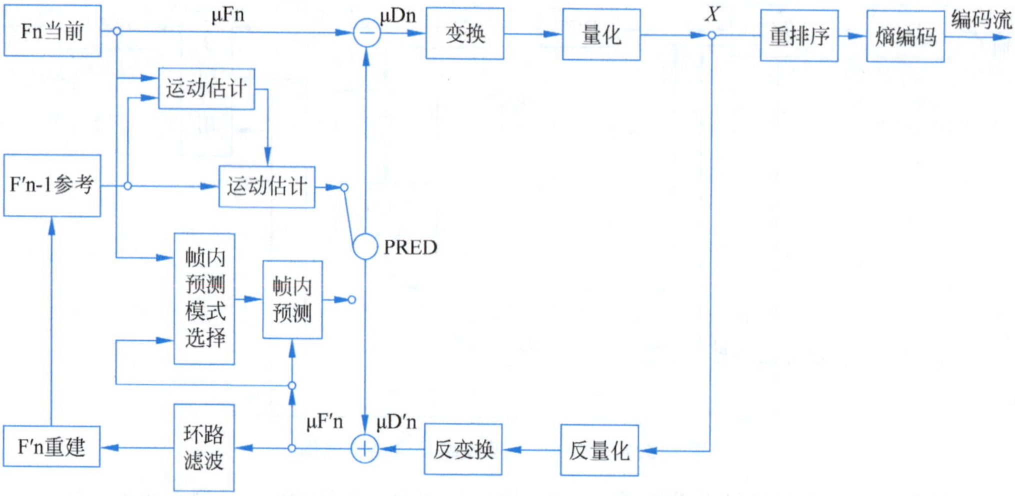

图 4.5.8　AVS 编码器结构

AVS 标准中视频编码的基本流程：将视频序列的每一帧(Fn)划分为固定大小的宏块，通常为 16×16 像素的亮度分量及 2 个 8×8 像素的色度分量(对于 4∶2∶0 格式视频)，之后以宏块(μFn)为单位进行编码。对视频序列的第一帧及场景切换帧或者随机读取帧采用 I 帧编码方式，I 帧编码只利用当前帧内的像素做空间预测，将预测值与原始视频信号做差运算得到预测残差(μDn)，再对预测残差进行变换、量化及熵编码形成编码码流。对其余帧采用帧间编码方式，包括前向预测 P 帧和双向预测 B 帧，帧间编码是对当前帧内的块在先前已编码帧中寻找最相似块(运动估计)作为当前块的预测值(运动补偿)，之后如 I 帧的编码过程对预测残差进行编码。

解码器的结构如图 4.5.9 所示。由 AVS 编码器输出的编码码流输入到 AVS 解码器的输入端，经熵解码器与重新排序后得到量化后的变换系数 X，再经过反量化、反变换得到残差 μD′n。利用从该比特流中解码出的头信息，解码器就产生一个预测块 PRED，它和编码器中的原始 PRED 是相同的。当 PRED 与 μD′n 相加后，就产生 μF′n，再经过滤波，最后就得到重建的 F′n，即为最后输出的解码图像。

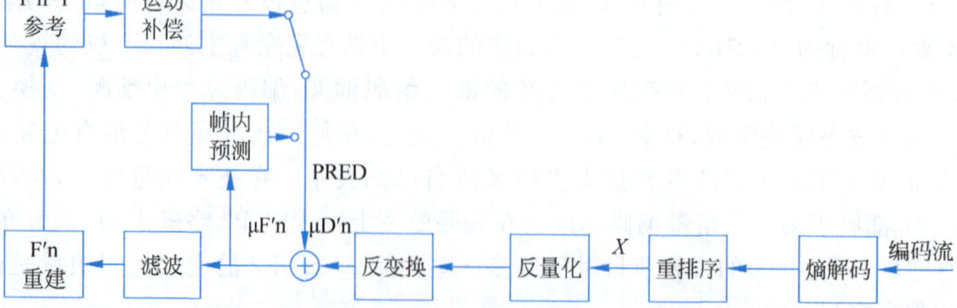

图 4.5.9　AVS 解码器结构

2. 标准发展及对比

AVS与H.264相比，主要具有的特点：①性能高，与H.264的编码效率处于同一水平；②复杂度低，算法复杂度比H.264明显低，软/硬件实现成本都低于H.264；③我国掌握主要知识产权，专利授权模式简单，费用低。AVS与H.264整体功能对比见表4.5.3。

表4.5.3 AVS与H.264整体功能对比

技术模块	AVS	H.264
帧内预测	基于8×8块，5种亮度预测，4种色度预测	基于4×4/16×16块，9/4种亮度预测模式，4种色度预测
多参考帧预测	最多2帧	最多16帧，复杂的缓冲区管理机制
变块大小运动补偿	16×16、16×8、8×16、8×8块运动搜索	16×16、16×8、8×16、8×8、8×4、4×8、4×4块运动搜索
B帧宏块对称模式	只搜索前向运动矢量	双向搜索
1/4像素运动补偿	1/2像素位置采用4阶滤波 1/4像素位置采用4阶滤波、线性插值	1/2像素位置采用6阶滤波 1/4像素位置线性插值
变换与量化	解码端归一化在编码端完成	编解码端都需进行归一化
熵编码	2D-VLC，Exp-Golomb	CAVLC，CABAC
Interlace编码	PAFF帧级帧场自适应	MBAFF宏块级帧场自适应 PICAFF帧级帧场自适应
容错编码	简单的条带划分机制	数据分割，复杂的FMO/ASO等宏块，条带组织机制，强制Intra块刷新编码，约束性帧内预测等
档次级别	基准档次：4个级别	Baseline等档次 15个不同的级别
环路滤波	基于8×8块边缘进行，两种滤波强度，滤波较少的像素	基于4×4块边缘进行，4种滤波强度，滤波边缘多

2016年5月6日，国家新闻出版广电总局颁布行业标准AVS2-P2或AVS2，其标准号GY/T299.1—2016《高效音视频编码第1部分：视频》。该标准包含三个档次(profile)，分别是基准图像档次(main picture profile)、基准档次(main profile)、基准10位档次(main-10 bit profile)。其中，基准图像档次面向图像编码的应用，基准档次面向2D的高清和超高清视频应用，基准10位档次面向采样精度达到10位的2D超高清视频应用。AVS2视频编码也采用传统的混合编码框架，其框架结构与国际标准H.265基本一致，但AVS2在主要的技术环节上都采用了新的技术，使得AVS2的编码效率在某些方面明显高于H.265。AVS2标准采用的新技术和带来的增益，如表4.5.4所示。

表 4.5.4　AVS2 采用的新技术

类　型	图像结构	块 结 构	帧内预测	帧间预测	变　换	熵 编 码	环路滤波
特色技术	分层次的参考图像	基于四叉树的编码单元划分	33 种帧内预测模式	前向多假设预测、多种特殊模式及对应的运动矢量预测	多尺寸、高正交归一的整数变换核	系数的两级"Z"字形扫描	去块滤波
	B 图像可作为参考图像	非正方形帧内预测块	1/32 亚像素插值	渐近的运动矢量编码技术	二次变换		样本值偏移补偿
	前向多假设预测图像	非对称的帧间预测块		基于 DCT 的插值滤波器			样本滤波补偿
	解码图像缓冲区管理	非正方形变换块					
性能增益	8%～13%	15%～20%	5%～10%	7%～12%	≈3%	≈5%	≈8%

按照视频编码标准的时代划分，AVS2 与 H.265 都是第三代视频编码标准。AVS2 的颁布，标志着我国的视频编码标准已经超过了国际标准，实现了弯道超车。AVS 标准虽然立足于自主知识产权，但是它的应用绝不仅限于我国。AVS 标准已经出口到多个国家，在 2007 年 5 月 7 日召开的国际电信联盟(ITU-T)IPTV FG 第四次会议上，AVS1 与 MPEG-2、H.264、VC-1 并列为 IPTV 可选视频编码标准。我国于 2014 年启动第三代 AVS 标准的制定工作，2019 年 3 月 9 日第三代 AVS 视频标准(AVS3)基准档次起草完成。

2021 年 2 月 1 日我国首个 8K 电视超高清频道 CCTV8K 成功实验播出，CCTV8K 超高清频道首次采用 AVS3 视频编码标准。

2022 年 7 月，AVS3 被正式纳入国际数字视频广播组织(DVB)核心规范，这标志着我国自主研制的音视频编解码标准首次被数字广播和宽带应用领域最具影响力的国际标准化组织采用，是中国标准"走出去"的里程碑进展之一。其性能相较于 AVS2 提升 30%；基于 AVS3 标准的 8K 50p 实时信号编码，码速率范围支持到 80～120Mb/s，编码质量方面对标 H.266，且同等码速率下视频质量优于 H.265。

4.5.3.3　H.266/VVC 标准

H.266/VVC 被接受为国际标准，于 2020 年下半年正式发布。相比于之前的视频编码标准，H.266/VVC 独有的特点是采纳了一些与深度学习相关的编码工具，如矩阵加权帧内预测(Matrix-based Intra Prediction，MIP)技术、低频不可分变换(Low Frequency Non-Separable Transform，LFNST)技术等，这将是未来视频编码技术前行的一大方向。

H.266/VVC 依然延续混合编码框架，包括划分、帧内预测、帧间预测、变换量化、熵编码、环路滤波等模块，如图 4.5.10 所示。输入是原始视频，输出是符合 H.266/VVC

标准的比特流。编码过程：首先将每一帧图像划分为不同大小的编码单元，对每个单元进行帧内或帧间预测；然后对每个单元的预测残差进行变换量化；最后对变换系数、预测信息和头信息等进行熵编码，形成压缩的视频码流输出。解码过程基本和编码过程相反。

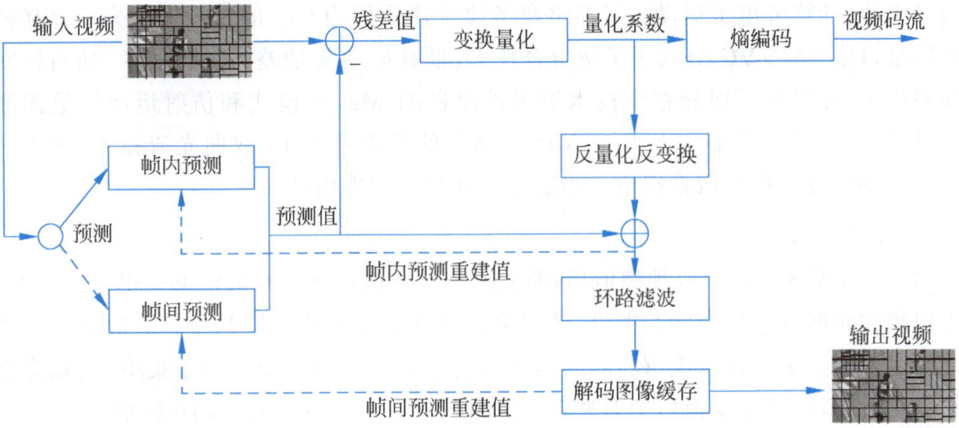

图 4.5.10　H.266/VVC 的编码框架

1. 编码块划分

视频的每一帧图像首先被划分成多个被称为编码树单元(Coding Tree Unit，CTU)的“子图像”。CTU 一般为正方形，对于常见 4∶2∶0 格式，CTU 可以被看作具有一个亮度分量矩阵和两个色度分量矩阵的集合，H.266/VVC 中支持亮度分量矩阵最大为 128×128，且每个亮度分量矩阵中的元素与 CTU 内的像素一一对应，每个色度分量矩阵最大为 64×64。为了更加有效地压缩视频数据，CTU 会以包括四叉树、三叉树、二叉树的多类型树方式递归划分，从而划分为不同尺寸的编码单元(Coding Unit，CU)。一个 CTU 划分为 CU 的示例如图 4.5.11 所示。H.266/VVC 中，CU 是真正进行后续编码流程的基本单位，将按照从上向下、从左向右的顺序依次编码。特别地，对于帧内预测，H.266/VVC 支持 CTU 亮度分量与色度分量独立划分和联合划分两种模式。

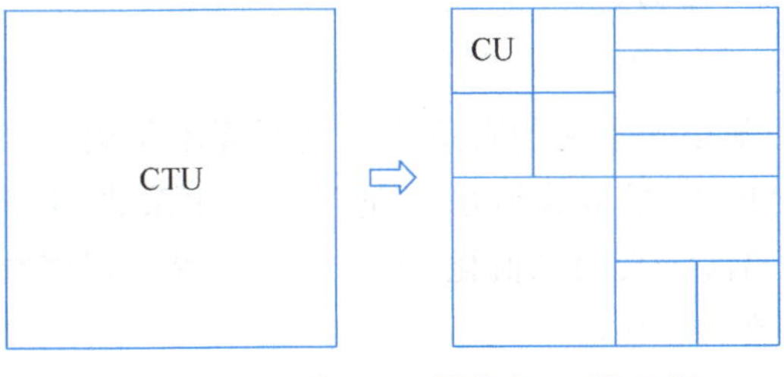

图 4.5.11　一个 CTU 划分为 CU 的示例

2. 预测编码

为了压缩数据量，H.266/VVC 可通过帧内预测或帧间预测获取 CU 的预测值。帧内预测是利用邻近像素之间的空间相关性生成预测值的技术。CU 邻近已编码的重建像素被称为参考像素，通过参考像素的重建值计算出待编码像素预测值，即帧内预测的核心。帧间预测是利用邻近时间图像的时间相关性生成预测值的技术。环路滤波后的已编码重建帧称为参考帧，通过参考帧信息及运动矢量信息对当前帧编码块进行预测，即帧间预测的核心，从而达到去除时域冗余的目的。CU 经过运动估计在参考帧搜索到匹配的参考块，计算或继承运动矢量后将参考块重建值作为 CU 的预测值。为了提高帧间预测质量，H.266/VVC 引入了子块融合技术、带有运动矢量差的融合技术、帧内帧间联合预测技术、几何图形划分融合技术等多种改良的 Merge 模式和仿射运动矢量预测技术，大幅提升了编码性能。此外，在帧间预测值的修正技术上，双向光流技术、解码部分运动矢量细化技术也在像素级进一步提升帧间预测的准确性。

3. 变换编码

CU 经过预测模块获取预测值后，原始值与预测值逐像素相减能够获得空域残差值，由于视频在时间及空间上的相关性，残差值的幅度比原始值大幅减小且离散分布在整个编码块内。变换编码技术能够将残差信息映射到低频区域且使其分布集中，大幅降低视频频域相关性，因此在变换域中对残差进行编码有利于减少视频编码比特数。

为了应对不同特性的残差分布，视频编码技术预存了多种变换核，如多种离散余弦变换和离散正弦变换(Discrete Sine Transform，DST)。矩阵形式存储的空域残差值与合适的变换核进行矩阵乘法，可以将能量集中在左上角低频分量区域。此外，H.266/VVC 进而对一些高频区域置零，对于帧内预测的 CU 可以应用 LFNST，对于帧间预测的 CU 可以应用子块变换等技术，进一步减少数据量。经过变换过程，空域残差值将转换为变换系数，而变换系数一般具有幅值趋于数值 0 的数量偏多，幅值较大的系数数量很少且集中在左上角，因此，变换系数值域范围较大，量化过程也显得尤为关键。

量化过程将波动范围较大的变换系数进行截取，采取较多空间单位映射到较少空间单位上的操作，达到变换系数多对一的转变为量化系数的目的，量化步长由量化参数(Quant Parameter，QP)决定，并与变换系数的幅值呈正相关。量化过程很大程度缩小了系数可取值的范围，也不可避免地会引入失真，但对比视频压缩率的提升，这部分性能损失是能够接受且更具性价比的。

4. 熵编码

H.266/VVC 采用基于上下文的自适应二进制算术编码(Context Adaptive Binary Arithmatic Coding，CABAC)的熵编码方式，通过将量化系数、编码参数及相关语法元素等输入熵编码器，经过语法语义的二值化、上下文建模等过程将数据压缩为二进制符号串，获得视频编码后码流的过程。

5. 环路滤波

量化系数在进入熵编码器的同时，还会经过反量化反变换过程生成重建值，编码块的重建值将会作为其他编码块帧内预测的参考像素，整帧的重建值会经过环路滤波后作为帧间预测的参考帧。H.266/VVC 中环路滤波以提高视频编码的主客观质量为目标，主要有包括色度缩放与亮度映射、去方块滤波、样点自适应补偿和自适应环路滤波四个过程。这些滤波方式均以消除某些不足之处并提高编码视频质量为目的，是视频编码框架中十分重要的模块。

小结

Kraft 不等式：

即时码和唯一可译码存在的充要条件 $\sum_{i=1}^{q} r^{-l_i} \leqslant 1$

AEP： 若随机序列 $S_1S_2\cdots S_N$ 是服从统计独立且等同分布 $P(s)$，则

$$-\frac{1}{N}\log P(s_{i_1}s_{i_2}\cdots s_{i_N})\ \text{以概率收敛于}\ H(S)$$

定义： 若随机序列 $S_1S_2\cdots S_N$ 中 $S_i(i=1,2,\cdots,N)$ 相互统计独立并服从同一分布 $P(s)$，则所有满足

$$\left|\frac{-\log P(\alpha_i)}{N} - H(S)\right| < \varepsilon$$

的 N 长序列 $\alpha_i=(s_{i_1}s_{i_2}\cdots s_{i_N})$ 的集合称为 ε 典型序列集 $G_{\varepsilon N}$。满足

$$\left|\frac{-\log P(\alpha_i)}{N} - H(S)\right| \geqslant \varepsilon$$

的 N 长序列 α_i 的集合称为非 ε 典型序列集 $\bar{G}_{\varepsilon N}$，并且有 $G_{\varepsilon N}\cap\bar{G}_{\varepsilon N}=\varnothing$，$G_{\varepsilon N}\cup\bar{G}_{\varepsilon N}=S^N$。

ε 典型序列集的特性：

(1) 若 $\alpha_i=(s_{i_1}s_{i_2}\cdots s_{i_N})\in G_{\varepsilon N}$，则

$$2^{-N[H(S)+\varepsilon]} < P(\alpha_i) < 2^{-N[H(S)-\varepsilon]}$$

(2) 当 N 足够大时，有 $P(G_{\varepsilon N})>1-\delta$；

(3) $\|G_{\varepsilon N}\|\leqslant 2^{N[H(S)+\varepsilon]}$，式中 $\|G_{\varepsilon N}\|$ 表示集合 $G_{\varepsilon N}$ 中元素的个数。

无失真信源编码定理（香农第一定理）：

离散无记忆信源无失真压缩的极限值（无论等长码或变长码）：

$$H_r(S)+1 > \bar{L} = \sum_i P(s_i)l_i \geqslant H_r(S)$$

或

$$H_r(S)+\frac{1}{N} > \frac{\bar{L}_N}{N} \geqslant H_r(S)$$

当 $N\to\infty$ 时，有

$$\lim_{N\to\infty}\frac{\bar{L}_N}{N} = H_r(S)$$

离散平稳有记忆信源无失真压缩的极限：

$$\frac{H_r(S_1S_2\cdots S_N)}{N}+\frac{1}{N} > \frac{\bar{L}_N}{N} \geqslant \frac{H_r(S_1S_2\cdots S_N)}{N}$$

离散平稳信源（或马尔可夫信源）无失真压缩的极限值：

当 $N\to\infty$ 时，有

$$\lim_{N\to\infty}\frac{\bar{L}_N}{N}=\frac{H_\infty}{\log r}$$

式中：H_∞ 为离散平稳信源（或马尔可夫信源）的极限熵。

信息率失真函数：

$$R(D)=\min_{P(v_j|u_i)\in B_D}\{I(U;V)\}$$

信息率失真函数的性质：

(1) 定义域 $(0,D_{\max})$；

(2) $R(D)$ 是允许失真度 D 的 ∪ 型凸函数；

(3) $R(D)$ 函数的单调递减性和连续性。

二元离散对称信源 U： $P(u)=\{\omega,\quad 1-\omega\}\left(\omega\leqslant\frac{1}{2}\right)$，在汉明失真测度下，有

$$R(D)=\begin{cases}H(\omega)-H(D), & 0\leqslant D\leqslant\omega\\0, & D>\omega\end{cases}$$

离散对称信源 U： $U=\{u_1,u_2,\cdots,u_r\}$，等概率分布，在汉明失真度下，有

$$R(D)=\begin{cases}\log r-D\log(r-1)-H(D), & 0\leqslant D\leqslant 1-\frac{1}{r}\\0, & D>1-\frac{1}{r}\end{cases}$$

高斯信源 U： 均值为 m、方差 σ^2 的正态分布，在均方误差准则下，有

$$R(D)=\begin{cases}\frac{1}{2}\log\frac{\sigma^2}{D}, & D\leqslant\sigma^2\\0, & D\geqslant\sigma^2\end{cases}$$

保真度准则下的信源编码定理（香农第三定理）：

信源的信息率失真函数为 $R(D)$，并有有限的失真测度，在允许失真度 D 确定后，若 $R'>R(D)$，则码长 n 足够长，一定存在一种信源编码，码字个数 $M=2^{nR'}$，而码的平均失真度小于或无限接近允许失真 D。若 $R'<R(D)$，这种码不存在，即码的平均失真度大于 D。

LPC： 利用过去有限数目样值 $x_{n-p},\cdots,x_{n-1},\cdots$ 对当前样值 x_n 进行线性预测，p 阶线性预测表示为

$$\hat{x}_n=-\sum_{i=1}^{p}a_i x_{n-i}$$

DCT： $M\times N$ 的二维 DCT 的一般表达式为

$$F(u,v)=\frac{2}{\sqrt{MN}}\sum_{i=0}^{M-1}\sum_{j=0}^{N-1}C(u,v)f(i,j)\cos\frac{(2i+1)u\pi}{2M}\cos\frac{(2j+1)v\pi}{2N}$$

$$F(i,j)=\frac{2}{\sqrt{MN}}\sum_{u=0}^{M-1}\sum_{v=0}^{N-1}C(u,v)F(u,v)\cos\frac{(2i+1)u\pi}{2M}\cos\frac{(2j+1)v\pi}{2N}$$

式中

$$C(u,v)=\begin{cases}\dfrac{1}{\sqrt{MN}}, & u=v=0\\ \dfrac{2}{\sqrt{MN}}, & \text{其他}\end{cases}$$

最优码:

最优码长为

$$l_i^*=-\log_r p_i$$

若取码字长度为非整数,则产生的平均码长为

$$\bar{L}^*=\sum p_i l_i^*=-\sum p_i \log_r p_i=H_r(X)$$

Huffman 码:

$$\bar{L}(C)=\min_{\sum_{i=1}^{q} r^{-l_i}\leqslant 1}\sum_{i=1}^{q} p_i l_i$$

$$H_r(S)\leqslant \bar{L}(C)<H_r(S)+1$$

Shannon-Fano-Elias 码: 符号集 $A=\{a_1,a_2,\cdots,a_q\}$,且 $P(a_i)>0$。

累积分布函数为

$$F(a_k)=\sum_{i=1}^{k}P(a_i)\quad (a_k,a_i\in A)$$

修正的累积分布函数定义为

$$\bar{F}(a_k)=\sum_{i=1}^{k-1}P(a_i)+\frac{1}{2}P(a_k)\quad (a_k,a_i\in A)$$

码长为

$$l(a_k)=\left\lceil \log\frac{1}{P(a_k)}\right\rceil+1$$

平均码长满足

$$H(S)+1\leqslant \bar{L}<H(S)+2$$

算术编码:

单信源符号累积概率为

$$P(a_k)=\sum_{i=1}^{k-1}p_i$$

序列 x_1^m 的累积概率为

$$p(x_1^m)=\sum_{\tilde{x}_1^m<x_1^m}p(\tilde{x}_1^m)$$

式中:$x_1^m\triangleq x_1x_2\cdots x_m$,$\tilde{x}_1^m$ 为按字典序排列的长度为 m 的序列。

码长的选择满足

$$L(x_1^m)=\lceil \log_2(1/p(x_1^m))\rceil$$

平均码长满足

$$\frac{H(\bar{\boldsymbol{X}})}{m} \leqslant \frac{\bar{L}}{m} < \frac{H(\bar{\boldsymbol{X}})}{m} + \frac{1}{m}$$

指数 Golomb 码：单一码后接等长码。

给定 k 值，对每个游程长度 n，按照 $i=\left\lfloor \log\left(\frac{n}{2^k}+1\right)\right\rfloor$ 确定 i，将 i 编成单一码；余数 $0,1,\cdots,2^{k+i}-1$，编成等长 $k+i$ 比特二进制代码。

LZ77 码：最早的字典码。

寻找最长匹配，可用下面的公式描述：

$$L_n = \max\{k: x_1^k = x_{-i}^{k-i-1} \text{ 对于 } 0 \leqslant i \leqslant n\}$$

式中：x_1^k 为前向观察缓冲器中前 k 个符号；x_{-i}^{k-i-1} 为搜索缓冲器中实现最长匹配的 k 个符号；n 为搜索缓冲器的长度；L_n 为词组的匹配长度。

LZ77 的输出标号包含三部分，分别为偏移、匹配长度和匹配段后观察缓冲器中的下一个符号。

LZ78 码：克服 LZ77 码的限制。

字典从位置零的零字符串开始，随着输入文件被编码，字符串依次加到以后的位置。标号为(a,y)，a 表示匹配字符串在字典中的位置索引，y 表示下一个符号。

平均码长以信源熵为极限：

$$\bar{L} \approx H(S)$$

LZW 码：删除了 LZ78 标号中的第二部分，标号中仅包含字典指针。

编码器按一定的规则将信源序列分成序号连续的词组，构成字典的元素，并发送每个词组前缀的地址(字典指针)。

基于 BWT 的编码：构建一个矩阵，存储待压缩序列的所有左循环移位结果；然后对这些行按字母表顺序进行排序，形成分类矩阵；接着输出分类矩阵的最后一列和原始待编码序列在分类矩阵中的行号；最后进行 MTF 编码和熵编码，从而完成整个编码过程。

习题

4.1 什么是信源编码？试述香农第一编码定理的物理意义。

4.2 若有一信源 $S=\begin{bmatrix} S_1 & S_2 \\ 0.8 & 0.2 \end{bmatrix}$，每秒信源发生 2.66 个信源符号，将其送入一个每秒只能传送 2 个二进制符号的无噪二元信道中传输，试问信源不经过编码能否与信道直接连接？通过适当编码能否与信道连接？采用何种编码，为什么？

4.3 有一信源，它有 6 个可能的输出，其概率分布如题 4.3 表所示，表中给出了 6 种编码结果 A、B、C、D、E 和 F。

(1) 这些码中哪些是唯一可译码？

(2) 对所有唯一可译码求平均码长 $\bar{L}$。

题 4.3 表

消息	$p(a_i)$	A	B	C	D	E	F
a_1	1/2	000	0	0	0	0	0
a_2	1/4	001	01	10	10	10	100
a_3	1/16	010	011	110	110	1100	101
a_4	1/16	011	0111	1110	1110	1101	110
a_5	1/16	100	01111	11110	1011	1110	111
a_6	1/16	101	011111	111110	1101	1111	011

4.4 设随机变量 X 取 m 个值，其熵为 $H(X)$。假定已求得该信源的三元即时码，其平均长度为

$$L=\frac{H(X)}{\log 3}=H_3(X)$$

试证明：(1) X 的每个字符的概率，对某个 i 均具有形式 3^{-i}。

(2) m 为奇数。

4.5 根据下列的 r 和码长结构 l_i，判断是否存在这样条件的即时码，为什么？如果有，试构造出一个这样的码。

(1) $r=2$，码长结构 $l_i=1,2,3,3,4$。

(2) $r=2$，码长结构 $l_i=1,3,3,3,4,5,5$。

(3) $r=4$，码长结构 $l_i=1,1,1,2,2,3,3,3,4$。

(4) $r=5$，码长结构 $l_i=1,1,1,1,1,3,4$。

4.6 某信道输入符号集 $X=\{0,1/2,1\}$，输出符号集 $Y=\{0,1\}$，信道矩阵 $\boldsymbol{P}=\begin{bmatrix}1 & 0\\ \frac{1}{2} & \frac{1}{2}\\ 0 & 1\end{bmatrix}$，现有 4 个消息的信源(消息等概出现)通过该信道传输。对该信源编码时选用 $C=\{(x_1,x_2,1/2,1/2)\}$，$x_i=0$ 或 $1(i=1,2)$，码长 $n=4$，并选取译码规则 $(y_1y_2y_3y_4)=(y_1,y_2,1/2,1/2)$。

(1) 编码后信息传输率等于多少？

(2) 证明在该译码规则下，对所有码字有 $P_E=0$。

4.7 一个四元对称信源

$$\begin{bmatrix}U\\ P(u)\end{bmatrix}=\begin{bmatrix}0 & 1 & 2 & 3\\ \frac{1}{4} & \frac{1}{4} & \frac{1}{4} & \frac{1}{4}\end{bmatrix}$$

接收符号为 $V=\{0,1,2,3\}$，其失真矩阵为

$$\boldsymbol{D}=\begin{bmatrix}0 & 1 & 1 & 1\\ 1 & 0 & 1 & 1\\ 1 & 1 & 0 & 1\\ 1 & 1 & 1 & 0\end{bmatrix}$$

求 $D_{\max}$ 和 $D_{\min}$ 及信源的 $R(D)$ 函数，并画出其曲线（取 4～5 个点）。

4.8 试证明对于 N 维离散无记忆平稳信源有

$$R_N(D)=NR(D)$$

式中：N 是任意的正整数及 $D \geqslant D_{\min}$。

4.9 设某语音信号 $\{x(t)\}$，其最高频率为 4kHz，经采样、量化编成等长二元码，设每个样本的分层数 $m=128$。

(1) 求此语音信号的信息传输速率。

(2) 为了压缩此语音信号，把原来这些等长的二元序列通过一编码压缩器，压缩器只选择其中 $M=16$ 个长为 7 的二元序列组成一个 Hamming 码，其码字 $W=(c_6c_5c_4c_3c_2c_1c_0)$，它们满足汉明关系式

$$\begin{cases} c_2=c_5 \oplus c_4 \oplus c_3 \\ c_1=c_6 \oplus c_4 \oplus c_3 \\ c_0=c_6 \oplus c_5 \oplus c_3 \end{cases} \quad (\oplus \text{ 为模 2 和})$$

压缩器把这 128 个二元信源序列全部映射成对应的码字，而且是映射成与它距离为最近的那个码字（原信源序列与映成的码字只有一位不同）。这样经过压缩器后只输出 M 为 16 个 4 位长的二元序列（将码字的信息位 $(c_6c_5c_4c_3)$ 送入信道），又假设信源失真度为汉明失真，即

$$d(0,1)=d(1,0)=1$$
$$d(0,0)=d(1,1)=0$$

(1) 在这种压缩编码方法下，语音信号的信息传输速率(b/s)是多少？

(2) 在这种压缩编码方法下，平均每个二元符号的失真度 $d(C)$ 是多少？

(3) 在允许失真等于上述所求 $d(C)$ 失真下，二元信源的信息率失真函数 $R(D)$（比特/码元）是多少？此时语音信号的信息传输速率最大可压缩到多少？

4.10 当 $\{x_n\}$ 的 $R_0=1, R_1=0.91, R_2=0.9, R_3=0.85, p=3$，试利用 levinson-Duibin 迭代法求 a_1、a_2、a_3 及比较 1～3 阶预测误差 E_1、E_2、E_3。

4.11 设 $\{x_n\}$ 为遍历平稳序列，在最优预测条件下，令 $p=2$，试证明 $E[e_n\hat{x}_n]=0$。

4.12 平稳随机序列 $\{x_n\}$ 具有的相关值为 $R(0)=1, R(1)=0.8, R(2)=0.6, R(3)=0.4, R(4)=0.2$。

(1) 计算 2 阶最佳线性预测系数和最小均方预测误差。

(2) 计算 3 阶最佳线性预测系数和最小均方预测误差。

(3) 计算 4 阶最佳线性预测系数和最小均方预测误差及预测增益。

(4) 以上 3 种预测误差，哪种误差较小？说明什么问题？

4.13 一个信源的输出序列 $\{x_n\}$ 是满足 $x_n=0.9x_{n-1}+\varepsilon_n$ 的过程，其中，ε_n 是一个高斯随机数产生器的输出。

(1) 用具有一步预测器的 DPCM 系统对信源序列进行编码，预测系数为 0.9，三电平高斯量化器，计算预测误差的方差，并与编码器输入方差比较，该方差与 ε_n 序列的方差比较，结果如何？

(2) 预测系数分别用 0.5、0.6、0.7、0.8、1.0，结果如何？

4.14 已知某信源的协方差矩阵 $\boldsymbol{\Phi}_x=\begin{bmatrix}1 & 0 & 0\\ 0 & 1 & 0\\ 1 & 0 & 1\end{bmatrix}$，试计算 DCT 变换后的 $\boldsymbol{\Phi}_y$。

4.15 若将 DFT 中的输入序列 $\{x_n\}(n=0,1,\cdots,N-1)$ 向左对称展宽 $N-1$ 个点，即成 $\{x'_n\}(n=-N+1,-N+2,\cdots,0,N-1)$ 且 $x_n=x_{-n}(n=1,2,\cdots,N-1)$，所得变换是何种形式？

4.16 考虑下面数值序列：

$$\begin{matrix}10 & 11 & 12 & 11 & 12 & 13 & 12 & 11\\ 10 & -10 & 8 & -7 & 8 & -8 & 7 & -7\end{matrix}$$

(1) 用 8 点 DCT 对每行分别作变换，写出变换系数。

(2) 把这 16 个数组成一个矢量，作 16 点 DCT，写出变换系数。

(3) 比较两种结果，并提出为更大的压缩块长是选择 8 还是 16 的建议。

4.17 某信源输出序列 $x_i(i=1,2,\cdots)$，满足 $E(x_i)=0, E(x_i^2)=1, E(x_i x_j)=\rho^{|i-j|}, \rho=0.9$，对矢量 $\boldsymbol{x}=(x_1\ x_2\ x_3\ x_4)$ 进行 $N=4$ 的离散余弦变换(DCT)。

(1) 写出 DCT 的变换矩阵 $\boldsymbol{A}$。

(2) 计算 $\boldsymbol{x}$ 的 DCT：$\boldsymbol{y}=\boldsymbol{A}\boldsymbol{x}$。

(3) 求 $\boldsymbol{y}$ 的自相关矩阵 $\boldsymbol{\Sigma}_y$。

(4) 求 DCT 的编码增益 G。

4.18 已知一信源包含 8 个消息符号，其出现的概率见下表：

S	A	B	C	D	E	F	G	H
$P(s)$	0.1	0.18	0.43	0.05	0.06	0.1	0.07	0.01

(1) 该信源每秒发出 1 个符号，求该信源的熵及信息传输速率。

(2) 对这 8 个符号进行 Huffman 编码，写出各代码组，并求出编码效率。

4.19 设信源符号集

$$\begin{bmatrix}S\\ P(r)\end{bmatrix}=\begin{bmatrix}s_1 & s_2\\ 0.1 & 0.9\end{bmatrix}$$

(1) 求 $H(S)$ 和信源剩余度。

(2) 设码符号集 $X=[0,1]$，编写 S 的紧致码，并求出紧致码的平均码长 $\bar{L}$。

(3) 把信源的 N 次无记忆扩展信源 S^N 编成紧致码，试求当 N 为 2、3、4、∞时的平均码长 $\dfrac{\bar{L}_N}{N}$。

(4) 计算上述 N 为 1、2、3、4 这 4 种码的效率和码剩余度。

4.20 信源符号集为

$$\begin{bmatrix}S\\ P(s)\end{bmatrix}=\begin{bmatrix}s_1 & s_2 & s_3 & s_4 & s_5 & s_6 & s_7 & s_8\\ 0.4 & 0.2 & 0.1 & 0.1 & 0.05 & 0.05 & 0.05 & 0.05\end{bmatrix}$$

码符号集 $X=[0,1,2]$，试构造一种三元的紧致码。

4.21 若某一信源有 N 个符号，并且每个符号等概率出现，对该信源用最佳 Huffman 码进行二元编码，试问当 $N=2^i$，和 $N=2^i+1$（i 是正整数）时，每个码字的长度等于多少？平均码长是多少？

4.22 有两个信源 X 和 Y 如下：

$$\begin{bmatrix} X \\ P(x) \end{bmatrix} = \begin{bmatrix} x_1 & x_2 & x_3 & x_4 & x_5 & x_6 & x_7 \\ 0.20 & 0.19 & 0.18 & 0.17 & 0.15 & 0.10 & 0.01 \end{bmatrix}$$

$$\begin{bmatrix} Y \\ P(y) \end{bmatrix} = \begin{bmatrix} y_1 & y_2 & y_3 & y_4 & y_5 & y_6 & y_7 & y_8 & y_9 \\ 0.49 & 0.14 & 0.14 & 0.07 & 0.07 & 0.04 & 0.02 & 0.02 & 0.01 \end{bmatrix}$$

（1）分别用 Huffman 码编成二元唯一可译码，并计算其编码效率。

（2）分别用 Shannon 码编成二元唯一可译码，并计算编码效率（即选取 l_i 是大于或等于 $\log \frac{1}{P_i}$ 的整数）。

（3）分别用 Fano 码编成二元唯一可译码，并计算编码效率。

（4）从 X，Y 两种不同信源来比较这三种编码方法的优缺点。

4.23 考虑有 m 个等概率结果的随机变量，此信源的熵为 $\log m$ 比特。

（1）给出此信源的最优即时二元码，并计算其平均码长 L_m。

（2）哪些 m 值可使平均码长 L_m 等于熵 $H=\log m$？

（3）定义变长码的冗余度 $\rho=L-H$。对怎样的 $m(2^k \leqslant m \leqslant 2^{k+1})$ 值，编码冗余度可达到最大？当 $m \to \infty$ 时，最坏情形下冗余度的极限值是什么？

4.24 证明：若存在一个码长结构为 $l_1, l_2, \cdots, l_q$ 的唯一可译码，则一定存在具有相同码长结构的即时码。

4.25 设信源 S 的 N 次扩展信源为 S^N，用 Huffman 码对它编码，而码符号集为 $X=(x_1, x_2, \cdots, x_r)$，编码后所得的码符号可以看成一个新的信源

$$X = \begin{bmatrix} x_1, x_2, \cdots, x_r \\ p_1, p_2, \cdots, p_r \end{bmatrix}, \quad \sum_{i=1}^{r} p_i = 1$$

证明：当 $N \to \infty$ 时，新信源 X 符号集的概率分布 p_i 趋于 $\frac{1}{r}$（等概率分布）。

4.26 构造 $m=11$ 的 Golomb 码的码树，利用规范 Huffman 编码方法构造 Golomb 码编码表。

4.27 已知二元序列的概率 $p_0=1/8$，$p_1=7/8$。

（1）试对序列 11111111101111111110 编算术码，取 $W=3$ 的精度，并计算符号平均码长。

（2）计算（1）中序列的符号熵，并与算术码的符号平均码长比较，解释这一结果。

4.28 对下面序列用 LZ77 算法进行编码，设窗长为 30，前向缓冲器为 15：Barrayar#bar#by#barrayar#bay，对应码字为 $C(\mathrm{a})=1$，$C(\mathrm{b})=2$，$C(\#)=3$，$C(\mathrm{r})=4$，$C(\mathrm{y})=5$。

4.29 某序列用 LZW 算法进行编码，设初始字典元素为 a、#、r、t，索引号分别为

1、2、3、4。

（1）试对编码器输出序列 3 1 4 6 8 4 2 1 2 5 10 6 11 13 6 进行译码。

（2）用同一字典对译码序列进行编码。

4.30 给定信源序列 eta ＃ ceta ＃ and ＃ beta ＃ ceta。

（1）对上面的序列用 BW 变换和 MTF 编码器进行编码。

（2）对编码序列进行译码。

第5章 信道编码

中文教学录像

双语教学录像

视频

5.1 信道编码的基本概念

在有噪信道上传输信号时,所收到的数据不可避免地会出现差错,所以在数字通信、数据传输、图像传输、计算机网络等数字信息交换和传输中所遇到的一个主要问题是可靠性问题。不同的用户对可靠性的要求是大相径庭的,例如:对于普通电报,差错概率(误码率)在 10^{-3} 时是可以接受的;而对导弹运行轨道数据的传输,如此高的差错率将使导弹偏离预定的轨道,这显然是不允许的。在数字通信系统中要从多种途径来研究提高系统可靠性的方法。首先要进行合理基带信号设计、选择合适调制解调方式以及采用匹配滤波、均衡等,这是降低差错的根本措施,其目的是改善信道特性,减少差错。在此基础之上利用纠错编码技术对差错进行控制,可大大提高系统的抗干扰能力,降低误码率,这是提高系统可靠性的一项极为有效的措施,也是我们后面要研究和解决的问题。

一个通信系统传输消息必须可靠、快速,如何合理解决可靠性和有效性这对矛盾是数字通信系统设计的一个关键问题。在香农之前,人们普遍认为在有噪信道进行信息传输时,要获得任意小的错误概率的唯一途径是不断减小传输速率,直至为零。1948 年,香农在贝尔技术杂志上发表了奠基性文章《通信的数学理论》,标志着信息论与编码理论这一学科的创立。在文中香农提出了著名的有噪信道编码定理,该定理从理论上证明了通过信道编码技术可使信息传输率接近信道容量,同时系统的错误概率达到任意小,即实现可靠性和有效性的有机统一。编码定理及其证明虽然没有给出编码的具体设计方法,却指出了达到信道容量的编译码方法的方向和途径。此后,构造可逼近信道容量(香农限)的信道编码具体方法以及可实现的有效译码算法一直是信道编码理论和技术研究的中心任务,也是编码学者长期追求的目标。

5.1.1 信道编码的一般方法

纠错编码又称信道编码或差错控制编码,它涉及很多理论问题和数学知识,本节先介绍基本的纠错编码方法和概念。

设信源编码器输出的二元数字信息序列为(001010110001…),序列中每个数字都是一个信息元素。为了适应信道的最佳传输而进行编码,首先需要对信息序列进行分组。一般是以截取相同长度的码元进行分组,每组长度为 k(含有 k 个信息元),这种序列一般称为**信息组**或**信息序列**,例如上面的信息序列以 $k=1$ 分组为 0(代表"雨")、1(代表"晴")。如果将这样的信息组直接送入信道传输,它是没有任何抗干扰能力的,因为任意信息组中任意元素出错都会变成另一个信息组,如信息元(0)出错,变成(1),而它们代表着不同的信息组,因此原本发送的气象信息在接收端就会判断错误("雨"变成"晴")。可见不管 k 的大小如何,若直接传输信息组是无任何抗干扰能力的。

如果在各个信息组后按一定规律人为地添上一些数字,如上例,在 $k=1$ 的信息组后再添上两位数字,使每一组的长度变为 3,这样的各组序列称为**码字**。码字长度记为 n,本例中 $n=k+2$。每个码字的前一个码元为原来的信息组,称为**信息元**,它主要用来携带要传输的信息内容。后两个新添的码元称为**监督元**(或**校验元**),其作用是利用添加规则来监督传输是否出错。如果添监督元的规则为新添的每个监督元符号(0 或 1)与前面信息元符号(0 或 1)一样,那么这样的码字共有 $2^k=2^1=2$ 个,即{(000),(111)},它们组成了一个码字集合,称为(3,1)重复码,其每个码字分别代表一个不同的信息组。而在 3 位二进制序列(码组)中共有 $2^3=8$ 个,除以上 2 个作为码字外,还有 6 个未被选中,即这 6 个码组不在发送之列,称为**禁用码组**,而被编码选中的 n 重码字称为**许用码组**。接收端接收序列不在码字集合中,说明不是发送端所发出的码字,从而确定传输有错。因此这种变换后的码字就具有一定的抗干扰能力。以二元对称信道 BSC(0.01)为例,若直接传输信息元,接收端平均错误译码概率就等于信道的错误传输概率,即 $P_E=10^{-2}$,而采用(3,1)重复码后,只有当码字中 3 位码元都出错才会误判(将发端传递的"雨"消息误判成"晴"或相反),否则可以检出传输出错,此时系统错误译码概率 $P_E=p^3=10^{-6}$;当传输中每个码字仅 1 位出错,接收端还能根据编码规律进行自动纠错,可计算出此时接收端平均错误译码概率:

$$P_E=p^3+3(1-p)p^2\approx 3\times10^{-4}$$

可见采用(3,1)重复码后,接收端无论采取检错方式还是纠错方式,系统的错误译码概率都会降低。

以上就是一种最简单的信道编码,在一位信息元之后添加了两位监督元,从而获得了抗干扰能力。一般来说,添加的监督元位数越多,码字的抗干扰能力就越强,不但能识别传输是否有错(检错),还可以根据编码规则确定哪一位出错(即纠错)。因此,纠错编码的一般方法可归纳为:在传输的信息码元之后按一定规律产生一些附加码元(图 5.1.1),经信道传输,在传输中若码字出现错误,接收端能利用编码规律发现码的内在相关性受到破坏,从而按一定译码规则自动纠正错误,降低误码率 P_E。

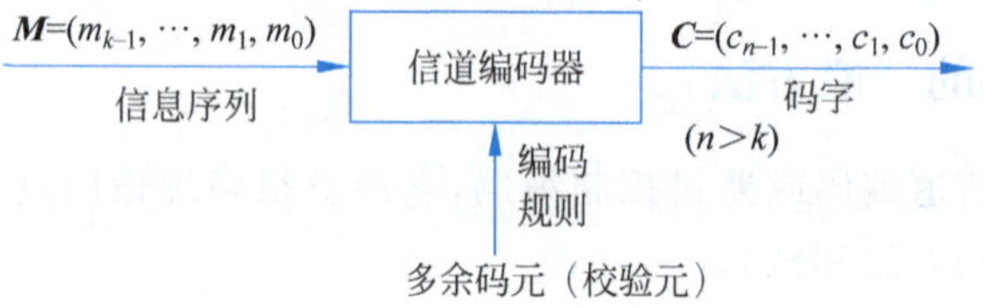

图 5.1.1 信道编码过程

视频

通常按以下方式对纠错码进行分类。

(1) 按照对信息元处理方法分为分组码与卷积码两大类。

分组码是把信源输出的信息序列,以 k 个码元划分为一段,通过编码器把这段 k 个信息元按一定规则产生 r 个校验(监督)元,输出码长为 $n=k+r$ 的一个码组。这种编码中每一码组的校验元仅与本组的信息元有关,而与别组无关。分组码用(n,k)表示,n 表示码长,k 表示信息位。

卷积码是把信源输出的信息序列,以 k_0 个(通常 $k_0<k$)码元分为一段,通过编码器输出码长为 $n_0(n_0>k_0)$的码段,但是该码段的 n_0-k_0 个校验元不仅与本组的信息元有关,而且与其前 m 段的信息元有关,一般称 m 为编码存储,因此卷积码用(n_0,k_0,m)表示。

(2) 根据校验元与信息元之间的关系分为线性码与非线性码。

若校验元与信息元之间的关系是线性关系(满足线性叠加原理),则称为线性码;否则,称为非线性码。

目前实用的纠错码以线性码为主,且非线性码的分析比较困难,故本书仅讨论线性码。

(3) 按照所纠错误的类型可分为纠随机错误码、纠突发错误码以及既纠随机错误又纠突发错误码。

(4) 按照每个码元取值可分为二进制码与 q 进制码($q=p^m$,p 为素数,m 为正整数)。

(5) 按照对每个信息元保护能力是否相等可分为等保护纠错码与不等保护(UEP)纠错码。

除非特别说明,今后讨论的纠错码均指等保护能力的码。

此外,在分组码中按照码的结构特点又可分为循环码与非循环码。为了清晰起见,把上述分类用图 5.1.2 表示。

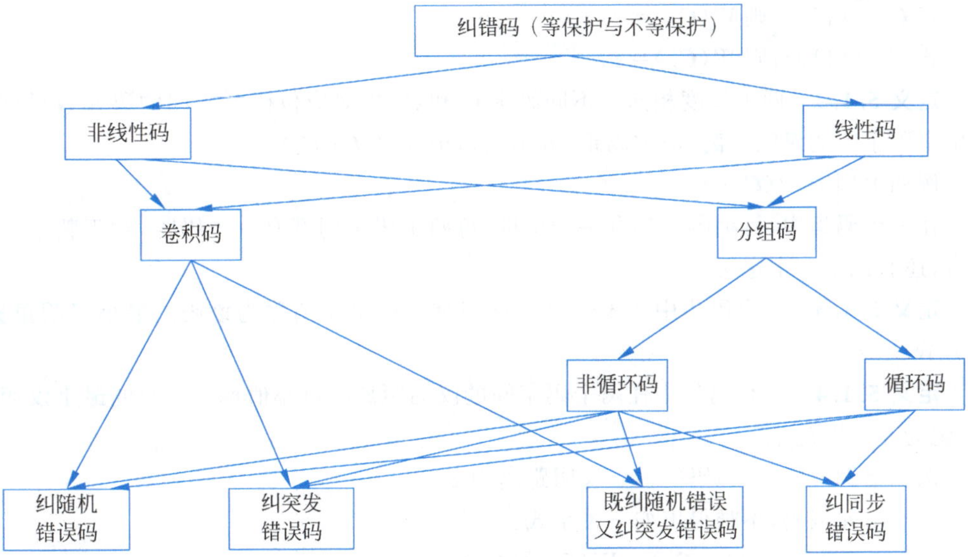

图 5.1.2 纠错码分类

为了今后学习的方便,除了上面讲到的基本概念外,还将介绍一些编码中常用的参数。

5.1.2 信道编码的基本参数

1. 码率

一般把分组码记为(n,k)码,n 为编码输出的码字长度,k 为输入的信息组长度,在一个(n,k)码中,信息元位数 k 在码字长度 n 中所占的比重称为码率,用 R 表示。对于二元线性码,它可等效为编码效率,即

$$\eta = R = \frac{k}{n}$$

码率是衡量所编的分组码有效性的一个基本参数，码率越大，表明信息传输的效率越高。但对编码来说，每个码字中所加进的监督元越多，码字内的相关性越强，码字的纠错能力越强。而监督元本身并不携带信息，单纯从信息传输的角度来说是多余的。一般地说，码字中冗余度越高，纠错能力越强，可靠性越高，而此时码的效率则降低了。所以信道编码必须注意综合考虑有效性与可靠性的问题，在满足一定纠错能力要求的情况下，总是力求设计码率尽可能高的编码。

2. 汉明距离与重量

定义 5.1.1 一个码字 $\boldsymbol{C}$ 中非零码元的个数称为该码字的**（汉明）重量**，简称码重，记为 $W(\boldsymbol{C})$。

若码字 $\boldsymbol{C}$ 是一个二进制 n 重，则 $W(\boldsymbol{C})$ 就是该码字中"1"码的个数。例如：

若 $\boldsymbol{C}_1=(000)$，则 $W(\boldsymbol{C}_1)=0$；

若 $\boldsymbol{C}_2=(011)$，则 $W(\boldsymbol{C}_2)=2$；

若 $\boldsymbol{C}_3=(101)$，则 $W(\boldsymbol{C}_3)=2$；

若 $\boldsymbol{C}_4=(110)$，则 $W(\boldsymbol{C}_4)=2$。

定义 5.1.2 两个长度相同的不同码字 $\boldsymbol{C}$ 和 $\boldsymbol{C}'$ 中对应位码元不同的码元数目称为这两个码字间的**汉明距离**，简称码距（或距离），记为 $d(\boldsymbol{C};\boldsymbol{C}')$。

例如上例中，$d(\boldsymbol{C}_2;\boldsymbol{C}_3)=2$。

在一个码集中，每个码字都有一个重量，每两个码字间都有一个码距，对于整个码集而言，还有以下两个定义。

定义 5.1.3 一个码集中非零码字的汉明重量的最小值称为该码的**最小汉明重量**，记为 $W_{\min}(\boldsymbol{C})$。

定义 5.1.4 一个码集中任两个码字间的汉明距离的最小值称为该码的**最小汉明距离**，记为 d_0 或 $d_{\min}$。

例如上例中的(3,2)码的最小汉明距离为 2。

对于二元编码，不难得出如下关系式：

$$\begin{aligned} &d(\boldsymbol{C}_1;\boldsymbol{C}_2)=W(\boldsymbol{C}_1\oplus\boldsymbol{C}_2)\\ &W(\boldsymbol{C}_1\oplus\boldsymbol{C}_2)=W(\boldsymbol{C}_1)+W(\boldsymbol{C}_2)-2W(\boldsymbol{C}_1\odot\boldsymbol{C}_2) \end{aligned} \tag{5.1.1}$$

式中，"$\oplus$"是模 2 加法运算；"$\odot$"是模 2 乘法运算。

例如，$\boldsymbol{C}_1=(11001)$，$\boldsymbol{C}_2=(10111)$，则有 $\boldsymbol{C}_3=\boldsymbol{C}_1\oplus\boldsymbol{C}_2=(01110)$，$d(\boldsymbol{C}_1;\boldsymbol{C}_2)=W(\boldsymbol{C}_3)=3$；$\boldsymbol{C}_1\odot\boldsymbol{C}_2=(10001)$，$W(\boldsymbol{C}_3)=3+4-2\times2=3$。

一个(n,k)分组码共含有 2^k 个码字，每两个码字之间都有一个汉明距离 d，因此要计算其最小距离，需比较计算 $2^{k-1}(2^k-1)$次。当 k 较大时，计算量就很大。但对于 5.3 节将要介绍的(n,k)线性分组码具有以下特点：任意两个码字之和仍是线性分组码中的一个码字，因此两个码字之间的距离 $d(\boldsymbol{C}_l;\boldsymbol{C}_2)$必等于其中某一个码字 $\boldsymbol{C}_3=\boldsymbol{C}_1+\boldsymbol{C}_2$ 的重量。

定理 5.1.1 (n,k)线性分组码的最小距离等于非零码字的最小重量：

$$d_0=\min_{\boldsymbol{C},\boldsymbol{C}'\in(n,k)}\{d(\boldsymbol{C};\boldsymbol{C}')\}=\min_{\substack{\boldsymbol{C}_i\in(n,k)\\ \boldsymbol{C}_i\neq 0}}W(\boldsymbol{C}_i)$$

该定理的证明见定理 5.3.1。这样一来，(n,k)线性分组码的最小距离计算只需检查 2^k-1 个非零码字的重量即可。

此外，码的距离和重量还满足三角不等式的关系：

$$d(\boldsymbol{C}_1;\boldsymbol{C}_2)\leqslant d(\boldsymbol{C}_1;\boldsymbol{C}_3)+d(\boldsymbol{C}_3;\boldsymbol{C}_2)$$

$$W(\boldsymbol{C}_1+\boldsymbol{C}_2)\leqslant W(\boldsymbol{C}_1)+W(\boldsymbol{C}_2)$$

该性质在研究线性分组码的特性时常用到。一种码的 d_0 值是一个重要参数，它决定了该码的纠错、检错能力。d_0 越大，抗干扰能力越好。

3. 码的纠、检错能力

视频

定义 5.1.5 若一种码的任一码字在传输中出现了 e 个或 e 个以下的错误仍能自动发现，则称该码的检错能力为 e。

定义 5.1.6 若一种码的任一码字在传输中出现 t 个或 t 个以下的错误仍能自动纠正，则称该码的纠错能力为 t。

定义 5.1.7 若一种码的任一码字在传输中出现 t 个或 t 个以下的错误均能纠正，当出现多于 t 个而少于 $e+1$ 个错误$(e>t)$时此码能检出而不造成译码错误，则称该码能纠正 t 个错误同时检测 e 个错误。

(n,k)分组码的纠、检错能力与其最小汉明距离 d_0 有着密切的关系，一般有以下结论。

定理 5.1.2 若码的最小距离满足 $d_0\geqslant e+1$，则码的检错能力为 e。

定理 5.1.3 若码的最小距离满足 $d_0\geqslant 2t+1$，则码的纠错能力为 t。

定理 5.1.4 若码的最小距离满足 $d_0\geqslant e+t+1(e>t)$，则该码能纠正 t 个错误同时检测 e 个错误。

以上结论可以用图 5.1.3 所示的几何图加以说明。

图 5.1.3(a)中 $\boldsymbol{C}_1$ 表示某一码字，当误码不超过 e 个时，该码字的位置移动将不超过以它为圆心、以 e 为半径的圆(实际上是一个多维球)，即该圆代表着码字在传输中出现 e 个以下误码的所有码组的集合。若码的最小距离满足 $d_0\geqslant e+1$，则(n,k)分组码中除 $\boldsymbol{C}$ 这个码字外，其余码字均不在该圆中。这样当码字 $\boldsymbol{C}$ 在传输中出现 e 个以下误码时，接收码组必落在图 5.1.3(a)的圆内，而该圆内除 $\boldsymbol{C}_1$ 外均为禁用码组，从而可确定该接收码组有错。考虑到码字 $\boldsymbol{C}$ 的任意性，图 5.1.3(a)说明，当 $d_0\geqslant e+1$ 时任意码字传输误码在 e 个以下的接收码组均在以其发送码字为圆心、以 e 为半径的圆中，而不会和其他许用码组混淆，使接收端检出有错，即码的检错能力为 e。

图 5.1.3(b)中 $\boldsymbol{C}_1$、$\boldsymbol{C}_2$ 分别表示任意两个码字，当各自误码不超过 t 个时，发生误码后两码字的位置移动将各自不超过以 $\boldsymbol{C}_1$、$\boldsymbol{C}_2$ 为圆心、以 t 为半径的圆。若码的最小距离满足 $d_0\geqslant 2t+1$，则两圆不会相交(由图中可看出两圆至少有 1 位的差距)，设 $\boldsymbol{C}_1$ 传输出错误在 t 个以下变成 $\boldsymbol{C}_1'$，其距离

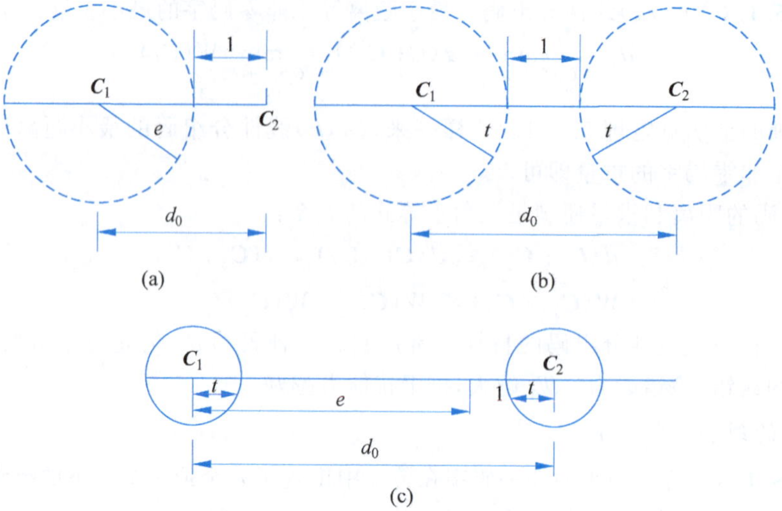

图 5.1.3　码距与检错和纠错能力的关系

$$d(\boldsymbol{C}_1;\ \boldsymbol{C}_1')\leqslant t$$

根据距离的三角不等式可得

$$d(\boldsymbol{C}_1';\ \boldsymbol{C}_2)\geqslant t$$

即

$$d(\boldsymbol{C}_1';\ \boldsymbol{C}_2)\geqslant d(\boldsymbol{C}_1;\ \boldsymbol{C}_1')$$

根据最大似然译码规则，将 $\boldsymbol{C}_1'$ 译为 $\boldsymbol{C}_1$ 从而纠正了 t 个以下的错误。

定理 5.1.4 中“能纠正 t 个错误同时检测 e 个错误”是指当误码不超过 t 个时系统能自动予以纠正，而当误码大于 t 个而小于 e 个时则不能纠正但能检测出来。该定理的关系由图 5.1.3(c)反映，其结论请读者自行证明。

以上三个定理是纠错编码理论中最重要的基本理论之一，它说明了码的最小距离 d_0 与其纠、检错能力的关系，从 d_0 中可反映码的性能强弱；反过来也可根据以上定理的逆定理设计满足纠检错能力要求的(n,k)分组码。

定理 5.1.5　对于任一(n,k)分组码，若要求：

(1) 码的检错能力为 e，则最小码距 $d_0\geqslant e+1$；

(2) 码的纠错能力为 t，则最小码距 $d_0\geqslant 2t+1$；

(3) 能纠 t 个误码同时检测 $e(e>t)$个误码，则最小码距 $d_0\geqslant t+e+1$。

5.1.3　信道译码规则

已知信道编码器的框图如图 5.1.1 信道编码过程所示，设任一个信息序列 M 是一个 k 位码元的序列，通过编码器按一定的规律(编码规则)产生若干监督元，形成一个长度为 n 的序列，即码字。每个信息序列将形成不同的码字与之对应，在二进制下，k 维序列共有 2^k 种组合，因此编码输出的码字集合共有 $Q=2^k$ 个码字，而二进制下的 n 重矢量共有 2^n 种。显然，编码输出的码字仅是所有二进制 n 重中的一部分，编码实际上就是从

这 2^n 种不同的 n 重矢量中按一定规律(编码规则)选出 2^k 个 n 重矢量(许用码字)代表 2^k 个不同的信源信息序列。

数字通信系统简化模型如图 5.1.4 所示,设发送码字是码长为 n 的序列 $\boldsymbol{C}$:$(c_{n-1}, c_{n-2}, \cdots, c_1, c_0)$,通过信道传输到达接收端的序列为 $\boldsymbol{R}$:$(r_{n-1}, r_{n-2}, \cdots, r_1, r_0)$,由于信道中存在干扰,$\boldsymbol{R}$ 序列中的某些码元可能与 $\boldsymbol{C}$ 序列中对应码元的值不同,即产生了错误。而二进制序列中的错误不外乎是 1 错成 0 或 0 错成 1,因此,如果把信道中的干扰也用二进制序列 $\boldsymbol{E}$:$(e_{n-1}, e_{n-2}, \cdots, e_1, e_0)$表示,则相应有错误的各位 e_i 取值为 1,无错的各位取值为 0,称 $\boldsymbol{E}$ 为信道的错误图样或错型,而 $\boldsymbol{R}$ 就是 n 维序列 $\boldsymbol{C}$ 与 $\boldsymbol{E}$ 模 2 相加的结果:

$$\boldsymbol{R} = \boldsymbol{C} \oplus \boldsymbol{E}$$

式中:"$\oplus$"为模 2 加法。

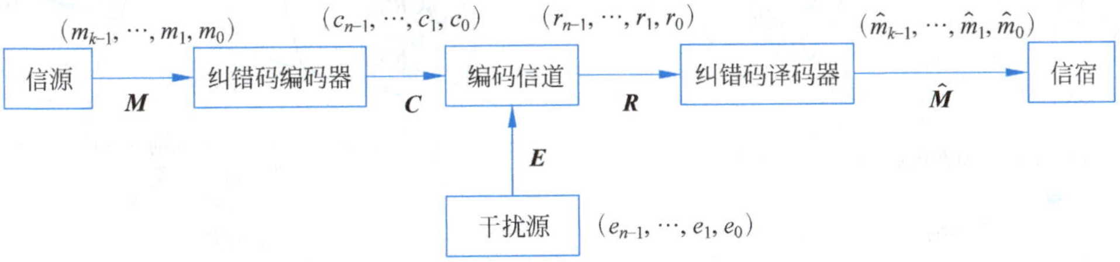

图 5.1.4 数字通信系统简化模型

经编码后产生的(n, k)码送信道传输,由于信道干扰的影响将不可避免地发生错误,这种错误有以下两种趋势。

(1) 许用码字变成禁用码组。这种错误一旦出现,由于接收到的码组不在编码器输出的码字集合中,译码时可以发现,所以这种错误模型是可检出的。

(2) 许用码字变成许用码字。即发端发生某一码字 $\boldsymbol{C}_i$ 经传输后错成码集中的另一码字 $\boldsymbol{C}_j$,这时收端无法确认是否出错,因此这是一种不可检出的错误模型。

可见,一个 n 重二进制码字 $\boldsymbol{C}$ 在传输中由于信道干扰的影响,到接收端可能变成 2^n 种 n 重矢量中的任何一个,译码的任务就是将所有可能的接收矢量进行分类,同属一类的接收矢量译为同一个许用码字,将 2^n 种不同的接收矢量还原为 2^k 个许用码字或信息序列。为了能在接收端确认发送的是何种码字,就需要建立一定的判决规则以获得最佳译码。信道编译码过程如图 5.1.5 所示。

一般来说,译码器要完成比编码器更为复杂的运算,译码器性能的好坏、速度的快慢往往决定了整个差错控制系统的性能和成本。译码正确与否的概率主要取决于所使用的码、信道特征及译码算法。对特定码类如何寻找译码错误概率小、译码速度快、设备简单的译码算法,是纠错编码理论中一个重要而实际的课题。下面讨论当码类和信道给定时,应采用什么样的算法使译码错误概率最小。

视频

由图 5.1.4 和图 5.1.5 可知,信道输出的 $\boldsymbol{R}$ 是一个二(或 q)进制序列,而译码器的输出是一个信息序列 $\boldsymbol{M}$ 的估值序列 $\hat{\boldsymbol{M}}$。

译码器的基本任务就是根据接收序列 $\boldsymbol{R}$ 和信道特征,按照一套译码规则,由接收序列 $\boldsymbol{R}$ 给出与发送的信息序列 $\boldsymbol{M}$ 最接近的估值序列 $\hat{\boldsymbol{M}}$。由于 $\boldsymbol{M}$ 与码字 $\boldsymbol{C}$ 之间存在一一

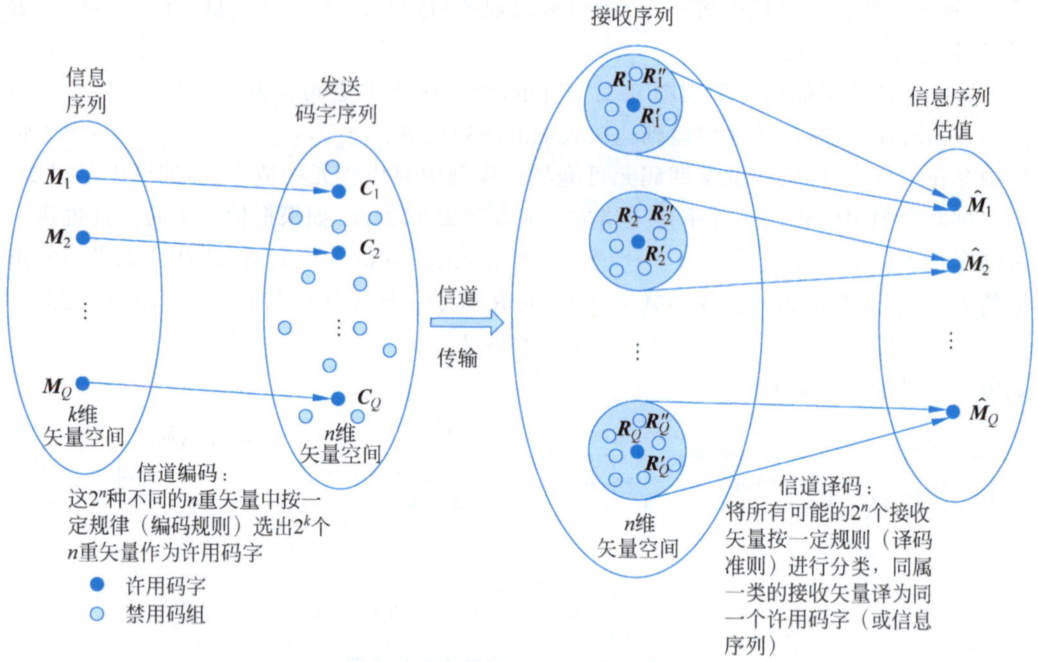

图 5.1.5 信道编译码过程

对应关系，所以这等价于译码器根据 $\boldsymbol{R}$ 产生一个 $\boldsymbol{C}$ 的估值序列 $\hat{\boldsymbol{C}}$。显然，当且仅当 $\hat{\boldsymbol{C}}=\boldsymbol{C}$ 时，$\hat{\boldsymbol{M}}=\boldsymbol{M}$，这时译码器正确译码。如果译码器输出的 $\hat{\boldsymbol{C}}\neq\boldsymbol{C}$，那么译码器产生了错误译码。产生错误译码的原因有两个：一是信道干扰很严重，超过了码本身的纠错能力；二是译码设备的故障（这点本书不予讨论）。

当给定接收序列 $\boldsymbol{R}$ 时，译码器的条件译码错误概率定义为

$$P(\boldsymbol{E}\mid\boldsymbol{R})=P(\hat{\boldsymbol{C}}\neq\boldsymbol{C}\mid\boldsymbol{R})$$

所以译码器的错误译码概率为

$$P_{\mathrm{E}}=\sum_{\boldsymbol{R}}P(\boldsymbol{E}\mid\boldsymbol{R})P(\boldsymbol{R})$$

$P(R)$是接收序列 $\boldsymbol{R}$ 的概率，与译码方法无关，所以译码错误概率最小的最佳译码规则是使

$$\begin{aligned}\min P_{\mathrm{E}}&=\min_{\boldsymbol{R}}P(\boldsymbol{E}\mid\boldsymbol{R})=\min_{\boldsymbol{R}}P(\hat{\boldsymbol{C}}\neq\boldsymbol{C}\mid\boldsymbol{R})\\&=\min\left[1-\sum P(\boldsymbol{R})P(\hat{\boldsymbol{C}}=\boldsymbol{C}\mid\boldsymbol{R})\right]\end{aligned}$$

进而得译码错误概率最小的最佳译码规则等价于使 $P(\hat{\boldsymbol{C}}=\boldsymbol{C}|\boldsymbol{R})$最大化。

因此，若译码器对输入的 $\boldsymbol{R}$ 能在 2^k 个码字中选择一个使 $P(\hat{\boldsymbol{C}}_i=\boldsymbol{C}|\boldsymbol{R})(i=1,2,\cdots,2^k)$最大的码字 $\boldsymbol{C}_i$ 作为 $\boldsymbol{C}$ 的估值序列 $\hat{\boldsymbol{C}}$，则这种译码规则一定使译码器输出错误概率最小，这种译码规则称为**最大后验概率译码**。

进一步，由贝叶斯公式

$$P(\boldsymbol{C}_i \mid \boldsymbol{R}) = \frac{P(\boldsymbol{C}_i)P(\boldsymbol{R} \mid \boldsymbol{C}_i)}{P(\boldsymbol{R})}$$

可知，若发端发送每个码字的概率 $P(\boldsymbol{C}_i)$ 均相同，且由于 $P(R)$ 与译码方法无关，则有

$$\max_{i=1,2,\cdots,2^k} P(\boldsymbol{C}_i \mid \boldsymbol{R}) \Rightarrow \max_{i=1,2,\cdots,2^k} P(\boldsymbol{R} \mid \boldsymbol{C}_i) \tag{5.1.2}$$

对离散无记忆信道(DMC)而言，有

$$P(\boldsymbol{R} \mid \boldsymbol{C}_i) = \prod_{j=1}^{n} P(r_j \mid c_{ij}) \tag{5.1.3}$$

式中

$$\boldsymbol{C}_i = (c_{i_1}, c_{i_2}, \cdots, c_{i_n}) \quad (i=1,2,\cdots,2^k)$$

一个译码器的译码规则若能在 2^k 个码字 $\boldsymbol{C}$ 中选择某一个 $\boldsymbol{C}_i$ 并使式(5.1.2)最大，则这种译码规则称为**最大似然译码**(MLD)，$P(\boldsymbol{R}|\boldsymbol{C})$ 称为似然函数。由于 $\log_b x$ 与 x 是单调关系，因此式(5.1.2)与式(5.1.3)可写成

$$\max_{i=1,2,\cdots,2^k} \log_b P(\boldsymbol{R} \mid \boldsymbol{C}_i) = \max_{i=1,2,\cdots,2^k} \sum_{j=1}^{n} \log_b P(r_j \mid c_{ij}) \tag{5.1.4}$$

式中：$\log_b P(\boldsymbol{R}|\boldsymbol{C})$ 为对数似然函数或似然函数。

对于 DMC，当发端发送每一码字的概率 $P(\boldsymbol{C}_i)(i=1,2,\cdots,2^k)$ 均相等时，MLD 是使译码错误概率最小的一种译码方法；否则，MLD 不是最佳的。因而，MLD 算法是一种准最佳的译码算法。在以后的讨论中，都认为 $P(\boldsymbol{C}_i)$ 均近似相等。

例 5.1.1 一个码由 00000,00111,11100 与 11011 四个码字组成。每个码字可用来表示 4 种可能的信息之一。可以计算出该码的最小距离 $d_0=3$，由定理 5.1 3 可知，它可纠正在任何位上出现的单个误码。同时注意到，码长为 5 的二进制码组共有 $2^5=32$ 种可能的序列，除了上述 4 个许用码字外，其余 28 个为禁用码组。为了对该码进行纠错处理，需将 28 种禁用码组的每一个与 4 种许用码字做“最邻近性”的比较。这种处理意味着要建立一个“译码表”，所以译码的本质就是对码组进行分类，即先将所有与每个许用码字有一位差错的各个可能接收序列列在该码字的下面，这样就得到表 5.1.1 中以虚线围起的部分。除了这一部分之外，应注意到尚有 8 个序列未被列入。这 8 个序列与每个码字至少差两位。但是，它们与上述序列不同，没有唯一的方法可把它们安排到表内。例如，既可将序列 10001 放在第 4 列，也可将它放在第 1 列。在译码过程中使用此表时，可将所接收序列与表内各列对照，当查到该序列时，将该列第一行的码字作为译码器的输出。

表 5.1.1 4 个码字的译码表

00000	11100	00111	11011
10000	01100	10111	01011
01000	10100	01111	10011
00100	11000	00011	11111
00010	11110	00101	11001

续表

00001	11101	00110	11010
10001	01101	10110	01010
10010	01110	10101	01001

用这种方式建立的表具有很大的优点。设信道误码率为 p_e，出现任何一种具有 i 个差错特定模式的概率是 $p_e^i(1-p_e)^{5-i}$。当 $p_e<1/2$，即信道的信噪比足够大时，可以看到：

$$(1-p_e)^5 > p_e(1-p_e)^4 > p_e^2-(1-p_e)^3 > \cdots$$

即不出错概率大于出错概率；一个特定的单个差错模式要比一个特定的两个（或多个）差错模式更容易出现。因此，译码器将所收到的一个特定码组译为在汉明距离上最邻近的一个码字时，实际上是选择了最可能发送的那个码字（设各个码字的发送机会相同）。这就是 MLD 的具体应用，实际上它就是根据接收序列 $\boldsymbol{R}$ 在 2^k 个码字集中寻找与 $\boldsymbol{R}$ 的汉明距离最小的码字 $\boldsymbol{C}_i$ 作为译码输出，因为它最可能是发送的码字。这种译码方法又称为**最小汉明距离译码**。执行这种译码规则的译码器称为**最大似然译码器**。在上述条件下，其序列差错概率最小。当用译码表进行译码时，为了实现最大似然译码，可用上述方法列表对码字进行分类。遗憾的是，译码表的大小随码组长度按指数关系增加，故对长码来说直接使用译码表是不切合实际的。但对说明分组码的某些重要性质而言，译码表仍是一种很有用的概念性工具。

总结而言，信道译码准则有以下几种。

最小错误概率译码准则：$F(\boldsymbol{R}_i)=\boldsymbol{C}^*=\arg\min P_E$

最大联合概率译码准则：$F(\boldsymbol{R}_i)=\boldsymbol{C}^*=\arg\max[P(\boldsymbol{C}^*\boldsymbol{R}_i)]$

最大后验概率译码准则：$F(\boldsymbol{R}_i)=\boldsymbol{C}^*=\arg\max[P(\boldsymbol{C}^*|\boldsymbol{R}_i)]$

最大似然概率译码准则：$F(\boldsymbol{R}_i)=\boldsymbol{C}^*=\arg\max[P(\boldsymbol{R}_i|\boldsymbol{C}^*)]$

最小距离译码准则：$F(\boldsymbol{R}_i)=\boldsymbol{C}^*=\arg\min[d(\boldsymbol{C}^*;\boldsymbol{R}_i)]$

可以证明，最大联合概率译码和最大后验概率译码等价，都属于最小错误概率译码，可以得到最小平均译码概率 P_E，是性能最佳的译码准则。但这几类译码准则依赖发送码字的先验概率 $P(\boldsymbol{C}_i)$，计算复杂度大。最大似然译码或最小距离译码仅依赖信道转移概率或码距，译码相对简单，但最大似然译码只有在输入等概时才能得到最小平均译码错误概率，最小距离译码在传输错误概率较小时，等价于最大似然译码。

中文教学录像

5.2 有噪信道编码定理

5.2.1 联合渐近等同分割性与联合典型序列

有噪信道编码定理又称香农第二定理，其基础依据是信道传输表现出联合渐近等同分割性（AEP）。

针对离散信源，AEP 定理和 ε 典型序列说明离散信源的无记忆扩展信源随着序列 $X_1,X_2,X_3,\cdots,X_n$ 的长度 n 无限加大，每个 ε 典型序列发生的概率约为 $2^{-nH(X)}$，这些

典型序列的总数约为 $2^{nH(X)}$，这些 ε 典型序列为高概率事件。类似的结论对于离散信道也成立。以下讨论离散信道 $[X,P(y|x),Y]$ 的 n 次无记忆扩展信道 $[X^n,P(\boldsymbol{y}|\boldsymbol{x}),Y^n]$，其中，$\boldsymbol{x}=(x_1,x_2,\cdots,x_n)(x_i\in X)$ 和 $\boldsymbol{y}=(y_1,y_2,\cdots,y_n)(y_i\in Y)$ 分别表示 n 次无记忆扩展信道的输入和输出的 n 长随机序列。满足

$$P(\boldsymbol{y}\mid\boldsymbol{x})=P(y_1y_2\cdots y_n\mid x_1x_2\cdots x_n)=\prod_{i=1}^{n}P(y_i\mid x_i)$$

它们对应的信息熵和联合熵分别为 $H(X)$、$H(Y)$ 和 $H(XY)$。

定义 5.2.1 设 $(\boldsymbol{x},\boldsymbol{y})\in(X^n;Y^n)$ 是 n 长随机序列对，对于任意小的正数 $\varepsilon>0$，存在足够大的 n，若满足下列条件：

$$\begin{cases}\left|\dfrac{1}{n}\log P(\boldsymbol{x})+H(X)\right|<\varepsilon\\[2ex]\left|\dfrac{1}{n}\log P(\boldsymbol{y})+H(Y)\right|<\varepsilon\\[2ex]\left|\dfrac{1}{n}\log P(\boldsymbol{xy})+H(XY)\right|<\varepsilon\end{cases}\tag{5.2.1}$$

则称 $(\boldsymbol{x},\boldsymbol{y})$ 为**联合ε典型序列**。

$G_\varepsilon(X)$ 和 $G_\varepsilon(Y)$ 分别表示 X^n 和 Y^n 中的典型序列集，$G_\varepsilon(XY)$ 表示 X^nY^n 联合空间中的联合典型序列集。联合 ε 典型序列满足如下性质。

定理 5.2.1（联合渐近等同分割性） 对于任意小的 $\varepsilon>0,\delta>0$，当 n 足够大时，则有以下性质。

性质 1 典型序列 $\boldsymbol{x},\boldsymbol{y}$ 和联合典型序列 $(\boldsymbol{x},\boldsymbol{y})$ 满足

$$\begin{cases}2^{-n[H(X)+\varepsilon]}\leqslant P(\boldsymbol{x})\leqslant 2^{-n[H(X)-\varepsilon]}\\2^{-n[H(Y)+\varepsilon]}\leqslant P(\boldsymbol{y})\leqslant 2^{-n[H(Y)-\varepsilon]}\\2^{-n[H(XY)+\varepsilon]}\leqslant P(\boldsymbol{xy})\leqslant 2^{-n[H(XY)-\varepsilon]}\end{cases}\tag{5.2.2}$$

性质 2 典型序列集 $G_\varepsilon(X)$，$G_\varepsilon(Y)$ 和联合典型序列集 $G_\varepsilon(XY)$ 满足

$$\begin{cases}P(G_\varepsilon(X))\geqslant 1-\delta\\P(G_\varepsilon(Y))\geqslant 1-\delta\\P(G_\varepsilon(XY))\geqslant 1-\delta\end{cases}\tag{5.2.3}$$

性质 3 以 N_G 表示典型序列集中元素个数，则 $G_\varepsilon(X)$，$G_\varepsilon(Y)$ 和 $G_\varepsilon(XY)$ 中序列个数满足

$$\begin{cases}(1-\delta)2^{n[H(X)-\varepsilon]}\leqslant N_{G_x}\leqslant 2^{n[H(X)+\varepsilon]}\\[1ex](1-\delta)2^{n[H(Y)-\varepsilon]}\leqslant N_{G_y}\leqslant 2^{n[H(Y)+\varepsilon]}\\[1ex](1-\delta)2^{n[H(XY)-\varepsilon]}\leqslant N_{G_{xy}}\leqslant 2^{n[H(XY)+\varepsilon]}\end{cases}\tag{5.2.4}$$

证明： 性质 1 是大数定律的直接结果，因 $\dfrac{1}{n}\log\dfrac{1}{P(\boldsymbol{x})}$、$\dfrac{1}{n}\log\dfrac{1}{P(\boldsymbol{y})}$、$\dfrac{1}{n}\log\dfrac{1}{P(\boldsymbol{xy})}$ 分别依概率趋于其统计平均 $E\left[\log\dfrac{1}{P(x)}\right]=H(X)$、$E\left[\log\dfrac{1}{P(y)}\right]=H(Y)$ 以及

$E\left[\log\dfrac{1}{P(xy)}\right]=H(XY)$。再根据联合 ε 典型序列定义式(5.2.1)整理即得性质 1。

性质 2 的证明采用极限理论中 ε-δ 描述方法，对于任意小的正数 $\varepsilon>0,\delta>0$，存在正整数 n_0，使得对于所有 $n\geqslant n_0$，有

$$\begin{cases}P\left\{\left|\dfrac{1}{n}\log\dfrac{1}{P(\boldsymbol{x})}-H(X)\right|\leqslant\varepsilon\right\}\geqslant 1-\delta\\ P\left\{\left|\dfrac{1}{n}\log\dfrac{1}{P(\boldsymbol{y})}-H(Y)\right|\leqslant\varepsilon\right\}\geqslant 1-\delta\\ P\left\{\left|\dfrac{1}{n}\log\dfrac{1}{P(\boldsymbol{xy})}-H(XY)\right|\leqslant\varepsilon\right\}\geqslant 1-\delta\end{cases}$$

即得性质 2。

最后证明性质 3，结合概率满足完备性以及联合典型序列满足式(5.2.2)，可得

$$\begin{cases}1\geqslant\displaystyle\sum_{\boldsymbol{x}\in G_\varepsilon(X)}P(\boldsymbol{x})>N_{G_\varepsilon(X)}2^{-n[H(X)+\delta]}\\ 1\geqslant\displaystyle\sum_{\boldsymbol{y}\in G_\varepsilon(Y)}P(\boldsymbol{y})>N_{G_\varepsilon(Y)}2^{-n[H(Y)+\delta]}\\ 1\geqslant\displaystyle\sum_{\boldsymbol{xy}\in G_\varepsilon(XY)}P(\boldsymbol{xy})>N_{G_\varepsilon(XY)}2^{-n[H(XY)+\delta]}\end{cases}$$

$$\begin{cases}N_{G_\varepsilon(X)}2^{-n[H(X)-\delta]}>\displaystyle\sum_{\boldsymbol{x}\in G_\varepsilon(X)}P(\boldsymbol{x})>1-\varepsilon\\ N_{G_\varepsilon(Y)}2^{-n[H(Y)-\delta]}>\displaystyle\sum_{\boldsymbol{y}\in G_\varepsilon(Y)}P(\boldsymbol{y})>1-\varepsilon\\ N_{G_\varepsilon(XY)}2^{-n[H(XY)-\delta]}>\displaystyle\sum_{\boldsymbol{xy}\in G_\varepsilon(XY)}P(\boldsymbol{xy})>1-\varepsilon\end{cases}$$

两组公式整理即得性质 3。 [证毕]

定理 5.2.1 说明，在两个随机变量情况下，信源 X^n、Y^n 和联合集($X^n Y^n$)也具有渐近等同分割性。联合 ε 典型序列对($\boldsymbol{x},\boldsymbol{y}$)是 n 次无记忆扩展联合空间中经常出现的高概率序列对。这些高概率序列对的出现概率几乎相等，即

$$P(\boldsymbol{x})\approx 2^{-nH(X)},\quad P(\boldsymbol{y})\approx 2^{-nH(Y)},\quad P(\boldsymbol{xy})\approx 2^{-nH(XY)}$$

并且与典型序列一样，联合典型序列对($\boldsymbol{x},\boldsymbol{y}$)的概率和也是趋于 1 的。即随着 n 的增大，典型序列和联合典型序列属于高概率事件，各自占据了 X^n、Y^n、(X^n,Y^n)的几乎全部概率组成。

那么联合 ε 典型序列对($\boldsymbol{x},\boldsymbol{y}$)是如何构成的？$X^n$ 是扩展信道的输入概率空间，Y^n 是扩展信道的输出概率空间。取 X^n 中典型序列 $\boldsymbol{x}$ 与 Y^n 中典型序列 $\boldsymbol{y}$ 配对，同时满足式(5.2.2)，则构成联合 ε 典型序列对($\boldsymbol{x},\boldsymbol{y}$)。典型序列 $\boldsymbol{x}$ 是输入端高概率出现的序列，典型序列 $\boldsymbol{y}$ 是输出端高概率出现的序列，而联合典型序列对($\boldsymbol{x},\boldsymbol{y}$)就是那些信道输入和输出之间密切关联、经常出现的序列对。

基于定理 5.2.1 中性质 3 可知，随着 n 的增大，典型序列和联合典型序列各自的数目大约为

$$N_{G_\varepsilon(X)} \approx 2^{nH(X)}, \quad N_{G_\varepsilon(Y)} \approx 2^{nH(Y)}, \quad N_{G_\varepsilon(XY)} \approx 2^{nH(XY)}$$

例 5.2.1 设信源为$\begin{bmatrix} X \\ P(x) \end{bmatrix} = \begin{bmatrix} 0 & 1 \\ 0.9 & 0.1 \end{bmatrix}$,传输信道为 BSC(0.2)的 n 次扩展信道,其输入和输出构成联合典型序列对$(\boldsymbol{x},\boldsymbol{y})$。存在一个长度 $n=100$ 的联合典型序列对:

$\boldsymbol{x}$=11111111110000000000000000000000000000000000000000000000000000000000
00000000000000000000000000000000

$\boldsymbol{y}$=00111111110000000000000000000000000000000000000000000000000000000000
00000000000000111111111111111111

可见,$\boldsymbol{x}$ 是一个 X^n 集合的典型序列(满足 $I(\boldsymbol{x})/100=H(X)$),序列 $\boldsymbol{y}$ 中有 26 个“1”,74 个“0”,也是 Y^n 中的典型序列,而 $\boldsymbol{x}$ 与 $\boldsymbol{y}$ 有 20bit 不同,即序列对$(\boldsymbol{x},\boldsymbol{y})$正是该信道的一个典型序列对(符合信道典型翻转的概率)。

进一步,可以证明联合 ε 典型序列还具有如下性质。

定理 5.2.2 对于任意小的正数 $\varepsilon>0$,当 n 足够大时,有

性质 1

$$2^{-n[H(Y|X)+2\varepsilon]} \leqslant P(\boldsymbol{y} \mid \boldsymbol{x}) \leqslant 2^{-n[H(Y|X)-2\varepsilon]}$$
$$2^{-n[H(X|Y)+2\varepsilon]} \leqslant P(\boldsymbol{x} \mid \boldsymbol{y}) \leqslant 2^{-n[H(X|Y)-2\varepsilon]}$$

式中:$(\boldsymbol{x};\boldsymbol{y}) \in G_\varepsilon(XY)$。

性质 2

令 $G_\varepsilon(X|\boldsymbol{y})=\{\boldsymbol{x}:(\boldsymbol{x},\boldsymbol{y}) \in G_\varepsilon(XY)\}$,$G_\varepsilon(Y|\boldsymbol{x})=\{\boldsymbol{y}:(\boldsymbol{x},\boldsymbol{y}) \in G_\varepsilon(XY)\}$,即 $G_\varepsilon(X|\boldsymbol{y})$ 表示在给定 ε 典型序列 $\boldsymbol{y}$ 条件下与 $\boldsymbol{y}$ 构成联合 ε 典型序列对的所有序列 $\boldsymbol{x}$ 的集合,$G_\varepsilon(Y|\boldsymbol{x})$表示在给定 ε 典型序列 $\boldsymbol{x}$ 条件下与 $\boldsymbol{x}$ 构成联合 ε 典型序列对的所有典型序列 $\boldsymbol{y}$ 的集合。则有

$$N_{G_\varepsilon(X|\boldsymbol{y})} \leqslant 2^{n[H(X|Y)+2\varepsilon]}$$
$$N_{G_\varepsilon(Y|\boldsymbol{x})} \leqslant 2^{n[H(Y|X)+2\varepsilon]}$$

证明: (1) 令$(\boldsymbol{x};\boldsymbol{y}) \in G_\varepsilon(XY)$,对于任意 $\boldsymbol{x},\boldsymbol{y}$ 满足

$$P(\boldsymbol{y} \mid \boldsymbol{x}) = \frac{P(\boldsymbol{x}\boldsymbol{y})}{P(\boldsymbol{x})}$$

根据式(5.2.2)可得

$$2^{-n[H(XY)+\varepsilon]} \times 2^{n[H(X)-\varepsilon]} \leqslant P(\boldsymbol{y} \mid \boldsymbol{x}) \leqslant 2^{-n[H(XY)-\varepsilon]} \times 2^{n[H(X)+\varepsilon]}$$
$$2^{-n[H(XY)-H(X)+2\varepsilon]} \leqslant P(\boldsymbol{y} \mid \boldsymbol{x}) \leqslant 2^{-n[H(XY)-H(X)-2\varepsilon]}$$

所以

$$2^{-n[H(Y|X)+2\varepsilon]} \leqslant P(\boldsymbol{y} \mid \boldsymbol{x}) \leqslant 2^{-n[H(Y|X)-2\varepsilon]}$$

同理,可得

$$2^{-n[H(X|Y)+2\varepsilon]} \leqslant P(\boldsymbol{x} \mid \boldsymbol{y}) \leqslant 2^{-n[H(X|Y)-2\varepsilon]}$$

(2) 假设序列 $\boldsymbol{y} \in G_\varepsilon(Y)$,因为

$$1 = \sum_{X^n} P(\boldsymbol{x} \mid \boldsymbol{y}) = \sum_{X^n} \frac{P(\boldsymbol{x}\boldsymbol{y})}{P(\boldsymbol{y})} \geqslant \sum_{x \in G_\varepsilon(X|\boldsymbol{y})} \frac{P(\boldsymbol{x}\boldsymbol{y})}{P(\boldsymbol{y})}$$

又因为 $\boldsymbol{y}$ 是典型序列，$\boldsymbol{x}$ 与 $\boldsymbol{y}$ 构成联合典型序列对，即 $(\boldsymbol{x},\boldsymbol{y})\in G_{\varepsilon}(XY)$，根据式(5.2.2)可得

$$\begin{cases} P(\boldsymbol{xy}) > 2^{-n[H(XY)+\varepsilon]} \\ P(\boldsymbol{y}) < 2^{-n[H(Y)-\varepsilon]} \end{cases}$$

进而可得

$$1 \geqslant \sum_{\boldsymbol{x}\in G_{\varepsilon}(X|\boldsymbol{y})} 2^{-n[H(XY)-H(Y)+2\varepsilon]} = N_{G_{\varepsilon}(X|\boldsymbol{y})} 2^{-n[H(X|Y)+2\varepsilon]}$$

移项后可得

$$N_{G_{\varepsilon}(X|\boldsymbol{y})} \leqslant 2^{n[H(X|Y)+2\varepsilon]}$$

同理，假设序列 $\boldsymbol{x}\in G_{\varepsilon}(X)$，因为

$$1=\sum_{Y^n} P(\boldsymbol{y}\mid\boldsymbol{x})=\sum_{Y^n}\frac{P(\boldsymbol{xy})}{P(\boldsymbol{x})}\geqslant\sum_{\boldsymbol{y}\in G_{\varepsilon}(Y|\boldsymbol{x})}\frac{P(\boldsymbol{xy})}{P(\boldsymbol{x})}$$

又因为 $(\boldsymbol{x},\boldsymbol{y})\in G_{\varepsilon}(XY)$，根据式(5.2.2)可得

$$\begin{cases} P(\boldsymbol{xy}) > 2^{-n[H(XY)+\varepsilon]} \\ P(\boldsymbol{x}) < 2^{-n[H(X)-\varepsilon]} \end{cases}$$

进而可得

$$1 \geqslant \sum_{\boldsymbol{y}\in G_{\varepsilon}(Y|\boldsymbol{x})} 2^{-n[H(XY)-H(X)+2\varepsilon]} = N_{G_{\varepsilon}(Y|\boldsymbol{x})} 2^{-n[H(Y|X)+2\varepsilon]}$$

移项后可得

$$N_{G_{\varepsilon}(Y|\boldsymbol{x})} \leqslant 2^{n[H(Y|X)+2\varepsilon]}$$

[证毕]

定理 5.2.3 若 $(\boldsymbol{x}',\boldsymbol{y}')$ 是统计独立的随机联合典型序列对，并与 $P(\boldsymbol{xy})$ 有相同的边缘分布，即 $(\boldsymbol{x}',\boldsymbol{y}')\sim P(\boldsymbol{x}')P(\boldsymbol{y}')=P(\boldsymbol{xy})$，且对于任意正数 $\delta>0$，当 n 足够大时，有

$$(1-\delta)2^{-N[I(X;Y)+3\delta]} \leqslant P\{(\boldsymbol{x}',\boldsymbol{y}')\in G_{\varepsilon}(XY)\} \leqslant 2^{-N[I(X;Y)-3\delta]}$$

证明： 因为 $(\boldsymbol{x}';\ \boldsymbol{y}')$ 是统计独立且与 $P(\boldsymbol{xy})$ 有相同的边缘分布，即

$$P(\boldsymbol{x}'\boldsymbol{y}')=P(\boldsymbol{x})P(\boldsymbol{y})=P(\boldsymbol{xy})$$

因此可得

$$\begin{aligned} P\{(\boldsymbol{x}';\ \boldsymbol{y}')\in G_{\varepsilon}(XY)\} &= \sum_{\boldsymbol{xy}\in G_{\varepsilon}(XY)} P(\boldsymbol{x})P(\boldsymbol{y}) \\ &\leqslant 2^{n[H(XY)+\varepsilon]}\times 2^{-n[H(X)-\varepsilon]}\times 2^{-n[H(Y)-\varepsilon]} \\ &= 2^{-n[H(X)+H(Y)-H(XY)-3\varepsilon]} = 2^{-n[I(X;Y)-3\varepsilon]} \end{aligned}$$

同理，当 n 足够大时，有

$$\begin{aligned} P\{(\boldsymbol{x}',\boldsymbol{y}')\in G_{\varepsilon}(XY)\} &= \sum_{\boldsymbol{xy}\in G_{\varepsilon}(XY)} P(\boldsymbol{x})P(\boldsymbol{y}) \\ &\geqslant (1-\delta)2^{n[H(XY)-\varepsilon]}\times 2^{-n[H(X)+\varepsilon]}\times 2^{-n[H(Y)+\varepsilon]} \\ &= (1-\delta)2^{-n[H(X)+H(Y)-H(XY)+3\varepsilon]} = (1-\delta)2^{-n[I(X;Y)+3\varepsilon]} \end{aligned}$$

[证毕]

可以用图形进一步描述上述联合 ε 典型序列的一系列结论。将联合向量空间 X^nY^n 中所有序列排成如图 5.2.1 所示的阵列。在联合向量空间中的全部序列对依据是否是典型序列 $\boldsymbol{x}$ 和典型序列 $\boldsymbol{y}$，可以划分为 4 部分。以 X^n 空间中的序列 $\boldsymbol{x}$ 为行，以 Y^n 空间中的序列 $\boldsymbol{y}$ 为列，分别将属于 ε 典型序列的排列在前面，即前面近似 $2^{nH(X)}$ 行为典型序列 $\boldsymbol{x}$，前面约 $2^{nH(Y)}$ 列为典型序列 $\boldsymbol{y}$。那么，只有位于阵列左上角部分的序列对 $(\boldsymbol{x},\boldsymbol{y})$ 属于联合 ε 典型序列的序列对，每个黑点对应一个联合典型序列对，共有 $2^{nH(XY)}$ 个黑点。根据定理 5.2.2 中(2)的结论，对于 X^n 中的每个 ε 典型序列 $\boldsymbol{x}_i$，约有 $2^{nH(Y|X)}$ 个 Y^n 中的 ε 典型序列 $\boldsymbol{y}_j$ 与之配对，构成联合典型序列对，即每行有 $2^{nH(Y|X)}$ 个黑点，构成集合 $G_\varepsilon(Y|\boldsymbol{x}_i)$；同理，对于 Y^n 中的每个 ε 典型序列 $\boldsymbol{y}_j$，约有 $2^{nH(X|Y)}$ 个 X^n 中的 ε 典型序列 $\boldsymbol{x}_i$ 与之配对，构成联合典型序列对，即每列有 $2^{nH(X|Y)}$ 个黑点，构成集合 $G_\varepsilon(X|\boldsymbol{y}_j)$。

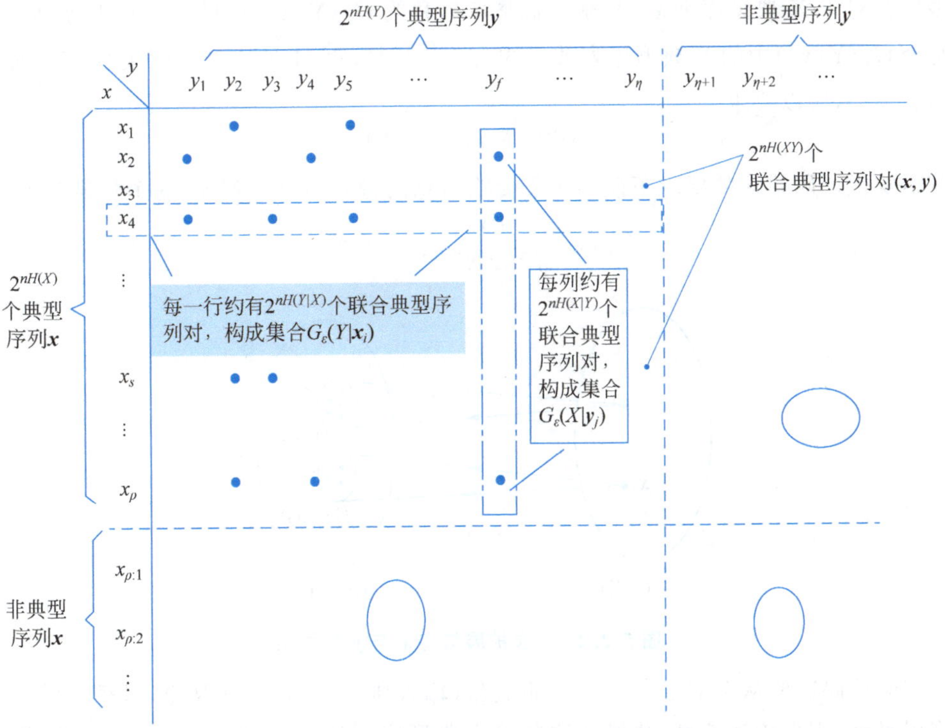

图 5.2.1　联合典型序列示意

又根据定理 5.2.3，随机选择序列对是统计独立的联合典型序列对的概率约为 $2^{-nI(X;Y)}$。也就是说，在 $2^{nH(XY)}$ 个联合典型序列对中，$\boldsymbol{x}$ 与 $\boldsymbol{y}$ 相互统计独立的序列对 $(\boldsymbol{x},\boldsymbol{y})$ 只占一部分，约为 $2^{nI(X;Y)}$。因此，对于某一典型序列 $\boldsymbol{y}_j$，可以认为与它统计独立的联合典型序列对可能有 $2^{nI(X;Y)}$ 个，这也提示我们在 $2^{nH(X)}$ 个 X 典型序列中有 $2^{nI(X;Y)}$ 个是可区分识别的典型序列 $\boldsymbol{x}_i$。

由前面讨论可知，在 n 次无记忆扩展信道的输入和输出空间之间，联合 ε 典型序列对 $(\boldsymbol{x},\boldsymbol{y})$ 是一些密切关联的序列对。也就是说，DMC 经过足够多次扩展后会呈现出传输极化的特性，即当某一输入典型序列 $\boldsymbol{x}_i$ 发送，转移到收端时，对应的接收序列高概率是

能与 $\boldsymbol{x}_i$ 构成联合 ε 典型序列对的那些典型序列 $\boldsymbol{y}_j$。

如果把全部 $2^{nH(X)}$ 个输入 ε 典型序列 $\boldsymbol{x}_i$ 都用于传送信息，每个 $\boldsymbol{x}_i$ 将会高概率地转移为能与之构成联合典型序列对的那 $2^{nH(Y|X)}$ 个典型序列 $\boldsymbol{y}_j$，势必会造成不同的 $\boldsymbol{x}_i$ 对应(转移为)相同的 $\boldsymbol{y}_j$，即图 5.2.1 左上角中同一列的黑点重复，这将会造成译码错误。为了避免这种情况，就要求 Y^n 中与每个发送序列配对的典型序列集合不相交，即从 X^n 中选择若干(不是全部)典型序列 $\boldsymbol{x}_i$，要求其在 Y^n 中的联合典型序列集 $G_\varepsilon(Y|\boldsymbol{x}_i)$ 不相交，如图 5.2.2 所示。根据定理 5.2.2 和定理 5.2.3，为使收端译码不出错，从编码角度而言，发送端需要从 $2^{nH(X)}$ 个 X 典型序列中选择一部分作为许用码字。选取原则是要求每个选出的许用码字 $\boldsymbol{x}_i$ 所配对的 $2^{nH(Y|X)}$ 个 Y 典型序列和其他许用码字所对应的 Y 典型序列没有交集。那么，为保证译码无错，发送端编码最多能够选出的码字数目 Q 个为多少？对于 X 典型序列 $\boldsymbol{x}_i$，传输后高概率转移为 $G_\varepsilon(Y|\boldsymbol{x}_i)$ 中的一个典型序列 $\boldsymbol{y}_j$，由于每个 $G_\varepsilon(Y|\boldsymbol{x}_i)$ 中的 Y 典型序列数目约为 $2^{nH(Y|X)}$，Y^n 中的典型序列集 $G_\varepsilon(Y)$ 的总数约为 $2^{nH(Y)}$，所以要求

$$2^{nH(Y|X)}Q \leqslant 2^{nH(Y)}$$

即在不发生译码错误的要求下能够用于传输信息的输入典型序列 $\boldsymbol{x}_i$ 的个数最多为

$$Q \leqslant \frac{2^{nH(Y)}}{2^{nH(Y|X)}} = 2^{nI(X;Y)}$$

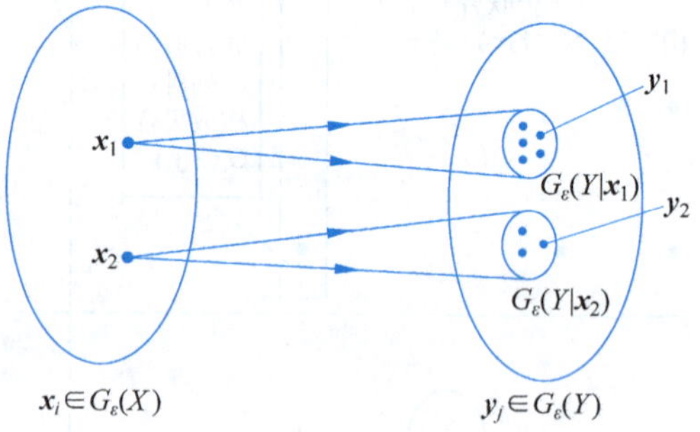

图 5.2.2　n 次扩展信道 x 与 y 的关系

信道编码需要从全部 $2^{nH(X)}$ 个 n 重矢量(输入典型序列)中选取 $Q(\leqslant 2^{nI(X;Y)})$ 个作为许用码字，用来传送消息，并保证这些输入典型序列所对应的输出典型序列彼此无重叠。定理 5.2.3 从理论上保证了在 $2^{nH(X)}$ 个 X 典型序列中可区分识别出 $2^{nI(X;Y)}$ 个典型序列，与它们配成联合典型序列对的 Y 典型序列集不重叠，相当于可以把输出典型序列集合划分 $2^{nI(X;Y)}$ 个不相交的子集，从而可保证译码无错，如图 5.2.2 所示。

视频

5.2.2　香农第二定理(有噪信道编码定理)

有噪信道编码定理又称为香农第二定理，是信息论的基本定理之一。

综合前面的分析，可以将信道编码理解为在编码时随机地选择输入端 ε 典型序列作为码字 $\boldsymbol{C}_i$，因为它们是在输入端 X^n 集中高概率出现的序列。n 次无记忆扩展信道传输

中具有联合渐近等同分割性，所发送的码字 $\boldsymbol{C}_i$ 与接收序列 $\boldsymbol{y}_j$ 构成联合典型序列对的概率很高，它们之间是高概率密切相关的。因此译码可采取联合典型序列译码准则，即在译码时接收端 Y^n 集中将接收序列 $\boldsymbol{y}_j$ 译成与它构成联合典型序列对的那个码字。

下面给出香农第二定理的完整描述和证明。

定理 5.2.4（有噪信道编码定理） 设离散无记忆信道 $[X,P(y|x),Y]$ 的信道容量为 C。当信息传输率 $R<C$ 时，只要码长 n 足够长，总可以在输入 X 符号集中找到 $Q(=2^{nR})$ 个码字组成的一组码和相应的译码规则，使译码的平均错误概率任意小 $(P_{\mathrm{E}}\to 0)$。当 $R>C$ 时，无论码长 n 多长，都找不到一种满足 $Q=2^{nR}$ 的编码方案使得 $P_{\mathrm{E}}\to 0$。

证明： 设输入端有 $Q=2^{nR}$ 个消息（信息序列），用 $\{1,2,\cdots,Q\}=[1,Q]$ 表示消息的标号集。信道编码就是将 Q 个消息映射成 X^n 中不同的序列，即编码函数 $f:\{1,2,\cdots,Q=2^{nR}\}\to X^n$，选出许用码字 $\boldsymbol{C}_i=(x_{i_1}x_{i_2}\cdots x_{i_N})$，组成有 Q 个码字的码集（或称为**码书**）$\boldsymbol{C}=\{\boldsymbol{C}_0\boldsymbol{C}_1\cdots\boldsymbol{C}_{Q-1}\}$。现在采用随机编码：在 X^n 中以信道输入概率分布 $P(\boldsymbol{x})$ 随机地选取 $\boldsymbol{C}_i=(x_{i_1}x_{i_2}\cdots x_{i_N})$ 作为码字，设 x_i 统计独立，且满足

$$P(x_{i_k})=P(x)\quad (k=1,2,\cdots,n)$$

$$x_{i_k}\in X=\{x_1,x_2,\cdots,x_r\}$$

则码字 $\boldsymbol{C}_i$ 出现的概率为

$$P(\boldsymbol{C}_i)=\prod_{k=1}^{n}P(x_{i_k})$$

随机编码得到的某个码书 $\boldsymbol{C}$ 的出现概率为

$$P(\boldsymbol{C})=\prod_{i=0}^{Q-1}P(\boldsymbol{C}_i)=\prod_{i=0}^{Q-1}\prod_{k=1}^{n}P(x_{i_k})$$

码书 $\boldsymbol{C}$ 中每个码字都是以输入概率分布 $P(x)$，按同一规则随机选取的，因此 r 元随机编码可以得到的所有码书数目为

$$S=r^{nQ}=r^{n2^{nR}}$$

在接收端，接收到序列 $\boldsymbol{y}_j$ 后要译成发送的码字，相应的译码函数 g，$Y^n\to\{1,2,\cdots,Q=2^{nR}\}$ 即将 Y^n 集映射到 Q 个消息集中。

设从码书 $\boldsymbol{C}$ 中任选一个码字 $\boldsymbol{w}\in\boldsymbol{C}$ 被发送，相应接收到的序列为 $\boldsymbol{y}_j$，根据译码函数

$$g(\boldsymbol{y}_j)=\boldsymbol{w}\in\boldsymbol{C}\text{，为正确译码}$$

$$g(\boldsymbol{y}_j)=\boldsymbol{w}'\in\boldsymbol{C},\boldsymbol{w}'\neq\boldsymbol{w}\text{，为错误译码}$$

则发送消息 $\boldsymbol{w}$，在接收端译码产生的错误概率为

$$P_{\mathrm{ew}}=P\{g(\boldsymbol{y}_j)\neq\boldsymbol{w}\mid\boldsymbol{C}_j=\boldsymbol{w}\},\quad \boldsymbol{w}\in\{\boldsymbol{C}_0,\boldsymbol{C}_1,\cdots,\boldsymbol{C}_{Q-1}\}$$

而该码书的平均错误概率

$$P_{\mathrm{E}}(C)=\frac{1}{Q}\sum_{j=0}^{Q-1}P(g(\boldsymbol{y}_j)\neq\boldsymbol{w}\mid\boldsymbol{w})=\frac{1}{2^{nR}}\sum_{i=1}^{Q-1}P_{\mathrm{ew}}\tag{5.2.5}$$

由 5.2.1 节分析可知，对于 n 次扩展信道传输具有联合渐近等同分割性，发送的码字 $\boldsymbol{C}_i$ 时，其接收序列很高概率是与 $\boldsymbol{C}_i$ 构成联合典型序列对的 Y 典型序列，所以可选择

联合典型序列译码准则作为译码规则。即对某接收序列 $\boldsymbol{y}_j$，若存在 $\boldsymbol{w}\in\boldsymbol{C}$，并且 $(\boldsymbol{w},\boldsymbol{y}_j)\in G_\varepsilon(XY)$，即 $\boldsymbol{y}_j$ 与 $\boldsymbol{w}$ 构成联合典型序列对，则将 $\boldsymbol{y}_j$ 译成 $\boldsymbol{w}$，即 $g(\boldsymbol{y}_j)=\boldsymbol{w}\in\boldsymbol{C}$。不难看出联合典型序列译码准则本质就是最大似然译码准则。

因为随机编码选取出的码书 $\boldsymbol{C}$ 有很多种，因此为了计算随机编码总的平均错误概率，应基于式(5.2.4)的平均错误概率，对所有可能选取的码书进行统计平均，即

$$P_{\mathrm{E}}\triangleq P_{\mathrm{r}}(E)=\underset{\text{所有码书}}{E}[P_{\mathrm{E}}(\boldsymbol{C})]=\sum_S P(\boldsymbol{C})P_{\mathrm{E}}(\boldsymbol{C})=\frac{1}{2^{nR}}\sum_{i=1}^{Q-1}\sum_S P(\boldsymbol{C})P_{\mathrm{ew}}$$

另外，由随机编码的规则知，各码字生成方式一样，即选取的机会均等。因此，在所有码书上求平均的平均错误概率与发送码字 $\boldsymbol{w}$ 具体是哪个无关，即上式中 $\sum_S P(\boldsymbol{C})P_{\mathrm{ew}}$ 不依赖发送码字 $\boldsymbol{w}$。为不失一般性，可以先某一码字，如令 $\boldsymbol{w}=\boldsymbol{C}_0$ 统一考虑，即 $\sum_S P(\boldsymbol{C})P_{\mathrm{ew}}=P_{\mathrm{e}0}$，进而可得

$$\begin{aligned}P_{\mathrm{r}}(E)&=\frac{1}{2^{nR}}\sum_{i=1}^{Q-1}P_{\mathrm{e}0}=P_{\mathrm{e}0}\\&=P\{g(\boldsymbol{y}_j)\neq\boldsymbol{C}_0\mid\boldsymbol{x}_i=\boldsymbol{C}_0\}\end{aligned}$$

当采用联合典型序列译码准则时，产生译码错误情况包括以下两种。

(1) 接收矢量 $\boldsymbol{y}_j$ 与发送码字 $\boldsymbol{w}$ 不构成联合典型序列对，而可能是与其他许用码字 $\boldsymbol{w}'\neq\boldsymbol{w}$ 构成了联合典型序列对，即 $\boldsymbol{w}\in\boldsymbol{C},\boldsymbol{w}'\in\boldsymbol{C},\boldsymbol{w}'\neq\boldsymbol{w},(\boldsymbol{w},\boldsymbol{y}_j)\notin G_\varepsilon(XY)$ 而 $(\boldsymbol{w}',\boldsymbol{y}_j)\in G_\varepsilon(XY)$。

(2) 接收矢量 $\boldsymbol{y}_j$ 既与发送码字 $\boldsymbol{w}$ 构成联合典型序列对，也与其他许用码字 $\boldsymbol{w}'\neq\boldsymbol{w}$ 构成联合典型序列对，即 $\boldsymbol{w}\in\boldsymbol{C},\boldsymbol{w}'\in\boldsymbol{C},\boldsymbol{w}'\neq\boldsymbol{w},(\boldsymbol{w},\boldsymbol{y}_j)\in G_\varepsilon(XY)$ 且 $(\boldsymbol{w}',\boldsymbol{y}_j)\in G_\varepsilon(XY)$。

为方便计算，令事件 $E_i=\{(\boldsymbol{C}_i,\boldsymbol{y}_j)\in G_\varepsilon(XY)\}(i=0,1,\cdots,Q-1)$；表示第 i 个码字 $\boldsymbol{C}_i$ 与接收序列 $\boldsymbol{y}_j$ 构成联合 ε 典型序列对，事件 $\bar{E}_i$ 表示发送的第 i 个码字 $\boldsymbol{C}_i$ 与接收序列 $\boldsymbol{y}_j$ 不构成联合 ε 典型序列对，即事件 $\bar{E}_i=\{(\boldsymbol{C}_i,\boldsymbol{y}_j)\notin G_\varepsilon(XY)\}(i=0,1,\cdots,Q-1)$。所以有

$$\begin{aligned}P_{\mathrm{e}_0}&=P\{g(\boldsymbol{y}_j)\neq\boldsymbol{C}_0\mid\boldsymbol{x}_i=\boldsymbol{C}_0\}\\&=P(\bar{E}_0\cup E_1\cup\cdots\cup E_{Q-1})\end{aligned}$$

由集合论可得

$$P\left(\bigcup_k s_k\right)\leqslant\sum_k P(s_k)$$

故而有

$$P_{\mathrm{e}_0}\leqslant P(\bar{E}_0)+\sum_{i=1}^{Q-1}P(E_i)\tag{5.2.6}$$

根据式(5.2.3)可得

$$P(E_i)\geqslant 1-\delta$$

又

$$P(\bar{E}_0)=1-P(E_0)\leqslant\delta(n\text{ 足够大}) \tag{5.2.7}$$

而因为信道编码是随机选择码字的，所以码字 $\boldsymbol{C}_0$ 和 $\boldsymbol{C}_i$ 彼此是统计独立的，则序列 $\boldsymbol{y}_j$ 与 $\boldsymbol{C}_i(i\neq0)$ 也统计独立。由定理 5.2.3 可得

$$P(E_i)=\{P(\boldsymbol{C}_i,\boldsymbol{y}_j)\in G_\varepsilon(XY)\}\leqslant 2^{-N[I(X;Y)-3\delta]} \tag{5.2.8}$$

结合式(5.2.7)和式(5.2.8)，式(5.2.6)可写为

$$P_{e_0}\leqslant\delta+\sum_{i=1}^{Q-1}2^{-n[I(X;Y)-3\delta]}=\delta+(2^{nR}-1)2^{-n[I(X;Y)-3\delta]}$$

信道传递信息时，总希望传输率 R 尽可能大。在证明中可以选择 $P(\boldsymbol{x})$ 是达到信道容量的最佳输入概率分布 $P^*(\boldsymbol{x})$，于是可达条件 $R<I(X;Y)$ 成为 $R<C$。因此，选择任意小正数 δ 和 ε，当 $R<C$ 并且 n 足够大时，P_{e_0} 为任意小。

$$P_{e_0}\leqslant\delta+2^{-n[C-R-3\delta]}-2^{-n[C-3\delta]}\leqslant\delta+2^{-n[C-R-3\delta]}\leqslant 2\delta$$

$P_r(E)$ 是对所有码书求统计平均，由此得当 n 足够大，$R<C$ 时，平均错误概率 $P_r(E)$ 为任意小。因此，至少存在一种码书($Q=2^{nR}$，n)，其错误概率小于或等于平均值 $P_r(E)$。由此证得定理。 [证毕]

总结：有噪信道编码定理告诉人们，只要信息传输率不超过信道容量，即 $R<C$，换句话说发送的码字数 $Q=2^{nR}$，只要码长 n 足够长，总可以在输入的符号集 X^n 中找到 Q 个许用码字和相应的译码规则，使得 $P_E\to0$，从而实现信息的可靠传输。

其证明方法的基本思路如下。

(1) 连续使用信道多次，即在 n 次无记忆扩展信道中讨论，当 n 足够大时，大数定律有效。

(2) 采取随机编码，在 X^n 中以输入概率分布 $P(\boldsymbol{x})$ 随机地选取符号序列，即经常出现的高概率典型序列作为码字。

(3) 采用联合典型序列译码准则，该准则等价于最大似然译码准则，即将接收序列译成传输模式中与最可能与之配对的那个码字。

(4) 考虑随机编码得到的所有码书结果，计算其平均错误概率，当 n 足够大时，此平均错误概率趋于零，由此证明得至少有一种好码存在。(定理的目标是证明存在一个码和相应的译码方法，具有很小的差错概率。但计算任意特定编码和译码系统的差错概率都是不容易的。香农的创新在于：不是构造一个好的编码和译码系统并计算其差错概率，而是计算所有码的平均分组差错概率，并证明这个平均值很小。那么一定存在某些码具有很小的差错概率。)

以上证明是基于离散无记忆信道的，已有文献证明香农第二定理对连续信道和有记忆信道同样成立。因此，无论是离散信道还是连续信道，其信道容量 C 是可靠通信的最大信息传输率。要想使信道中信息传输率大于信道容量而又无错误地传输是不可能的。

香农第二定理指出，当 $R<C$，n 足够大时，存在信道编码，使平均错误概率趋于零。那么 n 有限时，P_E 有可能趋于 0 吗？

已有研究证明，对于 DMC，P_E 趋于零的速度是与码长 n 呈指数关系。即当 $R<C$

时，平均错误概率为

$$P_E \leqslant \exp\{-nE_r(R)\} \tag{5.2.9}$$

式中，$E_r(R)$为随机编码指数，又称作 DMC 的可靠性函数，其表达式为

$$E_r(R)=\max_{0\leqslant\rho\leqslant 1}\max_{P(x)}\{E_0[\rho,P(x)]-\rho R\}$$

式中：ρ 为修正系数，$0\leqslant\rho\leqslant 1$。

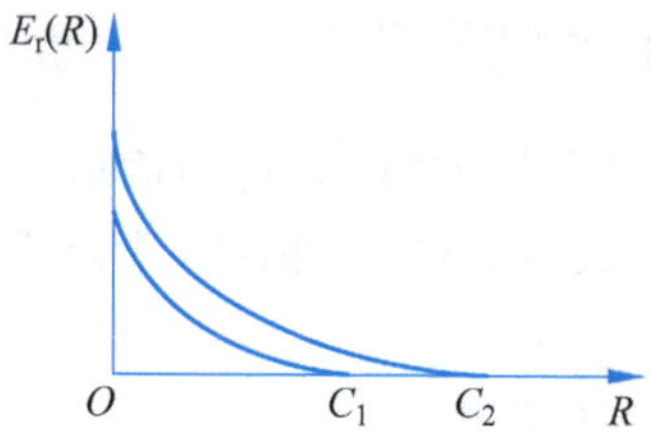

图 5.2.3　DMC 中 $E_r(R)$与 R 的关系

可见可靠性函数与输入概率分布有关。一般$E_r(R)$与 R 的关系如图 5.2.3 所示，是一条∪型凸函数曲线。从图中可以看出，在 $R<C$ 的范围内 $E_r(R)>0$，式(5.2.9)表明 P_E 随 n 增大以指数趋于零。由此可知实际编码的码长 n 不需选择得很大。

任何信道的信道容量是一个明确的分界点，当取分界点以下的信息传输率时，P_E 以指数趋于零；当取分界点以上的信息传输率时，P_E 以指数趋于 1。因此，在任何信道中信道容量是可达的、最大的可靠信息传输率。

香农第二定理也只是一个存在定理，它说明错误概率趋于零的好码是存在的，但并没有给出具体的编码方法。从实用观点来看，定理似乎不令人满意。为了证明该定理，香农提出了随机编码的方法，这种编码并不具有工程可操作性。为了使大数定律有效，要求码长 n 足够长，但这样得到的码集很大，通过搜索得到好码很难实现，而且即使通过随机编码的方法找到了好码，这种码的码字也是毫无结构的，这就意味着在接收端只能通过查找表的方法进行译码。当码长 n 很大时，这种查找表占用的存储空间将会是难以承受的，也就难以实用和实现。尽管如此，信道编码定理仍然具有根本性的重要意义。它有助于指导各种通信系统的设计，有助于评价各种通信系统及编码的效率。为此，在香农 1948 年发表文章后，研究人员致力于研究实际信道中的各种易于实现的实际纠错编码方法，赋予码以各种形式的数学结构。这方面的研究非常活跃，出现了代数编码、卷积码、几何码等。至今已经发展有许多有趣和有效结构的码，并在实际通信系统中得到广泛应用。而且随着对信道编码研究的深入，关于随机编码的认识也更加深入，例如，1993 年 Turbo 码的出现，使我们发现随机编码理论不仅是分析和证明编码定理的主要方法，其思想在构造码上也发挥重要作用。近代研究反映出随机码思想的回归，许多性能优异的编码都有向随机编码方向靠近的趋势，如 Turbo 码中交织器的设计，LDPC 中稀疏校验矩阵的设计，这些为香农随机码理论的应用研究开启了新思路。

视频

5.3　线性分组码

线性分组码是纠错码中很重要的一类码，它也是讨论其他各类码的基础，这类码的原理虽然比较简单，但由此引入的一些概念非常重要，如码率、距离、重量等及其与纠检错能力的关系，以及码的生成矩阵 $\boldsymbol{G}$ 和一致校验矩阵 $\boldsymbol{H}$ 的表示及它们之间的关系，$\boldsymbol{H}$ 与纠错能力之间的关系等，这些概念也广泛地应用于其他各类码。

中文教学录像

5.3.1 线性分组码的基本概念

5.3.1.1 线性分组码的定义

将信源所给出的二元信息序列首先分成等长的各个信息组，每组信息位长度为 k，记为

$$\boldsymbol{M}=(m_{k-1},m_{k-2},\cdots,m_1,m_0)$$

信息组 $\boldsymbol{M}$ 每一位上的信息元取 0 或 1，共有 2^k 种可能的取值。编码器根据某些规则将输入的信息序列编成码长为 n 的二元序列，即码字记为

$$\boldsymbol{C}=(c_{n-1},c_{n-2},\cdots,c_{n-k},c_{n-k-1},\cdots,c_1,c_0)$$

码字中每一位数字称为码元，取值为 0 或 1。如果码字的各监督元与信息元关系是线性的(可用一次线性方程来描述)，那么这样的码称为**线性分组码**，记为 (n,k) 码。

例 5.3.1 (7,3)分组码，按以下的规则(校验方程)可得到 4 个校验元 $c_0c_1c_2c_3$：

$$\begin{cases} c_3=c_6+c_4 \\ c_2=c_6+c_5+c_4 \\ c_1=c_6+c_5 \\ c_0=c_5+c_4 \end{cases} \tag{5.3.1}$$

式中：c_6、c_5 和 c_4 是 3 个信息元。

由此可得到(7,3)分组码的 8 个码字。8 个信息组与 8 个码字的对应关系列于表 5.3.1 中。式(5.3.1)中的加均为模 2 加。由此方程看到，信息元与校验元满足线性关系，因此该(7,3)码是线性码。

表 5.3.1 例 5.3.1 的(7,3)码的码字与信息组对应关系

信 息 组	码 字
000	0000000
001	0011101
010	0100111
011	0111010
100	1001110
101	1010011
110	1101001
111	1110100

为了深入理解线性分组码的概念，将其与线性空间联系起来。由于每个码字都是一个长为 n 的(二进制)数组，因此可将每个码字看成一个二进制 n 重数组，进而看成二进制 n 维线性空间 $\mathbf{V}_n(F_2)$ 中的一个矢量。n 长的二进制数组共有 2^n 个，每个数组都称为一个二进制 n 重矢量。显然，所有 2^n 个 n 维数组将组成一个 n 维线性空间 $\mathbf{V}_n(F_2)$。

(n,k)分组码的 2^k 个 n 重就是这个 n 维线性空间的一个子集，若它能构成一个 k 维线性子空间，则它就是一个(n,k)线性分组码，这点可由上面的例子得到验证。

长为 7 的二进制 7 重共有 $2^7=128$ 个，显然这 128 个 7 重是 GF(2)上的一个 7 维线

性空间，而(7,3)码的8个码字，是从128个7重中按式(5.3.1)的规则挑出来的。可以验证，这8个码字对模2加法运算构成阿贝尔(Abel)群，即该码集是7维线性空间中的一个3维子空间。(n,k)线性分组码又可定义如下：

定义 5.3.1 二进制(n,k)线性分组码是GF(2)域上的n维线性空间$\boldsymbol{V}_n$中的一个k维子空间$\boldsymbol{V}_{n,k}$。

因为线性空间在模2加运算下构成阿贝尔加群，所以又称线性分组码为群码。

从上面的讨论可知，线性分组码的编码问题就是如何从n维线性空间$\boldsymbol{V}_n$中挑选出一个k维子空间$\boldsymbol{V}_{n,k}$，而选择的规则完全由$n-k$个校验方程决定。由于线性分组码对模2加满足封闭性，就为其最小距离的计算带来方便，具体有如下定理。

定理 5.3.1 一个(n,k)线性分组码中非零码字的最小重量等于码字集合$\boldsymbol{C}$中的最小距离d_0。

证明：设有任两个码字$\boldsymbol{C}_a,\boldsymbol{C}_b\in\boldsymbol{C}$。根据线性分组码性质，有$\boldsymbol{C}_a+\boldsymbol{C}_b=\boldsymbol{C}_c\in\boldsymbol{C}$。而$\boldsymbol{C}_c$的码重等于$\boldsymbol{C}_a$与$\boldsymbol{C}_b$的码距$d(\boldsymbol{C}_a;\boldsymbol{C}_b)$，即

$$W(\boldsymbol{C}_c)=W(\boldsymbol{C}_a+\boldsymbol{C}_b)=d(\boldsymbol{C}_a;\boldsymbol{C}_b)$$

$\boldsymbol{C}_a$和$\boldsymbol{C}_b$是$\boldsymbol{C}$中任意两个码字，所以

$$W_{\min}(\boldsymbol{C}_a+\boldsymbol{C}_b)=W_{\min}(\boldsymbol{C}_c)=d_0$$ [证毕]

由表5.3.1中(7,3)码的8个码字可见，除全零码字外，其余7个码字最小重量$W_{\min}=4$，而其中任二码字之间的最小距离$d_0=4$。

根据线性分组码的封闭性不难得出如下结论。

定理 5.3.2 任何一个二元线性分组码中要么所有码字的重量都是偶数，要么偶数重量码字与奇数重量码字的数目相等。

证明：令$\boldsymbol{C}$表示任何一个线性二元分组码，$\boldsymbol{A}$表示所有偶数重量的码字集合，$\boldsymbol{B}$表示所有奇数重量的码字集合，显然$\boldsymbol{C}=\boldsymbol{A}\cup\boldsymbol{B}$。根据线性分组码的特点，无论是$\boldsymbol{A}$或$\boldsymbol{B}$中码字两两相加，还是从$\boldsymbol{A}$和$\boldsymbol{B}$中各选一个码字相加，得到的和矢量仍为该线性分组码集中的码字。

若$\boldsymbol{B}$为空集，则$\boldsymbol{C}=\boldsymbol{A}$，这时所有码字都是偶数重量。若$\boldsymbol{B}$不为空集，则至少有一个奇数重量的码字$\boldsymbol{b}$，构成

$$\boldsymbol{b}+\boldsymbol{A}=\{\boldsymbol{b}+\boldsymbol{a}\mid\boldsymbol{a}\in\boldsymbol{A}\}$$

集合$\boldsymbol{b}+\boldsymbol{A}$表示由集合$\boldsymbol{A}$中的码字与$\boldsymbol{b}$相加后所得的码字全体。由式$W(\boldsymbol{C}_1\oplus\boldsymbol{C}_2)=W(\boldsymbol{C}_1)+W(\boldsymbol{C}_2)-2W(\boldsymbol{C}_1\odot\boldsymbol{C}_2)$可知，奇数重量的矢量与偶数重量矢量之和为奇数重量的矢量，因此$\boldsymbol{A}+\boldsymbol{b}$中所有码字的重量为奇数，而且$\boldsymbol{A}+\boldsymbol{b}$中的码字数与$\boldsymbol{A}$中码字的数量相同(这也是陪集的性质)，可见偶数重量码字与奇数重量码字的数目相等。

下面再说明集合$\boldsymbol{B}$中的所有码字都在集合$\boldsymbol{A}+\boldsymbol{b}$中。设$\boldsymbol{b}'$为$\boldsymbol{B}$中任取的一个码字，$\boldsymbol{b}'$和$\boldsymbol{b}$都是奇数重量，同样由式($W(\boldsymbol{C}_1\oplus\boldsymbol{C}_2)=W(\boldsymbol{C}_1)+W(\boldsymbol{C}_2)-2W(\boldsymbol{C}_1\odot\boldsymbol{C}_2)$)可知，奇数重量的矢量与奇数重量矢量之和为偶数重量的矢量，$\boldsymbol{B}$中码字两两相加的码字是偶数重量，所以存在一个$\boldsymbol{a}\in\boldsymbol{A}$使$\boldsymbol{b}'+\boldsymbol{b}=\boldsymbol{a}$，那么

$$\boldsymbol{b}'=\boldsymbol{a}-\boldsymbol{b}=\boldsymbol{a}+\boldsymbol{b}\in\boldsymbol{b}+\boldsymbol{A}$$

式中利用了“二元码加法与减法等价”的性质。可见,集合 $\boldsymbol{B}$ 中的所有码字都在集合 $\boldsymbol{A}+\boldsymbol{b}$ 中。即若 $\boldsymbol{B}$ 中有一个奇数重码字,则 $\boldsymbol{C}$ 中奇数重码字数目与偶数重码字数相等。

[证毕]

5.3.1.2 生成矩阵 G 与一致校验矩阵 H

(n,k)线性分组码的编码问题就是如何在 n 维线性空间 $\mathbf{V}_n(F_2)$中找出满足一定要求的由 2^k 个矢量组成的 k 维线性子空间 $\boldsymbol{C}$ 的问题。或者说,在满足给定条件(码的最小距离 d_0 或码率 R)下,如何根据已知的 k 个信息元求得 $n-k$ 个监督元。由于是线性码,这些监督元一定是由若干线性方程构成的一个方程组,若 $n-k$ 个监督元是独立的,则该方程组由 $n-k$ 个线性方程构成。

例 5.3.1 中的(7,3)码。若 c_6、c_5、c_4 代表 3 个信息元,c_3、c_2、c_1、c_0 代表 4 个监督元,可以由下列线性方程组建立它们之间的关系:

$$\begin{cases}1\cdot c_3=1\cdot c_6+0\cdot c_5+1\cdot c_4\\1\cdot c_2=1\cdot c_6+1\cdot c_5+1\cdot c_4\\1\cdot c_1=1\cdot c_6+1\cdot c_5+0\cdot c_4\\1\cdot c_0=0\cdot c_6+1\cdot c_5+1\cdot c_4\end{cases}\tag{5.3.2}$$

上述运算均为模 2 加。在已知 c_6、c_5、c_4 后,可立即求出 c_3、c_2、c_1、c_0。例如,$\boldsymbol{M}=(101)$,即 $c_6=1,c_5=0,c_4=1$,代入式(5.3.2),可得 4 个监督元为(0011),进而得到码字为(1010011)。根据式(5.3.2)对不同信息组进行计算,即可得到全部(7,3)码字。可见式(5.3.2)对确定该(7,3)码是非常关键的。式(5.3.2)称为一致校验方程,它直接反映了码字中信息元与监督元之间的约束关系。不过,从编码的角度看,利用式(5.3.2)逐个计算得到全体码字是很麻烦的,还需进一步寻求其内在规律。

1. 生成矩阵

已知(n,k)线性分组码的 2^k 个码字组成 n 维矢量空间的一个 k 维子空间,而线性空间可由其基底张成,因此(n,k)线性分组码的 2^k 个码字完全可由 k 个独立的矢量所组成的基底张成。设 k 个矢量为

$$\begin{gathered}\boldsymbol{g}_1=(g_{11}\quad g_{12}\cdots g_{1k}\quad g_{1,k+1}\cdots g_{1n})\\\boldsymbol{g}_2=(g_{21}\quad g_{22}\cdots g_{2k}\quad g_{2,k+1}\cdots g_{2n})\\\vdots\\\boldsymbol{g}_k=(g_{k1}\quad g_{k2}\cdots g_{kk}\quad g_{k,k+1}\cdots g_{kn})\end{gathered}$$

将它们写成矩阵形式:

$$\boldsymbol{G}=\begin{bmatrix}g_{11}&g_{12}&\cdots&g_{1k}&g_{1,k+1}&\cdots&g_{1n}\\g_{21}&g_{22}&\cdots&g_{2k}&g_{2,k+1}&\cdots&g_{2n}\\\vdots&\vdots&\ddots&\vdots&\vdots&\ddots&\vdots\\g_{k1}&g_{k2}&\cdots&g_{kk}&g_{k,k+1}&\cdots&g_{kn}\end{bmatrix}\tag{5.3.3}$$

(n,k)码中的任何码字均可由这组基底的线性组合生成,即

$$C=MG=(m_{k-1}\quad m_{k-2}\cdots\quad m_0)\begin{bmatrix} g_{11} & g_{12} & \cdots & g_{1n} \\ g_{21} & g_{22} & \cdots & g_{2n} \\ \vdots & \vdots & \ddots & \vdots \\ g_{k1} & g_{k2} & \cdots & g_{kn} \end{bmatrix} \tag{5.3.4}$$

式中：$M=(m_{k-1}\quad m_{k-2}\cdots\quad m_0)$是 k 个信息元组成的信息组。

这就是说，每给定一个信息组，通过式(5.3.4)可求得其相应的码字。故这个由 k 个线性无关矢量组成的基底所构成的 $k\times n$ 矩阵 G 称为(n,k)码的生成矩阵。

(7,3)码可以从表 5.3.1 中的 8 个码字中任意挑选出 $k=3$ 个线性无关的码字(1001110)、(0100111)和(0011101)作为码的一组基底，由它们组成 G 的行，可得

$$G=\begin{bmatrix} 1 & 0 & 0 & 1 & 1 & 1 & 0 \\ 0 & 1 & 0 & 0 & 1 & 1 & 1 \\ 0 & 0 & 1 & 1 & 1 & 0 & 1 \end{bmatrix}$$

若信息组 $M_i=(011)$，则相应的码字为

$$C_i=(011)\begin{bmatrix} 1 & 0 & 0 & 1 & 1 & 1 & 0 \\ 0 & 1 & 0 & 0 & 1 & 1 & 1 \\ 0 & 0 & 1 & 1 & 1 & 0 & 1 \end{bmatrix}=(0111010)$$

它是 G 矩阵后两行相加的结果。

值得注意的是，线性空间(或子空间)的基底可以不止一组，因此作为码的生成矩阵 G 也可以不止一种形式。但不论哪种形式，它们都生成相同的线性空间(或子空间)，即生成同一个(n,k)线性分组码。

实际上，码的生成矩阵还可由其编码方程直接得出。例如，例 5.3.1 的(7,3)码可将编码方程改写为

$$\begin{aligned} c_6 &= c_6 \\ c_5 &= c_5 \\ c_4 &= c_4 \\ c_3 &= c_6+c_4 \\ c_2 &= c_6+c_5+c_4 \\ c_1 &= c_6+c_5 \\ c_0 &= c_5+c_4 \end{aligned}$$

写成矩阵形式，即

$$[c_6\ c_5\ c_4\ c_3\ c_2\ c_1\ c_0]=\begin{bmatrix} c_6 \\ c_5 \\ c_4 \\ c_3 \\ c_2 \\ c_1 \\ c_0 \end{bmatrix}^{\mathrm{T}}=\begin{bmatrix} c_6 & & & & \\ & & c_5 & & \\ & & & & c_4 \\ c_6 & & & + & c_4 \\ c_6 & + & c_5 & + & c_4 \\ c_6 & + & c_5 & & \\ & & c_5 & + & c_4 \end{bmatrix}^{\mathrm{T}}$$

$$=[c_6\ c_5\ c_4]\begin{bmatrix}1&0&0&1&1&1&0\\0&1&0&0&1&1&1\\0&0&1&1&1&0&1\end{bmatrix}$$

$$=[c_6\ c_5\ c_4]\boldsymbol{G}$$

故(7,3)码的生成矩阵为

$$\boldsymbol{G}=\begin{bmatrix}1&0&0&1&1&1&0\\0&1&0&0&1&1&1\\0&0&1&1&1&0&1\end{bmatrix}$$

可见,生成矩阵可由编码方程的系数矩阵转置得到。

在线性分组码中经常用到一种特殊的结构,如上例(7,3)码的所有码字的前三位,都是与信息组相同,属于信息元,后四位是校验元。这种形式的码称为系统码。

定义 5.3.2 若信息组以不变的形式,在码字的任意 k 位中出现,则该码称为**系统码**;否则,称为**非系统码**。

目前最流行的有两种形式的系统码:一种是信息组排在码字($c_{n-1},c_{n-2},\cdots,c_0$)的最左边 k 位,$c_{n-1},c_{n-2},\cdots,c_{n-k}$,如表 5.3.1 中所列出的码字就是这种形式;另一种是信息组被安置在码字的最右边 k 位,$c_{k-1},c_{k-2},\cdots,c_0$。

若采用码字左边 k 位(前 k 位)是信息位的系统码形式(今后均采用此形式),则式(5.3.3)所示的 $\boldsymbol{G}$ 矩阵左边 k 列应是一个 k 阶单位方阵 $\boldsymbol{I}_k$($g_{1,1}=g_{2,2}=\cdots=g_{k,k}=1$,其余元素均为 0)。因此,系统码的生成矩阵可表示成

$$\boldsymbol{G}_0=\begin{bmatrix}1&0&\cdots&0&g_{1,k+1}&\cdots&g_{1n}\\0&1&\cdots&0&g_{2,k+1}&\cdots&g_{2n}\\\vdots&\vdots&\ddots&\vdots&\vdots&\ddots&\vdots\\0&0&\cdots&1&g_{k,k+1}&\cdots&g_{kn}\end{bmatrix}=[\boldsymbol{I}_k\boldsymbol{P}]$$

式中:$\boldsymbol{P}$ 为 $k\times(n-k)$矩阵。

只有这种形式的生成矩阵才能生成(n,k)系统型线性分组码,即标准形式,因此,系统码的生成矩阵也是一个典型矩阵(或称标准阵)。考察典型矩阵,便于检查 $\boldsymbol{G}$ 的各行是否线性无关。如果 $\boldsymbol{G}$ 不具有标准型,虽能生成线性码,但码字不具备系统码的结构,此时可将 $\boldsymbol{G}$ 的非标准型经过行初等变换变成标准型 $\boldsymbol{G}_0$。由于系统码的编码与译码较非系统码简单,而且对分组码而言,系统码与非系统码的抗干扰能力完全等价,故若无特别声明,仅讨论系统码。

2. 一致校验矩阵

前面介绍过,编码问题是在给定的 d_0 或码率 R 下如何利用从已知的 k 个信息元求得 $r=n-k$ 个校验元。例 5.3.1 中的(7,3)码的 4 个检验元由式(5.3.2)所示的线性方程组决定。为了更好地说明信息元与校验元的关系,现将式(5.3.2)填补系数并移项,变换为

$$\begin{cases}1\cdot c_6+0\cdot c_5+1\cdot c_4+1\cdot c_3+0\cdot c_2+0\cdot c_1+0\cdot c_0=0\\1\cdot c_6+1\cdot c_5+1\cdot c_4+0\cdot c_3+1\cdot c_2+0\cdot c_1+0\cdot c_0=0\\1\cdot c_6+1\cdot c_5+0\cdot c_4+0\cdot c_3+0\cdot c_2+1\cdot c_1+0\cdot c_0=0\\0\cdot c_6+1\cdot c_5+1\cdot c_4+0\cdot c_3+0\cdot c_2+0\cdot c_1+1\cdot c_0=0\end{cases}$$

用矩阵表示这些线性方程：

$$\begin{bmatrix}1&0&1&1&0&0&0\\1&1&1&0&1&0&0\\1&1&0&0&0&1&0\\0&1&1&0&0&0&1\end{bmatrix}\begin{bmatrix}c_6\\c_5\\c_4\\c_3\\c_2\\c_1\\c_0\end{bmatrix}=\begin{bmatrix}0\\0\\0\\0\end{bmatrix}=\mathbf{0}^{\mathrm{T}} \tag{5.3.5}$$

或

$$[c_6\ \ c_5\ \ c_4\ \ c_3\ \ c_2\ \ c_1\ \ c_0]\begin{bmatrix}1&1&1&0\\0&1&1&1\\1&1&0&1\\1&0&0&0\\0&1&0&0\\0&0&1&0\\0&0&0&1\end{bmatrix}=[0000]=\mathbf{0} \tag{5.3.6}$$

将上面方程的系数矩阵用 $\boldsymbol{H}$ 表示：

$$\boldsymbol{H}=\begin{bmatrix}1&0&1&1&0&0&0\\1&1&1&0&1&0&0\\1&1&0&0&0&1&0\\0&1&1&0&0&0&1\end{bmatrix}$$

式(5.3.5)或式(5.3.6)表明，$\boldsymbol{C}$ 中的各码元是满足由 $\boldsymbol{H}$ 所确定的 $r(r=n-k)$ 个线性方程的解，故 $\boldsymbol{C}$ 是一个码字；若 $\boldsymbol{C}$ 中码元组成一个码字，则一定满足由 $\boldsymbol{H}$ 所确定的 r 个线性方程。故 $\boldsymbol{C}$ 是式(5.3.5)或式(5.3.6)解的集合。显而易见，$\boldsymbol{H}$ 一定，便可由信息元求出校验元，编码问题迎刃而解；或者说，要解决编码问题，只要找到 $\boldsymbol{H}$ 即可。由于 $\boldsymbol{H}$ 矩阵是一致校验方程组的系数矩阵，它也反映了码字中的约束关系，故称其为**一致校验矩阵**。按 $\boldsymbol{H}$ 所确定的规则也可求出(n,k)码的所有码字。

一般而言，(n,k)线性码有 $r(r=n-k)$个校验元，若这些校验元是独立加入的，则一致校验方程必须有 r 个独立的线性方程。所以(n,k)线性码的 $\boldsymbol{H}$ 矩阵由 r 行和 n 列组成，可表示为

$$\boldsymbol{H}=\begin{bmatrix}h_{1,n-1}&h_{1,n-2}&\cdots&h_{10}\\h_{2,n-1}&h_{2,n-2}&\cdots&h_{20}\\\vdots&\vdots&\ddots&\vdots\\h_{r,n-1}&h_{r,n-2}&\cdots&h_{r0}\end{bmatrix}$$

这里 h_{ij} 中，i 代表行号，j 代表列号。因此，$\boldsymbol{H}$ 是一个 r 行 n 列矩阵。由 $\boldsymbol{H}$ 矩阵可建立码的 r 个线性方程：

$$\begin{bmatrix} h_{1,n-1} & h_{1,n-2} & \cdots & h_{10} \\ h_{2,n-1} & h_{2,n-2} & \cdots & h_{20} \\ \vdots & \vdots & \ddots & \vdots \\ h_{r,n-1} & h_{r,n-2} & \cdots & h_{r0} \end{bmatrix} \begin{bmatrix} c_{n-1} \\ c_{n-2} \\ \vdots \\ c_1 \\ c_0 \end{bmatrix} = \boldsymbol{0}^{\mathrm{T}}$$

简写为

$$\boldsymbol{H}\boldsymbol{C}^{\mathrm{T}} = \boldsymbol{0}^{\mathrm{T}} \tag{5.3.7}$$

或

$$\boldsymbol{C}\boldsymbol{H}^{\mathrm{T}} = \boldsymbol{0} \tag{5.3.8}$$

式中：$\boldsymbol{C}=[c_{n-1}\ c_{n-2}\cdots\ c_1\ c_0]$，$\boldsymbol{C}^{\mathrm{T}}$ 是 $\boldsymbol{C}$ 的转置；$\boldsymbol{0}$ 是一个全为 0 的 r 重。

综上所述，将 $\boldsymbol{H}$ 矩阵的特点归纳如下。

(1) $\boldsymbol{H}$ 矩阵的每一行代表一个线性方程的系数，它表示求一个校验元的线性方程。

(2) $\boldsymbol{H}$ 矩阵每一列代表此码元与哪几个校验方程有关。

(3) 由此 $\boldsymbol{H}$ 矩阵得到的(n,k)分组码的每个码字 $\boldsymbol{C}_i(i=1,2,\cdots,2^k)$都必须满足由 $\boldsymbol{H}$ 矩阵行所确定的线性方程，即式(5.3.7)或式(5.3.8)。

(4) 若(n,k)码的 $r(r=n-k)$个校验元是独立的，则 $\boldsymbol{H}$ 矩阵必须有 r 行，且各行之间线性无关，即 $\boldsymbol{H}$ 矩阵的秩为 r。若将 $\boldsymbol{H}$ 的每一行看成一个矢量，则此 r 个矢量必然张成 n 维矢量空间中的一个 r 维子空间 $\boldsymbol{V}_{n,r}$。

(5) 考虑到生成矩阵 $\boldsymbol{G}$ 中的每一行及其线性组合都是(n,k)码中的一个码字，故有

$$\boldsymbol{G}\boldsymbol{H}^{\mathrm{T}} = \boldsymbol{0} \tag{5.3.9}$$

或

$$\boldsymbol{H}\boldsymbol{G}^{\mathrm{T}} = \boldsymbol{0}^{\mathrm{T}} \tag{5.3.10}$$

这说明由 $\boldsymbol{G}$ 和 $\boldsymbol{H}$ 的行生成的空间互为零空间。也就是说，$\boldsymbol{H}$ 矩阵的每一行与由 $\boldsymbol{G}$ 矩阵行生成的分组码中每个码字内积均为零，即 $\boldsymbol{G}$ 和 $\boldsymbol{H}$ 彼此正交。

(6) 由上面的例子不难看出，(7,3)码的 $\boldsymbol{H}$ 矩阵右边 4 行 4 列为一个 4 阶单位方阵，一般而言，系统型(n,k)线性分组码的 $\boldsymbol{H}$ 矩阵右边 r 列组成一个单位方阵 $\boldsymbol{I}_r$，故有

$$\boldsymbol{H} = [\boldsymbol{Q}\boldsymbol{I}_r]$$

式中：$\boldsymbol{Q}$ 为 $r\times k$ 矩阵。

这种形式的矩阵称为典型阵或标准阵，采用典型阵形式的 $\boldsymbol{H}$ 矩阵更易于检查各行是否线性无关。

(7) 由式(5.3.10)可得

$$[\boldsymbol{Q}\boldsymbol{I}_r][\boldsymbol{I}_k\boldsymbol{P}]^{\mathrm{T}} = [\boldsymbol{Q}\boldsymbol{I}_r]\begin{bmatrix} \boldsymbol{I}_k \\ \boldsymbol{P}^{\mathrm{T}} \end{bmatrix} = \boldsymbol{Q} + \boldsymbol{P}^{\mathrm{T}} = \boldsymbol{0}^{\mathrm{T}}$$

这说明

$$\boldsymbol{P}=\boldsymbol{Q}^{\mathrm{T}}$$

或

$$\boldsymbol{P}^{\mathrm{T}}=\boldsymbol{Q}$$

这就是说，$\boldsymbol{P}$ 的第一行就是 $\boldsymbol{Q}$ 的第一列，$\boldsymbol{P}$ 的第二行就是 $\boldsymbol{Q}$ 的第二列，……。因此，$\boldsymbol{H}$ 一定，$\boldsymbol{G}$ 也就一定；反之亦然。

3. 对偶码

(n,k)码是 n 维矢量空间中的一个 k 维子空间 $\boldsymbol{V}_{n,k}$，可由一组基底即 $\boldsymbol{G}$ 的行张成。由式(5.3.9)可以看出，由 $\boldsymbol{H}$ 矩阵的行所张成的 n 维矢量空间中的一个 r 维子空间 $\boldsymbol{V}_{n,r}$ 是(n,k)码空间 $\boldsymbol{V}_{n,k}$ 的一个零空间。由线性代数知，$\boldsymbol{V}_{n,r}$ 的零空间必是一个 k 维子空间，它正是(n,k)码的全体码字集合。若把(n,k)码的一致校验矩阵看成(n,r)码的生成矩阵，将(n,k)码的生成矩阵看成(n,r)码的一致校验矩阵，则称这两种码互为**对偶码**。相应地称 $\boldsymbol{V}_{n,k}$ 和 $\boldsymbol{V}_{n,r}$ 互为对偶空间。

例 5.3.2 求例 5.3.1 所述(7,3)码的对偶码。

显然，(7,3)码的对偶码应是(7,4)码，因此，(7,4)码的 $\boldsymbol{G}$ 矩阵就是(7,3)码的 $\boldsymbol{H}$ 矩阵：

$$\boldsymbol{G}_{(7,4)}=\boldsymbol{H}_{(7,3)}=\begin{bmatrix}1&0&1&1&0&0&0\\1&1&1&0&1&0&0\\1&1&0&0&0&1&0\\0&1&1&0&0&0&1\end{bmatrix}$$

由此可得出(7,4)码的码字如表 5.3.2 所示。

表 5.3.2 (7,4)线性分组码

信息元	码字	信息元	码字
0000	0000000	1000	1011000
0001	0110001	1001	1101001
0010	1100010	1010	0111010
0011	1010011	1011	0001011
0100	1110100	1100	0101100
0101	1000101	1101	0011101
0110	0010110	1110	1001110
0111	0100111	1111	1111111

若一个码的对偶码就是它自己，则称该码为**自对偶**。自对偶码必是$(2m,m)$形式的分组码，(2,1)重复码就是一个自对偶码。

中文教学录像

5.3.2 线性分组码的译码方法

视频

只要找到了 $\boldsymbol{H}$ 矩阵或 $\boldsymbol{G}$ 矩阵，便解决了编码问题。经编码后发送的码字，由于信道干扰可能出错，收方怎样发现或纠正错误？这就是译码要解决的问题。

设发送的码字 $\boldsymbol{C}=(c_{n-1},c_{n-2},\cdots,c_1,c_0)$，信道产生的错误图样 $\boldsymbol{E}=(e_{n-1},e_{n-2},\cdots,$

e_1, e_0)，而接收序列 $\boldsymbol{R}=(r_{n-1}, r_{n-2}, \cdots, r_1, r_0)$，那么 $\boldsymbol{R}=\boldsymbol{C}+\boldsymbol{E}$，即有 $r_i=c_i+e_i$，其中 $c_i, r_i, e_i \in \mathrm{GF}(2)$。译码的任务就是要从 $\boldsymbol{R}$ 中求出 $\boldsymbol{E}$，从而得到码字估值 $\boldsymbol{C}=\boldsymbol{R}-\boldsymbol{E}$。

5.3.2.1 标准阵列译码

标准阵列译码法是对线性分组码进行译码最一般的方法，这种方法的原理也是对解释线性分组码概念最直接的描述。

在 5.1.3 节中已介绍，(n,k)码中任一码字 $\boldsymbol{C}$ 在有噪信道上传输，接收矢量 $\boldsymbol{R}$ 可以是 n 维线性空间 $\mathbf{V}_n(F_2)$ 中任一矢量。收端译码有很多种，但其本质就是对码字进行分类，以便从接收矢量中确定发送码字的估值。

二元(n,k)码的 2^k 个码字集合是 n 维矢量空间的一个 k 维子空间。如果将整个 n 维矢量空间的 2^n 个矢量划分成 2^k 个子集 $\wp_1, \wp_2, \cdots, \wp_{2^k}$，且这些子集不相交，即彼此不含有公共的矢量，每个子集 $\wp_i$ 包含且仅包含一个码字 $\boldsymbol{C}_i$ $(i=1,2,\cdots,2^k)$，从而建立一一对应的关系：

$$\boldsymbol{C}_1 \leftrightarrow \wp_1, \quad \boldsymbol{C}_2 \leftrightarrow \wp_2, \cdots, \quad \boldsymbol{C}_{2^k} \leftrightarrow \wp_{2^k}$$

当发送一个码字 $\boldsymbol{C}_i$，而接收字为 $\boldsymbol{R}_i$，则 $\boldsymbol{R}_i$ 必属于且仅属于这些子集之一。若 $\boldsymbol{R}_i$ 落入 $\wp_i$ 中，则译码器可判断发送码字是 $\boldsymbol{C}_i$。

这样做的风险是：如子集 $\wp_i$ 是对应原发送的码字，则译码正确；若 $\wp_i$ 并不对应原发送的码字，则译码错误。当然，在有扰信道找到一个绝对无误的译码方案是不可能的，但可以找到一种使译码错误概率最小的方案。那么怎样才能将 n 维矢量空间划分成符合上述要求的 2^k 个子集？最一般的方法是按下列方法制作一个表。先把 2^k 个码矢量置于第一行，并以零码矢 $\boldsymbol{C}_1=(0,0,0,\cdots,0)$ 为最左面的元素，在其余 2^n-2^k 个 n 重中选择一个重量最轻的 n 重 $\boldsymbol{E}_2$，并置 $\boldsymbol{E}_2$ 于零码矢 $\boldsymbol{C}_1$ 的下面，于是表的第二行是 $\boldsymbol{E}_2$ 和每个码矢 $\boldsymbol{C}_i$ 相加，并把 $\boldsymbol{E}_2+\boldsymbol{C}_i$ 置于 $\boldsymbol{C}_i$ 的下面即同一列，完成第二行。第三行是再从其余的 n 重中任选一个重量最轻的 n 重 $\boldsymbol{E}_3$ 置于 $\boldsymbol{C}_i$ 的下面(第三行第一列)，同理将 $\boldsymbol{E}_3+\boldsymbol{C}_i$ 置于 $\boldsymbol{C}_i$ 之下完成第三行，以此类推，一直到全部 n 重用完为止。于是就得到表 5.3.3。

表 5.3.3 标准阵译码表

码字	$\boldsymbol{C}_1$(陪集首)	$\boldsymbol{C}_2$	…	$\boldsymbol{C}_i$	…	$\boldsymbol{C}_{2^k}$
禁用码组	$\boldsymbol{E}_2$	$\boldsymbol{C}_2+\boldsymbol{E}_2$	…	$\boldsymbol{C}_i+\boldsymbol{E}_2$	…	$\boldsymbol{C}_{2^k}+\boldsymbol{E}_2$
	$\boldsymbol{E}_3$	$\boldsymbol{C}_2+\boldsymbol{E}_3$	…	$\boldsymbol{C}_i+\boldsymbol{E}_3$	…	$\boldsymbol{C}_{2^k}+\boldsymbol{E}_3$
	⋮	⋮	⋮	⋮	⋮	⋮
	$\boldsymbol{E}_{2^{n-k}}$	$\boldsymbol{C}_2+\boldsymbol{E}_{2^{n-k}}$	…	$\boldsymbol{C}_i+\boldsymbol{E}_{2^{n-k}}$	…	$\boldsymbol{C}_{2^k}+\boldsymbol{E}_{2^{n-k}}$

表 5.3.3 共有 2^{n-k} 行 2^k 列，其中每一列就是含有 $\boldsymbol{C}_i$ 的子集 $\wp_i$。从按照上述方法列出的表可以看出：表中同一行中没有两个 n 重是相同的，也没有一个 n 重出现在不同行中，所以所划分的子集 $\wp_i$ 之间是互不相交的，即每个 n 重在此表中仅出现一次，这个表称为线性分组码的标准阵列。译码表或简称**标准阵**，而每一行称为一个陪集，每一行最左边的那个 n 重 E_i 称为**陪集首**。而表的第一行即为(n,k)分组码的全体，又称**子群**。

收到的 n 重 R 落在某一列中，则译码器就译成相应于该列最上面的码字。因此，若

视频

发送的码字码为 $\boldsymbol{C}_i$，收到的 $\boldsymbol{R}=\boldsymbol{C}_i+\boldsymbol{E}_j$（$1\leqslant j\leqslant 2^{n-k}$，$\boldsymbol{E}_1$ 是全 0 矢量），则能正确译码。若收到的 $\boldsymbol{R}=\boldsymbol{C}_l+\boldsymbol{E}_j$（$l\neq i$），则产生了错误译码。现在的问题是如何划分陪集，使译码错误概率最小？这最终取决于如何挑选陪集首。因为一个陪集的划分主要取决于子群，而子群就是 2^k 个码字，这已确定，因此余下的问题就是如何决定陪集首。

在信道误码率 $P<0.5$ 的 BSC 中，传输出错情况应为少数，产生 1 个错误的概率比产生 2 个错误的大，产生 2 个错误的比 3 个错误的大……也就是说，错误图样重量越小，产生的可能性越大。因此，译码器必须首先保证能正确纠正这种出现可能性最大的错误图样，即重量最轻的错误图样。这相当于在构造译码表时要求挑选重量最轻的 n 重为陪集首，放在标准阵中的第一列，而以全 0 码字作为子群的陪集首。这样得到的标准阵能使译码错误概率最小。由于这样安排的译码表使得 $\boldsymbol{C}_i+\boldsymbol{E}_j$ 与 $\boldsymbol{C}_i$ 的距离保证最小，因而也称为最小距离译码，在 BSC 下，它们等效于最大似然译码。

构造一般(n,k)码标准阵列的方法归纳如下。

(1) 将 $\boldsymbol{V}_{n,k}$ 的 2^k 个码字作第一行，全零矢量作其陪集首，即作为 $\boldsymbol{E}_1$。

(2) 在剩下的禁用码组中挑选重量最小的 n 重作第二行的陪集首，以 $\boldsymbol{E}_2$ 表示，以此求出 $\boldsymbol{C}_2+\boldsymbol{E}_2,\boldsymbol{C}_3+\boldsymbol{E}_2,\cdots,\boldsymbol{C}_{2^k}+\boldsymbol{E}_2$ 分别列于对应码字 $\boldsymbol{C}_i$ 所在列，从而构成第二行。

(3) 依方法(2)所述方法，直至将 2^n 个矢量划分完毕。

这样就得到如表 5.3.3 所示的标准阵列。

从标准阵列可以看出，陪集首的集合就是一个可纠正错误图样 $\boldsymbol{E}_i$ 的集合，而各码字所对应的列就是该码字的正确接收区。因此，在 BSC 下，二元线性分组码正确译码概率为

$$P_c=\sum_{j=1}^{2^r}p^{W(j)}(1-p)^{n-W(j)}=\sum_{i=0}^{n}A_i p^i(1-p)^{n-i}$$

式中：$r=n-k$；$W(j)$为第 j 个陪集首的重量；A_i 是重量为 i 的陪集首的个数；$\boldsymbol{A}=(A_0A_1\cdots A_n)$是陪集首的重量分布矢量；$p$ 为信道误码率。

从几何的角度理解，码的陪集划分相当于把 n 维线性空间 $\boldsymbol{V}_n$ 按照该线性分组码 $\boldsymbol{V}_{n,k}$ 划分。共有 2^k 个码字，相当于有 2^k 个互不相交的球，球的半径是陪集首中错误图样的最大码重，这 2^k 个球把整个线性空间 $\boldsymbol{V}_n$ 充满，所有禁用码组将分别落在不同的球中。当发送某个码字时，如果错误图样的影响使接收序列位于发送码字的球内，这相当于错误图样出现在陪集首，错误图样中“1”的个数很少，错误不是太严重，则接收端可以根据标准阵正确译码；如果错误图样的影响使接收码字序列落在其他许用码字的球内，这相当于错误很严重，错误图样中“1”的个数很多，错误图样不属于陪集首，则接收端根据标准阵译码就会产生译码错误。

结合这个几何解释可以分析线性分组码检错、纠错能力与最小码距 d_0 之间的关系。

首先，为了能检测出一个码字中发生的全部 e 个错误，要求 $d_0\geqslant e+1$。只有这样，该 e 个错误才不至于把一个许用码字变为另一个许用码字。其次，为了能纠正一个码字中发生的全部 t 个错误，要求 $d_0\geqslant 2t+1$，如图 5.3.1 所示。只有满足了这个条件才能保证这个 t 位错误引起的禁用码组仍位于以发送码字为球心的球内。最后，在一个码字中，为

了能纠正所有 t 个错误；并同时检测所有 e 个错误，要求 $d_0 \geqslant t+e+1(t<e)$。当误码数小于 t 时，能纠正所有 t 个错误；当误码数在 $(t,t+e+1]$ 时，能检测所有 e 个错误。这即是基于线性分组码对定理 5.1.2～定理 5.1.4 的解释。

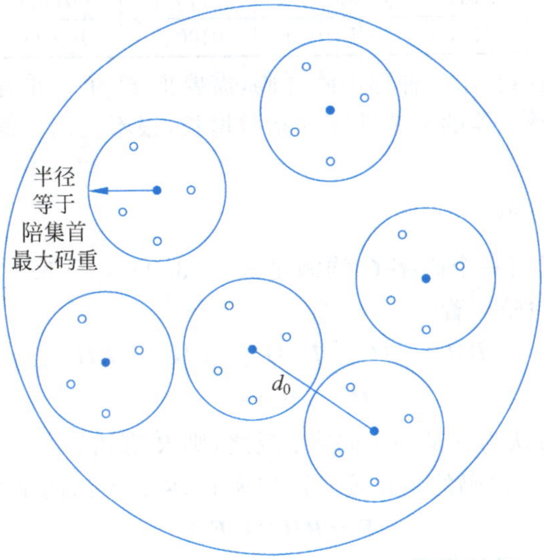

图 5.3.1 对线性分组码纠错能力的几何解释

例 5.3.3 以(6,3)码为例排列出它的标准阵列。对于(6,3)码，它的生成矩阵为

$$\boldsymbol{G}=\begin{pmatrix}1&0&0&0&1&1\\0&1&0&1&0&1\\0&0&1&1&1&0\end{pmatrix}$$

此码共有 8 个码字

信息组	码字
0 0 0	0 0 0 0 0 0
0 0 1	0 0 1 1 1 0
0 1 0	0 1 0 1 0 1
0 1 1	0 1 1 0 1 1
1 0 0	1 0 0 0 1 1
1 0 1	1 0 1 1 0 1
1 1 0	1 1 0 1 1 0
1 1 1	1 1 1 0 0 0

它的标准阵列如表 5.3.4 所示。

表 5.3.4 (6,3)码标准阵列

000000	001110	010101	100011	011011	101101	110110	111000
000001	001111	010100	100010	011010	101100	110111	111001
000010	001100	010111	100001	011001	101111	110100	111010
000100	001010	010001	100111	011111	101001	110010	111100

续表

001000	000110	011101	101011	010011	100101	111110	110000
010000	011110	000101	110011	001011	111101	100110	101000
100000	101110	110101	000011	111011	001101	010110	011000
001001	000111	011100	101010	010010	100100	111111	110001

由表 5.3.4 可以看到，用这种标准阵译码，需要把 2^n 个 n 重存储在译码器中。所以采用这种译码方法的译码器的复杂性随 n 指数增长，很不实用。简化查表的步骤需引入伴随式的概念。

视频

双语教学录像

5.3.2.2 伴随式译码

由于(n,k)码的任何一个码字 $\boldsymbol{C}$ 均满足式(5.3.9)或式(5.3.10)，可将接收矢量 $\boldsymbol{R}$ 用两式中的一个进行检验。若

$$\begin{aligned}\boldsymbol{R}\boldsymbol{H}^{\mathrm{T}} &= (\boldsymbol{C}+\boldsymbol{E})\boldsymbol{H}^{\mathrm{T}} = \boldsymbol{C}\boldsymbol{H}^{\mathrm{T}} + \boldsymbol{E}\boldsymbol{H}^{\mathrm{T}} \\ &= \boldsymbol{E}\boldsymbol{H}^{\mathrm{T}} = \boldsymbol{0}\end{aligned}$$

则 $\boldsymbol{R}$ 满足校验关系，可认为它是一个码字；反之，则 $\boldsymbol{R}$ 有错。

定义 5.3.3 设(n,k)码的一致校验矩阵为 $\boldsymbol{H}$，$\boldsymbol{R}$ 是发送码字 $\boldsymbol{C}$ 的接收矢量，称

$$\boldsymbol{S} = \boldsymbol{R}\boldsymbol{H}^{\mathrm{T}} = \boldsymbol{E}\boldsymbol{H}^{\mathrm{T}} \tag{5.3.11}$$

为接收矢量 $\boldsymbol{R}$ 的伴随式或校正子。

显然，若 $\boldsymbol{E}=\boldsymbol{0}$，则 $\boldsymbol{S}=\boldsymbol{0}$，那么 $\boldsymbol{R}$ 就是 $\boldsymbol{C}$；若 $\boldsymbol{E}\neq\boldsymbol{0}$，则 $\boldsymbol{S}\neq\boldsymbol{0}$，如能从 $\boldsymbol{S}$ 得到 $\boldsymbol{E}$，则从 $\boldsymbol{C}=\boldsymbol{R}-\boldsymbol{E}$ 即可恢复发送的码字。可见，$\boldsymbol{S}$ 仅与 $\boldsymbol{E}$ 有关，它充分反映了信道干扰的情况，而与发送的是什么码字无关。

将(n,k)码的一致校验矩阵写成列矢量的形式：

$$\begin{aligned}\boldsymbol{H} &= [\boldsymbol{h}_{n-1} \quad \boldsymbol{h}_{n-2} \cdots \boldsymbol{h}_{n-i} \cdots \boldsymbol{h}_1 \quad \boldsymbol{h}_0] \\ &= \begin{bmatrix} h_{1,n-1} & h_{1,n-2} & \cdots & h_{10} \\ h_{2,n-1} & h_{2,n-2} & \cdots & h_{20} \\ \vdots & \vdots & \ddots & \vdots \\ h_{r,n-1} & h_{r,n-2} & \cdots & h_{r0} \end{bmatrix}\end{aligned}$$

式中：$\boldsymbol{h}_{n-i}$ 对应 $\boldsymbol{H}$ 矩阵的第 i 列，它是一个 $r=n-k$ 重列矢量。

若码字传送发生 t 个错误，不失一般性，设码字的第 $i_1, i_2, \cdots, i_t$ 位有错误，则错误图样可表示成

$$\boldsymbol{E} = (0\cdots e_{i_1} \quad 0\cdots e_{i_2} \quad 0\cdots e_{i_t} \cdots 0)$$

那么伴随式

$$\boldsymbol{S} = \boldsymbol{E}\boldsymbol{H}^{\mathrm{T}} = [0\cdots e_{i_1} 0\cdots e_{i_2} 0\cdots e_{i_t} \cdots 0] \begin{bmatrix} \boldsymbol{h}_{n-1} \\ \boldsymbol{h}_{n-2} \\ \vdots \\ \boldsymbol{h}_{n-i} \\ \vdots \\ \boldsymbol{h}_0 \end{bmatrix}$$

$$=e_{i_1}\boldsymbol{h}_{n-i_1}+e_{i_2}\boldsymbol{h}_{n-i_2}+\cdots+e_{i_t}\boldsymbol{h}_{n-i_t} \tag{5.3.12}$$

这说明，$\boldsymbol{S}$ 是 $\boldsymbol{H}$ 矩阵中 $\boldsymbol{E}$ 不等于0的那几列 $\boldsymbol{h}_{n-i}$ 的线性组合。因为 $\boldsymbol{h}_{n-i}$ 是 r 重列矢量，所以 $\boldsymbol{S}$ 也是一个 r 重的矢量。当传输没有错误，即 $\boldsymbol{E}$ 的各位均为0时，$\boldsymbol{S}$ 是一个 r 重全零矢量。

注意，若 $\boldsymbol{E}$ 本身就是一个码字，即 $\boldsymbol{E}\in(n,k)$ 码，则此时计算 $\boldsymbol{S}$ 必须等于0。此时的错误不能发现，也无法纠正，称为**不可检错误图样**。

伴随式在标准阵列中有如下性质。

定理 5.3.3 每个陪集全部 2^k 个矢量都有相同的伴随式，而不同陪集有不同的伴随式。

证明： 如果第 l 行陪集首为 $\boldsymbol{E}_l$（看成错误图样），那么第 l 行任意 n 重矢量的伴随式为

$$(\boldsymbol{E}_l+\boldsymbol{C}_i)\boldsymbol{H}^{\mathrm{T}}=\boldsymbol{S}_l \quad (i=2,3,\cdots,2^k)$$

$$\boldsymbol{S}_l=\boldsymbol{E}_l\boldsymbol{H}^{\mathrm{T}}+\boldsymbol{C}_i\boldsymbol{H}^{\mathrm{T}}=\boldsymbol{E}_l\boldsymbol{H}^{\mathrm{T}}$$

可见，l 陪集的伴随 $\boldsymbol{S}_l$ 与 $\boldsymbol{C}_i$ 无关，故同一陪集中的矢量其伴随式相同。若第 l 陪集和第 t 陪集（$l<t$）的伴随式是相同的，则有

$$\boldsymbol{S}_l=\boldsymbol{E}_l\boldsymbol{H}^{\mathrm{T}}$$

$$\boldsymbol{S}_t=\boldsymbol{E}_t\boldsymbol{H}^{\mathrm{T}}$$

$$\boldsymbol{S}_l+\boldsymbol{S}_t=(\boldsymbol{E}_l+\boldsymbol{E}_t)\boldsymbol{H}^{\mathrm{T}}=\boldsymbol{0}$$

式中：$\boldsymbol{E}_l+\boldsymbol{E}_t$ 是码字。

假如 $\boldsymbol{E}_l+\boldsymbol{E}_t=\boldsymbol{C}_i$，则有

$$\boldsymbol{E}_l=\boldsymbol{E}_t+\boldsymbol{C}_i$$

那么 $\boldsymbol{E}_l$ 在第 t 个陪集中。这个结论和标准阵列的构成原则矛盾，故不同陪集的伴随式不可能相同。[证毕]

可见，陪集首和伴随式有一一对应的关系，实际上这些陪集首也就代表着可纠正的错误图样。根据这一关系可把上述标准阵译码表进行简化，得到一个简化译码表。

例 5.3.4 如例5.3.3中的(6,3)码标准阵，可简化为表5.3.5所示的译码表。译码器收到 $\boldsymbol{R}$ 后，与 $\boldsymbol{H}$ 矩阵进行运算得到伴随式 $\boldsymbol{S}$，由 $\boldsymbol{S}$ 查表得到错误图样 $\hat{\boldsymbol{E}}$，从而译出码字 $\hat{\boldsymbol{C}}=\boldsymbol{R}-\hat{\boldsymbol{E}}$。因此，这种译码器中不必存储所有 2^n 个 n 重，而只存储错误图样 $\boldsymbol{E}$ 与 2^{n-k} 个 $(n-k)$ 重 $\boldsymbol{S}$。

表 5.3.5 (6,3)码简化译码表

错误图样	000000	100000	010000	001000	000100	000010	000001	001001
伴随式	000	011	101	110	100	010	001	111

综上所述，利用伴随式译码表译码的步骤如下。

(1) 计算接收矢量 $\boldsymbol{R}$ 的伴随式 $\boldsymbol{S}=\boldsymbol{R}\boldsymbol{H}^{\mathrm{T}}$。

(2) 根据计算出的伴随式找出对应的陪集首 $\hat{\boldsymbol{E}}$（这是根据 $\boldsymbol{S}$ 做出的 $\boldsymbol{E}$ 的估值）。

(3) 码字估值 $\hat{\boldsymbol{C}}=\boldsymbol{R}+\hat{\boldsymbol{E}}$ 被认为是发送码字，例如，设发送码字 $\boldsymbol{C}_4=(100011)$，接收矢量 $\boldsymbol{R}=(101011)$(实际错误图样为 $\boldsymbol{E}=(001000)$)，则 $\boldsymbol{R}$ 的伴随式为

$$\boldsymbol{S}=\boldsymbol{RH}^{\mathrm{T}}=(101011)\begin{bmatrix}0&1&1&1&0&0\\1&0&1&0&1&0\\1&1&0&0&0&1\end{bmatrix}^{\mathrm{T}}=(110)$$

从表 5.3.5 中找到与 $\boldsymbol{S}=(110)$ 相对应的陪集首为(001000)，于是译码输出为

$$\boldsymbol{C}=(101011)+(001000)=(100011)$$

从表 5.3.4 可知，因为 $\hat{\boldsymbol{E}}$ 在陪集首中，所以译码正确。当信道错误图样 $\boldsymbol{E}=(101000)$时，同样的码字 $\boldsymbol{C}=(100011)$，经传输得 $\boldsymbol{R}=(001011)$，根据式(5.3.10)得 $\boldsymbol{S}=(101)$，再由表 5.3.5 求得 $\hat{\boldsymbol{E}}=(010000)$，这时认为 $\hat{\boldsymbol{C}}=(001011)+(010000)=(011011)\neq\boldsymbol{C}$，译码是错误的，原因是 $\boldsymbol{E}$ 不是标准阵列的陪集首。由表 5.3.4 可知，此矢量已在(010000)为陪集首的陪集中出现，不能作为陪集首，所以根据表 5.3.5 译码结果也是错的。原因是(6,3)码的 $d_{\min}=3$，它可纠正任何一位差错，而不能普遍地纠正两位差错。该码只能纠正一种有两位差错的信道错误图样，即

$$\boldsymbol{E}=(001001)$$

总之，线性码正确译码的充要条件为信道实际错误图样是标准阵列的陪集首，这个结论对任何线性分组码的译码方法都适用。

根据上述，线性分组码的译码器应如图 5.3.2 所示。

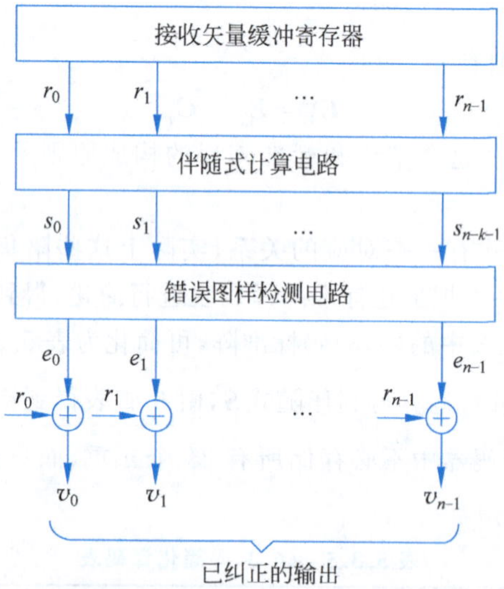

图 5.3.2 线性分组码的译码器

简化译码表虽然把译码器的存储容量降低了很多，但由于(n,k)分组码的 n、k 通常比较大，即使用这种简化译码表，译码器的复杂性还是很高的。例如，一个[100,70]分组码，共有 $2^{30}\approx10^9$ 个伴随式及错误图样，译码器要存储如此多的图样和 $n-k$ 重是不太可能的。因此，在线性分组码理论中，如何寻找简化译码器是最中心的研究课题之一。为

了寻找更加简单的比较实用的译码方法，仅有线性特性是不够的，还需要附加一些其他特性，如循环特性。这就是5.4节要介绍的循环码。

5.3.3 线性分组码的纠错能力

5.3.3.1 一致校验矩阵与纠错能力

由5.1.2节的介绍可知，从一个码的最小距离中得出该码的纠检错能力，线性分组码同样满足定理5.1.2～定理5.1.5的结论。进一步考察线性分组码的一致校验矩阵，会发现它与纠错能力之间的关系。

定理5.3.4 (n,k)线性分组码具有最小距离d的充分必要条件是$\boldsymbol{H}$矩阵中任意$d-1$列线性无关，至少有一种d列线性相关。

证明： 设一致校验矩阵为$\boldsymbol{H}$，用$\boldsymbol{h}_j(j=1,2,\cdots,n)$表示$\boldsymbol{H}$矩阵中$n$个列矢量，即

$$\boldsymbol{H}=\begin{bmatrix} h_{1n-1} & h_{1n-2} & \cdots & h_{10} \\ \vdots & \vdots & \ddots & \vdots \\ h_{rn-1} & h_{rn-2} & \cdots & h_{r0} \end{bmatrix}_{r\times n}=[\boldsymbol{h}_{n-1}\quad \boldsymbol{h}_{n-2}\cdots\boldsymbol{h}_0]$$

则对于每个码字$\boldsymbol{C}=(c_{n-1}\quad c_{n-2}\cdots c_0)$，满足校验方程

$$\boldsymbol{C}\boldsymbol{H}^{\mathrm{T}}=0$$

该方程可以写为

$$\sum_{i=0}^{n-1}c_i\boldsymbol{h}_i^{\mathrm{T}}=0$$

上式说明码字$\boldsymbol{C}$中非零的码元位对应的$\boldsymbol{H}$矩阵那些列的线性组合为0。于是，若一个二元码字重量为w，则$\boldsymbol{H}$矩阵中与该码字中w个取值为"1"码元对应的列矢量线性相关。

一个二元线性码，如果它的最小汉明距离为d，即该码的最小汉明重量为d，则它的校验矩阵$\boldsymbol{H}$中有d列矢量线性相关，而任意$d-1$个列矢量是线性独立的；否则，就存在一个重量小于d的矢量$\boldsymbol{C}'$，使$\boldsymbol{C}'\boldsymbol{H}^{\mathrm{T}}=0$。这与码的最小重量为$d$相矛盾。

[证毕]

因为一致校验矩阵$\boldsymbol{H}$与最小距离d有明确的关系，所以研究中往往以一致校验矩阵$\boldsymbol{H}$定义一个线性分组码，LDPC就是如此。

从式(5.3.12)中也可以看出，伴随式$\boldsymbol{S}$是错误图样$\boldsymbol{E}$中不为0的码元位所对应的$\boldsymbol{H}$矩阵的列的线性组合。若一个(n,k)码要能纠正所有单个错误，则由所有单个错误的错误图样确定的$\boldsymbol{S}$均不相同且不等于0，这意味着，$\boldsymbol{H}$矩阵各列不为0且各不相同。那么，一个(n,k)码的$\boldsymbol{H}$矩阵为怎样的形式才能纠正小于等于t个错误？这就必须要求小于或等于t个错误的所有可能组合的错误图样，都必须有不同的伴随式与之对应。因此，若有

$$\boldsymbol{E}_1=(0\cdots0\quad e_{i_1}\cdots e_{i_2}\cdots e_{i_t}0\cdots0)\neq(0\cdots0\quad e'_{i_1}\cdots e'_{i_2}\cdots e'_{i_t}0\cdots0)=\boldsymbol{E}_2$$

则要求

$$e_{i_1}\boldsymbol{h}_{n-i_1}+e_{i_2}\boldsymbol{h}_{n-i_2}+\cdots+e_{i_t}\boldsymbol{h}_{n-i_t}\neq e'_{i_1}\boldsymbol{h}'_{n-i_1}+e'_{i_2}\boldsymbol{h}'_{n-i_2}+\cdots+e'_{i_t}\boldsymbol{h}'_{n-i_t}$$

$$e_{i_1}\boldsymbol{h}_{n-i_1}+e_{i_2}\boldsymbol{h}_{n-i_2}+\cdots+e_{i_t}\boldsymbol{h}_{n-i_t}+e'_{i_1}\boldsymbol{h}'_{n-i_1}+e'_{i_2}\boldsymbol{h}'_{n-i_2}+\cdots+e'_{i_t}\boldsymbol{h}'_{n-i_t}\neq 0$$

中文教学录像

这说明，(n,k)码要纠正小于或等于 t 个错误，其 $\boldsymbol{H}$ 矩阵中任意 $2t$ 列须线性无关。由此得如下定理。

定理 5.3.5 任一(n,k)线性分组码若要纠正小于或等于 t 个错误，其充要条件是 $\boldsymbol{H}$ 矩阵中任何 $2t$ 列线性无关。

定理 5.3.4 和定理 5.3.5 是构造任何类型线性分组码的基础，由此不难看出：

(1) 根据这些定理，由 $\boldsymbol{H}$ 列的相关性就可以直接知道码的纠错、检错能力。

(2) 为了构造最小距离 $d \geqslant e+1$(为检测不大于 e 个错误)或 $d \geqslant 2t+1$(为纠正不大于 t 个错误)的线性分组码，其充要条件是要求 $\boldsymbol{H}$ 中任意 $d-1$(或 $2t$)列线性无关。例如，要构造最小距离为 3 的码，则要求 $\boldsymbol{H}$ 任意 $3-1=2$ 列线性无关。对于二元域上的码，要求 $\boldsymbol{H}$ 当且仅当满足无相同的列和无全 0 的列，就可纠正所有单个错误。

(3) 因为交换 $\boldsymbol{H}$ 矩阵的各列不会影响码的最小距离，所以所有列矢量相同但排列位置不同的 $\boldsymbol{H}$ 矩阵所对应的分组码，在纠错能力和码率上是等价的。

视频

5.3.3.2 码纠错能力限

基于上述定理不难得出几个关于码的纠错能力界限的结论。

定理 5.3.6 (Singleton 限) 任一线性分组码的最小距离(或最小重量)d_0 均满足

$$d_0 \leqslant n-k+1$$

证明： 任何一个线性码可以变换成等价的系统码，则该码中至少有一个码字重量不大于 $n-k+1$。因为这个码中至少存在一个码字，它的信息位仅有一个“1”，校验位最多可能有 $n-k$ 个“1”，所以这个码字的最小汉明重量不大于 $n-k+1$，因此这个线性码的最小汉明距离 $d_0 \leqslant n-k+1$。

[证毕]

满足 $d_0=n-k+1$ 的线性分组码称为**极大最小距离可分(Maximum Distance Separable，MDS)码**。在同样 n、k 下，由于 d_0 最大，因此纠错能力更强，所以设计这种码是编码理论中人们感兴趣的一个课题。

下面一个定理将告诉我们，在已知信息位 k 的条件下，如何去确定监督位 $r=n-k$，即确定码长，才能满足对纠错能力 t 的要求。这个问题在设计一个码组时是很重要的。

定理 5.3.7(汉明限) 若 $\boldsymbol{C}$ 是 k 维 n 重二元码，当已知 k 时，要使 $\boldsymbol{C}$ 能纠正 t 个错，则必须有不少于 r 个校验位，并且使 r 满足

$$2^r-1 \geqslant \sum_{i=1}^{t} \mathrm{C}_n^i$$

证明： 假设 $\boldsymbol{C}$ 的一致校验矩阵为 $\boldsymbol{H}$，伴随式为

$$\boldsymbol{S}=\boldsymbol{R}\boldsymbol{H}^{\mathrm{T}}, \quad \boldsymbol{R} \in V_n(F_2)$$

$\boldsymbol{C}$ 是 $k \times n$ 的，则 $\boldsymbol{H}$ 是 $r=n-k$ 行 n 列，且在 $\boldsymbol{S}$ 的 2^r 种状态除去全零状态，其余还有 2^r-1 种非零状态。

另外，在一个 n 重矢量中，它们的错误图样也是 n 重。错误图样用矢量 $\boldsymbol{E}$ 代表，可计算 $W(\boldsymbol{E})=t$ 的错误图样个数，有

$$W(\boldsymbol{E})=1 \text{ 的个数为 } \mathrm{C}_n^1$$

$$W(\boldsymbol{E})=2 \text{ 的个数为 } C_n^2$$

$$W(\boldsymbol{E})=3 \text{ 的个数为 } C_n^3$$

$$\vdots$$

$$W(\boldsymbol{E})=t \text{ 的个数为 } C_n^t$$

则错误码元不大于 t 个的错误图样共有 $\sum_{i=1}^{t} C_n^i$ 种。

若要能使 $\boldsymbol{C}$ 纠正 t 个错误，$\boldsymbol{S}$ 的状态数要大于错误图样总数，只有满足以上条件才能建立起伴随式与错误图样的一一对应关系。因此有

$$2^r-1 \geqslant \sum_{i=1}^{t} C_n^i \tag{5.3.13}$$

当满足 $2^r-1=\sum_{i=1}^{t} C_n^i$ 时，这样的码称为**完备码**。这种码的校验元得到了最充分的利用。而式(5.3.13)给出的界限称为**汉明限**，它也可改写为

$$n-k \geqslant \log_2\left(\sum_{i=0}^{t} C_n^i\right)$$

上式给出在已知 n、k 和 t 时所需要的监督位数。该式又称为 Hamming 不等式。

迄今为止，已找到的完备码有 Hamming 码，(23,12)非本原 BCH 码(又称 Golay 码)及三进制的(11,6)码。

5.3.3.3 示例：Hamming 码

前面曾多次提到汉明距离、汉明重量等术语，都是为了纪念对纠错编码作出杰出贡献的科学家汉明而命名的。Hamming 码的命名当然更直接，这种码是由汉明在 1950 年首先提出的。它有以下特征：

码　　长：	$n=2^m-1$
信息位数：	$k=2^m-m-1$
监督码位：	$r=n-k=m$
最小距离：	$d=3$
纠错能力：	$t=1$

这里 m 为大于或等于 2 的正整数，给定 m 后，即可构造出具体的 (n,k) Hamming 码。这可以从建立一致校验矩阵着手。我们已经知道，$\boldsymbol{H}$ 矩阵的列数就是码长 n，行数等于 m。如 $m=3$，就可计算出 $n=7$，$k=4$，因而是(7,4)线性码。其 $\boldsymbol{H}$ 矩阵正是用 $2^r-1=7$ 个非零 3 重作列矢量构成的，如下所示：

$$\boldsymbol{H}=\begin{bmatrix} 0 & 0 & 0 & 1 & 1 & 1 & 1 \\ 0 & 1 & 1 & 0 & 0 & 1 & 1 \\ 1 & 0 & 1 & 0 & 1 & 0 & 1 \end{bmatrix}$$

这时 $\boldsymbol{H}$ 矩阵的对应列正好是十进制数 1～7 的二进制表示，对于纠 1 位差错来说，其伴随式的值就等于对应的 $\boldsymbol{H}$ 的列矢量，即错误位置。所以这种形式的 $\boldsymbol{H}$ 矩阵构成的码很便

中文教学录像

视频

于纠错，但这是非系统的(7,4)Hamming 码的一致校验矩阵。如果要得到系统码，可调整各列次序来实现：

$$\boldsymbol{H}_0=\begin{bmatrix}1&1&1&0&1&0&0\\0&1&1&1&0&1&0\\1&1&0&1&0&0&1\end{bmatrix}=[\boldsymbol{Q}\quad \boldsymbol{I}_3] \tag{5.3.14}$$

有了 $\boldsymbol{H}_0$，按照式(5.3.14)就可得到系统码的校验位，如其相应的生成矩阵为

$$\boldsymbol{G}_0=[\boldsymbol{I}_4\quad \boldsymbol{Q}^{\mathrm{T}}]=\begin{bmatrix}1&0&0&0&1&0&1\\0&1&0&0&1&1&1\\0&0&1&0&1&1&0\\0&0&0&1&0&1&1\end{bmatrix}$$

Hamming 码的译码方法如 5.3.2 节中所述，可以采用计算伴随式，然后确定错误图样并加以纠正的方法。

值得一提的是，(7,4)Hamming 码的 $\boldsymbol{H}$ 矩阵并非只有以上两种。原则上讲，(n,k) Hamming 码的一致校验矩阵有 n 列 m 行，它的 n 列分别由除了全 0 之外的 m 位码组构成，每个码组只在某列中出现一次。而 $\boldsymbol{H}$ 矩阵各列的次序是可变的。

容易证明，Hamming 码实际上是 $t=1$ 的完备码。

Hamming 码如果再加上一位对所有码元都进行校验的监督位，则监督码元由 m 增至 $m+1$，信息位不变，码长由 2^m-1 增至 2^m，通常把这种 $(2^m,2^m-1-m)$ 码称为**扩展 Hamming 码**。扩展 Hamming 码的最小码距增加为 4，能纠正 1 位错误同时检测 2 位错误，简称纠 1 检 2 错码。例如，(7,4)Hamming 码可变成(8,4)扩展 Hamming 码(又称增余 Hamming 码)。(8,4)码的 $\boldsymbol{H}$ 矩阵如下：

$$\boldsymbol{H}_{(8,4)}=\begin{bmatrix}1&1&1&1&1&1&1&1\\1&1&1&0&1&0&0&0\\0&1&1&1&0&1&0&0\\1&1&0&1&0&0&1&0\end{bmatrix}$$

它的第一行为全 1 行，最后一列的列矢量为 $[1000]^{\mathrm{T}}$，它的作用是使第 8 位成为偶校验位，而前 7 位码元同(7,4)码。这种 $\boldsymbol{H}$ 矩阵任何 3 列都是线性独立的，而只有 4 列才能线性相关，按照定理 5.3.4 可知它的 $d_{\min}=4$，可实现纠 1 检 2 错。

视频

5.3.4 线性分组码的派生与组合

5.3.4.1 由一个已知码的派生

视频

人们往往需要从一个已知的 (n,k) 线性码出发来构造一个新的线性分组码，使得某些参数能符合实际的需要。5.3.1.2 节中介绍的对偶码就是其中的一种方法。下面再介绍几种对已知码的 $\boldsymbol{G}$ 或 $\boldsymbol{H}$ 矩阵进行适当修正和组合，以构造新码的方法。这些方法虽然很简单，但很实用，而且也是以后构造各种复合码的基础。

1. *扩展码*

设 $\boldsymbol{C}$ 是一个 (n,k,d) 线性分组码，它的码字有奇数重量也有偶数重量。若对每个码

字 $\boldsymbol{C}=(c_{n-1},c_{n-2}\cdots c_1,c_0)$增加一个全校验位 c_0'，满足以下校验关系：

$$c_{n-1}+\cdots+c_0+c_0'=0$$

这样得到的新码 $\boldsymbol{C}'=[\boldsymbol{C}|c_0']$，是一个$(n+1,k)$线性码。若原来的一致校验矩阵为 $\boldsymbol{H}$，则 $\boldsymbol{C}'$的一致校验矩阵为

$$\boldsymbol{H}'=\begin{bmatrix} 1\cdots1 & 1 \\ & 0 \\ \boldsymbol{H} & \vdots \\ & 0 \end{bmatrix}$$

由 $\boldsymbol{H}$ 矩阵列的相关性与码的最小距离的关系可得，若原码 $\boldsymbol{C}$ 的最小距离 d 是奇数，则 $\boldsymbol{C}'$ 的最小距离是偶数 $d+1$。例如，前面介绍的(8,4)扩展 Hamming 码即是由(7,4) Hamming 码扩展得到。

2. 凿孔码(删余码)

与扩展码(增加一位校验位)相对应的是凿孔码，它把(n,k)线性分组码 $\boldsymbol{C}$ 中码字的一些校验位删除(或者说进行凿孔)，从而得到一个新的线性码 $\boldsymbol{C}'$，这时码字长度会减少，但信息位数目不变，因此码率会更高。

凿孔码一般是在设计好一个线性分组码后，希望提升码率时采取的派生方法，在卷积码和 Turbo 码中也经常使用(一般会设计一个凿孔图案)。其中一个典型情况是**删余码**，即在原码基础上删除一位校验元。删余码的最小距离可能比原码小 1。

3. 除删码(增余删信码)

在原码的基础上增加一些校验元，删去一些信息元，保持码长不改变，但明显码率会降低。一种典型的增余删信码是**除删码**，它是在原(n,k)码的基础上增加一位全校验元，删去一位信息元，得到$(n,k-1)$线性分组码，其一致校验矩阵 $\boldsymbol{H}'$是在原码的 $\boldsymbol{H}$ 矩阵下加一个全 1 行。因为有全 1 行，意味着所有码字的重量皆为偶数。这种除删码过程是在原码中挑选所有偶数重量的码字组成的新码，码字数目将少了一半。如果原来码字最小距离为奇数，则新的除删码的最小距离将增加 1，成为偶数。

4. 增广码(增信删余码)

增广码 $\boldsymbol{C}^a$ 是在原码 $\boldsymbol{C}$ 的基础上，增加一个信息元，删去一个校验元得到的。因此，新码的码长与原码相同，但信息位长度加 1。若二元(n,k,d)线性码中不包含分量为全"1"的码字，则可以把这个全"1"矢量 **1** 加入码 $\boldsymbol{C}$ 中，同时把全 1 码字与 $\boldsymbol{C}$ 中每个码字之和添加到原来码中，这样就构成了一个增广码 $\boldsymbol{C}^a$，即 $\boldsymbol{C}^a=\boldsymbol{C}\cup(\boldsymbol{1}+\boldsymbol{C})$，则其生成矩阵之间的关系为

$$\boldsymbol{G}^{(a)}=\begin{bmatrix} 1\cdots1 \\ \boldsymbol{G} \end{bmatrix}$$

可见，$\boldsymbol{C}^a$ 是一个$(n,k+1,d^a)$的线性分组码，其中

$$d^a=\min\{d,n-\max(W(\boldsymbol{C}_i))\},\quad \boldsymbol{C}_i\in\boldsymbol{C}$$

于是，增广码的最小距离一般是减小的。

5. 缩短码

在某些情况下，已设计好的编码不能满足实际应用对码长的要求，可以对原码进行缩短。缩短码去除了原来线性分组码中前 i 个信息位，具体做法是把原来(n,k)线性分组码 $\boldsymbol{C}$ 中前 i 位$(c_{n-1} \sim c_{n-i})$为 0 的码字选取出来，再把这 i 个信息位删除掉，组成一个新的子集，这样构成的是一个$(n-i,k-i)$缩短码。由于缩短码是 k 维空间 $\boldsymbol{V}_{n,k}$(码 $\boldsymbol{C}$ 的全体码字集合)中取前 i 位均为 0 的码字组成的一个子集，显然该子集是 $\boldsymbol{V}_{n,k}$ 空间中的一个 $k-i$ 维的子空间 $\boldsymbol{V}_{n,k-i}$。因为线性分组码的 $\boldsymbol{H}$ 矩阵列对应码字每一位码元的校验约束关系，因此缩短码的一致校验矩阵 $\boldsymbol{H}'$是删除原码的 $\boldsymbol{H}$ 矩阵前 i 列，而其生成矩阵 $\boldsymbol{G}'$ 则是去掉原码生成矩阵 $\boldsymbol{G}$ 中前 i 行前 i 列，可见缩短码的最小距离不会比原码的小，但码率会有所降低，即新码的码率

$$\boldsymbol{R}' = \frac{k-i}{n-i} < \frac{k}{n}$$

6. 延长码(增信码)

与缩短码相对应的是延长码。首先在原(n,k)线性码 $\boldsymbol{C}$ 的基础上通过增加一个全 **1** 码字来增广这个码集，然后增加一个全校验位来扩展它，这样构成一个$(n+1,k+1)$分组码。

图 5.3.3 中以 Hamming 码$(2^m-1, 2^m-1-m, 3)$为例说明构成新码的 6 种方法及相互关系。

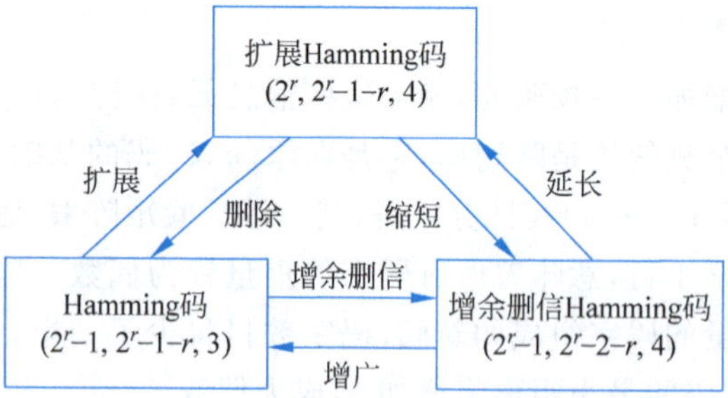

图 5.3.3　Hamming 码的各类派生码之间的关系图

5.3.4.2　乘积码

1994 年，Pyndiah 提出 Turbo 乘积码(Turbo Product Code，TPC)及其单输入单输出(SISO)迭代译码方案，该码可以做到高码率、近信道容量时仍可保持较好性能。另外，TPC 对于带宽应用是很具吸引力的，与串行 TCM-RS 码比较，TPC 能得到 0.85dB 的提高；另外，TPC 可以很容易地将最小距离保持在 16、36 或更大，从而避免“错误平层”效应；此外，TPC 的译码时延也可以通过将多个子译码器并行而大幅度减小。

由于 TPC 编码的优异性能，它在传统的国际卫星通信和区域卫星通信系统中有着广泛的应用前景。事实证明，TPC 技术功能强大且具有灵活性，可为各行业的用户和卫星运营商带来明显的效益。另外，TPC 增强的编码增益和带宽效率可以明显降低转发器成本，这一技术也可用来解决许多其他问题，如特小天线的通量密度降低问题。它同时

可应用于微波、高清电视(HDTV)、光纤、数字视频广播(DVB)等。2001 年 9 月 IEEE 公布了宽带无线接入系统的空中无线接口草案 802.16 中 TPC 被推荐为信道编码方式。

1. TPC 的构造

TPC 用两个或两个以上的分组码构造较长的码,从而提高码的性能。以二维 TPC 为例,假设有两个线性分组码分别为 $\boldsymbol{C}_1(n_1,k_1,d_1)$、$\boldsymbol{C}_2(n_2,k_2,d_2)$,其中,$n_i$、$k_i$、$d_i(i=1,2)$分别代表码长、信息位长、最小汉明距离。信息位以 $k_1\times k_2$ 的形式放入行列阵列中,先用码 $\boldsymbol{C}_2(n_2,k_2,d_2)$ 对每行进行编码(共 k_1 行),再用码 $\boldsymbol{C}_1(n_1,k_1,d_1)$对每列进行编码(共 n_2 列),如图 5.3.4(a)所示。此二维 TPC 可写成$(n_1,k_1,d_1)\times(n_2,k_2,d_2)$,其码率为$(k_1\times k_2)/(n_1\times n_2)$。

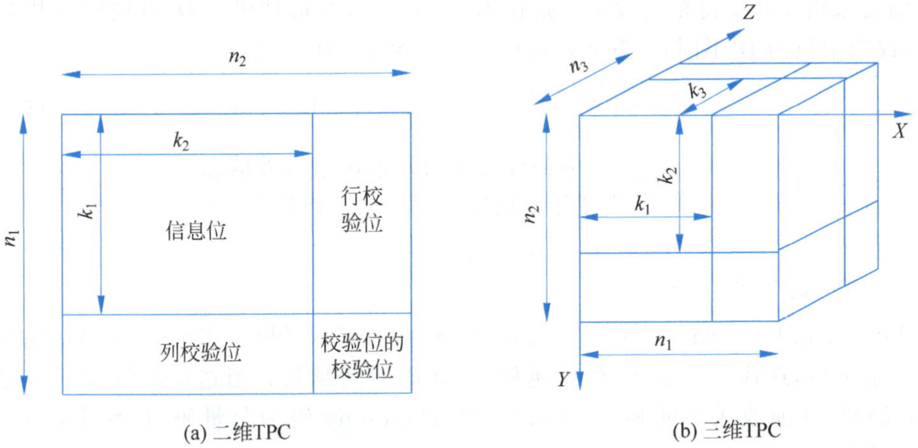

图 5.3.4 TPC 编码结构图

同样的方法可构造三维立体 TPC。如图 5.3.4(b)所示,首先构造 k_3 个二维 TPC$(n_1,k_1,d_1)\times(n_2,k_2,d_2)$,然后在 Z 方向上进行$\boldsymbol{C}_3(n_3,k_3,d_3)$线性分组编码,这就构成了三维立体 TPC$(n_1,k_1,d_1)\times(n_2,k_2,d_2)\times(n_3,k_3,d_3)$。其他多维的 TPC 也以类似的步骤来构造。对于多维 TPC(假设为 m 维,$m\geqslant 2$),其最小距离和码率分别为

$$d=d_1\times d_2\times d_3\times\cdots\times d_m$$

$$R=\frac{k_1}{n_1}\times\frac{k_2}{n_2}\times\frac{k_3}{n_3}\times\cdots\times\frac{k_m}{n_m}$$

作为 TPC 各维上的分量码通常为 Hamming 码、扩展 Hamming 码、奇偶校验码、BCH 码和扩展 BCH 码,RS 码和扩展 RS 码等线性分组码。目前国际上多采用前三种码型,其编译码相对较简单。TPC 除分量码码型可变外,还可以进行一定的变型:先对各维信息位缩短后再编码,可以得到缩短型 TPC;在对角线上加入奇偶校验形成“超轴”,可以得到增强型 TPC,这为 TPC 提供了更多的灵活选择。在 TPC 中各维上分量码的不同,可得到不同的编码码率,这对 IEEE 802.16 宽带无线接入网中码率自适应是非常重要的。

2. TPC 迭代译码算法

若采用最大似然译码方法,性能可以达到最优,但随着码长的增加,复杂度指数倍增长。在性能和复杂性两方面综合考虑,可采用基于 Chase2 的次优译码算法。

算法描述如下。

假设发送端码字 $\boldsymbol{E}=(e_1,\cdots,e_i,\cdots,e_n)$，$e_i\in\{+1,-1\}$，经过高斯白噪声信道(AWGN)，信道样值序列 $\boldsymbol{G}=(g_1,\cdots,g_i,\cdots,g_n)$，标准方差为$\boldsymbol{\sigma}$；接收端序列 $\boldsymbol{R}=\boldsymbol{E}+\boldsymbol{G}$，其中 $\boldsymbol{R}=(r_1,\cdots,r_i,\cdots,r_n)$。先对 $\boldsymbol{R}$ 进行硬判决，得到序列 $\boldsymbol{Y}=(y_1,\cdots,y_i,\cdots,y_n)$，$y_i=0.5(1+\mathrm{syn}(r_i))$，$y_i\in\{0,1\}$，再进行三步 chase2 译码算法。

步骤一：利用$|r_i|$值确定 $\boldsymbol{Y}$ 序列中可信度最小的 $p=4$ 个位置。

步骤二：在最小可信度位置上分别取"0""1"，其他位置取"0"，可得到 $q=2^p$ 个测试图样 T^q。

步骤三：生成测试序列 Z^q，$Z^q=\boldsymbol{Y}\oplus T^q$。对于 Z^q 进行代数译码得到码集 C^q。

随后采用欧几里得距离最小原则在码集 C^q 中寻找最佳码字 $\boldsymbol{D}$，并同时寻找竞争码字 $\boldsymbol{C}$(仅当前位与 $\boldsymbol{D}$ 不同)。按下式计算外信息参与下次迭代：

$$w_j=\left(\frac{|\boldsymbol{R}-\boldsymbol{C}|^2-|\boldsymbol{R}-\boldsymbol{D}|^2}{4}\right)d_j-r_j \tag{5.3.15}$$

式中：$d_j(j=1,2,\cdots,n,d_j\in D)$为最佳码字的元素，$w_j$ 为外信息。

若竞争码字无法寻找到，则使用可信度因子 β 来近似计算，即

$$w_j=\beta d_j-r_j$$

3. TPC 的性能分析

TPC 采用基于 Chase2 的次优译码算法，性能与码率、码型、信噪比、译码迭代次数有关。一般来说，迭代次数越大，性能越好，但译码时间越长。当迭代次数大于一定的值(大于 6)时，性能改善不明显。下面以扩展 Hamming 码为分量码，迭代次数为 6 次，BPSK 调制，AWGN 下进行计算机仿真。

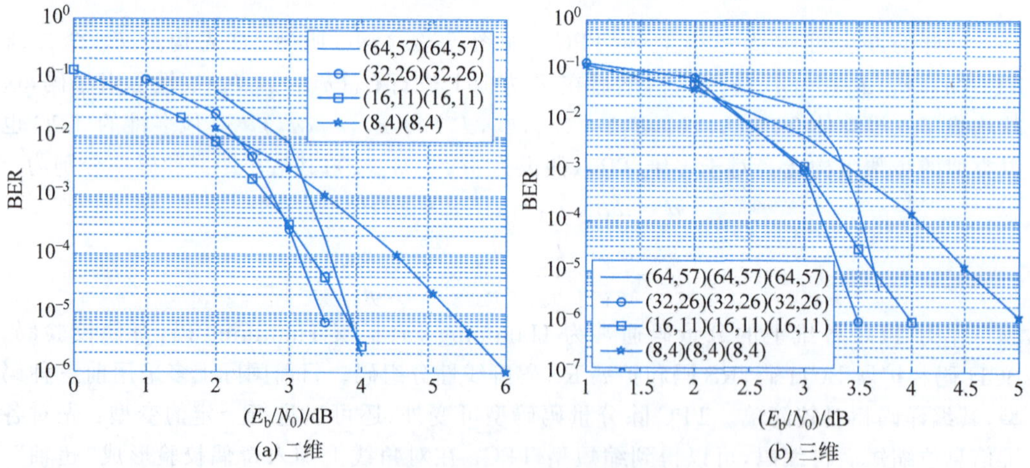

图 5.3.5 TPC 性能图

从图 5.3.5(a)中可以看出，(32,26)(32,26)码性能优势明显，在 BER$=10^{-5}$，与(8,4)(8,4)比较，编码增益多出近 2dB；与(16,11)(16,11)和(64,57)(64,57)码比较，多出约 0.5dB。从趋势上看，(32,26)(32,26)码具有最为陡峭的"瀑布区"。图 5.3.5(b)的三维码性能曲线中"瀑布区"较二维更为陡峭。

不同调制方式下性能比较也有差异，图 5.3.6 给出(32,26)(32,26)码在不同调制方式下的性能曲线。

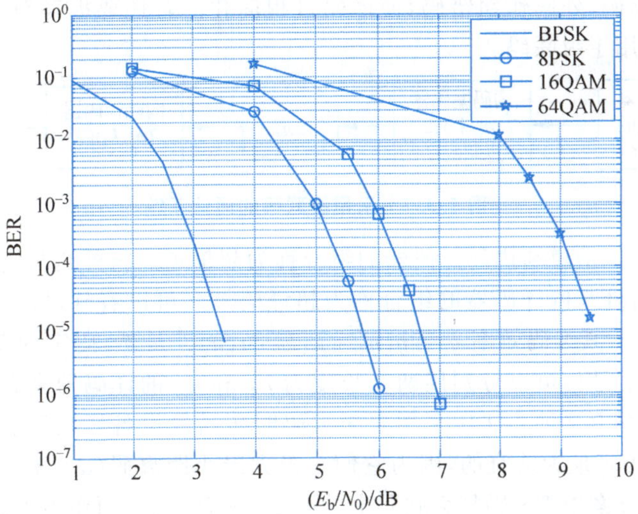

图 5.3.6 (32,26)(32,26)码不同调制方式下的性能

在 IEEE 802.16 标准中采用的码型如表 5.3.6 所示。

表 5.3.6 IEEE 802.16 标准中的 TPC

TPC	码率	有效载荷大小
(39,32)(39,32)(下行链路)	0.673	1024bit
(53,46)(51,44)(下行链路)	0.749	3136bit
(30,24)(25,9)(上行链路)	0.608	456bit

目前，TPC 技术相对较为成熟，一些芯片公司已有相应的芯片产品，这就进一步推动了其应用范围的扩展。在学术上，TPC 技术的研究主要集中在其应用领域的革新。

5.3.4.3 级联码

信道编码定理指出，随着码长 n 的增加，译码器错误概率按指数接近 0。因此，性能较好的码码长一般较长。但是，随着码长的增加，在一个码组中要求纠错的数目相应增加，译码器的复杂性和计算量也相应增加以致难以实现。为了解决性能与设备复杂性的矛盾，1966 年 Forney 提出了级联码的概念，把编制长码的过程分几级完成，通常分两级。

一种典型的方式如图 5.3.7 所示，假定在内信道上使用是码 $\boldsymbol{C}_1$，称为内码，在外信道上使用的码 $\boldsymbol{C}_2$，称为外码。所以这种码是(n_1,n_2,k_1,k_2)码，其中 n_1、k_1 和 n_2、k_2 分别是码 $\boldsymbol{C}_1$ 和 $\boldsymbol{C}_2$ 的长度和信息位数。而且，一般 $\boldsymbol{C}_2$ 采用(n_2,k_2)的多进制码，而 $\boldsymbol{C}_1$ 采用(n_1,k_1)的二元码。若内码和外码的最小距离分别为 d_1 和 d_2，则它们级联后的最小距离至少为 d_1d_2。这种单级级联码已广泛应用于通信和数据存储系统中。为获得较高的可靠性并减小译码复杂度，内码一般较短，使用软判决译码算法进行译码；非二进制的外码一般较长，使用代数译码方法进行译码。编码时，先将 k_2k_1 个信息数字分成 k_2 个 k_1 重，这 k_2 个 k_1 重按 $\boldsymbol{C}_1$ 码进行编码，将每个 k_1 重转换成 n_1 重。译码时，先对 $\boldsymbol{C}_1$ 码译码，再对 $\boldsymbol{C}_2$ 码译码。这种码如果遇上少量的随机错误，内码 $\boldsymbol{C}_1$ 就可以纠正；如果遇到较长的突发错误，内码则无能为力，则由纠密集型突发错误很强的外码纠正。另一种做法是，内码作检错码，外码作纠错码，使译码过程简化。若还要提高纠正突发错误能力，则可将交织技术用于级联码。

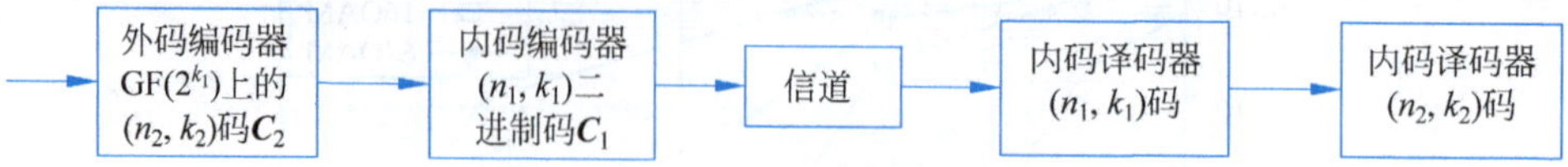

图 5.3.7　采用级联码的通信系统

将内码编码器、信道与内码译码器的组合称为超信道。将外码与内码编码器的组合称为超编码器，将外与内译码器的组合称为超译码器。可以看到，所得级联码码字的总长度 $N=n_1n_2$bit；其编码效率 $\eta_r=\eta_1\eta_2=k_1k_2/n_1n_2$。虽然，码字的总长度为 N，但由级联概念所提出的结构可以分别用两个长度为 n_1 和 n_2 的译码器来完成译码运算。故在相同的总差错率下这种方法比采用单级编码时所需的设备复杂程度要少得多。选用各种 RS 码作外码是最为适宜的，因为它们是极大最小距离码($d=n-k+1$)，并易于实现。在二级编码方案中 RS 码是级联码中外码 $\boldsymbol{C}_2$ 所常用的，而作为内码 $\boldsymbol{C}_1$ 可以采用不同的线性分组码，如正交码、循环码等，当然也可以采用卷积码作为内码。为了进一步提高抗随机错误和突发错误的能力，还可以采用多级编码方案，同时交织码也可以结合到具体的多级编码方案中。多级编码方案的缺点是编码器相当复杂，同时增长了译码时延，在某些场合并不适合。

美国航空航天局(NASA)的跟踪和数据中继卫星系统(Tracking Data Relay Satellite System，TDRSS)中使用的差错控制编码方案采用级联卷积码编码系统。在该系统中，GF(2^8)上的(255,233,33)RS 码被用作外码，由多项式 $g_1(D)=1+D+D^3+D^4+D^6$ 和 $g_2(D)=1+D^3+D^4+D^5+D^6$ 生成的状态数为 64、编码效率为 1/2 的卷积码被用作内码。卷积内码的自由距离 $d_{\text{free}}=10$。系统的整体编码效率为 0.437。该级联卷积编码系统性能如图 5.3.8 所示。从图 5.3.8 中可以看出，该级联卷积编码系统在信噪比 2.53dB 处，误码率达到 10^{-6}，可获得近 8.5dB 增益。

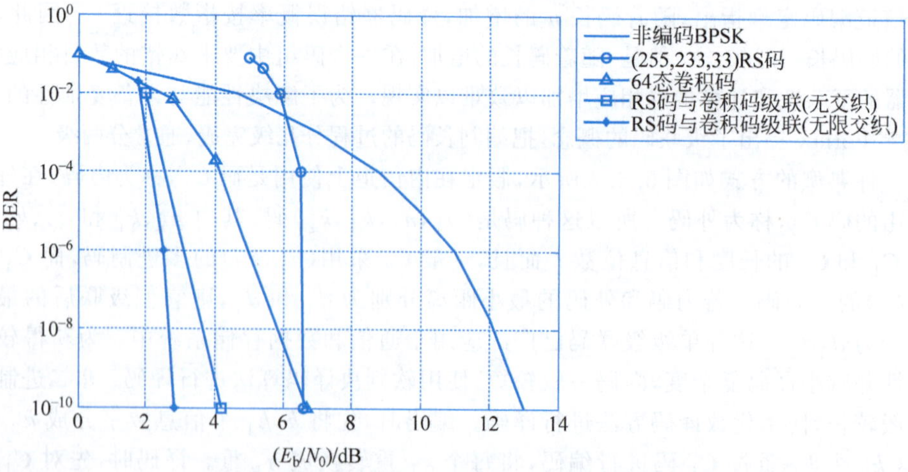

图 5.3.8　NASA 的 TDRSS 中使用的差错控制编码方案的误码性能

同样，在微小卫星的链路中，采用国际空间数据系统咨询委员会(Consultative Committee on Space Data Systems，CCSDS)推荐的级联码(卷积码+RS码)，使用级联码是为了以少于单个编码操作所需的整体实现的复杂度，来获得较低的错误概率。

5.4 循环码的基本原理

中文教学录像

双语教学录像

视频

循环码是线性分组码的一个重要子类，也是目前研究得最成熟的一类码。它有许多特殊的代数结构，这些性质有助于按照所要求的纠错能力系统地构造这类码，并且简化译码方法。循环码还有易于实现的特点，很容易用带反馈的移位寄存器实现，且性能较好，不但可用于纠正独立的随机错误，而且可以用于纠正突发错误。因此，目前在实际差错控制系统中所用的线性分组码大部分是循环码。

5.4.1 基本概念

5.4.1.1 循环码的定义

什么是循环码，它究竟与一般的(n,k)线性分组码有何不同？我们先看一个例子。

例 5.4.1 (7,4)Hamming 码 $\boldsymbol{C}$ 的生成矩阵为

$$\boldsymbol{G}=\begin{bmatrix}1&0&0&0&1&0&1\\0&1&0&0&1&1&1\\0&0&1&0&1&1&0\\0&0&0&1&0&1&1\end{bmatrix}$$

由此可得到所有的 $2^4=16$ 个码字是(1000101)、(0001011)、(0010110)、(0101100)、(1011000)、(0110001)、(1100010)、(0100111)、(1001110)、(0011101)、(0111010)、(1110100)、(1101001)、(1010011)、(1111111)、(0000000)。

由这些码字看出，如果 $\boldsymbol{C}_i$ 是 $\boldsymbol{C}$ 的码字，则它向左(或右)循环移位一次所得到的，也是 $\boldsymbol{C}$ 的码字。具有这种循环移位特性的线性分组码称为循环码。

把 $\boldsymbol{C}$ 码的任一码字中的7个码元排成一个圆环，如图5.4.1(a)～(d)所示。可以看到，从圆环的任一码元开始，按顺时针方向移动，得到的7重数组都是该码的一个码字，这就是循环码名字的由来。

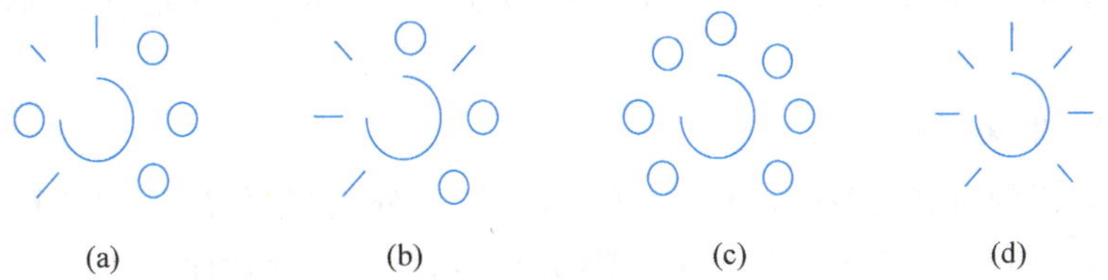

图 5.4.1 (7,4)循环码的码字循环移位示意图

(n,k)线性分组码是 n 维线性空间 $\boldsymbol{V}_n$ 中的一个 k 维子空间 $\boldsymbol{V}_{n,k}$。在循环码中，该子空间中的元素(n 重)具有循环移位特性，称为**循环子空间**。

定义 5.4.1 在任一个 GF(q)(q 为素数或素数幂)上的 n 维线性空间 $\boldsymbol{V}_n$ 中，一个 n 重子空间 $\boldsymbol{V}_{n,k}\in\boldsymbol{V}_n$，若对任何一个 $\boldsymbol{C}_i=(c_{n-1},c_{n-2},\cdots,c_0)\in\boldsymbol{V}_{n,k}$，恒有 $\boldsymbol{C}_i'=(c_{n-2}\cdots$

$c_0 c_{n-1}) \in \boldsymbol{V}_{n,k}$，则称 $\boldsymbol{V}_{n,k}$ 是**循环子空间**或**循环码**。

可见 GF(q)上的循环码是具有循环移位特性的线性分组码。

5.4.1.2 循环码的多项式描述

为了用代数理论研究循环码，可将码组用多项式来表示，称为码多项式。设许用码组

$$\boldsymbol{C}=(c_{n-1}\ c_{n-2}\cdots c_1\ c_0)$$

对应的码多项式可表示为

$$C(x)=c_{n-1}x^{n-1}+c_{n-2}x^{n-2}+\cdots+c_1x+c_0 \tag{5.4.1}$$

其中 $c_i \in$ GF(2)，则它们之间建立了一一对应关系，上述多项式也称为码字多项式，其中多项式的系数就是码字各分量的值，x 为一个任意实变量，其幂次 i 代表该分量所在位置。

由循环码特性可知，若 $\boldsymbol{C}=(c_{n-1}c_{n-2}\cdots c_1\ c_0)$是循环码的一个码字，则 $\boldsymbol{C}^{(1)}=(c_{n-2}\cdots c_0\ c_{n-1})$也是该循环码的一个码字，它的码多项式为

$$C^{(1)}(x)=c_{n-2}x^{n-1}+\cdots+c_0x+c_{n-1}$$

与式(5.4.1)比较可知

$$C^{(1)}(x)\equiv x\,C(x)\bmod(x^n+1)$$

同样，$xC^{(1)}(x)$对应的码字 $\boldsymbol{C}^{(2)}$ 相当于将码字 $\boldsymbol{C}^{(1)}$ 左移一位，即码字 $\boldsymbol{C}$ 左移两位，由此可得

$$\begin{aligned}C^{(2)}(x)&\equiv c_{n-3}x^{n-1}+\cdots+c_0x^2+c_{n-1}x+c_{n-2}\\&\equiv x\,C^{(1)}(x)\bmod(x^n+1)\\&\equiv x^2\,C(x)\bmod(x^n+1)\end{aligned}$$

以此类推，不难得出循环左移 i 位时，有

$$C^{(i)}(x)\equiv x^i\,C(x)\bmod(x^n+1)\quad(i=0,1,\cdots,n-1)$$

可见，$x^iC(x)$在模 x^n+1 下的余式对应着将码字 $\boldsymbol{C}$ 左移 i 位的码字 $\boldsymbol{C}^{(i)}$。

定理 5.4.1 若 $C(x)$是 n 长循环码中的一个码多项式，则 $x^iC(x)$按模 x^n+1 运算的余式必为循环码中另一码多项式。

为简便起见，上述中的 mod(x^n+1)在码多项式的表示中不一定写出，而通常用类似式(5.4.1)表示。

5.4.1.3 生成多项式

观察循环码的所有码多项式不难发现，除全 0 码外，它存在着一个特殊的多项式，这个多项式在循环码的构成中具有十分重要的意义，它就是该码的最低次多项式。以下几个定理是关于它的特性的。

定理 5.4.2 一个二进制中(n,k)循环码中有唯一的非零最低次多项式 $g(x)$，且其常数项为 1。

证明：设 $g(x)$是码中次数最低的非零码多项式，具有如下形式：

$$g(x)=x^r+g_{r-1}x^{r-1}+\cdots+g_1x+g_0$$

若 $g(x)$ 不唯一，则必存在另一个次数最低的码多项式，例如 $g'(x)=x^r+g'_{r-1}x^{r-1}+\cdots+g'_1x+g'_0$，因为循环码是线性分组码，所以 $g(x)+g'(x)=(g_{r-1}+g'_{r-1})x^{r-1}+\cdots+(g_1+g'_1)x+(g_0+g'_0)$ 是一个次数小于 r 的码多项式。若 $g(x)+g'(x)\neq 0$，则 $g(x)+g'(x)$ 是一个次数小于最低次数 r 的非零码多项式，这显然与 r 是最低次数相矛盾。因此，必有 $g(x)+g'(x)=0$，即 $g(x)=g'(x)$，也即 $g(x)$ 是唯一的。

再证 $g_0=1$。

若 $g_0=0$，则有 $g(x)=x^r+g_{r-1}x^{r-1}+\cdots+g_2x^2+g_1x=x(x^{r-1}+g_{r-1}x^{r-2}+\cdots+g_2x+g_1)$，因为 $g(x)$ 是码多项式，则将其对应的码字右移一位后，得到一非零码多项式

$$x^{r-1}+g_{r-1}x^{r-2}+\cdots+g_2x+g_1$$

也是循环码的码多项式，而它的次数小于 r，这与 $g(x)$ 是次数最低的非零码多项式的假设相矛盾，故 $g_0=1$。 [证毕]

上例(7,4)循环码，只有一个最低次多项式 x^3+x+1，而码中所有码多项式都是它的倍式，即由 x^3+x+1 可生成所有(7,4)循环码，把它称为(7,4)循环码的生成多项式。

定义 5.4.2 若一个码的所有码多项式都是多项式 $g(x)$ 的倍式，则称 $g(x)$ 生成该码，且称 $g(x)$ 为该码的生成多项式，所对应的码字称为**生成子**或**生成子序列**。

定理 5.4.3 GF(2)上的(n,k)循环码中，存在有唯一的 $n-k$ 次首 1 多项式

$$g(x)=x^{n-k}+g_{n-k-1}x^{n-k-1}+\cdots+g_1x+g_0$$

使得每一码多项式 $C(x)$ 都是 $g(x)$ 的倍式，且每一小于或等于 $n-1$ 次的 $g(x)$ 的倍式一定是码多项式。

下面定理给出了循环码的生成多项式 $g(x)$ 应满足的条件。

定理 5.4.4 设 $g(x)$ 是(n,k)循环码$[C(x)]$中的一个次数最低的多项式($g(x)\neq 0$)，则该循环码由 $g(x)$ 生成，并且 $g(x)\mid(x^n+1)$。

综上所述，可得出生成多项式 $g(x)$ 的性质：$g(x)$ 是循环码的码多项式中的一个唯一的最低次多项式，它具有首 1 末 1 的形式。该码集中任一码多项式都是它的倍式，它本身必是多项式 x^n+1 的一个$(n-k)$次的因式，由它可生成 2^k 个码字的循环码。

从以上讨论中，可得到以下重要结论。

(1) 在二元域 GF(2)上找一个(n,k)循环码，就是找一个能除尽 x^n+1 的 $n-k$ 次首 1 多项式 $g(x)$，为了寻找生成多项式，必须对 x^n+1 进行因式分解，这可用计算机来完成。

对于某些 n 值 x^n+1 只有很少的几个因式，因而码长为 n 的循环码不多。仅对于很少的几个 n 值才有较多的因式，在一些参考书上已将因式分解列成表格，有兴趣的读者可查阅有关书籍。

(2) 若 $C(x)$ 是(n,k)码的一个码多项式，则 $g(x)$ 一定除尽 $C(x)$。若 $g(x)\mid C(x)$，则次数小于或等于 $n-1$ 的 $C(x)$ 必是码的码多项式。也就是说若 $C(x)$ 是码多项式，则

$$C(x)\equiv 0 \mod g(x)$$

上述所有结论虽然都在 GF(2)上讨论的，但可以推广到 GF(q)上。

例 5.4.2 GF(2)上多项式 $x^7+1=(x+1)(x^3+x+1)(x^3+x^2+1)$，构造一个(7,3)循环码。

要构造一个(7,3)循环码，就是在 x^7+1 中找一个 $n-k=4$ 次的因式 $g(x)$，作为码的生成多项式，由它的一切倍式就组成了(7,3)循环码。若选 $g(x)=(x^3+x+1)(x+1)=x^4+x^3+x^2+1$，则(7,3)循环码的码多项式与码字列于表 5.4.1 中。由该表可知，该码的 8 个码字可由 $g(x)$、$xg(x)$、$x^2g(x)$ 的线性组合产生出来，而且这三个码多项式是线性无关的，它们构成一组基底。所以生成的循环子空间(循环码)是一个三维子空间 $\mathbf{V}_{7,3}$，对应一个(7,3)循环码。

表 5.4.1　$g(x)=x^4+x^3+x^2+1$ 生成的(7,3)循环码

码多项式	码　字
$g(x)=x^4+x^3+x^2+1$	(0011101)
$xg(x)=x^5+x^4+x^3+x$	(0111010)
$x^2g(x)=x^6+x^5+x^4+x^2$	(1110100)
$(1+x^2)g(x)=x^6+x^5+x^3+1$	(1101001)
$(1+x+x^2)g(x)=x^6+x^4+x+1$	(1010011)
$(1+x)g(x)=x^5+x^2+x+1$	(0100111)
$(x+x^2)g(x)=x^6+x^3+x^2+x$	(1001110)
$0g(x)=0$	(0000000)

在 $x^7+1=(x+1)(x^3+x+1)(x^3+x^2+1)$ 中，若选 $g(x)=(x+1)(x^3+x^2+1)=x^4+x^2+x+1$，则生成另一个循环码。同理，在 x^7+1 的因式中，若选 $g(x)=x^3+x+1$ 或 $g(x)=x^3+x^2+1$，则可构造出两个不同的(7,4)循环码，若选 $g(x)=(x^3+x+1)(x^3+x^2+1)$，则可构造出一个(7,1)循环码，它就是重复码。由此可知，只要知道了 x^n+1 的因式分解式，用它的各个因式的乘积，便能得到很多个不同的循环码。

循环码可由其生成多项式确定，一般用八进制数字表示 $g(x)$。例如，八进制数 13 的二进制表示为 001011，代表 $g(x)=x^3+x+1$。表 5.4.2 列出了几种不同长度下循环 Hamming 码的生成多项式。

表 5.4.2　循环 Hamming 码的生成多项式

m	$n=2^m-1$	$k=2^m-m-1$	$g(x)$
3	7	4	x^3+x+1(13)
4	15	11	x^4+x+1(23)
5	31	26	x^5+x^2+1(45)
6	63	57	x^6+x+1(103)
7	127	120	x^7+x^3+1(211)
8	255	247	$x^8+x^4+x^3+x^2+1$(435)
9	511	502	x^9+x^4+1(1021)
10	1023	1013	$x^{10}+x^3+1$(2011)
11	2047	2036	$x^{11}+x^2+1$(4005)
12	4095	4083	$x^{12}+x^6+x^4+x+1$(10123)

5.4.1.4　循环码的生成矩阵和一致校验矩阵

循环码的生成矩阵可以很容易地由生成多项式得到。由于 $g(x)$ 为 $n-k$ 阶多项式，

以与此相对应的码字作为生成矩阵中的一行，则 $g(x), x^2 g(x), \cdots, x^{k-1} g(x)$ 等多项式必定是线性无关的。把这 k 个多项式相对应的码字作为各行构成的矩阵即为生成矩阵，由各行的线性组合可以得到 2^k 个循环码字。所以循环码的生成矩阵 $\boldsymbol{G}$ 可用以下方法得到。设

$$
\begin{aligned}
& g(x)=g_{n-k} x^{n-k}+g_{n-k-1} x^{n-k-1}+\cdots+g_1 x+g_0 \\
& x g(x)=g_{n-k} x^{n-k+1}+g_{n-k-1} x^{n-k}+\cdots+g_1 x^2+g_0 x \\
& \vdots \\
& x^{k-1} g(x)=g_{n-k} x^{n-1}+g_{n-k-1} x^{n-2}+\cdots+g_1 x^k+g_0 x^{k-1}
\end{aligned}
$$

则码的生成矩阵以多项式形式表示为

$$
\boldsymbol{G}(x)=\begin{bmatrix}
x^{k-1} g(x) \\
x^{k-2} g(x) \\
\vdots \\
g(x)
\end{bmatrix} \tag{5.4.2}
$$

取其系数即得相应的生成矩阵为

$$
\boldsymbol{G}=\begin{bmatrix}
g_{n-k} & g_{n-k-1} & \cdots & g_1 & g_0 & \overbrace{0 \quad 0 \quad \cdots \quad 0}^{k-1} \\
0 & g_{n-k} & g_{n-k-1} & \cdots & g_1 & g_0 \quad 0 \quad \cdots \quad 0 \\
\vdots & \vdots & & & & \\
\underbrace{0 \quad \cdots \quad 0}_{k-1} & \multicolumn{5}{c}{\underbrace{g_{n-k} \quad g_{n-k-1} \quad \cdots \quad g_1 \quad g_0}_{n-k+1}}
\end{bmatrix}
$$

由式(5.3.3)可知，输入信息组为 $(m_{k-1}, \cdots, m_0)$ 时，相应的码多项式为

$$
\begin{aligned}
C(x) & =(m_{k-1}, m_{k-2}, \cdots, m_0) \boldsymbol{G}(x) \\
& =(m_{k-1} x^{k-1}+m_{k-2} x^{k-2}+\cdots+m_0) g(x)
\end{aligned}
$$

这表明，所有码多项式一定是 $g(x)$ 的倍式。

由式(5.4.2)所示生成矩阵得到的循环码并非系统码。在系统码中码的最左 k 位是信息码元，随后是 $n-k$ 位校验码元。这相当于码多项式 $C(x)$ 的第 $n-1$ 次至 $n-k$ 次的系数是信息位。其余的是校验位

$$
\begin{aligned}
C(x) & =m_{k-1} x^{n-1}+\cdots+m_0 x^{n-k}+r_{n-k-1} x^{n-k-1}+\cdots+r_0 \\
& =m(x) x^{n-k}+r(x) \equiv 0, \bmod g(x)
\end{aligned} \tag{5.4.3}
$$

式中：$m(x)=m_{k-1} x^{k-1}+\cdots+m_1 x+m_0$ 是信息多项式；$r(x)=r_{n-k-1} x^{n-k-1}+\cdots+r_1 x+r_0$ 是校验元多项式，它的系数 $(r_{n-k-1}, \cdots, r_1, r_0)$ 就是信息组 $(m_{k-1}, \cdots, m_1, m_0)$ 的校验元。由式(5.4.3)可知

$$
-r(x)=-C(x)+m(x) x^{n-k}=m(x) x^{n-k}, \bmod g(x) \tag{5.4.4}
$$

而 $-r(x)$ 是 $r(x)$ 中的每一个系数取加法逆元，在 GF(2)中加法和减法等效，即

$$
-r_i=r_i, \quad -r(x)=r(x)
$$

由上式可知，构造系统循环码时，只需将信息码多项式升 $n-k$ 阶（乘以 x^{n-k}），然后以

$g(x)$为模，所得余式$r(x)$的系数即为校验元。因此，系统循环码的编码过程就变成用除法求余的问题。

系统码的生成矩阵必为典型形式$\boldsymbol{G}=[\boldsymbol{I}_k \quad \boldsymbol{P}]$，与单位矩阵$\boldsymbol{I}_k$每行对应的信息多项式为

$$m_i(x)=m_i x^{k-i}=x^{k-i} \quad (i=1,2,\cdots,k)$$

由式(5.4.4)可得相应的校验多项式为

$$r_i(x)\equiv x^{k-i}x^{n-k}\equiv x^{n-i} \bmod g(x) \quad (i=1,2,\cdots,k) \tag{5.4.5}$$

由此得到生成矩阵中每行的码多项式为

$$C_i(x)=x^{n-i}+r_i(x) \quad (i=1,2,\cdots,k)$$

因此，系统循环码生成矩阵多项式的一般表示为

$$\boldsymbol{G}(x)=\begin{bmatrix} C_1(x) \\ C_2(x) \\ \vdots \\ C_k(x) \end{bmatrix}=\begin{bmatrix} x^{n-1}+r_1(x) \\ x^{n-2}+r_2(x) \\ \vdots \\ x^{n-k}+r_k(x) \end{bmatrix} \tag{5.4.6}$$

例 5.4.3 已知(7,4)系统码的生成多项式为$g(x)=x^3+x^2+1$，求生成矩阵。

解： 由式(5.4.5)可得

$$\begin{aligned} r_1(x) &\equiv x^6 \equiv x^2+x && \bmod g(x) \\ r_2(x) &\equiv x^5 \equiv x+1 && \bmod g(x) \\ r_3(x) &\equiv x^4 \equiv x^2+x+1 && \bmod g(x) \\ r_4(x) &\equiv x^3 \equiv x^2+1 && \bmod g(x) \end{aligned}$$

因此，生成矩阵多项式表示为

$$\boldsymbol{G}(x)=\begin{bmatrix} x^6+x^2+x \\ x^5+x+1 \\ x^4+x^2+x+1 \\ x^3+x^2+1 \end{bmatrix}$$

由多项式系数得到的生成矩阵为

$$\boldsymbol{G}=\left[\begin{array}{cccc:ccc} 1 & 0 & 0 & 0 & 1 & 1 & 0 \\ 0 & 1 & 0 & 0 & 0 & 1 & 1 \\ 0 & 0 & 1 & 0 & 1 & 1 & 1 \\ 0 & 0 & 0 & 1 & 1 & 0 & 1 \end{array}\right]=[\boldsymbol{I}_4 \quad \boldsymbol{P}]$$

由于$g(x)$能除尽x^n+1，因此有

$$\begin{aligned} x^n+1 &= g(x)h(x) \\ &= (g_{n-k}x^{n-k}+\cdots+g_1x+g_0)(h_kx^k+\cdots+h_1x+h_0) \end{aligned}$$

由此可推出循环码的一致校验矩阵，即

$$
\boldsymbol{H}=\begin{bmatrix}
h_0 & h_1 & \cdots & h_k & & & & \\
 & & & & & & 0 & \\
 & h_0 & h_1 & \cdots & h_k & & & \\
 & & \ddots & & \ddots & & \ddots & \\
0 & & & & & & & \\
 & & & & h_0 & h_1 & \cdots & h_k
\end{bmatrix}
$$
$$\underbrace{\qquad\qquad}_{n-k-1}\quad\underbrace{\qquad\qquad\qquad}_{k+1}$$

它完全由 $h(x)$ 的系数决定，故称 $h(x)$ 是循环码的校验多项式。

可以验证，有 $\boldsymbol{G}\boldsymbol{H}^{\mathrm{T}}=0$。式中：$\boldsymbol{0}$ 是一个 $k\times(n-k)$ 零矩阵。

同理，以上 $\boldsymbol{H}$ 矩阵是非标准型的，若要得到标准型 $\boldsymbol{H}$ 矩阵，可利用 $\boldsymbol{H}$ 与 $\boldsymbol{G}$ 的关系。也可由式(5.4.6)得出

$$\boldsymbol{H}=[\boldsymbol{P}^{\mathrm{T}}\ \vdots\ \boldsymbol{I}_{n-k}]=[r_1^{\mathrm{T}}r_2^{\mathrm{T}}\cdots r_k^{\mathrm{T}}\boldsymbol{I}_{n-k}]$$

另外，可定义 $h(x)$ 的互反多项式为

$$h^*(x)=x^k h(x^{-1})=h_0 x^k+h_1 x^{k-1}+\cdots+h_k$$

可见，$\boldsymbol{H}$ 矩阵可由下述的多项式矩阵的系数构成，即由 $h(x)$ 的互反多项式 $h^*(x)$ 循环移位得到的 r 组互不相关的多项式系数矢量构成。

仿照线性分组码，称 $\boldsymbol{H}$ 为循环码的一致校验矩阵：

$$
\boldsymbol{H}(x)=\begin{pmatrix}
x_{r-1}h^*(x)\\
\vdots\\
x_2h^*(x)\\
x_1h^*(x)\\
h^*(x)
\end{pmatrix}
$$

定义一个矩阵是生成矩阵还是校验矩阵，主要是看它们在编码过程中所起的作用。由于 $\boldsymbol{H}$ 矩阵与 $\boldsymbol{G}$ 矩阵彼此正交，所以两者的作用可以互换。若 $g(x)$ 生成一 (n,k) 循环码，那么 $h^*(x)$ 可生成 $(n,n-k)$ 循环码，$h(x)$ 也可作为生成多项式得到一 $(n,n-k)$ 循环码。

定义 5.4.3 以 $g(x)$ 作为生成多项式生成的 (n,k) 循环码和以 $h^*(x)$ 作为生成多项式生成的 $(n,n-k)$ 循环码互为**对偶码**，而以 $g(x)$ 作为生成多项式生成的 (n,k) 循环码和以 $h(x)$ 作为生成多项生成的 $(n,n-k)$ 循环码互为**等效对偶码**。

由 $\boldsymbol{G}$ 和 $\boldsymbol{H}$ 的正交性可以证明对偶码是互为正交的。而等效对偶码相互不满足正交性。

5.4.2 循环码的编码及其实现

中文教学录像

视频

一旦确定了循环码的生成多项式 $g(x)$，就完全确定了码。循环码的每个码多项式 $C(x)=g(x)m(x)$ 都是 $g(x)$ 的倍式。对系统码来说，就是已知信息多项式 $m(x)$ 求 $m(x)x^{n-k}$ 被 $g(x)$ 除以后的余式 $r(x)$。所以，循环码的编码器就是 $m(x)$ 乘 $g(x)$ 的乘法器，或者是 $g(x)$ 除法电路。另外，循环码的译码实际上也是用 $g(x)$ 去除接收多项式

$R(x)$，检测余式结果，因此，多项式乘法及除法是编译码的基本运算。本节首先介绍作为编译码电路核心的多项式除法电路，这里主要针对二进制编译码；然后讨论编码电路，对于多进制循环码，即 GF(q)上循环码的电路可以此类推。

5.4.2.1 多项式除法运算电路

设 GF(2)上两个多项式为

$$g(x)=g_r x^r + g_{r-1} x^{r-1} + \cdots + g_1 x + g_0,\quad g_r = 1$$

$$A(x)=a_k x^k + a_{k-1} x^{k-1} + \cdots + a_1 x + a_0,\quad k \geqslant r$$

用 $g(x)$去除任意多项式 $A(x)$的电路即为 $g(x)$除法电路，如图 5.4.2 所示。

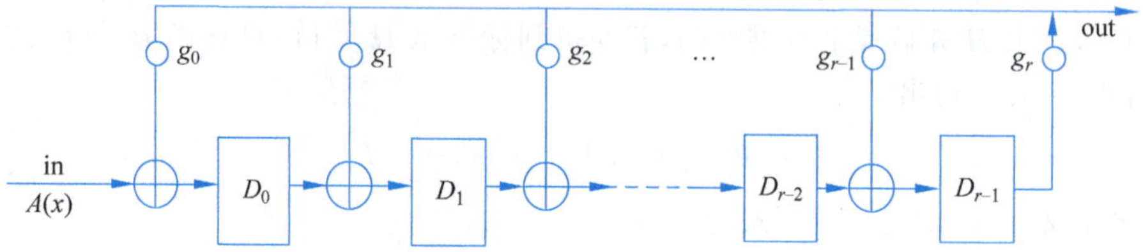

图 5.4.2 $g(x)$除法电路

可以证明，用 r 次多项式 $g(x)$去除任意 k 次多项式 $A(x)$，经 $k+1$ 拍各移位寄存器的存数即为余式，电路输出商比输入序列固定延迟 r 拍。

例 5.4.4 设被除式 $A(x)$与除式 $B(x)$都是 GF(2)上的多项式，且

$$A(x)=x^4+x^3+1,\quad B(x)=x^3+x+1$$

完成除以 $B(x)=x^3+x+1$ 的电路示于图 5.4.3 中。GF(2)上多项式的系数仅取 0 和 1，系数为 1 的逆元仍是 1，相加和相减相同，所以当 $b_i \neq 0$ 时，b_i^{-1} 与 $-b_i$ 均为一直线。

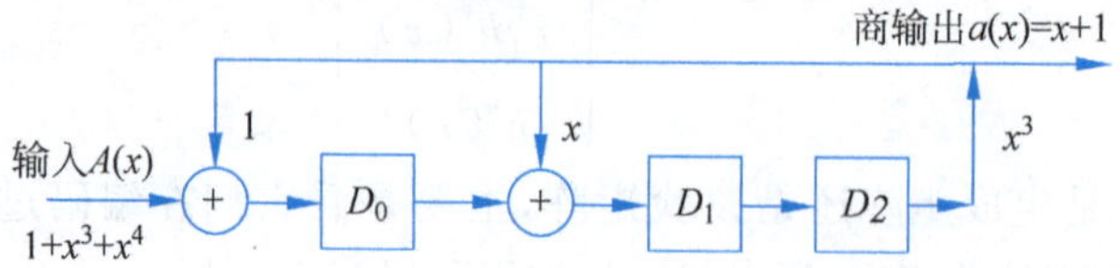

图 5.4.3 除 $B(x)=x^3+x+1$ 的电路

完成上述两个多项式相除的长除法算式如下：

$$x^4+x^3+1=(x+1)(x^3+x+1)+x^2$$

这里商为 $x+1$，余式为 x^2。表 5.4.3 给出了图 5.4.3 电路除 x^4+x^3+1 的运算过程，$r+1=4$ 次移位后得到商 x 项的系数，$k+1=5$ 次移位后，完成了整个除法运算，在移位寄存器中保存的数(001)，代表余式($x^0\ x^1\ x^2$)的系数。

表 5.4.3 $B(x)$除 x^4+x^3+1 的运算过程

节拍	输入	移位寄存器内容			输出
		$D_0(x^0)$	$D_1(x^1)$	$D_2(x^2)$	
0	0	0	0	0	0
1	$1(x^4)$	1	0	0	0

续表

节拍	输入	移位寄存器内容			输出
		$D_0(x^0)$	$D_1(x^1)$	$D_2(x^2)$	
2	$1(x^3)$	1	1	0	0
3	$0(x^2)$	0	1	1	0
4	$0(x)$	1	1	1	$1(x)$
5	$1(x^0)$	0	0	1	$1(x^0)$
			余式		商式

5.4.2.2 循环码编码器

1. $n-k$ 级编码器

利用生成多项式 $g(x)$ 实现编码是编码电路的常用方法。若已知信息位为 k，纠错能力为 t，则可以按循环码的性质设计一套循环码。

首先可以根据式

$$2^r-1\geqslant\sum_{i=1}^{t}\mathrm{C}_n^i$$

求出所需要的 n，$r=n-k$。求出 n 以后，再从 x^n+1 的因式中找出 $g(x)$ 生成多项式。该多项式最高次数为 $n-k$，记为$\partial^0 g(x)=n-k$，由 $g(x)$ 生成的码 $\boldsymbol{C}$ 就是满足要求的循环码。

现在的问题是给定 $g(x)$ 以后，在电路上如何实现编码？下面研究这个问题。

$n-k$ 级编码器有两种：一是 $g(x)$ 的乘法电路；二是 $g(x)$ 的除法电路。前者主要利用方程式 $C(x)=m(x)g(x)$ 进行编码，但这样编出的码为非系统码；后者是系统码编码器中常用的电路。这里只介绍系统码的编码电路。

设从信源输入编码器的 k 位信息组多项式

$$m(x)=m_{k-1}x^{k-1}+\cdots+m_1x+m_0$$

若要编出系统码的码字，则由式(5.4.3)和式(5.4.4)可知

$$C(x)=m(x)x^{n-k}+r(x)$$

$$r(x)\equiv m(x)x^{n-k}\quad \bmod g(x)$$

系统码的编码器就是信息组 $m(x)$ 乘 x^{n-k}，然后用 $g(x)$ 除，求余式 $r(x)$ 的电路。

下面以二进制(7,4)Hamming 码为例说明。设码的生成多项式 $g(x)=x^3+x+1$，其系统码编码器示于图 5.4.4。

编码过程如下。

(1) 三级移位寄存器初态全为 0，门 1 断开，门 2 接通。信息组以高位先入的次序送入电路，一方面经或门输出，另一方面送入 $g(x)$ 除法电路右端，这相应于完成 $x^{n-k}m(x)$ 的除法运算。

(2) 4 次移位后，信息组全部通过或门输出，它就是系统码码字的前 4 个信息元，与此同时它也全部进入 $g(x)$ 电路，完成除法。此时在移位寄存器中的存数就是余式 $r(x)$

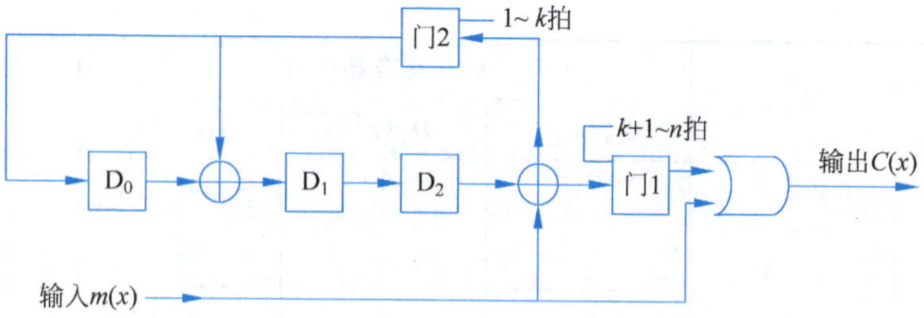

图 5.4.4 (7,4)Hamming 码三级除法编码器

的系数,也就是码字的校验元(c_2,c_1,c_0)。

(3) 门 1 接通,门 2 断开,再经 3 次移位后,移存器中的校验元(c_2,c_1,c_0)跟在信息组后面,形成一个码字($c_6=m_3,c_5=m_2,c_4=m_1,c_3=m_0,c_2,c_1,c_0$)从编码器输出。

(4) 门 1 断开,门 2 接通,送入第二组信息组,重复上述过程。

表 5.4.4 列出该编码器的工作过程。输入信息组是(1001),7 次移位后输出端得到了已编好的码字(1001110)。

表 5.4.4 (7,4)Hamming 码编码的工作过程

节拍	信息组输入	移位寄存器内容			输出
		$D_0(x^0)$	$D_1(x^1)$	$D_2(x^2)$	
0		0	0	0	
1	1	1	1	0	1
2	0	0	1	1	0
3	0	1	1	1	0
4	1	0	1	1	1
5		0	0	1	1 (校验元)
6		0	0	0	1 (校验元)
7		0	0	0	0 (校验元)

2. k 级编码器

编码问题就是已知信息元 $c_{n-1},c_{n-2},\cdots,c_{n-k}$,如何唯一求出校验位 $c_{n-k-1},\cdots,c_0$,上述提到的编码方式是利用生成多项式来确定校验位,那么另一种编码方法则是用校验多项式来确定校验位。

k 级编码器是根据校验多项式

$$h(x)=h_kx^k+\cdots+h_1x+h_0$$

构造的。其电路如图 5.4.5 所示。

如果移位寄存器初始状态从右至左是 $c_{n-1}\sim c_{n-k}$ 的 k 个信息元,经过 n 拍就能输出 $c_{n-1}\sim c_0$ 全部码元完成编码。此电路需要 k 级移位寄存器。

一般来说,当 $k>r$ 时,使用第一种 $n-k$ 级编码器较好($g(x)$编码);当 $k<r$ 时,使用第二种 k 级编码器较好($h(x)$编码)。按上述条件设计的编码器可使用较少的移位寄存器。

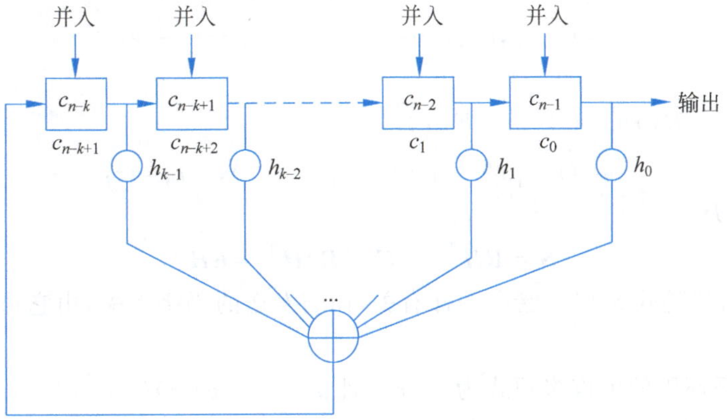

图 5.4.5 循环码的 k 级编码

5.4.3 循环码译码及其实现

当一个码矢量通过噪声信道传送时，会遇到噪声干扰而产生错码，即在接收端所收到的矢量 $\boldsymbol{R}$ 可能与发送端码字不同。已经分析过 $\boldsymbol{R}$ 与 $\boldsymbol{C}$ 有如下关系：

中文教学录像

$$\boldsymbol{R}=\boldsymbol{C}+\boldsymbol{E} \tag{5.4.7}$$

式中：$\boldsymbol{E}$ 为错型矢量。

当然，式(5.4.7)也可以写成多项式的关系：

$$R(x)=C(x)+E(x) \tag{5.4.8}$$

视频

式中

$$R(x)=r_{n-1}x^{n-1}+r_{n-2}x^{n-2}+\cdots+r_1x+r_0$$

$$C(x)=c_{n-1}x^{n-1}+c_{n-2}x^{n-2}+\cdots+c_1x+c_0$$

$$E(x)=e_{n-1}x^{n-1}+e_{n-2}x^{n-2}+\cdots+e_1x+e_0$$

从式(5.4.7)、式(5.4.8)中可以看到接收矢量含有码字矢量的信息和错误图样的信息。译码就是研究各种译码方法，选择和设计适当的译码电路，用于对 $\boldsymbol{R}$ 进行检错或纠错。

对于一组确定的循环码来说，从码字本身的代数结构来讲它的性质是确定的。即它的检错纠错能力是确定的。实际应用中由于采用不同的译码方法，实际达到的检、纠错能力并不等于码字所具有的能力。因此，衡量一种译码方法的优劣不单考虑检、纠错能力(当然这是最重要的指标)，还要考虑它的复杂程度和计算速度。下面就循环码译码的几种主要方法进行研究。

5.4.3.1 伴随式的计算

设发送的码字 $\boldsymbol{C}=(c_{n-1},c_{n-2},\cdots,c_1,c_0)$，其码字多项式 $C(x)=(c_{n-1}x^{n-1}+\cdots+c_1x+c_0)$(以后不再严格区分码字与码多项式)，信道产生的错误图样 $\boldsymbol{E}=(e_{n-1},e_{n-2},\cdots,e_1,e_0)$，译码器收到的 n 重

$$\begin{aligned}\boldsymbol{R}&=\boldsymbol{C}+\boldsymbol{E}\\&=(c_{n-1}+e_{n-1},c_{n-2}+e_{n-2},\cdots,c_1+e_1,c_0+e_0)\end{aligned}$$

$$=(r_{n-1},r_{n-2},\cdots,r_1,r_0),\quad r_i=c_i+e_i$$

或

$$\begin{aligned}R(x)&=C(x)+E(x)\\&=(r_{n-1}x^{n-1}+\cdots+r_1x+r_0),\quad r_i=c_i+e_i\end{aligned}$$

相应的伴随式为

$$\boldsymbol{S}=\boldsymbol{R}\boldsymbol{H}^{\mathrm{T}}=(\boldsymbol{C}+\boldsymbol{E})\boldsymbol{H}^{\mathrm{T}}=\boldsymbol{E}\boldsymbol{H}^{\mathrm{T}}$$

由此可知，伴随式 $\boldsymbol{S}$ 仅与错误图样有关，而与发送的码字无关，由它可计算出错误图样 $\boldsymbol{E}$。

设(n,k)循环码的生成多项式为 $g(x)$，且 $x^n+1=g(x)h(x)$，$\partial^0 g(x)=n-k$。该码的一致校验矩阵为

$$\boldsymbol{H}=[\tilde{\boldsymbol{x}}^{n-1^{\mathrm{T}}}\quad \tilde{\boldsymbol{x}}^{n-2^{\mathrm{T}}}\quad \cdots\quad \tilde{\boldsymbol{x}}^{\mathrm{T}}\quad \tilde{\boldsymbol{1}}^{\mathrm{T}}]$$

式中：$\tilde{\boldsymbol{x}}^i\equiv\boldsymbol{x}^i \bmod g(x)(i=0,1,\cdots,n-1)$。

所以

$$\boldsymbol{S}=\boldsymbol{R}\boldsymbol{H}^{\mathrm{T}}=(r_{n-1},r_{n-2},\cdots,r_1,r_0)\begin{bmatrix}\tilde{\boldsymbol{x}}^{n-1}\\\tilde{\boldsymbol{x}}^{n-2}\\\vdots\\\tilde{\boldsymbol{x}}^{1}\\\tilde{\boldsymbol{x}}^{0}\end{bmatrix}$$

$$=(c_{n-1},\cdots,c_1,c_0)\begin{bmatrix}\tilde{\boldsymbol{x}}^{n-1}\\\tilde{\boldsymbol{x}}^{n-2}\\\vdots\\\tilde{\boldsymbol{x}}^{1}\\\tilde{\boldsymbol{x}}^{0}\end{bmatrix}+(e_{n-1},\cdots,e_1,e_0)\begin{bmatrix}\tilde{\boldsymbol{x}}^{n-1}\\\tilde{\boldsymbol{x}}^{n-2}\\\vdots\\\tilde{\boldsymbol{x}}^{1}\\\tilde{\boldsymbol{x}}^{0}\end{bmatrix}$$

由此式可知相应的多项式表示为

$$S(x)\equiv C(x)+E(x)\equiv R(x)\equiv E(x) \bmod g(x) \tag{5.4.9}$$

根据欧几里得除法，有

$$R(x)=R_g(x)+g(x)q(x)$$
$$E(x)=E_g(x)+g(x)q_1(x)$$

因此式(5.4.9)又可表示为

$$S(x)=R_g(x)=E_g(x) \tag{5.4.10}$$

式中：$R_g(x)$、$E_g(x)$分别是 $R(x)$、$E(x)$被 $g(x)$除后所得的余式。两式表明循环码的伴随式计算电路就是一个 $g(x)$除法电路，伴随式 $S(x)$就是 $g(x)$除 $R(x)$后所得的余式。如果接收的矢量 $R(x)$没有错误，$E(x)=0$，则 $S(x)=0$；否则，$S(x)\neq0$(在码的检错能力以内)。因此，循环码的检错电路非常简单，就是一个 $g(x)$除法电路。收到 $R(x)$后送入 $g(x)$除法电路运算，若最后得到的余式为 0，则说明 $E(x)=0$，接收到的 $R(x)$就是一个码字；若不为 0，则说明接收到的 $R(x)$不是码字。

由式(5.4.9)或式(5.4.10)看出，若$\partial^0 E(x)<\partial^0 g(x)=n-k$，或 $E(x)=x^iE_1(x)$，

$\partial^0 E_1(x) < \partial^0 g(x)$，则 $S(x) \neq 0 (\bmod g(x))$。这说明(n,k)循环码至多能检测长度等于 $n-k$ 的突发错误，以及检测使 $S(x) \equiv E(x) \neq 0 (\bmod g(x))$的所有错误图样 $E(x)$。

用 $g(x)$除法电路计算伴随式的电路(伴随式计算电路)有如下几个很重要的特点。

定理 5.4.5 若 $S(x)$是 $R(x)$的伴随式，则 $R(x)$的循环移位 $xR(x)$(在模 x^n+1 运算下)的伴随式 $S_1(x)$，是 $S(x)$在伴随式计算电路中无输入时(自发运算)右移一位的结果，即

$$S_1(x) \equiv xS(x) \bmod g(x)$$

证明： 由伴随式定义可知，$xR(x)$的伴随式为

$$\begin{aligned} S_1(x) &\equiv xR(x) \bmod g(x) \\ &= x[R_g(x) + g(x)q(x)] \bmod g(x) \\ &= xR_g(x) \bmod g(x) \end{aligned}$$

由式(5.4.10)可知

$$xS(x) = [xR_g(x) + xq(x)g(x)] \bmod g(x)$$

两式相减可得

$$xS(x) - S_1(x) = xq(x)g(x) \equiv 0 \bmod g(x)$$

因此

$$S_1(x) \equiv xS(x) \bmod g(x)$$

5.4.3.2 循环码的通用译码算法

循环码属于线性分组码，其基本的译码方法也是伴随式译码，只不过由于其具有循环移位特性，可以多项式进行表示和计算，故而循环码的伴随式译码是基于多项式计算，具体过程如下。

(1) 计算接收多项式 $R(x)$对应的伴随式 $S(x)$。

(2) 根据伴随式 $S(x)$查表寻找对应的错误图样多项式(陪集首项)。

(3) 把接收多项式和错误图样多项式相加得到完成纠错的码字多项式。

循环码的通用译码器如图 5.4.6 所示。

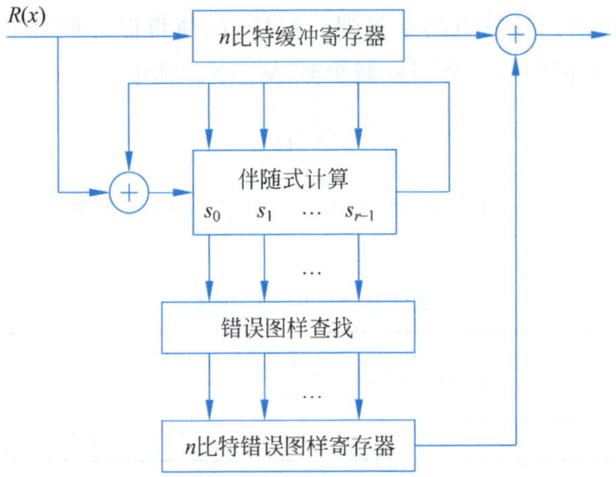

图 5.4.6 循环码的通用译码器

译码之前首先把寄存器清零，接着接收多项式 $R(x)$ 从高位到低位依次输入到“n 比特缓冲寄存器”，把接收矢量保存起来；同时接收多项式 $R(x)$ 输入到伴随式计算电路，这是一个除法电路。当 $R(x)$ 全部进入伴随式计算电路后，在移位寄存器中存放的就是相应的伴随式。用 $r=n-k$(bit)的伴随式作为地址去查找 n(bit)的错误图样，把错误图样放在 n 比特错误形式寄存器中；然后 n 比特缓冲寄存器中存放的接收矢量与 n(bit)错误图样同步输出并相加，达到纠错的目的。

伴随式计算电路和缓冲寄存电路都比较容易实现，困难的是从伴随式去查找错误图样。对于一个 (n,k) 循环码来说伴随式长度为 $(n-k)$，地址数目为 2^{n-k}，当 n 和 k 很大时，无法实现这样查表，所以要利用循环码的代数特征来简化查表复杂性。

5.4.3.3 梅吉特译码器

定理 5.4.6 $x^jR(x)$ 的伴随式 $S_j(x)\equiv x^jS(x)\bmod g(x)$，$(j=0,1,\cdots,n-1)$。而任意多项式 $a(x)$ 乘 $R(x)$ 所对应的伴随式

$$S_a(x)\equiv a(x)S(x)\bmod g(x)$$

伴随式计算电路的这些性质在循环码的译码运算中非常有用。若 $C(x)$ 是循环码 $\boldsymbol{C}$ 的一个码字，则 $xC(x)\in\boldsymbol{C}$。因此，若 $S(x)\equiv E(x)\bmod g(x)$ 是 $R(x)=C(x)+E(x)$ 的伴随式，则 $xS(x)\equiv xE(x)\bmod g(x)$ 就是 $xR(x)=xC(x)+xE(x)$ 的伴随式。也就是说，若 $E(x)$ 是一个可纠正的错误图样（陪集首），则 $E(x)$ 的循环移位 $xE(x)$ 也是一个可纠正的错误图样。一般来说 $x^jE(x)(1\leqslant j\leqslant n-1)$ 也是可纠正的错误图样。可以根据这种循环关系划分错误图样，把任一特定的错误图样及其所有循环移位作为一类。例如，可将错误图样 100…0，0100…0，0010…0，00…01 作为一类，并将第一位开头为非零的错误图样 100…0 作为此类错误图样的代表。这时，对于二进制码，若码要纠正小于或等于 t 个错误，则错误图样代表共有

$$N_1=\sum_{j=1}^{t}\mathrm{C}_{n-1}^{j-1}\text{（个）}\tag{5.4.11}$$

译码时，只要知道这些代表错误图样的伴随式，该类中其他错误图样的伴随式都可由此代表图样伴随式在伴随式计算电路中得到。这样，就使得循环码译码器的错误图样识别电路大为简化，由原来识别 N_2 个图样减少到 N_1 个。其中

$$N_2=\sum_{j=1}^{t}\mathrm{C}_{n}^{j}\text{（个）}\tag{5.4.12}$$

例如，$n=63$，$t=4$，由式(5.4.11)和式(5.4.12)计算译码器所需识别的错误图样个数如表 5.4.5 所示。

表 5.4.5 N_1，N_2 比较

t	1	2	3	4
N_1	1	63	1954	39774
N_2	63	2016	41727	637382

一般来说，纠错码译码设备的复杂性主要取决于伴随式找出错误图样的识别电路或

组合逻辑电路的复杂性。由表5.4.5可知，虽然循环码识别错误图样的个数比一般非循环码大为减少，但随着 n、t 的加大，需要识别的错误代表个数 N_1 仍增加很快，以致难以实现。因此，利用组合逻辑电路识别错误图样代表的方法仅适合于 n、t 较小的情况。若 n、t 都较大，则必须利用循环码的其他特点寻找更为简单和巧妙的译码方法，这就是纠错码理论研究和实际应用中引人注目的问题之一。

例 5.4.5 二进制(7,4)循环 Hamming 码，它的 $g(x)=x^3+x+1$，相应的校验矩阵为

$$\boldsymbol{H}=[\tilde{x}^{6\,T}\tilde{x}^{5\,T}\tilde{x}^{4\,T}\tilde{x}^{3\,T}\tilde{x}^{2\,T}\tilde{x}^{1\,T}\tilde{x}^{0\,T}]\bmod g(x)=\begin{bmatrix}1&1&1&0&1&0&0\\0&1&1&1&0&1&0\\1&1&0&1&0&0&1\end{bmatrix}$$

可见，该码的 $d_0=3$，可纠 $t=1$ 位错码。由式(5.4.11)知，构造此译码器的错误图样识别电路时，只要识别一个图样 $\boldsymbol{E}_6=(1000000)$ 就够了，该图样的伴随式就是 $\boldsymbol{H}$ 的第一列(101)。而 E_6 错误图样的识别电路就是一个检测伴随式是否为(101)的电路。由此可得如图5.4.7所示的译码电路。图中的伴随式计算电路就是一个 $g(x)=x^3+x+1$ 的除法电路，而有3个输入端的与门和反相器，组成了识别(101)的伴随式识别器。译码器的译码过程如表5.4.6。

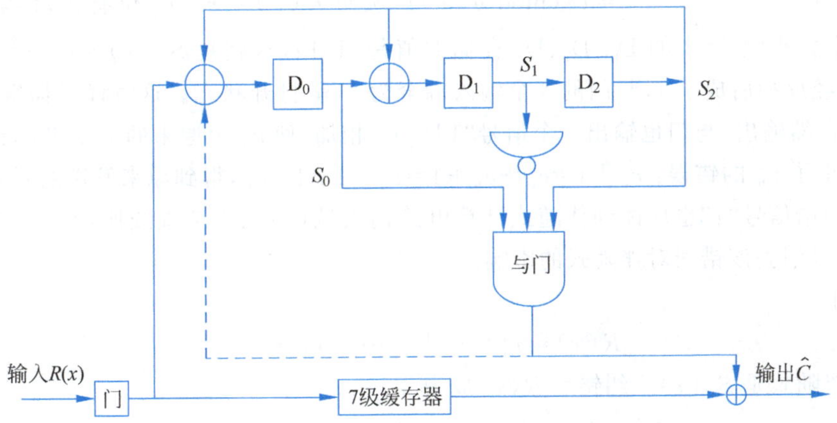

图 5.4.7 (7,4)循环 Hamming 码译码器

表 5.4.6 图 5.4.7 译码器的译码过程

节拍	输入 $R(x)$	伴随式计算电路			与门输出	缓存输出	译码器输出
		D_0	D_1	D_2			
0		0	0	0			
1	$1(x^6)$	1	0	0			
2	$0(x^5)$	0	1	0			
3	$0(x^4)$	0	0	1			
4	$0(x^3)$	1	1	0			
5	$0(x^2)$	0	1	1			
6	$1(x)$	0	1	1			
7	$1(x^0)$	0	1	1			

续表

节拍	输入 $R(x)$	伴随式计算电路			与门输出	缓存输出	译码器输出
		D_0	D_1	D_2			
8		1	1	1		1	1
9		1	0	1		0	0
10		0	0	0	1	0	1
11		0	0	0		0	0
12		0	0	0		0	0
13		0	0	0		1	1
14		0	0	0		1	1

具体过程如下。

(1) 开始译码时"门"接通，移位寄存器内容全为0。收到的 $R(x)=r_6x^6+\cdots+r_0$，以高次项系数(r_6)至低次项系数的次序，一方面送入7级缓存器，另一方面送入 $g(x)$ 除法电路计算伴随式。7次移位后，$R(x)$ 的系数全部存入缓存器，$g(x)$ 电路也得到了伴随式 $S_0(x)$，此时"门"断开，禁止输入。

(2) 若 $S(x)\equiv 1+x^2\equiv x^6(\mathrm{mod}\ g(x))$，说明 $E(x)=x^6$，r_6 位有错，伴随式计算($g(x)$除法器)电路中的 D_0、D_1、D_2 存储的值是(101)，这就是 $S_0(x)=1+x^2$ 的系数。D_1 的0经反相后成了1，与门的3个输入端全为1，呈打开状态。这时译码器继续移位，r_6 从缓存器输出，与门也输出一个信号"1"与 r_6 相加，使 r_6 由原来的1变成0，或由0变成1，纠正了 r_6 的错误：$r_6+1=c_6+e_6+1=c_6+1+1=c_6$，得到原来发送的码元。此时与门的纠错信号"1"也反馈到伴随式计算电路输入端(图5.4.7虚线所示)，对伴随式进行修正，以消去该错误对伴随式的影响。

由于

$$R(x)=r_{n-1}x^{n-1}+\cdots+r_1x+r_0$$

相应的伴随式是 $S_0(x)$。纠错后 $R(x)$ 成为

$$R'_1(x)=(r_{n-1}+1)x^{n-1}+\cdots+r_1x+r_0$$

与 $R'_1(x)$ 相应的伴随式

$$S'_1(x)\equiv S_0(x)+x^{n-1}\mathrm{mod}\ g(x)$$

因为纠错是在第 $n+1$ 次移位进行的，所以 $R'_1(x)$ 成为

$$R_1(x)=xR'_1(x)\equiv r_{n-2}x^{n-1}+\cdots+r_0x+r_{n-1}+1\ \mathrm{mod}(x^n-1)$$

相应的伴随式

$$S_1(x)\equiv xS'_1(x)=xS_0(x)+x^n\equiv xS_0(x)+1\ \mathrm{mod}\ g(x)$$

由于 $S_1(x)$ 是 $xR'_1(x)$ 的伴随式，而 $xS_0(x)$ 是 $xR(x)$ 的伴随式，也就是 $xE(x)$ 的伴随式，因此为了得到真正的 $xR(x)$ 的伴随式，就必须从 $S_1(x)$ 中消去"1"，也就是在伴随式计算电路输入端加1。

例如，第7次移位后，若 $S_0=1+x^2$，说明 r_6 有错，第8次移位时对 r_6 进行纠错，纠错信号"1"输入到 $g(x)$ 电路输入端，结果使 $g(x)$ 移位寄存器中的内容成为(000)，消除

了 e_6 的影响。

(3) 若 $E(x)=x^5$，则 $S_0(x)\equiv x^5\equiv x^2+x+1 \bmod g(x)$，此时与门不打开，说明 r_6 正确。这时伴随式计算电路和缓存器各移位一次，r_6 输出，r_5 移到缓存器最右一级，伴随式计算电路得到的伴随式为

$$S_1(x)\equiv xS_0(x)\equiv xE(x)\equiv x^2+1 \bmod g(x)$$

因此再移动一次，与门输出的纠正信号"1"正好与缓存器输出的 $r_5=c_5+1$ 相加，得到了 c_5，从而完成了纠错。若 r_5 不错，则重复上述过程一直到译完一个码字为止。

已知 $R(x)=x^6+x+1$，$E(x)=x^4$。由表 5.4.6 可知，到第 10 个节拍，与门输出一个"1"纠正 r_4，最后译码器输出码字(1010011)。

从上述译码过程可知，译一组码共需 14($2n$)个节拍，仅当第一组的 $R(x)$ 移出 7 级缓存器后才能接收第二组的 $R(x)$。为了使译码连续，必须再加一个伴随式计算电路，如图 5.4.8 所示。开始工作时，所有移存器的存数全为 0，门 1 接通、门 2 断开。当 $k=4$ 次移位后，4 级缓存器接收了前面的 4 个信息位(对系统码而言)，此时门 1 断开，并使 4 级缓存器停止移位。再移动 $n-k=3$ 次后，$g(x)$ 除法电路得到了伴随式 $S_0(x)$，此时门 2 接通，把上边 $g(x)$ 除法电路得到的伴随式送到下面的伴随式计算电路中，随即门 2 断开，且上边 $g(x)$ 除法电路立即清除为 0。门 1 再次接通，4 级缓存器一边送出第一组的信息，一边接收第二组 $R(x)$ 的前 k 位信息组。与此同时，上边伴随式计算电路计算第二组 $R(x)$ 的伴随式，而下边伴随式计算电路通过自发运算对第一组 $R(x)$ 中的信息元进行纠错。

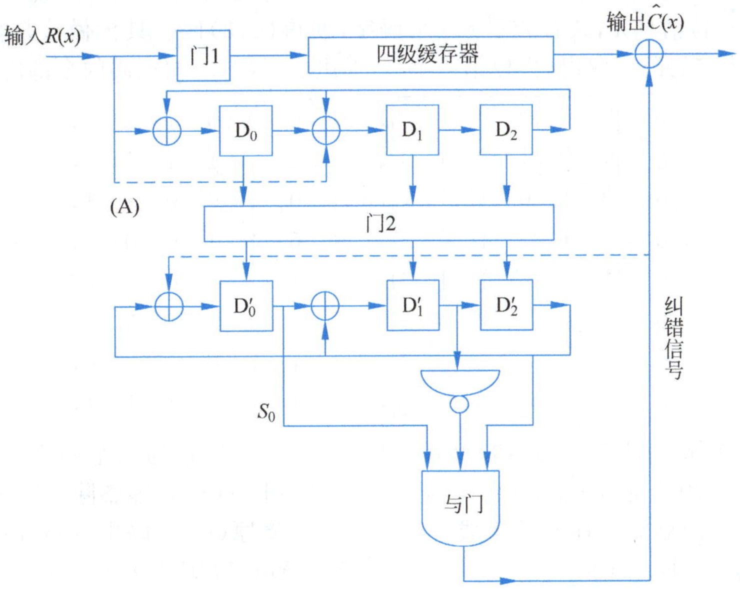

图 5.4.8 (7,4)码完整译码器

显然，上述译码电路仅适应于系统码。若为非系统码，k 级缓存器必须变成 n 级，且需要从已纠错过的 $\hat{C}(x)$ 中取出 k 个信息元 $\hat{m}(x)$。对非系统码而言，由 $C(x)=m(x)g(x)$ 可知，$\hat{m}(x)=\hat{C}(x)g^{-1}(x)$。说明译码器输出 $\hat{C}(x)$ 后，把 $\hat{C}(x)$ 再通过 $g(x)$ 除法电路，

所得的商就是最终所需的估值信息组 $\hat{m}(x)$。

由上述讨论可得出系统循环码的一般译码器，如图 5.4.9 所示，这种译码器也称梅吉特(Meggitt)译码器，它的复杂性由组合逻辑电路决定。

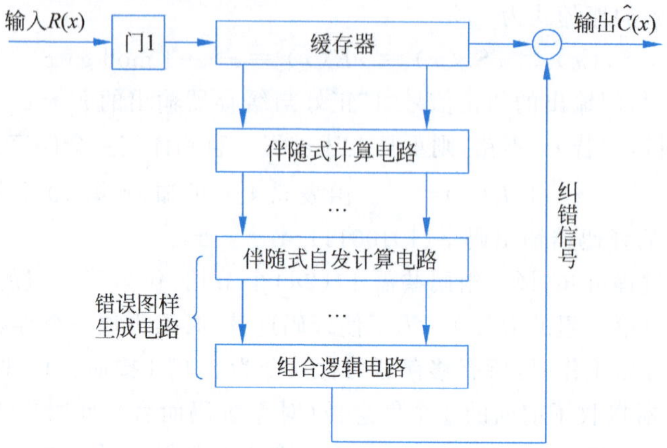

图 5.4.9　循环码的梅吉特译码器

下面，我们来分析缩短循环码的编译码问题。先以例 5.4.5 说明缩短循环码如何产生。

例 5.4.6　试构造一个(6,3)循环码。

需要构造一个(6,3)循环码，即 $n=6,k=3,r=3$。不难发现，找不到一个三次多项式 $g(x)$ 满足 $g(x)|(x^6+1)$。但 $g(x)=x^3+x+1$ 时，$g(x)|(x^7+1)$，故可先构成(7,4)码，而后去掉一位信息元，共有 $2^{4-1}=8$ 个码字，便得(6,3)码。具体做法是将(7,4)循环码中第一位为零的码字取出，去掉第一个零，即组成了(6,3)缩短码的全部码字：

$$
\begin{array}{c|cccccc|l}
0 & 0 & 0 & 0 & 0 & 0 & 0, & 1\ 0\ 0\ 0\ 1\ 0\ 1,\\
0 & 0 & 0 & 1 & 0 & 1 & 1, & 1\ 0\ 0\ 1\ 1\ 1\ 0,\\
0 & 0 & 1 & 0 & 1 & 1 & 0, & 1\ 0\ 1\ 0\ 0\ 1\ 1,\\
0 & 0 & 1 & 1 & 1 & 0 & 1, & 1\ 0\ 1\ 1\ 0\ 0\ 0,\\
0 & 1 & 0 & 0 & 1 & 1 & 1, & 1\ 1\ 0\ 0\ 0\ 1\ 0,\\
0 & 1 & 0 & 1 & 1 & 0 & 0, & 1\ 1\ 0\ 1\ 0\ 0\ 1,\\
0 & 1 & 1 & 0 & 0 & 0 & 1, & 1\ 1\ 1\ 0\ 1\ 0\ 0,\\
0 & 1 & 1 & 1 & 0 & 1 & 0, & 1\ 1\ 1\ 1\ 1\ 1\ 1,
\end{array}
$$

注意，缩短循环码已不再具有循环移位的特点，不过它的每个码字多项式仍是原(n,k)码生成多项式 $g(x)$ 的倍式。$g(x)|(x^n+1)$，但 $g(x)$不能整除 $x^{n-i}+1$。

$(n-i,k-i)$缩短循环码的生成矩阵可以通过将原(n,k)码生成矩阵去掉前 i 行 i 列得到，而其一致校验矩阵则通过将原(n,k)码一致校验矩阵去掉前 i 列得到。例如，(6,3)码的生成矩阵和一致校验矩阵分别为

$$
\boldsymbol{G}_{7,4}=\begin{bmatrix}1&0&0&0&1&0&1\\0&1&0&0&1&1&1\\0&0&1&0&1&1&0\\0&0&0&1&0&1&1\end{bmatrix}\xrightarrow{\text{去掉第一行、第一列}}\boldsymbol{G}_{6,3}=\begin{bmatrix}1&0&0&1&1&1\\0&1&0&1&1&0\\0&0&1&0&1&1\end{bmatrix}
$$

$$\boldsymbol{H}_{7,4}=\begin{bmatrix}1&1&1&0&1&0&0\\0&1&1&1&0&1&0\\1&1&0&1&0&0&1\end{bmatrix}\xrightarrow{\text{去掉第一列}}\boldsymbol{H}_{6,3}=\begin{bmatrix}1&1&0&1&0&0\\1&1&1&0&1&0\\1&0&1&0&0&1\end{bmatrix}$$

尽管缩短循环码的码字已不再具有循环特性，但这并不影响其编、译码的简单实现，它仅需对原(n,k)循环码的编、译码稍作修正。

缩短循环码的编码器仍与原来循环码的编码器一样(因为去掉前 i 个为零的信息元，并不影响监督位的计算)，只是操作的总节拍少了 i 拍。译码时，只要在每个接收码组前加 i 个零，原循环码的译码器就可用来译缩短循环码。但为了节省资源也可不加 i 个零，而对伴随式寄存器的反馈连接进行修正。由于缩短了 i 位，相当于信息位也提前了 i 位，故需自动乘以 x^i，并可用 $R_{g(x)}[x^i]$电路实现。伴随式计算电路的输入应改为按下式的计算结果方式接入：

$$R_{g(x)}[x^i]=f(x)=x^k+\cdots+x^m+x^l$$

式中：$0\leqslant k<\cdots<m<l\leqslant r-1$，$r$ 为 $g(x)$的次数，即接收码组 R 应从 $s_k,\cdots,s_m,s_l$ 各级输入端同时接入。这时，伴随式计算电路的状态将为

$$S'_i(x)=R_{g(x)}[f(x)R(x)]$$

而

$$f(x)=x^i+g(x)q(x)$$

$$f(x)R(x)=x^iR(x)+g(x)q(x)R(x)$$

故

$$S'_i(x)=Rg(x)[x^iR(x)]=Rg(x)[x^iS(x)]=x^iS(x)=S_i(x)$$

这说明缩短 i 位的$(n-i,k-i)$码，除法运算可以提前 i 拍完成。经 $n-i$ 拍后的伴随式状态 $S'_i(x)$等于 R 从 S_0 输入端接入的情况下移位运算 i 拍后的状态 $S_i(x)$。因此，如果将接收码组 R 按 $f(x)$的方式接入伴随式计算电路，同时将缓冲寄存器改为 $n-i$ 级，那么原循环码的一般译码电路就可改成$(n-i,k-i)$缩短循环码译码电路。例如，(15,11)循环 Hamming 码缩短 5 位便得到了(10,6)码，其生成多项式为 $g(x)=x^4+x+1$，$f(x)=R_{g(x)}[x^5]=x^2+x$，图 5.4.10 是(10,6)缩短循环码的译码电路。

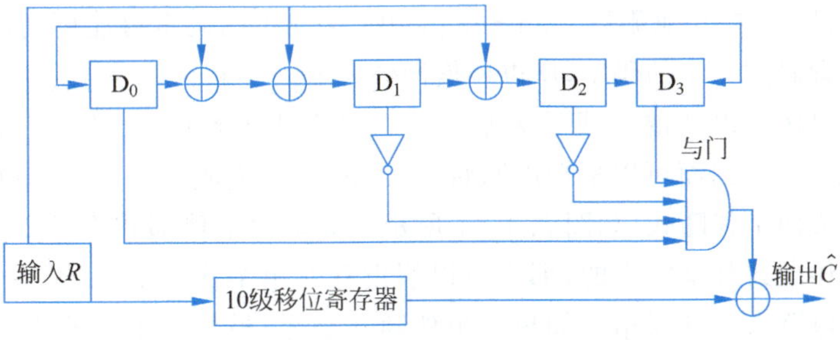

图 5.4.10 (10,6)缩短循环码的译码电路

总之，缩短循环码是在原循环码中选前 i 个信息位为 0 的码字组成。由于缩短的是信息元，缩短循环码的校验元数目与原循环码相同，因此缩短码的汉明距离和纠错能力不会低于原循环码，甚至会比原循环码更大些。

缩短循环码的译码器可在原(n,k)循环码译码器基础上做如下修正后使用。

(1) k 级缓存器改为$k-i$ 级(或 n 级缓存器改为$n-i$ 级)。

(2) 为了与(1)的改动相适应,$R(x)$应自动乘以 x^i,再输入伴随式计算电路。

例 5.4.7 试基于(7,4)循环 Hamming 码构造一个(7,3)删信码。

删信是信息位向校验位的变相转化,也就是说,保持长度 n 不变的情况下,维数 k 减小,奇偶校验符号的个数 $n-k$ 增加。如果循环码的最小码距为奇数,生成子多项式乘以 $x+1$ 会产生删信码、$d_{\min}$ 增加 1 的效果。从表 5.4.2 中可查到(7,4)循环 Hamming 码的生成多项式为

$$g(x)=x^3+x+1$$

则其(7,3)删信码的生成多项式为

$$g(x)(x+1)=x^4+x^3+x^2+1$$

新的生成子的阶数增加了 1,使得校验位数也增加了。然而,对于任意的 n 值,$x+1$ 是 x^n+1 的因子,这样对于原始的 n 值来讲,新的生成子仍是 x^n+1 的因子,因而码长不变。

新码中的任意码字都由原始码乘以 $x+1$(也就是说,向左移位,然后与原始码相加)得到的码字构成。所得的结果一定是码重为偶数,因为相加的两个序列具有相同码重,模 2 加法运算不会将总体偶校验转变成奇校验。以码序列 1000101 为例,它向左移位后与其自身相加,即

$$1000101+0001011=1001110$$

相加的每个序列的码重都是 3,但是加法运算导致码字中的两个 1 被取消,剩下一个重量为 4 的码字。

假设原始码的最小码距值为奇数,因此包含了奇数码重的码字,删除的码字就是原始码中码重为偶数的码字。术语"删信"的产生是因为所有码重为奇数的码字都被删除。结果就是最小码距成为某个偶数值。

在本例中,生成子 x^3+x+1 被删除,成为 $x^4+x^3+x^2+1$,新的生成子码重为 4,显然,新的 $d_{\min}$ 不能大于 4。由于最小码距必然由它的原始值 3 增加到了某个偶数值,因此现在这个值是 4。在其他删信 Hamming 码中,生成子的码重可能更高,但是仍然可以看到该码中包含码重为 4 的码字,所以删信操作后 $d_{\min}=4$。

删信码可以按照以新的生成子为基础的一般方法进行解码,但由于码字也是原始 Hamming 码的码字,因而可以根据以原始 Hamming 码生成子为除数和以 $x+1$ 为除数两种情况来形成两个伴随式,如图 5.4.11 所示。如果两个伴随式都是 0,那么说明无误码。如果两个伴随式都是非零的,那么可以假设存在单个比特的误码,并按照一般方法用汉明伴随式电路来对其纠错。如果一个伴随式是零,另外一个是非零,那么说明存在着不可纠正的误码。这种方法有助于对不可纠正的误码进行检测。

存在以下 3 种情况。

(1) 接收序列 0110010(单个错误),伴随式为 101 和 1(可纠正的误码)。

(2) 接收序列 0110011(两个误码),伴随式为 110 和 0(不可纠正的误码)。

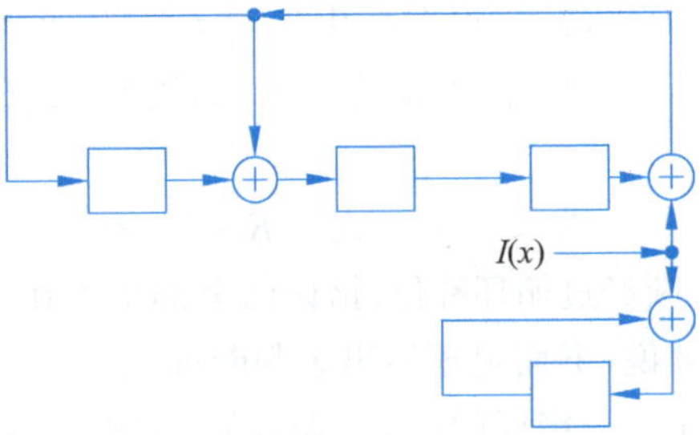

图 5.4.11 删信码伴随式的形成

(3) 接收序列 1011000(三个误码),伴随式为 000 和 1(不可纠正的误码)。

在第一种情况中,对第一个伴随式移位一次得到 001、010、100,表明误码在第 3 比特。

5.4.3.4 捕错译码

循环码译码器的复杂性主要取决于由伴随式确定错误图样的组合电路的简单与否,上节所述的梅吉特译码器对于纠错能力较小的循环码,这种组合电路可以做得比较简单,如循环 Hamming 码。对于纠大量错误的译码而言,梅吉特译码器中由伴随式求错误图样电路将很复杂。此外,对于某些码型,采用捕错译码方法也能够用较简单的组合逻辑电路实现译码,它特别适用于纠突发错误码、纠单个随机错误码,以及某些低码率和码长较短、纠错能力较弱的码。这种方法的错误图样生成电路更为简单,因而特别受到工程技术人员的欢迎,但这种译码方法对长码或高纠错能力的码来说效果还不理想。

捕错译码的基本原理如下。

设码字 $C(x)$是某个纠 $t(t\leqslant n-k)$个错误的系统型(n,k)循环码的码字多项式,接收矢量多项式 $R(x)=C(x)+E(x)$,通过译码电路可得伴随式为

$$S(x)\equiv E(x) \bmod g(x)$$

记 $E(x)=e_{n-1}x^{n-1}+\cdots+e_{n-k}x^{n-k}+e_{n-k-1}x^{n-k-1}+\cdots+e_0$,$E_{\mathrm{I}}(x)=e_{n-1}x^{n-1}+\cdots+e_{n-k}x^{n-k}$ 为信息位错误图样,$E_{\mathrm{P}}(x)=e_{n-k-1}x^{n-k-1}+\cdots+e_0$ 为校验位错误图样,则有

$$S(x)\triangleq E_{\mathrm{I}}(x)+E_{\mathrm{P}}(x) \bmod g(x)$$

若传输中恰好使一个码字的所有 t 个以内的错误都集中于校验位段,信息位无错,则有 $E_{\mathrm{I}}(x)=0$,$E(x)=E_{\mathrm{P}}(x)$,再考虑到 $g(x)$是 $n-k$ 次的,所以有伴随式 $S(x)=E_{\mathrm{P}}(x) \bmod g(x)=E_{\mathrm{P}}(x)$,这说明错误图样的后 $r(r=n-k)$位就是伴随式 $S(x)$的系数,而其前 k 位为 0,这样只要译码器算出了伴随式 $S(x)$,就意味着得到错误图样。纠错就只需用接收序列与伴随式右端对齐相减(二元码也可相加)。然而很遗憾,在实际情况中 t 个错误不会只出现在校验位上。所幸的是对于循环码,由于其循环移位特性使伴随式的“循环性”等价于错误图样在“循环”,因此只要传输中的错误集中在码字的任意 r 位码元段内,就可以通过伴随式计算电路自发运算若干次,将错误图样中的所有错误集中“捕获”到码字的后 r 位码元段,将此时的伴随式与移位后的接收矢量相减,完成纠错。

对于纠 t 个错误的循环码来说,必须使 t 个错误能连续地出现在 $n-k$ 位以内,这等

价于要求有连续 k 位码元无错，或错误图样中连续 t 位的值为 0。由于 t 个错误均匀分布在 n 个码元中是最难满足连续 t 位无错这一要求，因此 (n,k) 循环码可以用捕错译码的条件如下：

$$k < n/t \quad 或 \quad R < 1/t$$

在译码过程中，如何判断经过循环移位，错误已全部集中在接收矢量的最低次的 $n-k$ 位以内？对 (n,k) 循环码来说，下面定理给出了判断准则。

定理 5.4.7 对于纠正 t 个错误的 (n,k) 循环码，捕错译码过程中已把 t 个错误集中在矢量 $R^{(i)}(x)$ 的最低次 $n-k$ 位以内的充要条件是此时的伴随式重量满足小于或等于 t，即

$$W(S_i(x)) \leqslant t$$

证明： 若经过 i 次循环移位后错误已集中在 $n-k$ 位低次位码元段以内，则

$$S_i(x) = x^i E(x) = E^{(i)}(x) = E_{\mathrm{P}}^{(i)}(x) \bmod g(x)$$

$$S_i(x) = E_{\mathrm{P}}^{(i)}(x)$$

$$W(S_i(x)) = W(E_{\mathrm{P}}^{(i)}(x))$$

因为码的纠错能力为 t，若错误图样 $E(x)$ 是一个可纠正的错误图样，则其中"1"码元的数目不大于 t，即 $W(E_{\mathrm{P}}^{(i)}(x)) \leqslant t$，因而，当错误图样 $E(x)$ 经循环移位 i 次，错误已集中在 $n-k$ 位低次位码元段以内时，对应 $E^{(i)}(x)$ 的重量也必小于或等于 t，所以

$$W(S_i(x)) = W(E^{(i)}(x)) \leqslant t$$

反之，若 $W(S_i(x)) \leqslant t$，则错误一定集中在 $n-k$ 位低次位码元段内。设错误没有集中在该段以内，则

$$\partial^0 E^{(i)}(x) \geqslant \partial^0 g(x)$$

由此

$$E^{(i)}(x) = q(x)g(x) + S_i(x)$$

$$E^{(i)}(x) - S_i(x) = q(x)g(x) = C^{(i)}(x)$$

$C^{(i)}(x)$ 是 $g(x)$ 的倍式，由循环码性质可知它必是 (n,k) 循环码中的一个码字。因此

$$W(E^{(i)}(x) + (-S_i(x)) = W(C^{(i)}(x)) \geqslant d = 2t+1$$

由码重三角不等式可知

$$W(E^{(i)}(x)) + W(-S_i(x)) \geqslant W(E^{(i)}(x) + (-S_i(x)) \geqslant 2t+1$$

因为 $W(E^{(i)}(x)) \leqslant t$，所以 $W(-S_i(x)) \geqslant 2t+1-t = t+1 > t$

由于 $W(-S_i(x)) = W(S_i(x))$，因此上式与假设 $W(S_i(x)) \leqslant t$ 相矛盾。因而错误没有集中在 $n-k$ 低次位以内的反证法假设不能成立，故错误集中在 $n-k$ 低次位内。

[证毕]

捕错译码的基本流程如下。

(1) 计算接收多项式 $R(x)$ 对应的伴随式 $S(x)$。

(2) 计算 $S(x)$ 的重量 $W(S(x))$，并判断是否满足 $W(S_i(x)) \leqslant t$。若满足，说明错误已被集中捕获至 $n-k$ 低次位以内，则令 $E^{(i)}(x) = S(x)$，$R^{(i)}(x) = R(x)$，进入步

骤(3)；反之，把 $R(x)$ 和相应的伴随式 $S(x)$ 一起同时在译码器的各自移位寄存器中移位 i 次，使这些错误全部集中到 $x^iR(x)$ 的后 $n-k$ 位上。

(3) $C^{(i)}(x)=R^{(i)}(x)+E^{(i)}(x)$。

(4) 将已纠错的码字 $C^{(i)}(x)$ 再循环移位 $n-i$ 次，恢复到原来的接收矢量中各码元的顺序关系，得到码字估值 $C(x)$。

5.4.3.5 大数逻辑译码

循环码译码器的复杂性主要取决于码的代数结构，梅吉特译码和捕错译码仅对部分循环码复杂度较低，但对绝大多数纠多个随机错误的循环码来说没有如此简单的译码方法。大数逻辑译码是 1954 年里德(Reed)在译里德-穆勒(Reed-Muller，RM)码时提出的一种较简单的译码方法，尽管对于一般码长而言，能用大数逻辑方法译码的大数逻辑可译码，其纠错能力和码率都稍次于有相同参数的其他码，如 BCH 码，但由于它的译码算法和设备均比相应的 BCH 码译码方法要简单，因此在实际中有一定的应用。

通过以下例子介绍二进制循环码的大数逻辑译码的基本思想。

例 5.4.8 (7,3,4)增余删信 Hamming 码的生成多项式 $g(x)=(x+1)(x^3+x+1)=x^4+x^3+x^2+1$，一致校验矩阵为

$$\boldsymbol{H}=\begin{bmatrix}1011000\\1110100\\1100010\\0110001\end{bmatrix}$$

接收 n 重矢量 $\boldsymbol{R}=\boldsymbol{C}+\boldsymbol{E}$，发送码字和错误图样分别为 $\boldsymbol{C}=(c_6,\cdots,c_1,c_0)$ 和 $\boldsymbol{E}=(e_6,\cdots,e_1,e_0)$，相应的伴随式为

$$\boldsymbol{S}^{\mathrm{T}}=\begin{bmatrix}s_3\\s_2\\s_1\\s_0\end{bmatrix}=\boldsymbol{HE}^{\mathrm{T}}=\begin{bmatrix}1011000\\1110100\\1100010\\0110001\end{bmatrix}\begin{bmatrix}e_6\\e_5\\e_4\\e_3\\e_2\\e_1\\e_0\end{bmatrix}$$

对伴随式的分量 s_3、s_2 和 s_1 进行线性组合，也就是对 $\boldsymbol{H}$ 矩阵的行进行线性组合，得到以下一组新的校验方程组：

$$\begin{cases}A_1=s_3=e_6+e_4+e_3\\A_2=s_1=e_6+e_5+e_1\\A_3=s_2+s_0=e_6+e_2+e_0\end{cases}\tag{5.4.13}$$

该方程组所对应的校验矩阵为

$$\boldsymbol{H}_G=\begin{bmatrix}1011000\\1100010\\1000101\end{bmatrix}$$

由校验方程的定义可知，$\boldsymbol{H}_G$ 的行向量是 $\boldsymbol{H}$ 的行向量的线性组合，因为 $\boldsymbol{CH}^{\mathrm{T}}=0$，即许用码字 $\boldsymbol{C}$ 与一致校验矩阵 $\boldsymbol{H}$ 的各行正交，所以同样有许用码字 $\boldsymbol{C}$ 与校验矩阵 $\boldsymbol{H}_G$ 的各行正交，即 $\boldsymbol{CH}_G{}^{\mathrm{T}}=0$。

另外，观察校验方程组(5.4.13)可知，每个方程式中均包含 e_6，而 $e_5, e_4, \cdots, e_0$ 仅出现在一个方程式中。具有这样特点的校验方程称为正交于 e_6 的**正交校验方程**(或正交监督方程、正交一致校验和式)，该方程组的系数矩阵 $\boldsymbol{H}_G$ 称为**正交校验矩阵**，e_6 称为**正交码元位**。

进一步观察例 5.4.8 中校验方程组(5.4.13)可以发现如下规律。

(1) 若错误图样发生一个错误，且在正交码元位上，即 $e_6=1$，则 $A_1=1, A_2=1, A_3=1$。

(2) 若错误图样发生一个错误，且不在正交码元位上，即 $e_6=0$，某个 $e_i=1(i=0,1,2,3,4,5)$，则 A_1、A_2、A_3 有且只有一个为 1。

(3) 若错误图样发生两个错误，一个在正交码元位上，一个不在正交码元位上，即 $e_6=1$，某个 $e_i=1(i=0,1,2,3,4,5)$，则在 A_1、A_2、A_3 中有两个 1、一个 0。

(4) 若错误图样发生两个错误，都不在正交码元位上，则 A_1、A_2、A_3 或者都为 0，或者两个为 1、一个为 0。

不难分析该(7,3)码最小距离为 4，其纠错能力为 1，结合上述规律可知，当传输中只发生 1 位错误(码的纠错能力之内)时，可以根据和式 A_i 中取值为 1 的个数情况对正交位 r_6 的传输情况进行判断和纠错。这就是大数逻辑译码的基本思想。

对于循环码不必分别建立正交于每个码元位的正交一致校验方程组，而只需根据其循环移位特性，在对 r_6 进行正交校验后，仍基于式(5.4.13)，依次将 $r_5 \sim r_0$ 循环移位至正交位，按照同样的方法进行校验。这种根据正交方程中取值为 1 的个数的多少进行译码的方法称为**大数逻辑译码**。由式(5.4.13)可见，正交和式 A_i 可以表示为伴随式各分量的线性组合，也可以表示为接收矢量(错误图样)各分量的线性组合，因此大数逻辑译码器可分为Ⅰ型和Ⅱ型，它们没有本质的区别。

可以证明，有 J 个正交校验和式的码能纠正 $t \leqslant \lfloor J/2 \rfloor$ 个错误。当传输错误发生在正交位时，正交一致校验方程组中将有大于 $\lfloor J/2 \rfloor$ 个和式取值为 1，因此可依据此对每位码元进行正交校验。例 5.4.8 中正交一致校验方程组仅对 e_6(即 x^6)码元位正交，因此只要用一次大数逻辑判决就能完成对该位的译码，故称之为**一步大数逻辑译码**。一步大数逻辑译码的方法虽然简单，但是此类码不多，且纠错能力也不高。为了提高大数逻辑译码的应用范围和改善码的纠错能力，可把对某一码元位正交的概念扩展至对某一码元位置集合正交，并逐次进行大数逻辑译码。这种需要 L 步大数逻辑译码才能最后译出一个码元的方法称为 **L 步大数逻辑译码**。

5.4.4 BCH 码与 RS 码

5.4.4.1 BCH 码

BCH 码是最重要的一类循环码，BCH 码分别由 Hocquenghem 在 1959 年，以及

Bose 和 Chaudhuri 在 1960 年独立提出。1960 年 Peterson 对二进制 BCH 码提出一种有效的译码方法。从那时起编码领域的学者对 BCH 码的译码进行了深入研究。由于这些算法均需要应用许多复杂的代数理论知识，特别是有限域上的多项式知识，在此不做深入介绍，仅对 BCH 码的概念、构造及译码做简单介绍。

BCH 码是一类纠正多个随机错误的循环码，它的参数可以在较大范围内变化，选用灵活，适用性强。最为常用的二元 BCH 码是本原 BCH 码，其参数及其关系式：

$$\begin{aligned}&\text{码字长度：} && n=2^m-1\\&\text{校验位数目：} && n-k\leqslant mt\\&\text{最小距离：} && d\geqslant 2t+1\end{aligned}\tag{5.4.14}$$

式中：m 为正整数，一般 $m\geqslant3$，纠错位数 $t<(2^m-1)/2$。

BCH 码的构造是利用循环码生成多项式 $g(x)$ 之根来研究的，其生成多项式可以按如下流程得到。

令 α 是 $GF(2^m)$ 的本原元，考虑 α 的连续幂序列

$$\alpha,\alpha^2,\alpha^3,\alpha^4,\cdots,\alpha^{2t}$$

令 $m_i(t)$ 是以 α^i 为根的最小多项式，则满足式(5.4.14)所列参数要求的 BCH 码生成多项式为

$$g(x)=\mathrm{LCM}[m_1(x),m_2(x),m_3(x),\cdots,m_{2t}(x)]$$

式中：LCM 为最小公倍式。

利用共轭元具有相同最小多项式的特点，则生成多项式可以写成

$$g(x)=\mathrm{LCM}[m_1(x),m_3(x),\cdots,m_{2t-1}(x)]$$

表 5.4.7 给出较小码长的 BCH 码相关参数和生成多项式。表中：n 表示码长；k 表示信息位长度；t 表示码的纠错能力；生成多项式 $g(x)$ 栏下的数字表示其系数，如表中生成多项式为 3551 时，该多项式序列的二进制表示为(11101101001)，则其生成多项式为 $g(x)=x^{10}+x^9+x^8+x^6+x^5+x^3+1$，构成一个能纠 2 个错误的(31,21)BCH 码。

表 5.4.7 BCH 码的参数和生成多项式

n	k	t	$g(x)$(八进制)
15	7	2	721
15	5	3	2461
31	21	2	3551
31	16	3	107657
31	11	5	5423325
63	51	2	12471
63	45	3	1701317
63	39	4	166623567
63	30	6	157464165547
127	113	2	41567
127	106	3	11554743
255	239	2	267543
255	231	3	156720665

例 5.4.9 在 $GF(2^4)$ 上构造长度为 $2^n-1=15$ 的纠错能力为 t 的二元本原 BCH 码。

解： $GF(2^4)$ 如表 5.4.8 所示。

表 5.4.8 $n=4, p(x)=x^4+x+1$ 的 $GF(2^4)$ 的所有元素

α 的幂	α 的多项式	α 的幂	α 的多项式
0	0	α^7	$\alpha^3+\alpha+1$
1	1	α^8	α^2+1
α	α	α^9	$\alpha^3+\alpha$
α^2	α^2	α^{10}	$\alpha^2+\alpha+1$
α^3	α^3	α^{11}	$\alpha^3+\alpha^2+\alpha$
α^4	$\alpha+1$	α^{12}	$\alpha^3+\alpha^2+\alpha+1$
α^5	$\alpha^2+\alpha$	α^{13}	$\alpha^3+\alpha^2+1$
α^6	$\alpha^3+\alpha^2$	α^{14}	α^3+1

(1) 设 $t=1$。由定义该码的生成多项式以 $GF(2^4)$ 本原元 α 和 α^2 为根。考虑到共轭元素有相同最小多项式，所以生成多项式为

$$\begin{aligned}g(x)&=\mathrm{LCM}[m_1(x),m_3(x),\cdots,m_{2t-1}(x)]=m_1(x)\\&=(x+\alpha)(x+\alpha^2)(x+\alpha^4)(x+\alpha^8)=x^4+x+1\end{aligned}$$

该生成多项式系数矢量的八进制表示为"23"，它正是(15,11)Hamming 码的生成多项式，它有 4 位校验位。该码的设计距离 $d=2t+1=3$，可以求出该码的实际最小距离也是 3，设计距离等于最小距离。

(2) 长度为 $2^4-1=15$，能纠 $t=2$ 位错误的 BCH 码的生成多项式以 α、α^2、α^3、α^4 为根（α 为 $GF(2^4)$ 本原元）。考虑到 α、α^2、α^4、α^8 和 α^3、α^6、α^9、α^{12} 为两组共轭根，所以生成多项式为

$$\begin{aligned}g(x)&=\mathrm{LCM}[m_1(x),m_3(x),\cdots,m_{2t-1}(x)]=m_1(x)m_3(x)\\&=(x+\alpha)(x+\alpha^2)(x+\alpha^4)(x+\alpha^8)(x+\alpha^3)(x+\alpha^6)(x+\alpha^9)(x+\alpha^{12})\\&=(x^4+x+1)(x^4+x^3+x^2+x+1)\\&=x^8+x^7+x^6+x^4+1\end{aligned}$$

这个生成多项式的八进制表示为"721"，它生成一个(15,7)BCH 码，有 8 位校验位，能纠正任意两位错误。这个码的设计距离 $d=2t+1=5$，可以求出这个码的实际最小距离也是 5。

(3) 对于可以纠正 $t=3$ 个错误的 BCH 码，有

$$\begin{aligned}g(x)&=\mathrm{LCM}[m_1(x),m_3(x),\cdots,m_{2t-1}(x)]=m_1(x)m_3(x)m_5(x)\\&=(x+\alpha)(x+\alpha^2)(x+\alpha^4)(x+\alpha^8)(x+\alpha^3)(x+\alpha^6)(x+\alpha^9)(x+\alpha^{12})(x+\alpha^5)\\&\quad(x+\alpha^{10})\\&=(x^4+x+1)(x^4+x^3+x^2+x+1)(x^2+x+1)\\&=x^{10}+x^8+x^5+x^4+x^2+x+1\end{aligned}$$

可见，$r=\partial^0 g(x)=10$，这是一个(15,5)BCH 码，该码的设计距离 $d=2t+1=7$，与其实际

最小距离相同。

(4) 当 $t=4$ 时，有

$$g(x)=\mathrm{LCM}[m_1(x),m_3(x),\cdots,m_{2t-1}(x)]=m_1(x)m_3(x)m_5(x)m_7(x)$$
$$=(x^4+x+1)(x^4+x^3+x^2+x+1)(x^2+x+1)(x^4+x^3+1)$$
$$=x^{14}+x^{13}+x^{12}+x^{11}+x^{10}+x^9+x^8+x^7+x^6+x^5+x^4+x^3+x^2+x+1$$

可见，该码为(15,1)BCH码，即(15,1)重复码。这个码只有两个码字，全0码字和全1码字，所以它的最小距离为15，然而这个码的设计距离 $d=2t+1=9$。此时，实际最小距离大于设计距离。这个码实际可以纠正7个随机错误。

(5) 如果继续用上面的方法构造 t 为5、6、7的BCH码，将会发现得到的都是和上面同样的生成多项式：

$$g(x)=x^{14}+x^{13}+x^{12}+x^{11}+x^{10}+x^9+x^8+x^7+x^6+x^5+x^4+x^3+x^2+x+1$$

因为(15,1)BCH码的纠错能力覆盖了 $t=4\sim7$。可见按BCH码构造的生成多项式实际可达纠错能力大于或等于设计能力 t。

(6) 如果要构造 $t=8$ 的BCH码，就需要域元素 α^{15} 的最小多项式 $m_{15}(x)$，这已经超出了扩域 $\mathrm{GF}(2^4)$ 的范畴，需要更大的扩域才能做到。可见，纠错能力更强的BCH码需要用域元素更多的扩域来构造。

对于BCH码来说，也可以生成多项式的根定义一致校验矩阵 $\boldsymbol{H}$。如果码字多项式 $C(x)$ 有一个根 $\boldsymbol{\beta}$，即 $C(\boldsymbol{\beta})=0$，也就是

$$c_{n-1}\boldsymbol{\beta}^{n-1}+c_{n-2}\boldsymbol{\beta}^{n-2}+\cdots+c_1\boldsymbol{\beta}+c_0=0$$

将上式写为矩阵形式，有

$$\boldsymbol{C}\begin{bmatrix}\boldsymbol{\beta}^{n-1}\\ \vdots\\ \boldsymbol{\beta}\\ 1\end{bmatrix}=0$$

式中：$\boldsymbol{C}=(c_{n-1},c_{n-2},\cdots,c_1,c_0)$ 是码字矢量。

因此，如果 $\boldsymbol{\beta}_1,\boldsymbol{\beta}_2,\cdots,\boldsymbol{\beta}_j$ 都是 $C(x)$ 的根，则

$$\boldsymbol{C}\begin{bmatrix}\boldsymbol{\beta}_1^{n-1} & \boldsymbol{\beta}_2^{n-1} & \cdots & \boldsymbol{\beta}_j^{n-1}\\ \vdots & \vdots & \ddots & \vdots\\ \boldsymbol{\beta}_1 & \boldsymbol{\beta}_2 & \cdots & \boldsymbol{\beta}_j\\ 1 & 1 & 1 & 1\end{bmatrix}=0$$

由校验矩阵 $\boldsymbol{H}$ 的定义可得

$$\boldsymbol{CH}^{\mathrm{T}}=0$$

因此可认为校验矩阵 $\boldsymbol{H}$ 为

$$\begin{bmatrix}(\boldsymbol{\beta}_1^{n-1})^{\mathrm{T}} & \cdots & (\boldsymbol{\beta}_1)^{\mathrm{T}} & \boldsymbol{1}^{\mathrm{T}}\\ (\boldsymbol{\beta}_2^{n-1})^{\mathrm{T}} & \cdots & (\boldsymbol{\beta}_2)^{\mathrm{T}} & \boldsymbol{1}^{\mathrm{T}}\\ \vdots & \ddots & \vdots & \vdots\\ (\boldsymbol{\beta}_j^{n-1})^{\mathrm{T}} & \cdots & (\boldsymbol{\beta}_j)^{\mathrm{T}} & \boldsymbol{1}^{\mathrm{T}}\end{bmatrix}$$

对于(15,11)Hamming 码来说,若 α 为 $GF(2^4)$上本原元,则有

$$\boldsymbol{H}=[(\boldsymbol{\alpha}^{14})^{\mathrm{T}},\cdots,(\boldsymbol{\alpha}^{2})^{\mathrm{T}},(\boldsymbol{\alpha})^{\mathrm{T}},\mathbf{1}^{\mathrm{T}}]$$

本原元素$\boldsymbol{\alpha}$ 的各次幂正好是这个域的全部非零元。由表 5.4.8 可得相应的校验矩阵为

$$\boldsymbol{H}=\begin{bmatrix}111101011001000\\011110101100100\\001111010110010\\111010110010001\end{bmatrix}$$

同样,对于生成多项式为 $g(x)=x^{10}+x^8+x^5+x^4+x^2+x+1$ 的(15,7)BCH 码,生成多项式的根中只有$\boldsymbol{\alpha}$ 、$\boldsymbol{\alpha}^3$ 是独立的,所以校验矩阵为

$$\boldsymbol{H}=\begin{bmatrix}(\boldsymbol{\alpha}^{n-1})^{\mathrm{T}} & \cdots & (\boldsymbol{\alpha}^{2})^{\mathrm{T}} & (\boldsymbol{\alpha})^{\mathrm{T}} & \mathbf{1}^{\mathrm{T}}\\(\boldsymbol{\alpha}^{3n-3})^{\mathrm{T}} & \cdots & (\boldsymbol{\alpha}^{6})^{\mathrm{T}} & (\boldsymbol{\alpha}^{3})^{\mathrm{T}} & \mathbf{1}^{\mathrm{T}}\end{bmatrix}$$

下面介绍 BCH 码的经典译码算法原理,是一种扩展 Peterson 算法(也称 Gorenstein-Zierler 算法)。

在对 BCH 码进行译码时,如果发生 $v\leqslant t$ 个错误,那么一般要找出这 v 个错误的位置,同时要求出这些错误的值(错误大小)。一般可以从伴随式求得错误位置多项式。迭代算法的译码过程就是利用 BCH 码生成多项式的特点确定这两个信息的过程。当然,在二元码中因为出错位的取值总等于 1,所以只需求出错误位置。

对于一个码长为 n 的 BCH 码,其纠错能力为 t,考虑其错误图样多项式(简称错误多项式):

$$E(x)=e_{n-1}x^{n-1}+e_{n-2}x^{n-2}+\cdots+e_1x+e_0$$

系数 $e_{n-i}(i=1\sim n-1)$表示错误图样中相应码元的取值,最多有 t 个非零系数。假设实际发生了 $v(0\leqslant v\leqslant t)$个错误,这些错误发生在位置 $j_1,j_2,\cdots,j_v$,则可以把错误多项式改写为

$$E(x)=e_{j_v}x^{j_v}+\cdots+e_{j_2}x^{j_2}+e_{j_1}x^{j_1}$$

$$E(x)=Y_vx^{j_v}+\cdots+Y_2x^{j_2}+Y_1x^{j_1}$$

式中:Y_l 为第 l 个错误的取值。

根据 BCH 码的定义,可把伴随式定义为接收矢量多项式在各个域元素处的值,如在域元素 α 处,伴随式为

$$\boldsymbol{S}=\begin{bmatrix}s_1\\s_2\\\vdots\\s_{2t}\end{bmatrix}^{\mathrm{T}}$$

式中

$$\begin{aligned}s_i&=E(\alpha^i)=R(\alpha^i)\\&=\sum_{l=1}^{v}Y_l(\alpha^i)^{j_l}=\sum_{l=1}^{v}Y_l(\alpha^{j_l})^i\quad(i=1,2,\cdots,2t)\end{aligned}\tag{5.4.15}$$

令

$$\alpha^{j_l} \triangleq X_l$$

则有

$$s_i = \sum_{l=1}^{v} Y_l X_l^i \quad (i=1,2,\cdots,2t)$$

式中：Y_l 表示错误大小；X_l 表示错误位置。

于是上式展开为

$$\begin{cases} s_1 = Y_1 X_1 + Y_2 X_2 + \cdots + Y_v X_v \\ s_2 = Y_1 X_1^2 + Y_2 X_2^2 + \cdots + Y_v X_v^2 \\ \vdots \\ s_{2t} = Y_1 X_1^{2t} + Y_2 X_2^{2t} + \cdots + Y_v X_v^{2t} \end{cases} \tag{5.4.16}$$

这是一个有 $2v$ 个未知参量的方程组，包含错误大小 $Y_1, Y_2, \cdots, Y_v$，错误位置 $X_1, X_2, \cdots, X_v$，再定义错误位置多项式为

$$\sigma(x) = (1 - xX_1)(1 - xX_2)\cdots(1 - xX_t)$$

$$\triangleq 1 + \sigma_1 x + \sigma_2 x^2 + \cdots + \sigma_t x^t$$

也就是说，错误位置的倒数 x_l^{-1} 是这个多项式的零点值。应用错误位置多项式可以把上面的方程组改写成矩阵形式：

$$\begin{bmatrix} s_1 & s_2 & \cdots & s_v \\ s_2 & s_3 & \cdots & s_{v+1} \\ \vdots & \vdots & \ddots & \vdots \\ s_v & s_{v+1} & \cdots & s_{2v-1} \end{bmatrix} \begin{bmatrix} \sigma_v \\ \sigma_{v-1} \\ \vdots \\ \sigma_1 \end{bmatrix} = - \begin{bmatrix} s_{v+1} \\ s_{v+2} \\ \vdots \\ s_{2v} \end{bmatrix} \tag{5.4.17}$$

通过解这个方程组就可以求出错误位置多项式的所有系数 σ_i 的值。在解方程组过程中需要求伴随式矩阵的逆，所以要求伴随式矩阵是非奇异的。可以证明，当存在 v 个错误时，伴随式矩阵是非奇异的。由此可以从伴随式矩阵的奇异性中确定实际发生错误的个数 v。

BCH 码迭代法译码步骤具体如下。

(1) 设 $v=t$，计算伴随式矩阵的行列式 $\det(\boldsymbol{M})$，其中，

$$\boldsymbol{M} = \begin{bmatrix} s_1 & s_2 & \cdots & s_v \\ s_2 & s_3 & \cdots & s_{v+1} \\ \vdots & \vdots & \ddots & \vdots \\ s_v & s_{v+1} & \cdots & s_{2v-1} \end{bmatrix}$$

若 $\det(\boldsymbol{M})=0$，则说明伴随式矩阵是奇异的，接收码字中没有发生 t 个错误。

(2) 对矩阵 $\boldsymbol{M}$ 做降维处理，设 $v=t-1$，重新计算 $\det(\boldsymbol{M})$。重复这个过程直到 $\det(\boldsymbol{M})\neq 0$，这时的 v 值就是实际发生错误的个数。

(3) 根据找到的 v 值，解方程式(5.4.17)，得到错误位置多项式的所有系数 σ_i 的值。

(4) 解方程 $\sigma(x)=0$，得到它的所有零点。这里可采用钱氏搜索(Chien search)算法进行穷举搜索，即把所有域元素 α 逐一代入 $\sigma(x)$ 中进行检测，看方程 $\sigma(x)=0$ 是否成立。得到它的所有零点后，其倒数也就是

$$\sigma(x)=(1-xX_1)(1-xX_2)\cdots(1-xX_t)$$

式中：$X_1,X_2,\cdots,X_v$ 为错误位置。

对于二进制码来说，因为错误值只能是1，所以译码过程到这里就结束了。对于非二进制码，要求错误值 $Y_1,Y_2,\cdots,Y_v$，再回到方程式(5.4.17)，现在其中的错误位置 X_1，$X_2,\cdots,X_v$ 是已知的，解这个线性方程式，就可以得到所有错误值。

例 5.4.10 对于例 5.4.9 中构造的(15,7)BCH 码，设收到矢量 $\boldsymbol{R}=(100010111000101)$。将其以多项式表示，根据式(5.4.15)计算出其伴随式(运算在 $GF(2^4)$ 上进行)为 $s_1=\alpha^{14}$，$s_2=s_1^2=\alpha^{13}$，$s_3=\alpha^{13}$，$s_4=s_2^2=\alpha^{11}$。代入方程式(5.4.17)可得

$$\begin{aligned}\sigma(x)&=1+\alpha^{14}x+\alpha^2x^2\\&=(1-x\alpha^{-3})(1-x\alpha^{-14})\end{aligned}$$

试探可得 α^3 和 α^{10} 为错误位置多项式的根，故第 12 位和第 5 位出错，于是对应的码字 $C=(100000111001101)$。

由上面的介绍可知，决定 BCH 译码器复杂度和速度的主要因素是求错误位置多项式 $\sigma(x)$。1966 年伯利坎普(Berlekamp)提出了迭代译码算法，1969 年梅西(Massey)进行了改进，这种译码算法称为 BM 迭代译码算法，它大大节省了计算量，加快了译码速度，很好地解决了 BCH 码译码的实用问题。之后研究人员不断提出新的译码算法，如欧几里得算法、连分式算法、频域译码等。迭代算法的优点是使用的硬件资源相对较少，而且对错误位数不敏感，当错误位数较多时，迭代译码算法所使用的硬件资源与位数少的情况相差无几。另外，迭代译码算法的运算速度与码的纠错能力呈线性关系，当纠错能力大时，迭代次数也会相应增多。

5.4.4.2 RS 码

RS(Reed-Solomon)码首先由里德(Reed)和索罗门(Solomon)于 1960 年构造，是一类具有很强纠错能力的非二进制 BCH 码，近年来在许多通信系统中获得了应用。RS 码的码元符号取自有限域 $GF(q)$，它的生成多项式的根也是 $GF(q)$ 中的本原元，所以它的符号域和根域相同。由于 RS 码是以每符号 m bit 进行的多元符号编码，在编码方法上与二元 (n,k) 循环码不同。分组块长 $n=2^m-1$ 的码字比特数为 $m(2^m-1)$bit，当 $m=1$ 时就是二元编码。RS 码一般常用 $m=8$bit，这类 RS 码具有很大应用价值。能纠正 t 个错误的 RS 码具有如下参数：

码字长度：　$n=q-1$(符号)

校验位数据：　$n-k=2t$(符号)

最小距离：　$d=2t+1$(符号)

由 5.3.3 节介绍的码的性能限可知，线性码的最大可能的最小距离为校验位数目加 1，这就是 Singleton 限界，RS 码正好达到此限。因此，RS 码是一种 MDS 码，在同等码率

下其纠错能力最强。

若取 $q=2^m$，则 RS 码的码元符号取自 GF(2^m)，码长 $n=2^m-1$。一个能纠正 t 位符号错误的 RS 码的生成多项式可表示为

$$g(x)=(x+\alpha)(x+\alpha^2)(x+\alpha^3)\cdots(x+\alpha^{2t})$$

式中：α 为 GF(2^m)上的本原元。

由于 RS 码实质是一类非二进制 BCH 码，因此其译码算法可以沿用 BCH 译码算法，只是它在纠错时除了要确定错误位置 Y_i 外，还要求出相应的错误值 X_i。

RS 码在深空通信、移动通信、军用通信、光纤通信、磁盘阵列及光盘纠错等方面得到了广泛应用。例如，RS(255,223)码已成为美国国家航空航天局和欧洲空间站的深空通信系统中的标准信道编码，RS(31,15)码是军用通信中的首选信道编码，RS-PC(182,172)(208,192)成为数字光盘(DVD)系统的纠错标准。

例 5.4.11 一个符号取自 GF(2^3)，长度 $n=2^3-1=7$，能纠正 2 个错误的 RS 码的生成多项式为

$$g(x)=(x+\alpha)(x+\alpha^2)(x+\alpha^3)(x+\alpha^4)$$

根据表 5.4.9 所示的 GF(2^3)域元素，可得

$$g(x)=x^4+\alpha^3x^3+x^2+\alpha x+\alpha^3$$

式中：α 为本原多项式 x^3+x+1 的根。这个 RS 码的校验位长 $n-k=4$，因而是(7,3) RS 码。

假设该(7,3)RS 码经传输，在第 2 位出现值为 α 的错误，第 6 位出现 α^2 的错误，则错误多项式为

$$E(x)=\alpha^2x^6+\alpha x^2$$

因此伴随矢量 $\boldsymbol{S}=(s_1,s_2,s_3,s_4)$(运算在 GF($2^3$)上进行)。为

$$s_1=E(\alpha)=\alpha^2\alpha^6+\alpha\alpha^2=1$$

$$s_2=E(\alpha^2)=\alpha^2\alpha^{12}+\alpha\alpha^4=\alpha^4$$

$$s_3=E(\alpha^3)=\alpha^2\alpha^{18}+\alpha\alpha^6=\alpha^2$$

$$s_4=E(\alpha^4)=\alpha^2\alpha^{24}+\alpha\alpha^8=\alpha^3$$

表 5.4.9 $n=3, p(x)=x^3+x+1$ 的 GF(2^3)的所有元素

α 的幂	α 的多项式	3 重表示式
0	0	000
1	1	001
α	α	010
α^2	α^2	100
α^3	$\alpha+1$	011
α^4	$\alpha^2+\alpha$	110
α^5	$\alpha^2+\alpha+1$	111
α^6	α^2+1	101

于是，错误位置多项式 $\sigma(x)$ 的系数 σ_1、σ_2 是下面方程组的解：

$$\begin{bmatrix} 1 & \alpha^4 \\ \alpha^4 & \alpha^2 \end{bmatrix} \begin{bmatrix} \sigma_2 \\ \sigma_1 \end{bmatrix} = \begin{bmatrix} \alpha^2 \\ \alpha^3 \end{bmatrix}$$

由此得错误位置多项式为

$$\sigma(x) = \sigma_2 x^2 + \sigma_1 x + 1 = \alpha x^2 + x + 1$$

用钱氏搜索算法进行穷举搜索，把有限域 $GF(2^3)$ 的元素逐个代入 $\sigma(x)=\alpha x^2+x+1$ 试探，发现仅当 $x=\alpha$ 和 $x=\alpha^5$ 时错误位置多项式 $\sigma(x)=\alpha x^2+x+1$ 为零。所以错误位置为 $i_1=7-5=2$ 和 $i_2=7-1=6$，这正是所设的错误位置。

设 $\beta_1=\alpha^{i_1}=\alpha^2$，$\beta_2=\alpha^{i_2}=\alpha^6$，于是错误值方程为

$$\begin{bmatrix} \beta_1 & \beta_2 \\ \beta_1^2 & \beta_2^2 \end{bmatrix} \begin{bmatrix} Y_2 \\ Y_1 \end{bmatrix} = \begin{bmatrix} s_1 \\ s_2 \end{bmatrix}$$

解此方程可得

$$Y_2 = \frac{\alpha^{12} + \alpha^{10}}{\alpha^{14} + \alpha^{10}} = \alpha$$

$$Y_1 = \frac{\alpha^6 + \alpha^4}{\alpha} = \alpha^2$$

于是第 2 位出现值为 α、第 6 位出现值为 α^2 的错误，这正是题设所假设的错误值。

中文教学录像

5.5 卷积码

卷积码自 1955 年由 Elias 发明以来，从 20 世纪 70 年代开始被广泛应用于无线通信、深空通信及广播通信中，普及的原因是使用最大似然序列译码器进行译码时实现相对简单，以及与 Reed-Solomon 码级联时表现出来的优异性能。从 20 世纪 90 年代初开始，由于在 Turbo(或者类 Turbo)码中级联多个卷积码所表现出来的有效性，这一类码又重新得到重视。本节从码的定义与表述、译码算法以及应用等方面介绍卷积码。

5.5.1 卷积码的定义

卷积码是具有十分独特代数结构的线性码，虽然它们可以在基于分组的情况下使用，但是它们的编码器更多地被描述为面向数据流的形式。首先介绍四状态、码率为 1/2 的卷积码，它的编码器如图 5.5.1 所示。每一个信息比特进入编码器都会生成相应的两个编码比特，即 $k=1$，$n=2$；编码器中含有 $m=2$ 个二进制记忆单元(寄存器)，其状态数目为 $2^m=4$，编码约束度为 $m+1=3$。编码器的上下两部分像是运算在 $GF(2)$ 域上的两个离散时间有限冲激响应滤波器。顶部滤波器的冲激响应是 $\boldsymbol{g}^{(1)}=[1\quad 1\quad 1]$，而底部滤波器的冲激响应是 $\boldsymbol{g}^{(2)}=[1\quad 0\quad 1]$。从这样的角度看，编码器的输出 $\boldsymbol{c}^{(1)}$ 是输入 $\boldsymbol{u}$ 和冲激响应 $\boldsymbol{g}^{(1)}$ 的卷积，编码器的输出 $\boldsymbol{c}^{(2)}$ 也是如此，这就是卷积码的起源。卷积码通常用 (n,k,m)，则图 5.5.1 表示(2,1,2)卷积码。这样的话，对于 $j=1,2$，有

$$\boldsymbol{c}^{(j)} = \boldsymbol{u} \circledast \boldsymbol{g}^{(j)}$$

其中，⊛表示离散卷积，所有的运算都是模之和。

而且，时域里的卷积运算对应变换域里的乘积运算，这个方程还可以重新写成

$$c^{(j)}(D)=u(D)g^{(j)}(D)$$

其中，D 的多项式系数是对应向量的元素，所以 $g^{(1)}(D)=1+D+D^2$，$g^{(2)}(D)=1+D^2$。D 在编码的文献里被广泛使用，它等价于单位离散时间延迟算子 z^{-1}。

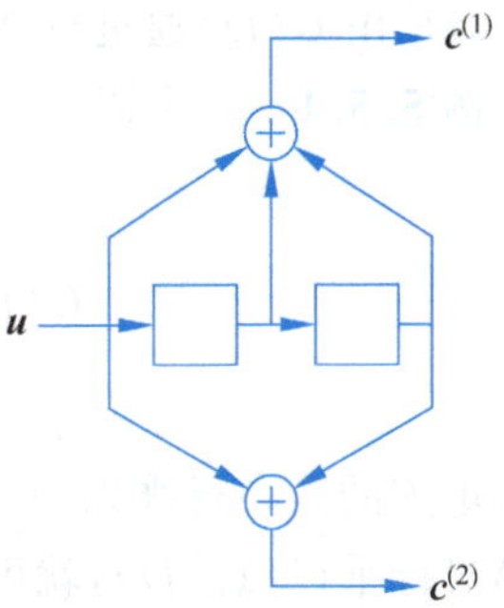

图 5.5.1 一个四状态、码率为 1/2 的卷积码编码器

上述编码过程可以描述为如下形式：

$$\begin{aligned}[c^{(1)}(D)\quad c^{(2)}(D)]&=u(D)[g^{(1)}(D)\quad g^{(2)}(D)]\\&=u(D)\boldsymbol{G}(D)\end{aligned}$$

式中：$\boldsymbol{G}(D)=[g^{(1)}(D)\quad g^{(2)}(D)]$是该码的生成矩阵，为 1×2 阶矩阵；$g^{(j)}(D)$为生成多项式。

对于长为 l 的输入数据($u(D)$的次数是 $l-1$)，输出数据的长度为 $2l+4$。为了使编码器状态归零，需使用额外的两个 0，从而产生了 4 个额外编码比特。因此，实际上码率是 $l/(2l+4)$，当 l 很大时码率接近 1/2。由于信息数据和码字之间具有简单而高度结构化的关系，卷积码具有较低的编码复杂度和译码复杂度。

5.5.2 卷积码的表示

双语教学录像

5.5.2.1 代数描述

定义一个二元卷积码 $\boldsymbol{C}$，码字 $\boldsymbol{c}(D)\in\boldsymbol{C}$ 有如下的形式：

$$\boldsymbol{c}(D)=[c^{(1)}(D)\quad c^{(2)}(D)\quad\cdots\quad c^{(n)}(D)]$$

式中：$c^{(j)}(D)=\sum_{i=r}^{\infty}c_i^{(j)}D^i$。

每一个 $\boldsymbol{c}(D)\in\boldsymbol{C}$ 可以写成这个基向量$\{\boldsymbol{g}_i(D)\}_{i=1}^{k}$ 的线性组合：

$$\boldsymbol{c}(D)=\sum_{i=1}^{k}u^{(i)}(D)\boldsymbol{g}_i(D)$$

式中：k 是 $\boldsymbol{C}$ 的维数。

与线性分组码类似，上式可以重写为

$$\boldsymbol{c}(D)=\boldsymbol{u}(D)\boldsymbol{G}(D)\tag{5.5.1}$$

这里 $\boldsymbol{u}(D)=[u^{(1)}(D)\quad u^{(2)}(D)\quad\cdots\quad u^{(k)}(D)]$，基向量 $\boldsymbol{g}_i(D)=[g_i^{(1)}(D)\quad g_i^{(2)}(D)\quad\cdots\quad g_i^{(n)}(D)]$构成了 $k\times n$ 生成矩阵$\boldsymbol{G}(D)$的行，所以$\boldsymbol{G}(D)$中第 i 行第 j 列的元素是 $g_i^{(j)}(D)$。

$\boldsymbol{G}(D)$表示一般的生成矩阵，它可以是系统或者非系统形式。存在一个$(n-k)\times n$ 校验矩阵 $\boldsymbol{H}(D)$，使得

$$\boldsymbol{c}(D)\boldsymbol{H}^{\mathrm{T}}(D)=\boldsymbol{0}$$

同时

$$\boldsymbol{G}(D)\boldsymbol{H}^{\mathrm{T}}(D)=\boldsymbol{0}$$

在前面的两个等式中的 **0** 分别表示 $1\times(n-k)$ 零向量和 $k\times(n-k)$ 零矩阵。对于线性分组码，$\boldsymbol{G}(D)$ 和 $\boldsymbol{H}(D)$ 都有系统形式，即为 $\boldsymbol{G}_0(D)=[\boldsymbol{I}\,|\,\boldsymbol{P}(D)]$ 和 $\boldsymbol{H}_0(D)=[\boldsymbol{P}^{\mathrm{T}}(D)\,|\,\boldsymbol{I}]$，$\boldsymbol{G}_0(D)$ 是由 $\boldsymbol{G}(D)$ 通过行变换得到。卷积码也有类似的情况，通过例 5.5.1 来描述。

例 5.5.1 一个码率为 2/3 的卷积码的生成矩阵如下：

$$\boldsymbol{G}(D)=\begin{bmatrix}\dfrac{1+D}{1+D+D^2} & 0 & 1+D\\ 1 & \dfrac{1}{1+D} & \dfrac{D}{1+D^2}\end{bmatrix} \tag{5.5.2}$$

如将矩阵的第一行乘以 $(1+D+D^2)/(1+D)$，把新得到的第一行加到第二行，把新得到的第二行乘以 $(1+D)$，就可以得到系统形式

$$\boldsymbol{G}_0(D)=\begin{bmatrix}1 & 0 & 1+D+D^2\\ 0 & 1 & \dfrac{1+D^3+D^4}{1+D}\end{bmatrix} \tag{5.5.3}$$

基于式(5.5.2)、式(5.5.3)的编码器如图 5.5.2 所示。

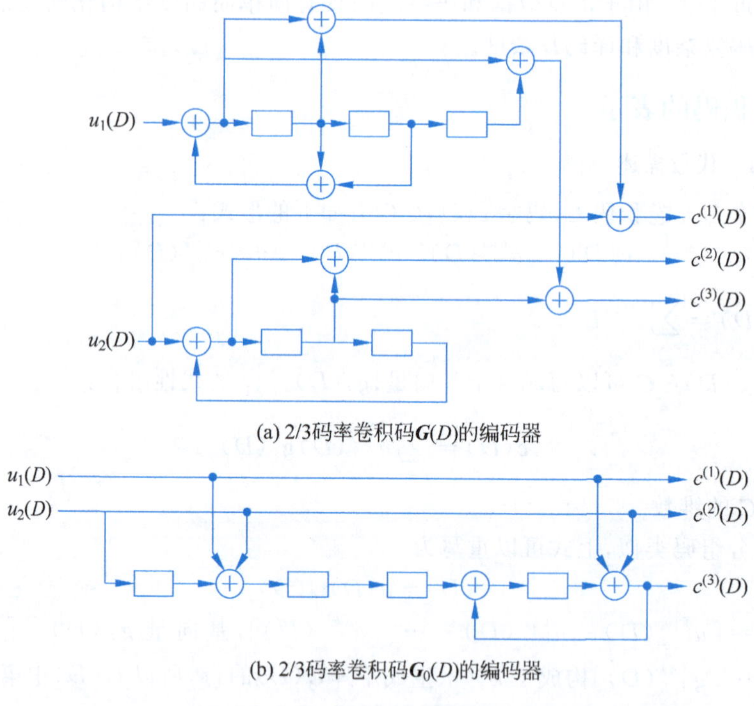

图 5.5.2 例 5.5.1 中给出的 2/3 码率卷积码的编码器实现

由子矩阵 $\boldsymbol{P}(D)$（$\boldsymbol{G}_0(D)$ 的最右一列）可得

$$\boldsymbol{H}_0(D)=\begin{bmatrix}1+D+D^2 & \dfrac{1+D^3+D^4}{1+D} & 1\end{bmatrix}$$

这是因为 $\boldsymbol{H}_0(D)=[\boldsymbol{P}^{\mathrm{T}}(D)\,|\,\boldsymbol{I}]$。$\boldsymbol{G}(D)$ 中元素分母的最小公倍式是 $(1+D+D^2)(1+$

D^2)，所以可得一个多项式形式的生成矩阵，用 $\boldsymbol{G}_{\mathrm{p}}(D)$ 来表示：

$$\boldsymbol{G}_{\mathrm{p}}(D)=\begin{bmatrix}(1+D)^3 & 0 & (1+D+D^2)(1+D)^3\\(1+D+D^2)(1+D^2) & (1+D+D^2)(1+D) & D(1+D+D^2)\end{bmatrix}$$

将 $\boldsymbol{H}_0(D)$ 中的每个元素乘以 $1+D$，可得

$$\boldsymbol{H}_{\mathrm{p}}(D)=[1+D^3\quad 1+D^3+D^4\quad 1+D]$$

任意可实现的卷积码都必定存在一个多项式形式的生成矩阵和校验矩阵。需要强调的是，$\boldsymbol{G}(D)$、$\boldsymbol{G}_0(D)$ 和 $\boldsymbol{G}_{\mathrm{p}}(D)$ 都生成同一个码，即它们的行张成相同的子空间。类似线性分组码，卷积码的生成矩阵也可以写成码字的形式。

例 5.5.2 码率为 1/2、生成矩阵是 $\boldsymbol{G}(D)=[g^{(1)}(D)\quad g^{(2)}(D)]=[1+D+D^2\quad 1+D^2]$ 的卷积码，$\boldsymbol{g}^{(1)}=[g_0^{(1)}\,g_1^{(1)}\,g_2^{(1)}]=[1\quad 1\quad 1]$，$\boldsymbol{g}^{(2)}=[g_0^{(2)}\,g_1^{(2)}\,g_2^{(2)}]=[1\quad 0\quad 1]$。对应复用码字的生成矩阵可写成如下形式：

$$\boldsymbol{G}'=\begin{bmatrix}g_0^{(1)}g_0^{(2)} & g_1^{(1)}g_1^{(2)} & g_2^{(1)}g_2^{(2)} & & \\ & g_0^{(1)}g_0^{(2)} & g_1^{(1)}g_1^{(2)} & g_2^{(1)}g_2^{(2)} & \\ & & g_0^{(1)}g_0^{(2)} & g_1^{(1)}g_1^{(2)} & g_2^{(1)}g_2^{(2)}\\ & & \ddots & \ddots & \ddots\end{bmatrix}$$

$$=\begin{bmatrix}11 & 10 & 11 & & \\ & 11 & 10 & 11 & \\ & & 11 & 10 & 11\\ & & \ddots & \ddots & \ddots\end{bmatrix}$$

与分组码不同，这是一个半无限长的生成矩阵。

一般来说，卷积码的参数 n 和 k 的典型值都非常小。如 $k=1,2,3$ 和 $n=2,3,4$，典型的码率如 1/2、1/3、1/4、2/3 和 3/4，其中 1/2 是最常见的码率。更高的码率一般通过降低码率的卷积码进行**凿孔**实现，即将编码器输出的比特进行周期性地删除而不传输。例如，为了通过将 1/2 码率的卷积码进行凿孔来得到 2/3 码率的卷积码，只需要在每四个编码输出比特中删除一个。由于每组的四个码字比特是由两个信息比特产生的，但是四个里面只有三个被传输，于是就实现了码率 2/3。因为编译码器的复杂度和性能，码率接近 1(如 0.95)的卷积码在实际中是不存在的，不管是否使用凿孔。卷积码译码器的复杂度正比于 2^{μ}，这里 μ 是编码器的记忆长度，即编码器记忆单元的个数。典型的 μ 值在 10 以下，工业标准中码率为 1/2 卷积码对应的 $\mu=6$，其生成多项式是 $g^{(1)}(D)=1+D+D^2+D^3+D^6$ 和 $g^{(2)}(D)=1+D^2+D^3+D^5+D^6$。常见的做法是用八进制数表示这些多项式，上述生成多项式可以表示成 $g_{\mathrm{oct}}^{(1)}=117$ 和 $g_{\mathrm{oct}}^{(2)}=155$。

5.5.2.2 图表示

卷积码的代数描述有利于编码器的实现和分类。本节介绍的图表示方法则有利于卷积码的译码、设计、性能分析等。

下面以 1/2 码率的卷积码为例进行描述，其生成矩阵 $\boldsymbol{G}(D)=[1+D+D^2\quad 1+D^2]$，编码器如图 5.5.1 所示。从图及状态的定义中可以得到状态转移表(表 5.5.1)，按

表可以画出这个码的有限状态转移图，如图 5.5.3(a)所示。状态图对于通过分析确定卷积码的距离谱很有用，而且可以直接导出码的网格图，网格图是在水平方向上加上离散时间维度的状态图(图 5.5.3(b))，编码器从 00 状态开始。值得注意的是，在 i 和 $i+1(i\geqslant 2)$节之间的网格，本质上是状态图的完全复制。同时，任意给定长度的码序列表，可以通过追溯网格图上同样长度的所有可能路径，并在每条路径上截取标记每个分支(或边)的码符号得到。

表 5.5.1　状态转移表

输入 u_i	当前状态 $u_{i-1}u_{i-2}$	下一状态 u_iu_{i-1}	输出 $c_i^{(i)}c_i^{(2)}$
0	00	00	00
1	00	10	11
0	01	00	11
1	01	10	00
0	10	01	10
1	10	11	01
0	11	01	01
1	11	11	10

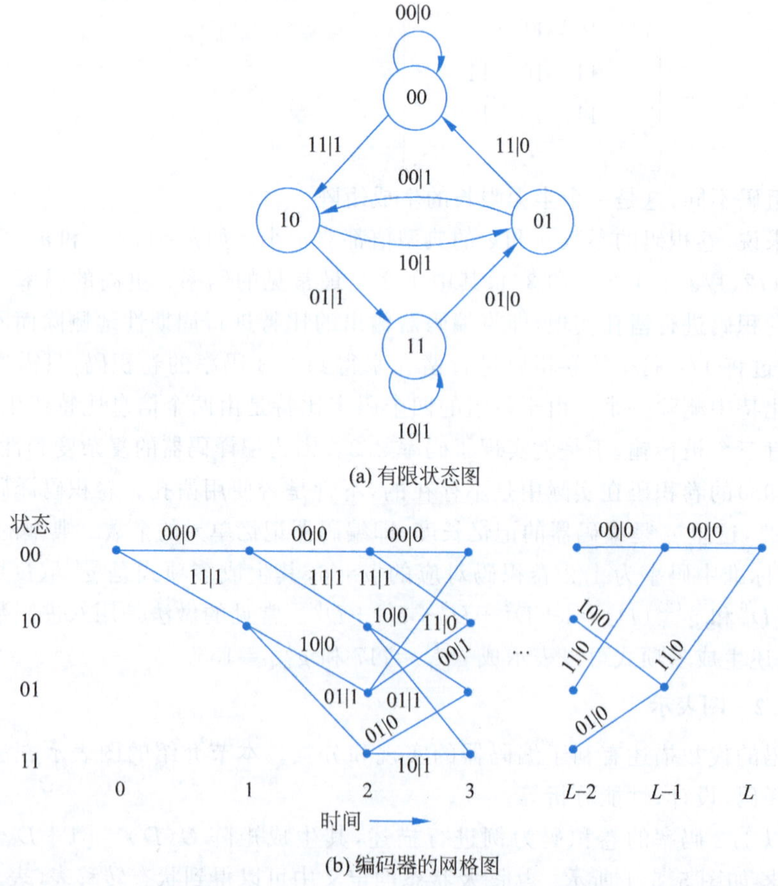

(a) 有限状态图

(b) 编码器的网格图

图 5.5.3　有限状态转移图和编码器的网格图

考虑基于网格图译码的时候，将会发现，除非网格图的最后一个状态是已知的，否则得到的末尾几个译码比特（大概 5μ 比特）将有些不可靠。为了解决这种情况，系统设计者通常会将网格图终止在一个已知的状态里。很明显，这需要在信息序列后面再添加 μ 比特，这样做增加了编码开销（或者说降低了码率）。而一种能够保持网格图终止优势，同时可避免降低编码效率的办法是咬尾。对于咬尾卷积码，用信息序列的最后 μ 比特初始化编码器的状态，使得编码器的初始状态和最终状态都是一样的。

5.5.3 卷积码的译码

目前卷积码有大数逻辑译码器、序列译码器、Viterbi 译码器和 BCJR 译码器，算法根据实际应用选择。通过 Viterbi 算法实现的最大似然序列译码器（MLSD）可最小化码字序列的错误概率，通过 BCJR 算法实现的逐比特最大化后验概率（MAP）译码器则可最小化信息误码率。一般来讲，这两种译码器的性能特性不管是从比特错误概率还是码字错误概率来讲都是相当接近的。但 BCJR 算法的译码复杂度约为 Viterbi 算法的 3 倍。本节主要讨论 Viterbi 译码算法。

我们关注的是二元对称信道（BSC）和二进制输入加性高斯白噪声信道（BI-AWGNC）。为了满足统一的要求，对于两种信道用 x_i 表示第 i 个输入，用 y_i 表示第 i 个信道输出。给定信道输入 $x_i=c_i\in\{0,1\}$和信道输出 $y_i\in\{0,1\}$，BSC 的信道转移概率为

$$P(y_i\neq x \mid x_i=x)=\varepsilon$$

$$P(y_i=x \mid x_i=x)=1-\varepsilon$$

式中：ε 为交叉概率。

对于 BI-AWGNC，码字比特映射到信道输入是 $x_i=(-1)^{c_i}\in\{\pm1\}$。BI-AWGNC 的信道转移概率密度函数（PDF）为

$$p(y_i \mid x_i)=\frac{1}{\sqrt{2\pi}\sigma}\exp[-(y_i-x_i)^2/(2\sigma^2)]$$

式中：σ^2 为零均值的高斯噪声采样 n_i 的方差。

信道将 n_i 直接加到传输值 x_i 上（因此，$y_i=x_i+n_i$）。首先考虑 BSC，它的 ML 判决是

$$\hat{\boldsymbol{c}}=\arg\max_{\boldsymbol{c}} P(\boldsymbol{y} \mid \boldsymbol{x})$$

可以化简成

$$\hat{\boldsymbol{c}}=\arg\min_{\boldsymbol{c}} d_{\mathrm{H}}(\boldsymbol{y},\boldsymbol{x})$$

式中：$d_{\mathrm{H}}(\boldsymbol{y},\boldsymbol{x})$表示 $\boldsymbol{y}$ 和 $\boldsymbol{x}$ 之间的汉明距离（注意 $\boldsymbol{x}=\boldsymbol{c}$）。

BI-AWGNC 的 ML 判决是

$$\hat{\boldsymbol{c}}=\arg\max_{\boldsymbol{c}} p(\boldsymbol{y} \mid \boldsymbol{x})$$

可以简化成

$$\hat{\boldsymbol{c}}=\arg\min_{\boldsymbol{c}} d_{E}(\boldsymbol{y},\boldsymbol{x})$$

式中：$d_{\mathrm{E}}(\boldsymbol{y},\boldsymbol{x})$表示 $\boldsymbol{y}$ 和 $\boldsymbol{x}$ 之间的欧几里得距离（注意 $\boldsymbol{x}=(-1)^{\boldsymbol{c}}$）。

因此，对于 BSC（BI-AWGNC），MLSD 将会选择在汉明（欧几里得）距离的意义下最

接近信道输出 $\boldsymbol{y}$ 的码字序列 $\boldsymbol{c}$。从理论上来说，由于网格图列举了所有的码字序列，因此可以用穷搜索的办法在网格图上寻找最接近 $\boldsymbol{y}$ 的序列。L 条网格分支的计算：

$$\Gamma_L = \sum_{l=1}^{L} \lambda_l \tag{5.5.4}$$

式中：λ_l 为第 l 个分支度量，且有

$$\lambda_l = \sum_{j=1}^{n} d_{\mathrm{H}}(y_l^{(j)}, x_l^{(j)}) = \sum_{j=1}^{n} y_l^{(j)} \oplus x_l^{(j)} \ (\mathrm{BSC}) \tag{5.5.5}$$

$$\lambda_l = \sum_{j=1}^{n} d_{\mathrm{E}}^2(y_l^{(j)}, x_l^{(j)}) = \sum_{j=1}^{n} (y_l^{(j)} - x_l^{(j)})^2 \ (\mathrm{BI\text{-}AWGNC}) \tag{5.5.6}$$

在 BSC 下，$x_l^{(j)} = c_l^{(j)}$，而在 BI-AWGNC 下，$x_l^{(j)} = (-1)^{c_l^{(j)}}$。式(5.5.5)中的度量称为汉明度量，式(5.5.6)中的度量称为欧几里得度量。

很明显，$\arg\min\limits_{\boldsymbol{c}} d_{\mathrm{H}}(\boldsymbol{y}, \boldsymbol{x})$ 和 $\arg\min\limits_{\boldsymbol{c}} d_{\mathrm{E}}(\boldsymbol{y}, \boldsymbol{x})$ 的计算量是非常庞大的，这是因为对于码率为 $k/(k+1)$ 的码来说，网格图上 L 节意味着有 2^{kL} 个码字序列。但是，Viterbi 根据以下观察发现，在不损失性能的情况下这个复杂度可以降低到 $O(2^{\mu})$。考虑在图 5.5.2(b) 中以[00 00 00]和[11 10 11]开始的两个码字序列，它们对应的输入序列是[0 0 0…]和[1 0 0…]。观察到对应这两个序列的网格路径在状态 0/时间 0 开始岔开，而在经过三个分支后(或者等效地说，经过网格图中的三节后)又汇聚到状态 0。经过三节后汇合的重要性在于此后的网格中这两条路径有相同的扩展。因此，如果这两条路径其中一条在 $l=3$ 时有着较大的累积度量，那么这条路径加上扩展以后也会拥有较大的累积度量。因此，从长远角度考虑可以把 $l=3$ 时度量较大的路径移除。这条被保留的路径称为幸存路径。这样的做法将会应用到网格中所有汇聚路径，以及在 $l>3$ 时每个网格节点拥有多于两条汇聚路径的网格中。这就引出了以下基于 MLSD 的 Viterbi 算法。

算法 5.5.1　Viterbi 算法

定义

(1) $\lambda_l(s', s)$是从 $l-1$ 时刻状态 s'转移到 l 时刻状态 s 的分支度量，这里 $s', s \in \{0, 1, \cdots, 2^{\mu}-1\}$。

(2) $\Gamma_{l-1}(s')$是在 $l-1$ 时刻幸存状态 s'的累积度量，即幸存路径的分支度量和。

(3) $\Gamma_l(s', s)$是从 $l-1$ 时刻状态 s'延展到 l 时刻状态 s 路径的暂定累积度量，$\Gamma_l(s', s) = \Gamma_{l-1}(s') + \lambda_l(s', s)$。

加-比-选(Add-Compare-Select，ACS)迭代

初始化　设定 $\Gamma_0(0)=0$ 和 $\Gamma_0(s') = -\infty$，对于所有 $s' \in \{1, \cdots, 2^{\mu}-1\}$(编码器、网格被初始化为状态 0)。

for $l=1$ to L

(1) 计算可能的分支度量 $\lambda_l(s', s)$。

(2) 对于在 $l-1$ 时刻的每个状态 s'和 l 时刻从状态 s'出发所有可能到达的状态 s，计算从状态 s'延展到状态 s 路径的暂定累积度量 $\Gamma_l(s', s) = \Gamma_{l-1}(s') + \lambda_l(s', s)$。

(3) 对于在时刻 l 的每个状态 s，从度量 $\Gamma_l(s', s)$选出并记录下具有最小度量的路径。这时状态 s 的累积度量是 $\Gamma_l(s) = \min\limits_{s'}\{\Gamma_l(s', s)\}$

end

下面讨论几种选择最大似然码序列的方法。

面向分组的方法 1：假设一个信息序列长为 kL bit，在经过 L 次加-比-选迭代后，选择具有最优累积度量的路径（若相同，则任意确定），L 在这里必须足够大，从而能充分发挥这个码的全部优势，一般有 $L>50\mu$。

面向分组的方法 2：假设一个非递归卷积码，在信息序列后面加上 μ 个 0，使得网格在信息序列的末端可以回归 0 状态。在最后一次 ACS 迭代后，最大似然路径即是回归到状态 0 的幸存路径。同样，这里的 L 也必须足够大。

面向流的方法 1：这个方法利用了幸存路径都会有共同的"尾巴"这个特点。在第 l 次 ACS 迭代后，译码器将会沿着任意的幸存路径回溯 δ 个分支，然后将网格第 $l-\delta$ 节分支上的标记作为信息比特输出。这是一个很有效的滑动窗口译码器，其顺着网格的长度滑动，在 δ 节内存储和处理信息。译码延迟 δ 的值通常直接使用记忆长度的 4 倍或者 5 倍。然而，通过计算机仿真来确定这个值会更好，因为这个值是根据具体的码来确定的。也就是说，可以在码的网格图上使用计算机搜索算法，从在 0 状态/0 时刻发散于全零路径、后来再聚合的最小重量码字序列中确定所需要的最大路径长度。δ 可以设定成比这个最大路径长度稍微大一点的值。

面向流的方法 2：在第 l 次 ACS 迭代后，选择具有最优累积度量的网格路径，然后回溯 δ 个分支，选择网格第 $l-\delta$ 节中分支上所标记的比特作为对应的输出判决。

针对 BI-AWGNG 的欧几里得距离度量（式 5.5.6）可以做如下简化：

$$\begin{aligned}\arg\min_{\boldsymbol{c}} d_{\mathrm{E}}^2(\boldsymbol{y},\boldsymbol{x}) &= \arg\min_{\boldsymbol{c}}\sum_{l=1}^{L}\sum_{j=1}^{n}(y_l^{(j)}-x_l^{(j)})^2\\ &= \arg\min_{\boldsymbol{c}}\sum_{l=1}^{L}\sum_{j=1}^{n}[(y_l^{(j)})^2+(x_l^{(j)})^2-2y_l^{(j)}x_l^{(j)}]\\ &= \arg\max_{\boldsymbol{c}}\sum_{l=1}^{L}\sum_{j=1}^{n}y_l^{(j)}x_l^{(j)}\end{aligned}$$

最后一行是因为第二行的平方项是独立于 $\boldsymbol{c}$ 的。因此，式(5.5.6)中的 AWGN 分支度量可以用下面的相关度量代替：

$$\lambda_l=\sum_{j=1}^{n}y_l^{(j)}x_l^{(j)} \tag{5.5.7}$$

以上式子在 BI-AWGNC 下成立。

图 5.5.4 展示了一个 BSC 上应用面向分组判决方法 1 的 Viterbi 译码例子。这里 $\boldsymbol{y}=[00,01,00,01]$，非幸存路径用"×"标示，累积度量在汇聚分支附近用粗体写出。例子中不存在彻底的最小距离路径，任一距离为 2 的路径与 ML 路径一样。

图 5.5.5 展示了一个 BI-AWGNC 上应用面向分组判决方法 1 和相关度量的 Viterbi 译码的例子。这里 $\boldsymbol{y}=[-0.7,-0.5,-0.8,-0.6,-1.1,+0.4,+0.9,+0.8]$，非幸存路径用"×"标示，累积度量在汇聚分支附近用粗体写出。ML 路径就是累积度量为 3.8 的路径。

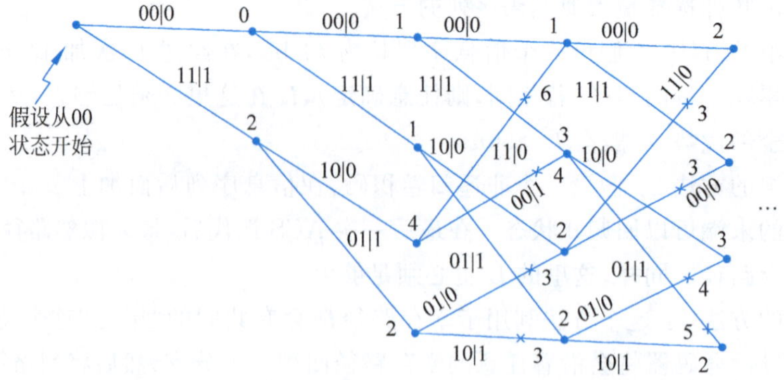

图 5.5.4 图 5.5.3 中的码在 BSC 上使用 Viterbi 译码的例子

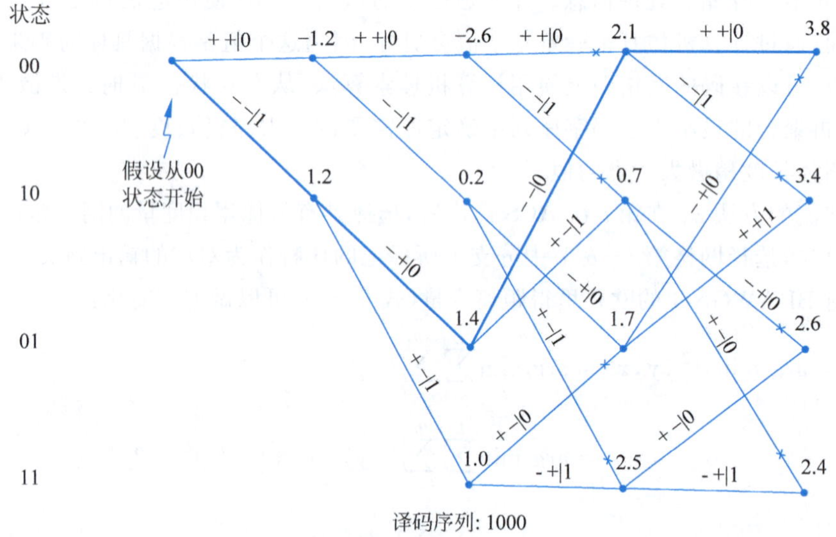

图 5.5.5 图 5.5.3 中的码在 BI-AWGNC 上使用 Viterbi 译码的例子

5.5.4 卷积码的应用

5.5.4.1 IEEE 802.16 中的卷积码

IEEE 802.16 工作组专门开发宽带固定无线技术标准，IEEE 802.16 标准的颁布推动了宽带无线接入的发展，是点对多点宽带固定无线接入系统的权威规范。在该标准的物理层规范中采用正交频分复用(OFDM)调制，信道编码分为扰码、前向纠错(FEC)和交织三步。

FEC 包括级联的卷积码(内码)和 RS 码(外码)，编码过程是首先数据以块的形式经过 RS 编码器，然后经过 0 截止的卷积码编码器。RS 码采用 GF(2^8)中的(255,239,8)码，编码生成多项式为

$$g(x)=(x+\alpha)(x+\alpha^2)\cdots(x+\alpha^{2t}),\quad \alpha=02\text{HEX}$$

域生成多项式为 $g(x)=x^8+x^4+x^3+x^2+1$。码字可以缩短或打孔，以适应不同大小

的数据块和不同的纠错能力。每个 RS 数据块进行卷积编码，采用(2,1,7)卷积码，生成多项式为 $G=[171,133]$，如图 5.5.6 所示。

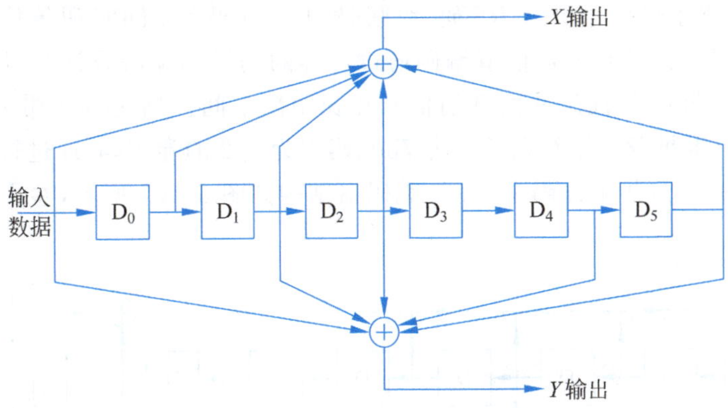

图 5.5.6 码率为 1/2 的卷积编码器

表 5.5.2 列出了为实现不同编码码率而使用的打孔模式和串联顺序，表中的“1”表示发送比特，“0”表示删除比特。

表 5.5.2 内卷积编码及配置

	码率			
Rate	1/2	2/3	3/4	5/6
d_{free}	10	6	5	4
X	1	10	101	10101
Y	1	11	110	11010
XY	X_1Y_1	$X_1Y_1Y_2$	$X_1Y_1Y_2X_3$	$X_1Y_1Y_2X_3Y_4X_5$

不同调制方式的块长度和码率见表 5.5.3。

表 5.5.3 不同调制方式的块长度和码率

调制方式	未编码块长度/字节	编码块长度/字节	总码率	RS 码率	CC 码率
BPSK	12	24	1/2	(12,12,0)	1/2
QPSK	24	48	1/2	(32,24,4)	2/3
QPSK	36	48	3/4	(40,36,2)	5/6
16QAM	48	96	1/2	(64,48,8)	2/3
16QAM	72	96	3/4	(80,72,4)	5/6
64QAM	96	144	2/3	(108,96,6)	3/4
64QAM	108	144	3/4	(120,108,6)	5/6

5.5.4.2 CCSDS 中的卷积码

国际空间数据系统咨询委员会(CCSDS)标准是国际上广泛应用于深空通信领域的通信标准，该标准集合了目前在深空遥控、测控和通信标准等方面的最新研究成果，至今已发布了涵盖物理层调制解调、信道编译码、数据链路层协议和图像压缩等领域的众多标准，并为世界众多学术机构认可。CCSDS 建议书最初针对民用目的而开发，因其具有卓越性能、良好经济效益和广泛适应性等特点，近年来越来越受到世界各国军事组织的关注，已逐步被世界各国应用于军用航天任务。

CCSDS建立了包括卷积码、RS码、级联码、Turbo码和LDPC码等信道码在内的一系列信道码标准。这些高增益信道编码通过优异的编译码算法设计获得可观的信道增益，有效降低信号解调阈值，进而抵消信号在长距离空间传播过程中带来的能量损失。其中，CCSDS标准推荐采用约束长度为7bit、码率为1/2的卷积码，通过打孔抽取可得到2/3、3/4、5/6和7/8，共4种码率。1/2编码器结构如图5.5.7所示，卷积码抽取参数如表5.5.4所示。

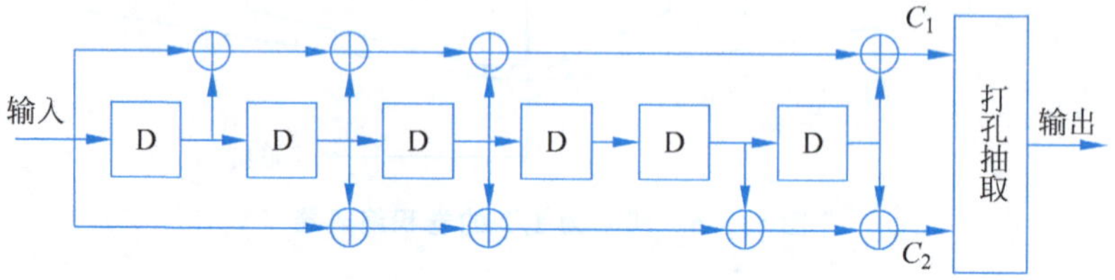

图5.5.7　1/2编码器结构

表5.5.4　卷积码抽取参数

抽取样式	码　　率	输　　出
C_1：10 C_2：11	2/3	$C_1(1)C_2(1)C_2(2)\cdots$
C_1：101 C_2：110	3/4	$C_1(1)C_2(1)C_2(2)C_1(3)\cdots$
C_1：10101 C_2：11010	5/6	$C_1(1)C_2(1)C_2(2)C_1(3)C_2(4)C_1(5)\cdots$
C_1：1000101 C_2：1111010	7/8	$C_1(1)C_2(1)C_2(2)C_2(3)C_2(4)C_1(5)C_2(6)C_1(7)\cdots$

5.5.4.3　移动通信中的卷积码

WCDMA中有三种方式用于专用物理信道的编码，分别为卷积码(码率为1/2或1/3)、Turbo码(只有1/3码率)和没有信道编码。卷积编码主要用于误码率为10^{-3}级别的业务，典型的有传统的话音业务和低速信令的传输。

WCDMA中定义的卷积编码器如图5.5.8所示，其约束长度$K=9$，码率为1/3或1/2。码率为1/3的编码器输出顺序为Output0，Output1，Output2，Output0，Output1，Output 2，Output 0，…，Output2。而码率为1/2的编码器输出顺序为Output 0，Output 1，Output 0，Output 1，Output 0，…，Output 1。移位寄存器的初始状态应为全“0”。因此，在编码前需要将8个0值尾比特添加到码块，以清零编码器。

从编码理论的角度考虑，卷积码性能主要与其编码效率、约束长度及自由距离有关。编码效率越小，编码冗余度就越大，纠错性能越好，占用带宽也越大；约束长度越大，其纠错性能越好，但译码复杂度的指数增加，$K=9$是一个比较折中的方案。最后，在相同的编码效率和约束长度下，自由距离越大越好。$K=9$，编码效率为1/2、1/3的卷积码的最

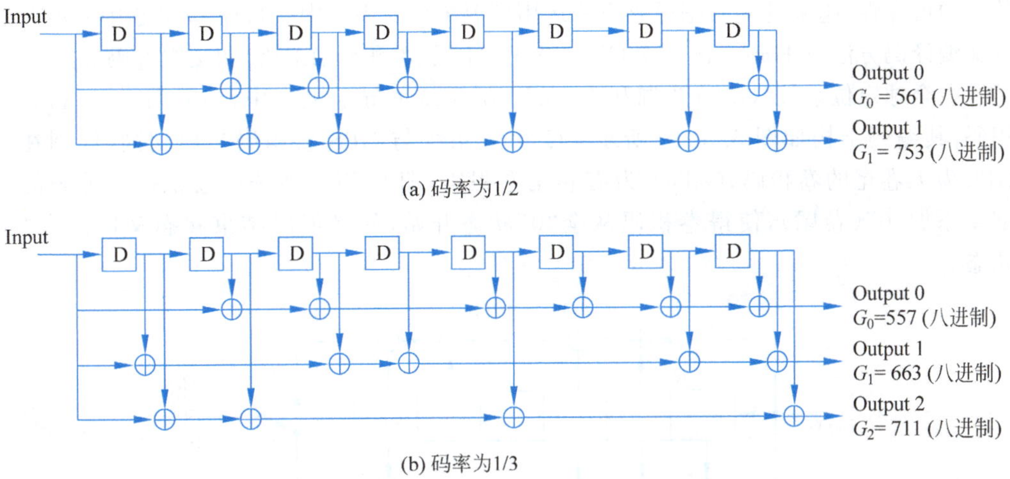

图 5.5.8　码率为 1/2 和 1/3 的卷积编码器结构

大自由距离为 12 和 18，其生成多项式分别为$(561)_8$、$(753)_8$ 和$(557)_8$、$(663)_8$、$(711)_8$。

图 5.5.9 给出了 LTE 系统中的咬尾卷积码编码器结构，其中寄存器的个数 $m=6$，码率 $R=1/3$，编码器输入的信息比特流为 $\boldsymbol{u}$，输出为$(\boldsymbol{c}^{(0)},\boldsymbol{c}^{(1)},\boldsymbol{c}^{(2)})$。

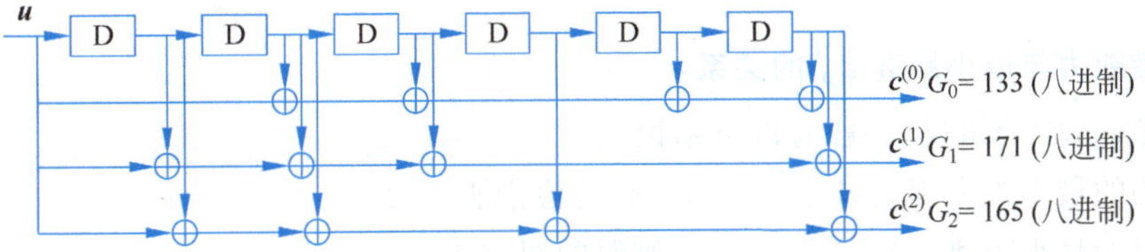

图 5.5.9　LTE 系统中的咬尾卷积码编码器结构

咬尾卷积码已应用于 4G 中的 LTE 系统中，并且成为 5G 中超高可靠与低时延通信(URLLC)场景中的备选编码方案。LTE 系统中的咬尾卷积码直接用信息序列的最后 6 个比特将编码寄存器初始化。这样全部编码后寄存器的结束状态将和编码前的起始状态相同，这样的编码方式没有传输额外的比特，从而提高了编码效率。

5.5.4.4　卫星导航系统中的卷积码

全球卫星导航系统(Global Navigation Satellite System，GNSS)一般由空间星座、地面监控和用户设备三部分构成。空间星座是指 GNSS 中的导航卫星，该部分的作用是进行数据观测，并将接收的导航信息进行一定的处理后将其发送给地球用户。地面监控部分是整个 GNSS 能否正常运行的保障，它主要的作用是对空间星座部分的卫星进行观测与跟踪，校对卫星的时钟、轨道等误差，使整个系统调整到正常运行状态。用户设备部分的功能是接收导航信息，并将接收到的信息进行各项处理(如数字化、功率放大、频率变换等)，从而得到有效的用户自身的时间、速度和位置等参数，以实现定位。导航电文是 GNSS 信号最主要的组成部分，它是导航卫星发送给接收机(用户)的描述卫星的各项运行状态参数的一段数据码信息。

导航电文的纠错编码作为导航电文设计的重要组成部分，为了保证 GNSS 导航电文传输的可靠性，越来越多的编译码方法运用到卫星导航系统中。目前 GNSS 中所涉及的电文编译码方法有 Hamming 码，CRC 码、BCH 码、卷积码、LDPC 和交织编码等。

在全球定位系统（GPS）及伽利略（Galileo）系统的导航电文中，均采用了（2,1,6）卷积码，其编码结构如图 5.5.10 所示。Galileo 系统与 GPS 卷积码参数相同，区别在于 GPS 为无卷尾的卷积码，Galileo 为有卷尾卷积码，即 Galileo 系统的卷积码在编码的尾部要添加"0"（卷尾），使得卷积码从全"0"状态开始，最终编码结束状态又回到全"0"状态。

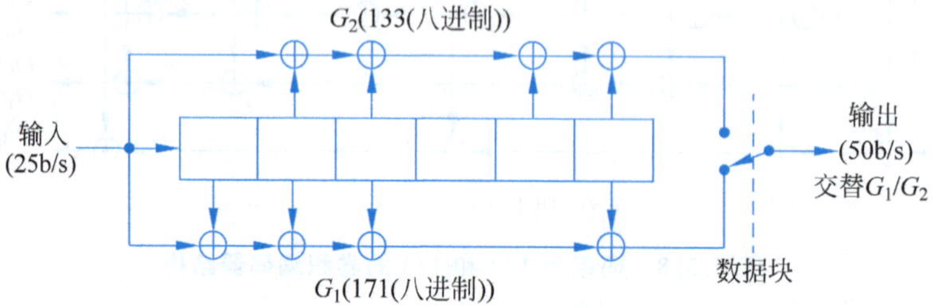

图 5.5.10　GPS（Galileo 系统）中的卷积码结构

小结

纠错能力与最小距离 d_0 的关系：

对于(n,k)分组码，一般有以下结论。

若码的最小距离满足 $d_0 \geqslant e+1$，则码的检错能力为 e。

若码的最小距离满足 $d_0 \geqslant 2t+1$，则码的纠错能力为 t。

若码的最小距离满足 $d_0 \geqslant e+t+1(e>t)$，则该码能纠正 t 个错误同时检测 e 个错误。

联合 ε 典型序列：

设$(\boldsymbol{x},\boldsymbol{y}) \in (X^n;Y^n)$是 n 长随机序列对，对于任意小的正数 $\varepsilon>0$，存在足够大的 n，若满足下列条件，则称$(\boldsymbol{x},\boldsymbol{y})$为**联合 ε 典型序列**。

$$\left|\frac{1}{n}\log P(\boldsymbol{x})+H(X)\right|<\varepsilon$$

$$\left|\frac{1}{n}\log P(\boldsymbol{y})+H(Y)\right|<\varepsilon$$

$$\left|\frac{1}{n}\log P(\boldsymbol{xy})+H(XY)\right|<\varepsilon$$

联合渐近等同分割性：

对于任意小的 $\varepsilon>0,\delta>0$，当 n 足够大时，则有以下性质。

典型序列 $\boldsymbol{x}$、$\boldsymbol{y}$ 和联合典型序列$(\boldsymbol{x},\boldsymbol{y})$满足

$$2^{-n[H(X)+\varepsilon]} \leqslant P(\boldsymbol{x}) \leqslant 2^{-n[H(X)-\varepsilon]}$$

$$2^{-n[H(Y)+\varepsilon]} \leqslant P(\boldsymbol{y}) \leqslant 2^{-n[H(Y)-\varepsilon]}$$

$$2^{-n[H(XY)+\varepsilon]} \leqslant P(\boldsymbol{xy}) \leqslant 2^{-n[H(XY)-\varepsilon]}$$

典型序列集 $G_\varepsilon(X)$、$G_\varepsilon(Y)$和联合典型序列集 $G_\varepsilon(XY)$满足

$$P(G_\varepsilon(X)) \geqslant 1-\delta$$

$$P(G_\varepsilon(Y)) \geqslant 1-\delta$$

$$P(G_\varepsilon(XY)) \geqslant 1-\delta$$

以 N_G 表示典型序列集中元素个数，则 $G_\varepsilon(X)$、$G_\varepsilon(Y)$和 $G_\varepsilon(XY)$中序列个数满足

$$(1-\delta)2^{n[H(X)-\varepsilon]} \leqslant N_{G_x} \leqslant 2^{n[H(X)+\varepsilon]}$$

$$(1-\delta)2^{n[H(Y)-\varepsilon]} \leqslant N_{G_y} \leqslant 2^{n[H(Y)+\varepsilon]}$$

$$(1-\delta)2^{n[H(XY)-\varepsilon]} \leqslant N_{G_{xy}} \leqslant 2^{n[H(XY)+\varepsilon]}$$

有噪信道编码定理： 有噪信道的信道容量为 C，当信息传输率 $R<C$，只要码长 n 足够长，总可以在输入 X^n 符号集中找出一组码($Q=2^{nR}$，n)和相应的译码规则，使译码错误概率任意小。

线性分组码：

GF(2)域上的 n 维线性空间 $\mathbf{V}_n$ 中的一个 k 维子空间 $\mathbf{V}_{n,k}$。

一致校验矩阵 $\boldsymbol{H}$($r\times n$ 矩阵)满足

$$\boldsymbol{HC}^{\mathrm{T}}=\boldsymbol{0}^{\mathrm{T}}, \quad \boldsymbol{CH}^{\mathrm{T}}=\boldsymbol{0}$$

生成矩阵 $\boldsymbol{G}$($k\times n$ 矩阵)满足

$$\boldsymbol{HG}^{\mathrm{T}}=\boldsymbol{0}^{\mathrm{T}}, \quad \boldsymbol{GH}^{\mathrm{T}}=\boldsymbol{0}$$

标准生成矩阵和标准校验矩阵

$$\boldsymbol{G}_0=[\boldsymbol{I}_k\boldsymbol{P}], \quad \boldsymbol{H}_0=[\boldsymbol{QI}_r], \text{且 } \boldsymbol{P}=\boldsymbol{Q}^{\mathrm{T}}$$

标准阵列译码表见表 5.3.3。

伴随式：

$$\boldsymbol{S}=\boldsymbol{EH}^{\mathrm{T}}=\boldsymbol{RH}^{\mathrm{T}}$$

Hamming 码：

码　　长：	$n=2^m-1$
信息位数：	$k=2^m-m-1$
监督码位：	$r=n-k=m$
最小距离：	$d=3$
纠错能力：	$t=1$

基本码限：

Singleton 限：任一线性分组码的最小距离(或最小重量)d_0 均满足 $d_0\leqslant n-k+1$。

Hamming 限：若 $\boldsymbol{C}$ 是 k 维 n 重二元码，已知 k 时，要使 $\boldsymbol{C}$ 能纠正 t 个错，则必须有不少于 r 个校验位，并且使 r 满足 $2^r-1\geqslant\sum_{i=1}^{t}\mathrm{C}_n^i$。

循环码：

在任一个 GF(q)(q 为素数或素数幂)上的 n 维线性空间 $\boldsymbol{V}_n$ 中，一个 n 重子空间 $\boldsymbol{V}_{n,k} \in \boldsymbol{V}_n$，若对任何一个 $\boldsymbol{C}_i=(c_{n-1},c_{n-2},\cdots,c_0)\in \boldsymbol{V}_{n,k}$，恒有 $\boldsymbol{C}_i'=(c_{n-2}\cdots c_0 c_{n-1})\in \boldsymbol{V}_{n,k}$，则称 $\boldsymbol{V}_{n,k}$ 是**循环子空间**或**循环码**。

如果一个码的所有码多项式都是多项式 $g(x)$ 的倍式，则称 $g(x)$ 为生成该码，且称 $g(x)$ 为该码的**生成多项式**，所对应的码字称为**生成子**或**生成子序列**。

BCH 码：

常用的二元 BCH 码是本原 BCH 码，其参数及其关系式：

码字长度：　$n=2^m-1$

校验位数：　$n-k\leqslant mt$

最小距离：　$d\geqslant 2t+1$

其中，m 为正整数，一般 $m\geqslant 3$，纠错位数 $t<(2^m-1)/2$。

RS 码：

RS 码是一类具有很强纠错能力的非二进制 BCH 码，码元符号取自有限域 GF(q)能纠正 t 个错误的 RS 码具有如下参数：

码字长度：　$n=q-1$(符号)

校验位数：　$n-k=2t$(符号)

最小距离：　$d=2t+1$(符号)

卷积码的定义：编码器的输出 $\boldsymbol{c}^{(j)}$ 是输入 $\boldsymbol{u}$ 和冲激响应 $\boldsymbol{g}^{(j)}$ 的卷积，即有

$$\boldsymbol{c}^{(j)}=\boldsymbol{u}\circledast \boldsymbol{g}^{(j)}$$

时域里的卷积运算对应变换域里的乘积运算，上述方程还可以重新写成

$$c^{(j)}(D)=u(D)g^{(j)}(D)$$

其中，D 的多项式系数是对应向量的元素，所以 $g^{(1)}(D)=1+D+D^2$，$g^{(2)}(D)=1+D^2$，等价于单位离散时间延迟算子 z^{-1}。

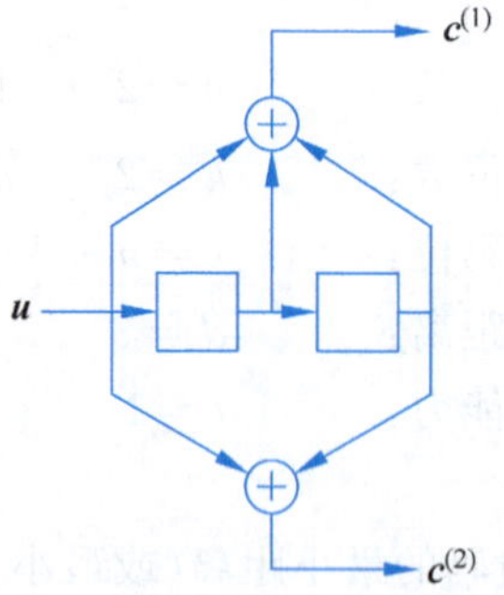

卷积码的代数描述：对于一个二元卷积码 $\boldsymbol{C}$，码字 $\boldsymbol{c}(D)\in\boldsymbol{C}$ 有如下形式，即

$$\boldsymbol{c}(D)=[c^{(1)}(D)\quad c^{(2)}(D)\cdots c^{(n)}(D)]$$

式中：$c^{(j)}(D)=\sum\limits_{i=r}^{\infty}c_i^{(j)}D^i$。

其编码过程可写为

$$c(D)=u(D)G(D)$$

其中,$u(D)=[u^{(1)}(D)\quad u^{(2)}(D)\cdots u^{(k)}(D)]$,基向量 $g_i(D)=[g_i^{(1)}(D)\quad g_i^{(2)}(D)\cdots g_i^{(n)}(D)]$构成了 $k\times n$ 的生成矩阵 $G(D)$的行,即 $G(D)$中第 i 行第 j 列的元素是 $g_i^{(j)}(D)$。

最大似然序列译码(MLSD):

对于 BSC(BI-AWGNC),MLSD 将会选择在汉明(欧几里得)距离的意义下最接近信道输出 y 的码字序列 c。从理论上来说,可以利用穷搜索的办法在网格图上寻找最接近 y 的序列。

维特比(Viterbi)译码: 基于幸存路径,开展加-比-选(Add-Compare Select,ACS)迭代的译码算法(算法 5.5.1)。

习题

5.1 在一个 $p=0.05$ 的 BSC 上,使用长度 $n=5$ 的分组码,并希望接收端分组错误概率小于 10^{-4},最大可能的码率为多少?

5.2 已知一个(7,4)码的生成矩阵为

$$G_0=\begin{bmatrix}1&0&0&0&1&1&1\\0&1&0&0&1&0&1\\0&0&1&0&0&1&1\\0&0&0&1&1&1&0\end{bmatrix}$$

(1) 求该码的全部码字。

(2) 求该码的一致校验矩阵 H_0。

(3) 作出标准阵列译码表。

5.3 一个(8,4)系统码,其信息序列为$(m_3m_2m_1m_0)$,码字序列为$(c_7c_6c_5c_4c_3c_2c_1c_0)$,它的校验方程为

$$\begin{cases}c_3=m_3+m_1+m_0\\c_2=m_3+m_2+m_0\\c_1=m_2+m_1+m_0\\c_0=m_3+m_2+m_1\end{cases}$$

求该码的生成矩阵 G_0 和一致校验矩阵 H_0,并证明该码最小重量为 4。

5.4 令 H 为某一(n,k)线性分组码的一致校验矩阵,其码的最小重量 d_0 为奇数,现构造一个新码,其一致校验矩阵为

$$H'=\left[\begin{array}{c:c}H&\begin{matrix}0\\\vdots\\0\end{matrix}\\\hdashline 1\ \cdots\ 1&1\end{array}\right]$$

试证明：(1) 新码是一个$(n+1,k)$码。

(2) 新码中每个码字重量为偶数。

(3) 新码的最小重量为d_0+1。

5.5 对于一个码长为15的线性码，若允许纠正2个随机错误，需多少个不同的伴随式？至少要多少位校验元？

5.6 令$\boldsymbol{C}_1$是最小距离为d_1、生成矩阵为$\boldsymbol{G}_1=[\boldsymbol{P}_1 \mid \boldsymbol{I}_k]$的$(n_1,k)$线性系统码，$\boldsymbol{C}_2$是最小距离为$d_2$、生成矩阵$\boldsymbol{G}_2=[\boldsymbol{P}_2 \mid \boldsymbol{I}_k]$的$(n_2,k)$线性系统码。研究具有下述一致校验矩阵的线性码。

$$\boldsymbol{H}=\left[\begin{array}{c|c} & \boldsymbol{P}_1^{\mathrm{T}} \\ \boldsymbol{I}_{n_1+n_2-k} & \boldsymbol{I}_k \\ & \boldsymbol{P}_2^{\mathrm{T}} \end{array}\right]$$

试求：(1) 码长及信息位长度。

(2) 证明此码的最小距离至少为d_1+d_2。

5.7 研究一(n,k)线性码$\boldsymbol{C}$，其生成矩阵$\boldsymbol{G}$不包括零列。将$\boldsymbol{C}$的所有码矢排列成$2^k\times n$的阵，试证明：(1)阵中不含有零列。

(2) 阵的每一列由2^{k-1}个0和2^{k-1}个1组成。

(3) 在特定分量上为0的所有码矢构成$\boldsymbol{C}$的一个子空间，这个子空间的维数有多大？

5.8 证明(n,k)线性码的最小距离d_0满足下述不等式：

$$d_0\leqslant\frac{n\cdot 2^{k-1}}{2^k-1}$$

提示：利用题5.7(2)的结果，上述界限称为普洛金(Plotkin)限。

5.9 已知(7,4)码的全部码字为：0000000,0001011,0010110,0011101,0100111,0101100,0110001,0111010,1000101,1010011,1011000,1100010,1101001,1110100,1111111,1001110。

(1) 该码是否为循环码？为什么？

(2) 写出该码的生成多项式$g(x)$及标准型的生成矩阵$\boldsymbol{G}_0$。

(3) 写出标准型的一致校验矩阵$\boldsymbol{H}_0$。

5.10 证明$x^{10}+x^8+x^5+x^4+x^2+x+1$为(15,5)循环码的生成多项式，并写出信息多项式为$M(x)=x^4+x+1$时的码多项式(按系统码的形式)。

5.11 一个(n,k)循环码，其生成多项式为$g(x)$。假设n为奇数，且$x+1$不是$g(x)$的因式，试证全1码组是其中的一个码字；若$(x+1)$是$g(x)$的一个因式，证明全1的n重不是码字；若n是偶数，证明全1的n重是一个码字。

5.12 已知$g_1(x)=x^3+x^2+1$，$g_2(x)=x^3+x+1$，$g_3(x)=x+1$，试分别讨论：

(1) $g(x)=g_1(x)g_2(x)$。

(2) $g(x)=g_3(x)g_2(x)$。

两种情况下，由 $g(x)$ 生成的 7 位循环码能检测出哪些类型的单个错误和突发错误？

5.13 令(15,11)循环码的生成多项式为 $g(x)=x^4+x+1$。

(1) 求此码的一致校验多项式。

(2) 求此码的标准型的生成矩阵和一致校验矩阵。

(3) 讨论其纠错能力。

(4) 若信息序列多项式为 $M(x)=x^{10}+x^8+1$，求其编码后的系统型码字。

(5) 求接收码组 $R(x)=x^{14}+x^4+x+1$ 的伴随式，并列表说明 $R(x)$ 的译码过程。

5.14 令 $g(x)$ 是一个长为 n 的二元循环码的生成多项式。

(1) 若 $g(x)$ 中有 $(x+1)$ 因子，证明此码不含有奇数重量码字。

(2) 若 n 是 $g(x)$ 除尽 x^n+1 的最小整数，且 $n\geqslant 3$，证明此码的重量至少为 3。

5.15 令 $\boldsymbol{C}_1$ 和 $\boldsymbol{C}_2$ 分别是 $g_1(x)$ 和 $g_2(x)$ 生成的两个长为 n 的循环码，其最小距离分别为 d_1，d_2，证明既属于 $\boldsymbol{C}_l$ 码又属于 $\boldsymbol{C}_2$ 码的公共码多项式，形成了另一循环码 $\boldsymbol{C}_3$，确定 $\boldsymbol{C}_3$ 码的生成多项式，试讨论 $\boldsymbol{C}_3$ 码的最小距离。

5.16 扩展 Hamming 码扩展后的一致校验矩阵 $\boldsymbol{H}'$ 与原码 $\boldsymbol{H}$ 矩阵关系如下：

$$\boldsymbol{H}'=\begin{array}{c|c} 0 & \\ 0 & \\ \vdots & \boldsymbol{H} \\ 0 & \\ \hline 1 & 1\ \ 1\ \ 1\ \ \cdots\ \ 1 \end{array}$$

同样，删信 Hamming 码的一致校验矩阵 $\boldsymbol{H}''$ 与原码 $\boldsymbol{H}$ 矩阵关系如下

$$\boldsymbol{H}''=\begin{array}{c} \boldsymbol{H} \\ \hline 1\ \ 1\ \ \cdots\ \ 1 \end{array}$$

计算这两类码的维数，证明 $d_{\min}=4$；试说明扩展和删信 Hamming 码可以纠正单个错误同时检测 2 个错误。

5.17 下列码中哪些与 BCH 码的规则一致？

(1) (32,21)$d_{\min}=5$

(2) (63,45)$d_{\min}=7$

(3) (63,36)$d_{\min}=11$

(4) (127,103)$d_{\min}=7$

5.18 给出长度为 15 的可纠正 3 个错误的 BCH 码的生成子多项式。假设 GF(2^4)是用本原多项式 x^4+x^3+1 构造的。

5.19 构造一个 GF(2^4)上 $n=15$ 的纠正 2 个错误的 RS 码，找出它的生成多项式和 k，并对接收矢量 $\boldsymbol{R}(x)=\alpha x^3+\alpha^{11}x^7$ 进行译码。

5.20 一个 GF(2^m)上的纠正 t 个错误的 RS 码，若它的生成多项式为

$$g(x)=(x+\alpha)(x+\alpha^2)\cdots(x+\alpha^{2t})$$

其中 $\alpha\in GF(2^m)$ 是一个本原域元素，证明该码最小距离为 $2t+1$。

5.21 设(2,1,3)二元卷积码的生成多项式矩阵 $\boldsymbol{G}(D)=[1+D^2+D^3 \quad 1+D+D^2+D^3]$。

(1) 画出编码电路。

(2) 画出 $L=4$ 的信息序列的网格图。

(3) 若通过转移概率 $p=0.01$ 的 BSC 传送，收到的序列为 11 10 00 01 10 00，求译码序列。

5.22 考虑码率为 2/3 的卷积码，其校验矩阵为

$$\begin{aligned}\boldsymbol{H}(D)&=[h_2(D) \quad h_1(D) \quad h_0(D)]\\&=[1+D \quad 1+D^2 \quad 1+D+D^2]\end{aligned}$$

证明这个码的其中一个生成矩阵为

$$\boldsymbol{G}(D)=\begin{bmatrix}h_1(D) & h_2(D) & 0\\ 0 & h_0(D) & h_1(D)\end{bmatrix}$$

5.23 假设在 BI-AWGNC 下，仿真码率为 2/3 的卷积码的 Viterbi 译码，其校验矩阵如下：

$$\begin{aligned}\boldsymbol{H}(D)&=[h_2(D) \quad h_1(D) \quad h_0(D)]\\&=[1+D \quad 1+D^2 \quad 1+D+D^2]\end{aligned}$$

画出 P_b 为 $10^{-1}\sim10^{-6}$ 的误码率。

第6章 先进纠错编码技术

香农的著作《通信的数学理论》奠定了信道编码、信源编码和信息论领域的基础。香农证明了存在这样的一类信道编码，在信息速率不超过信道容量的前提下是可以用来保证可靠通信的。在香农的文章发表后的45年内，编码理论界设计了大量巧妙的编码系统，但在实际场景中都不能很好地逼近香农的理论极限。第一个突破是1993年Turbo码的发现，这是第一种能够逼近香农容量限的信道编码；第二个突破是1996年对低密度校验码(LDPC)的重新发现，该码同样具有逼近容量限的性能。2008年发现的Polar码是第一个可以被理论证明达到香农理论极限的编码技术，从而开启了第三代信道编码时代。上述编码技术已经在深空通信、卫星通信、移动通信等众多标准中获得了广泛应用。

本章将介绍Turbo码、LDPC、Polar码、无码率码等技术的基本编译码原理，研究码字构造的巧妙思路，探索编码调制技术在高效传输中的拓展应用。

学生讨论录像

6.1 Turbo码

香农在《通信的数学理论》中提出并证明了著名的有噪信道编码定理，他在证明信息速率接近信道容量并可实现无差错传输时引用了三个基本条件。

(1) 采用随机编码。

(2) 编码长度趋于无穷，即分组码的组长度无限。

(3) 译码过程采用最大似然(ML)译码方案。

在信道编码的研究与发展过程中基本上是基于后两个条件为主要方向的。而对于条件(1)，虽然随机选择编码码字可以使获得好码的概率增大，但是最大似然译码器的复杂度随码字数目的增大而增大，编码长度很大时译码几乎不可能实现。因此，多年来随机编码理论一直是分析和证明编码定理的主要方法，而如何在构造码上发挥作用并未引起人们的足够重视。

在1993年的IEEE国际通信会议上，Berrou、Glavieux和Thitimajashima发布了一个极好的编码结果，非常接近香农限，这就是他们利用敏锐观察力所得到的具有开创性的Turbo编码思想。最早提出的Turbo码又称为并行级联卷积码(Parallel Concatenated Convolution Code，PCCC)，它巧妙地将卷积码和随机交织器结合在一起，实现了随机编码的思想；同时，采用软输出迭代译码来逼近最大似然译码。仿真结果表明，如果采用大小为65535的随机交织器并进行18次迭代，则当$(E_b/N_0)\geqslant 0.7$dB时码率为1/2的Turbo码在AWGN信道上的误码率BER$\leqslant 10^{-5}$，接近了香农限(1/2码率的香农限是0dB)。

由于Turbo码的上述优异性能并不是从理论研究的角度给出的，而仅是计算机仿真的结果，因此Turbo码的理论基础在提出时并不完善。后来经过众多学者的重复性研究与理论分析，发现Turbo码的性能确实是非常优异的，其研究也不断深入。基于Bahl在迭代译码结构中所做的研究，在Berrou等开创性的提议中提出一个针对经典最小误码率的最大后验概率改进译码算法(MAP)。自Turbo码概念提出之后，研究人员便以降低译码器复杂度为目标深入展开大量研究工作：Roberson等以及Berrou等针对相关实例提出降低复杂度的译码方案；LeGoff、Glavieux、Wachsmann、Huber、Robertson和Wörz共同提出Turbo码与有效带宽调制相结合的方法；Benedetto、Montorsi、Perez、Seghers

和 Costello 等深入研究了 Turbo 码优异性能的构造问题。由于 Turbo 码在获得优异性能的同时出现了较大的译码延时，针对这一问题，Hagenauer、Offer、Papke 及 Pyndiah 在该领域具有创意的研究，他们将涡轮概念拓展到并行级联分组码中；Jung 和 Nasshan 把话音系统的特点描述为限制帧长度的短传输的编码性能。他们还和 Blanz 合作将 Turbo 码应用在具有联合检测以及天线分集的 CDMA 系统中。Barbulescu、Pietrobon 和许多其他学者认为交织器的设计在 Turbo 编码中具有同样重要的地位。

可以说，Turbo 码的出现在编码理论界引起了轰动，标志着信道编码理论与技术的研究进入了一个崭新的阶段，它结束了长期将信道截止速率作为实际容量限的历史。有关 Turbo 码的原理、性能、理论分析以及应用等各方面的研究都取得了长足进展。该码的提出更新了编码理论研究中的一些概念和方法。例如，人们更青睐基于概率的软译码方法，而不是早期基于代数的构造与译码方法。再如，对编码方案的比较方法也发生了变化，从参数相近码的相互比较或与截止速率进行比较，过渡到与香农限进行比较。同时，通过仿真来确定码的性能成为另一种有效手段。

Turbo 码的研究就目前而言已经有了很大发展，在各方面也都走向了实际应用阶段，如 3G/4G 移动通信和 Wi-Fi 通信标准的可选信道编码方案。同时，迭代译码的思想已经广泛应用于编码、调制、信号检测等领域。

6.1.1 Turbo 码的分类

Turbo 码的编码结构可以分为并行级联卷积码、串行级联卷积码(Serial Concatenated Convolution Code，SCCC)和混合级联卷积码(Hybrid Concatenated Convolution Code，HCCC)，如图 6.1.1 所示。

1. 并行级联卷积码

并行级联卷积码主要由分量编码器、交织器、凿孔矩阵和复接器组成。分量码一般选择递归系统卷积码(RSC)，当然也可以选择分组码、非递归卷积码(NRC)以及非系统卷积码(NSC)。在大多数情况下两个分量码都采用相同的生成矩阵。如果交织性能良好，那么可令各分量码的输出码流是充分独立的，这样才能提供良好的迭代译码性能。

一般而言，Turbo 码为 PCCC 形式。若两个分量码的码率分别为 R_1、R_2，则该形式 Turbo 码的码率为

$$R_{\mathrm{PCCC}}=\frac{R_1R_2}{R_1+R_2-R_1R_2}$$

2. 串行级联卷积码

在 AWGN 信道上对 PCCC Turbo 码的性能仿真证明，当误码率随信噪比的增加下降到一定程度以后就会出现下降缓慢甚至不再降低的情况，这种现象一般称为**错误平层**。为解决这个问题，1996 年 Benedetto 和 Divsalar 等提出了串行级联卷积码的概念。SCCC 综合了 Forney 串行级联码(RS 码、卷积码)和 PCCC Turbo 码的特点，在适当的信噪比范围内应用迭代译码可以达到非常优异的译码性能。SCCC Turbo 码的编码结构如图 6.1.1(b)所示。信息符号经外编码器编码后输出的码字序列，经码元交织后送入内编

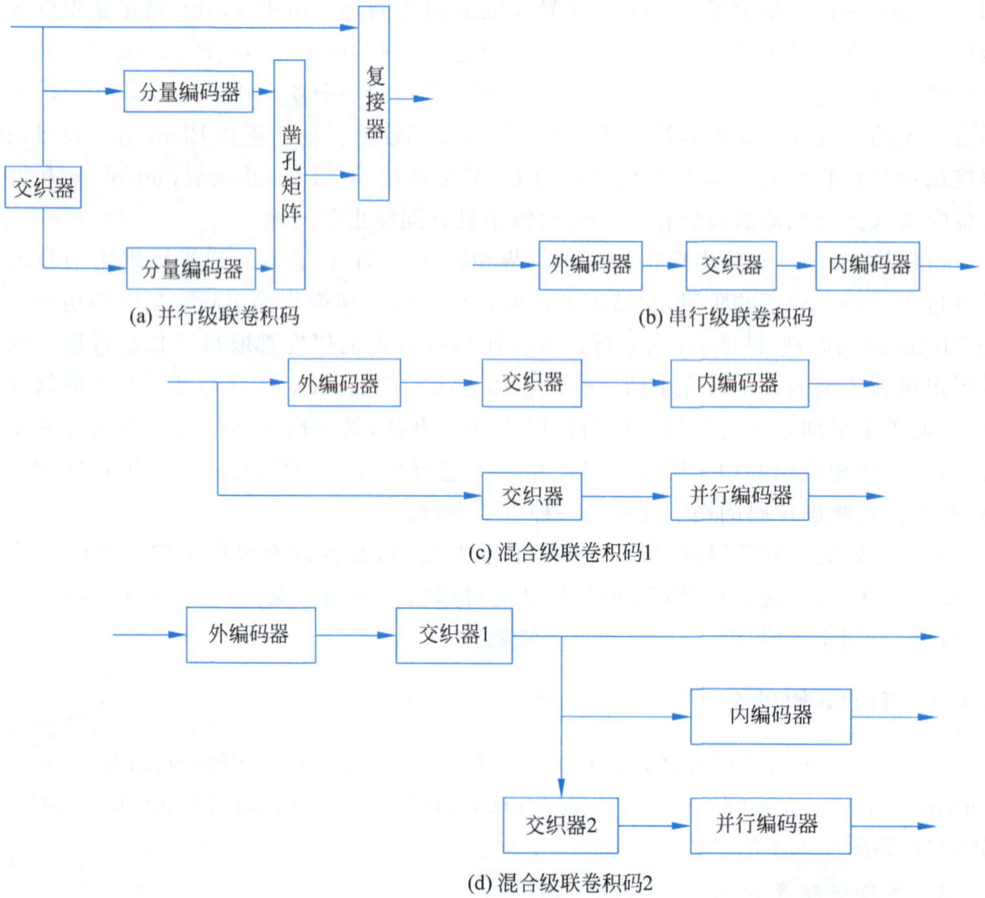

图 6.1.1　Turbo 码编码结构

码器，得到的输出码字序列再经过调制后送到信道中传输。研究表明，为使 SCCC Turbo 码达到比较好的译码性能，内码要采用递归系统卷积码，外码也应选用具有较好距离特性的卷积码。

假设内、外编码器的码率分别为 R_i、R_o，则 SCCC Turbo 码的码率为

$$R_{sccc}=R_iR_o$$

3. 混合级联卷积码

根据上述对 PCCC 和 SCCC Turbo 码的描述很容易想到将两种编码方案结合起来，从而既能够在低信噪比条件下获得优异的译码性能，又能有效地消除 PCCC Turbo 码的错误平层。这种综合 PCCC 和 SCCC 的编码方案称为混合级联卷积码，由 Divsalar 和 Pollara 在 1997 年提出。

HCCC 的方案很多，这里只给出两个最常见的 HCCC Turbo 码方案：一种是采用卷积码和 SCCC 并行级联的编码方案，如图 6.1.1(c)所示；另一种是考虑以卷积码为外码，以 PCCC 为内码的混合级联编码结构，如图 6.1.1(d)所示。具体编码过程不再赘述。显然，HCCC Turbo 码的实现要比 PCCC 和 SCCC Turbo 码复杂得多。上述方案也可推广

到两个 SCCC 并行级联或者两个 PCCC 串行级联的情况。

6.1.2 Turbo 码的编码

这里主要介绍 PCCC 形式的 Turbo 码编码器。Turbo 码的最大特点是它通过在编译码器中交织器和解交织器的使用有效地实现了随机性编译码的思想，通过短码的有效结合实现长码达到了接近香农理论极限的性能。

Turbo 码编码器主要由分量编码器、交织器、凿孔矩阵（又称删余矩阵或开关单元）和复用器组成，如图 6.1.2 所示。

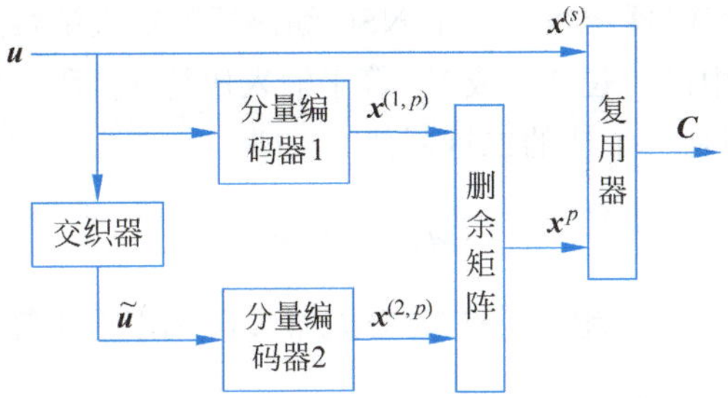

图 6.1.2 Turbo 码编码器结构框图

在 Turbo 码的编码过程中，两个分量码输入相同的信息序列。长度为 N 的信息符号序列 $\boldsymbol{u}=(u_1,u_2,\cdots,u_N)$ 送入第一个分量编码器编码，输出校验符号序列（也称监督序列）$\boldsymbol{x}^{(1,p)}$；同时作为系统码输出的信息符号 $\boldsymbol{x}^{(s)}=\boldsymbol{u}$ 直接送至复用器；且 $\boldsymbol{u}$ 经过交织器后的交织序列 $\tilde{\boldsymbol{u}}=(u'_1,u'_2,\cdots,u'_N)$ 送入第二个分量编码器编码，输出校验符号序列 $\boldsymbol{x}^{(2,p)}$。其中 $\boldsymbol{u}'_j=u_{\pi(k)}$，$j=\pi(k)(j,k=1,2,\cdots,N)$，$\pi(k)$ 为交织映射函数，N 为交织长度（等于信息符号序列长度）。可见，两个分量编码器的输入信息符号序列仅是码元输入的顺序不同。为了提高编码码率，可以将两个分量编码器输出的 $\boldsymbol{x}^{(1,p)}$ 和 $\boldsymbol{x}^{(2,p)}$ 经过删余矩阵删余后得到 $\boldsymbol{x}^{(p)}$，再与信息符号输出 $\boldsymbol{x}^{(s)}$ 一起经过复用器构成完整的 Turbo 码符号序列 $\boldsymbol{C}$。

下面分别介绍编码器中主要模块的功能与原理。

1. 分量码

分量码一般选用递归系统卷积码，也可以是分组码（如循环码等）、非递归卷积码和非系统卷积码等。研究表明，分量码的最佳选择是递归系统卷积编码器（Recursive Systematic Convolutional Coder，RSC），因为在删余码形式下，应用反馈后可以获得最大长度的编码序列，即其约束长度会更长，记忆性会更好，从而提高了码的纠检错能力，且码率越高、信噪比越低时其优势越明显。

通常两个分量码可以采用相同的生成矩阵，也可以是不同的。

下面介绍 RSC 编码器结构及表示方法。

递归系统卷积编码器是指带有反馈的系统卷积编码器，是在非递归系统卷积码的基础上改进的。为此，先回顾一下 NSC 的基本模型。假设一个码率为 1/2 的卷积码编码器，若约束长度为 m，则存储器长度 $v=m-1$。在 k 时刻的输入比特为 d_k，则相应的校验码为二进制数对 (X_k, Y_k)。

$$X_k=\sum_{i=0}^{v} g_{1i} d_{k-i}, \quad g_{1i}=0,1$$

$$Y_k=\sum_{i=0}^{v} g_{2i} d_{k-i}, \quad g_{2i}=0,1$$

式中：$G_1:\{g_{1i}\}$ 和 $G_2:\{g_{2i}\}$ 分别是卷积码编码器中两个编码器的生成元，一般用八进制表示。这是 NSC 的基本模型。

一个二进制 RSC 编码器相当于一个 NSC 编码器的输入端数据使用了存储器反馈的信息，同时编码器输出中的一位 X_k 或 Y_k 等于输入比特 d_k，所以移位寄存器的输入不再是输入信息比特 d_k，而是一个新的二进制值 a_k，即

$$a_k=d_k+\sum_{i=1}^{v} \gamma_i a_{k-i}$$

当 $X_k=d_k$ 时，γ_i 与 g_{1i} 相等；当 $Y_k=d_k$ 时，γ_i 与 g_{2i} 相等。

RSC 的矩阵表达一般为

$$\boldsymbol{G}=\begin{bmatrix}1 & \dfrac{n_1(D)}{d(D)} & \dfrac{n_2(D)}{d(D)} & \cdots & \dfrac{n_{n-1}(D)}{d(D)}\end{bmatrix}$$

式中：“1”对应输出的系统信息序列；$n_i(D)$ 为前向多项式，对应着编码器的前向输出；$d_i(D)$ 为反馈多项式，对应着反馈到输入端的成分。

图 6.1.3 给出了一个存储器长度 $v=4$ 的 RSC 编码器，它们分别由 NSC 编码器所定义的生成元为 $G_1=21, G_2=37$（八进制表示）得到，编码器为 16 状态，其生成矩阵可以表示为

$$\boldsymbol{G}(D)=\begin{bmatrix}1 & \dfrac{1+D^4}{1+D+D^2+D^3+D^4}\end{bmatrix}$$

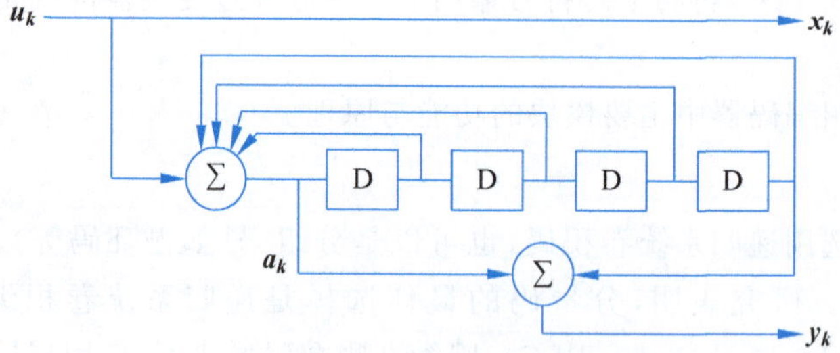

图 6.1.3　$R=1/2, G_1=21, G_2=37$ 的 RSC 编码器

而 CDMA2000 标准中使用的 1/3 码率 Turbo 码分量码矩阵为

$$\boldsymbol{G}(D)=\begin{bmatrix}1 & \dfrac{1+D+D^3}{1+D^2+D^3} & \dfrac{1+D+D^2+D^3}{1+D^2+D^3}\end{bmatrix}$$

2. 交织器

交织的概念早在 Turbo 码出现之前就被用于无线通信系统，但它当时的作用是抵抗

突发性错误，使大块集中出现的错误分散化，主要应用于 Rayleigh 衰落信道。而 Turbo 码编码器中交织器的作用与之有所不同，它是实现 Turbo 码近似随机编码的关键。

交织器实际上是一个一一映射函数，将输入信息序列的比特位置进行重新排列，以减小分量编码器输出校验序列的相关性和提高码重。

若定义集合 $A(A=\{1,2,\cdots,N\})$，则交织器可以定义为一个一一对应的映射函数 $\pi(A\to A)$：$J=\pi(i)(i,j\in A)$，这里 i、j 分别是未交织序列 $\boldsymbol{C}$ 和交织后序列 $\boldsymbol{C}$ 中的元素标号。映射函数可以表示为 $\pi_N=(\pi(1),\pi(2),\pi(3),\cdots,\pi(N))$。比如，一个长度为 8 的伪随机交织器，输入序列被表示为 $\boldsymbol{C}=(c_1,c_2,c_3,c_4,c_5,c_6,c_7,c_8)$，则输出序列为 $\tilde{\boldsymbol{C}}=(\tilde{c}_1,\tilde{c}_2,\tilde{c}_3,\tilde{c}_4,\tilde{c}_5,\tilde{c}_6,\tilde{c}_7,\tilde{c}_8)=(c_2,c_4,c_1,c_6,c_3,c_8,c_5,c_7)$，交织矢量为 $\pi_8=(\pi(1),\pi(2),\pi(3),\pi(4),\pi(5),\pi(6),\pi(7),\pi(8))=(3,1,5,2,7,4,8,6)$。

交织器在 Turbo 码系统中的作用可以从两个层次分析。

(1) 从码重层次看，交织器增大了校验码重，尤其是改善了低码重输入信息序列的输出校验码重。即当信息符号序列经过第一个分量编码器编码后输出的码字重量较小时，交织器可使交织后的信息符号序列经过第二个分量编码器编码后，以很大概率输出较大重量的码字，从而增大了码的最小自由距离，提高了纠错能力。这样，即使分量码是较弱的码，产生的 Turbo 码也可能具有很好的性能，这就是 Turbo 码的"交织增益"。

(2) 从相关性层次看，交织器最大可能地置乱了输入信息序列的顺序，降低了输入输出数据的相关性，使得邻近码元同时被噪声淹没的可能性大大减小，从而增强了抗突发噪声的能力。

在输入信息序列较长时，通常可以采用近似随机的映射方式，相应的交织器称为伪随机交织器。但是在实际通信系统中交织器往往是具有固定的结构，因此在一定条件下可以把 Turbo 码看成一类特殊的分组码来简化分析。如果交织器的结构和大小固定，而且分量编码器的编码初始状态为全零状态，Turbo 码就是一个线性分组码。目前采用的交织器可分为分组型交织、随机型交织以及编码匹配交织器等几种。

3. 删余矩阵

为了提高码率，序列 $\boldsymbol{x}^{(1,p)}$ 和 $\boldsymbol{x}^{(2,p)}$ 需要采用删余技术从这两个校验序列中周期地删除一些校验位，形成校验位序列 $\boldsymbol{X}^p$。$\boldsymbol{X}^p$ 与未编码序列 $\boldsymbol{X}^s$ 经过复用调制后生成了 Turbo 码序列 $\boldsymbol{C}$。删余矩阵指示了所删除的校验元位置，其元素取自集合 $\{0,1\}$。矩阵中每一行分别与两个分量编码器相对应，其中"0"表示相应位置上的校验比特被删除，而"1"则表示保留相应位置的校验比特。

假定图 6.1.4 中两个分量编码器的码率均是 1/2，为了得到 1/2 码率的 Turbo 码，可以采用删余矩阵 $\boldsymbol{P}=\begin{bmatrix}1 & 0\\0 & 1\end{bmatrix}$，即删去来自 RSC 1 的 $\boldsymbol{x}^{(1,p)}$ 偶数位的校验比特与来自 RSC 2 的 $\boldsymbol{x}^{(2,p)}$ 奇数位的校验比特。

概括而言，Turbo 码是由两个或两个以上的简单分量编码器通过交织器并行级联在一起而构成的。信息序列先送入第一个编码器，交织后送入第二个编码器。输出的码字由输入的信息序列、第一个编码器产生的校验序列和第二个编码器对交织后的信息序列

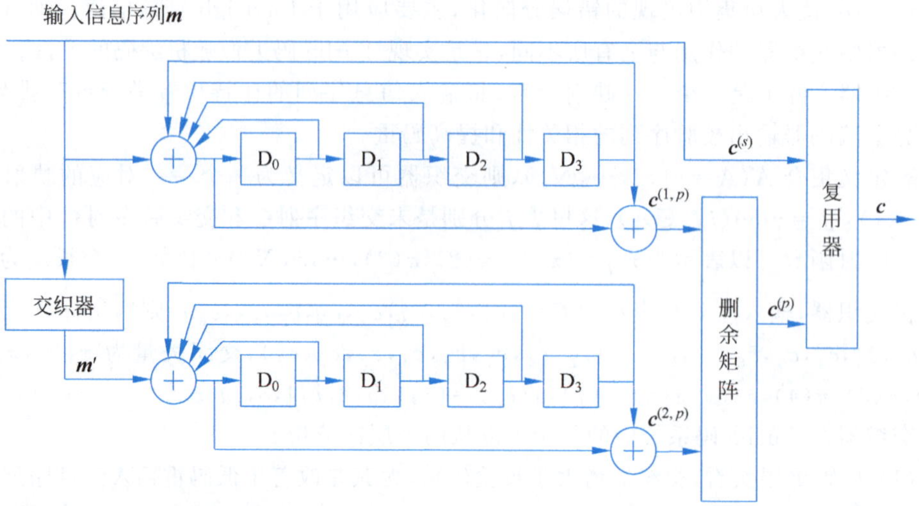

图 6.1.4 基于(2,1,4)RSC 的 Turbo 编码器

产生的校验序列三部分组成。

6.1.3 Turbo码的迭代译码

Turbo 码的另一个重要特点是在译码时采用了迭代译码的思想，迭代译码的复杂性仅是随着数据帧的大小增加而呈线性增长。相应于译码复杂性随码字长度增加而呈指数形式增长的最优 MLD 来讲，显然迭代译码具有更强的可实现性。为使 Turbo 码达到比较好的译码性能，分量码译码必须采用软输入软输出(SISO)算法，实现迭代译码过程中软信息在分量译码器之间的交换。已有研究表明，基于最优译码算法的迭代译码与 MLD 相比是一种次最优译码。但对于 Turbo 码来说，采用迭代译码的方式可以保证在译码可实现的前提下达到接近香农理论极限的译码性能。实际上，之所以称为 Turbo 码是因为在译码器中存在反馈，类似于涡轮机的工作原理。在迭代进行过程中分量译码器之间互相交换软比特信息来提高译码性能。Forney 等已经证明了最优的软输出译码器应该是后验概率(A Posteriori Probability，APP)译码器，它是以接收信号为条件的某个特定比特传输的概率。

6.1.3.1 串行迭代的译码结构及原理

通常情况下，Turbo 码编码器使用两个分量 RSC，编码输出包含了信息序列(在译码端常称为系统信息或系统比特)和两个分量 RSC 编码器输出的校验信息序列。对接收到的观测序列进行译码的时候，根据编码结果把译码器分解为两个独立的译码器 DEC1 和 DEC2，分别跟两个 RSC 分量编码器相对应，译码器结构如图 6.1.5 所示。为了得到对原始信息的最优估计，两个译码器分别对系统信息和两个校验序列进行译码时，应该相互利用校验序列所含的信息，采用迭代译码，通过分量译码器之间软信息的交换来提高译码性能，这也是 Turbo 码获得优异性能的根本原因之一。

以码率为 1/3 的 Turbo 码为例，设编码输出信号 $X_k=(x_k^s, x_k^p)$，其中下标 k 表示时

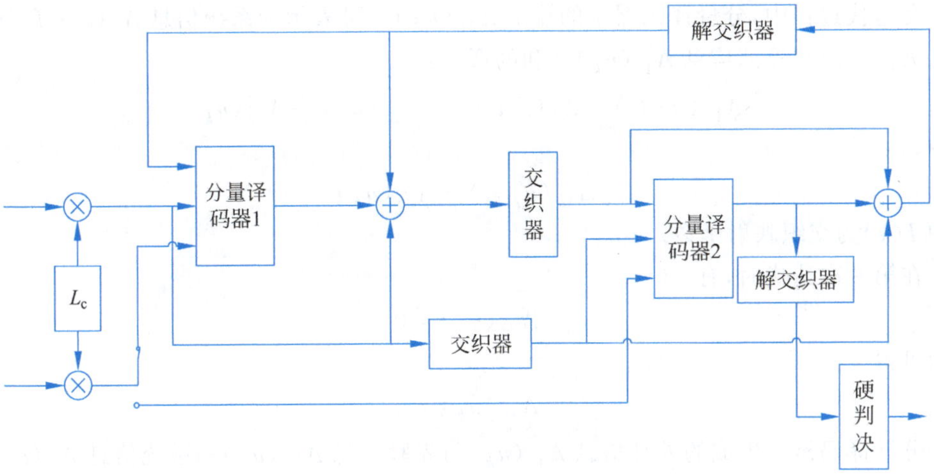

图 6.1.5 Turbo 码译码器结构

刻，上标中 s 表示系统信息位，p 表示校验位。

对于 BPSK 调制，输出信号与编码码字 $\boldsymbol{C}_k=(c_k^s,c_k^p)$ 之间满足关系

$$X_k=\sqrt{E_s}(2C_k-1)$$

假定接收信号为

$$Y_k=(y_k^s,y_k^p)$$

式中

$$y_k^s=x_k^s+i_k$$

$$y_k^p=x_k^p+q_k$$

其中：i_k 和 q_k 是服从均值为 0、方差为 $N_0/2$ 的独立同分布高斯随机变量。

在接收端，接收采样经过匹配滤波之后得到的接收序列 $\boldsymbol{R}=(\boldsymbol{r}_1,\boldsymbol{r}_2,\cdots,\boldsymbol{r}_N)$，经过串并转换后得到如下三种序列。

(1) 系统接收信息序列，$\boldsymbol{Y}^s=(y_1^s,y_2^s,\cdots,y_N^s)$。

(2) 用于 DEC1 的接收校验序列，$\boldsymbol{Y}^{1p}=(y_1^{1p},y_2^{1p},\cdots,y_N^{1p})$。

(3) 用于 DEC2 的接收校验序列，$\boldsymbol{Y}^{2p}=(y_1^{2p},y_2^{2p},\cdots,y_N^{2p})$。

若其中某些校验比特在编码过程中通过删余矩阵被删除，则在接收校验序列的相应位置以"0"填充。接收序列 $\boldsymbol{Y}^s$、$\boldsymbol{Y}^{1p}$ 和 $\boldsymbol{Y}^{2p}$ 经过信道置信度 L_c 加权后作为系统信息序列 $\Lambda(\boldsymbol{c}^s;\boldsymbol{I})$，校验序列 $\Lambda(\boldsymbol{c}^{1p};\boldsymbol{I})$ 和 $\Lambda(\boldsymbol{c}^{2p};\boldsymbol{I})$ 送入译码器。对于噪声服从分布 $N(0,N_0/2)$ 的 AWGN 信道来说，信道置信度定义为

$$L_c=4\sqrt{E_s}/N_0$$

对于第 k 个被译比特，Turbo 译码器中每个分量译码器都包括系统信息 $\Lambda_k(c^s;I)$、校验信息 $\Lambda_k(c^{ip};I)$ 和先验信息 $\Lambda_{ia}(u_k)$。其中先验信息 $\Lambda_{ia}(u_k)$ 是由另一个分量译码器生成的外部信息 $\Lambda_{3-i,e}(u_k)$ 经过解交织后的对数似然比值。译码输出为对数似然比 $\Lambda_{ik}(u;O)$，其中 $i=1,2$。

在迭代过程中,分量译码器 1 的输出 $\Lambda_{1k}(u;O)$可表示为系统信息 $\Lambda_k(c^s;I)$、先验信息 $\Lambda_{1a}(u_k)$和外部信息 $\Lambda_{1e}(u_k)$之和的形式:

$$\Lambda_{1k}(u;O)=\Lambda_k(c^s;I)+\Lambda_{1a}(u_k)+\Lambda_{1e}(u_k)$$

式中,

$$\Lambda_{1a}(u_{I(k)})=\Lambda_{2e}(u_k)$$

其中 $I(k)$为交织映射函数。

在第一次迭代时,有

$$\Lambda_{2e}(u_k)=0$$

从而可得

$$\Lambda_{1a}(u_k)=0$$

由于分量译码器 1 生成的外部信息 $\Lambda_{1e}(u_k)$与先验信息 $\Lambda_{1a}(u_k)$和系统信息 $\Lambda_k(c^s;I)$无关,故可以在交织后作为分量译码器 2 的先验信息输入,从而提高译码的准确性。

同样,对于分量译码器 2,其外部信息 $\Lambda_{2e}(u_k)$为输出对数似然比 $\Lambda_{2k}(u;O)$减去系统信息 $\Lambda_{I(k)}(c^s;I)$(经过交织映射)和先验信息 $\Lambda_{2a}(u_k)$的结果,即

$$\Lambda_{2e}(u_k)=\Lambda_{2k}(u;O)-\Lambda_{I(k)}(c^s;I)-\Lambda_{2a}(u_k)$$

式中,

$$\Lambda_{2a}(u_k)=\Lambda_{1e}(u_{I(k)})$$

外部信息 $\Lambda_{2e}(u_k)$解交织后反馈为分量译码器 1 的先验输入,完成一轮迭代译码。

随着迭代次数的增加,两个分量译码器得到的外部信息值对译码性能提高的作用越来越小,在达到一定的迭代次数后,译码性能不再提高,这时根据分量译码器 2 的输出对数似然比经过解交织后再进行硬判决即得到译码输出。

6.1.3.2 译码中软信息的交换

硬判决和软判决是译码时对接收到的比特进行量化的两种形式。硬判决译码中,从信道接收到一个比特即对其进行量化,判断其观测值是 0 或者 1,即解调器供给译码器作为译码用的每个码元只取 0 或 1 两个值(二进制情况)。这种输入译码器的判决结果会损失掉接收信号中所包含的许多有用信息。软判决译码中,对接收到比特信息(解调器输出的抽样电平)进行多层量化,以多个取值(通常取 2^m 个)形式供给译码器,还可根据多个比特依照它们之间的相关性而进行判决,译码器直接利用解调器输出的未量化的模拟量或其变换进行译码。理想的软判决译码中,量化是基于无限比特的,而且从信道接收到的序列值立即进入信道译码器参与译码计算。

Turbo 码译码时使用的是 SISO 译码器,即图 6.1.5 中分量码译码器 1 和分量码译码器 2 的输入与输出都为软信息,且具有相同的结构。图 6.1.6 是软输入软输出译码器的示意图。从信道接收到的观测序列经过分解得到系统信息和校验信息,与先验信息(由另一个成员译码器提供)一起进入成员译码器参与译码,得到信息比特的对数似然比(LLR),再据此作最后的判决得到译码序列。

它们在译码过程中依据码元的对数概率比进行译码。SISO 译码器共有三个输入,

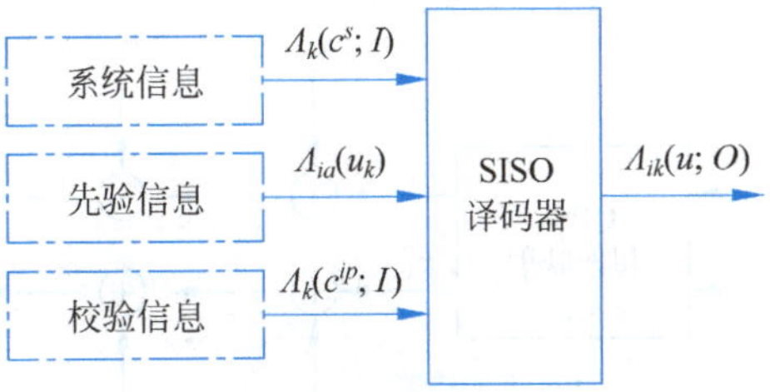

图 6.1.6 Turbo 译码器输入与输出关系

一个输出。对于某一码元,SISO 译码器 1 以接收到的信息位、对应于分量编码器 1 输出的校验位以及 SISO 译码器 2 给出的先验信息作为输入,译码后产生 SISO 译码器 2 需要的先验信息。同样,SISO 译码器 2 以接收到的交织后信息位、对应于分量编码器 2 输出的校验位以及 SISO 译码器 1 给出的先验信息进行译码。

6.1.3.3 Turbo 码译码算法

Turbo 码的译码算法主要包含在图 6.1.5 中分量译码器的设计中,主要有最大后验概率类算法以及软输出维特比(SOVA)算法等,其共同特点是利用软输出进行迭代译码。

MAP 类译码过程是分支度量的计算、前向递归、后向递归和最后的判决输出。MAP 算法是一种基于码元的最大后验概率译码算法,其译码性能最优,但计算复杂度高,译码延时大,不利于实际应用。因此,出现了 LOG-MAP、MAX-LOG-MAP 等许多改进算法,其主要改进是将分支度量、前项递归及后向递归的运算转换到对数域上,可将乘除运算转变为加减运算,降低计算复杂度。

1. MAP 译码算法

假设 MAP 译码器输入的信息序列 $y=y_1^K=(y_1,y_2,\cdots,y_k,\cdots,y_K)$,其中 $y_k=(y_k^s,y_k^p)$,y_k^s 为系统符号,y_k^p 为校验符号。$L^e(u_k)$是关于码元 u_k 的先验信息,$L(u_k)$是关于 u_k 的对数似然比,并且定义如下:

$$L^e(u_k)=\ln\frac{p(u_k=1)}{p(u_k=0)}$$

$$L(u_k)=\ln\frac{p(u_k=1\mid y_1^K)}{p(u_k=0\mid y_1^K)} \tag{6.1.1}$$

令 m 为分量编码器的存储级数,编码器在 k 时刻的状态 $S_k=(a_k,a_{k-1},\cdots,a_{k-m+1})$,编码输出码字序列 $c_k=(c_k^s,c_k^p)=(u_k,c_k^p)$,并且假设信号按图 6.1.7 所示的信道进行传输,其中 n_k^s 和 n_k^p 是均值为 0、方差为 $\sigma^2=N_0/2$ 的高斯白噪声。

根据图 6.1.7,有

$$y_k^s=a_k^s x_k^s+n_k^s=a_k^s(2u_k-1)\sqrt{E_s}+n_k^s \tag{6.1.2}$$

$$y_k^p=a_k^p x_k^p+n_k^p=a_k^p(2c_k^p-1)\sqrt{E_s}+n_k^p \tag{6.1.3}$$

式中:a_k^s、a_k^p 为信道的衰减系数(在 AWGN 下,有 $a_k^p=a_k^s=1$)。

对 Turbo 码进行译码解算,就是求解式(6.1.2)和式(6.1.3)组成的方程组,然后对

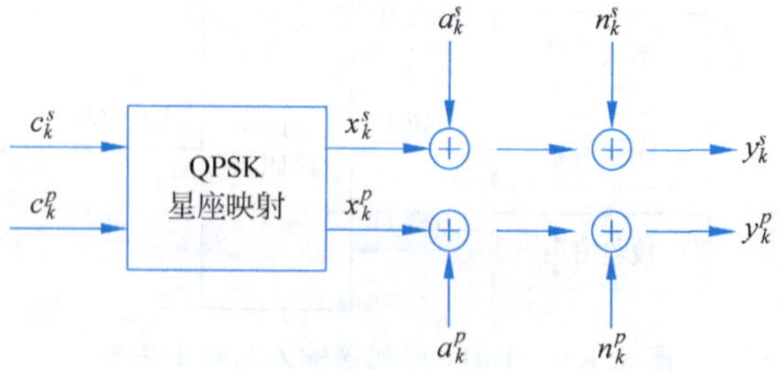

图 6.1.7 传输信道模型

u_k 进行估计，即

$$\hat{u}_k=\begin{cases}1, & L(u_k)\geqslant 0\\ 0, & L(u_k)<0\end{cases} \tag{6.1.4}$$

根据贝叶斯公式，可以将式(6.1.1)的 $L(u_k)$ 变换为

$$\begin{aligned}L(u_k)&=\ln\frac{p(u_k=1,y_1^K)/p(y_1^K)}{p(u_k=0,y_1^K)/p(y_1^K)}\\&=\ln\frac{\sum\limits_{\substack{(s',s)\\u_k=1}}p(S_k=s',S_{k+1}=s,y_1^K)/p(y_1^K)}{\sum\limits_{\substack{(s',s)\\u_k=0}}p(S_k=s',S_{k+1}=s,y_1^K)/p(y_1^K)}\quad(k=0,1,\cdots,K-1)\end{aligned} \tag{6.1.5}$$

也就是说，$L(u_k)$是信息序列中所有引起 $S_{k-1}\to S_k$ 的状态转移的对数似然比，它是对信息序列中的每一个比特而言的。

式(6.1.5)中的 $p(S_{k-1}=s',S_{k+1}=s,y_1^K)$可按下式计算：

$$\begin{aligned}p(S_{k-1}=s',S_{k+1}=s,y_1^K)&=p(s',s,y_1^K)=p(s',s,y_1^{K-1},y_k,y_{k+1}^K)\\&=p(s',y_1^{K-1})p(s,y_k\mid s',y_1^{K-1})p(y_{k+1}^K\mid s',y_1^{K-1},s,y_k)\\&=p(s',y_1^{K-1})p(s,y_k\mid s')p(y_{k+1}^K\mid s)\\&=\alpha_{k-1}(s')\gamma_{k-1}(s',s)\beta_k(s)\end{aligned} \tag{6.1.6}$$

式(6.1.6)由三项组成：令 $\gamma_k(s',s)\equiv p(S_{k+1}=s,y_k|S_k=s')$，将它定义为分支量度；令 $\alpha_k(s)\equiv p(S_k=s,y_1^k)$，定义为前向量度；令 $\beta_k(s)\equiv p(y_{k+1}^K|S_k=s)$，定义为后向量度。

对于前向量度 $\alpha_k(s)$，有

$$\begin{aligned}\alpha_k(s)=p(S_k=s,y_1^k)&=\sum_{s'}p(S_{k-1}=s',S_k=s,y_1^k)\\&=\sum_{s'}p(S_{k-1}=s',S_k=s,y_1^{k-1},y_k)\\&=\sum_{s'}p(S_{k-1}=s',y_1^{k-1})p(S_k=s,y_k\mid S_{k-1}=s',y_1^{k-1})\end{aligned}$$

因为在状态 S_{k-1} 已知的情况下编码器的后续状态与当前输入无关，所以可以将 $\alpha_k(s)$做

如下处理：

$$\begin{aligned}\alpha_k(s) &= \sum_{s'} p(S_{k-1}=s', y_1^{k-1})p(S_k=s, y_k \mid S_{k-1}=s', y_1^{k-1}) \\ &= \sum_{s'} p(S_{k-1}=s', y_1^{k-1})p(S_k=s, y_k \mid S_{k-1}=s') \\ &= \sum_{s'} \alpha_{k-1}(s')\gamma_{k-1}(s', s)\end{aligned} \tag{6.1.7}$$

同理，对于后向量度 $\beta_k(s)$，可以将它表示为

$$\begin{aligned}\beta_{k-1}(s') &= p(y_k^K \mid S_{k-1}=s') \\ &= \sum_{s} p(S_k=s, y_k^K \mid S_{k-1}=s') \\ &= \sum_{s} p(y_{k+1}^K \mid S_k=s, y_k)p(S_k=s, y_k \mid S_{k-1}=s') \\ &= \sum_{s} p(y_{k+1}^K \mid S_k=s)p(S_k=s, y_k \mid S_{k-1}=s') \\ &= \sum_{s} \beta_k(s)\gamma_{k-1}(s, s')\end{aligned} \tag{6.1.8}$$

对于分支量度 $\gamma_k(s,s')$，有

$$\begin{aligned}\gamma_k(s,s') &= p(S_{k+1}=s, y_k \mid S_k=s') \\ &= p(S_{k+1}=s, S_k=s')p(y_k \mid S_k=s', S_{k+1}=s) \\ &= p(u_k)p(y_k \mid u_k)\end{aligned} \tag{6.1.9}$$

在计算式(6.1.9)时，使用的是它的概率密度，所以 $\gamma_k(s,s')$ 会有超出 1 的风险，导致式(6.1.7)和式(6.1.8)的结果溢出，从而引起整个算法的不收敛。为此需要对 $\alpha_k(s)$ 和 $\beta_k(s)$ 做一些归一化性质的处理：

$$\widetilde{\alpha}_k(s) = \frac{\alpha_k(s)}{p(y_1^k)} \tag{6.1.10}$$

$$\widetilde{\beta}_k(s) = \frac{\beta_k(s)}{p(y_{k+1}^K \mid y_1^k)} \tag{6.1.11}$$

对于 $p(y_1^k)$，有

$$p(y_1^k) = \sum_s p(S_k=s, y_1^k) = \sum_s \alpha_k(s)$$

所以式(6.1.10)可以改写为

$$\widetilde{\alpha}_k(s) = \frac{\alpha_k(s)}{\sum_s \alpha_k(s)} \tag{6.1.12}$$

将式(6.1.7)代入式(6.1.12)，得到

$$\widetilde{\alpha}_k(s) = \frac{\sum_{s'} \alpha_{k-1}(s')\gamma_{k-1}(s', s)/p(y_1^{k-1})}{\sum_s \sum_{s'} \alpha_{k-1}(s')\gamma_{k-1}(s', s)/p(y_1^{k-1})} = \frac{\sum_{s'} \widetilde{\alpha}_{k-1}(s')\gamma_{k-1}(s', s)}{\sum_s \sum_{s'} \widetilde{\alpha}_{k-1}(s')\gamma_{k-1}(s', s)}$$

注意，这里的 $p(y_1^k)$ 作为同因子被约去。

对于 $\widetilde{\beta}_s(s)$，因为有

$$p(y_k^K \mid y_1^{k-1}) = p(y_{k+1}^K \mid y_1^k)p(y_1^k)/p(y_1^{k-1})$$

所以式(6.1.11)可以写为

$$\begin{aligned}
\widetilde{\beta}_{k-1}(s') &= \frac{\beta_{k-1}(s')}{p(y_k^K \mid y_1^{k-1})} = \frac{\sum_s \beta_k(s)\gamma_{k-1}(s',s)}{p(y_{k+1}^K \mid y_1^{k-1})p(y_1^k)/p(y_1^{k-1})} \\
&= \frac{\sum_s \beta_k(s)\gamma_{k-1}(s',s)/p(y_{k+1}^K \mid y_1^k)}{p(y_1^k)/p(y_1^{k-1})} \\
&= \frac{\sum_s [\beta_k(s)/p(y_{k+1}^K \mid y_1^k)]\gamma_{k-1}(s',s)}{\sum_s \alpha_k(s)/p(y_1^{k-1})} \\
&= \frac{\sum_s \widetilde{\beta}_k(s)\gamma_{k-1}(s',s)}{\sum_s \sum_{s'} \alpha_{k-1}(s')\gamma_{k-1}(s',s)/p(y_1^{k-1})} \\
&= \frac{\sum_s \widetilde{\beta}_k(s)\gamma_{k-1}(s',s)}{\sum_s \sum_{s'} [\alpha_{k-1}(s')/p(y_1^{k-1})]\gamma_{k-1}(s',s)} \\
&= \frac{\sum_s \widetilde{\beta}_k(s)\gamma_{k-1}(s',s)}{\sum_s \sum_{s'} \alpha_{k-1}(s')\gamma_{k-1}(s',s)}
\end{aligned}$$

联立式(6.1.6)、式(6.1.10)和式(6.1.11)，得到

$$\begin{aligned}
p(s',s,y_1^k) &= \alpha_{k-1}(s')\gamma_{k-1}(s',s)\beta_k(s) \\
&= [\widetilde{\alpha}_{k-1}(s')p(y_1^{k-1})]\gamma_{k-1}(s',s)[\beta_k(s)p(y_{k+1}^K \mid y_1^k)] \\
&= \widetilde{\alpha}_{k-1}(s')\gamma_{k-1}(s',s)\beta_k(s)p(y_1^{k-1})p(y_{k+1}^K \mid y_1^k) \\
&= \widetilde{\alpha}_{k-1}(s')\gamma_{k-1}(s',s)\beta_k(s)p(y_1^{k-1})p(y_1^k, y_{k+1}^K)/p(y_1^k) \\
&= \widetilde{\alpha}_{k-1}(s')\gamma_{k-1}(s',s)\beta_k(s)p(y_1^k)/[p(y_1^k)/p(y_1^{k-1})] \\
&= \widetilde{\alpha}_{k-1}(s')\gamma_{k-1}(s',s)\beta_k(s)p(y_1^k)/[p(y_1^{k-1}, y_k)/p(y_1^{k-1})] \\
&= \widetilde{\alpha}_{k-1}(s')\gamma_{k-1}(s',s)\beta_k(s)p(y_1^k)/p(y_k \mid y_1^{k-1})
\end{aligned} \tag{6.1.13}$$

将(6.1.13)代入式(6.1.5)，约去公因子 $p(y_k|y_1^{k-1})$，于是有

$$L(u_k) = \ln \frac{\sum_{\substack{(s',s) \\ u_k=1}} \widetilde{\alpha}_k(s')\gamma_k(s',s)\widetilde{\beta}_{k+1}(s)}{\sum_{\substack{(s',s) \\ u_k=0}} \widetilde{\alpha}_k(s')\gamma_k(s',s)\widetilde{\beta}_{k+1}(s)} \quad (k=0,1,\cdots,K-1) \tag{6.1.14}$$

至此，就可以解算出信息比特的对数似然比 $L(u_k)$，对它进行判决，就能得到 u_k 的估计值。

根据前述的推导，前向量度 $\tilde{\alpha}_k(s)$ 和后向量度 $\tilde{\beta}_k(s)$ 是按照图 6.1.8 进行递推的。

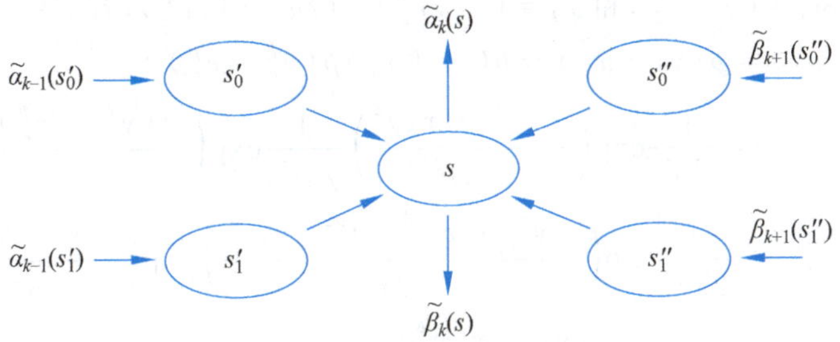

图 6.1.8　递推运算示意图

根据编码器处于不同状态的概率，可直接对前向量度进行初始化。由于编码器是从全零状态开始工作的，因此 $\tilde{\alpha}_k(s)$ 在时刻 0 的值为

$$\tilde{\alpha}_0(s)=\begin{cases}1, & s=0\\ 0, & s\neq 0\end{cases}$$

类似地，由于编码器可设计为全零状态（如采用尾比特设计的分量编码器），则后向量度 $\tilde{\beta}_k(s)$ 的初始值为

$$\tilde{\beta}_N(s)=\begin{cases}1, & s=0\\ 0, & s\neq 0\end{cases}$$

如果分量编码器并没有进行截尾的操作，那么可以认为它编码结束后各状态是均匀分布的，所以后向量度 $\tilde{\beta}_k(s)$ 的初始值为

$$\tilde{\beta}_N(s)=1/2^m$$

对于式(6.1.1)，还可以将它写为

$$\begin{aligned}L(u_k)&=\ln\frac{p(y_1^K \mid u_k=1)}{p(y_1^K \mid u_k=0)}+\ln\frac{p(u_k=1)}{p(u_k=0)}\\&=\ln\frac{p(y_1^K \mid u_k=1)}{p(y_1^K \mid u_k=0)}+L^e(u_k)\end{aligned}\tag{6.1.15}$$

式中：$L^e(u_k)$ 为关于 u_k 的先验信息。

一般情况下，信息序列中比特“1”和“0”出现的概率相等，因此对于第一次迭代，可以将 $L^e(u_k)$ 置为“0”。式(6.1.15)中的前一项是可靠性信息值，为了保持译码算法的持续性，它需要从前一级的 SISO 译码器向后一级 SISO 译码器传递。对于 $L^e(u_k)$，可以将它变换为

$$L^e(u_k)=\ln\frac{p(u_k=1)}{p(u_k=0)}=\ln\frac{p(u_k=1)}{1-p(u_k=1)}$$

所以对于 $p(u_k)$，有

$$p(u_k)=\frac{\exp(u_k L^e(u_k))}{1+\exp(L^e(u_k))}$$

另外，根据 $y_k=(y_k^s,y_k^p)$ 和 $x_k=(x_k^s,x_k^p)=(2u_k-1,x_k^p)$，有

$$\begin{aligned}p(y_k\mid u_k)&=p(y_k\mid x_k)=p(y_k^s\mid x_k^s)p(y_k^p\mid x_k^p)\\&=\frac{1}{\sqrt{2\pi}\sigma}\exp\left(-\frac{(y_k^s-x_k^s)^2}{2\sigma^2}\right)\frac{1}{\sqrt{2\pi}\sigma}\exp\left(-\frac{(y_k^p-x_k^p)^2}{2\sigma^2}\right)\\&=\frac{1}{2\pi\sigma^2}\exp\left(-\frac{y_k^{s2}+x_k^{s2}+y_k^{p2}+x_k^{p2}}{2\sigma^2}\right)\exp\left(\frac{x_k^s y_k^s+x_k^p y_k^p}{\sigma^2}\right)\\&=A_k\exp\left(\frac{x_k^s y_k^s+x_k^p y_k^p}{\sigma^2}\right)\end{aligned}\tag{6.1.16}$$

式中：A_k 为常数，它的表达式为

$$A_k=\frac{1}{2\pi\sigma^2}\exp\left(-\frac{y_k^{s2}+x_k^{s2}+y_k^{p2}+x_k^{p2}}{2\sigma^2}\right)$$

将 $p(u_k)$ 和 $p(y_k|u_k)$ 代入式(6.1.9)，得到

$$\gamma_k(s,s')=A_k\frac{\exp(u_k L^e(u_k))}{1+\exp(L^e(u_k))}\exp\left(\frac{x_k^s y_k^s+x_k^p y_k^p}{\sigma^2}\right)\tag{6.1.17}$$

在传输信道中，定义参数

$$L_c=4aE_s/N_0=4aR_bE_b/N_0$$

式中：R_b 为编码效率；E_b/N_0 为归一化信噪比。

对于式(6.1.17)，引入一个参数 $\gamma_k^e(s,s')$，且 $\gamma_k^e(s,s')=\exp(1/2L_c x_k^p y_k^p)$，那么式(6.1.17)就可写为

$$\begin{aligned}\gamma_k(s,s')&=p(u_k)\exp\left(\frac{1}{2}L_c x_k^s y_k^s\right)\gamma_k^e(s,s')\\&=\frac{1}{1+\exp(L^e(u_k))}\exp\left(u_k L^e(u_k)+\frac{1}{2}L_c x_k^s y_k^s\right)\gamma_k^e(s,s')\end{aligned}\tag{6.1.18}$$

这里，常数 A_k 做省略处理。

联立式(6.1.14)和式(6.1.18)可得

$$\begin{aligned}L(u_k)&=\ln\frac{\sum\limits_{\substack{(s',s)\\u_k=1}}\tilde{\alpha}_{k-1}(s')p(u_k)\exp\left(\frac{1}{2}L_c x_k^s y_k^s\right)\gamma_{k-1}^e(s',s)\tilde{\beta}_k(s)}{\sum\limits_{\substack{(s',s)\\u_k=0}}\tilde{\alpha}_{k-1}(s')p(u_k)\exp\left(\frac{1}{2}L_c x_k^s y_k^s\right)\gamma_{k-1}^e(s',s)\tilde{\beta}_k(s)}\\&=\ln\frac{\sum\limits_{\substack{(s',s)\\u_k=1}}\tilde{\alpha}_{k-1}(s')p(u_k=1)\exp\left(\frac{1}{2}L_c y_k^s\right)\gamma_{k-1}^e(s',s)\tilde{\beta}_k(s)}{\sum\limits_{\substack{(s',s)\\u_k=0}}\tilde{\alpha}_{k-1}(s')p(u_k=0)\exp\left(\frac{1}{2}L_c y_k^s\right)\gamma_{k-1}^e(s',s)\tilde{\beta}_k(s)}\end{aligned}$$

$$= \ln \frac{\exp\left(\frac{1}{2}L_c y_k^s\right)}{\exp\left(-\frac{1}{2}L_c y_k^s\right)} + \ln \frac{p(u_k=1)}{p(u_k=0)} + \ln \frac{\sum\limits_{\substack{(s',s)\\u_k=1}} \widetilde{\alpha}_{k-1}(s')\gamma_{k-1}^e(s',s)\widetilde{\beta}_k(s)}{\sum\limits_{\substack{(s',s)\\u_k=0}} \widetilde{\alpha}_{k-1}(s')\gamma_{k-1}^e(s',s)\widetilde{\beta}_k(s)}$$

$$= L_c y_k^s + L^e(u_k) + L^a(u_k) \tag{6.1.19}$$

所以,似然比 $L(u_k)$ 中包含三部分的值,分别是信道值 $L_c y_k^s$、前一级 SISO 译码器输入的可靠性信息序列 $L^e(u_k)$ 以及 $L^a(u_k)$,它是输入给下一级 SISO 译码器的先验信息。

在 Turbo 译码器进行译码时,两个 SISO 译码器向下一级 SISO 译码器传递的可靠性信息可以由式(6.1.19)得到,写成解析表达式为

$$[L_{12}^e(u_k)]^{(i)} = [L_1(u_k)]^{(i)} - L_c y_k^s - [L_{21}^e(u_k)]^{(i-1)}$$

$$[L_{21}^e(u_{1k})]^{(i)} = [L_2(u_{1k})]^{(i)} - L_c y_{1k}^s - [L_{12}^e(u_{1k})]^{(i)}$$

式中:$[L_{21}^e(u_k)]^{(i-1)}$ 是 $[L_{21}^e(u_{1k})]^{(i-1)}$ 解交织后的可靠性信息,它传递给 SISO 译码器 1 并作为它在第 i 次迭代的先验输入;$[L_{12}^e(u_k)]^{(i)}$ 是 SISO 译码器 1 在第 i 次迭代解算出的可靠性信息,它经过交织器变换顺序后成为 $[L_{12}^e(u_{1k})]^{(i)}$,传递给 SISO 译码器 2,作为它在第 i 次迭代的先验输入。

当给定的迭代次数 T 完成后,根据 SISO 译码器 2 中 $[L_2(u_{1k})]^{(T)}$ 经过解交织,按照式(6.1.4)的规则进行判决,就可以得到每一帧的信息。

2. LOG-MAP 译码算法

从上述 MAP 译码算法的推导中可以看出,它包含很多指数运算和乘加运算,在很大程度上限制了该算法在实际系统中的应用。所以,人们通过不断研究在 MAP 译码算法的基础上产生了多种算法,它们都可以归为 MAP 算法的大类。

LOG-MAP 算法是 MAP 算法的一种转换形式,实现要比 MAP 算法简单。该算法通过把 MAP 算法中的变量都转换为对数的形式,从而将 MAP 算法中的幂的乘积运算变换到对数域上数值的加法运算,同时译码器的输入输出相应地修正为 LLR 形式,这样处理的好处是计算效率得到了巨大提升。

令

$$\bar{\alpha}_k(s) = \ln[\widetilde{\alpha}_k(s)],\ \bar{\beta}_k(s) = \ln[\widetilde{\beta}_k(s)],\ \bar{\gamma}_k(s',s) = \ln[\widetilde{\gamma}_k(s',s)]$$

那么对于 $\bar{\alpha}_k(s)$,有

$$\bar{\alpha}_k(s) = \ln[\widetilde{\alpha}_k(s)] = \ln \frac{\sum\limits_{s'} \widetilde{\alpha}_{k-1}(s')\gamma_{k-1}(s',s)}{\sum\limits_{s}\sum\limits_{s'} \widetilde{\alpha}_{k-1}(s')\gamma_{k-1}(s',s)}$$

$$= \ln\left[\sum_{s'} \widetilde{\alpha}_{k-1}(s')\gamma_{k-1}(s',s)\right] - \ln\left[\sum_{s}\sum_{s'} \widetilde{\alpha}_{k-1}(s')\gamma_{k-1}(s',s)\right]$$

$$= \ln\left[\sum_{s'} e^{\ln[\widetilde{\alpha}_{k-1}(s')]+\ln[\gamma_{k-1}(s',s)]}\right] - \ln\left[\sum_{s}\sum_{s'} e^{\ln[\widetilde{\alpha}_{k-1}(s')]+\ln[\gamma_{k-1}(s',s)]}\right]$$

$$=\ln\Big[\sum_{s'}\mathrm{e}^{\bar{\alpha}_{k-1}(s')+\bar{\gamma}_{k-1}(s',s)}\Big]-\ln\Big[\sum_{s}\sum_{s'}\mathrm{e}^{\bar{\alpha}_{k-1}(s')+\bar{\gamma}_{k-1}(s',s)}\Big]$$

$$=\underset{s'}{E}(\bar{\alpha}_{k-1}(s')+\bar{\gamma}_{k-1}(s',s))-\underset{(s',s)}{E}(\bar{\alpha}_{k-1}(s')+\bar{\gamma}_{k-1}(s',s))$$

式中：E 表示算子，并且 $E(\delta_1,\delta_2,\cdots,\delta_n)=\ln(\mathrm{e}^{\delta_1}+\mathrm{e}^{\delta_2}+\cdots+\mathrm{e}^{\delta_n})$。并且，在变换到对数域后，$\bar{\alpha}_k(s)$在时刻 0 的初始化值为

$$\bar{\alpha}_0(s)=\ln\alpha_0(s)=\begin{cases}0, & s=0\\ -\infty, & s\neq 0\end{cases}$$

与前向量度 $\bar{\alpha}_k(s)$相似，对于 $\bar{\beta}_k(s)$，有

$$\bar{\beta}_{k-1}(s')=\ln\Big[\sum_{s}\mathrm{e}^{\ln[\widetilde{\beta}_k(s)]+\ln[\widetilde{\gamma}_{k-1}(s',s)]}\Big]-\ln\Big[\sum_{s}\sum_{s'}\mathrm{e}^{\ln[\widetilde{\beta}_k(s)]+\ln[\widetilde{\gamma}_{k-1}(s',s)]}\Big]$$

$$=\ln\Big[\sum_{s}\mathrm{e}^{\widetilde{\beta}_k(s)+\widetilde{\gamma}_{k-1}(s',s)}\Big]-\ln\Big[\sum_{s}\sum_{s'}\mathrm{e}^{\widetilde{\beta}_k(s)+\widetilde{\gamma}_{k-1}(s',s)}\Big]$$

$$=\underset{s}{E}(\bar{\beta}_k(s)+\bar{\gamma}_{k-1}(s',s))-\underset{(s',s)}{E}(\bar{\beta}_k(s)+\bar{\gamma}_{k-1}(s',s))$$

SISO 译码器 1 的 $\bar{\beta}_k(s)$的初始化值为

$$\bar{\beta}_N(s)=\ln\beta_N(s)=\begin{cases}0, & s=0\\ -\infty, & s\neq 0\end{cases}$$

SISO 译码器 2 的 $\bar{\beta}_k(s)$的初始化值为

$$\bar{\beta}_N(s)=\ln\beta_N(s)=\ln(1/2^m)$$

对于 $\bar{\gamma}_k(s',s)$，有

$$\bar{\gamma}_k(s',s)=\begin{cases}L^e(u_k)-\ln(1+\mathrm{e}^{L^e(u_k)})+\dfrac{1}{2}L_c y_k^s+\dfrac{1}{2}L_c y_k^p x_k^p, & u_k=1\\ -\ln(1+\mathrm{e}^{L^e(u_k)})-\dfrac{1}{2}L_c y_k^s+\dfrac{1}{2}L_c y_k^p x_x^p, & u_k=0\end{cases}$$

根据式(6.1.14)，变换到对数域后，似然比按下式计算：

$$L(u_k)=\underset{\substack{(s',s)\\u_k=1}}{E}(\bar{\alpha}_{k-1}(s')+\bar{\beta}_k(s)+\bar{\gamma}_{k-1}(s',s))-\underset{\substack{(s',s)\\u_k=0}}{E}(\bar{\alpha}_{k-1}(s')+\bar{\beta}_k(s)+\bar{\gamma}_{k-1}(s',s))$$

3. Max-Log-MAP 算法

对于 LOG-MAP 算法，可以利用下式进一步降低计算量：

$$\ln(\mathrm{e}^x+\mathrm{e}^y)=\max(x,y)+\ln(1+\mathrm{e}^{-|x-y|})$$

其中 $\ln(1+\mathrm{e}^{-|x-y|})$可以视为修正项。若将修正项用查找表的方式实现，则定义为 Lookup-LOG-MAP 算法。

对于修正项 $\ln(1+\mathrm{e}^{-|x-y|})$，也可以采用线性拟合的方式来替代复杂的运算，对于 $\sigma=|x-y|<\dfrac{b}{a}$，令

$$f_c(\sigma)=\ln(1+e^{-|x-y|})=\ln(1+e^{-\sigma})=-a\sigma+b$$

其中，$b=\ln 2$，并且函数 $f_c(\sigma)$ 中 a 的取值是最优的。线性拟合近似修正项的 LOG-MAP 算法称为 Linear-LOG-MAP 算法。

特别地，若使用式 $\ln(e^x+e^y)\approx\max(x,y)$ 作近似运算，则产生了 Max-LOG-MAP 算法，计算复杂度大为降低。

Max-LOG-MAP 算法中，近似处理实际上是忽略了修正项 $\ln(1+e^{-|x-y|})$，所以它的前向量度、后向量度和分支量度可改写为

$$\begin{aligned}\bar{\alpha}_k(s)&=\underset{s'}{E}(\bar{\alpha}_{k-1}(s')+\bar{\gamma}_{k-1}(s',s))-\underset{(s,s')}{E}(\bar{\alpha}_{k-1}(s')+\bar{\gamma}_{k-1}(s',s))\\&=\max_{s'}(\bar{\alpha}_{k-1}(s')+\bar{\gamma}_{k-1}(s',s))-\max_{(s',s)}(\bar{\alpha}_{k-1}(s')+\bar{\gamma}_{k-1}(s',s))\end{aligned}\tag{6.1.20}$$

$$\begin{aligned}\bar{\beta}_{k-1}(s')&=\underset{s}{E}(\bar{\beta}_k(s)+\bar{\gamma}_{k-1}(s',s))-\underset{(s',s)}{E}(\bar{\beta}_k(s)+\bar{\gamma}_{k-1}(s',s))\\&=\max_{s}(\bar{\beta}_k(s)+\bar{\gamma}_{k-1}(s',s))-\max_{(s',s)}(\bar{\beta}_k(s)+\bar{\gamma}_{k-1}(s',s))\end{aligned}$$

$$\bar{\gamma}_k(s',s)=\begin{cases}L^e(u_k)-\max(0,L^e(u_k))+\dfrac{1}{2}L_c y_k^s+\dfrac{1}{2}L_c y_k^p x_k^p, & u_k=1\\[2ex]-\max(0,L^e(u_k))-\dfrac{1}{2}L_c y_k^s+\dfrac{1}{2}L_c y_k^p x_k^p, & u_k=0\end{cases}$$

得到 Max-LOG-MAP 算法的似然比信息计算公式为

$$L(u_k)=\max_{\substack{(s',s)\\u_k=1}}(\bar{\alpha}_{k-1}(s')+\bar{\beta}_k(s)+\bar{\gamma}_{k-1}(s',s))-\max_{\substack{(s',s)\\u_k=0}}(\bar{\alpha}_{k-1}(s')+\bar{\beta}_k(s)+\bar{\gamma}_{k-1}(s',s))$$

由于做了近似处理，Max-LOG-MAP 算法比和算法在精度上有略微劣势，但是由于它更加简化了计算，所以在实际应用中有更为广阔的前景。

4. SOVA 译码算法

SOVA 译码算法是 Viterbi 算法的一种。Viterbi 算法主要用于对卷积码进行译码，并不能输出可靠性软信息，而 Turbo 码的译码是基于软输入软输出的，所以人们对算法进行了改进，让它可以输出每比特译码的可靠性信息，从而符合 Turbo 译码的要求。

概括而言，SOVA 算法是对传统的 Viterbi 算法做了两点改进：首先，在计算路径的度量时，考虑了先验信息，并且让先验信息在两个分量译码器之间传递；其次，算法以后验概率的形式为每个信息比特提供软输出。

第一个改进很容易完成。Viterbi 算法的基础是寻找能够使后验概率最大的状态序列，即

$$p(S_k^s\mid y_j\leqslant k)=p(S_k^s,y_j\leqslant k)/p(y_j\leqslant k)$$

式中：S_k^s 表示在幸存路径上的状态序列，这个状态序列在 k 时刻的状态为 S；$y_j\leqslant k$ 表示 k 时刻前的接收序列。

由于 $y_j\leqslant k$ 是已知的，因此要使 $p(S_k^s\mid y_j\leqslant k)$ 最大，只要让 $p(S_k^s,y_j\leqslant k)$ 最大，这就是 k 时刻的度量。这个度量可以通过循环递推的方式计算，即

$$p(S_k^k, y_j \leqslant k) = p(_{k-1}^{s'}, y_j \leqslant k-1) p(s, y_k \mid s')$$

令度量 $M(S_k^s)$ 为 $\log p(s, y_k | s')$，因此有

$$M(S_k^s) = M(S_{k-1}^{s'}) + \log p(s, y_k \mid s')$$

上式最后一项中 $p(s, y_k | s')$ 就是 MAP 中分支度量计算式，即

$$\gamma_k(s', s) \equiv p(S_k = s, y_k \mid S_{k-1} = s')$$

这样就得到了 SOVA 算法中的支路度量的计算公式：

$$M(S_k^s) = M(S_{k-1}^{s'}) + \log \gamma_k(s', s)$$

根据 MAP 算法的分支度量公式可得

$$\gamma_i(y_k, m', m) = P_r(x_k = i, S_k = m, y_k \mid S_{k-1} = m')$$

所以，

$$\log \gamma_k(s', s) = \log \sum_i \gamma_i(y_k, s', s)$$

对于二进制 BPSK 调制，若将编码器的输出映射到±1，则有

$$\log \gamma_k(s', s) = \log \sum_i \gamma_i(y_k, s', s) = x_k L(\chi_k) + L_c y_k^s x_k + L_c y_k^p x_k^p$$

以及

$$M(S_k^s) = M(S_{k-1}^{s'}) + x_k L(\chi_k) + L_c y_k^s x_k + L_c y_k^p x_k^p$$

式中：L_c 为与信噪比有关的常数；$L(x_k)$ 为先验概率的对数似然比。

这样，SOVA 算法就实现了第一个改进。因此在 SOVA 中的度量相较维特比算法有了改进，通过附加项 $x_k L(x_k)$ 的引入便可将获得的先验信息考虑进去。注意到这个和 Max-LOG-MAP 算法中计算 $\bar{\alpha}_k(s)$ 的式(6.1.20)中的前向递归相等。

第二个改进是输出一个软信息，这个软信息按照下式计算：

$$L(x_k) = x_k \min_{t=k,\cdots,k+\delta} \Delta_t^m \tag{6.1.21}$$

$$\Delta_t^m = \frac{1}{2} \mid M_s(S_t^m) - M_c(S_t^m) \mid \tag{6.1.22}$$

式中：δ 为译码深度，通常取为卷积码约束长度的 5 倍；$M_s(S_t^m)$ 表示 t 时刻状态为 m 的幸存路径的度量；$M_c(S_t^m)$ 表示同一点上竞争路径的度量。

只有当 t 时刻状态为 m 这一点分别沿幸存路径和竞争路径到达 k 时刻，得到的判决值不同时 Δ_t^m 才不为零，即此时 Δ_t^m 才会对先验信息有贡献；否则 Δ_t^m 等于零，不参加 $L(x_k)$ 的计算。

概括而言，SOVA 译码算法主要分为三个步骤。

(1) 计算路径度量与度量差。

(2) 更新可靠性度量。

(3) 减去内信息得到下一步所需外信息，然后进行迭代。

SOVA 译码算法在计算可靠性信息时是基于可能路径的累积度量，通过计算和比较，可以得到一条最大可能的路径，即幸存路径。实际上，SOVA 译码算法的性能劣于 LOG-MAP 算法，而理论研究表明，SOVA 译码算法和 Max-LOG-MAP 算法具有等价关系。

5. 各种译码算法的比较

MAP 算法和 SOVA 算法的区别是状态转移图中对路径的判决方式不同。MAP 算法和 LOG-MAP 算法的区别是运算域的不同,并且由于 LOG-MAP 算法通过加法修正函数推导而出,因此在性能上有一定的损失。

MAP 算法、LOG-MAP 算法、Max-LOG-MAP 算法及 SOVA 算法的相似点是这些译码算法都可以某种最大度量值路径,并取度量的差值作为输出的软判决。它们的区别是选取的路径度量和输出的软信息不同。

MAP、LOG-MAP、Max-LOG-MAP 及 SOVA 算法都可用于分量译码器。其中,MAP 算法的性能是最佳的,但是它是最复杂的。LOG-MAP 是对 MAP 算法的简化,在合理的复杂度的情况下提供了一个相同的最佳性能。Max-LOG-MAP 以及 SOVA 算法,复杂度都更低,但是性能上稍微有一些下降。因此,在实际选取 Turbo 码译码的算法的过程中需要充分考虑译码性能和实现复杂度。

6.1.4 Turbo 码的性能分析与应用

专题讲座

很多研究对 Turbo 码性能进行了仿真,发现有许多相互有关联的参数对 Turbo 码的性能有影响,如分量译码器使用的算法、译码迭代次数、输入数据的帧长、交织器的设计、分量码的选择等。

图 6.1.9 为 1/2 码率,交织长度为 256、512,RSC 的生成矩阵为(37,21),迭代次数为 10 的 Turbo 码不同算法性能的比较。从图中可以看出,MAP 算法最优,LOG-MAP 次之,SOVA 算法最差,LOG-MAP 算法、MAP 算法性能相近。

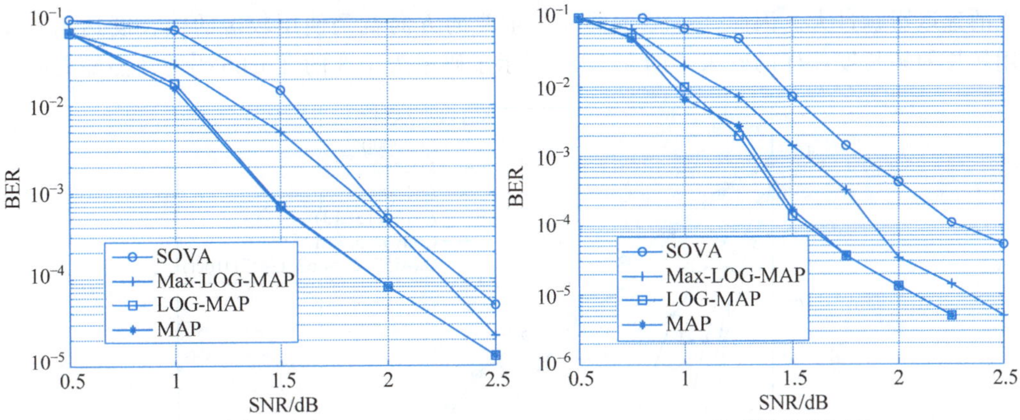

(a) 交织长度为256　　(b) 交织长度为512

图 6.1.9　不同交织长度下 4 种译码算法的性能比较

图 6.1.10 的不同曲线表示 MAP 译码算法中不同迭代次数对 BER 的影响,未编码的 BER(误码率)、(2,1,3)卷积码也一同进行比较。和 Turbo 编码器中分量码一样,卷积编码器也使用最佳生成多项式。从图中可以看到采用一次迭代的 Turbo 码性能基本和低 SNR 下卷积码的性能大致相似,但是相比卷积码它随着 SNR 的增加性能改善得更快。随着译码使用的迭代次数的增加,Turbo 译码器性能更好。然而,超过 8 次迭代后性能改善的效果就很小了。从图 6.1.10 看出,使用 16 次迭代比使用 8 次迭代在性能上

只有 0.1dB 的提升。使用 SOVA 时可以得到相似的结果，因此，出于复杂的原因，通常只使用 4～12 次迭代。

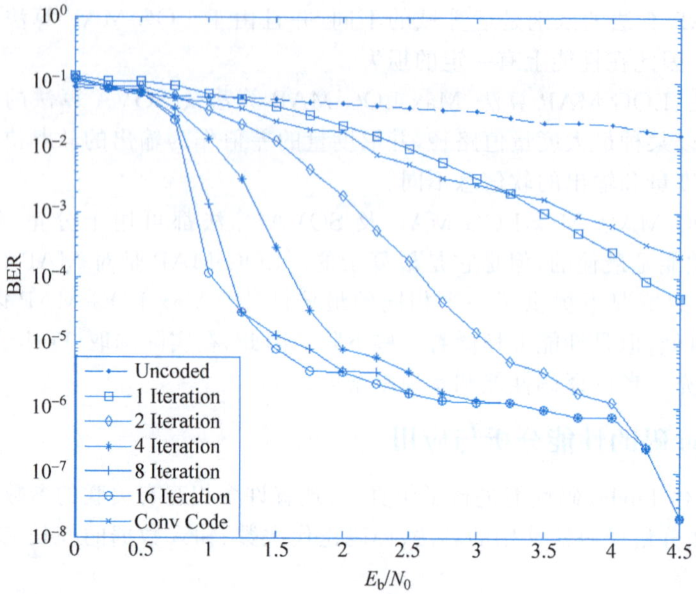

图 6.1.10　MAP 译码算法中不同迭代次数下 Turbo 码性能比较

Berrou 在早期文章以及许多后来的文章中指出过，Turbo 码使用大帧长度得到的结果，令人印象深刻。然而，对于很多应用，例如话音传输系统，使用非常大的帧长度所造成的延迟影响过大。因此 Turbo 编码一个重要的方向就是使用较短的帧长度达到和使用较长的帧长度一样的效果。图 6.1.11 展示了码率为 1/3 的 Turbo 码的性能随着帧长

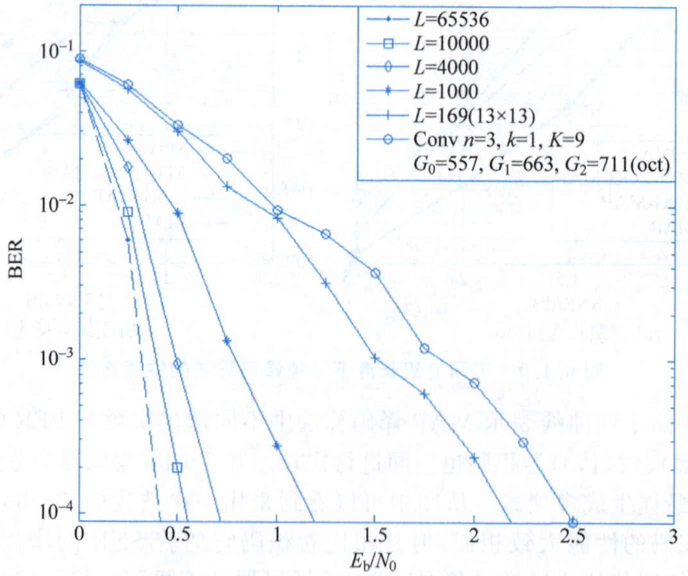

图 6.1.11　码率为 1/3 的 Turbo 码的性能随着帧长度变化的情况

度变化的情况。169bit 码适合在 8kb/s 的话音传输系统中使用，帧长度约为 20ms，1000bit 适合于图像传输。帧长度很大的系统适合数据非实时的传输系统。从图 6.1.11 可以看出，帧长度越长的 Turbo 码性能越显著。图中还提供了相同复杂的译码器下 Turbo 码和卷积码性能的比较，将采用 8 次迭代、两个约束长度 $m=3$ 的分量码组成的 Turbo 码与性能最佳的(2,1,9)的卷积码(生成多项式用八进制表示为 $G_0=561,G_1=753$)做对比，可以看到，即使是短到 169bit 的帧长，Turbo 码性能也可以胜过相似复杂度的卷积码。随着帧长度的增加，Turbo 码的增益比卷积码增加得快。

近年来，Turbo 应用相当广泛，在许多国际标准中都作为首推的纠错编码，其应用及码参数如表 6.1.1 所示。

表 6.1.1 Turbo 码在国际标准中的应用

应用	Turbo 码型	终止方式	多项式(八进制)	码率
CCSDS(深空)	Binary 16 状态	tail bits	23,33,25,37	1/6,1/4,1/3,1/2
3GPP(UMTS)	Binary 8 状态	tail bits	13,15	1/4,1/3,1/2
3GPP2(CDMA2000)	Binary 8 状态	tail bits	13,15	1/4,1/3,1/2
3GPP LTE(Long Term Evolution)	Binary 8 状态	tail bits	13,15	1/3,1/2
DVB-RCS(卫星返回信道)	Duo-binary,8 状态	Circular(tail bits)	15,13	1/3,2/5,1/2,2/3,3/4,4/5,6/7
DVB-RCT(陆地返回信道)	Duo-binary,8 状态	Circular(tail bits)	15,13	1/2,3/4
Inmarsat(Aero-H)	Binary 16 状态	no	23,35	1/2
Eutelsat(Skyplex)	Duo-binary,8 状态	Circular(tail-biting)	15,13	4/5,6/7
IEEE 802.16(WiMAX)	Duo-binary,8 状态	Circular(tail-biting)	15,13	1/2,2/3,3/4,4/5,6/7,7/8
IEEE 802.16e(Mobile WiMAX)	Duo-binary,8 状态	Circular(tail-biting)	15,13	同上

从目前的研究来看，Turbo 码与空时码、TCM 的结合，以及在 MIMO 信道、协作通信中的应用均为研究热点。Turbo 码在学术界研究中的地位依然相当重要。

学生讨论录像

6.2 低密度校验码

低密度校验码是一类特殊的线性分组码，它与 Turbo 码都是可以逼近香农限的现代纠错编码技术。LDPC 最早是由 Gallager 于 1962 年提出的。Gallager 在博士论文中提出了 LDPC 的一种构造方法和概率译码算法，并分析了 LDPC 的性能。但由于 LDPC 在实现方面的复杂性，以及当时刚发现强有力的 RS 码，所以 LDPC 在当时没有引起重视。

学生讨论录像

20 世纪 90 年代中期 MacKay 和 Neal 重新发现 LDPC，特别是随着 Turbo 码的出现又唤起了新的研究热潮。LDPC 有许多优良性质，特别是 LDPC 与香农的理论极限非常接近，已有报道 LDPC 与 BPSK 调制信道容量仅差 0.0045dB。

LDPC 具有在构造、编码和译码算法设计实现等方面的灵活性，使其可以获得优于 Turbo 码的纠错性能、译码延时和速率，LDPC 本身具有良好的内交织特性，抗突发差错能力强，不需要深度交织来获得好的译码性能，从而避免了交织引入的时延；误码平层大大降低，因此成为众多标准争相采纳的纠错编码方案之一，特别是在最近 5G 标准中已明确采用 LDPC 取代 3G 标准中经典的 Turbo 码，使得 LDPC 在现代纠错编码技术中的地位越发重要。

6.2.1 低密度校验码的概念及图模型

由第 5 章知道，线性分组码由它的生成矩阵 $\boldsymbol{G}$ 或一致校验矩阵 $\boldsymbol{H}$ 唯一决定，因而既可以用 $\boldsymbol{G}$ 矩阵也可以用 $\boldsymbol{H}$ 矩阵定义一类线性分组码。LDPC 就是用稀疏的一致校验矩阵 $\boldsymbol{H}$ 定义的一种线性分组码。假设码长为 n，信息位为 k，则校验位为 $m(m=n-k)$，因而其一致校验矩阵 $\boldsymbol{H}$ 为 $m\times n$ 矩阵。设该矩阵每行有 d_c 个“1”，每列有 d_v 个“1”，其中 $d_c \ll n, d_v \ll m$，因而 $\boldsymbol{H}$ 矩阵中大部分元素都为“0”，即元素“1”的密度非常低，该类码因此而得名。

众所周知，线性分组码可以由它的生成矩阵 $\boldsymbol{G}=\{g_{ij}\}_{k\times n}$ 决定，给定生成矩阵 $\boldsymbol{G}$，码字集合可以表示为

$$\boldsymbol{C}=\left\{x \in F_q^n \mid x=\sum a_i g_i, a_i \in F_q\right\}$$

式中：g_i 为生成矩阵 $\boldsymbol{G}$ 的第 i 行。

等价地，线性分组码也可以由其一致校验矩阵 $\boldsymbol{H}$ 决定。对于给定的一致校验矩阵，码字集合可以表示为

$$\boldsymbol{C}=\{x \in F_q^n \mid \langle x, h_i\rangle=0, i=1,2,\cdots,n-k\}$$

式中：h_i 为校验矩阵 $\boldsymbol{H}$ 的第 i 行，即码字与 $\boldsymbol{H}$ 矩阵的各行正交。因此，如果选定了一致校验矩阵，也就确定了这个线性分组码。根据一致校验矩阵的不同，LDPC 码分为规则 LDPC 和非规则 LDPC。规则 LDPC 的 $\boldsymbol{H}$ 矩阵每行(列)中的非零元素个数相同，而非规则 LPDC 的 $\boldsymbol{H}$ 矩阵每行(列)中的非零元素个数未必相同。

LDPC 还有一种更常用、更直观的表示方法，就是利用图论中的二分图(也称双向图)表示，以图模型表示线性分组码是现代编码理论的一种新的重要方法，它以二分图的形式描述编码输出的码字比特与约束它们的校验和之间的对应关系。由于 Tanner 在 1982 年首次提出用二分图来表示 LDPC，所以这种二分图又称为 Tanner 图。Tanner 图不但形象直观，而且更方便描述 LDPC 的译码算法。

Tanner 图由顶点集合和连接的边组成，其顶点集可以划分成两个不相交的子集 X 和 Y，使得每条边的一个端点在 X 中，另一个端点在 Y 中，子集 X 与 Y 中各自内部的节点互不相连。假设子集 X 中的节点代表编码后的 n 个比特位，称为变量节点(VN，本节以圆圈 $(v_1, v_2, \cdots, v_n)$ 表示)，对应一致校验矩阵中相应的列；子集 Y 中的节点代表编码比特组成的 m 个校验方程，称为校验节点 CN，以方块 $(c_1, c_2, \cdots, c_m)$ 表示，对应一致校

验矩阵中相应的行。当且仅当第 i 个码字比特参与了第 j 个校验方程的约束时，变量节点 v_i 和校验节点 c_j 之间才有一条边(v_i, c_j)相连，即 Tanner 图中对应的节点之间建立一条边，对应 $\boldsymbol{H}$ 矩阵中第 j 行第 i 列的元素非零，对于二进制编码则取值为“1”。图 6.2.1 示出了一个(10,2,4)规则 LDPC 的一致校验矩阵和它对应的 Tanner 图。

在 Tanner 图中，**节点的度**定义为与此节点相连的边的数目。这样，与某个变量节点 c_j 相连的边数就称为该变量节点的度数，记为 d_v，相应地 $\boldsymbol{H}$ 矩阵第 i 列的列重为 d_v，即包含码元 c_j 的校验方程有 d_v 个；类似地，与某个校验节点 s_i 相连的边数称为该校验节点的度数，记为 d_c，相应 $\boldsymbol{H}$ 矩阵第 i 行行重为 d_c，即校验方程 s_i 对 d_c 个码元进行校验监督。图 6.2.1 所示的例子是一个二元域上的 LDPC，其一致校验矩阵中每一列有 2 个“1”，每一行有 4 个“1”，即编码码字中的每个比特受到 $d_v(=2)$个校验约束，而每个校验约束包括 $d_c(=4)$个比特(即与每个校验节点相连的 4 个比特之和为偶数)。

规则 LDPC 的变量节点和校验节点度数都是不变的，因此可用(n, d_v, d_c)表示，其中 n 为码字长度。而非规则 LDPC 的变量节点或者校验节点的度数是变化的。

$$\begin{bmatrix} 1 & 1 & 1 & 1 & 0 & 0 & 0 & 0 & 0 & 0 \\ 1 & 0 & 0 & 0 & 1 & 1 & 1 & 0 & 0 & 0 \\ 0 & 1 & 0 & 0 & 1 & 0 & 0 & 1 & 1 & 0 \\ 0 & 0 & 1 & 0 & 0 & 1 & 0 & 1 & 0 & 1 \\ 0 & 0 & 0 & 1 & 0 & 0 & 1 & 0 & 1 & 1 \end{bmatrix}$$

(a) 一致校验矩阵

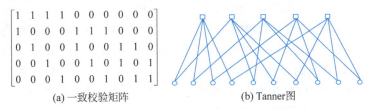

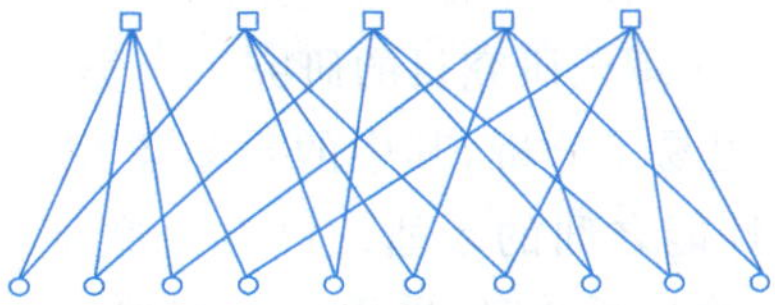

(b) Tanner图

图 6.2.1　LDPC 的一致校验矩阵和 Tanner 示意图

LDPC 一致校验矩阵的结构对码性能有决定性的影响，而环是反映该矩阵对应的 Tanner 图结构的要素。Tanner 图中的环是指由图中顶点(包括校验节点和变量节点)和边组成的一个有限序列，其起点和终点为同一个顶点，其他顶点只出现一次，环所包含边的数目称为环长。例如，在图 6.2.1 中的 Tanner 图中，VN 各节点分别记为 $c_1, c_2, \cdots, c_{10}$，CN 各节点分别记为 $s_1, s_2, \cdots, s_5$，则从节点 c_1 出发经过 s_2、c_7、s_5、c_4、s_1 最后又回到 c_1，构成了一个长度为 6 的环。不难看出，Tanner 图中有且仅有长为偶数的环。Tanner 图中最短环的长度称为围长。若 LDPC 对应的 Tanner 图无环，则表现为树型图，其围长为无穷大。环对 LDPC 性能的影响主要体现在两方面：一是对以 BP 译码算法为代表的迭代译码性能的影响；二是对码的最小距离的影响。

LDPC 在译码中一般是采用基于某一消息传递机制的软判决迭代译码算法，当码长趋于无穷且码的图模型近似无环时，该类算法将可提供最佳的译码性能。而实际设计出的有限长度码不可避免地会存在环，短环的存在会使从某一节点发出的信息在若干次迭代后，又传递回原节点，从而造成自身信息的叠加，破坏了独立性假设条件，导致判决可靠度下降，例如若存在长为 4 的环，两次迭代后信息就开始相关；若存在长为 6 的环，三次迭代后信息即可能相关。因此在构造 LDPC 时应尽量减少短环的出现。

6.2.2　低密度校验码的构造与编码方法

奇偶校验矩阵可以唯一确定一个线性分组码，因此构造 LDPC 即构造它的校验矩阵。LDPC 的构造方法有随机构造法和结构化构造法。

6.2.2.1 LDPC的构造方法

LDPC主要是通过设计码的一致校验矩阵 $\boldsymbol{H}$ 实现的,大致可以分为随机构造法和结构化构造法。随机构造法是在一定约束条件下通过计算机随机搜索的方法构造 $\boldsymbol{H}$ 矩阵,主要包括Gallager构造法、MacKay构造法、超轻构造法、比特填充构造法、扩展比特填充构造法、PEG(Progressive Edge-Growth)构造法以及基于外信息度(Extrinsic Message Degree,EMD)的构造法。其中,前三种构造法主要针对规则码($\boldsymbol{H}$ 矩阵行列重一定),后四种主要针对非规则码($\boldsymbol{H}$ 矩阵行列重不固定)。

上述随机搜索方法由于没有太多约束,所构造的LDPC性能一般较好,但由于随机性较强,不利于编码器的硬件实现。为解决此问题,相关人员提出了结构化构造方法,以期简化构造,且便于编码硬件实现。这些设计主要是基于代数学和组合数学,常见方法包括有限几何构造法、组合构造法、由Tanner和Fosserier等改进的准循环LDPC(Quasi-Cyclic LDPC,QC-LDPC)构造法、分组-移位构造法、π旋转构造法等。

大多数LDPC都具有编码复杂的缺点。为此,研究人员进行了不懈的努力。1998年Divsalar等人出于理论研究目的研究了一类非常简单的类Turbo码,这种类Turbo码比一般Turbo码更易于分析,其中的重复累积(Repeat Accumulate,RA)码可能有效解决编码复杂度与性能之间的矛盾。已有研究证明,规则RA码具有接近香农限的潜在能力,特别是当码率接近0时,采用最大似然译码算法的译码器在误码率趋于零时的 E_b/N_0 为-1.592dB。受非规则LDPC的启发,Hui Jin于2001年提出非规则重复累积(Irregular Repeat Accumulate,IRA)码,并证明了二进制IRA码可以取得与非规则LDPC同样优越的性能,但编码复杂度远远低于LDPC。IRA码可以看成LDPC和Turbo码共同的子集。因此,一方面IRA码可以像Turbo码一样,以两个成员码的串行连接形式进行编码;另一方面可以像LDPC那样,采用Tanner图上的和积译码算法进行译码。因此,从实际应用角度出发综合Turbo短码和LDPC长码的优异性能,应用前者的有效码长和后者的低复杂度及稀疏矩阵的自交织特性,设计性能和复杂度最佳组合的码型,是当前编码领域的一个研究热点。

关于LDPC构造的研究一直是一个备受关注的课题,不断有一些新的思想被提出,如2001年Ping提出的CT(Concatenated Tree)码及2003年Thorpe提出的原模图码等。2004年,Richardson在总结所有LDPC的构造方法及其描述方式后,提出一种框架性的理论——Multi-Edge Type Codes,将现有的各种构造方法均视为这类码的特例,从而对各种LDPC给出了一种统一的表示方式,为构造更好性能的码提供了支撑,也会对LDPC的分析方法产生深远的影响。

本节仅介绍一些经典的构造方法。

1. Mackay构造法

一致校验矩阵中短环的存在会损害译码算法的有效性,并且可能导致低码重码字的出现,因此众多研究人员都在研究避免出现短环的方法。相对而言,消除4环比较简单,只需要保证校验矩阵中任意两列 h_i 和 h_j 最多只有一个共同的1,用数学公式表示就是 h_i 和 h_j 内积的汉明重量小于等于1:$\mathrm{weight}(\langle h_i, h_j\rangle)\leqslant 1$。Gallager构造法中给出了一些约束条件,如对于行列重量的限制等;但是这类构造方法获得的性能不很理想,矩阵较大时,构造复杂度很大。MacKay 在对 Gallager 的工作进行重新认识后,给出了四种构造方法,特别是提出对于校验矩阵中长度为 4 的环的限制,获得了可以与 Turbo 码相比拟的性能。

MacKay 给出了如下指导性构造方法。

构造法 1A:这是最基本的构造方法。该方法构造的矩阵列重为固定值,随机构造矩阵使每一行的重量尽可能地相等,而每两列之间重叠的 1 的个数不大于 1。这样构造的矩阵 Tanner 图上不存在长度为 4 的环。以列重为 3,码率为 1/2 的 LDPC 的校验矩阵构造为例,用构造方法 1A 构造的校验矩阵如图 6.2.2(a)所示。左右各为一个方阵,两个方阵列重均为 3。该校验矩阵行重为 6。

构造法 2A:若校验矩阵的维数为 $m\times n$,将该矩阵分为两部分,前 $m/2$ 列、m 行为第一部分,剩下的为第二部分。第一部分又分为两个子阵,每一子阵为一个 $m/2\times m/2$ 的单位阵,故第一部分列重为 2。第二部分是一个由构造方法 1A 得到的子阵。以码率为 1/3 的 LDPC 的校验矩阵构造为例,用构造方法 2A 构造的校验矩阵如图 6.2.2(b)所示。从图 6.2.2 可以看出 MacKay 构造法能够保证校验矩阵的稀疏性;而两列之间重叠的 1 的个数不大于 1,保证了校验矩阵中不存在长度为 4 的环。

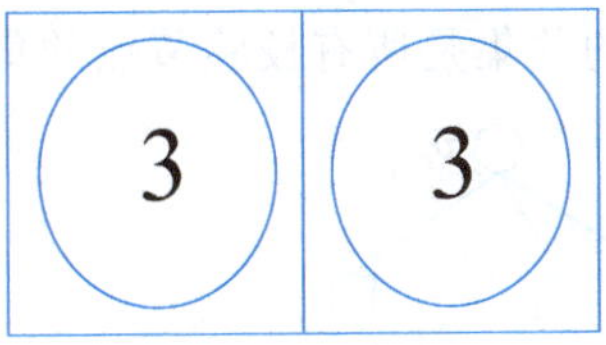

(a) 构造方法1A

(b) 构造方法2A

图 6.2.2 MacKay 构造法示意图

构造法 1B、2B:对用构造方法 1A 或 2A 构造的校验矩阵进行消列,选择从矩阵中删除一些列,使得结果矩阵对应的 Tanner 图中没有小于某个给定长度 l(如 $l=6$)的环。

我们用 MacKay 构造法 1A 构造了码长 1024、列重为 3、行重为 6、码率为 1/2 的 (1024,3,6)码,并进行了计算机仿真,仿真结果如图 6.2.3 所示。采用和积译码算法,最大迭代次数 100 次。从图中可以看出,采用 MacKay 构造法构造出的码性能很好,信噪比为 2.25dB 时,误码率已经达到 10^{-4}。MacKay 还推广了 Gallager 的构造方法,利用排列矩阵的叠加构造规则和非规则码的校验矩阵,完成 LDPC 的构造。

2. PEG 构造法

PEG 算法是由 Hu Xiaoyu 等在 2001 年提出,是目前公认的构造随机 LDPC 的优秀算法,利用 PEG 算法构造的码可以保证 Tanner 图中的围长较大,短环数量少,从而具有优异性能。

假定要设计的 LDPC 的 Tanner 图变量节点数为 n、校验节点数为 m。用 $v_0,v_1,\cdots,v_{n-1}$ 表示 n 个变量节点,n 个变量节点的度分别为 $d_{v_0},d_{v_1},\cdots,d_{v_{n-1}}$,且有 $d_{v_0}\leqslant d_{v_1}\leqslant\cdots\leqslant d_{v_{n-1}}$;用 $c_0,c_1,\cdots,c_{m-1}$ 表示 m 个校验节点,类似地,也可以定义校验节点度数。用

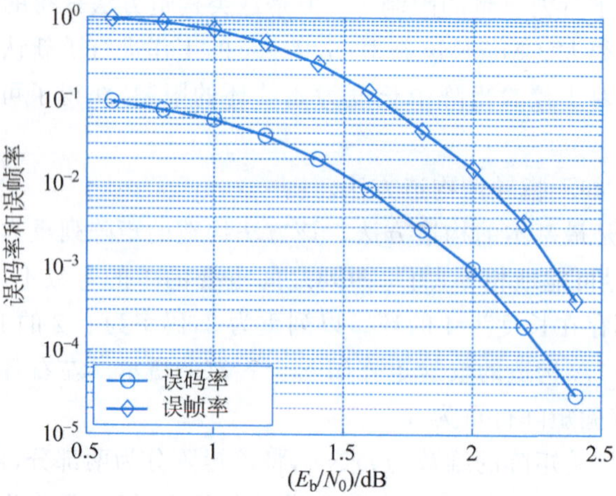

图 6.2.3　用 MacKay 构造法构造的(1024,3,6)码的误码率

E_{v_j} 表示与 v_j 节点相连的所有边，则 $E=E_{v_0}\cup E_{v_1}\cup\cdots\cup E_{v_{n-1}}$ 表示 Tanner 图中所有边的集合，令 $E_{v_j}^k$ 表示变量节点 v_j 的第 k 条入射边。对于变量节点 v_j 定义其深度 l(depth l)的集合 $N_{v_j}^l$，它包括 v_j 节点深度为 l 的树上的所有校验节点，如图 6.2.4 所示。集合 $N_{v_j}^l$ 的补集为 $\overline{N}_{v_j}^l$，$N_{v_j}^l$ 和 $\overline{N}_{v_j}^l$ 的并集是所有校验节点的集合。

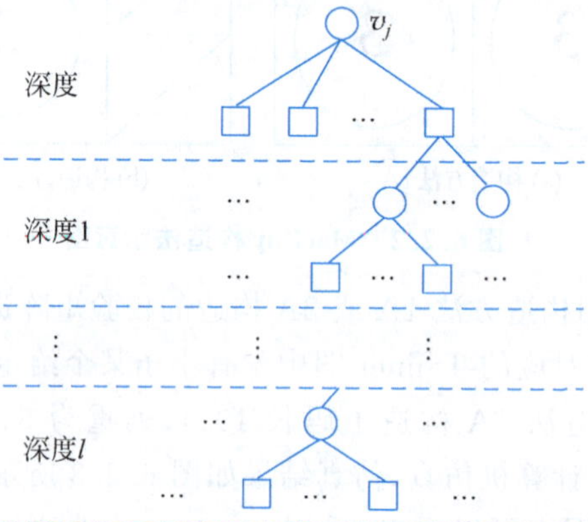

图 6.2.4　变量节点 v_j 深度为 l 的集合 $N_{v_j}^l$

为了便于计算 $N_{v_j}^l$ 和 $\overline{N}_{v_j}^l$，对每个校验节点 c_i 定义指示变量 I_{c_i}，I_{c_i} 取值为 0 或 1。I 初始化为 0。当 v_j 节点的树延伸至深度 l，所有包含在树中的校验节点的指示值 I_{c_i} 置为 1，表示这些节点属于集合 $N_{v_j}^l$。类似地，$\overline{N}_{v_j}^l$ 包含的所有校验节点的指示值 I_{c_i} 置为 0。

PEG 方法假定已经构造出了 Tanner 图上前 j 个变量节点的入射边，即已经完成了 $E_{v_0}\cup E_{v_1}\cup\cdots\cup E_{v_{j-1}}$ 的构造。要解决的问题是如何将变量节点 v_j 的边放入 Tanner 图中，而且对现有围长影响较小。现在将 v_j 节点的 d_{v_j} 条边一条一条加入 Tanner 图中。首先，将 v_j 节点的树延伸至深度 l，要满足的条件是 $\overline{N}_{v_j}^{l} \neq \varnothing$ 且 $\overline{N}_{v_j}^{l+1}=\varnothing$，或者 $N_{v_j}^{l}$ 这个集合的势不再增加且小于 m。然后，在 v_j 节点和集合 $\overline{N}_{v_j}^{l}$ 中选择的一个校验节点之间增加一条边。这样可以保证包含这条新边的环长度不小于 $2(l+2)$。PEG 算法总结如下：

算法 6.2.1 PEG 算法

begin：for $j=0$：$n-1$

for $k=0$：$d_{v_j}-1$

if($k=0$)

将边(c_i，v_j)加入 $E_{v_j}^{0}$，此处 $E_{v_j}^{0}$ 是 v_j 节点的第一条入射边，c_i 是现有边集合 $E_{v_0}\cup E_{v_1}\cup\cdots\cup E_{v_{j-1}}$ 中度数最低的校验节点。

else

将 v_j 节点的树延伸至深度 l，要满足的条件是 $\overline{N}_{v_j}^{l} \neq \varnothing$ 且 $\overline{N}_{v_j}^{l+1}=\varnothing$，或者 $N_{v_j}^{l}$ 的势不再增加且小于 m。然后将边(c_i，v_j)加入 $E_{v_j}^{k}$，此处 $E_{v_j}^{k}$ 是节点 v_j 的第 k 条入射边，c_i 是集合 $\overline{N}_{v_j}^{l}$ 中度数最低的校验节点。

end

采用 PEG 方法能设计出具有较大围长和良好距离特性的码，编码可以线性实现。MacKay 指出，用 PEG 方法构造的中、短码长 LDPC 是当前所知具有相同参数的最好的 LDPC 之一。

3. *有限几何构造法*

由于这种构造方法是基于有限几何基础之上的，首先简单介绍下有限几何。设 Q 是一个有 n 个点、l 条直线的有限几何，而且满足：①每条直线上恰有 ρ 个点；②任意两点之间有且仅有一条直线相连；③每个点恰好在 γ 条直线上，即每个点都是 γ 条直线的交点；④两条直线要么平行，要么相交且交于一点。有两类具有上述结构的有限几何，称为有限域上的投影几何(Projective Geometry，PG)和欧几里得几何(Euclidean Geometry，EG)。下面先介绍欧几里得几何，再介绍构造 EG-LDPC 的方法。

令 $\mathrm{EG}(m,2^s)$ 表示 $\mathrm{GF}(2^s)$ 上的 m 维欧几里得有限几何空间，其中 m 和 s 为正整数。该空间由 2^{ms} 个点组成，每个点是 $\mathrm{GF}(2^s)$ 上的 m 维矢量，m 维的全 0 矢量称为原点。2^{ms} 个 $\mathrm{GF}(2^s)$ 上的 m 维矢量代表 $\mathrm{EG}(m,2^s)$ 上的点，这些点形成了 $\mathrm{GF}(2^s)$ 上的矢量空间。因此，$\mathrm{EG}(m,2^s)$ 是 $\mathrm{GF}(2^s)$ 上的所有 2^{ms} 个点的矢量空间。空间中的每条直线是 $\mathrm{EG}(m,2^s)$ 上的 1 维子空间或者该子空间的陪集，则 $\mathrm{EG}(m,2^s)$ 上的每条直线由 2^s 个点组成，共有 $2^{(m-1)s}(2^{ms}-1)/(2^s-1)$ 条直线。每条直线有 $2^{(m-1)s}-1$ 条平行线。对 $\mathrm{EG}(m,2^s)$ 中的任意一点，都有 $(2^{ms}-1)/(2^s-1)$ 条直线相交于该点。

令 $\mathrm{GF}(2^{ms})$ 表示 $\mathrm{GF}(2^s)$ 上的扩域，则 $\mathrm{GF}(2^{ms})$ 上的每个元素都可以用 $\mathrm{EG}(m,2^s)$ 上的一个点表示。因此，$\mathrm{GF}(2^{ms})$ 的所有元素都可以看作 $\mathrm{EG}(m,2^s)$ 上的点，$\mathrm{GF}(2^{ms})$ 可以看成 $\mathrm{EG}(m,2^s)$ 欧几里得有限几何空间。设 α 表示 $\mathrm{GF}(2^{ms})$ 的本原元，则 $0,\alpha^0,\alpha^1,\cdots,\alpha^{2^{ms}-2}$ 就形成了 $\mathrm{EG}(m,2^s)$ 上的 2^{ms} 个点，0 为原点。令 α^j 表示 $\mathrm{EG}(m,2^s)$ 上除了原点

以外的点，则 2^s 个点 $\{\beta\alpha^j\} \triangleq \{\beta\alpha^j: \beta \in GF(2^s)\}$ 形成了 $EG(m, 2^s)$ 上的一条直线，原点包含在这条线上，即直线 $\{\beta\alpha^j\}$ 经过原点。令 α^i 和 α^j 表示 $EG(m, 2^s)$ 上两个线性无关的点，则集合 $\{\alpha^i + \beta\alpha^j\} \triangleq \{\alpha^i + \beta\alpha^j: \beta \in GF(2)\}$ 形成了 $EG(m, 2^s)$ 上的一条直线，并且这条线经过点 α^i。而 $\{\beta\alpha^j\}$ 和 $\{\alpha^i + \beta\alpha^j\}$ 没有公共点，因此两条直线平行。令 α^k 线性独立于点 α^i 和 α^j，则直线 $\{\alpha^i + \beta\alpha^j\}$ 和 $\{\alpha^i + \beta\alpha^k\}$ 相交于 α^i。

令 $\boldsymbol{H}_{EG}(m, s)$ 表示 GF(2) 上的矩阵，矩阵的行代表 $EG(m, 2^s)$ 上所有不经过原点的直线，而列则对应于 $EG(m, 2^s)$ 上 $2^{ms}-1$ 个除了原点以外的点。列的顺序为 $\alpha^0, \alpha^1, \cdots, \alpha^{2^{ms}-2}$，第 i 列对应 α^i。则 $\boldsymbol{H}_{EG}(m, s)$ 由 $n = 2^{ms}-1$ 列和 $l = (2^{(m-1)s}-1)(2^{ms}-1)/(2^s-1)$ 行组成。$\boldsymbol{H}_{EG}(m, s)$ 具有以下结构：①行重为 $\rho = 2^s$；②列重 $\gamma = (2^{ms}-1)/(2^s-1)-1$；③任意两列最多只有一个重叠的 1；④任意两行最多只有一个重叠的 1；⑤矩阵的密度 $r = 2^s/(2^{ms}-1)$。故当 m 和 s 大于或等于 2 时，$\boldsymbol{H}_{EG}(m, s)$ 是稀疏的。

令 $C_{EG}(m, s)$ 表示矩阵 $\boldsymbol{H}_{EG}(m, s)$ 的零空间，则 $C_{EG}(m, s)$ 是码长 $n = 2^{ms}-1$ 的二元规则 EG-LDPC，称为 m-D EG-LDPC。设 $r(\boldsymbol{H}_{EG}(m, s))$ 为该矩阵的秩，则码的信息位长度 $k = n - r(\boldsymbol{H}_{EG}(m, s))$。这样构造的码是多项式码的对等码，因此 EG-LDPC 是循环码，码的生成多项式完全由 $GF(2^{ms})$ 上的根确定，校验元数目也可以由生成多项式的最高次项次数决定。EG-LDPC 的编码可以通过线性反馈移位寄存器来实现，因此编码非常简单快速。

EG-LDPC 的一个特例是其 $m=2$ 的一个子集 2D EG-LDPC，相应的码参数：码 $n = 2^{2s}-1$；校验元数目 $n-k = 3^s-1$；最小距离 $d_{EG}(2, s) = 2^s+1$；行重 $\rho = 2^s$；列重 $\gamma = 2^s$。这类欧几里得有限几何空间 $EG(2, 2^s)$ 包含 $2^{2s}-1$ 条不过原点的直线，因此 $\boldsymbol{H}_{EG}(2, s)$ 是 $2^{2s}-1$ 阶的方阵，且矩阵的每一行都是第一行的循环移位。

按上述构造法构造了一个 2D EG-LDPC 的 EG(1023,781)，其码长 $n=1023$，信息位 $k=781$，校验位 $n-k=242$，行重 $\rho=32$，列重 $\gamma=32$。由行重和列重可以看出，EG-LDPC 校验矩阵的稀疏性比不上 MacKay 码。EG(1023,781) 码的具体构造步骤如下。

(1) 知道 EG(1023,781) 码是欧几里得几何 $EG(2, 2^5)$ 码，即 $m=2, s=5$。$EG(2, 2^5)$ 里的点是由 $GF(2^{ms}) = GF(2^{10})$ 中的元素表示的，可以先构造伽罗华域 $GF(2^{10})$。由于 $GF(2^{10})$ 是由本原多项式 $p(x) = 1 + x^3 + x^{10}$ 生成的，由域元素生成电路可得到 $GF(2^{10})$ 中每一个元素在 GF(2) 上的 10 维矢量。

(2) 需要求出经过某一点的任意一条不过原点的直线上的所有其他点。已知通过点 a^i 的一条线上的点具有 $\{a^i + \beta a^j\} \triangleq \{a^i + \beta a^j: \beta \in GF(2^s)\}$ 形式，如果要求经过点 a^{1022} 的线，就要求满足形式为 $\{a^{1022} + \beta a^j\}$ 的点，取 $\gamma = a^{(2^{ms}-1)/(2^s-1)} = a^{33}$，则 $\beta \in \{0, 1, \gamma, \gamma^2, \cdots, \gamma^{30}\}$，根据运算可以得到一条含 32 个点的一条直线。

(3) 由所得的直线去求出该直线的关联矢量，该矢量由 1023 个点(不包含原点在内)组成，若某点在直线上，则关联矢量该点处的值为 1；不在此直线上，则为 0。

(4) 由所得的关联矢量作为校验矩阵的第一行，对该矢量向右循环移位 1022 次，每次得到的矢量均作为校验矩阵的一行，就得到了 2D-LDPC 的校验矩阵。

图 6.2.5 给出了对 EG(1023,781)码在 AWGN 信道下的仿真结果,采用和积译码算法,最大迭代次数 50 次。从图中可以看出,该码的误码率在 3.4dB 时达到 10^{-4},4dB 时达到 10^{-6},性能比较好。

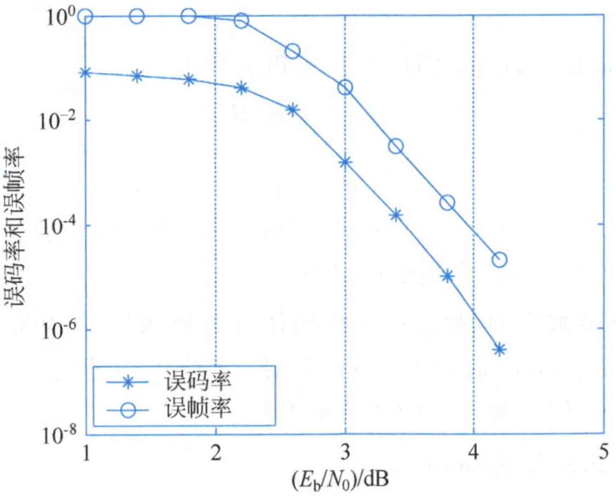

图 6.2.5　EG(1023,781)码的误码率

除了上述构造方法,还可以利用投影几何构造 PG-LDPC。可以对校验矩阵按一定规则进行扩展与删减,进而对该码进行扩展或缩短,以进一步提高其性能。

6.2.2.2　LDPC 的编码

与 Turbo 码基于移位寄存器的编码方法相比,LDPC 的编码复杂度和所需的存储空间都显得很高。若 LDPC 编码采用与一般分组码类似的方案,需要先将一致校验矩阵 $\boldsymbol{H}$ 高斯消元后得到码的生成矩阵 $\boldsymbol{G}$,再对信息序列进行编码,这种方法导致编码复杂度随码长成平方增长。而 LDPC 的优异性能往往是在码长很长时才得以充分体现,其编码的物理可实现性成为制约其应用的一个瓶颈,因此从可实现角度研究人员提出了对 LDPC 有效编码问题的研究。下面介绍几种主要方法。

1. 基于高斯消元法的编码

首先将 $m\times n$ 校验矩阵 $\boldsymbol{H}$ 分为$(\boldsymbol{H}_1,\boldsymbol{H}_2)$两部分,其中 $\boldsymbol{H}_1$ 为 $k\times m$ 矩阵,$\boldsymbol{H}_2$ 为 $m\times m$ 满秩方阵。由码字空间与校验矩阵的正交性可得

$$(\boldsymbol{H}_1,\boldsymbol{H}_2)\begin{pmatrix}\boldsymbol{s}^{\mathrm{T}}\\ \boldsymbol{p}^{\mathrm{T}}\end{pmatrix}=\boldsymbol{0} \tag{6.2.1}$$

展开该矩阵方程可得

$$\boldsymbol{H}_2\boldsymbol{p}^{\mathrm{T}}=\boldsymbol{H}_1\boldsymbol{s}^{\mathrm{T}} \tag{6.2.2}$$

可以转化为

$$\boldsymbol{p}^{\mathrm{T}}=\boldsymbol{H}_2^{-1}\boldsymbol{H}_1\boldsymbol{s}^{\mathrm{T}} \tag{6.2.3}$$

从式(6.2.3)可以看出,如果矩阵 $\boldsymbol{H}_2$ 具有下三角的结构,就可以采用一种迭代运算的编码方法,从而大大降低复杂度。因此,把校验矩阵的子矩阵 $\boldsymbol{H}_2$ 分解成 $\boldsymbol{L}$、$\boldsymbol{U}$ 两部分,其中矩阵 $\boldsymbol{L}$ 具有下三角结构,矩阵 $\boldsymbol{U}$ 具有上三角结构

$$\boldsymbol{H}_2=\boldsymbol{LU}=\begin{bmatrix}1 & & & \\ l_{21} & 1 & & \\ \vdots & \ddots & \ddots & \\ l_{m1} & \cdots & l_{m,m-1} & 1\end{bmatrix}\begin{bmatrix}1 & u_{12} & \cdots & u_{1m} \\ & 1 & \ddots & u_{1m} \\ & & \ddots & \vdots \\ & & & 1\end{bmatrix}$$

同时，引入中间向量 $\boldsymbol{y}$，根据式(6.2.1)可得方程组：

$$\begin{cases}\boldsymbol{Ly}^{\mathrm{T}}=\boldsymbol{H}_2\boldsymbol{S}^{\mathrm{T}} \\ \boldsymbol{UP}^{\mathrm{T}}=\boldsymbol{y}^{\mathrm{T}}\end{cases} \tag{6.2.4}$$

根据式(6.2.4)，即可利用 $\boldsymbol{L}$ 矩阵的下三角结构，通过迭代算法求出中间向量 $\boldsymbol{y}$，再利用 $\boldsymbol{U}$ 矩阵通过迭代得出校验序列的向量 $\boldsymbol{P}$。

若子矩阵 $\boldsymbol{H}_2$ 不是满秩的，则会出现校验矩阵分解失败的情况，Chae 提出了行列置换和比特翻转(Pivoting and Bit-Reversing，PAB)算法重构子矩阵 $\boldsymbol{H}_2$，此算法还可以消除 $\boldsymbol{H}$ 中长度为 4 的环，使校验矩阵的环长更大。

2. 基于矩阵下三角化的编码

基于近似下三角矩阵的编码算法又称作 RU 编码算法，由 Richardson 和 Urbanke 率先提出，其基本思想是尽量减少校验矩阵预处理的复杂度，保持矩阵的稀疏性，同时使校验矩阵具备一定结构化的特性，以保证编码复杂度随码的长度近似呈线性的关系。因此，该方法并不对一致校验矩阵作高斯消元处理，仅对校验矩阵的行和列做了置换，得到了近似下三角的形式(图 6.2.6)之后，再将矩阵分为若干子块，使得其中一个子矩阵具有下三角的特殊结构，这样就可以引入迭代的方法。

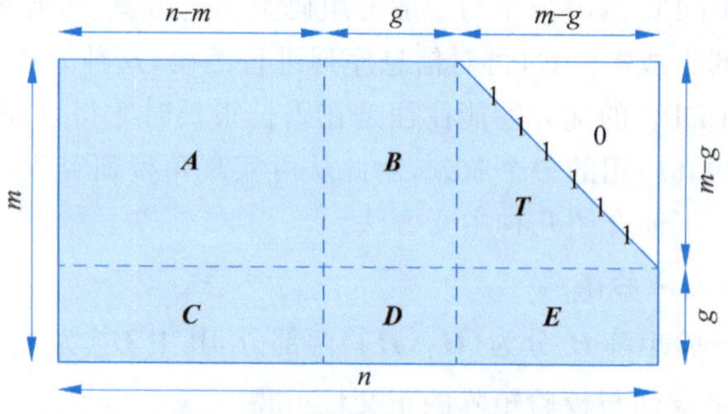

图 6.2.6　一致校验矩阵的近似下三角表示

由图 6.2.6 可知，$\boldsymbol{H}$ 矩阵被分为如下的形式：

$$\boldsymbol{H}=\begin{bmatrix}\boldsymbol{A} & \boldsymbol{B} & \boldsymbol{T} \\ \boldsymbol{C} & \boldsymbol{D} & \boldsymbol{E}\end{bmatrix} \tag{6.2.5}$$

式中：$\boldsymbol{A}$ 为 $(m-g)\times(n-m)$ 矩阵；$\boldsymbol{B}$ 为 $(m-g)\times g$ 矩阵；$\boldsymbol{T}$ 为 $(m-g)\times(m-g)$ 下三角矩阵，且对角元素全为 1；$\boldsymbol{C}$ 为 $g\times(n-m)$ 矩阵；$\boldsymbol{D}$ 为 $g\times g$ 矩阵；$\boldsymbol{E}$ 为 $g\times(m-g)$ 矩阵。

因为 $\boldsymbol{H}$ 矩阵只进行了置换处理，所有矩阵都是稀疏的，且 $\boldsymbol{T}$ 矩阵是下三角形式：

$$\begin{pmatrix} I & 0 \\ -ET^{-1} & I \end{pmatrix}$$

左乘式(6.2.5),可得到

$$H' = \begin{pmatrix} A & B & T \\ -ET^{-1}A + C & -ET^{-1}B + D & 0 \end{pmatrix} \tag{6.2.6}$$

设编码码字 c 具有系统性,并令 $c=(s,p_1,p_2)$,其中 s 表示信息位,p_1 和 p_2 表示校验位,其中 p_1 的长度为 g,p_2 的长度为 $m-g$。由式 $Hc^{\mathrm{T}}=0$ 可得 $H'c^{\mathrm{T}}=0$,即可得到

$$As^{\mathrm{T}} + Bp_1^{\mathrm{T}} + Tp_2^{\mathrm{T}} = 0 \tag{6.2.7}$$

$$(ET^{-1}A + C)s^{\mathrm{T}} + (ET^{-1}B + D)p_1^{\mathrm{T}} = 0 \tag{6.2.8}$$

定义 $\phi = ET^{-1}B + D$,假定 ϕ 为非奇异的,可以求出:

$$p_1^{\mathrm{T}} = -\phi^{-1}(ET^{-1}A + C)s^{\mathrm{T}}$$

$$p_2^{\mathrm{T}} = -T^{-1}(As^{\mathrm{T}} + Bp_1^{\mathrm{T}})$$

即由以上两式可以计算得出完整的码字 $c=(s,p_1,p_2)$。

基于下三角矩阵的编码方法复杂度主要取决于计算 p_1 和 p_2 的运算量,其中计算 p_1 的复杂度为 $O(n+g^2)$,计算 p_2 的复杂度为 $O(n)$。所以,在对一致校验矩阵重新排列时应使 g 尽量小,则可以使编码复杂度接近线性。同时,此算法中大多数分块矩阵都是稀疏的,仅有一个 $g\times g$ 非稀疏矩阵,从而减少了计算容量和存储空间的要求,提高了编码实现的有效性。

3. 基于 **LU** 分解的编码方法

Richardson 等提出的基于下三角的编码方法中大部分矩阵是利用贪婪算法对 H 矩阵进行行列转置,保持了矩阵的稀疏性,较大程度上降低了编码运算量,然而该方案中涉及 $g\times g$ 维 ϕ 矩阵求逆问题,且该矩阵是一个非奇异稠密矩阵,其硬件实现结构复杂。2003 年 Chae 等提出另一种有效编码方案,方案中用到了矩阵 LU 分解特性,使编码结构大大简化。

考虑系统 LDPC(n,k),令码字 $c=(s,p)$,H 矩阵分为 A、B 两部分,B 对应信息比特,A 对应校验比特,根据 $Hc^{\mathrm{T}}=0$ 可以得到

$$[B \quad A]\begin{bmatrix} s^{\mathrm{T}} \\ p^{\mathrm{T}} \end{bmatrix} = 0$$

式中:s^{T} 代表 k 比特信息位;p^{T} 代表 $(n-k)$ 比特校验位。

可见编码的实质就是计算 p^{T}:$p^{\mathrm{T}} = -A^{-1}Bs^{\mathrm{T}}$。此时 A^{-1} 一般已不具备稀疏性,直接计算 p^{T} 不具有线性复杂度。为解决此问题,Neal 引入 LU 分解,避免矩阵求逆。一个满秩矩阵可以写成 $A=LU$ 的形式,其中 L 是下三角矩阵,U 是上三角矩阵。把 A 换成 LU 得到

$$p^{\mathrm{T}} = -U^{-1}(L^{-1}(Bs^{\mathrm{T}}))$$

由于 $\boldsymbol{L}$ 与 $\boldsymbol{U}$ 的三角性，计算时并不需要求出 $\boldsymbol{L}$ 与 $\boldsymbol{U}$ 的逆，只需将它们和相应矢量相乘，进行方程组求解，再分别采取前向消元与后向代入方法，就可以完成编码过程。其中 $\boldsymbol{Bs}^{\mathrm{T}}$ 是稀疏矩阵和矢量相乘，$\boldsymbol{L}^{-1}(\boldsymbol{Bs}^{\mathrm{T}})$ 是前向消去运算，$\boldsymbol{U}^{-1}(\boldsymbol{L}^{-1}(\boldsymbol{Bs}^{\mathrm{T}}))$ 是回代运算，都是对稀疏矩阵的运算，保证总的编码复杂度与码长 n 成正比。基于 $\boldsymbol{LU}$ 分解的方法易于理解，但要求 $\boldsymbol{H}$ 矩阵可逆才能应用，同时需要找到一个合适的 $\boldsymbol{LU}$ 分解，所以还是有一定局限性。

4. QC-LDPC 的编码

准循环 LDPC 因具有特殊的结构，编译码较为简单，且便于硬件实现，与随机构造的 LDPC 相比大大节约了硬件资源。为了使矩阵具有更加便于编码的结构，一些标准中的 QC-LDPC 在校验矩阵构造时会进一步附加约束。比如在 IEEE 802.16e 中的 QC-LDPC，校验矩阵 $\boldsymbol{H}_{m\times n}$ 右半部分具有准循环双对角结构，由基矩阵扩展而成，记为 $\boldsymbol{H}_b$，大小为 $m_b\times n_b$，每个元素对应校验矩阵 $\boldsymbol{H}$ 中一个大小为 $z\times z$ 的子矩阵，可以写为

$$\boldsymbol{H}_b=[\boldsymbol{H}_1\quad \boldsymbol{H}_2]$$

式中：$n=n_b\times z$，$m=m_b\times z$，z 为扩展参数，根据码率不同可以取标准中规定的 19 个值之一，n_b 的取值固定为 24；矩阵 $\boldsymbol{H}_1$ 由全 0 矩阵或者循环置换矩阵构成；$\boldsymbol{H}_2$ 可以表示为

$$\boldsymbol{H}_2=\begin{bmatrix} h(1) & 0 & & & & & & \\ -1 & 0 & 0 & & & & & \\ \vdots & & 0 & 0 & & & -1 & \\ -1 & & & 0 & \ddots & & & \\ h(r) & & & & \ddots & \ddots & & \\ -1 & & & & & \ddots & 0 & \\ \vdots & & & -1 & & & 0 & 0 \\ -1 & & & & & & & 0 & 0 \\ h(m_b) & & & & & & & & 0 \end{bmatrix}_{m_b\times m_b}$$

式中：“-1”代表全 0 子矩阵，“0”表示单位子矩阵，$h(1)$、$h(r)$ 和 $h(m_b)$ 是非负整数，且 $h(1)=h(m_b)$，表示单位矩阵向右循环非负整数位的子矩阵。矩阵 $\boldsymbol{H}_2$ 除第一列，两条对角线上元素为“0”，其他位置均为“-1”。编码时，首先把信息元向量 $\boldsymbol{s}$ 和校验元向量 $\boldsymbol{p}$，以每 z 个比特为一段，写为

$$\boldsymbol{s}=(\boldsymbol{s}_1^{\mathrm{T}}\quad \boldsymbol{s}_2^{\mathrm{T}}\quad \cdots\quad \boldsymbol{s}_{k_b}^{\mathrm{T}})$$

$$\boldsymbol{p}=(\boldsymbol{p}_1^{\mathrm{T}}\quad \boldsymbol{p}_2^{\mathrm{T}}\quad \cdots\quad \boldsymbol{p}_{m_b}^{\mathrm{T}})$$

由式(6.2.1)可得

$$\boldsymbol{H}_2\boldsymbol{p}^{\mathrm{T}}=\boldsymbol{H}_1\boldsymbol{s}^{\mathrm{T}}$$

展开，即

$$
\begin{bmatrix}
h(1) & 0 & & & & & & & \\
-1 & 0 & 0 & & & & & & \\
\vdots & & 0 & 0 & & & -1 & & \\
-1 & & & 0 & \ddots & & & & \\
h(r) & & & & \ddots & \ddots & & & \\
-1 & & & & & \ddots & 0 & & \\
\vdots & & & -1 & & & 0 & 0 & \\
-1 & & & & & & & 0 & 0 \\
h(m_b) & & & & & & & & 0
\end{bmatrix}
\begin{bmatrix} \boldsymbol{p}_1 \\ \boldsymbol{p}_2 \\ \vdots \\ \boldsymbol{p}_{m_b} \end{bmatrix}
$$

$$
= \begin{bmatrix}
\boldsymbol{H}_1(1,1) & \boldsymbol{H}_1(1,2) & \cdots & \boldsymbol{H}_1(1,k_b) \\
\boldsymbol{H}_1(2,1) & \boldsymbol{H}_1(2,2) & \cdots & \boldsymbol{H}_1(2,k_b) \\
\vdots & \vdots & \ddots & \vdots \\
\boldsymbol{H}_1(m_b,1) & \boldsymbol{H}_1(m_b,2) & \cdots & \boldsymbol{H}_1(m_b,k_b)
\end{bmatrix}
\begin{bmatrix} \boldsymbol{s}_1 \\ \boldsymbol{s}_2 \\ \vdots \\ \boldsymbol{s}_{k_b} \end{bmatrix}
$$

展开，即可得出包含 m_b 个等式的方程组：

$$
\begin{aligned}
& h(1)\boldsymbol{p}_1 + \boldsymbol{p}_2 = [\boldsymbol{H}_1(1,1) \quad \boldsymbol{H}_1(1,2) \quad \cdots \quad \boldsymbol{H}_1(1,k_b)][\boldsymbol{s}_1^{\mathrm{T}} \quad \boldsymbol{s}_2^{\mathrm{T}} \quad \cdots \quad \boldsymbol{s}_{k_b}^{\mathrm{T}}]^{\mathrm{T}} \\
& \boldsymbol{p}_i + \boldsymbol{p}_{i+1} = [\boldsymbol{H}_1(i,1) \quad \boldsymbol{H}_1(i,2) \quad \cdots \quad \boldsymbol{H}_1(i,k_b)][\boldsymbol{s}_1^{\mathrm{T}} \quad \boldsymbol{s}_2^{\mathrm{T}} \quad \cdots \quad \boldsymbol{s}_{k_b}^{\mathrm{T}}]^{\mathrm{T}} \\
& h(r)\boldsymbol{p}_1 + \boldsymbol{p}_r + \boldsymbol{p}_{r+1} = [\boldsymbol{H}_1(r,1) \quad \boldsymbol{H}_1(r,2) \quad \cdots \quad \boldsymbol{H}_1(r,k_b)][\boldsymbol{s}_1^{\mathrm{T}} \quad \boldsymbol{s}_2^{\mathrm{T}} \quad \cdots \quad \boldsymbol{s}_{k_b}^{\mathrm{T}}]^{\mathrm{T}} \\
& h(m_b)\boldsymbol{p}_1 + \boldsymbol{p}_{m_b} = [\boldsymbol{H}_1(1,1) \quad \boldsymbol{H}_1(1,2) \quad \cdots \quad \boldsymbol{H}_1(1,k_b)][\boldsymbol{s}_1^{\mathrm{T}} \quad \boldsymbol{s}_2^{\mathrm{T}} \quad \cdots \quad \boldsymbol{s}_{k_b}^{\mathrm{T}}]^{\mathrm{T}}
\end{aligned}
\tag{6.2.9}
$$

方程组中等式的两边各自相加，可得

$$
\boldsymbol{p}_1 = (h(1) + h(r) + h(m_b))^{-1} \sum_{i=1}^{m_b} \sum_{j=1}^{k_b} \boldsymbol{H}_1(i,j) \cdot \boldsymbol{s}_j
$$

将 $\boldsymbol{p}_1$ 代入方程组(6.2.9)的第一个等式，可得到 $\boldsymbol{p}_2$；将 $\boldsymbol{p}_2$ 代入第二个等式，可得到 $\boldsymbol{p}_3$，以此类推，可得到由前至后的迭代方程：

$$
\boldsymbol{p}_i = \boldsymbol{p}_{i-1} + \sum_{j=1}^{k_b} \boldsymbol{H}_1(i,j) \cdot \boldsymbol{s}_j
$$

和

$$
\boldsymbol{p}_{r+1} = \boldsymbol{p}_r + \sum_{j=1}^{k_b} \boldsymbol{H}_1(r,j) \cdot \boldsymbol{s}_j + h(r) \cdot \boldsymbol{p}_1
$$

此方程组也可以从最后一个方程求 $\boldsymbol{p}_{m_b}$ 开始，由后向前迭代求解 $\boldsymbol{p}_i$，从而求出向量 $\boldsymbol{p}$，前后迭代运算可以同时进行，提高运算速率。

5. 基于IRA码矩阵结构的编码方法

IRA码的一致校验矩阵有着很鲜明的特点，即 $\boldsymbol{H}$ 可以写成 $\boldsymbol{H}=[\boldsymbol{H}_1|\boldsymbol{H}_2]$ 的形式，在线性时间里可以对有 $m(m=n-k)$ 列、权重为2的矩阵进行编码。考虑如下形式的IRA

码一致校验矩阵：

$$\boldsymbol{H}=\begin{bmatrix} h_{1,n-1} & h_{1,n-2} & \cdots & h_{1,n-k} & 1 & 0 & 0 & \cdots & 0 & 0 \\ h_{2,n-1} & h_{2,n-2} & \cdots & h_{2,n-k} & 1 & 1 & 0 & \cdots & 0 & 0 \\ \vdots & \vdots & \ddots & \vdots & \vdots & \vdots & \vdots & \ddots & \vdots & \vdots \\ h_{m,n-1} & h_{m,n-2} & \cdots & h_{m,n-k} & 0 & 0 & 0 & \cdots & 1 & 1 \end{bmatrix}$$

令码字具有系统码形式 $\boldsymbol{c}=(\boldsymbol{s},\boldsymbol{p})$，其中信息序列 $\boldsymbol{s}=(s_{k-1},\cdots,s_1,s_0)$，编码产生的校验序列为 $\boldsymbol{p}=(p_1,p_2,\cdots,p_m)$。编码时，每读入一个 k 比特信息序列，将可以在线性时间内从左到右计算出 m 个校验比特 p：

$$p_1=\sum_{i=1}^{k} h_{1,n-i} s_{k-i}$$

$$p_2=p_1+\sum_{i=1}^{k} h_{2,n-i} s_{k-i}$$

$$p_3=p_2+\sum_{i=1}^{k} h_{3,n-i} s_{k-i}$$

$$\vdots$$

$$p_m=p_{m-1}+\sum_{i=1}^{k} h_{m,n-i} s_{k-i}$$

上述计算可分两步：首先计算出中间的奇偶校验向量 $\boldsymbol{v}=\boldsymbol{H}_1\boldsymbol{s}^{\mathrm{T}}$；然后将 $\boldsymbol{v}$ 送入一个累加器以产生最终奇偶校验序列 $\boldsymbol{p}^0$。在计算 $\boldsymbol{v}$ 时，由于 $\boldsymbol{H}$ 矩阵的稀疏性，其编码复杂度是线性的。

6.2.3 低密度校验码的译码算法

译码算法是决定码性能和应用前景的一个重要因素，尤其在长码条件下，译码复杂度是信道编码技术实用化过程中必须解决的难题。Gallager 当初提出 LDPC 时曾给出了两种 LDPC 译码算法，即比特翻转算法和概率译码算法，前者还不能达到最佳性能，后者则有非常好的性能，由此奠定了 LDPC 译码算法的基本模式，即基于图形结构的消息传递算法。由于 LDPC 一致校验矩阵具有稀疏性，采用迭代消息传递算法时，快速高效译码成为可能。

LDPC 有很多种译码方法，本质上大都是基于 Tanner 图的消息迭代译码算法。根据消息迭代过程中消息的不同传送形式，可以将 LDPC 的译码方法分为硬判决译码和软判决译码。其中，主要的硬判决译码算法有一步大数逻辑译码(MLG)算法、比特翻转(BF)算法、加权大数逻辑译码(WMLG)算法、加权比特翻转(WBF)算法等；软译码算法主要有迭代结构的置信传播(BP)算法，后验概率(APP)译码以及基于标准 BP 算法的各种改进译码算法。下面将介绍消息传递机理和几种主要的译码方法。

为便于算法描述，统一设定信道模型为离散无记忆 AWGN 信道，采用 BPSK 调制，

将码字 $\boldsymbol{C}=(v_1,v_2,\cdots,v_N)$按 $x_i=1-2v_i,v_i\in\{0,1\}(1\leqslant i\leqslant N)$的关系，映射为发送序列 $\boldsymbol{X}=(x_1,x_2,\cdots,x_N)$，经信道传输后，接收序列 $\boldsymbol{Y}=(y_1,y_2,\cdots,y_N)$，其中变量 $y_i=x_i+n_i(1\leqslant i\leqslant N)$，$n_i$ 为均值为 0、方差为 σ^2 的独立分布高斯噪声。

6.2.3.1 消息传递算法原理

LDPC 发展到 20 世纪 90 年代，出现了 Tanner 图这种新的表示方式，并且通过引用人工智能中的置信传播算法，使软判决迭代译码成为备受认同的 LDPC 现代译码方案。该类译码将复杂的长译码过程分解为多个相对简单的迭代译码步骤，各步骤之间以信息概率为基础的软信息要求尽可能无损失地传递，这就涉及迭代译码中的消息传递问题。消息传递算法是现代数字信号处理中的一个重要概念，根据传递信息内容的不同，可以演化为信号处理和人工智能等不同领域的特定算法，如贝叶斯网络的 Peal 置信传播算法、快速傅里叶变换算法、BCJR 前向/后向算法等。LDPC 得到迅速发展很重要的一个原因是采用了适合其图模型结构的消息传递算法。

下面将以计算一列士兵人数为例说明消息传递的本质。设一列士兵排成行，如图 6.2.7 所示。每个士兵只能与其相邻的前后士兵通信。现在要解决的问题是计算士兵总人数，并把这个信息传达给每个士兵。解决这一问题有两种方法：一种是计数人员从头到尾数出全队士兵数目，并通过扩音器等设备告知每个士兵，这需要一个具有全局掌控能力的人解决问题；另一种是通过一定的通信规则由每个士兵自己完成，站在末端的士兵把数 1 传达给其邻居，任何时候士兵从一个邻居接收到一个数（相当于外来消息），把这个数加 1（相当于自身消息）后传达给另一个邻居（这个过程就实现了消息的更新），如此从左到右、从右到左各进行一次，每个士兵接收到两个数 L 和 R，那么每个士兵能够计算士兵总人数为 $L+R+1$。

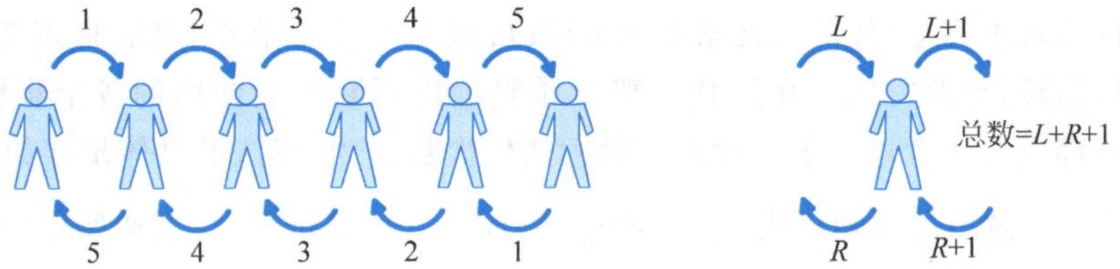

图 6.2.7　采用消息传递计算士兵人数

图 6.2.8 从更一般意义上说明了上述例子中的消息传递原理。图 6.2.8(a)中，一个节点（即小圆圈）代表一个士兵，消息传递规则是：如果图中一个节点有 $K+1$ 条边，那么沿着任意一条边的输出消息是其他 K 条边输入消息之和。图 6.2.8(b)中沿着垂直边为每个节点输入先验消息或内部消息 1，表示每个士兵本身；图 6.2.8(c)表示各个节点之间消息传递过程；图 6.2.8(d)中每个节点沿着垂直边输出按照消息传递规则得到的输出消息或外部消息，表示每个士兵通过消息传递得到的额外信息。每个士兵把内部消息与外部消息相加就得知本列士兵总数为 6。稍加观察可知，整个过程中只对各个节点进行“本地”计算，而最后得到了士兵总人数这个全局问题的答案。这就是消息传递的功能

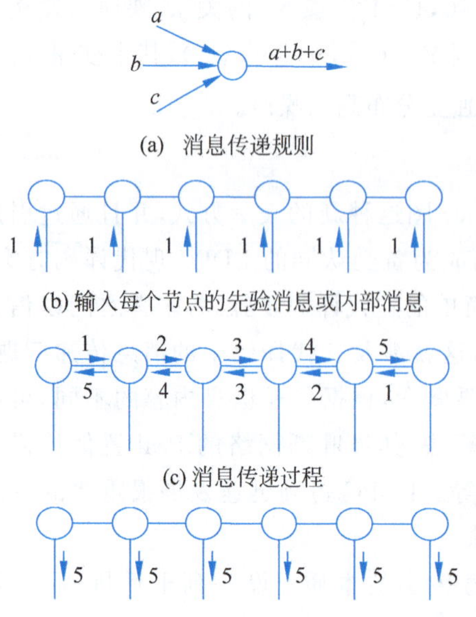

(d) 每个节点输出消息或外部消息

图 6.2.8 计算士兵人数过程中消息传递过程的图形表示

所在，把复杂的全局问题通过各个简单单元之间的消息传递转换成简单的本地计算。该方法在现代纠错编码的迭代译码算法中得到了充分应用，而且研究发现，LDPC 译码时采用基于消息传递的软判决迭代译码算法是使其可获得逼近香农限性能的主要原因。

需要注意的是，只有当队列没有出现首尾相连的闭合圈(在传递队列图中没有环)时这种消息传递规则才能完美地运行。如果图中存在环，利用消息传递规则计算人数时由于已用信息的重复使用，将得到无穷大的结果。由此可看到，消息传递算法很重要的一点是某节点 u 沿某边 e 发送的消息与上次 u 从 e 接收到的消息无关，即沿边 e 发送消息的映射函数中的自变量不包含来自该边的消息，而取决于和边 u 相连的其他边上接收的信息。这就保证了在任一条边上只有外来消息传递，也保证了发送消息与接收节点的消息相互独立。这是消息传递算法的重要特性之一，也是对译码算法进行性能分析的基础条件。

6.2.3.2 比特翻转算法

BF 算法是由 Gallager 提出的，本质上属于大数逻辑译码，其译码器输入为码字的硬判决结果，每次迭代中译码器对当前码字的硬判决结果计算伴随式，然后根据计算结果找出使得校验式不成立(伴随式元素不为 0)数目最多的变量节点，最后将该变量节点所对应的比特翻转，至此完成一次迭代。整个译码过程不断重复前面的各个步骤，直到所有的校验式都成立或者达到事先设定的最大迭代次数。BF 算法的具体步骤如下。

(1) 对信道输出进行硬判决，$\hat{c}_n^0=0(y_n>0)$，$\hat{c}_n^0=1$(其他)；得到初始译码序列 $\hat{\boldsymbol{C}}^0=(\hat{c}_1^0,\hat{c}_2^0,\cdots,\hat{c}_N^0)$。初始化迭代次数：$k=1$。

(2) 将 $\hat{\boldsymbol{C}}^{k-1}$ 左乘 $\boldsymbol{H}^{\mathrm{T}}$，得到各个校验式的校验结果：$\boldsymbol{S}^{k-1}=(s_1^{k-1},s_2^{k-1},\cdots,s_M^{k-1})$。

(3) 统计每个变量节点 v_n 所对应的校验式中不成立的个数 $f_n^{k-1}=\sum\limits_{m\in C(n)} s_m^{k-1}$。

(4) 从 $\boldsymbol{F}^{k-1}=(f_1^{k-1},f_2^{k-1},\cdots,f_N^{k-1})$ 中找出最大值 $f_{\max}^{k-1}$，将它所对应的变量节点的比特 $\hat{c}_{\max}^{k-1}$ 翻转，得到新的码字 $\hat{\boldsymbol{C}}^k$。

重复步骤(2)～(4)，直到所有的校验式都满足或达到事先设定的最大迭代次数为止。

BF 算法每次迭代译码选择 f_n 最大的变量节点翻转，每次只改变一个比特的值，当 LDPC 的码长较长时，需要的迭代次数很大，可以通过设定某个阈值，当 f_n 大于该阈值时进行翻转,这样一次迭代不止翻转一个比特,能减少迭代次数,但同时也可能导致出现不可检测错误,造成译码性能的下降。

BF 算法可以看作采用两阶量化的译码算法,虽然具有较低的译码复杂度,但是其性能也较差,只适合于信道条件较好的情况,或对性能要求不高的应用环境。为了改进 BF 算法性能,可以考虑利用信道输出的原始向量,以获得一些有助于译码的加权信息,这就是 WBF 算法。WBF 算法的基本操作与 BF 算法类似,也在每次迭代中翻转不可靠的变量节点,但在判断哪些节点不可靠时,不但统计相关伴随式中未通过校验的个数,而且计算加权伴随式中未通过校验的个数,然后翻转权值累加结果最大的不可靠节点,具体过程不再赘述。

6.2.3.3 概率测度和积译码算法

当消息传递算法采用无穷阶量化,即信道输入消息和译码过程中间消息取自实数集时,算法称为和积算法(SPA),也称置信传播(BP)算法,其译码复杂度高于比特翻转算法,但性能也得到大幅提升。

SPA 算法过程可以看成在由 $\boldsymbol{H}$ 矩阵决定的 Tanner 图上进行的消息传递过程,边上传递的消息分为校验节点至变量节点和变量节点至校验节点两种,如图 6.2.9 所示。令集合 $N(v)$表示变量节点受限范围,$N(c)$表示校验节点受限范围。迭代过程中,每个变量节点向与其相连的校验节点发送变量消息 Q_{vc}^{a},接着每个校验节点向与其相连的变量节点发送校验消息 R_{cv}^{a}。其中,变量消息 Q_{vc}^{a} 是在已知与变量节点相连的其他校验节点发送的校验消息$\{R_{c'v}^{a}, c'\in N(v)\backslash c\}$的前提下变量节点为 a 的条件概率,R_{cv}^{a} 是在已知变量节点取值为 a 以及与校验节点相连的其他变量消息$\{Q_{v'c}^{a}, v'\in N(c)\backslash v\}$的前提下校验关系成立的条件概率。

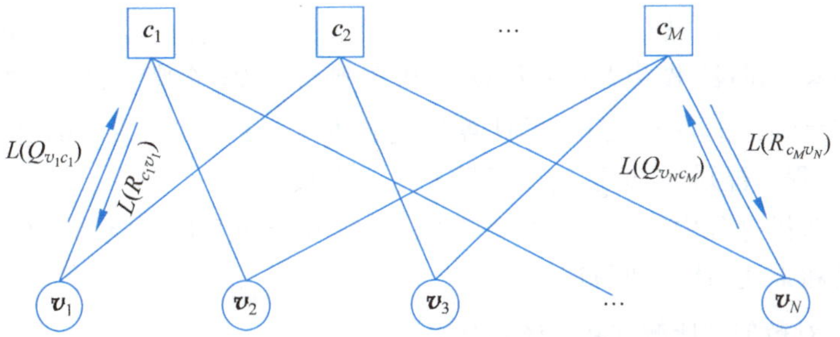

图 6.2.9 Tanner 图上译码消息的迭代传递

和积译码算法一般采用并行处理的洪水消息传递机制,可以在概率测度空间进行运算。迭代过程如下。

(1) 初始化。根据一致校验矩阵,对满足 $h_{ij}=1$(变量节点 v_i 和校验节点 c_j 相连)的每对变量节点与校验节点(v_i, c_j),定义初始变量消息:

$$Q_{vc}^{0}=P_{v}^{0}=\frac{1}{1+\exp\left\{-\frac{2y_i}{\sigma^2}\right\}}$$

$$Q_{vc}^{1}=P_{v}^{1}=\frac{1}{1+\exp\left\{\frac{2y_i}{\sigma^2}\right\}}$$

(2) 迭代过程。

① 水平步骤——通过计算变量消息得到新的校验消息：

$$R_{cv}^{0}=\frac{1}{2}+\frac{1}{2}\prod_{v'\in N(c)\backslash v}(1-2Q_{v'c}^{1})$$

$$R_{cv}^{1}=1-R_{cv}^{0}$$

② 垂直步骤——通过计算校验消息得到新的变量消息：

$$Q_{vc}^{0}=P(z_i=0\mid\{c'\}_{c'\in N(v)\backslash c},y_i)=K_{vc}P_{v}^{0}\prod_{c'\in N(v)\backslash c}R_{c'v}^{0}$$

$$Q_{vc}^{1}=K_{vc}P_{v}^{1}\prod_{c'\in N(v)\backslash c}R_{c'v}^{1}$$

式中 K_{vc} 为归一化因子，且有：

$$K_{vc}=\frac{1}{P(\{c'\}_{c'\in N(v)\backslash c}\mid y_i)}$$

保证 $Q_{vc}^{0}+Q_{vc}^{1}=1$。

(3) 译码判决。一轮迭代之后，对每个信息比特 $y_i(i=1,2,\cdots,n)$ 计算它关于接收值和码结构的后验概率：

$$Q_{v}^{0}=K_{v}P_{v}^{0}\prod_{c\in N(v)}R_{cv}^{0}$$

$$Q_{v}^{1}=K_{v}P_{v}^{1}\prod_{c\in N(v)}R_{cv}^{1}$$

其中 K_v 保证 $Q_{v}^{0}+Q_{v}^{1}=1$。

然后根据 Q_{v}^{0} 和 Q_{v}^{1} 做出判决：若 $Q_{v}^{0}>0.5$，则 $v_i=0$；否则，$v_i=1$，由此得到对发送码字的估计 $\boldsymbol{C}=(v_1,v_2,\cdots,v_n)$。再计算伴随式 $\boldsymbol{S}=\boldsymbol{C}\boldsymbol{H}^{\mathrm{T}}$，如果 $\boldsymbol{S}=\boldsymbol{0}$，那么认为译码成功，结束迭代过程；否则，继续迭代直至最大迭代次数。

观察上述迭代过程中的计算式可以看出，校验节点和变量节点消息更新算法中的主要运算是加法和乘法，这是和积算法的原因。

6.2.3.4 对数似然比测度和积译码算法

概率测度下的和积译码算法涉及大量乘除运算，一般乘法运算所消耗的资源远多于加法运算，因此上述算法不利于硬件实现。通过引入对数似然比可以较好地解决此问题。其迭代过程如下。

(1) 初始化。根据一致校验矩阵，对满足 $h_{ij}=1$ 的每对变量节点 v_i 和校验节点 c_j 定义初始变量消息：

$$L(Q_{vc})=L(P_v)=\log\left(\frac{P_{v}^{0}}{P_{v}^{1}}\right)=\frac{2y_i}{\sigma^2}$$

(2) 迭代过程。

① 水平步骤——通过计算变量消息得到新的校验消息：

$$L(Q_{vc})=\alpha_{vc}\beta_{vc}$$

式中，$\alpha_{vc}=\mathrm{sign}[L(Q_{vc})]$，$\beta_{vc}=\mathrm{abs}[L(Q_{vc})]$

$$L(R_{cv})=\log\left(\frac{R_{cv}^{0}}{R_{cv}^{1}}\right)=\prod_{v'\in N(c)\backslash v}\alpha_{v'c}\cdot\phi\Big(\sum_{v'\in N(c)\backslash v}\phi(\beta_{v'c})\Big)\tag{6.2.10}$$

式中：

$$\phi(x)=-\log\left(\tanh\left(\frac{x}{2}\right)\right)=\log\left(\frac{\mathrm{e}^{x}+1}{\mathrm{e}^{x}-1}\right)$$

② 垂直步骤——通过计算校验消息得到新的变量消息：

$$L(Q_{vc})=L(P_{v})+\sum_{c'\in N(v)\backslash c}L(R_{c'v})$$

从以上两步可以看出，变量节点的消息更新是利用与之相连的校验节点传递过来的新信息，而校验消息的更新则需用到变量节点 v 传递给校验节点 c_i 的外信息，这些外信息称为变量节点对数似然比外信息（Extrinsic Log-Likelihood Ratio，Ex-LLR）。

(3) 译码判决。

$$L(Q_{v})=L(P_{v})+\sum_{c\in N(v)}L(R_{cv})$$

根据 $L(Q_v)$ 做出判决：若 $L(Q_v)>0$，则 $v_i=0$；否则，$v_i=1$。由此得到对发送码字的估计 $\boldsymbol{C}=(v_1,v_2,\cdots,v_n)$。再计算伴随式 $\boldsymbol{S}=\boldsymbol{CH}^{\mathrm{T}}$，如果 $\boldsymbol{S}=\boldsymbol{0}$，那么认为译码成功，结束迭代过程；否则，继续迭代直至最大迭代次数。

不难看出，此时更新后的校验消息和变量消息均是以对数似然比例形式表示。由于引入对数似然比，推导出来的 BP 算法不需要归一化运算，大量乘、除、指数和对数运算变成加减运算，降低了每轮迭代的运算复杂度和实现难度，因此对数似然比测度和积译码算法得到了广泛应用。

6.2.3.5 最小和译码算法及归一化最小和算法

对数似然比测度下的和积译码算法能够有效降低计算复杂度，但是迭代过程中对双曲正切求对数的核心运算（$\phi(x)$）较为复杂。当 $x>0$ 时，$\phi(x)$ 函数的曲线如图 6.2.10 所示。分析 $\phi(x)$ 特性，可知式(6.2.10)中对 $\phi(\beta_{v'c})$ 的求和主要取决于较小的 $\beta_{v'c}$。基于这种思想，可以简化校验消息更新步骤，简化后的算法即为最小和（MS）算法，其性能较和积译码算法有所损失，但复杂度大幅下降。

迭代过程如下。

(1) 初始化。根据一致校验矩阵，对满足 $h_{ij}=1$ 的每对变量节点 v_i 和校验节点 c_j 定义初始变量消息：

$$L(Q_{vc})=L(P_{v})=\frac{2y_i}{\sigma^2}$$

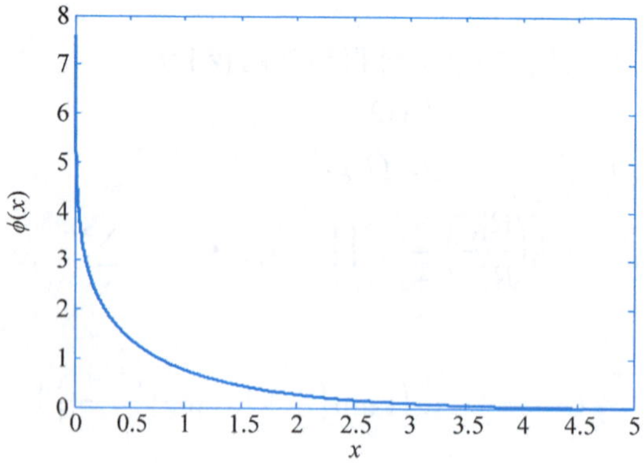

图 6.2.10 $\phi(x)$函数特性曲线

(2) 迭代过程。

① 水平步骤——通过计算变量消息得到新的校验消息：

$$L(R_{cv})=\prod_{v'\in N(c)\backslash v}\alpha_{v'c}\min_{v'\in N(c)\backslash v}\beta_{v'c}$$

② 垂直步骤——通过计算校验消息得到新的变量消息：

$$L(Q_{vc})=L(P_v)+\sum_{c'\in N(v)\backslash c}L(R_{c'v})$$

(3) 译码判决。

$$L(Q_v)=L(P_v)+\sum_{c\in N(v)}L(R_{cv})$$

根据$L(Q_v)$做出判决：若$L(Q_v)>0$，则$v_i=0$；否则，$v_i=1$。由此得到对发送码字的估计$\boldsymbol{C}=(v_1,v_2,\cdots,v_n)$。再计算伴随式$\boldsymbol{S}=\boldsymbol{CH}^{\mathrm{T}}$，如果$\boldsymbol{S}=\boldsymbol{0}$，则认为译码成功，结束迭代过程；否则，继续迭代直至最大迭代次数。

可以看出，该算法的简化主要体现在校验消息的更新计算上，将复杂的浮点和乘法运算变成了相当于加法的比较运算。MS 算法虽然降低了译码复杂度，但译码性能有所降低，因此 Chen Jing hu 等提出在最小和算法校验节点消息更新公式中插入一个归一化常数参数α，能从一定程度上弥补因最小和算法而忽略的其余边的消息，从而较大幅度地提高译码性能，即

$$L(R_{cv})=\alpha\prod_{v'\in N(c)\backslash v}\alpha_{v'c}\min_{v'\in N(c)\backslash v}\beta_{v'c}$$

这种译码算法称为归一化最小和(NMS)算法。为获得最佳译码性能，α值应该随着信噪比和迭代次数的不同而变化。对于某种度分布的码集，确定α值的最好方法是密度进化。

图 6.2.11 给出了 BF 算法、SPA 算法、MS 算法和 NMS 算法的性能仿真曲线。采用(1024,3,6)规则 LDPC，调制方式为 BPSK，信道条件为 AWGN，NMS 算法的归一化参数α取为 0.8，译码最大迭代次数为 100。从仿真结果可看出，MS 算法引入了较大误差，性能损失很大，在误比特10^{-5}时，较 SPA 算法相差将近 0.5dB，而 NMS 算法的性能与 SPA 算法接近。

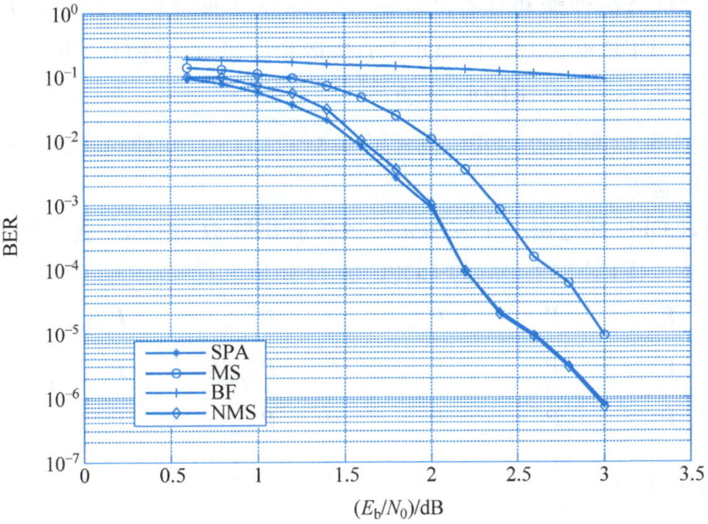

图 6.2.11 不同译码算法纠错性能比较

表 6.2.1 归纳了几种译码算法的计算复杂度。考察对象为 1/2 码率的$(N,J,2J)$ LDPC,其中 ϕ 函数用查表法实现,S 代表计算伴随式。从表中可以看到,BF 算法最为简单,一次迭代只需要$(4J-1)N/2$ 次加法;LLR-SPA 算法最为复杂,一次迭代过程需要 $3J^2N-N/2$ 次加法和 $2J^2N$ 次查表;MS 算法一次迭代需要 $J^2N+2JN-N/2$ 次加法;NMS 算法的运算量与 MS 算法基本一致,但需要多进行 JN 次乘法。可见,这几种算法中 LLR-SPA 算法复杂度最高,MS 算法和 NMS 算法次之,BF 算法运算最简单。

表 6.2.1 各种译码算法一次迭代的运算量

运算步骤	LLR-SPA 算法	MS 算法	NMS 算法	BF 算法
S	$(4J-1)N/2$ 次加法	$(4J-1)N/2$ 次加法	$(4J-1)N/2$ 次加法	$(4J-1)N/2$ 次加法
R_{cv}	$2(J-1)JN$ 次加法 $2J^2N$ 次查表		JN 次乘法	
Q_{vc}	$(J-1)JN$ 次加法	$(J-1)JN$ 次加法	$(J-1)JN$ 次加法	
Q_v	JN 次加法	JN 次加法	JN 次加法	

6.2.4 低密度校验码的应用

低密度校验码作为现代纠错编码系统中最有前途的方案,吸引着人们不断探讨其在通信系统中的应用潜力。目前在下一代卫星数据广播标准 DVB-S2、深空通信、磁记录系统和第四代移动通信等领域已经或正预备把 LDPC 作为其信道编码方案之一,另外 LDPC 与 MIMO、OFDM 等技术的结合等方面的研究也是目前热点之一。

6.2.4.1 IEEE 802.16e 中的 LDPC

IEEE 802.16e 是 802.16 工作组制定的一项新兴的无线城域网技术标准,它支持在 2～11GHz 频段下的固定和车速移动业务,并支持基站和扇区间的切换。LDPC 相对于

Turbo码的优异的译码性能和具有高译码吞吐量的可能使其成为该标准的几种信道编码之一。下面对 IEEE 802.16e 中 LDPC 的构造和编码方法进行介绍。

1. IEEE 802.16e 中的 LDPC 的构造

IEEE 802.16e 标准中的 LDPC 包含了 576～2304 的 19 种码长，1/2～5/6 的 4 种码率组合的多种组合方式。

前面提到，LDPC 都是由一个 $m\times n$ 一致校验矩阵 $\boldsymbol{H}$ 定义，n 表示码长的位数，m 表示校验位的位数。IEEE 802.16e 的 LDPC 的 $\boldsymbol{H}$ 矩阵为

$$\boldsymbol{H}=\begin{bmatrix} \boldsymbol{P}_{0,0} & \boldsymbol{P}_{0,1} & \boldsymbol{P}_{0,2} & \cdots & \boldsymbol{P}_{0,n_b-2} & \boldsymbol{P}_{0,n_b-1} \\ \boldsymbol{P}_{1,0} & \boldsymbol{P}_{1,1} & \boldsymbol{P}_{1,2} & \cdots & \boldsymbol{P}_{1,n_b-2} & \boldsymbol{P}_{1,n_b-1} \\ \boldsymbol{P}_{2,0} & \boldsymbol{P}_{2,1} & \boldsymbol{P}_{2,2} & \cdots & \boldsymbol{P}_{2,n_b-2} & \boldsymbol{P}_{2,n_b-1} \\ \vdots & \vdots & \vdots & \ddots & \vdots & \vdots \\ \boldsymbol{P}_{m_b-1,0} & \boldsymbol{P}_{m_b-1,1} & \boldsymbol{P}_{m_b-1,2} & \cdots & \boldsymbol{P}_{m_b-1,n_b-2} & \boldsymbol{P}_{m_b-1,n_b-1} \end{bmatrix}=\boldsymbol{P}^{H_b}$$

式中：$\boldsymbol{P}_{i,j}$ 表示一个的 $z\times z$ 单位置换矩阵或者零矩阵，单位置换矩阵是通过将单位矩阵循环右移某个整数位得到的。

从上式中可以看出，$\boldsymbol{H}$ 矩阵是由一个 $m_b\times n_b$ 基本矩阵 $\boldsymbol{H}_b$ 扩展生成。标准中指出 $\boldsymbol{H}_b$ 是由两部分组成，$\boldsymbol{H}_{b2}=[(\boldsymbol{H}_{b1})_{m_b\times k_b}\mid(\boldsymbol{H}_{b2})_{m_b\times m_b}]$，其中 $\boldsymbol{H}_{b1}$ 表示系统位，$\boldsymbol{H}_{b2}$ 表示校验位，在结构上 $\boldsymbol{H}_{b2}$ 又分为一个奇重向量 $\boldsymbol{h}_b$ 和一个双线形结构的矩阵两部分，即

$$\boldsymbol{H}_{b2}=\left[\begin{array}{c:cccc} h_b(0) & 1 & & & \\ h_b(1) & 1 & 1 & & \\ & & 1 & 1 & \\ \vdots & & & \ddots & \ddots \\ h_b(m_b-1) & & & 1 & 1 \\ & & & & 1 \quad 1 \end{array}\right]$$

对于各种码长和码率的 $\boldsymbol{H}$ 矩阵都是由基本矩阵 $\boldsymbol{H}_b$ 扩展得到，在扩展时先二元数值“0”或“1”表示基本矩阵 $\boldsymbol{H}_b$，再将该矩阵中“0”元素以一个 $z_f\times z_f$ 的零矩阵替换，“1”元素以相应移位次数的循环置换阵替换，得到扩展生成的一致校验矩阵 $\boldsymbol{H}$。其中二元基本矩阵各元素的移位值以矩阵 $\boldsymbol{H}_{bm}$ 表示。

IEEE 802.16e 中对于不同码率的 LDPC 给定了不同的 $\boldsymbol{H}_{bm}$ 矩阵，例如 1/2 码率的 $\boldsymbol{H}_{bm}$ 如图 6.2.12 所示。其中“-1”表示零矩阵，“0”表示单位矩阵，其他元素值表示单位矩阵循环右移的次数。

每种码率的不同码长的 LDPC 可通过使用扩展因子得到。每个基本校验矩阵有 24 列，扩展因子 $z=n/24$（n 为码长 IEEE 802.16e 标准支持 576～2304 的 19 种码长）。

2. IEEE 802.16e 中的 LDPC 的编码方法

IEEE 802.16e 的 LDPC 的一致校验矩阵是通过对基本矩阵进行准循环扩展生成的，

$$\begin{bmatrix}
-1 & 94 & 73 & -1 & -1 & -1 & -1 & -1 & 55 & 83 & -1 & -1 & 7 & 0 & -1 & -1 & -1 & -1 & -1 & -1 & -1 & -1 & -1 & -1 \\
-1 & 27 & -1 & -1 & -1 & 22 & 79 & 9 & -1 & -1 & -1 & 12 & -1 & 0 & 0 & -1 & -1 & -1 & -1 & -1 & -1 & -1 & -1 & -1 \\
-1 & -1 & -1 & 24 & 22 & 81 & -1 & 33 & -1 & -1 & -1 & 0 & -1 & -1 & 0 & 0 & -1 & -1 & -1 & -1 & -1 & -1 & -1 & -1 \\
61 & -1 & 47 & -1 & -1 & -1 & -1 & -1 & 65 & 25 & -1 & -1 & -1 & -1 & -1 & 0 & 0 & -1 & -1 & -1 & -1 & -1 & -1 & -1 \\
-1 & -1 & 39 & -1 & -1 & -1 & 84 & -1 & -1 & 41 & 72 & -1 & -1 & -1 & -1 & -1 & 0 & 0 & -1 & -1 & -1 & -1 & -1 & -1 \\
-1 & -1 & -1 & -1 & 46 & 40 & -1 & 82 & -1 & -1 & -1 & 79 & 0 & -1 & -1 & -1 & -1 & 0 & 0 & -1 & -1 & -1 & -1 & -1 \\
-1 & -1 & 95 & 53 & -1 & -1 & -1 & -1 & -1 & 14 & 18 & -1 & -1 & -1 & -1 & -1 & -1 & -1 & 0 & 0 & -1 & -1 & -1 & -1 \\
-1 & 11 & 73 & -1 & -1 & -1 & 2 & -1 & -1 & 47 & -1 & -1 & -1 & -1 & -1 & -1 & -1 & -1 & -1 & 0 & 0 & -1 & -1 & -1 \\
12 & -1 & -1 & -1 & 83 & 24 & -1 & 43 & -1 & -1 & -1 & 51 & -1 & -1 & -1 & -1 & -1 & -1 & -1 & -1 & 0 & 0 & -1 & -1 \\
-1 & -1 & -1 & -1 & -1 & 94 & -1 & 59 & -1 & -1 & 70 & 72 & -1 & -1 & -1 & -1 & -1 & -1 & -1 & -1 & -1 & 0 & 0 & -1 \\
-1 & -1 & 7 & 65 & -1 & -1 & -1 & -1 & 39 & 49 & -1 & -1 & -1 & -1 & -1 & -1 & -1 & -1 & -1 & -1 & -1 & -1 & 0 & 0 \\
43 & -1 & -1 & -1 & -1 & 66 & -1 & 41 & -1 & -1 & -1 & 26 & 7 & -1 & -1 & -1 & -1 & -1 & -1 & -1 & -1 & -1 & -1 & 0
\end{bmatrix}$$

图 6.2.12　IEEE 802.16e 中 1/2 码率的 $\boldsymbol{H}_{bm}$

因此该类 LDPC 具有较强的结构性，极大地降低了其编码复杂度，可以采用两种方法完成其编码。

(1) 根据 $\boldsymbol{H}$ 矩阵的特殊结构采用对已知信息位递推的方法求出校验位。编码时把信息组 $\boldsymbol{s}$ 分为 $k_b(k_b=n_b-m_b)$ 组，每组有 z 比特，用向量 $\boldsymbol{u}$ 表示每个分组，则 $\boldsymbol{s}$ 可以表示为 $\boldsymbol{u}=[u(0),u(1),\cdots,u(k_b-1)]$。校验组 $\boldsymbol{p}$ 同样也分为 m_b 组，每组也是 z 比特，则 $\boldsymbol{p}$ 可以表示为 $\boldsymbol{v}=[v(0),v(1),\cdots,v(m_b-1)]$。编码由两步组成：

第一步，初始化计算。通过 $\boldsymbol{H}_{bm}$ 矩阵计算 $v(0)$，其表达式为

$$P_{p(x,k_b)}v(0)=\sum_{j=0}^{k_b-1}\sum_{i=0}^{m_b-1}P_{p(i,j)}u(j)$$

式中：$1\leqslant x\leqslant m_b-2$；$P_i$ 表示 $z\times z$ 单位矩阵循环右移的次数为 i。

第二步，递推运算。由 $v(i)$ 的值递推出 $v(i+1)$ 的值 $(0\leqslant i\leqslant m_b-2)$。

$$v(1)=\sum_{j=0}^{k_b-1}P_{p(i,j)}u(j)+P_{p(i,k_b)}v(0)\quad(i=0)$$

$$v(i+1)=v(i)+\sum_{j=0}^{k_b-1}P_{p(i,j)}u(j)+P_{p(i,k_b)}v(0)\quad(i=1,\cdots,m_b-2)$$

(2) 针对 IEEE 802.16e 标准中对 LDPC 的约定，基于有效编码算法进行编码。该法实现的关键是要对基本校验矩阵 $\boldsymbol{H}_b$ 的分块处理，根据标准中基本校验矩阵 $\boldsymbol{H}_b$ 的特点，采取下面的分块方法。

$$\boldsymbol{H}_b=\begin{bmatrix}\boldsymbol{A}_{(m_b-1)\times k_b} & \boldsymbol{B}_{(m_b-1)\times 1} & \boldsymbol{T}_{(m_b-1)\times(m_b-1)} \\ \boldsymbol{C}_{1\times k_b} & \boldsymbol{D}_{1\times 1} & \boldsymbol{E}_{1\times(m_b-1)}\end{bmatrix}$$

令码字 $\boldsymbol{c}=(k_b,p_1,p_2)$，由有效编码法可以推导出校验位 p_1 和 p_2 的生成公式：

$$p_1^{\mathrm{T}}=(\boldsymbol{E}\boldsymbol{T}^{-1}\boldsymbol{A}+\boldsymbol{C})k_b^{\mathrm{T}}$$

$$p_2^{\mathrm{T}}=\boldsymbol{T}^{-1}(\boldsymbol{A}k_b^{\mathrm{T}}+\boldsymbol{B}p_1^{\mathrm{T}})$$

由此可得到以下编码步骤。

(1) 计算 $\boldsymbol{A}k_b^{\mathrm{T}}$ 和 $\boldsymbol{C}k_b^{\mathrm{T}}$。

(2) 计算 $\boldsymbol{ET}^{-1}\boldsymbol{A}k_b^{\mathrm{T}}$。

(3) 计算 $p_1^{\mathrm{T}}=\boldsymbol{ET}^{-1}(\boldsymbol{A}k_b^{\mathrm{T}})+\boldsymbol{C}k_b^{\mathrm{T}}$。

(4) 计算 $p_2^{\mathrm{T}}=\boldsymbol{T}^{-1}(\boldsymbol{A}k_b^{\mathrm{T}}+\boldsymbol{B}p_1^{\mathrm{T}})$。

从基本校验矩阵 $\boldsymbol{H}_b$ 的分块可以看出，采用该方法进行编码的计算量体现在第一步中计算 $\boldsymbol{A}k_b^{\mathrm{T}}$，而分块矩阵 $\boldsymbol{A}$ 是稀疏矩阵并且矩阵中的元素不是零矩阵就是循环置换矩阵，所以计算 $\boldsymbol{A}k_b^{\mathrm{T}}$ 时可以通过对对应的 k_b^{T} 循环移位得到，计算复杂度和码长呈线性关系。而第二步计算 $\boldsymbol{ET}^{-1}\boldsymbol{A}k_b^{\mathrm{T}}$ 可以用同样的方法得到。因此，方法(2)的编码复杂度更低，且存储量也较小，适合实际工程的运用。

6.2.4.2 DVB-S2 中的 LDPC

DVB-S 标准是欧洲数字视频广播(DVB)组织制定的卫星数据广播技术规范，这是一个全球化的卫星传输标准，目前已被世界绝大多数国家采用。DVB-S 中采用了级联 RS 码与卷积码并在中间加一次交织的前向纠错方案，方式以 QPSK 调制为主。但是，随着卫星通信数据量的不断增长，仅用 QPSK 解调电路限制了大功率卫星传送能力。20 世纪 90 年代中期以来，超大规模集成电路和芯片工艺飞速发展，对 LDPC 的编码、译码算法研究也取得了突破性进展。在市场需求和技术支持下，DVB 组织又颁布了第二代数字视频卫星广播的标准 DVB-S2。DVB-S2 支持更广泛的应用业务，且与 DVB-S 兼容。与 DVB-S 相比，DVB-S2 标准在带宽利用率方面有了质的飞跃，在相同的功耗水平下增加了 35%的带宽。这个巨大的进步主要通过三个方面体现出来：新的纠错编码方式(LDPC)、新的调制体制(8PSK、16APSK 和 32APSK)和新的工作模式(可变编码调制(VCM)，自适应编码调制(ACM))。DVB-S2 提供了 1/4、1/3、2/5、1/2、3/5、2/3、3/4、4/5、5/6、8/9 和 9/10，共 11 种纠错编码比率，以适应不同的调制方式和系统需求。DVB-S2 引入了 64800 和 16200 两种 LDPC 码长，码长极长是其性能优异(距香农限仅 0.7dB，比 DVB-S 标准提高了 3dB)的原因之一。

前向纠错(FEC)编码系统是 DVB-S2 系统中的一个子系统，由外码(BCH)、内码(LDPC)和比特交织三部分组成。其输入流是基本比特帧(BBFRAME)，输出流是前向纠错帧(FECFRAME)。

每个 BBFRAME(K_{bch} bit)由 FEC 系统处理后产生一个 FECFRAME(n_{ldpc} bit)，外码系统 BCH 码的奇偶校验比特(BCHFEC)加在 BBFRAME 的后面，内码 LDPC 的奇偶校验比特加在 BCHFEC 的后面，如图 6.2.13 所示。表 6.2.2 和表 6.2.3 分别给出了长帧($n_{\mathrm{ldpc}}=64800$bit)和短帧($n_{\mathrm{ldpc}}=16200$bit)FEC 编码参数。

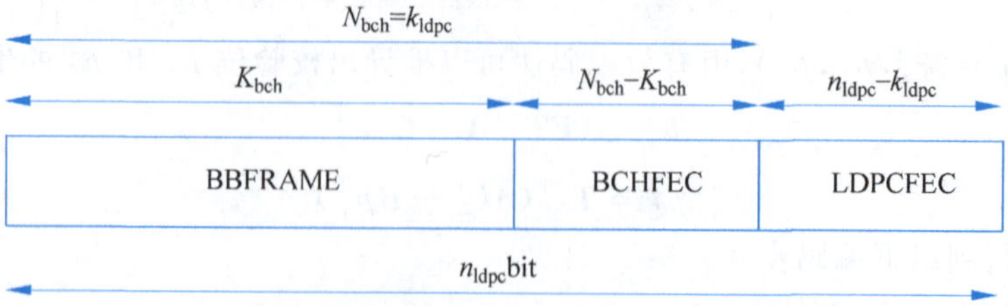

图 6.2.13 DVB-S2 标准 FEC 系统比特交织前的数据格式

表 6.2.2 DVB-S2 标准 FEC 系统的编码参数(长帧 n_{ldpc}=64800bit)

LDPC 码率	BCH 信息位 K_{bch}	BCH 码长 N_{bch} LDPC 信息位 k_{ldpc}	BCH 纠错位数	LDPC 码长 n_{ldpc}
1/4	16008	16200	12	64800
1/3	21408	21600	12	64800
2/5	25728	25920	12	64800
1/2	32208	32400	12	64800
3/5	38688	38880	12	64800
2/3	43040	43200	10	64800
3/4	48408	48600	12	64800
4/5	51648	51840	12	64800
5/6	53840	54000	10	64800
8/9	57472	57600	8	64800
9/10	58192	58320	8	64800

表 6.2.3 DVB-S2 标准 FEC 系统的编码参数(短帧 n_{ldpc}=16200bit)

LDPC 标识符	BCH 信息位 K_{bch}	BCH 码长 N_{bch} LDPC 信息位 k_{ldpc}	BCH 纠错位数	LDPC 有效码率 k_{ldpc}/16200	LDPC 码长 n_{ldpc}
1/4	3072	3240	12	1/5	16200
1/3	5232	5400	12	1/3	16200
2/5	6312	6480	12	2/5	16200
1/2	7032	7200	12	4/9	16200
3/5	9552	9720	12	3/5	16200
2/3	10632	10800	12	2/3	16200
3/4	11712	11880	12	11/15	16200
4/5	12432	12600	12	7/9	16200
5/6	13152	13320	12	37/45	16200
8/9	14232	14400	12	8/9	16200

根据 DVB-S2 标准,其 LDPC 的编码流程是由 k_{ldpc} 个信息位$(i_0,i_1,\cdots,i_{k_{ldpc}-1})$得到 $n_{ldpc}-k_{ldpc}$ 个奇偶校验位$(p_0,p_1,\cdots,p_{n_{ldpc}-k_{ldpc}-1})$,最后得到码字$(i_0,i_1,\cdots,i_{k_{ldpc}-1},p_0,p_1,\cdots,p_{n_{ldpc}-k_{ldpc}-1})$。现将 DVB-S2 标准编码过程总结如下。

(1) 初始化校验位:$p_0=p_1=\cdots=p_{n-k-1}=0$。

(2) 计算中间变量:

$$p_j=p_j \oplus i_m,\quad j=(x+q(m \bmod 360)) \quad \bmod(n_{ldpc}-k_{ldpc})$$

式中:p_j 为第 j 个校验位;i_m 为第 m 个信息位;$n_{ldpc}-k_{ldpc}$ 为奇偶校验位的个数;x 为奇偶校验位的地址取 DVB-S2 标准中附录 B 和 C 提供的相应地址列表的第 x 行的数据,这两个附录分别给出了长码(码长为 64800)的 11 种码率和短码(码长为 16200)的 10 种码率的奇偶校验位地址;q 是由码率 R 决定的常量,且有

$$q=\frac{n_{ldpc}-k_{ldpc}}{360}=\frac{n_{ldpc}}{360}(1-R)$$

DVB-S2 标准中给出了长码和短码对应的不同码率的 q 值。从这一步可以看出,DVB-S2

中的码有周期为 360 的循环结构，极大程度降低了编译码复杂度，且有利于硬件实现。

（3）获得最终的奇偶校验位：

$$p_j = p_j \oplus p_{j-1} \quad (j=1,2,\cdots,n_{\text{ldpc}}-k_{\text{ldpc}}-1)$$

这样便得到码长为 n_{ldpc} LDPC 的码字$(i_0, i_1, \cdots, i_{k_{\text{ldpc}}-1}, p_0, p_1, \cdots, p_{n_{\text{ldpc}}-k_{\text{ldpc}}-1})$。

本书对 DVB-S2 中两种码长、几种码率的 LDPC 码在 AWGN 信道中进行了计算机仿真试验，采用和积译码算法，最大迭代次数设置为 50 次。图 6.2.14 给出了 DVB-S2 中 LDPC 的误码率，其中图 6.2.14(a)为短码（码长为 16200）的误码率，图 6.2.14(b)为长码（码长为 64800）的误码率。以相同的表示方法，图 6.2.15 给出了码的误帧率，图 6.2.16 给出了译码时的平均迭代次数。

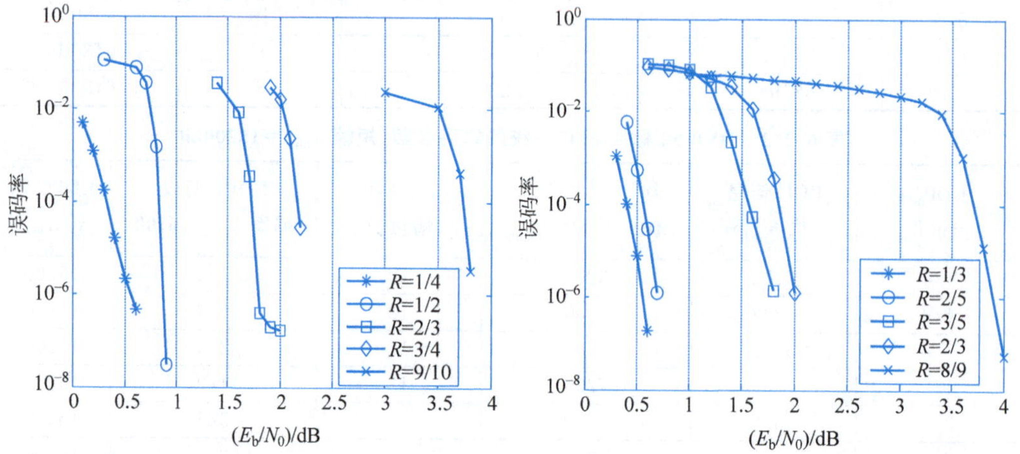

(a) 码长为16200　　(b) 码长为64800

图 6.2.14　DVB-S2 中 LDPC 的误码率

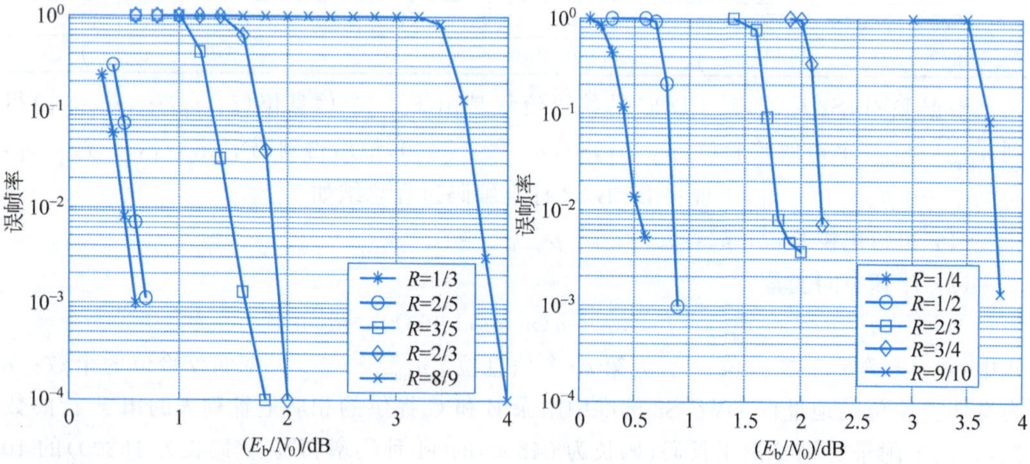

(a) 码长为16200　　(b) 码长为64800

图 6.2.15　DVB-S2 中 LDPC 的误帧率

从仿真结果可以看出，标准中的 LDPC 具有很强的纠错能力。但随着码率增加，性能会有所下降。码长为 16200、码率为 1/3 的码在信噪比为 0.6dB 时，误码率已达到

10^{-7}；而同样码长、码率为 8/9 的码在信噪比为 3.9dB 时，误码率才达到 10^{-7}。码长为 64800、码率为 1/2 的码在信噪比为 0.5dB 时，误码率已接近达到 10^{-6}；而同样码长、码率为 9/10 的码在信噪比为 3.8dB 时，误码率还未能达到 10^{-6}。从图 6.2.16(a)和(b)给出的译码平均迭代次数可以看出，对每种码率来说，当信噪比达到一定数值时，随着信噪比增加，译码平均迭代次数都下降很快。

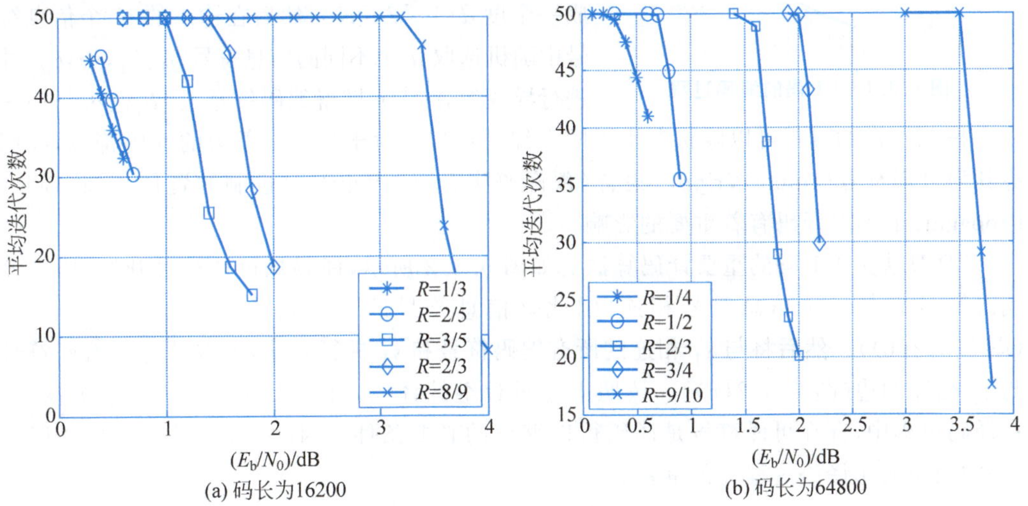

图 6.2.16 DVB-S2 中 LDPC 译码时的平均迭代次数

6.3 无码率码

喷泉码也称为无码率码，它可以对有限的信息符号进行编码，得到无限的编码符号。在接收端，无论从何处开始接收编码符号，只要数据量足够，就可以恢复出信息符号。根据信道条件的不同，发送的编码符号数量也不同。LT 码、Raptor 码是两种重要的实用喷泉码，LT(Luby Transform)码由 Luby 提出，对于任意二元删除信道(Binary Erasure Channel，BEC)都可以接近信道容量。但是，LT 码存在错误平层。随后，Shokrollahi 提出了 Raptor 码，将 LT 码作为内码，高码率的 LDPC 作为外码。Raptor 码也可以达到 BEC 的信道容量，且错误平层较低。由于优异的性能及线性的译码复杂度，目前 Raptor 码已经被广泛应用于 3GPP TS 26.346(多媒体广播多播服务)、DVB-IPDC(IP 数据分发)、DVB-IPTV(IP 电视)等标准中。不同于上述无码率码，Spinal 码的编码结构并没有使用校验矩阵或生成矩阵，而是加入了哈希函数作为其编码的核心，并通过随机数生成器(Random Numeral Generator，RNG)不断生成随机的符号，以实现无码率传输。Spinal 码是一种非线性的随机编码，其随机特性以及哈希函数的使用，使其在安全传输领域具有较好的应用潜力。

6.3.1 LT 码

LT 码是第一种真正实用的喷泉码。图 6.3.1 给出了 LT 码的编码过程。圆圈代表

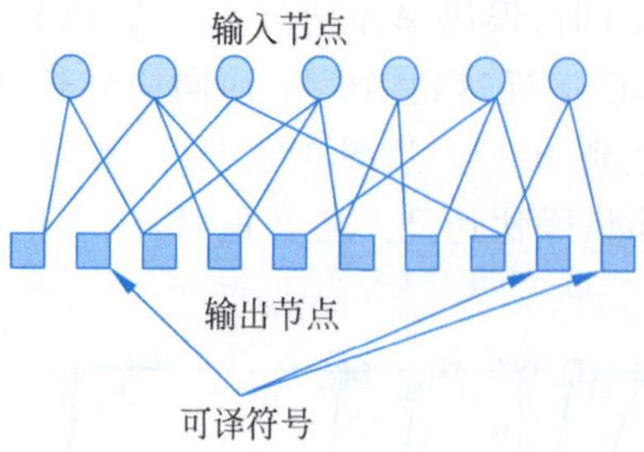

图 6.3.1 LT 码的编码过程

输入节点，也就是待编码的信息符号。方块代表输出节点，即为编码符号。输入节点与输出节点用边进行连接，与节点相连的边的数目称为度。

编码过程基于输出节点的度分布，对 K 个信息符号进行编码。按照度分布的概率首先随机生成一个度 $d(1\leqslant d\leqslant K)$，然后在输入的 K 个信息符号中随机选取 d 个不同的信息符号 $b_1,b_2,\cdots,b_d$，并进行异或运算($\oplus$)，即得编码符号 $c=b_1\oplus b_2\oplus\cdots\oplus b_d$。按照这样的过程可以随机产生无限个编码符号。对于只有一条边的编码符号，我们称其为可译符号(ripple)，ripple 集合(预译码集合)的大小对二进制的置信传播(Belief Propagation，BP)译码有着重要的影响。

BP 算法是 LT 码的重要译码算法。如图 6.3.2 所示，译码从可译符号开始，由于该编码符号只与一个信息符号相连，因此该信息符号即为编码符号的取值，即 $s_1=1$(图 6.3.2(b))。然后将与 s_1 相连的所有编码符号和 s_1 进行异或，即取消这些编码符号与 s_1 相连的边(图 6.3.2(c))。按照上述过程继续译码，直到所有的信息符号被恢复。在译码过程中，存在可译符号是译码得以继续的必要条件。因此，ripple 集合(预译码集合)的大小对于译码过程至关重要。

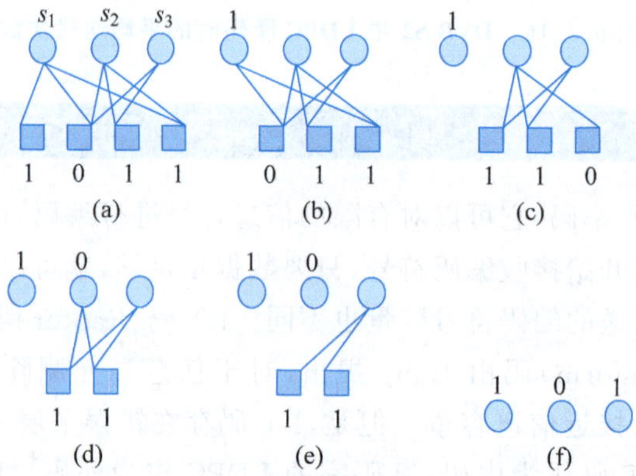

图 6.3.2 二进制 BP 译码过程

度分布是决定 LT 码性能的重要因素，经典的 LT 码度分布有理想孤子分布(Ideal Soliton Distribution，ISD)和鲁棒孤子分布(Robust Soliton Distribution，RSD)两种。ISD 设计初衷是为了避免冗余，即保证每一次迭代时预译码集合中仅有一个编码符号。令 $\Omega_{\mathrm{ISD}}(d)$表示 LT 码的 ISD 分布，则 ISD 如下：

$$\Omega_{\mathrm{ISD}}(1)=1/K$$

$$\Omega_{\mathrm{ISD}}(d)=\frac{1}{d(d-1)}\quad(d=2,3,\cdots,K)$$

式中：K 为信息符号长度。ISD 的平均度为 $\ln K$。

在实际应用中，ISD 具有较差的性能，主要原因是期望取值的波动很大程度上会使译

码中无可译符号，即BP译码无法进行下去。鉴于此，RSD在设计时则保证可译符号数目的均值为

$$S \equiv c\ln(K/\delta)\sqrt{K}$$

式中：δ 为期望的未恢复符号概率；c 为常数，一般 c 小于1时会有较好的性能。

定义一正函数如下：

$$\tau(d)=\begin{cases}\dfrac{s}{K}\cdot\dfrac{1}{d} & (d=1,2,\cdots,(K/S)-1)\\ \dfrac{s}{K}\log(S/\delta) & (d=K/S)\\ 0 & (d>K/S)\end{cases}$$

然后将 Ω_{ISD} 与 τ 求和并进行归一化处理，就可以得到RSD，为

$$\Omega_{\mathrm{RSD}}(d)=\frac{\Omega_{\mathrm{ISD}}(d)+\tau(d)}{Z}$$

式中：$Z=\sum_{d}[\Omega_{\mathrm{ISD}}(d)+\tau(d)]$。

6.3.2 Raptor码

6.3.2.1 基本描述

由于LT码的编码过程采用随机方式，可以用在 K 个格子中扔小球的游戏来描述这一过程。假设已经有 N' 个小球扔到格子中，某一个格子没有小球的概率为

$$P_{\mathrm{s}}=\left(1-\frac{1}{K}\right)^{N'}\approx \mathrm{e}^{-N'/K}$$

在这个游戏中，格子表示信息符号，小球表示与信息符号相连的边。如果格子中没有小球，就表示该信息符号没有与之相连的边。如果没有被选择，该信息符号无法被恢复。这就涉及LT码的全选问题。由于编码过程中总存在一定比例的信息符号未选，无论采用何种算法也无法恢复这些未选符号。这也是LT码存在错误平层的主要原因。Raptor码通过采用高码率的预编码来解决这个问题，其编码过程如图6.3.3所示。信息符号先通过预编码生成中间符号（信息符号+冗余符号），然后对中间符号进行LT编码，就得到了源源不断的编码符号。由于预编码码率较高，中间冗余符号的引入并不会带来效率的大幅下降。同时，通过合理的预编码设计，就算LT编码中存在一定比例的未选符号，信息符号仍可通过已恢复的中间符号进行译码得到。

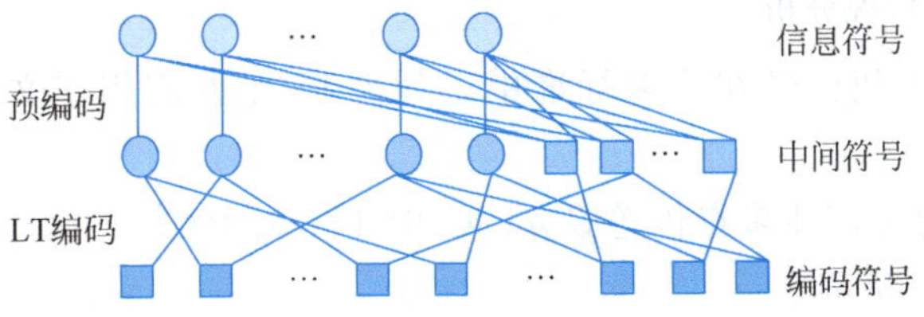

图6.3.3 Raptor码

对于 LT 编码的度分布(ISD、RSD),其平均度为 $O(\ln K)$,即编译码复杂度随着信息符号长度 K 的增加而增加。而针对 Raptor 码,A. Shokrollahi 基于"与或树"提出了度分布的设计,可得到平均度恒定的度分布,其度分布求解的最优化问题如下:

$$\begin{cases} \min \Omega'(1) \\ \text{s.t.}\ \Omega'(x) \geqslant \dfrac{-\ln\left(1-x-c\sqrt{\dfrac{1-x}{K}}\right)}{1+\varepsilon}, \quad x \in [0, 1-\delta] \end{cases} \tag{6.3.1}$$

式中:c 为正数;δ 为期望的未恢复符号概率;ε 为译码开销;K 为输入信息符号的长度,输出编码符号的数 $N=K(1+\varepsilon)$。

在求解如式(6.3.1)所示的最佳问题后,得到了如表 6.3.1 所示的度分布。其中,$K=65536$ 的度分布已成为经典的 Raptor 码的度分布,在许多研究中使用,图 6.3.4 给出了该度分布下不同信息符号长度的预译码集合大小变化曲线($\varepsilon=0.038$)。从图中可以看出,相比于 $K=5000$ 的情况,$K=65536$ 的预译码集合大小不为 0 的概率更大,即信息符号的未恢复概率更小,性能更优。同时也说明,该度分布并不适用于信息符号较短的情况。在实际应用中,短码长喷泉码有着较好的应用前景,因此其度分布的设计也成为目前该领域的研究热点之一。

表 6.3.1 不同 K 值下的度分布

K	65536	80000	100000	120000
Ω_1	0.007969	0.007544	0.006495	0.004807
Ω_2	0.493570	0.493610	0.495044	0.496472
Ω_3	0.166220	0.166458	0.168010	0.166912
Ω_4	0.072646	0.071243	0.067900	0.073374
Ω_5	0.082558	0.084913	0.089209	0.082206
Ω_8	0.056058		0.041731	0.057471
Ω_9	0.037229	0.043365	0.050162	0.035951
Ω_{18}				0.001167
Ω_{19}	0.055590	0.045231	0.038837	0.054305
Ω_{20}		0.010157	0.015537	
Ω_{65}	0.025023			0.018235
Ω_{66}	0.003135	0.010479	0.016298	0.009100
Ω_{67}		0.017365	0.010777	
ε	0.038	0.035	0.028	0.02
$\Omega'(1)$	5.78	5.91	5.85	5.83

6.3.2.2 应用情况分析

R10(Raptor 10)码已经在许多标准中得到推荐,主要应用于文件传输及数据流传输,主要标准如下。

(1) 3GPP 多媒体广播多点传送服务(3GPP TS 26.346)。

(2) IETF RFC 5053。

(3) OMA 移动广播服务 V.10-广播分布系统。

(4) BMCO 执行方面的讨论建议。

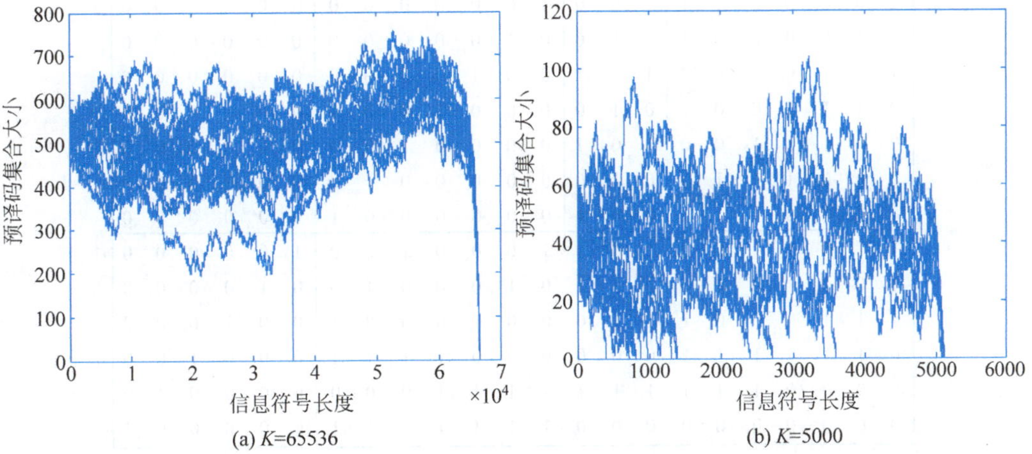

图 6.3.4 预译码集合的大小变化曲线

(5) DVB-H 及 DVB-SH 中 IP 数据广播(DVB-IPDC)(ETSI TS 102 472 v1.2.1)。

(6) IPTV(DVB-IPTV)(ETSI TS 102 034 v1.3.1)。

(7) MPE IFEC 卫星 Handleld(DVB-SH)(DVB 蓝皮书 A131)。

(8) DVB 蓝皮书 A054r4,"卫星分部系统的交互信道"(EN 301 790 V1.5.1-DVB-RCS+M 草案)。

(9) ATIS IIF 多媒体格式及协议规范(WT 18)。

也有一些标准将 R10 码与 RQ 码结合应用,如 ATSC NRT、3GPP2 BCMCS、IETF FECFRAME 工作组等。

1. R10 码

R10 码是一种系统的喷泉码,主要用于支持信息符号长度 K 在[4,8192]范围中的应用。经过 R10 码的预编码,可以产生 $L=K+S+H$ 的中间符号,其中,S 为 LDPC 的校验符号数目,H 为 HDPC 的校验符号数目。HDPC 是指"高密度奇偶校验",即其校验符号取决于大量信息符号。R10 预编码的约束矩阵如图 6.3.5 所示,包含两个子矩阵:上方 S 行矩阵表示 LDPC 的约束关系,下方的 H 行表示 HDPC 的约束关系。

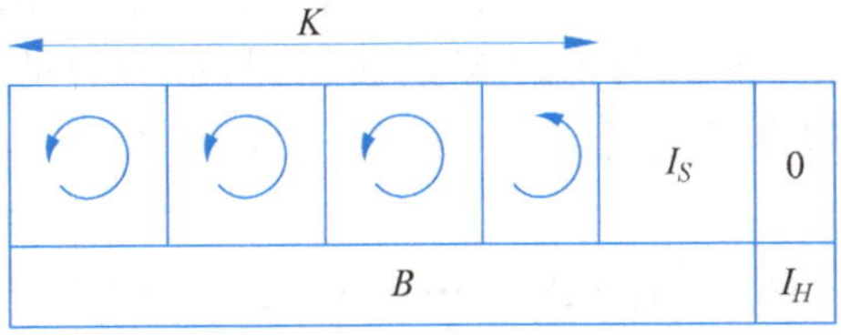

图 6.3.5 R10 码预编码的约束矩阵

上方矩阵的前 $K+S$ 列由$\lceil K/S \rceil$个循环行列式矩阵及一个 S 阶单位阵组成。每个循环行列式矩阵(除了最后一个)都有 S 列。下方的 $\boldsymbol{B}$ 矩阵中,其元素可从 GF(2)中均匀独立地选取,列重一般选为最接近 $H/2$ 的值。图 6.3.6 给出了 $K=10$ 时 R10 码预编码的约束矩阵。

1	0	0	0	0	1	1	1	0	0	1	0	0	0	0	0	0	0	0	0	0	0	0
1	1	0	0	0	0	1	0	1	0	0	1	0	0	0	0	0	0	0	0	0	0	0
1	1	1	0	0	0	0	1	0	1	0	0	1	0	0	0	0	0	0	0	0	0	0
0	1	1	1	0	0	0	0	1	0	0	0	0	1	0	0	0	0	0	0	0	0	0
0	0	1	1	1	0	0	1	0	1	0	0	0	0	1	0	0	0	0	0	0	0	0
0	0	0	1	1	1	0	0	1	0	0	0	0	0	0	1	0	0	0	0	0	0	0
0	0	0	0	1	1	1	0	0	1	0	0	0	0	0	0	1	0	0	0	0	0	0
1	1	0	1	1	0	0	1	0	1	1	0	0	0	1	0	0	1	0	0	0	0	0
1	0	1	1	0	1	0	0	1	1	0	1	0	0	0	1	0	0	1	0	0	0	0
1	1	1	0	0	0	1	1	1	0	0	0	1	0	0	0	1	0	0	1	0	0	0
0	1	1	1	1	1	1	0	0	0	0	0	0	1	1	1	1	0	0	0	1	0	0
0	0	0	0	1	1	1	1	1	1	1	1	1	1	0	0	0	0	0	0	0	1	0
0	0	0	0	0	0	0	0	0	0	1	1	1	1	1	1	1	0	0	0	0	0	1

图 6.3.6 R10 码预编码的约束矩阵($K=10$)

R10 码中的 LT 编码采用下面的度分布：

$$\Omega(x)=0.00971x+0.458x^2+0.21x^3+0.113x^4+0.111x^{10}+0.0797x^{11}+0.0156x^{40}$$

2. RQ 码

RQ(Raptor Q)码在 R10 码基础上进行了改进，可适用于源数据大小为 1～56403 个符号的情况。其预编码的构造如图 6.3.7 所示。

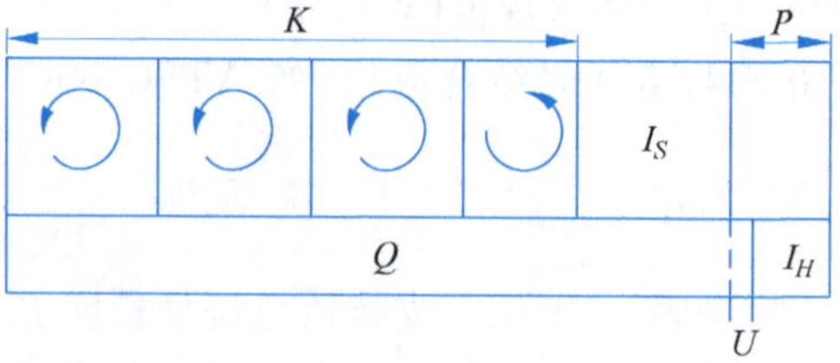

图 6.3.7 RQ 码预编码的构造

令预编码后的中间符号数 $L=K+S+P$。其中，K 为信息符号长度，S 为 LDPC 的校验符号数目，P 为 PI(permanently inactive)符号数目，PI 符号主要用于协助译码。从图 6.3.7 可以看出，RQ 码预编码的约束矩阵同样包含两个子矩阵：上方的矩阵包含前 S 行，均为二进制元素，前 $K+S$ 列与 R10 码定义相同，最右边的 P 列矩阵每行包含两个连续的“1”；下方的矩阵包含后 H 行，是 GF(2^8)元素($\boldsymbol{Q}$ 矩阵)与 GF(2)元素($\boldsymbol{I}_H$ 矩阵)的混合。$\boldsymbol{Q}$ 矩阵的构造如下：

$$\boldsymbol{Q}=(\Delta_1 \mid \Delta_2 \mid \cdots \mid \Delta_{K+S-1} \mid Y)\boldsymbol{\Gamma}$$

$$\boldsymbol{\Gamma}=\begin{bmatrix} 1 & 0 & 0 & \cdots & 0 & 0 \\ \alpha & 1 & 0 & \cdots & 0 & 0 \\ 0 & \alpha & 1 & \cdots & 0 & 0 \\ \vdots & \vdots & \vdots & \ddots & \vdots & \vdots \\ 0 & 0 & 0 & \cdots & 1 & 0 \\ 0 & 0 & 0 & \cdots & \alpha & 1 \end{bmatrix}$$

$$\boldsymbol{Y}=\begin{bmatrix}\alpha^{0}\\ \alpha^{1}\\ \vdots\\ \alpha^{H-2}\\ \alpha^{H-1}\end{bmatrix}$$

式中：α 为 GF(2^8)中本原多项式 $x^8+x^4+x^3+x^2+1$ 的根；$\Delta_1,\Delta_2,\cdots,\Delta_{K+S-1}$ 是度为 2 的伪随机列。

图 6.3.8 给出 $K=10,S=7,H=10,P=10,U=0$ 的 RQ 码预编码的约束矩阵。

1	0	0	0	0	1	1	1	0	0	1	0	0	0	0	0	0	1	1	0	0	0	0	0	0	0	0
1	1	0	0	0	0	1	0	1	0	0	1	0	0	0	0	0	0	1	1	0	0	0	0	0	0	0
1	1	1	0	0	0	0	1	0	1	0	0	1	0	0	0	0	0	0	1	1	0	0	0	0	0	0
0	1	1	1	0	0	0	0	1	0	0	0	0	1	0	0	0	0	0	0	1	1	0	0	0	0	0
0	0	1	1	1	0	0	1	0	1	0	0	0	0	1	0	0	0	0	0	0	1	1	0	0	0	0
0	0	0	1	1	1	0	0	1	0	0	0	0	0	0	1	0	0	0	0	0	0	1	1	0	0	0
0	0	0	0	1	1	1	0	0	1	0	0	0	0	0	0	1	0	0	0	0	0	0	1	1	0	0
AF	3F	7F	5F	4F	4F	4F	A7	D3	09	84	42	21	90	40	20	10	1	0	0	0	0	0	0	0	0	0
79	5C	CE	67	5B	4D	A6	53	A1	D0	88	44	22	11	80	40	20	0	1	0	0	0	0	0	0	0	0
81	C0	60	30	F8	9C	AE	57	4B	A5	D2	89	C4	62	31	90	40	0	0	1	0	0	0	0	0	0	0
21	90	A8	54	CA	65	5A	CD	0E	07	83	C1	08	04	02	01	80	0	0	0	1	0	0	0	0	0	0
B1	38	FC	76	DB	E5	F2	99	2C	FE	77	B3	D1	08	04	02	01	0	0	0	0	1	0	0	0	0	0
C2	61	58	CC	8E	47	A3	39	7C	DE	8F	C7	E3	F1	18	04	02	0	0	0	0	0	1	0	0	0	0
EE	77	5B	A5	D2	89	C4	62	31	78	DC	8E	47	A3	D1	08	04	0	0	0	0	0	0	1	0	0	0
03	81	C0	60	30	F8	9C	46	23	91	28	FC	9E	47	A3	D1	08	0	0	0	0	0	0	0	1	0	0
8A	45	A2	51	48	24	12	E9	F4	72	31	78	DC	8E	47	A3	D1	0	0	0	0	0	0	0	0	1	0
BE	57	A3	D1	08	04	02	01	80	40	20	10	E8	9C	AE	57	A3	0	0	0	0	0	0	0	0	0	1

图 6.3.8 RQ 码预编码的约束矩阵($K=10$)

RQ 码中的 LT 编码采用下面的度分布：

$$\begin{aligned}\Omega(x)=&0.005x+0.5x^2+0.1666x^3+0.0833x^4+0.05x^5+0.0333x^6+\\&0.0238x^7+0.0179x^8+0.0139x^9+0.0111x^{10}+0.0091x^{11}+0.0076x^{12}+\\&0.0064x^{13}+0.0055x^{14}+0.0048x^{15}+0.0042x^{16}+0.0037x^{17}+0.0033x^{18}+\\&0.0029x^{19}+0.0026x^{20}+0.0024x^{21}+0.0022x^{22}+0.002x^{23}+0.0018x^{24}+\\&0.0017x^{25}+0.0015x^{26}+0.0014x^{27}+0.0013x^{28}+0.0012x^{29}+0.0295x^{30}\end{aligned}$$

6.3.3 Spinal 码

Spinal 码是 Perry 在 2011 年提出的一种新型的非线性无码率码，2012 年该码被证明在 AWGN 信道、BSC 信道理论上可达信道容量。与传统的信道编码不同，Spinal 码的编译码不是基于特定的生成矩阵或校验矩阵，而是通过哈希函数对分段信息进行连续处理得到伪随机符号进行传输；其编码结构类似于卷积码结构，通过简单的调制方式可以将信息直接映射为传输符号。为了进一步提升 Spinal 码的效率，还可对 Spinal 码进行凿孔传输，好的凿孔方案可以在不影响编译码结构的基础上提升其传输效率。

6.3.3.1 编码原理

Spinal 码作为一种无码率码，在信道中以 pass 为传输单元，一个 pass 即为一个符号序列。针对某一帧数据，发送端不断地发送 pass，直到接收端正确地恢复该帧数据，即可实现无码率的效果。Spinal 码的编码结构如图 6.3.9 所示。

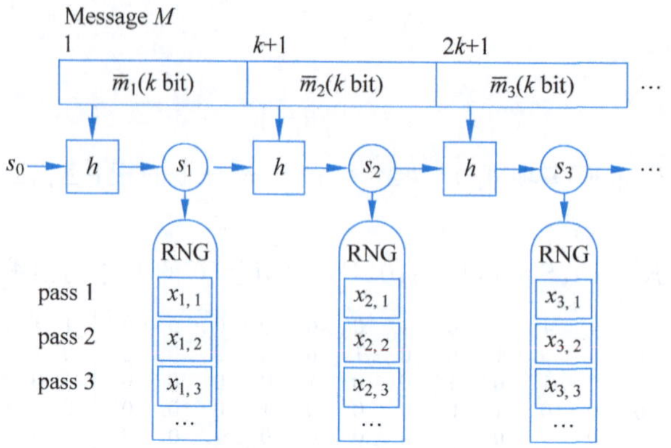

图 6.3.9　Spinal 码的编码结构

针对某一个 $n$bit 的消息序列，已知哈希函数为 $H:\{0,1\}^k\times\{0,1\}^v\rightarrow\{0,1\}^v$，初始状态值为 s_0，则 Spinal 码的编码过程如下。

(1) 将消息 M 进行不重叠的分块，每个分块 m_j 包含 $k$bit，得到分块后序列 $M'=(m_1m_2\cdots m_{n/k})$，其中 $m_j\in\{0,1\}^k$。

(2) 状态初值 $s_0\in\{0,1\}^v$，定义状态值迭代函数：

$$s_j=H(m_j,s_{j-1}),1\leqslant j\leqslant n/k \tag{6.3.2}$$

根据状态初值与迭代函数，生成所有 m_j 对应状态值 s_j。

(3) 定义随机数生成器：

$$\{0,1\}^v\times N\rightarrow\{0,1\}^c$$

将各状态值 s_j 作为随机数产生器 RNG 的种子，不断生成长度为 $c$bit 的序列，并将这些序列以映射函数 f 映射为符号。

(4) 将得到的符号按 pass 的序号进行发送：

$$\text{pass1}:\{x_{1,1},x_{2,1},x_{3,1},\cdots,x_{n/k,1}\},$$
$$\text{pass2}:\{x_{1,2},x_{2,2},x_{3,2},\cdots,x_{n/k,2}\},$$
$$\cdots$$

以 l 表示当前符号所在 pass 序号，随着 l 的增加，接收端收到的 pass 个数也逐渐增多。当接收端反馈译码成功时，发送端不再继续生成符号。一般可通过循环冗余校验(Cyclic Redundancy Check，CRC)判断接收方是否译码成功，进而向发送方发送 ACK 反馈信息。

由以上编码结构可知，哈希函数是 Spinal 码的核心，是其连续结构的纽带，而 RNG 一般也会使用哈希函数。Spinal 码使用的哈希函数是随机成对独立的哈希函数，这一性质可以进行如下描述：

哈希函数 H 的任意输入 $m\in\{0,1\}^k$、$s\in\{0,1\}^v$ 得到输出 $s_{\text{out}}\in\{0,1\}^v$，若与 m 和 s 不同的另外一对输入组合 $m'\in\{0,1\}^k$、$s'\in\{0,1\}^v$ 得到的输出为 $s'_{\text{out}}\in\{0,1\}^v$，则成对

独立性可表示为

$$P(s_{\text{out}}, s'_{\text{out}}) = P(s_{\text{out}})P(s'_{\text{out}}) = \frac{1}{2^{2v}}$$

由于哈希函数的单向性以及随机性，当哈希函数输入中有一项有少许差别时，得到的状态值结果即有巨大区别。

Spinal 码在最初设计时是没有 RNG 的，但是作为一种无码率码需要产生无限的编码符号。这就需要状态值无限长，即 v 的值要无限大。显然，在实际中无法实现。为了解决这一问题，引入了 RNG 来实现 $v$bit 长的状态值到无限个 $c$bit 定长序列的映射。基于 RNG，Spinal 码可实现状态值 s 到无限编码符号 x 的映射，定义符号映射关系为

$$f: \{0,1\}^v \to X^{v/c}$$

式中：X 为编码符号集合。

以上符号映射关系表示 RNG 输出的每 $c$bit 映射为 X 中的一个元素，在 BSC 信道中，可以令 $c=1$，即每个比特都直接传输至信道。

对于 AWGN 信道，有均匀映射和截断高斯映射两种方式，它们的星座映射如图 6.3.10 所示。这两种映射方式在映射过程中会受到符号平均功率 P 的影响。假设 β 表示 $c$bit 的序列，则 $\beta \in \{0,1,2,\cdots,2^c-1\}$，令 $u=\dfrac{\beta+1/2}{2^c}$，则截断高斯映射可表示为

$$\beta \to \Phi^{-1}(\gamma + (1-2\gamma)u)\sqrt{P/2}$$

式中：Φ^{-1} 为标准高斯累积分布函数的反函数。

均匀映射可表示为

$$\beta \to (u-1/2)\sqrt{6P}$$

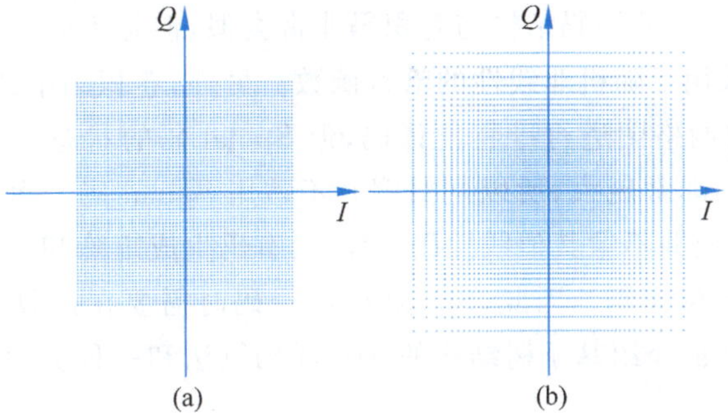

图 6.3.10　均匀映射与高斯映射

此外，还可以使用线性映射和正交振幅调制（Quadrature Amplitude Modulation，QAM）映射等。

Spinal 码在传输时按 pass 的顺序进行传输，因此在传输过程中的固定时刻码率是很容易得出的。每传输一个 pass，则用 n/k 个符号传输了 n 比特信息。因此，当传输的 pass 数为 l 时，可以用 k/l（比特/符号）表示此时的码率。很明显，如果想要提升 Spinal 码的传输效率，增大 k 是很直接的方法。但增大 k 会大幅增加 Spinal 码的译码复杂度。因此，凿孔传输方式同样能够增加 Spinal 码的传输效率，具体凿孔方案及传输过程如

图 6.3.11 所示。

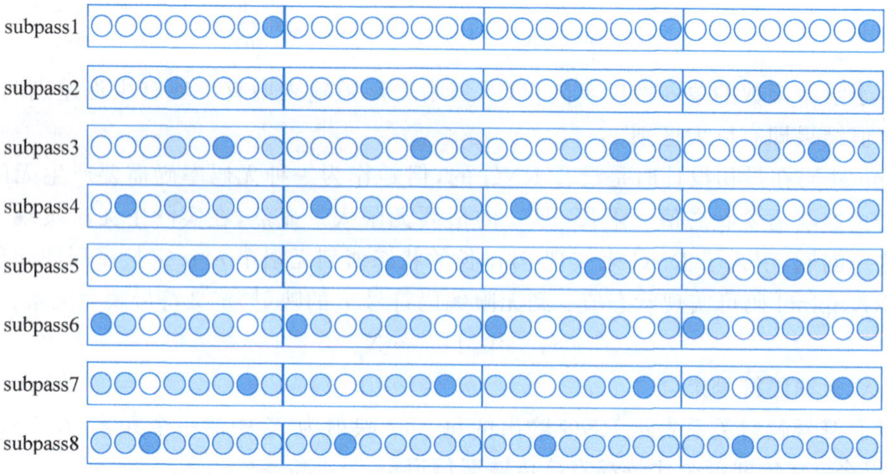

图 6.3.11 Spinal 码的凿孔传输方案

在上述凿孔传输方案中，一个 pass 包含 32 个符号，传输 1 个 pass 时，将其分为 8 个 subpass，每次传输 1 个 subpass，即每次只传输 4 个符号。深蓝色节点表示当前传输符号，浅蓝色节点表示已传输符号，白色节点表示未传输符号。若在某一 subpass 译码成功则停止传输，译码时接收端未收到的符号，在译码树中使其路径度量为 0 进行译码。采用这样的凿孔传输方式能够明显提升 Spinal 码的传输效率，可以根据不同的消息序列长度、不同的编码参数，设计不同的凿孔传输方案。

6.3.3.2 译码原理

不难发现，Spinal 码的编码结构与卷积码非常类似，但是不同于卷积码的线性结构，Spinal 码在编码时采用了随机非线性的哈希函数。另外，卷积码中的状态转移数目通常不大，因此可以利用网格图进行维特比译码，但 Spinal 码的状态由哈希函数生成，导致 Spinal 码的状态空间非常庞大，所以网格图并不适用 Spinal 码。而且，哈希函数具有不可逆性，使得 Spinal 码并不像其他线性码一样，具有码生成矩阵和校验矩阵，所以无法根据接收符号进行逆运算译码。因此，Spinal 码在译码时需要在接收方重现编码过程，保证结构的连续性。下面介绍基于树结构的 ML 译码算法和一种实用性较好的 Bubble 译码算法。

1. ML 译码算法

由 Spinal 码编码结构中状态值的连续性可知，如以 s_0 为树的根节点，构建一个共 n/k 层的树。第 i 层的节点表示第 i 层所有可能的状态 $\bar{s}_i$。那么，从第一层开始，每一层的每个节点都有 2^k 个可能的子节点，每两个节点间的路径表示可能的消息分块 $\bar{m}_i$。因此，从根节点到叶子节点构成一个 k 阶的完全扩展树，共有 2^n 条路径，如图 6.3.12 所示。这 2^n 条路径代表了 Spinal 码所有可能的译码结果，Spinal 码的译码即要从这 2^n 条路径中找到正确的一条路径。

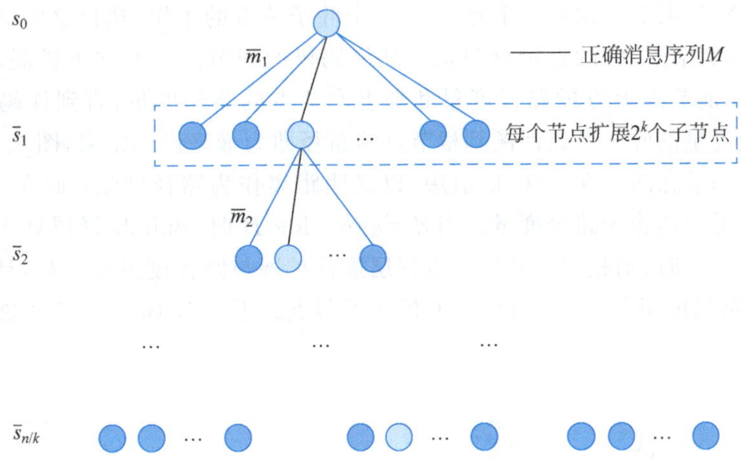

图 6.3.12　Spinal 码的译码树

Spinal 码的 ML 译码通过对比所有接收符号的度量值，寻找与原始消息最接近的序列。在 AWGN 信道中，如果能找到一条路径生成的编码符号与接收到的符号之间欧几里得距离最小，那么这一路径即为译码结果。假设接收端实际接收到的序列为 Y，$\overline{M}$ 为所有可能的候选消息集合中的任一序列，E 表示编码过程，$\hat{M}$ 是译码结果。则在 AWGN 信道上最大似然译码规则可表示为

$$\hat{M} \in \arg\min_{\overline{M} \in \{0,1\}^n} (\| Y - E(\overline{M}) \|^2)$$

对于 BSC 信道，只需将欧几里得距离换成汉明距离即可。

Spinal 码是一种无码率码，其无码率特性表现在发送端可以不断发送 pass，而接收端根据当前所接收到的所有 pass 进行译码。因此，在利用 ML 准则对比 Spinal 码译码树节点与接收符号的欧几里得距离时，还要考虑 pass 的数目 L。假设 $\overline{X}$ 为可能符号序列生成的可能符号，则 ML 译码还可以表示为

$$\hat{M} = \arg\min_{\overline{M} \in \{0,1\}^n} \sum_{i=1}^{n/k} \sum_{j=1}^{L} \| y_{i,j} - \overline{x}_{i,j} \|^2 \tag{6.3.3}$$

不难看出，由于 ML 译码需要对译码树的每条路径、每个节点进行编码重现和欧几里得距离的计算比较，随着消息序列长度的增加，译码复杂度将呈指数增长。因此，低复杂度算法具有较好的实用价值。

2. Bubble 译码算法

Bubble 译码算法是一种复杂度明显低于 ML 算法，且可以实现的译码算法。与 ML 译码结果路径度量相近的消息路径仅在最后的 $O(\log n)$ 位不同，当从这些相近路径的叶子节点向上回溯时，则发现它们的上层节点会收敛到一个很小的范围。基于这一结论，译码树不再需要完全扩展，即可以在译码树逐渐向下扩展的过程中进行“剪枝”。

因此，在 Bubble 算法中引入了两个译码参数，即截断参数 B 和子树深度 d。该算法从译码树根节点向下扩展，每一层仅保留路径度量最优的 B 个节点。当计算第 i 层的某一节点 N 的路径度量值时，要将该节点继续向下进行完全 k 阶扩展，直到第 $i+d-1$

层。此时以 N 为根节点构成一个有 $2^{k(d-1)}$ 个叶子节点的子树，选择这些节点中最优的路径度量值作为节点 N 的路径度量值。从译码树的根节点一直向下扩展，每一层的路径度量等于当前节点上方的路径度量和加上本节点的路径度量，直到译码树的最后一层，最优路径度量的叶子节点回溯到根节点的路径即为最终译码结果，图 6.3.13 展示了 $d=2$ 时的译码示意图。在 BSC 信道中，以汉明距离作为路径度量；而在 AWGN 信道中，以欧几里得距离作为路径度量。当 $d=n/k-\log_k B$ 时，Bubble 译码算法即为 ML 译码算法；当 $d=1$ 时，则相当于从根节点逐层进行扩展与路径度量和累积，计算第 i 层的某一节点的路径度量值时，不用再向下扩展子节点。下面对 Bubble 算法进行讨论和仿真时，均取 $d=1$。

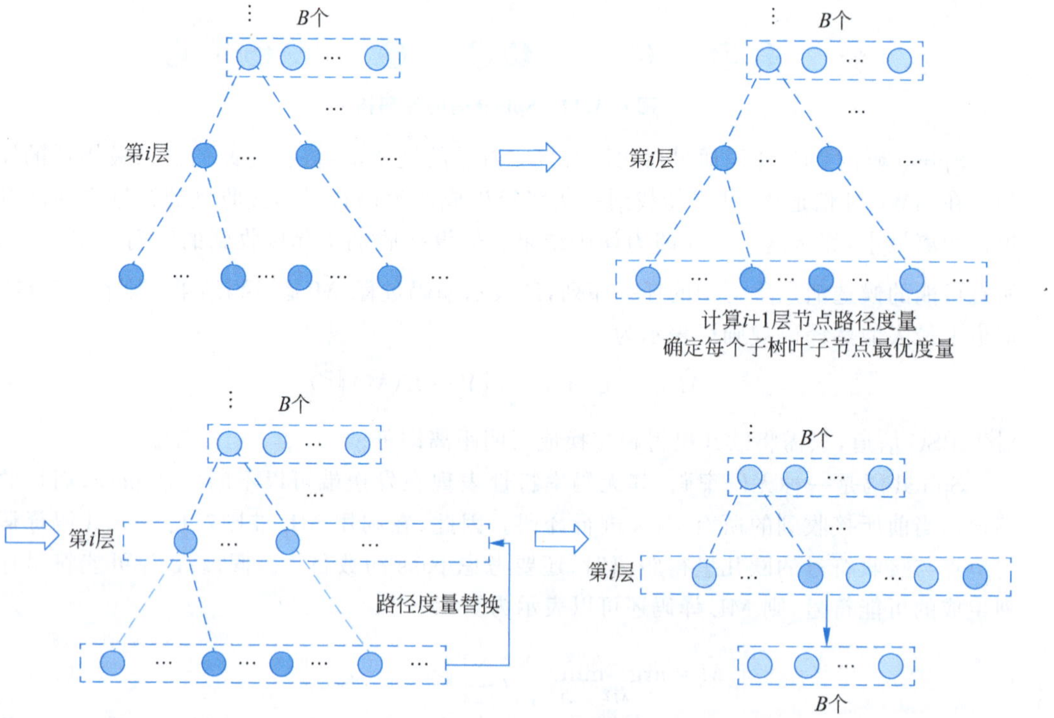

图 6.3.13　Bubble 译码示意图

基于 Bubble 译码算法的流程图(图 6.3.14)，其算法步骤描述如下。

(1) 初始化根节点 node0(node0 < metric，spine_value，path >；其中，metric 为节点路径度量，spine_value 为节点状态值，path 为从根节点到该节点的路径，以下所有节点都具有这三个属性)。初始化参数 d、B、$i=0$。

(2) 当前层 $i=i+1$。若 $i<n/k$，以当前节点为子树根节点，做 k 阶完全树扩展至 $i+d-1$ 层。按照式(6.3.2)更新过程中各节点的 spine_value，按照式(6.3.3)更新过程中各节点的 metric，以各节点至 node0 的路径更新 path。对子树叶子节点的 metric 进行排序，选择最优 metric 更新当前节点 metric，转至(3)。若 $i=n/k$，转至(4)。

(3) 根据 metric 对第 i 层所有节点排序。保留 B 个 metric 较优的候选节点，转至(2)。

(4) 根据 metric 对第 i 层所有节点排序。保留一个 metric 最优的节点，该节点的 path 即为译码结果，译码结束。

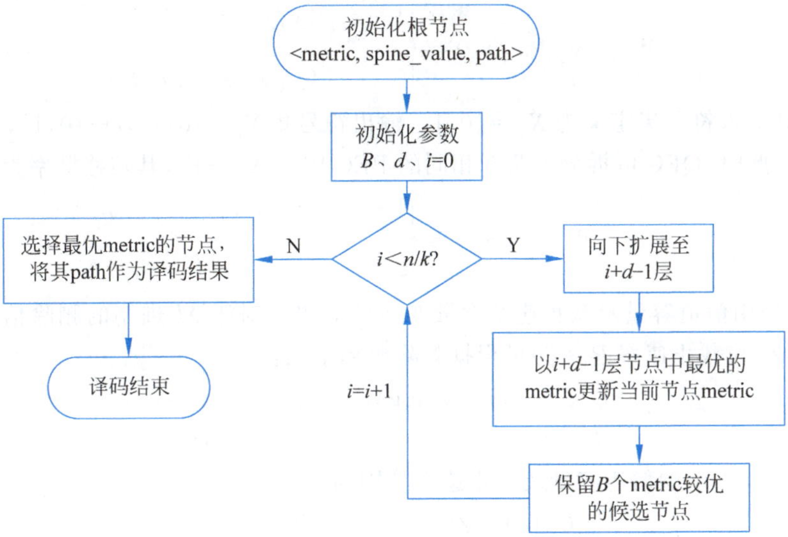

图 6.3.14 Bubble 译码算法流程图

Bubble 译码算法的提出对 Spinal 码的发展意义重大，不仅为 Spinal 码的现实应用提供了可靠支撑，也为之后的低复杂度译码算法研究提供了重要思路。

6.4 极化码

极化码(Polar 码)由 Arikan 提出。它凭借理论可达香农限，以及简单的编译码算法等优点迅速成为编码界的研究热点。Polar 码的理论基础是信道极化。本节首先简要介绍信道极化现象，在此基础上，阐述信道极化定理、极化码的构造、编码及常见译码算法。

6.4.1 信道极化现象

1981 年，Massy 在研究中发现，对于一个四进制删除信道(Quaternary Erase Channel, QEC)，可通过重定义输入符号实现系统截止速率的提高，具体过程如图 6.4.1 所示。

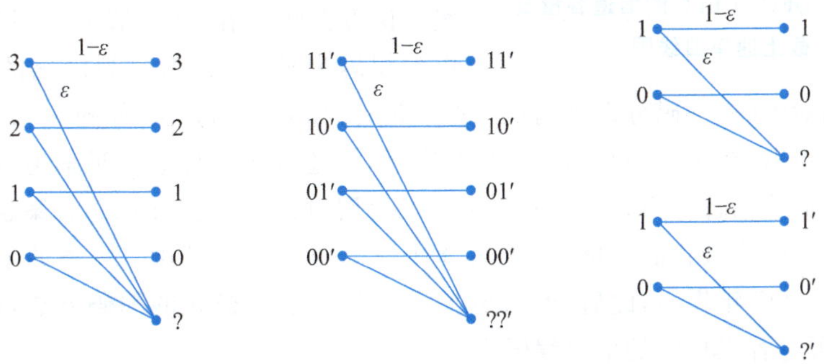

图 6.4.1 输入符号的重定义及信道拆分过程

假定 QEC $W: X_1 \times X_2 \to Y_1 \times Y_2$，其输入符号集 $X_1 = X_2 = \{0,1\}$，输出符号集 $Y_1 = Y_2 = \{0,1\}$，删除概率为 ε，则其转移概率为

$$W(y_1 y_2 \mid x_1 x_2) = \begin{cases} 1-\varepsilon & (y_1 y_2 = x_1 x_2) \\ \varepsilon & (y_1 y_2 \neq x_1 x_2) \end{cases}$$

现将其输入符号集定义为 $X_i = \{0,1\}$，输出符号集 $Y_i = \{0,1\}$，$i \in \{0,1\}$，删除概率 ε 保持不变。此时，QEC 可拆分为两个相同的 BEC $W_i: X_i \to Y_i$，其转移概率为

$$W(y_i \mid x_i) = \begin{cases} 1-\varepsilon & (y_i = x_i) \\ \varepsilon & (y_i \neq x_i) \end{cases}$$

在此，使用信道容量及截止速率度量变换的效果。对于 M 进制的删除信道 Z，其信道容量 $C(Z)$ 与截止速率 $R_0(Z)$ 可根据删除概率求取：

$$C(Z) = (1-\varepsilon)\log M$$

$$R_0(Z) = \log M - \log(1 + (M-1)\varepsilon)$$

则信道 W、W_0、W_1 的信道容量及截止速率分别为

$$C(W) = 2(1-\varepsilon)$$

$$R_0(W) = \log \frac{4}{1+3\varepsilon}$$

$$C(W_0) = C(W_1) = 1-\varepsilon$$

$$R_0(W_0) = R_0(W_1) = \log \frac{2}{1+\varepsilon}$$

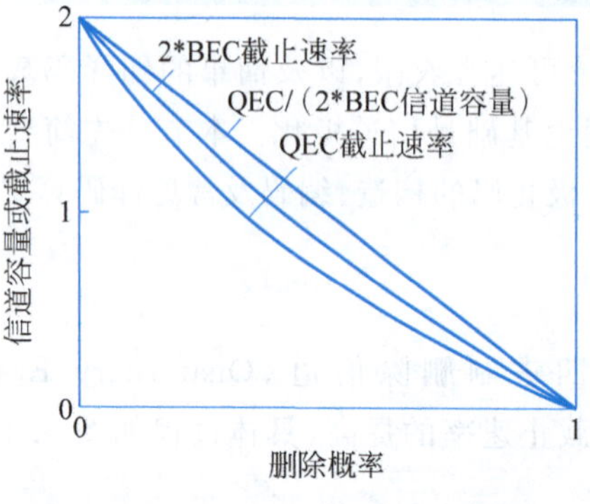

图 6.4.2　QEC 与 BEC 的信道容量及截止速率曲线图

容易验证，在此过程中，信道容量保持不变，而截止速率得到提升，$C(W) = C(W_0) = C(W_1)$，$R_0(W) < R_0(W_0) + R_0(W_1)$。这一现象与删除概率的具体取值无关，如图 6.4.2 所示。

由此可得，通过一定操作可有效提升信道的传输特性，但由于实际物理信道并不具备可拆分的特性，因此 Massy 方案不具有普适性。基于 Massy 方案，Pinsker 提出了一个更为通用的方案。该方案建立在 BSC 信道上，其编码端采用以卷积码为外码、分组码为内码的级联编码方案，其译码端对内码、外码分别采用最大似然估计、序列译码算法，如图 6.4.3 所示。

Pinsker 指出，在一定的平均译码复杂度下，上述方案能任意逼近信道容量。值得注意的是，最大似然估计并不是一种实际可行的译码方案，因此 Pinsker 方案也不具备实用性，只是明确了信道极化的可能性，为后续研究奠定了一定基础。完备的信道极化理论由 Arikan 于 2007 年提出，此后，Arikan 提出了基于信道极化的编码方法，即极化码，这是首个理论可达香农极限的信道编码方案。

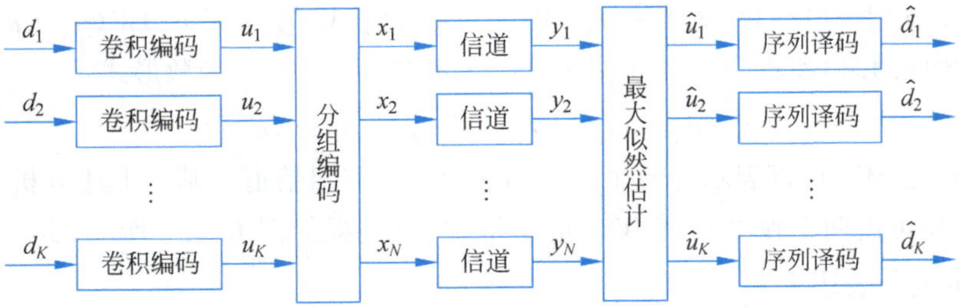

图 6.4.3 Pinsker 方案

6.4.2 信道极化定理

回顾 Massy 方案及 Pinsker 方案不难发现，信道极化的关键在于构造相互关联的发送信息，从而将各物理信道组合为与信源相关的逻辑信道。因此，信道极化可分解为两个步骤：一是发送信息的关联过程，称为信道重组；二是逻辑信道的合成，称为信道拆分。

为方便描述，做如下符号约定：符号 $\boldsymbol{a}_i^j$ 表示矢量$(a_i \cdots a_j)$，当 $i>j$ 时，$\boldsymbol{a}_i^j$ 为空矢量；符号 $\boldsymbol{a}_{i,o}^j$ 表示矢量$\{a_k: i\leqslant k\leqslant j;\ \mathrm{mod}(k,2)=1\}$，符号 $\boldsymbol{a}_{i,e}^j$ 表示矢量$\{a_k: i\leqslant k\leqslant j;\ \mathrm{mod}(k,2)=0\}$；对于任意集合 A，使用符号 $\boldsymbol{a}_A$ 表示矢量$\{a_i: i\in A\}$。

6.4.2.1 信道重组

给定 N 个独立同分布的二进制离散无记忆信道(Binary Discrete Memoryless Channel,B-DMC)$W^N: X^N\to Y^N$，其中 X^N 为输入符号集，Y^N 为输出符号集，设其转移概率为 $W(y_1^N|x_1^N)(y_i\in Y, x_i\in X)$。

假定存在变换 $f_N: U_1^N\to X_1^N$，使得信道 W^N 变换为信道 $W_N: U_1^N\to Y_1^N$。若此时 Y_1^N 存在较强的关联性，则称 f_N 为重组函数，W_N 为 W^N 的重组信道。在经典方案中，Arikan 采用模加运算定义重组函数，其信道重组以递归方式实现。在此重点分析经典方案的信道重组过程。

考虑 $N=2$ 的情况，定义重组函数 f_2 为

$$f_2(x_1,x_2)\triangleq(u_1\oplus u_2,u_2) \tag{6.4.1}$$

相应的信道重组过程如图 6.4.4 所示，此时 W_2 的转移概率为

$$f_2(x_1,x_2)\triangleq(u_1\oplus u_2,u_2) \tag{6.4.2}$$

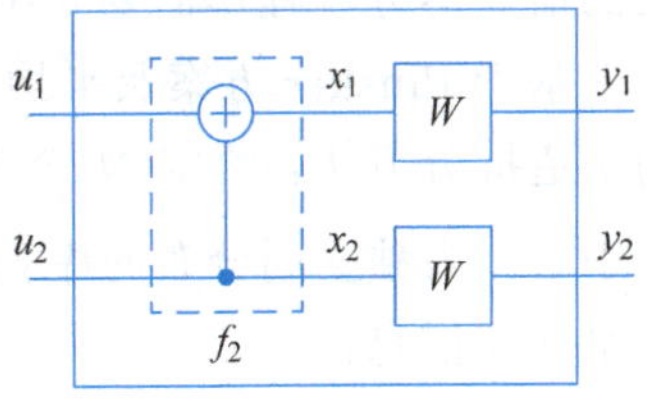

图 6.4.4 信道重组($N=2$)

基于式(6.4.2)可知，该过程将两个独立信道 W 重组为信道 W_2，该信道由两个关联的子信道 $W(y_1|u_1\oplus u_2)$、$W(y_2|u_2)$组成。相应地，给定重组函数 f_4：

$$f_4(u_1^4)\triangleq(\oplus u_1^4,\oplus u_{2,e}^4,\oplus u_3^4,u_4) \tag{6.4.3}$$

可以将四个独立信道 W 重组为信道 W_4，该信道由四个关联的子信道组成，其过程如图 6.4.5 所示，由此可推算出 W_4 的转移概率：

$$W_4(y_1^4 \mid u_1^4)=W(y_1 \mid \oplus u_1^4)W(y_2 \mid \oplus u_{2,e}^4)W(y_3 \mid \oplus u_3^4)W(y_1 \mid u_4)$$

基于式(6.4.1)和式(6.4.2)可推出，f_4 可以表示为 f_2 的函数形式：

$$f_4(u_1^4) \triangleq (f_2(u_1^2) \oplus f_2(u_3^4), f_2(u_3^4))$$

由此可见，W_4 可以表示为两个独立信道 W_2 的重组信道。基于上述分析，任一重组信道 W_{2N} 均可由两个独立信道 W_N 重组得到，该过程如图 6.4.6 所示，此时重组函数 $f_N(u_1^N)$ 的递归表达式为

$$f_{2N}(u_1^{2N}) \triangleq (f_N(u_1^N) \oplus f_N(u_{N+1}^{2N}), f_N(u_{N+1}^{2N}))$$

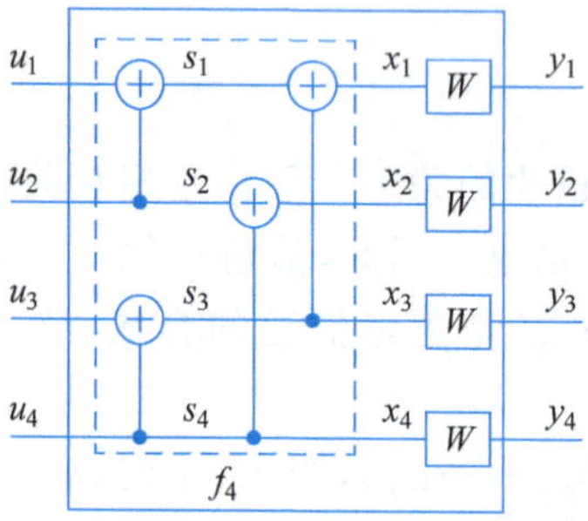

图 6.4.5　信道重组($N=4$)

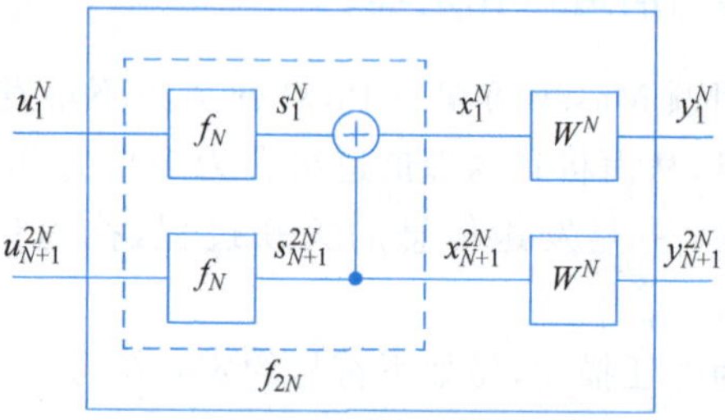

图 6.4.6　信道重组($2N$)

综上，经典方案的信道重组过程具有递归特性，实现了计算复杂度的降低。在此需要指出，信道重组并不唯一，上述过程仅是信道重组的一种方式，且并非最佳形式。那么，该如何评估各信道重组的效能？这一目标的实现通常需结合信道拆分做整体分析。

6.4.2.2　信道拆分

通过信道重组物理信道变换为多个互相关联的子信道。以这些子信道为基信道，其组合信道都是相关的，将该过程称为信道拆分。由于基信道的组合形式有多种，因此信道拆分的形式并不唯一，但可以根据系统截止速率及组合信道的信道容量衡量信道拆分的有效性。需要明确的是，系统及各组合信道的截止速率是可变的，但存在上限值；而系统的信道容量是不随编码而改变的，但组合信道的信道容量是可变的，且取决于信道极化的形式。理想的信道极化应使系统具有最大的截止速率，即信道容量。下面对经典方案的信道拆分过程作简要介绍。

基于 Pinsker 方案及平均互信息的链式法则，Arikan 提出了一种具有序列译码特性的信道拆分方法：给定 N 个 B-DMCW^N：$X_1^N \to Y_1^N$，X_1^N 为重组函数 $f_N(U_1^N)$ 的输出，其中 U_1^N 为独立同分布的序列，此时 U_1^N 和 Y_1^N 之间的平均互信息等于 X_1^N 与 Y_1^N 之间的平均互信息：

$$I(X_1^N; Y_1^N)=I(U_1^N; Y_1^N)$$

由于 U_1^N 相互独立，且 Y_1^N 与 U_1^N 存在关联性，因此 $I(U_1^N; Y_1^N)$ 可分解为

$$I(U_1^N; Y_1^N)=\sum_{i=1}^{N} I(U_1^N; Y_1^N U_1^{i-1})=\sum_{i=1}^{N} I(U_i; Y_1^N \mid U_1^{i-1})$$

根据平均互信息的特性可得

$$I(U_1;Y_1^N)\leqslant I(U_2;Y_1^N\mid U_1)\leqslant I(U_3;Y_1^N\mid U_1^2)\leqslant\cdots\leqslant I(U_N;Y_1^N\mid U_1^{N-1}) \tag{6.4.3}$$

式(6.4.3)给出了一种理想的信道拆分结果：组合信道相互关联，且其序列互信息有序递增。结合信道重组过程，在此对组合信道的截止速率及其信道容量作理论分析。在下述分析中，如无特殊说明，其信道输出符号均为二进制且等概的。

考虑 $N=2$ 的情况，给定重组信道 W_2，通过信道拆分可得两个组合信道 $W_2^1(y_1^2|u_1)$、$W_2^2(y_1^2,u_1|u_2)$，其转移概率分别为

$$W_2^1(y_1^2\mid u_1)=\sum_{u_2\in\{0,1\}}\frac{1}{2}W(y_1\mid u_1\oplus u_2)W(y_2\mid u_2)$$

$$W_2^2(y_1^2,u_1\mid u_2)=\frac{1}{2}W(y_1\mid u_1\oplus u_2)W(y_2\mid u_2)$$

当物理信道为 BEC 时，设其删除概率为 ε，$W_2^1(y_1^2|u_1)$可等效为删除概率为 $2\varepsilon-\varepsilon^2$ 的 BEC，$W_2^2(y_1^2,u_1|u_2)$可等效为删除概率为 ε^2 的 BEC。定义 $W_2^1(y_1^2|u_1)$、$W_2^2(y_1^2,u_1|u_2)$的简写为 W_2^1、W_2^2，则二者的信道容量及截止速率分别为

$$C(W_2^1)=C(U_1;Y_1^2)=1-2\varepsilon+\varepsilon^2 \tag{6.4.4}$$

$$C(W_2^2)=C(U_2;Y_1^2\mid U_1)=1-\varepsilon^2 \tag{6.4.5}$$

$$R_0(W_2^1)=R_0(U_1;Y_1^2)=1-\log(1+2\varepsilon-\varepsilon^2) \tag{6.4.6}$$

$$R_0(W_2^2)=R_0(U_2;Y_1^2\mid U_1)=1-\log(1+\varepsilon^2) \tag{6.4.7}$$

根据式(6.4.4)和式(6.4.5)可得

$$2C(W)=C(W_2^1)+C(W_2^2) \tag{6.4.8}$$

$$C(W_2^1)<C(W)<C(W_2^2) \tag{6.4.9}$$

式(6.4.8)表明信道拆分不改变通信系统的信道容量，式(6.4.9)表明组合信道的信道容量存在差异。根据式(6.4.6)和式(6.4.7)可验证，组合信道的截止速率并不相等，且其截止速率之和大于原信道截止速率：

$$R_0(U_2;Y_1^2\mid U_1)>R_0(W)>R_0(U_1;Y_1^2)$$

$$R_0(U_2;Y_1^2\mid U_1)+R_0(U_1;Y_1^2)>2R_0(W)$$

定义截止速率的均值为

$$\bar{R}_0(u_1^N;y_1^N)=\frac{1}{N}\sum_{i=1}^{N}R_0(W_N^i)$$

则有

$$\bar{R}_0(U_1^2;Y_1^2)>R_0(W)$$

图 6.4.7 给出了上述信道的截止速率及信道容量曲线。

当物理信道为 BSC 时，应用相同的信道拆分策略于 W_2 上，可以得到相似的结论，如图 6.4.8 所示。

综上，给定重组信道 W_N，应用类似的信道拆分操作，可获得 N 个相关的组合信道，其转移概率具有如下形式：

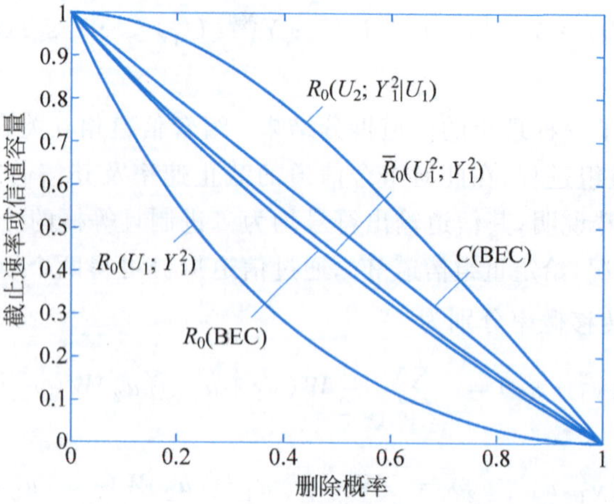

图 6.4.7 BEC-W_2 的截止速率及信道容量曲线图

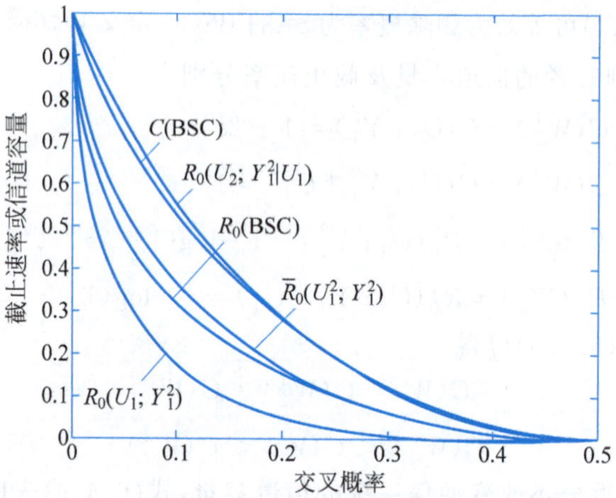

图 6.4.8 BSC-W_2 的截止速率及信道容量曲线图

$$W_N^i(y_1^N,u_1^{i-1}\mid u_i)=\sum_{u_{i+1}^N\in\mathcal{X}^{N-i}}\frac{1}{2^{N-1}}W_N(y_1^N\mid u_1^N)$$

证明：

$$W_N(y_1^N,u_1^{i-1}\mid u_i)=\frac{W_N(y_1^N,u_1^{i-1},u_i)}{W_N(u_i)}$$

$$W_N(y_1^N,u_1^{i-1},u_i)=\sum_{u_{i+1}^N}W_N(y_1^N,u_1^N)$$

$$=\sum_{u_{i+1}^N}W_N(y_1^N\mid u_1^N)W_N(u_1^N)=\frac{1}{2^N}\sum_{u_{i+1}^N}W_N(y_1^N\mid u_1^N)$$

$$W_N(y_1^N,u_1^{i-1}\mid u_i)=\frac{1}{2^{N-1}}\sum_{u_{i+1}^N}W_N(y_1^N\mid u_1^N)$$

对于组合信道 $W_N^i:U_i\to Y_1^N,U_1^{i-1}$，其输入符号是 U_i，输出符号是 Y_1^N,U_1^{i-1}，该转

移概率反映了信息 U_i 的取值概率，因此常将其称为比特信道，简写为 W_N^i。基于信道重组的分析可知，W_N 具有递归的构造过程，作为其子信道的组合单元，W_N^i 也具有递归表达式，图 6.4.9 及图 6.4.10 给出了 $N=8$ 的递归树状图及节点图。从图可知，任一比特

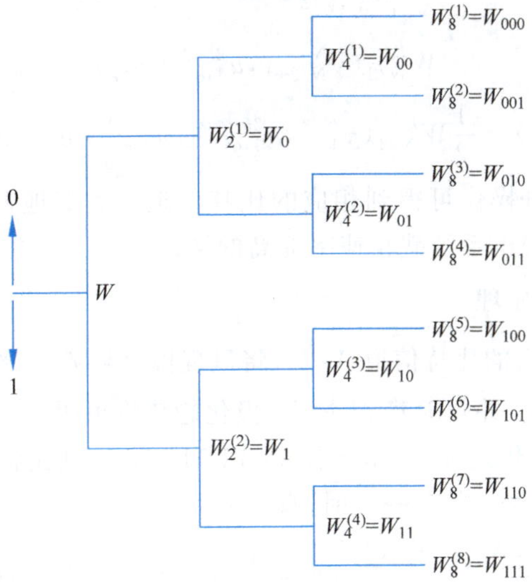

图 6.4.9 递归树状图（$N=8$）

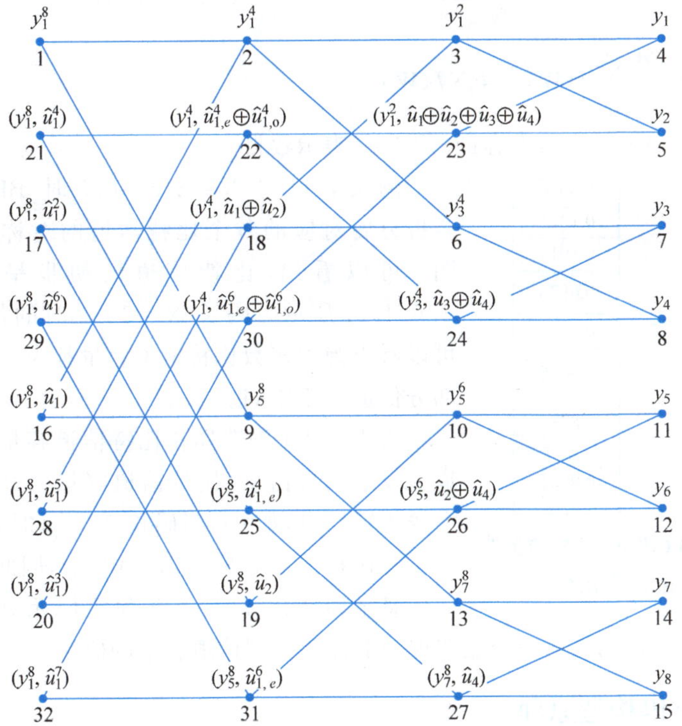

图 6.4.10 递归节点图（$N=8$）

信道均能由两个子信道组合得到，由此可推出比特信道 W_N^{2i-1} 与 W_N^{2i} 的转移概率递归计算公式：

$$W_N^{2i-1}(y_1^{2N}, u_1^{2i-2} \mid u_{2i-1}) = \sum_{u_{2i} \in \{0,1\}} \frac{1}{2} W_{N/2}^{i}(y_1^{N/2}, u_{1,o}^{2i-2} \oplus u_{1,e}^{2i-2} \mid u_{2i-1} \oplus u_{2i}) \cdot W_{N/2}^{i}(y_{N/2+1}^{N}, u_{1,e}^{2i-2} \mid u_{2i})$$

$$W_N^{2i}(y_1^{2N}, u_1^{2i-1} \mid u_{2i}) = \frac{1}{2} W_{N/2}^{i}(y_1^{N/2}, u_{1,o}^{2i-2} \oplus u_{1,e}^{2i-2} \mid u_{2i-1} \oplus u_{2i})$$

由此，通过信道拆分操作可得到相应的比特信道。类似地，计算各比特信道的截止速率及信道容量，可以得出系统截止速率提高的结论。

6.4.2.3 信道极化定理

Arikan 指出，拆分后的比特信道$\{W_N^{(i)}\}$将呈现极化趋势，一部分比特信道变“好”，另一部分比特信道变“差”。并且随着 N 增大，极化趋势将更明显。

定理 6.4.1（信道极化定理） 给定任意 B-DMC W^N，其比特信道 W_N^i $(1 \leqslant i \leqslant N)$将随 N 增大而呈现极化特性，当 $N \to \infty$ 时，有

$$\frac{\#\{I(W_N^{(i)}) \in (1-\delta, 1]\}}{N} \to I(W), \quad \delta \in (0,1)$$

$$\frac{\#\{I(W_N^{(j)}) \in [0, \delta)\}}{N} \to 1 - I(W), \quad \delta \in (0,1)$$

$$\sum_{i=1}^{N} I(W_N^i) = NI(W)$$

式中：$I(W_N^{(i)i=1})$为对称信道容量；#{ · }表示数目。

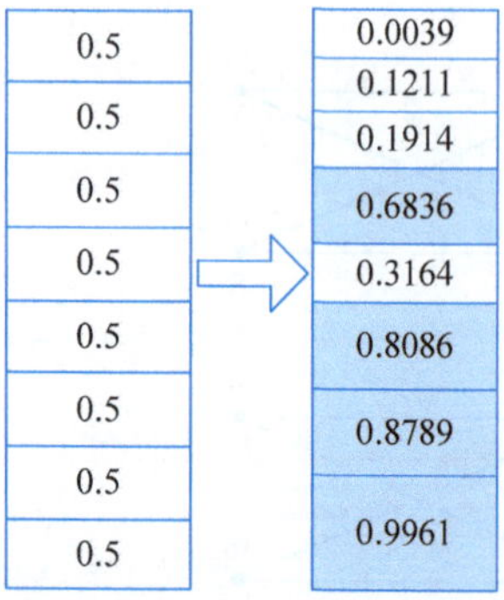

图 6.4.11 BEC 信道“比特信道”信道容量示意图

图 6.4.11 是 $N=8, \varepsilon=0.5$ 时，BEC 信道进行组合拆分后对应的各个比特信道的对称信道容量示意图。可以看出，比特信道已初步呈现极化趋势。图 6.4.12 所示为码长 $N=1024$ 时的信道极化情况，可以看出绝大多数比特信道容量都为 0 或者 1，只有少部分信道介于中间。

由于 Polar 码选择在比特信道容量为 1 的比特信道上发送信源信息（比特信道容量为 0 的比特信道上发送固定信息，如 0），当码长 $N \to \infty$ 时，比特信道容量为 1 的比特信道数量有 $NI(W)$个，因此该码字所对应的信息量为 $NI(W)$。平均每个码元对应的信息量就为 $I(W)$。故 Polar 码是第一个能在理论上证明达到信道容量的码字。

6.4.3 Polar 码构造原理

由 6.4.2 节叙述可知，当 Polar 码码长 $N \to \infty$ 时，能被证明达到信道容量。然而，实

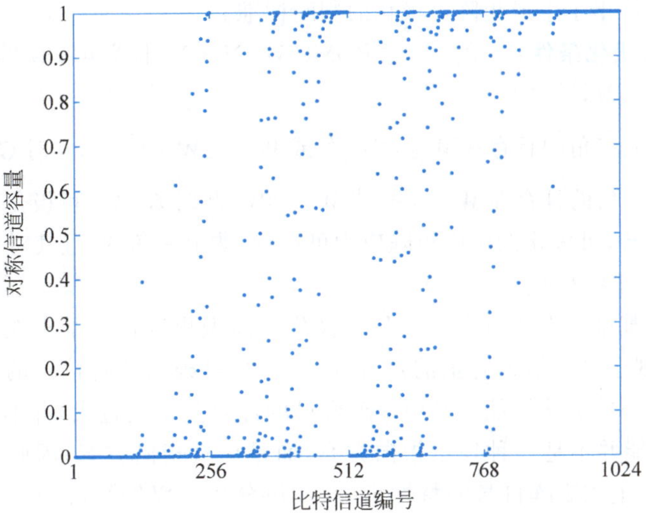

图 6.4.12 $N=1024$ 时 BEC 信道极化示意图

际编码过程中码长 N 不可能趋于无穷，因此 Polar 码也不可能做到信道完全极化。总有部分比特信道容量介于 0 和 1 之间。因此如何确定对称信道容量最大的 K 个比特信道是解决 Polar 码码字构造的主要问题。其次，生成矩阵决定了信道重组的形式及错误指数，信道重组的形式作用于待发送信息上的函数运算法则，而错误指数用于描述误码性能随码长增大的下降速度，通常也称为极化速率。经典的极化编码方案以二维核矩阵 $\boldsymbol{F}=[1\ 0;\ 1\ 1]$ 为基底，迭代构造生成矩阵，其错误指数为 0.5。如何找到最佳的生成矩阵或核矩阵是 Polar 码构造的另一个主要问题。本节首先对生成矩阵进行探讨，其次着重论述基于 Bhattacharyya 因子的信息集选取准则。Polar 码其他构造研究方法可以参见相关文献。

6.4.3.1 生成矩阵

信道重组的方式多种多样，但并非所有信道重组都能实现信道极化。基于上述分析可知，信道重组过程与重组函数一一对应。在具体计算中需要将重组函数转化为更具体的数学表述，即生成矩阵。因此，可根据生成矩阵判断相应的信道重组过程能否实现信道极化。

首先明确相关运算规则，给定任意 B-DMC $W: U\rightarrow Y$，其转移概率为 $W(y|u)$。定义其重组信道 $\widetilde{W}: U\rightarrow Y\times R$，则 $\widetilde{W}$ 的转移概率为

$$\widetilde{W}(y,r \mid u)=\frac{1}{2}W(y \mid u+r)$$

定义 $W\odot P$ 为信道 W 和信道 P 的组合信道，其转移概率为

$$W\odot P(y_1,y_2 \mid x)=W(y_1 \mid x)P(y_2 \mid x)$$

定义 $W^{\odot k}$ 为信道 W 的 k 次复用信道，其转移概率为

$$W^{\odot k}(y_1^k \mid x)=\prod_{j=1}^{k}W(y_j \mid x)$$

定理 6.4.2 给出了生成矩阵可极化的判断标准。

定理 6.4.2(极化条件) 给定任意 BDMC W，$N\times N$ 生成矩阵 $\boldsymbol{G}$ 的性质由下列条件给出，其中($1\leqslant i\leqslant N,k\geqslant 2$)。

(1) $\boldsymbol{G}$ 是非上三角的且存在 $W_N^i\equiv\widetilde{W}^{\odot k}$ 或 $W_N^i\triangleq W\times\widetilde{W}^{\odot k}$，此时 $\boldsymbol{G}$ 是可极化的。

(2) $\boldsymbol{G}$ 是上三角的且存在 $W_N^i\equiv W$ 或 $W_N^i\equiv\widetilde{W}$，此时 $\boldsymbol{G}$ 是不可极化的。

根据该定理知，可极化的生成矩阵应为可逆的、非上三角的，且其对角线元素全为 1，其具体证明参见相关文献。

在可极化的基础上需要对生成矩阵的极化性能做出度量。基于 6.4.2 节的分析可知，信道极化实现了系统信道容量的再分配。因此，可根据比特信道的信道容量或误码性能判断生成矩阵的极化性能。其中信道容量的计算复杂度过大，并不是一种实际可行的方案；误码性能并不是一种理论指向方案，而是仿真指向方案，因此缺乏理论指导意义。Korada 等从生成矩阵自身的特性出发，理论分析了汉明矩阵与极化速率之间的关联，进而提出部分距离的概念并重定义了极化速率。下面对这部分内容做简要分析。

首先明确几类与部分距离相关的汉明距离定义：令 $d_{\min}(C)$ 为码字 C 的最小汉明距离，$d_{\mathrm{H}}(a,b)$ 为二元矢量 a,b 的汉明距离，$d_{\mathrm{H}}(b,C)$ 为二元矢量 b 与码字 C 的最小汉明距离，即 $d_{\mathrm{H}}(b,C)=\min\limits_{c\in C}d_H(b,c)$。定义 $d(n,k)$ 为 (n,k) 分组码的最大汉明距离。极化速率指比特信道的最大似然检测错误概率上界，通常也称为错误指数。定理 6.4.3 给出了极化速率的计算公式。

定理 6.4.3(部分距离与极化速率) 给定任意 BDMC W 及 $N\times N$ 生成矩阵 $\boldsymbol{G}=[g_1^{\mathrm{T}}g_2^{\mathrm{T}}\cdots g_N^{\mathrm{T}}]^{\mathrm{T}}$，定义生成矩阵 $\boldsymbol{G}$ 的极化速率为

$$E(\boldsymbol{G})=\frac{1}{N}\sum_{i=1}^{N}\log_N D_i$$

式中：D_i 为部分距离，且有

$$D_i\triangleq\begin{cases}d_{\mathrm{H}}(g_i,(g_{i+1},\cdots,g_N)) & (1\leqslant i\leqslant N-1)\\ d_{\mathrm{H}}(g_N,0) & (i=N)\end{cases}$$

在明确生成矩阵的极化特性后，在此对经典方案的生成矩阵递归构造过程作简要介绍。经典方案中的信道重组是一个递归的过程，因此其生成矩阵也具有相似的特性。下面分析 $N=2$ 及 $N=4$ 下的生成矩阵，进而得出生成矩阵的一般形式。

首先回顾重组信道 W_2，假定发送信息为 u_1^2，重组信息为 x_1^2。根据重组函数 f_2 可以推出生成矩阵 $\boldsymbol{G}_2$ 的具体表达，此时信道重组可表示矩阵的乘积形式：

$$x_1^2=u_1^2\begin{bmatrix}1 & 0\\1 & 1\end{bmatrix}=u_1^2\boldsymbol{G}_2$$

类似地，对于重组信道 W_4，其生成矩阵 $\boldsymbol{G}_4$ 可根据重组函数 f_4 求得。根据 f_4 的递归表达式，$\boldsymbol{G}_4$ 可以化简为 $\boldsymbol{G}_2$ 的矩阵形式：

$$G_4=\begin{bmatrix}1&0&0&0\\1&1&0&0\\1&0&1&0\\1&1&1&1\end{bmatrix}=\begin{bmatrix}G_2&0\\G_2&G_2\end{bmatrix}=G_2^{\otimes 2} \tag{6.4.10}$$

式中：“⊗”为克罗内克内积。基于式(6.4.10)可以推算出任意生成矩阵的递归表达式，即生成矩阵可以表示为

$$G_N=F^{\otimes \log_2 N}$$

式中：$F=G_2$。

考虑到连续消除算法的译码顺序，Arikan 在生成矩阵中引入比特翻转置换操作：对于任意正整数 i，定义$(b_1,\cdots,b_n)$为其二进制表示，定义比特翻转操作为 rvsl()，如 $\mathrm{rvsl}(i)=(b_n,\cdots,b_1)$；对于任意矢量$(v_0,\cdots,v_{n-1})$，其比特翻转置换后的矢量为$(v_{\mathrm{rvsl}(0)},\cdots,v_{\mathrm{rvsl}(n-1)})$，该操作可以用 $N\times N$ 维的置换矩阵 B_N 表示。设 B_N 中第 i 行第 j 列的元素为 $b_{i,j}$，则有

$$b_{i,j}=\begin{cases}1 & (j=\mathrm{rvsl}(i-1)+1)\\0 & (\text{其他})\end{cases}$$

则生成矩阵的一般形式为

$$G_N=B_N F^{\otimes \log_2 N}=F^{\otimes \log_2 N}B_N$$

6.4.3.2 信息集

信息集是信息信道的索引集合，而信息信道的质量通常由对称容量及 Bhattacharyya 因子所度量。事实上，对称容量与 Bhattacharyya 因子是信道性质的相反描述度量，其中对称容量的计算复杂度更高，因此 Bhattacharyya 因子更多地应用在实际系统中。在此，仅讨论基于 Bhattacharyya 因子的信息集选取准则，首先明确 Bhattacharyya 因子的运算规则及相关界限。

定理 6.4.4 给定任意 BDMC W，通过信道重组和信道拆分可实现变换$(W_N^i,W_N^i)\to(W_{2N}^{2i-1},W_{2N}^{2i})$，其中 $N=2^n$ $(1\leqslant i\leqslant N)$。则变换前后比特信道的对称容量与 Bhattacharyya 因子满足以下关系：

$$\begin{aligned}&I(W_{2N}^{2i-1})+I(W_{2N}^{2i})=2I(W_N^i)\\&Z(W_{2N}^{2i-1})+Z(W_{2N}^{2i})\leqslant 2Z(W_N^i)\\&I(W_{2N}^{2i-1})\leqslant I(W_N^i)\leqslant I(W_{2N}^{2i})\\&Z(W_{2N}^{2i-1})\geqslant Z(W_N^i)\geqslant Z(W_{2N}^{2i})\end{aligned} \tag{6.4.11}$$

$$Z(W_{2N}^{2i-1})\leqslant 2Z(W_N^i)-(Z(W_N^i))^2 \tag{6.4.12}$$

$$Z(W_{2N}^{2i})=(Z(W_N^i))^2 \tag{6.4.13}$$

当且仅当物理信道为 BEC 时，式(6.4.11)及式(6.4.12)的等号成立，此时比特信道的 Bhattacharyya 因子可迭代计算。但对于其他二进制信道而言，比特信道的转移概率计算复杂度较大，其 Bhattacharyya 因子难以确定，当前较为常用的处理方法为近似迭代

法。近似迭代法针对不同物理信道重定义了 Bhattacharyya 因子,并使用近似迭代准则迭代计算比特信道的 Bhattacharyya 因子。在此给出 BSC、BAWGNC、BFC 的 Bhattacharyya 因子。

对于交叉概率为 p_ε 的 BSC,其 Bhattacharyya 因子按原定义计算:

$$Z(W)=2\sqrt{p_\varepsilon(1-p_\varepsilon)}$$

对于连续信道,其 Bhattacharyya 因子的定义为积分函数:

$$Z(W)=\int\sqrt{W(y\mid 0)W(y\mid 1)}\,\mathrm{d}y \tag{6.4.14}$$

对于二进制加性高斯白噪声信道,根据定义计算其转移概率(其中 σ^2 为噪声方差,调制方式为 BPSK):

$$W(y\mid 0)=\frac{1}{\sqrt{2\pi}\sigma}\mathrm{e}^{-\frac{(y+1)^2}{2\sigma^2}} \tag{6.4.15}$$

$$W(y\mid 1)=\frac{1}{\sqrt{2\pi}\sigma}\mathrm{e}^{-\frac{(y-1)^2}{2\sigma^2}} \tag{6.4.16}$$

将式(6.4.15)与式(6.4.16)代入式(6.4.14),可得

$$\begin{aligned}Z(W)&=\int\sqrt{W(y\mid 0)W(y\mid 1)}\,\mathrm{d}y\\&=\int\frac{1}{\sqrt{2\pi}\sigma}\mathrm{e}^{-\frac{y^2+1}{2\sigma^2}}\,\mathrm{d}y\\&=\mathrm{e}^{-\frac{1}{2\sigma^2}}\end{aligned}$$

对于二进制衰落信道,可将其近似为 AWGN 信道处理,则其转移概率为

$$W(y\mid 0)=\frac{1}{\sqrt{2\pi}\sigma}\mathrm{e}^{-\frac{(y+E)^2}{2\sigma^2}}$$

$$W(y\mid 1)=\frac{1}{\sqrt{2\pi}\sigma}\mathrm{e}^{-\frac{(y-E)^2}{2\sigma^2}}$$

$$Z(W)=\mathrm{e}^{-\frac{E^2}{2\sigma^2}}$$

式中:E 为发送符号,$E=\sqrt{4\times\ln 4K/(4-\pi)}$;$K$ 为瑞利衰落信道的比例因子;σ^2 为方差,$\sigma^2=(10^{\frac{\mathrm{SNR}}{10}})^{-1}$。

在明确 Bhattacharyya 因子的定义后,则可根据式(6.4.12)和式(6.4.13)迭代计算比特信道 Bhattacharyya 的上下界。给定变换 $(W_{N/2}^{(i,0)},W_{N/2}^{(i,1)})\rightarrow(W_N^{2i-1},W_N^{2i})$,定义 $f_{(N/2,j,0)}^{\mathrm{U}}$、$f_{(N/2,j,1)}^{\mathrm{U}}$、$f_{(N/2,j,0)}^{\mathrm{L}}$、$f_{(N/2,j,1)}^{\mathrm{L}}$ 分别为 $Z(W_{N/2}^{(i,0)})$、$Z(W_{N/2}^{(i,1)})$ 的上、下界,且 $f_{(1,j,0)}^{\mathrm{U}}=f_{(1,j,1)}^{\mathrm{U}}=f_{(1,j,0)}^{\mathrm{L}}=f_{(1,j,1)}^{\mathrm{L}}=Z(W)(1\leqslant j\leqslant N)$,则有

$$\begin{cases}f_{(N,2j-1)}^{\mathrm{U}}=f_{(N/2,j,0)}^{\mathrm{U}}+f_{(N/2,j,1)}^{\mathrm{U}}-f_{(N/2,j,0)}^{\mathrm{U}}f_{(N/2,j,1)}^{\mathrm{U}}\\f_{(N,2j)}^{\mathrm{U}}=f_{(N/2,j,0)}^{\mathrm{U}}f_{(N/2,j,1)}^{\mathrm{U}}\end{cases}$$

$$\begin{cases} f^{\mathrm{L}}_{(N,2j-1)} = \dfrac{f^{\mathrm{L}}_{(N/2,j,0)} + f^{\mathrm{L}}_{(N/2,j,1)}}{2} \\ f^{\mathrm{L}}_{(N,2j)} = f^{L}_{(N/2,j,0)} f^{\mathrm{L}}_{(N/2,j,1)} \end{cases}$$

6.4.4 Polar 码编码原理

Polar 码本质上属于线性分组码，因此其编码过程和一般的线性分组码一样。不同的是一般的线性分组码根据线性空间基底原理挑选码字生成矩阵的行，而 Polar 码由信息比特集$\mathcal{A}$确定生成矩阵的某些行。假设 $\boldsymbol{c}$ 为 N 比特长的编码码字，$\boldsymbol{u}_I$ 为 K 比特信源信息，$\boldsymbol{u}_F=\boldsymbol{0}$ 为 $N-K$ 比特固定信息，则

$$\boldsymbol{c} = \boldsymbol{u}_I \boldsymbol{G}_{K\times N} = \boldsymbol{u}_I \boldsymbol{G}_{K\times N} + \boldsymbol{u}_F \boldsymbol{G}_{(N-K)\times N} = \boldsymbol{u}\boldsymbol{G}_{N\times N} \tag{6.4.17}$$

式中：$\boldsymbol{G}_{N\times N}$ 为 Polar 码生成矩阵，$\boldsymbol{G}_{K\times N}(=\boldsymbol{G}_{\mathcal{A}})$是根据信息比特集$\mathcal{A}$中元素从 $\boldsymbol{G}_{N\times N}$ 中挑选的行组成的矩阵(生成矩阵的详细计算参见 6.4.3.1 节)。

例 6.4.1 以码长 $N=8$ 为例，假设信息比特集$\mathcal{A}=\{4,6,7,8\}$，信源信息 $\boldsymbol{u}_I=[1\ 1\ 0\ 1]$，生成矩阵为

$$\boldsymbol{G} = \boldsymbol{B}_N \boldsymbol{F}^{\otimes n} = \boldsymbol{B}_8 \boldsymbol{F}^{\otimes \log_2 8} = \boldsymbol{B}_8 \boldsymbol{F}^{\otimes 3}$$

式中：$\boldsymbol{B}_N$ 为 bit-inverse 矩阵，且

$$\boldsymbol{F} = \begin{bmatrix} 1 & 0 \\ 1 & 1 \end{bmatrix}$$

则

$$\boldsymbol{c} = \boldsymbol{u}_I \boldsymbol{G}_{\mathcal{A}} = \boldsymbol{u}\boldsymbol{G} = \boldsymbol{u}(\boldsymbol{B}_8 \boldsymbol{F}^{\otimes 3}) = \boldsymbol{u}(\boldsymbol{F}^{\otimes 3}\boldsymbol{B}_8) = (\boldsymbol{u}\boldsymbol{F}^{\otimes 3})\boldsymbol{B}_8$$

式中：$\boldsymbol{G}_{\mathcal{A}}$ 是根据$\mathcal{A}=\{4,6,7,8\}$从 $\boldsymbol{G}$ 中挑选的行，在本例中对应 $\boldsymbol{G}$ 矩阵的第 4、6、7、8 行；$\boldsymbol{u}$ 是在固定比特位置填充固定比特 0 后的信源信息，在本例中 $\boldsymbol{u}=[0\ 0\ 0\ 1\ 0\ 1\ 0\ 1]$。编码因子图如图 6.4.13 所示。

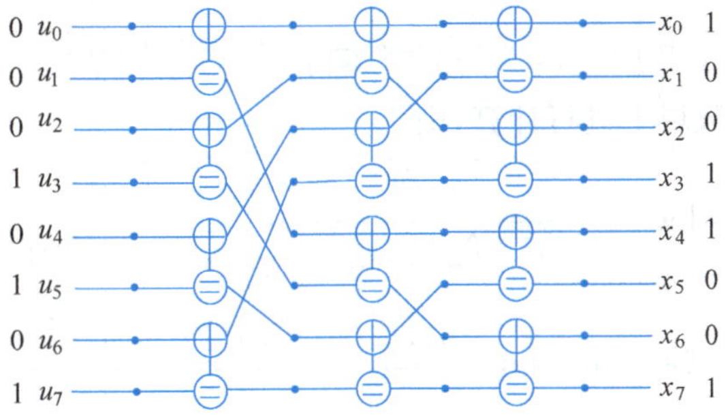

图 6.4.13 N=8 时 Polar 码编码因子图

6.4.5 Polar 码译码方法

6.4.5.1 SC 译码原理

SC 算法是一种串行译码算法，通过迭代计算比特信道的似然比信息进而对各发送

信息做出硬判决，其中 W_N^i 的似然比信息定义为

$$L_N^i(y_1^N,\hat{u}_1^{i-1})=\log\frac{W_N^i(y_1^N,\hat{u}_1^{i-1}\mid 0)}{W_N^i(y_1^N,\hat{u}_1^{i-1}\mid 1)} \tag{6.4.18}$$

判定准则为

$$\hat{u}_i=\begin{cases}u_i, & i\in\mathcal{A}^c\\ h_i(y_1^N,\hat{u}_1^{i-1}), & i\in\mathcal{A}\end{cases}$$

式中：$\{u_i,i\in\mathcal{A}^c\}$为固定比特，且有

$$h_i(y_1^N,\hat{u}_1^{i-1})\triangleq\begin{cases}0, & L_N^i(y_1^N,\hat{u}_1^{i-1})\geqslant 1\\ 1, & \text{其他}\end{cases}$$

因此，SC 译码重点是如何计算每个比特信道 W_N^i 的转移概率，进而计算各比特信道的似然比信息。下面简述基于式(6.4.8)的 LR 计算过程。

由 6.4.2.2 节可知，拆分后的比特信道转移概率为比特信道 W_N^{2i-1} 与 W_N^{2i}，其转移概率递归计算公式：

$$W_N^{2i-1}(y_1^{2N},u_1^{2i-2}\mid u_{2i-1})=\sum_{u_{2i}\in\{0,1\}}\frac{1}{2}W_{N/2}^i(y_1^{N/2},u_{1,\mathrm{o}}^{2i-2}\oplus u_{1,\mathrm{e}}^{2i-2}\mid u_{2i-1}\oplus u_{2i})\cdot W_{N/2}^i(y_{N/2+1}^N,u_{1,\mathrm{e}}^{2i-2}\mid u_{2i})$$

$$W_N^{2i}(y_1^{2N},u_1^{2i-1}\mid u_{2i})=\frac{1}{2}W_{N/2}^i(y_1^{N/2},u_{1,\mathrm{o}}^{2i-2}\oplus u_{1,\mathrm{e}}^{2i-2}\mid u_{2i-1}\oplus u_{2i})\cdot W_{N/2}^i(y_{N/2+1}^N,u_{1,\mathrm{e}}^{2i-2}\mid u_{2i})$$

根据上述式可以得到比特信道 W_N^{2i-1} 和 W_N^{2i} 的似然比迭代公式：

$$L_N^{2i-1}(y_1^{2N},\hat{u}_1^{2i-2})=\frac{L_{N/2}^i(y_1^{N/2},\hat{u}_{1,\mathrm{o}}^{2i-2}\oplus\hat{u}_{1,\mathrm{e}}^{2i-2})L_{N/2}^i(y_{N/2+1}^N,\hat{u}_{1,\mathrm{e}}^{2i-2})+1}{L_{N/2}^i(y_1^{N/2},\hat{u}_{1,\mathrm{o}}^{2i-2}\oplus\hat{u}_{1,\mathrm{e}}^{2i-2})+L_{N/2}^i(y_{N/2+1}^N,\hat{u}_{1,\mathrm{e}}^{2i-2})}$$

$$L_N^{2i}(y_1^{2N},\hat{u}_1^{2i-1})=[L_{N/2}^i(y_1^{N/2},\hat{u}_{1,\mathrm{o}}^{2i-2}\oplus\hat{u}_{1,\mathrm{e}}^{2i-2})]^{1-2\hat{u}_{2i-1}}L_{N/2}^i(y_{N/2+1}^N,\hat{u}_{1,\mathrm{e}}^{2i-2})$$

若将其统一在对数域上进行计算，则

$$\begin{aligned}L_N^{2i-1}(y_1^{2N},\hat{u}_1^{2i-2})&=\log\frac{\mathrm{e}^{L_{N/2}^i(y_1^{N/2},\hat{u}_{1,\mathrm{o}}^{2i-2}\oplus\hat{u}_{1,\mathrm{e}}^{2i-2})}\mathrm{e}^{L_{N/2}^i(y_{N/2+1}^N,\hat{u}_{1,\mathrm{e}}^{2i-2})}+1}{\mathrm{e}^{L_{N/2}^i(y_1^{N/2},\hat{u}_{1,\mathrm{o}}^{2i-2}\oplus\hat{u}_{1,\mathrm{e}}^{2i-2})}+\mathrm{e}^{L_{N/2}^i(y_{N/2+1}^N,\hat{u}_{1,\mathrm{e}}^{2i-2})}}\\&=2\operatorname{arctanh}\left[\tanh\left(\frac{L_{N/2}^i(y_1^{N/2},\hat{u}_{1,\mathrm{o}}^{2i-2}\oplus\hat{u}_{1,\mathrm{e}}^{2i-2})}{2}\right)\right.\\&\qquad\left.\tanh\left(\frac{L_{N/2}^i(y_{N/2+1}^N,\hat{u}_{1,\mathrm{e}}^{2i-2})}{2}\right)\right]\end{aligned} \tag{6.4.19}$$

$$\begin{aligned}L_N^{2i}(y_1^{2N},\hat{u}_1^{2i-1})&=\log\left(\left[\mathrm{e}^{L_{N/2}^i(y_1^{N/2},\hat{u}_{1,\mathrm{o}}^{2i-2}\oplus\hat{u}_{1,\mathrm{e}}^{2i-2})}\right]^{1-2\hat{u}_{2i-1}}\mathrm{e}^{L_{N/2}^i(y_{N/2+1}^N,\hat{u}_{1,\mathrm{e}}^{2i-2})}\right)\\&=(1-2\hat{u}_{2i-1})L_{N/2}^i(y_1^{N/2},\hat{u}_{1,\mathrm{o}}^{2i-2}\oplus\hat{u}_{1,\mathrm{e}}^{2i-2})+L_{N/2}^i(y_{N/2+1}^N,\hat{u}_{1,\mathrm{e}}^{2i-2})\end{aligned} \tag{6.4.20}$$

式中：tanh 和 arctanh 分别为双曲正切函数和反双曲正切函数。式(6.4.19)常称为 f 运算,式(6.4.20)称为 g 运算。

1. 单位因子图概率传递公式

至此,不难发现 $L_{N/2}^{i}(y_1^{N/2},\hat{u}_{1,o}^{2i-2}\oplus\hat{u}_{1,e}^{2i-2})$、$L_N^{2i-1}(y_1^{2N},\hat{u}_1^{2i-2})$、$L_{N/2}^{i}(y_{N/2+1}^{N},\hat{u}_{1,e}^{2i-2})$、$L_N^{2i}(y_1^{2N},\hat{u}_1^{2i-1})$、$u_{1,e}^{2i-2}$、$\hat{u}_{1,o}^{2i-2}$、$\hat{u}_{1,o}^{2i-2}\oplus\hat{u}_{1,e}^{2i-2}$、$u_{1,e}^{2i-2}$ 可构成 Polar 因子图的一个基本单元,称为单位因子图。

图 6.4.14 是 SC 译码的单位因子图($N=2$),即 2 个信道进行重组拆分过程,在该因子图上有 8 个值,其中 $L_1\sim L_4$ 代表向左传递的 LLR 值,即编码过程,$B_1\sim B_4$ 代表向右传递的硬比特信息,即译码过程。

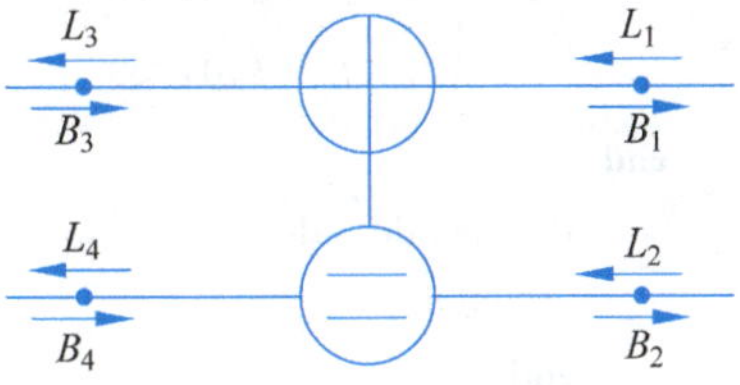

图 6.4.14 SC 译码单位因子图

传递公式为

$$L_3=L_1\boxplus L_2\approx \operatorname{sign}(L_1)\operatorname{sign}(L_2)\min\{|L_1|,|L_2|\} \tag{6.4.21}$$

$$L_4=\begin{cases}L_2+L_1, & B_3=0\\ L_2-L_1, & B_3=1\end{cases}=(1-2B_3)L_1+L_2 \tag{6.4.22}$$

$$B_1=B_3\oplus B_4 \tag{6.4.23}$$

$$B_2=B_4 \tag{6.4.24}$$

其中$\boxplus$表示：

$$a\boxplus b=2\operatorname{arctanh}\left(\tanh\left(\frac{a}{2}\right)\tanh\left(\frac{b}{2}\right)\right)$$

由于上述公式计算复杂,不利于硬件实现,因此常采取近似。一种常用的形式为

$$a\boxplus b=2\operatorname{arctanh}\left(\tanh\left(\frac{a}{2}\right)\tanh\left(\frac{b}{2}\right)\right)\approx \operatorname{sign}(a)\operatorname{sign}(b)\min\{|a|,|b|\}$$

其中 sign 表示取符号位。因此有式(6.4.21)根据 SC 译码过程,该单位因子图($N=2$)中译码输出为图 6.4.14 中的 B_3 和 B_4,其中 B_3 由 L_1 和 L_2 通过 f 运算(即式(6.4.21))后经判决得出,B_4 由 L_1、L_2 和 B_3 通过 g 运算(式(6.4.22))后判决得出。若 $N>2$,则继续根据式(6.4.23)和式(6.4.24)完成后续的译码输出。

2. SC 译码算法

SC 译码算法流程总结如下：

算法 6.4.1 SC 译码算法 Main Function

Input: the LLR of received signal $\mathbf{y}$

Output: decoded message $\hat{\mathbf{u}}$

for $\phi=0,1,\cdots,N-1$

```
updateLLR(n,φ)
if u_φ is frozen  do
    set û_φ = 0
else
    û_φ = { 0,  L_n(φ,0) > 0
          { 1,  L_n(φ,0) < 0
end
    if φ is odd  do
      updateB(n,φ)
    end
end
return û_φ
```

算法 6.4.2 SC 译码算法 updateLLR(λ,φ)

```
if    λ=0 then return
Ψ ← ⌊φ/2⌋
if    φ mod2=0 then updateLLR(λ−1,Ψ)
for   β=0,1,…,2^(n−λ)−1 do
    if φ mod 2=0 then
        L_λ(φ,β) = L_{λ−1}(Ψ,2β) ⊞ L_{λ−1}(Ψ,2β+1)
    else
        L_λ(φ,β) = L_{λ−1}(Ψ,2β+1) + (−1)^{B_λ(φ−1,β)} L_{λ−1}(Ψ,2β)
    end
end
```

算法 6.4.3 SC 译码算法 updateB(λ,φ)

```
if  φ is odd  then
    for β=0,1,…,2^(n−λ)−1  do
        B_{λ−1}(Ψ,2β) = B_λ(φ,β) ⊕ B_λ(φ−1,β)
        B_{λ−1}(Ψ,2β+1) = B_λ(φ,β)
    end
if Ψ is odd  then  updateB(λ−1,Ψ)
end
```

图 6.4.15 是码长 $N=2048$,码率 $R=0.5$SC 译码 BER 和 FER 仿真结果图。

6.4.5.2 SCL 译码算法

SC 译码算法可看作深度搜索下的贪心策略,即选取似然概率最大的路径。显然,这种策略不能确保全局最优,甚至局部最优。针对这个问题,Tal 等提出罗列连续消除算法,是一种多路径的贪心搜索策略。通常将最大可支持同时搜索的路径数量称为列表长度,定义为符号 L。路径由节点组成,节点对应比特信道,路径的可靠性由其首节点的似

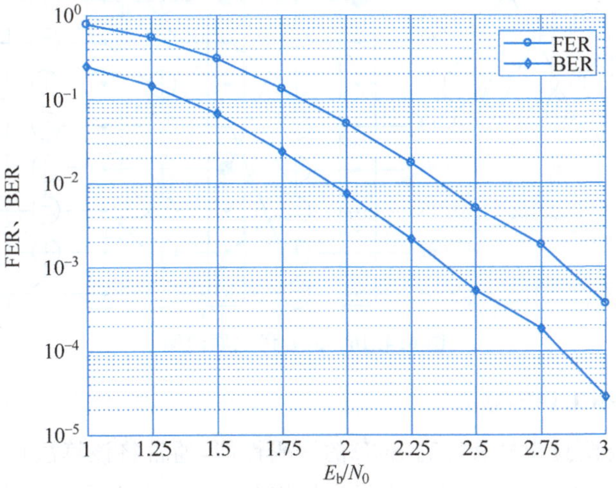

图 6.4.15 $N=2048, R=0.5$ SC 译码仿真结果

然概率所决定。对于二元输入符号集,任一路径可通向两个节点。SCL 根据节点分裂路径,在路径数超过 L 时仅保留最可靠的 L 条路径继续跟踪,直至所有信息估计完毕,最后选择最可靠的路径作为译码输出。注意,在任一译码阶段所有路径的长度都是相同的,因此其似然概率可作横向对比。研究表明,随着 L 的增大,罗列连续消除算法误码性能逼近最大似然估计。

图 6.4.16 是 SCL 译码原理图。假设 $u_0 \sim u_7$ 均是信息比特。在 SC 译码下,u_0 的 LLR 值将被计算,进而判决出是 0 还是 1。然后根据判决的 u_0 值利用式(6.4.22)计算 u_1 的 LLR 值,同时利用式(6.4.23)和式(6.4.24)对信息比特向右进行传递。此时如果 u_0 译码错误,则错误将向后传递。为了改进错误向后传递情况,SCL 译码算法在计算出 u_0 的 LLR 值时,不进行判决,而是假设 u_0 可能为 0 或 1。当 u_0 为 0 时,利用式(6.4.22)对 u_1 的 LLR 值进行计算,并用式(6.4.23)和式(6.4.24)向右传递信息比特。当 u_0 为 1 时,利用式(6.4.22)对 u_1 的 LLR 值进行计算,并用式(6.4.23)和式(6.4.24)向右传递信息比特。同理,在计算出 u_1 的两种可能 LLR 值后也不进行判决,而是假设其为 0 或者 1,这样继续计算 u_3。以此类推,对于一个码长为 N 的译码系统,路径数将达到 2^N 个,此时的计算量太大。为此,需要对路径进行删减。而删减准则需要一个度量来决定哪些路径被剪。

考虑译到 u_3 时,概率为

$$W_N(y_0^{N-1}, u_0^2 \mid u_3) = W_N(u_0^2 \mid u_3) W_N(y_0^{N-1} \mid u_0^3) = \frac{1}{2^3} W_N(y_0^{N-1} \mid u_0^3)$$

此时的概率值越大,表示译码为 $\hat{u}_0^3$ 时可能性最大。路径应该保存下来。而如果是基于 LLR 的 SCL 算法,路径度量可以采用

$$\mathrm{PM}_l^{(i)} \triangleq \sum_{j=0}^{i} \ln\left(1 + \mathrm{e}^{-(1-2\hat{u}_j[l]) \cdot L_n^{(j)}[l]}\right)$$

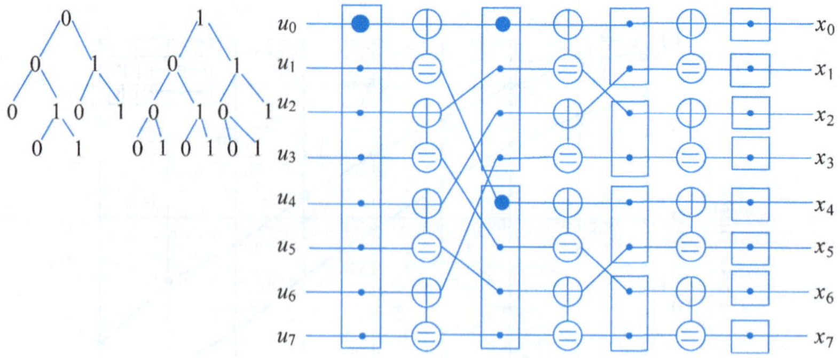

图 6.4.16　SCL 译码原理图

6.4.5.3　CA-SCL 译码算法

引入循环冗余校验能显著提高 SCL 的误码性能，通常将该算法称为循环冗余校验辅助的 SCL(CRC-SCL)。该算法要求在发送端构造满足校验关系的发送信息序列，进而在选择译码路径时优先考虑满足校验且似然概率最大的路径。若不存在满足校验的路径，则按原策略输出。研究表明，CRC-SCL 的误码性能优于部分 LDPC。

在 SCL 译码输出时，采用循环冗余校验辅助筛选可提高译码性能，但会引入一定计算开销及码率下降。该算法需要对发送信息添加校验，进而在译码筛选时优先考虑满足校验者，其次才是似然概率最大者。

6.4.5.4　自适应的罗列连续消除算法

基于 SCL 算法的串行特性及多路径搜索过程，其译码时延远超 SC 算法，这严重制约了 SCL 算法实际应用价值。相关人员在研究中发现，SC 算法能保证大多数情况下的正确译码，而 SCL 算法主要解决小概率下的错误译码事件。因此，可将并行路径数初设为 1，结合 CRC 辅助，当输出不满足校验时增大并行路径，直至达到预设的最大值。该方案称为自适应的罗列连续消除(Adaptive SCL，AD-SCL)算法。研究表明，该方案保持了 CRC-SCL 算法的误码性能，但能大幅度降低译码时延。下面对该算法作数学定义及流程简述。

假定列表长度为 L，当前路径数为 l，编码序列为 u_1^N，码字序列为 x_1^N，接收序列为 y_1^N。为简化描述，称路径的概率值为其叶节点的转移概率。表 6.4.1 给出了 AD-SCL 算法的译码流程。

表 6.4.1　AD-SCL 算法的译码流程

算法 6.4.4　AD-SCL 算法的译码流程
(1) 根据信道计算 y_1^N 的转移概率，初始化列表长度 $l=1$。
(2) 迭代计算叶节点转移概率。
(3) 若叶节点属于冻结集，则置为预设值；否则，分裂路径，当路径数大于 l 时，仅保留其中概率最大的路径。
(4) 当译码索引值满足回溯条件时，从上而下递归更新信息节点。
(5) 若全部信息估算完毕，校验信息序列，当存在满足校验者或 $l=L$ 时，则取概率最大者输出；否则，置 $l=2l$ 并重置相关数据结构，返回步骤(2)。

当 $l=1$ 时，AD-SCL 算法相当于 SC 算法；当 $l=L$ 时，AD-SCL 算法相当于 SCL 算法。因此，其平均时间复杂度为

$$D=\frac{N\log_2 N}{m}\sum_{i=0}^{m}2^i=N\log_2 N\ \frac{2L-1}{m}$$

其中 $m=\log_2 L$。其空间复杂度与 SCL 算法一致，为 $O(LN)$。

6.5 编码调制技术

香农论文《通信的数学理论》发表后的 20 多年里，编码理论方面的研究几乎都集中在针对二进制输入信道设计好的码和有效的译码算法。事实上，在 20 世纪 70 年代早期人们相信编码增益只有通过带宽展宽(由于无失真地传输一个符号所需的带宽和传输速率成反比，因此将二进制调制和编码结合总需要带宽展宽 $1/R$)而获得，在频谱效率 $\eta \geqslant 1$ 比特/维时编码将无济于事。因此，在带宽受限、需要采用大的调制符号集来实现高频谱效率的通信应用中，编码被认为是不可行的方案。确实，调制系统设计的重点几乎都是在给定对平均和或峰值信号能量的某种限制条件下，在二维欧几里得空间中构造大的信号集，使信号之间的最小欧氏距离最大化。

基于此，Massey 于 1974 年提出了将编码与调制作为一个整体看待可能会提高系统性能的设想。此后，许多学者研究了将此设想付诸实践的途径。最早的方法是由 Ungerboeck 在 1976 年和 Imai 及 Hirakawa 在 1977 年分别独立地提出的。他们共同的核心思想是在欧几里得空间中优化码字，而不是像传统编码方案那样只考虑汉明距离。Ungerboeck 的编码调制方法是基于集分割映射的，其设计规则是使分割后的子集内的最小欧氏距离最大化。因为分集的过程通常伴随着网格编码，所以 Ungerboeck 的编码调制方法可称为网格编码调制(TCM)。Imai 及 Hirakawa 提出的多级编码(Multilevel Coding，MLC)是另一种与 TCM 类似的编码调制方法。其思想是通过在第 i 级的独立二进制码分别保护每个符号的第 i 个映射比特。此外，任意二进制码如分组码、卷积码或者级联码都可以用作每一级的分量码。因此，TCM 也可以看作 MLC 的一种特殊情况。TCM 技术奠定了限带信道上编码调制技术的研究基础，被认为是信道编码发展中的一个里程碑。随着现代通信的发展，一方面高数据率要求系统的带宽效率要高，另一方面移动性要求小天线与低发射功率，而这需要系统具有高的编码增益。TCM 技术为这些问题的解决提供了一条途径。此后，限带信道上的编码调制技术在理论研究和工程实践两方面都得到了迅速发展，取得了许多令人瞩目的成果。

目前，对于线性 AWGN 信道，系统传输速率已经接近香农信道容量。但是对于衰落信道，TCM 技术的研究进展则不像 AWGN 信道那样乐观。在 AWGN 信道中的最佳 TCM 码在衰落信道多数情况下是次佳的。基于系统在衰落信道中的性能很大程度地取决于信号分集这一特点，Divsalar 等于 1987 年提出了衰落信道中 TCM 好码的设计准则。此后，人们在此准则指导下研究了多种适用于衰落信道的编码调制方案。Turbo 码的出现也为衰落信道上编码调制技术的研究提供了新的思路，近年来许多新的 Turbo 类

的 TCM 方案被提出。为适应衰落信道条件，Zehavi 等于 1992 年对 TCM 的结构进行了改革，提出用比特交织代替信道符号交织，Garier 于 1998 年对这项技术做了进一步理论分析与研究，称为比特交织编码调制（Bit-Interleaved Coded Modulation，BICM）。Xiaodong Li、A. Chindapol 等于 2002 年提出了一种迭代的 BICM，称为 BICM-ID（bit-interleaved coded modulation with iterative decoding）技术。

本节将介绍 TCM、MLC、BICM-ID 三种重要的编码调制技术，可帮助读者掌握其基本理论，为开展本领域研究奠定基础。

6.5.1 TCM

TCM 技术是基于卷积码的，其结构框图如图 6.5.1 所示。

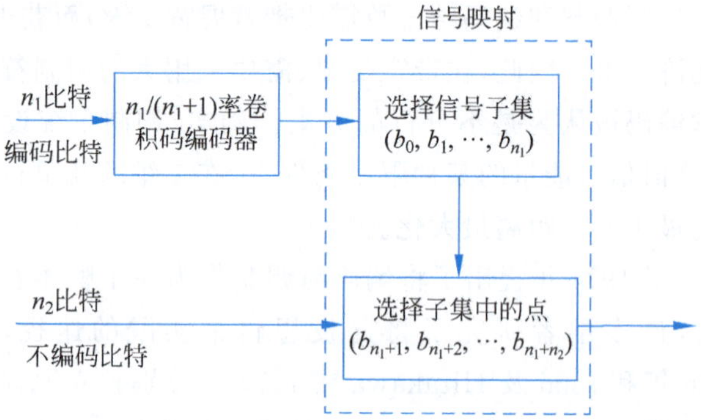

图 6.5.1 TCM 的一般结构

一个 n 比特信息组可分解为 $n=n_1+n_2$，其中 n_1 比特组被送入二进制卷积编码器并编成 n_1+1 比特组输出，而另一组 n_2 比特不参与编码。这样，从编码器得出的 n_1+1 比特可以在经过子集划分后的信号星座的 2^{n_1+1} 个子集中选取其中之一，而未编码的 n_2 比特则被送至在已划分的 2^{n_1+1} 的各子集中的 2^{n_2} 个信号点中选取其中之一（n_2 可以等于 1）。TCM 通过扩展信号的星座图大小，而不是利用传统的扩展频带来获取编码增益，其频谱效率高，也称为高效编码调制。这种技术的关键是，编码引入的冗余比特不是和二进制调制中一样来发送额外的符号，而是用来扩展相对非编码系统的信号星座图大小。因此，编码调制涉及信号集拓展，而不是带宽展宽。

信号点的比特标注由星座图的分割决定。一个 2^{n+1} 相调制的信号集 S 被分割为 $n+1$ 级。在 $i(1\leqslant i\leqslant n+1)$级分割中，信号集被分成两个子集 $S_i(0)$和 $S_i(1)$，使得集内的距离 δ_i^2 最大。标注比特 $b_i\in\{0,1\}$与第 i 级分割中子集 $S_i(b_i)$的选择相关联。这个分割过程给出了信号点的标注。集中的每个信号点都有唯一的 $n+1$ 比特标注 $b_1, b_2, \cdots, b_n$，用 $s(b_1, b_2, \cdots, b_n)$表示。采用 2^{n+1} 相调制信号星座图的标准（Ungerboeck）分割（简称 UP 分割），集内距离按照非递减顺序 $\delta_1^2\leqslant\delta_2^2\leqslant\cdots\leqslant\delta_{n+1}^2$ 排列。这个分割策略对应 MPSK 调制的自然标注。图 6.5.2 给出 8PSK 调制下星座图的自然映射，其中 $n=n_1=$

$2, n_2=0, \delta_1^2=0.586, \delta_2^2=2, \delta_3^2=4$。

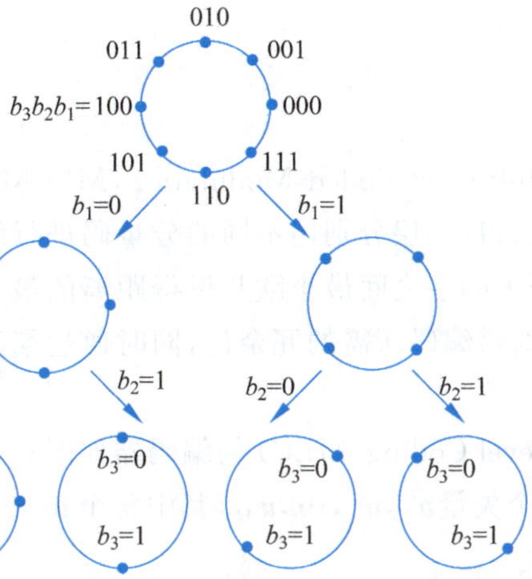

图 6.5.2　8PSK 调制下星座图的自然映射

Ungerboeck 将编码器简单地看作"一个给定状态数目和指定状态转移的有限状态机"。他给出了将信号子集和信号点映射到网格中分支上的一系列实用的规则。这些规则概括如下。

规则 1：所有子集在网格中出现的频率相同。

规则 2：由最大的欧几里得距离分隔的子集应当被安排到起止于相同状态的状态转移。

规则 3：由最大欧几里得距离分隔的信号点(最高分割级)应当被安排到平行转移中。

对于一个 64 状态、2/3 码率、8PSK 的 TCM，与 QPSK 调制下的性能比较如图 6.5.3 所示。

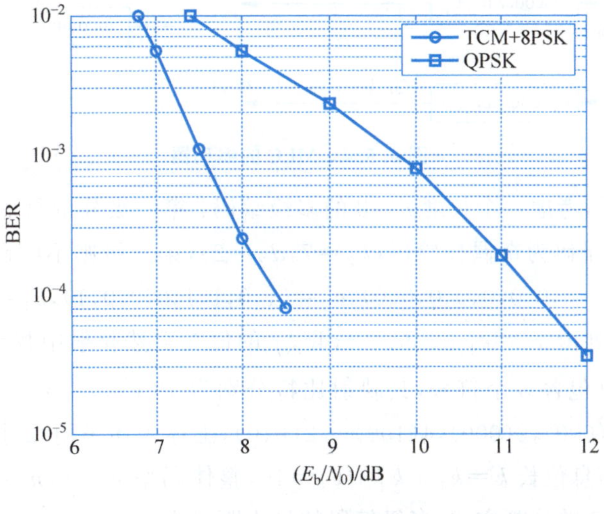

图 6.5.3　TCM 性能图

从图中可以看出，在相同的频谱利用率下，误码率为 10^{-4} 时，TCM 可以获得近 3dB 的增益。

6.5.2 多级编码

多级编码调制（Multilevel Coded Modulation，MLCM）是将星座信号点的各个二进制比特看作独立的各层，每一层分别用不同的分量码进行编码以期对信息比特进行不同程度的保护，从而保证了码字之间最小欧几里得距离的最大化。它的基本思想是以扩展星座图的方式来获取纠错编码所需的冗余位，同时通过编码来增加调制序列之间的最小欧几里得距离。

多级编码（Multilevel Coding，MLC）的编码器如图 6.5.4 所示，一消息序列 $\boldsymbol{u}=(u_1, u_2, \cdots, u_k)$ 分割成 M 个矢量 $\boldsymbol{u}_1, \boldsymbol{u}_2, \cdots, \boldsymbol{u}_M$，其中每个 $\boldsymbol{u}_i=(u_{i,1}, u_{i,2}, \cdots, u_{i,k_i})$ 都是一个 k_i 维的矢量，且 $k=\sum_{i=1}^{M} k_i$。假设一(n, k_i, d_i) 线性分组码 $\boldsymbol{C}_i$ 作为第 i 级分量码，其中 n、k_i、d_i 分别是码 $\boldsymbol{C}_i$ 的码长、信息位长及最小汉明距离。矢量 $\boldsymbol{u}_i$ 编成码字 $\boldsymbol{c}_i=(c_{i,1}, c_{i,2}, \cdots, c_{i,n}) \in \boldsymbol{C}_i$。从 M 个码矢量 $c_1, c_2, \cdots, c_M$ 中提取第 j 个比特组成矢量 $(c_{1,j}, c_{2,j}, \cdots, c_{M,j})$，然后映射成调制星座中的信号点 $x_j \in \chi$，这样就得到信号序列 $\boldsymbol{x}=(x_1, x_2, \cdots, x_n)$。

多级编码的总码率 $R=k/n=\sum_{i=1}^{M} k_i/n$。一般来说，线性分组码是传统的分量码，卷积码也可作为分量码。MLC 的设计准则就是最大化最小欧几里得距离，即

$$d_{\min}=\min_{i\in\{1,2,\cdots,M\}} d_i\delta_i^2$$

式中：δ_i^2 为第 i 级的最小内集距离。

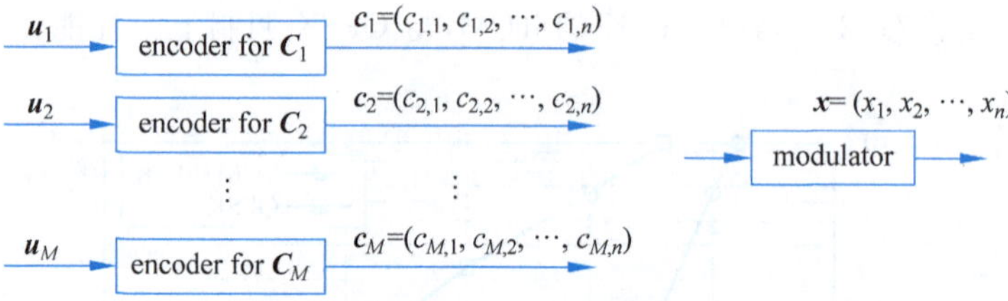

图 6.5.4 MLC 的编码器

下面举例说明，考虑一个长度 $n=8$ 的多级编码：第一级分量码采用重复码$(k_1=8, d_1=8)$，第二级分量码为奇偶校验码$(k_2=7, d_2=2)$，第三级则不编码$(k_3=8, d_3=1)$。对于三个码字 $\boldsymbol{c}_1=(0,0,0,0,0,0,0,0)$，$\boldsymbol{c}_2=(1,0,1,1,0,0,0,1)$，$\boldsymbol{c}_3=(0,1,1,1,0,0,1,0)$，发送的信号序列由 $x_j=c_{1,j}+2c_{2,j}+4c_{3,j}$ 的值在自然映射中找到对应的信号点组成。这样该序列就包含 8 个符号，其映射比特分别为 $x(x^3, x^2, x^1)=2(010)$，4(100)，6(110)，6(110)，0(000)，0(000)，4(100)及 2(010)，上述表述采用八进制（二进制）形式。这个三级编码的信息位长 $k=k_1+k_2+k_3=16$，整体码率 $R=k/n=2$（比特/使用的信道）。采用图 6.5.2 的分割方式，多级编码的最小距离为

$$d_{\min,C}=\min\{0.586\times 8, 2.0\times 2, 4.0\times 1\}=4.0$$

多级译码(Multistage Decoding,MSD)是多级编码调制系统中最有效的译码算法(图 6.5.5)。在接收端,从传输可靠性最高的那一级首先进行解调和译码,并将译码结果作为下一级解调器的先验信息,下一级解调器根据上一级译码结果进行解调和译码,同理,将译码结果再送入下一级的解调器,以此类推,直到最后一级的译码结束。

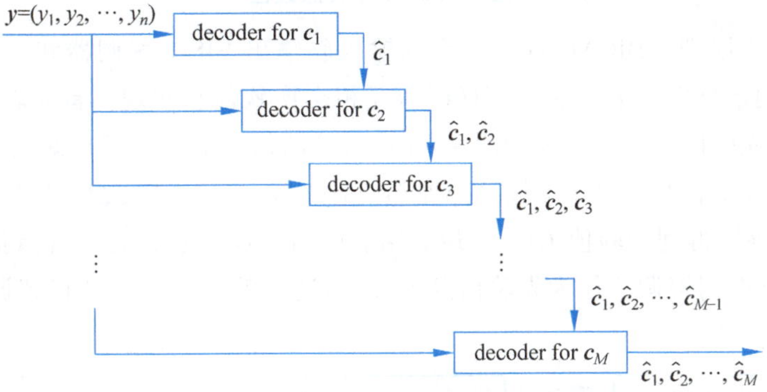

图 6.5.5 MSD 译码算法

显然多级译码中每一级的译码过程都需要来自上一级的译码结果作为先验知识,因此这是一种串行的结构,具有硬判决输出造成的判决错误有可能会由低层向高层传播的问题,即差错传递。当高层分量码对传递来的错误信息比较敏感时,硬判决输出就会导致系统整体性能下降。但同时在信道条件不良时,多级译码的每一层对下一层有着迭代保护的作用。虽然相对于最佳译码方案来说 MSD 会造成性能下降,但是在 MSD 译码过程中系统复杂度是各级译码复杂度的和而不是乘积,因此 MSD 使得译码总体复杂度大大降低。当然由于各级译码器不是并行工作的,额外的时延也不可避免。

6.5.3 BICM-ID

理论和实践表明,TCM 在 AWGN 信道中都是最佳方案,有着最佳的编码译码方法和最佳的映射规则;但在衰落信道中结果不理想,丧失了大量的编码增益。BICM 技术通过将比特交织代替符号交织的方法,打破了衰落序列之间的相关性,将分集度提高至不同比特位的最小数,可在适当的复杂度下获得较大的分集,在衰落信道中可获得很大的编码增益。BICM 原理图如图 6.5.6 所示,发送端由二进制编码器、比特交织器和调制器串联而成;接收端则由解调器、解交织器和译码器组成。

BICM 可以灵活地设计编码器和调制器,其关注点主要是优化设计交织器与调制器中的星座图,提高信号的分集度,以及用现代编码技术设计 BICM 中的编译码器取代卷积码。星座图的设计就是在信道容量限下寻找最适合的信号集合,使 BICM 性能达到最优。随着现代编码技术的发展,特别是 LDPC、Turbo 码这些接近香农限的高性能编码的提出,使纠错码性能得到大幅度提高。

图 6.5.7 给出了 BICM-ID 的原理框图。它的编码过程与 BICM 相同,这里主要介绍

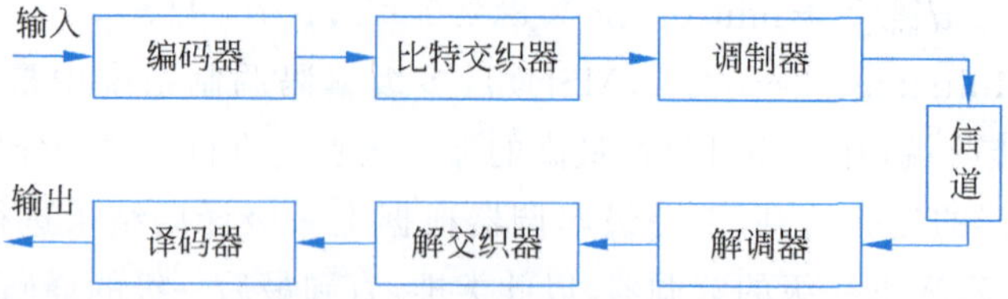

图 6.5.6　BICM 原理图

其迭代解调译码原理。BICM-ID 有一个软输入软输出 SISO 解调器和一个信道编码的译码器，通过内部软解映射器和外部译码器互相交换软信息实现。首先软解映射器根据接收信号 y 和先验值 $L_a(v)$（初始化为 0）计算后验的信息 $L(v)$，然后减去先验值 $L_a(v)$，得到解调器的外部信息 $L_e(v)$；接着把外部信息 $L_e(v)$ 经过解交织器后作为先验 $L_a(c)$ 送入 SISO 译码器得到后验值 $L(c)$；最后用后验值 $L(c)$ 减去 $L_a(c)$ 得到译码器外部信息 $L_e(c)$，再反馈到解调器作为先验信息 $L_a(v)$，这样就完成一次迭代解调译码（以上数值皆为对数似然比）。

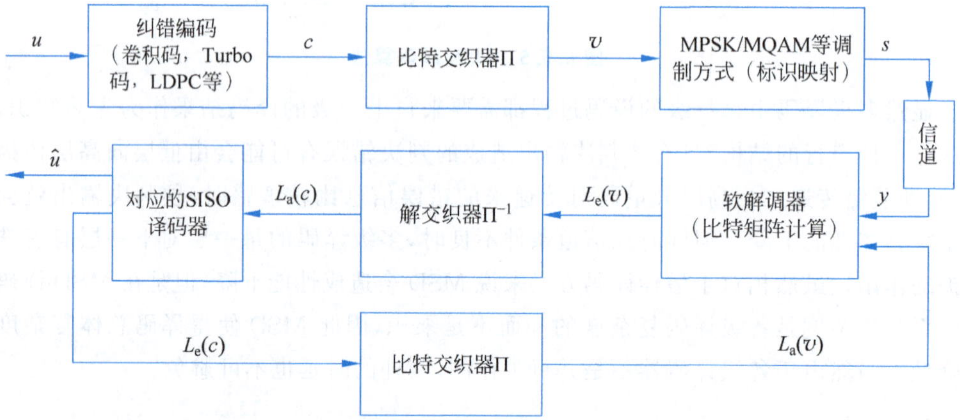

图 6.5.7　BICM-ID 原理框图

下面分析软解调算法。设在发送端信号进行了 $M(M=2^m)$ 阶调制，发送信号 s 经过信道后，在接收端得到输入信号 y，信道噪声为高斯白噪声 $z \sim N(0,N_0)$，信道衰落系数为 h。译码器输出的外部信息作软解映射器输入先验信息 $L_a=\Pi(L_e)$，首轮迭代由于没有先验信息，令 $L_a=0$，软解映射器的输出为

$$L(v)=L_a(v)+L_e(v)$$

式中

$$L_e(v_k)=\ln\frac{\sum\limits_{s\in\boldsymbol{\chi}_1^k} p(y\mid s)\prod\limits_{\substack{j=0\\ j\neq k}}^{m-1} e^{v_j L_a(v_j)}}{\sum\limits_{s\in\boldsymbol{\chi}_0^k} p(y\mid s)\prod\limits_{\substack{j=0\\ j\neq k}}^{m-1} e^{v_j L_a(v_j)}}$$

式中：v_k 为符号的第 k 个比特，$v_k \in \{0,1\}(k=0,1,\cdots,m-1)$；$\boldsymbol{\chi}_{v_k}^i$ 为在 v_k 位置的比特值是 i 的符号集。

为分析 BICM-ID 的性能，假定理想无错误反馈，定义调和中值为

$$d_{\mathrm{h}}^2(\mu)=\left(\frac{1}{m2^m}\sum_{i=1}^{m}\sum_{b=0}^{1}\sum_{s_k\in\boldsymbol{\chi}_b^i}\frac{1}{||s_k-\hat{s}||^2}\right)^{-1}$$

$$\tilde{d}_{\mathrm{h}}^2(\mu)=\left(\frac{1}{m2^m}\sum_{i=1}^{m}\sum_{b=0}^{1}\sum_{s_k\in\boldsymbol{\chi}_b^i}\frac{1}{||s_k-\tilde{s}||^2}\right)^{-1}$$

平均欧几里得距离为

$$\Delta_\mu=\frac{1}{m2^m}\sum_{i=1}^{m}\sum_{b=0}^{1}\sum_{s_k\in\boldsymbol{\chi}_b^i}||s_k-\hat{s}||^2$$

$$\tilde{\Delta}_\mu=\frac{1}{m2^m}\sum_{i=1}^{m}\sum_{b=0}^{1}\sum_{s_k\in\boldsymbol{\chi}_b^i}||s_k-\tilde{s}||^2$$

式中：μ 为标识映射关系；$\hat{s}$ 为 s_k 最邻近点且第 i 比特不同点，$\tilde{s}$ 为 s_k 仅第 i 比特不同点。

在信噪比较高时，系统性能表示如下：

$$\log P_{\mathrm{b}}\approx\frac{-d(C)}{10}\left[(Rd_{\mathrm{h}}^2(\mu))_{\mathrm{dB}}+\left(\frac{E_b}{N_0}\right)_{\mathrm{dB}}\right]+\mathrm{const}$$

$$\log\tilde{P}_{\mathrm{b}}\approx\frac{-d(C)}{10}\left[(R\tilde{d}_{\mathrm{h}}^2(\mu))_{\mathrm{dB}}+\left(\frac{E_{\mathrm{b}}}{N_0}\right)_{\mathrm{dB}}\right]+\mathrm{const}$$

式中：P_{b}、$\tilde{P}_{\mathrm{b}}$ 分别为首轮迭代和渐近误码率；$d(C)$为码字间最小汉明距离；R 为频谱效率。

$\log P_{\mathrm{b}}$ 与 $\log\tilde{P}_{\mathrm{b}}$ 有相同的形式，BER 曲线的斜率 $d(C)$决定，调和中值、信噪比、R 的变化引起 BER 曲线的平移。信道编码决定 $d(C)$和 R，标识映射决定调和中值，故 BICM-ID 性能主要由纠错编码和标识映射两方面决定。

图 6.5.8 给出了 16QAM 调制下的不同标识映射方案。表 6.5.1 给出了 16QAM 调制下常见的映射方式及其调和中值与平均欧几里得距离参数。从中可以看出，Gray 映射具有最优的首次迭代性能，DRO 映射具有最佳的渐近性能，SP 映射则在首次迭代性能、渐近性能两方面有较好的折中。图 6.5.9 给出了 AWGN 信道下上述三种映射的仿真性能。仿真中采用 1/2 码率的卷积码，生成多项式为 $G=[15\ 17]$，数据帧长 500bit。图中给出了第 1 次迭代与第 8 次迭代的性能比较。对于首次迭代性能，相对 DRO 映射、SP 映射，Gray 映射可以获得约 2.2dB 的增益（BER$=10^{-4}$）；在第 8 次迭代时，相对 Gray 映射，DRO 映射、SP 映射可以获得 2.8～3.0dB 的增益（BER$=10^{-6}$）。

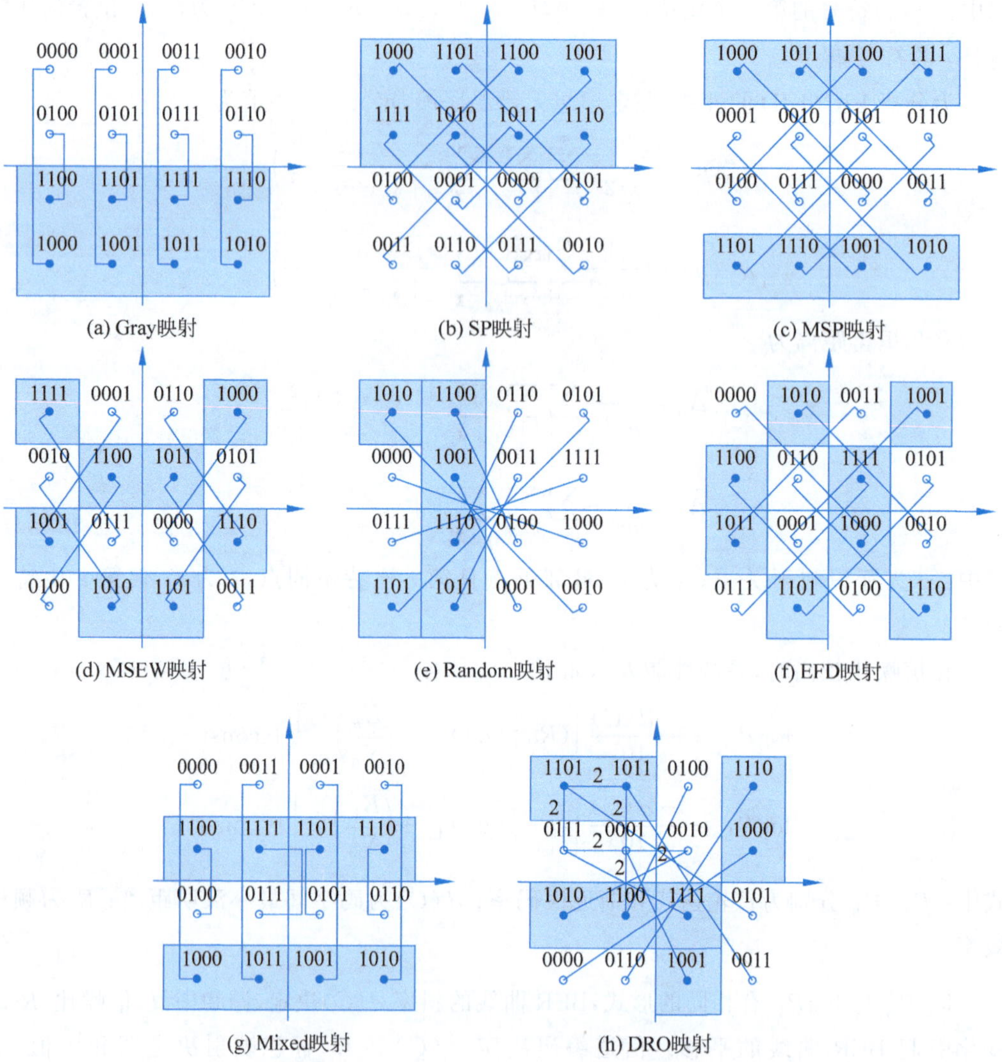

图 6.5.8 16QAM 不同标识映射的星座图

表 6.5.1 常见 16QAM 标识映射参数

映射方法	$d_h^2(\boldsymbol{\mu})$	$\tilde{d}_h^2(\boldsymbol{\mu})$	$\boldsymbol{\Delta}_{\mu}$	$\tilde{\boldsymbol{\Delta}}_{\mu}$
Gray	0.4923	0.5143	0.7000	1.2000
SP	0.4414	1.1184	0.5500	1.9000
MSP	0.4197	2.2781	0.4750	3.1400
MSEW	0.4000	2.3636	0.4000	2.8000
Mixed	0.4000	0.9931	0.4000	1.8000
EFD	0.4197	2.6581	0.4750	3.1000
Random	0.4129	2.6023	0.4250	3.2000
DRO	0.4197	2.7145	0.4750	3.2000

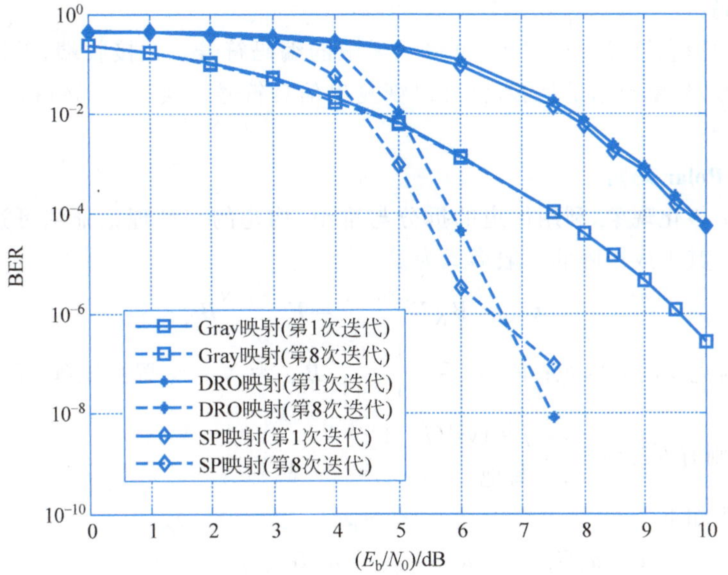

图 6.5.9 16QAM 调制下 Gray、DRO、SP 映射性能对比

小结

Turbo 码：

将卷积码和随机交织器巧妙结合实现了随机编码的思想；采用软输入软输出迭代译码来逼近最大似然译码。采用 65535 随机交织器，18 次迭代下，在 BER=10^{-5}，1/2 码率 Turbo 码距香农限 0.7dB。

编码结构可以分为并行级联卷积码（PCCC）、串行级联卷积码（SCCC）和混合级联卷积码（HCCC）；译码算法主要有最大后验概率类算法（MAP、LOG-MAP、MAX-LOG-MAP 等）以及软输出维特比（SOVA）算法等算法。

LDPC：

用稀疏的一致校验矩阵 $\boldsymbol{H}$ 定义的一种线性分组码。假设码长为 n，信息位为 k，则校验位为 $m(m=n-k)$，因而其一致校验矩阵 $\boldsymbol{H}$ 为 $m\times n$ 矩阵。设该矩阵每行有 d_c 个"1"，每列有 d_v 个"1"，其中 $d_c\ll n$，$d_v\ll m$，因而 $\boldsymbol{H}$ 矩阵中大部分元素都为"0"，即元素"1"的密度非常低，该类码因此而得名。

码的构造分为随机构造法和结构化构造法两类。经典的构造方法包括 Gallager 构造法、MacKay 构造法、PEG 构造法、有限几何构造法等。编码方法包括基于高斯消元法的编码、基于矩阵下三角化的编码、基于 ***LU*** 分解的编码、QC-LDPC 码的编码、基于 IRA 码矩阵结构的编码等。译码方法分为硬判决译码和软判决译码。其中，主要的硬判决译码算法有一步大数逻辑译码（MLG）算法、比特翻转（BF）算法、加权大数逻辑译码（WMLG）算法、加权比特翻转（WBF）算法等；软译码算法主要有迭代结构的置信传播（BP）算法、后验概率（APP）译码以及基于标准 BP 算法的各种改进译码算法。

无码率码：

对有限的信息符号进行编码，可得到无限的编码符号。在接收端，无论从何处开始接收编码符号，只要数据量足够，就可以恢复出信息符号。典型的码包括 LT 码、Raptor 码、Spinal 码等。

极化码(Polar 码)：

基于信道极化现象，利用信道的拆分与重组，构建的一种理论证明可达信道容量的线性分组码。其生成矩阵的一般形式为

$$\boldsymbol{G}_N=\boldsymbol{B}_N\boldsymbol{F}^{\otimes\log_2 N}=\boldsymbol{F}^{\otimes\log_2 N}\boldsymbol{B}_N$$

式中："⊗"为克罗内克内积；$\boldsymbol{F}=\boldsymbol{G}_2=\begin{bmatrix}1 & 0\\ 1 & 1\end{bmatrix}$，$\boldsymbol{B}_N$ 为 $N\times N$ 置换矩阵，第 i 行第 j 列的元素为 $b_{i,j}$，则有 $b_{i,j}=\begin{cases}1, & j=\text{rvsl}(i-1)+1\\ 0, & \text{其他}\end{cases}$。

编码过程如下：

$$\boldsymbol{c}=\boldsymbol{u}_I\boldsymbol{G}_{K\times N}=\boldsymbol{u}_I\boldsymbol{G}_{K\times N}+\boldsymbol{u}_F\boldsymbol{G}_{(N-K)\times N}=\boldsymbol{u}\boldsymbol{G}_{N\times N}$$

式中：$\boldsymbol{c}$ 为 N 比特长的编码码字；$\boldsymbol{u}_I$ 为 K 比特信源信息；$\boldsymbol{u}_F=\boldsymbol{0}$ 为 $N-K$ 比特固定信息；$\boldsymbol{G}_{N\times N}$ 是 Polar 码生成矩阵；$\boldsymbol{G}_{K\times N}(=\boldsymbol{G}_{\mathcal{A}})$是根据信息比特集$\mathcal{A}$中元素从 $\boldsymbol{G}_{N\times N}$ 中挑选的行组成的矩阵。

译码方法包括 SC 译码、SCL 译码、CA-SCL 译码、自适应的罗列连续消除算法。

编码调制技术：

网格编码调制(TCM)：利用编码引入的冗余比特，扩展相对非编码系统的信号星座图大小，提高频谱效率。

多级编码调制(MLCM)：将星座信号点的各个二进制比特看作独立的各层，每一层分别用不同的分量码进行编码以期对信息比特进行不同程度的保护，从而保证了码字之间最小欧几里得距离的最大化。

比特交织编码调制(BICM)：通过将比特交织代替符号交织的方法，打破衰落序列之间的相关性，将分集度提高至不同比特位的最小数，可在适当的复杂度下获得较大的分集，从而在衰落信道中获得较大的编码增益。

习题

6.1 码率为 1/3 的 Turbo 码的最低码重是 24，它适用于 QPSK 调制。试估算明显处于错误平坦区时的 BER 为多少。

6.2 对于一个码率为 1/3 的 Turbo 编码器(图 6.1.2)，其中编码器 1、2 是线性卷积编码器(不必完全相同)，由任意一个交织器分隔，证明这是一个线性系统。

6.3 针对二进制删除信道的 PCCC 译码算法如何设计？试构建该信道下的仿真模型，并进行编程，获得性能曲线。

6.4 (7,4)Hamming 码的校验矩阵 $\boldsymbol{H}$ 可以通过罗列所有非零的 3 维向量作为它的列，可得

$$\boldsymbol{H}_1=\begin{bmatrix}1&0&1&0&1&0&1\\0&1&1&0&0&1&1\\0&0&0&1&1&1&1\end{bmatrix}$$

画出该码的 Tanner 图并标记出图上所有的环。对于(7,4)循环 Hamming 码，生成多项式为 $g(x)=x^3+x+1$，给出其生成矩阵，并画出 Tanner 图，标记图中所有的环。

6.5 重排 $\boldsymbol{H}$ 中的行不会改变码字；重排 $\boldsymbol{H}$ 中的列会改变码字，因为这样会导致每个码字中的比特位发生重排，但其重量谱不变。这两种操作都不会消除码 Tanner 图上的环。对于习题 6.4 中的 $\boldsymbol{H}_1$ 进行验证，如果将矩阵中某些行的和去替换矩阵中的行，能够消除长度为 4 的环。

6.6 试构造一个(8,2,4)规则 LDPC，画出其 Tanner 图，并写出其校验矩阵。

6.7 证明$(n,1)$重复码是一个 LDPC，构造该码的低密度奇偶校验矩阵。

6.8 考虑由所有重量为 2 的 m 维矢量作为列的矩阵 $\boldsymbol{H}$，$\boldsymbol{H}$ 是否满足 LDPC 低密度奇偶校验矩阵的条件？

6.9 查阅近年来关于 LDPC 的文献，结合教材中的相关章节，完成一篇介绍 LDPC 的原理、应用与发展预测方面的技术文章。

6.10 针对 Turbo 码和 LDPC 的几种典型译码方案，分析它们的相似与差异，实现的复杂度。

6.11 用下面的 $\boldsymbol{H}$ 矩阵表示的(7,4)Hamming 码作为一个喷泉码，其包的长度是 4bit。在接收的码字 [0101， $\bar{e}$， 0000， $\bar{e}$， 1100， 1011， 0111] 中找到丢失的包，其中 $\bar{e}$ 表示一个删除包，即在传输过程中丢失的包。

$$\boldsymbol{H}=\begin{bmatrix}1&0&1&1&1&0&0\\1&1&1&0&0&1&0\\0&1&1&1&0&0&1\end{bmatrix}$$

6.12 针对 AWGN 下的 LT 码进行性能仿真(采用表 6.3.1 中的度分布)，给出不同码长的性能对比分析。

6.13 分析 LT 码存在错误平层的原因，探索解决方案，并通过仿真进行验证。

6.14 查阅相关资料，分析 Raptor 码的应用现状。

6.15 在 AWGN 信道下，采用 Bubble 译码算法，给出 Spinal 码的性能曲线，并说明降低译码复杂度的编译码方法。

6.16 在 5G 控制信道中 CRC-Polar 码、奇偶校验 PC-Polar 码、分布式 DCRC-Polar 码、Hash-Polar 码等 Polar 码的典型方案中选出一种方案进行研究，完成 AWGN 下性能仿真。

6.17 探讨 Polar 码与调制的结合，可以考虑 BICM、MLC 两种结构，设计编码调制的系统框架，并进行 AWGN 下的性能仿真。

6.18 对 8QAM 调制信号星座进行 UP 分割，给出相对应的 δ_i^2，并与 8PSK 调制(图 6.5.2)进行对比分析。

6.19 构造一个 3 级 8PSK 码，采用如下的 GF(2)域上的分量码：C_1是(7,1,7)重复码；C_2 是(7,4,3)Hamming 码；C_3 是(7,6,2)校验码。

(1) 计算码的频谱效率。

(2) 计算码的最小欧几里得距离。

(3) 分析该码在 AWGN 上的误码率性能,并进行仿真验证。

6.20 设计一个级联编码调制系统,采用 NASA 标准 GF(2^8)域上的 RS(255,223)码作为外码,以及长度为 16 的 3 级 8PSK 码作为内码。内码采用如下 GF(2)域上的分量码:C_1 是(16,1,16)重复码;C_2 是(16,15,2)Hamming 码;C_3 是(16,16,1)普通码。整个系统的频谱效率是多少?分析该级联码在 AWGN 上的误码率性能,并进行仿真验证。

参考文献

[1] Shanon C E. A mathematical theory of communication[J]. Bell Sys. Tech. Journal,1948,27：379-423,623-656.

[2] Shannon C E. Communication theory of secrecy systems[J]. Bell Sys. Tech. J,1949,28：656-715.

[3] Shannon C E. The zero-error capacity of a noisy channel[J]. IRE Trans. Inform. Theory,1956,IT-2：8-19.

[4] 傅祖芸. 信息论：基础原理与应用[M]. 5 版. 北京：电子工业出版社,2022.

[5] Lin S,Costello D J. 差错控制编码：原书第 2 版[M]. 晏坚,等,译. 北京：机械工业出版社,2007.

[6] Cover T M,Thomas J A. 信息论基础[M]. 阮吉寿,张华,译. 北京：机械工业出版社,2005.

[7] 沈连丰,叶芝慧. 信息论与编码[M]. 北京：科学出版社,2004.

[8] 王新梅,肖国镇. 纠错码：原理与方法(修订版)[M]. 西安：西安电子科技大学出版社,2001.

[9] 田宝玉,贺志强,杨洁,等. 信源编码：原理与应用[M]. 北京：北京邮电大学出版社,2015.

[10] Ryan W E,Lin S. 信道编码：经典与现代[M]. 白宝明,马啸,译. 北京：电子工业出版社,2017.

[11] 唐朝京,雷菁. 信息论与编码基础[M]. 2 版. 北京：电子工业出版社,2015.

[12] 白宝明,孙韶辉,王加庆. 5G 移动通信中的信道编码[M]. 北京：电子工业出版社,2020.

[13] 吴军. 信息传[M]. 北京：中信出版社,2020.

[14] 仇佩亮,张朝阳,谢磊. 信息论与编码[M]. 2 版. 北京：高等教育出版社,2011.

[15] 刘宴涛,王雪冰,秦娜. 信息论：经典与现代[M]. 北京：电子工业出版社,2021.

[16] 徐大专、张小飞. 空间信息论[M]. 北京：科学出版社,2021.

[17] 钟义信. 从“统计”到“理解”,从“传输”到“认知”[J]. 电子学报,1998,26(7)：1-8.

[18] 周桂如,王雨田. 从信息论到信息科学[J]. 自然辩证法通讯,1983(2)：16-21.

[19] 钟义信. 信息科学与信息论[J]. 通信学报,1990,11(1)：45-51.

[20] 钟义信. 从信息科学视角看《信息哲学》[J]. 哲学分析,2015,6(1)：17-31.

[21] McEliece R J. 信息论与编码理论[M]. 2 版. 北京：电子工业出版社,2006.

[22] 海小娟. AVS 编解码器整数变换与环路滤波模块设计与实现[D]. 西安：西安电子科技大学,2011.

[23] 赵海武,李响,李国平,等. AVS 标准最新进展[J]. 自然杂志,2019,41(1).

[24] 黄铁军. 我国视频编码国家标准 AVS 与国际标准 MPEG 的比较[J]. 实用影音技术,2012(4)：65-70.

[25] 王海鑫. H. 266/VVC 基于矩阵的帧内预测算法优化[D]. 西安：西安电子科技大学,2021.

[26] 张焕宸. 视频编码标准 H. 266_VVC 帧内快速算法研究[D]. 武汉：华中科技大学,2021.

[27] Elias P. Coding for noisy channels[J]. IRE Conv Record. 1955,4：37-47.

[28] Ryan W E,Lin S. 信道编码：经典与现代[M]. 白宝明,马啸,译. 北京：电子工业出版社,2017.

[29] 兰天,张剑. CCSDS 标准信道编码技术[J]. 指挥信息系统与技术,2017,8(6)：82-86.

[30] 王志斌. 卷积码译码次优路径算法在第三代移动通信中的应用[D]. 西安：西安电子科技大学,2009.

[31] 平磊. 面向 5G 通信的咬尾卷积码和 Turbo 码技术研究[D]. 西安：西安电子科技大学,2017.

[32] 王恩灵. 卫星导航系统电文纠错编码研究[D]. 西安：西安电子科技大学,2018.

[33] Bahl L R,Cocke J,Jelinek F,et al. Optimal decoding of linear codes for minimizing symbol error Rate[J]. IEEE Transactions on Information Theory,1974,20：284-287.

[34] Berrou C,Glavieux A,Thitimajshima P. Near shannon limit error-correcting coding and decoding：

turbo codes [C]. Proceedings of the International Conference on Communications, 1993.

[35] Robertson P, Villebrun E, Höher P. A comparison of optimal and sub-optimal MAP decoding algorithms operating in the log domain [C]. Proceedings of the International Conference on Communications, 1995.

[36] Berrou C, Adde P, Angui E, et al. A low complexity soft-output Viterbi decoder architecture [C]. Proceedings of the International Conference on Communications, 1993.

[37] Goff S L, Glavieux A, Berrou C. Turbo-codes and high spectral efficiency modulation [C]. Proceedings of IEEE the International Conference on Communications, 1994.

[38] Wachsmann U, Huber J. Power and bandwidth efficient digital communications using Turbo codes in multi-level codes [J]. European Transactions on Telecommunications, 1995, 6(9,10): 557-567.

[39] Robertson P, Wörz T. Bandwidth-efficient Turbo Trellis-coded modulation using punctured component codes [J]. IEEE Journal on Selected Areas in Communications, 1998, 6(2): 206-218.

[40] Benedetto S, Montorsi G. Design of parallel concatenated convolutional codes [J]. IEEE Transactions on Communications, 1996, 44(5): 591-600.

[41] Benedetto S, Montorsi G. Unveiling Turbo codes: Some results on parallel concatenated coding schemes [J]. IEEE Transactions on Information Theory, 1996, 42(3): 409-428.

[42] Perez L, Seghers J, Costello D. A distance spectrum interpretation of Turbo codes [J]. IEEE Transactions on Information Theory, 1996, 42(11): 1698-1709.

[43] Hagenauer J, Offer E, Papke L. Iterative decoding of binary block and convolutional codes [J]. IEEE Transactions on Information Theory, 1996, 42: 429-445.

[44] Pyndiah R. Iterative decoding of product codes: Block Turbo codes [C]. International Symposium on Turbo Codes and Related Topics, 1997.

[45] Jung P, Nasshan M. Performance evaluation of Turbo codes for short frame transmission systems [J]. IEE Electronics Letters, 1994, 30(1): 111-112.

[46] Jung P, Naßhan M, Blanz J. Application of Turbo-codes to a CDMA mobile radio system using joint detection and antenna diversity [J]. Proceedings of the IEEE Conference on Vehicular Technology, 1994: 770-774.

[47] Barbulescu A, Pietrobon S. Interleaver design for Turbo codes [J]. IEE Electronics Letters, 1994: 2107-2108.

[48] Hagenauer J, Hoeher P. A Viterbi algorithm with soft-decision outputs and its applications[C]. Global Telecommunications Conference, 1989, and Exhibition. Communications Technology for the 1990s and Beyond. GLOBECOM'89, IEEE, 1989: 1680-1686.

[49] Gallager R G. Low-density parity-check codes[M]. Cambridge, MA: MIT Press, 1963.

[50] Divsalar D, Jin H, McEliece R. Coding theorems for Turbolike codes[C]. Proceedings of the 36th Annual Allerton Conference on Communication Control and Computing. Monticelo, IL, USA, 1998, 9: 201-210.

[51] Jin H, Khaudekar A. McEliece R. Irregular repeat-accumulate codes[C]. Proc 2nd International Symposium on Turbo Codes and Related Tonics. Brest, France, 2000, 9: 1-8.

[52] Jin H. Analysis and design of Torbo-like codes[D]. Ph. D dissertation. California Institute of Technolgy, 2001.

[53] Roumy A, Guemghar S, Caire G, et al. Design methods for irregular repeat-accumulate codes[J]. IEEE Transactions on Information Theory, 2004, 50(8): 1711-1727.

[54] Ping L, Wu K Y. Concatenated tree codes: A low complexity high performance approach[J].

IEEE Trans. on Information Theory, Feb, 2001, 47: 791-800.

[55] Thorpe J. Low density parity check (LDPC) codes constructed from protographs[R]. JPL INP Progress Report, August 15, 2003: 42-154.

[56] Richardson T. Multi-edge type LDPC codes[C]. Presented at the Work shop honoring Prof. Bob McEliece on his 60th birthday (but not included in the proceedings), California Institute of Technology, Pasadena, 2002.

[57] Hu X Y, Eleftheriou E, Amold D M. Progressive edge-growth tanner graphs[C]. IEEE Global Telecommunications Conference, 2001.

[58] Chen J H, Fossorier M P C. Near optimum universal belief propagation based decoding of LDPC codes[J]. IEEE Trans. Communications, 2002: 3(50).

[59] Fossorier M P C, Mihaljevic M, Imai H. Reduced complexity iterative decoding of low density parity check codes based on belief propagation[J]. IEEE Trans. Common., 1999, 47: 673-680.

[60] Eleftheriou E, Mittelholzer T, Dholakia A. Reduced-complexity decoding algorithm for low-density parity-check codes[J]. IEE Electronics Letters, 2001(37): 102-104.

[61] 雷菁. 低复杂度的 LDPC 码构造及译码研究[D]. 长沙：国防科技大学，2009.

[62] Luby M. LT codes[C]. Proc. 43rd Ann. IEEE Symp. Found. Comp. Sci, 2002.

[63] Etesami O, Shokrollahi A. Raptor Codes on Binary Memoryless Symmetric Channels[J]. IEEE Transactions on information theory, 2006, 52(5): 2033-2051.

[64] Shokrollahi A. Raptor codes[C]. Proc. IEEE Int. Symp. Inform. Theory, 2004.

[65] Shokrollahi A, Luby M. Raptor Codes[M]. Delft, The Netherlands: now Publishers, 2011.

[66] Perry J, Balakrishnan H, Shah D. Rateless spinal codes [C]. Proceedings of the 10th ACM workshop on hot topics in networks, 2011.

[67] Perry J, Iannucci P A, Fleming K E, et al. Spinal codes [J]. ACM SIGCOMM Computer Communication review, 2012, 42(4): 49-60.

[68] Balakrishnan H, Iannucci P, Perry J, et al. De-randomizing Shannon: The design and analysis of a capacity-achieving rateless code [J]. arXiv preprint arXiv: 1206.0418, 2012.

[69] Arikan E. Channel polarization: a method for constructing capacity-achieving codes for symmetric binary-input memoryless channels[J]. IEEE Transactions on Information Theory, 2009, 55(7): 3051-3073.

[70] Mori R, Tanaka T. Performance of polar codes with the construction using density evolution[J]. IEEE Communications Letters, 2009, 13(7): 519-521.

[71] Tal I, Vardy A. How to construct polar codes[J]. IEEE Transactions on Information Theory, 2013, 59(10): 6562-6582.

[72] Trifonov P. Efficient design and decoding of polar codes[J]. IEEE Transactions on Communications, 2012, 60(11): 3221-3227.

[73] Vangala H, Viterbo E, Hong Y. A comparative study of polar code constructions for the AWGN channel[J]. Mathematics, 2015.

[74] Sun S, Zhang Z. Designing practical polar codes using simulation-based bit selection[J]. IEEE Journal on Emerging & Selected Topics in Circuits & Systems, 2017, 7(4): 594-603.

[75] Korada S B, Şaşoğlu E, Urbanke R. Polar codes: characterization of exponent, bounds, and constructions[J]. Information Theory IEEE Transactions on, 2010, 56(12): 6253-6264.

[76] Tal I, Vardy A. List decoding of polar codes[J]. IEEE Transactions on Information Theory, 2015, 61(5): 2213-2226.

[77] Niu K,Chen K. CRC-aided decoding of polar codes[J]. IEEE Communications Letters,2012,16(10):1668-1671.

[78] Garie G,Taricco G,Biglieri E. Bit-interleaved coded modulation. [J]. IEEE Trans. Inf. Theory,1998,44(5):927-946.

[79] 宫丰奎. 比特交织编码调制迭代译码系统的调制解调技术研究[D]. 西安:西安电子科技大学,2007.

[80] 黄英. 多用户通信系统中编码协同技术研究[D]. 长沙:国防科技大学,2014.

[81] Ungerboeck G,Csajka I. On improving data-link performance by increasing channel alphabet and introducing sequence coding [C]. Proc. of Int. Symp. Inform. Theory, Ronneby, Sweden, June 1976.

[82] Imai H,Hirakawa S. A new multilevel coding method using error-correcting codes [J]. Information Theory,IEEE Transactions on,1977,23(3):371-377.

[83] Ungerboeck G. Channel coding with multilevel/phase signals[J]. Information Theory, IEEE Transactions on,1982,28(1):55-67.

[84] H Imai and S Hirakawa. A new multilevel coding method using error-correcting codes[J]. IEEE Trans. Inform. Theory,1997,23(3):371-376.

[85] Divsalar D,Simon M K. Trellis coded modulation for 4800-9600 bits/s transmission over a fading mobile satellite channel[J],IEEE J. Sel. Areas Commun. ,1987,5(2):162-175.

[86] Robertson P,Woertz T. Bandwidth-efficient Turbo trellis-coded modulation using punctured component codes[J]. IEEE J. Sel. Areas Commun. ,1998,16(2):206-218.

[87] Zehavi E. 8-PSK trellis codes for a Rayleigh channel[J]. IEEE Trans. on Commun. ,1992,40:873-884.

[88] Caire G,Tarrico G,Biglieri E. Bit interleaved coded modulation[J]. IEEE Trans. on Inform. Theory,1998,44(3):927-946.

[89] Li X,Chindapol A,Ritcey. J A. Bit-interleaved coded modulation with iterative decoding and 8PSK signaling[J]. IEEE Trans. Commun. ,2002,50(6):1250-1257.